“十三五”国家重点图书出版规划项目
核能与核技术出版工程（第二期）
总主编 杨福家

先进粒子加速器系列（第二期）
主编 赵振堂

高能粒子加速器关键技术

Key Technologies of High Energy Particle Accelerators

高 杰 李煜辉 翟纪元 编著

内容提要

本书为“十三五”国家重点图书出版规划项目“核能与核技术出版工程·先进粒子加速器系列”之一。本书旨在服务于国内外进行高能粒子对撞机的设计、研究、建造与运行工作的专业人群。主要内容包括直线加速器和环形加速器的主要关键技术，具体有正负电子源、加速管、磁铁、电源、真空、超导高频、速调管、注入引出、控制、束测、准直、机械、辐射防护、低温、超导磁铁、通用设施、等离子体加速和高能同步辐射应用技术等，包含了最前沿的研究成果与方法。对于已经有一定经验的专业研究人员或新进入本领域的读者，本书将会成为他们在专业学习和研究中必不可少的重要参考书之一。

图书在版编目(CIP)数据

高能粒子加速器关键技术/ 高杰，李煜辉，翟纪元编著. —上海：上海交通大学出版社，2021.12
(核能与核技术出版工程.先进粒子加速器系列)
ISBN 978-7-313-25912-7

Ⅰ.①高… Ⅱ.①高… ②李… ③翟… Ⅲ.①加速器-研究 Ⅳ.①TL5

中国版本图书馆 CIP 数据核字(2021)第 235485 号

高能粒子加速器关键技术
GAONENG LIZI JIASUQI GUANJIAN JISHU

编　　著：高　杰　李煜辉　翟纪元
出版发行：上海交通大学出版社　　地　　址：上海市番禺路 951 号
邮政编码：200030　　电　　话：021-64071208
印　　制：苏州市越洋印刷有限公司　　经　　销：全国新华书店
开　　本：710mm×1000mm　1/16　　印　　张：30.5
字　　数：515 千字
版　　次：2021 年 12 月第 1 版　　印　　次：2021 年 12 月第 1 次印刷
书　　号：ISBN 978-7-313-25912-7
定　　价：248.00 元

版权所有　侵权必究
告读者：如发现本书有印装质量问题请与印刷厂质量科联系
联系电话：0512-68180638

核能与核技术出版工程

丛 书 编 委 会

总主编

杨福家（复旦大学，教授，中国科学院院士）

编　委（按姓氏笔画排序）

于俊崇（中国核动力研究设计院，研究员，中国工程院院士）
马余刚（复旦大学现代物理研究所，教授，中国科学院院士）
马栩泉（清华大学核能技术设计研究院，教授）
王大中（清华大学，教授，中国科学院院士）
韦悦周（广西大学资源环境与材料学院，教授）
申　森（上海核工程研究设计院，研究员级高工）
朱国英（复旦大学放射医学研究所，研究员）
华跃进（浙江大学农业与生物技术学院，教授）
许道礼（中国科学院上海应用物理研究所，研究员）
孙　扬（上海交通大学物理与天文学院，教授）
苏著亭（中国原子能科学研究院，研究员级高工）
肖国青（中国科学院近代物理研究所，研究员）
吴国忠（中国科学院上海应用物理研究所，研究员）
沈文庆（中国科学院上海高等研究院，研究员，中国科学院院士）
陆书玉（上海市环境科学学会，教授）
周邦新（上海大学材料研究所，研究员，中国工程院院士）
郑明光（国家电力投资集团公司，研究员级高工）
赵振堂（中国科学院上海高等研究院，研究员，中国工程院院士）
胡思得（中国工程物理研究院，研究员，中国工程院院士）
徐　銤（中国原子能科学研究院，研究员，中国工程院院士）
徐步进（浙江大学农业与生物技术学院，教授）
徐洪杰（中国科学院上海应用物理研究所，研究员）
黄　钢（上海健康医学院，教授）
曹学武（上海交通大学机械与动力工程学院，教授）
程　旭（上海交通大学核科学与工程学院，教授）
潘健生（上海交通大学材料科学与工程学院，教授，中国工程院院士）

先进粒子加速器系列

编　委　会

主　编

赵振堂（中国科学院上海高等研究院，研究员，中国工程院院士）

编　委（按姓氏笔画排序）

向　导（上海交通大学物理与天文学院，教授）

许道礼（中国科学院上海应用物理研究所，研究员）

李金海（中国原子能科学研究院，研究员）

肖国青（中国科学院近代物理研究所，研究员）

陈怀璧（清华大学工程物理系，教授）

姜　山（中国原子能科学研究院，研究员）

高　杰（中国科学院高能物理研究所，研究员）

鲁　巍（清华大学工程物理系，教授）

总　　序

1896 年法国物理学家贝可勒尔对天然放射性现象的发现，标志着原子核物理学的开始，直接促成居里夫妇发现了镭，为后来核科学的发展开辟了道路。1942 年人类历史上第一个核反应堆在芝加哥的建成被认为是原子核科学技术应用的开端，至今已经历了 70 多年的发展历程。核技术应用包括军用与民用两个方面，其中民用核技术又分为民用动力核技术（核电）与民用非动力核技术（即核技术在理、工、农、医方面的应用）。在核技术应用发展史上发生的两次核爆炸与三次重大核电站事故，成为人们长期挥之不去的阴影。然而全球能源匮乏及生态环境恶化问题日益严峻，迫切需要开发新能源，调整能源结构。核能作为清洁、高效、安全的绿色能源，还具有储量最丰富、高能量密度、低碳无污染等优点，受到了各国政府的极大重视。发展安全核能已成为当前各国解决能源不足和应对气候变化的重要战略。我国《国家中长期科学和技术发展规划纲要（2006—2020 年）》明确指出“大力发展核能技术，形成核电系统技术自主开发能力”，并设立国家科技重大专项“大型先进压水堆及高温气冷堆核电站专项”，把“钍基熔盐堆”核能系统列为国家首项科技先导项目，投资 25 亿元，已在中国科学院上海应用物理研究所启动，以创建具有自主知识产权的中国核电技术品牌。

从世界范围来看，核能应用范围正不断扩大。据国际原子能机构数据显示：截至 2019 年底，核能发电量美国排名第一，中国排名第三；不过在核能发电的占比方面，法国占比约为 70.6%，排名第一，中国仅约 4.9%。但是中国在建、拟建的反应堆数比任何国家都多，相比而言，未来中国核电有很大的发展空间。截至 2020 年 6 月，中国大陆投入商业运行的核电机组共 47 台，总装机容量约为 4 875 万千瓦。值此核电发展的历史机遇期，中国应大力推广自主开发的第三代及第四代的“快堆”“高温气冷堆”“钍基熔盐堆”核电技术，努力使中国核电走出去，带动中国由核电大国向核电强国跨越。

随着先进核技术的应用发展，核能将成为逐步代替化石能源的重要能源。受控核聚变技术有望从实验室走向实用，为人类提供取之不尽的干净能源；威力巨大的核爆炸将为工程建设、改造环境和开发资源服务；核动力将在交通运输及星际航行等方面发挥更大的作用。核技术几乎在国民经济的所有领域得到应用。原子核结构的揭示，核能、核技术的开发利用，是20世纪人类征服自然的重大突破，具有划时代的意义。然而，日本大海啸导致的福岛核电站危机，使得发展安全级别更高的核能系统更加急迫，核能技术与核安全成为先进核电技术产业化追求的核心目标，在国家核心利益中的地位愈加显著。

在21世纪的尖端科学中，核科学技术作为战略性高科技，已成为标志国家经济发展实力和国防力量的关键学科之一。通过学科间的交叉、融合，核科学技术已形成了多个分支学科并得到了广泛应用，诸如核物理与原子物理、核天体物理、核反应堆工程技术、加速器工程技术、辐射工艺与辐射加工、同步辐射技术、放射化学、放射性同位素及示踪技术、辐射生物等，以及核技术在农学、医学、环境、国防安全等领域的应用。随着核科学技术的稳步发展，我国已经形成了较为完整的核工业体系。核科学技术已走进各行各业，为人类造福。

无论是科学研究方面，还是产业化进程方面，我国的核能与核技术研究与应用都积累了丰富的成果和宝贵的经验，应该系统整理、总结一下。另外，在大力发展核电的新时期，也亟需一套系统而实用的、汇集前沿成果的技术丛书做指导。在此鼓舞下，上海交通大学出版社联合上海市核学会，召集了国内核领域的权威专家组成高水平编委会，经过多次策划、研讨，召开编委会商讨大纲、遴选书目，最终编写了这套“核能与核技术出版工程”丛书。本丛书的出版旨在培养核科技人才，推动核科学研究和学科发展，为核技术应用提供决策参考和智力支持，为核科学研究与交流搭建一个学术平台，鼓励创新与科学精神的传承。

本丛书的编委及作者都是活跃在核科学前沿领域的优秀学者，如核反应堆工程及核安全专家王大中院士、核武器专家胡思得院士、实验核物理专家沈文庆院士、核动力专家于俊崇院士、核材料专家周邦新院士、核电设备专家潘健生院士，还有“国家杰出青年”科学家、“973”项目首席科学家等一批有影响力的科研工作者。他们都来自各大高校及研究单位，如清华大学、复旦大学、上海交通大学、浙江大学、上海大学、中国科学院上海应用物理研究所、中国科学院近代物理研究所、中国原子能科学研究院、中国核动力研究设计院、中国工程物理研究院、上海核工程研究设计院、上海市辐射环境监督站等。本丛书是他们最新研究成果的荟萃，其中多项研究成果获国家级或省部级奖励，代表了国内乃至国际先进水平。丛书涵盖军用核技术、民用动力核技术、民用非动力核技术及其在理、工、农、医方面的应用。内容系统而全面且极具实用性与指导性，例如，《应用核物理》就阐述了当今国内外核物理研究与应用的全貌，有助于读者对核物理的应用领域及实验技术有全面的了解；其他图书也都力求做到了这一点，极具可读性。

由于良好的立意和高品质的学术成果，本丛书第一期于2013年成功入选"十二五"国家重点图书出版规划项目，同时也得到上海市新闻出版局的高度肯定，入选了"上海高校服务国家重大战略出版工程"。第一期(12本)已于2016年初全部出版，在业内引起了良好反响，国际著名出版集团Elsevier对本丛书很感兴趣，在2016年5月的美国书展上，就"核能与核技术出版工程(英文版)"与上海交通大学出版社签订了版权输出框架协议。丛书第二期于2016年初成功入选了"十三五"国家重点图书出版规划项目。

在丛书出版的过程中，我们本着追求卓越的精神，力争把丛书从内容到形式做到最好。希望这套丛书的出版能为我国大力发展核能技术提供上游的思想、理论、方法，能为核科技人才的培养与科创中心建设贡献一份力量，能成为不断汇集核能与核技术科研成果的平台，推动我国核科学事业不断向前发展。

杨福家

2020年6月

序

粒子加速器作为国之重器，在科技兴国、创新发展中起着重要作用，已成为人类科技进步和社会经济发展不可或缺的装备。粒子加速器的发展始于人类对原子核的探究。从诞生至今，粒子加速器帮助人类探索物质世界并揭示了一个又一个自然奥秘，因而也被誉为科学发现之引擎。据统计，它对 25 项诺贝尔物理学奖的工作做出了直接贡献，基于储存环加速器的同步辐射光源还直接支持了 5 项诺贝尔化学奖的实验工作。不仅如此，粒子加速器还与人类社会发展及大众生活息息相关，因其在核分析、辐照、无损检测、放疗和放射性药物等方面优势突出，所以在医疗健康、环境与能源等领域得以广泛应用并发挥着不可替代的重要作用。

1919 年，英国科学家 E. 卢瑟福(E. Rutherford)用天然放射性元素放射出来的 α 粒子轰击氮核，打出了质子，实现了人类历史上第一个人工核反应。这一发现使人们认识到，利用高能量粒子束轰击原子核可以研究原子核的内部结构。随着核物理与粒子物理研究的深入，天然的粒子源已不能满足研究对粒子种类、能量、束流强度等提出的要求，研制人造高能粒子源——粒子加速器成为支撑进一步研究物质结构的重大前沿需求。20 世纪 30 年代初，为将带电粒子加速到高能量，静电加速器、回旋加速器、倍压加速器等应运而生。其中，英国科学家 J. D. 考克饶夫(J. D. Cockcroft)和爱尔兰科学家 E. T. S. 瓦耳顿(E. T. S. Walton)成功建造了世界上第一台直流高压加速器；美国科学家 R. J. 范德格拉夫(R. J. van de Graaff)发明了采用另一种原理产生高压的静电加速器；在瑞典科学家 G. 伊辛(G. Ising)和德国科学家 R. 维德罗(R. Wideröe)分别独立发明漂移管上加高频电压的直线加速器之后，美国科学家 E. O. 劳伦斯(E. O. Lawrence)研制成功世界上第一台回旋加速器，并用它产生了人工放射性同位素和稳定同位素，因此获得1939年的诺贝尔物理学奖。

1945年，美国科学家E. M. 麦克米伦（E. M. McMillan）和苏联科学家V. I. 韦克斯勒（V. I. Veksler）分别独立发现了自动稳相原理；20世纪50年代初期，美国工程师N. C. 克里斯托菲洛斯（N. C. Christofilos）与美国科学家E. D. 库兰特（E. D. Courant）、M. S. 利文斯顿（M. S. Livingston）和H. S. 施奈德（H. S. Schneider）发现了强聚焦原理。这两个重要原理的发现奠定了现代高能加速器的物理基础。另外，第二次世界大战中发展起来的雷达技术又推动了射频加速的跨越发展。自此，基于高压、射频、磁感应电场加速的各种类型粒子加速器开始蓬勃发展，从直线加速器、环形加速器到粒子对撞机，成为人类观测微观世界的重要工具，极大地提高了人类认识世界和改造世界的能力。人类利用电子加速器产生的同步辐射研究物质的内部结构和动态过程，特别是解析原子、分子的结构和工作机制，打开了了解微观世界的一扇窗户。

人类利用粒子加速器发现了绝大部分新的超铀元素，合成了上千种新的人工放射性核素，发现了包括重子、介子、轻子和各种共振态粒子在内的几百种粒子。2012年7月，利用欧洲核子研究中心（CERN）27千米周长的大型强子对撞机，物理学家发现了希格斯玻色子——“上帝粒子”，让40多年前的基本粒子预言成为现实，又一次展示了粒子加速器在科学研究中的超强力量。比利时物理学家F. 恩格勒特（F. Englert）和英国物理学家P. W. 希格斯（P. W. Higgs）因预言希格斯玻色子的存在而被授予2013年度的诺贝尔物理学奖。

随着粒子加速器的发展，其应用范围不断扩展，除了应用于物理、化学及生物等领域的基础科学研究外，还广泛应用在工农业生产、医疗卫生、环境保护、材料科学、生命科学、国防等各个领域，如辐照电缆、辐射消毒灭菌、高分子材料辐射改性、食品辐照保鲜、辐射育种、生产放射性药物、肿瘤放射治疗与影像诊断等。目前，全球仅作为放疗应用的医用直线加速器就有近2万台。

粒子加速器的研制及应用属于典型的高新科技，受到世界各发达国家的高度重视并将其放在国家战略的高度予以优先支持。粒子加速器的研制能力也是衡量一个国家综合科技实力的重要标志。我国的粒子加速器事业起步于20世纪50年代，经过60多年的发展，我国的粒子加速器研究与应用水平已步入国际先进行列。我国各类研究型及应用型加速器不断发展，多个加速器大科学装置和应用平台相继建成，如兰州重离子加速器、北京正负电子对撞机、合肥光源（第二代光源）、北京放射性核束设施、上海光源（第三代光源）、大连相干光源、中国散裂中子源等；还有大量应用型的粒子加速器，包括医用电子直线加速器、质子治疗加速器和碳离子治疗加速器，工业辐照和探伤加速器、集装箱检测加速器等在过去几十年中从无到有、快速发展。另外，我国基于激光等离子体尾场的新原理加速器也取得了令人瞩目的进展，向加速器的小型化目标迈出了重要一步。我国基于加速器的超快电子衍射与超快电镜装置发展迅猛，在刚刚兴起的兆伏特能级超快电子衍射与超快电子透镜相关技术及应用方面不断向前沿冲击。

近年来，面向科学、医学和工业应用的重大需求，我国粒子加速器的研究和装置及平台研制呈现出强劲的发展态势，正在建设中的有上海软 X 射线自由电子激光用户装置、上海硬 X 射线自由电子激光装置、北京高能光源（第四代光源）、重离子加速器实验装置、北京拍瓦激光加速器装置、兰州碳离子治疗加速器装置、上海和北京及合肥质子治疗加速器装置；此外，在预研关键技术阶段的和提出研制计划的各种加速器装置和平台还有十多个。面对这一发展需求，我国在技术研发和设备制造能力等方面还有待提高，亟需进一步加强技术积累和人才队伍培养。

粒子加速器的持续发展、技术突破、人才培养、国际交流都需要学术积累与文化传承。为此，上海交通大学出版社与上海市核学会及国内多家单位的加速器专家和学者沟通、研讨，策划了这套学术丛书——“先进粒子加速器系列”。这套丛书主要面向我国研制、运行和使用粒子加速器的科研人员及研究生，介绍一部分典型粒子加速器的基本原理和关键技术以及发展动态，助力我国粒子加速器的科研创新、技术进步与产业应用。为保证丛书的高品质，我们遴选了长期从事粒子加速器研究和装置研制的科技骨干组成编委会，他们来自中国科学院上海高等研究院、中国科学院上海应用物理研究所、中国科学院近代物理研究所、中国科学院高能物理研究所、中国原子能科学研究院、清华大学、上海交通大学等单位。编委会选取代表性研究成果作为丛书内容的框架，并召开多次编写会议，讨论大纲内容、样章编写与统稿细节等，旨在打磨一套有实用价值的粒子加速器丛书，为广大科技工作者和产业从业者服务，为决策提供技术支持。

科技前行的路上要善于撷英拾萃。“先进粒子加速器系列”力求将我国加速器领域积累的一部分学术精要集中出版，从而凝聚一批我国加速器领域的优秀专家，形成一个互动交流平台，共同为我国加速器与核科技事业的发展提供文献、贡献智慧，成为助推我国粒子加速器这个“大国重器”迈向新高度的“加速器”，为使我国真正成为加速器研制与核科学技术应用的强国尽一份绵薄之力。

赵振堂

2020 年 6 月

前　言

自20世纪60年代起，高能粒子对撞机逐渐成为人类研究、探索宇宙深层次物质结构科学规律的最为重要的研究工具。高能粒子对撞机由加速器系统和探测器系统构成。大型环形对撞机加速器主要由直线加速器、增强器及环形加速器组成。高能粒子对撞机的建设除了需要进行对撞机加速器物理方面的整体优化设计外，还需要进行与之相匹配的加速器各系统与部件的优化设计、加工制造、安装调试与运行维护。高能粒子对撞机加速器所涉及的相关技术与产业领域范围极为广泛，主要包括正负电子源、直线加速管、精密磁铁、精密电源、超高真空、超导高频、高功率高效速调管、注入引出系统、控制系统、束测系统、准直与安装技术、精密机械、辐射防护、低温系统、超导磁铁、通用设施、等离子体加速和高能同步辐射应用技术等。高能粒子对撞机的高水平发展除了对所研究的科学领域十分重要，对相关领域的技术进步与产业升级的牵引和带动作用也十分巨大，相关技术在其他领域也有着广泛的应用。

2012年7月4日，欧洲核子研究中心(CERN)宣布在其大型强子对撞机(LHC)上发现了希格斯玻色子(Higgs Boson)，从此人类认识宇宙物质微观结构规律及宇宙构成与演化规律的研究进入了新时代。2012年9月，中国科学家提出在中国建造环形正负电子对撞机(CEPC)及后续在同一隧道中建造超级质子-质子对撞机(SppC)的设想。CERN也提出建造未来环形对撞机(FCC-ee, FCC-hh)的计划。除了环形对撞机，日本则有意承建国际直线对撞机，而CERN也有建造紧凑型直线对撞机(CLIC)的计划。国际上也对未来缪子对撞机的可能性进行了相关研究。希格斯工厂成为旨在研究宇宙深层次物质结构科学规律的最为重要的国际合作大科学计划与大科学工程，成为国际高能物理领域竞争与合作的焦点。在这样的国际高能物理未来发展的大背景下，编者邀请了参与CEPC设计与研制的加速器专家及相关领域的科学家，围绕下一代高能对撞机(如 CEPC 及 SppC)所涉及的关键技术和相关领域的国际发展前沿向读者进行系统性的展示。

各章的作者如下：李小平、张敬如(第 1 章),杨梅(第 2 章),康文(第 3 章),陈斌(第 4 章),董海义(第 5 章),沙鹏、靳松、黄彤明、米正辉、林海英、韩瑞雄、翟纪元(第 6 章),周祖圣、肖欧正、王盛昌(第 7 章),陈斌(第 8 章),陈锦晖(第 9 章),李刚(第 10 章),随艳峰(第 11 章),王小龙(第 12 章),王海静(第 13 章),马忠剑(第 14 章),葛锐、李梅(第 15 章),朱应顺(第 16 章),徐庆金、王呈涛(第 17 章),黄金书(第 18 章),李大章(第 19 章),黄永盛(第 20 章)。

衷心感谢上述作者的精心撰写与辛勤付出。另外,在本书的编写过程中,王毅伟、夏文昊等同事给予了很多帮助,在此对他们表示感谢;同时,感谢上海交通大学出版社的盛情邀请和在本书编辑出版过程中给予的大力帮助。

目　　录

第 1 章　直线加速器关键技术 …… 001
1.1　电子源和正电子源 …… 001
1.1.1　电子源和极化电子源 …… 001
1.1.2　正电子源和极化正电子源 …… 008
1.2　高梯度加速结构 …… 012
1.2.1　谐振腔的主要参数 …… 012
1.2.2　常温高梯度加速结构 …… 014
参考文献 …… 020

第 2 章　对撞机磁铁技术 …… 023
2.1　双孔径二极磁铁 …… 024
2.1.1　双孔径二六极组合磁铁 …… 024
2.1.2　双孔径二极磁铁设计 …… 029
2.2　双孔径四极磁铁 …… 031
2.3　六极磁铁 …… 034
参考文献 …… 037

第 3 章　增强器磁铁关键技术 …… 039
3.1　铁芯二极磁铁 …… 042
3.2　空芯线圈二极磁铁 …… 047
参考文献 …… 051

第 4 章　电源技术 …… 053
4.1　稳流电源的几种基本结构类型 …… 054
4.1.1　线性控制方式 …… 054
4.1.2　相位控制方式 …… 055
4.1.3　开关控制方式 …… 055
4.1.4　数字控制方式 …… 056
4.2　稳流电源的主要拓扑结构 …… 059
4.2.1　三相全控整流电路 …… 060
4.2.2　开关型直流电源 …… 060
4.3　电源数字控制器 …… 064
4.4　精密测量和校准平台 …… 070
参考文献 …… 071

第 5 章　真空技术 …… 073
5.1　概述 …… 073
5.2　真空技术基础 …… 074
5.2.1　真空计算 …… 074
5.2.2　真空获得 …… 076
5.2.3　真空测量和检漏 …… 077
5.3　真空盒 …… 079
5.3.1　LEP 真空盒 …… 080
5.3.2　PEPⅡ真空盒 …… 080
5.3.3　KEKB 真空盒 …… 082
5.3.4　BEPCⅡ真空盒 …… 084
5.3.5　LHC 真空盒 …… 085
5.4　RF 屏蔽波纹管 …… 086
5.4.1　双指型屏蔽波纹管 …… 087
5.4.2　梳型屏蔽波纹管 …… 087
5.5　光子吸收器 …… 089
5.5.1　无氧铜吸收器 …… 089
5.5.2　弥散铜吸收器 …… 090
5.5.3　铬锆铜吸收器 …… 090

5.6　真空盒内表面镀膜 …… 091
5.6.1　氮化钛镀膜 …… 092
5.6.2　吸气剂镀膜 …… 094
参考文献 …… 095

第6章　超导高频技术 …… 097
6.1　超导腔 …… 097
6.1.1　超导腔概述 …… 097
6.1.2　1.3 GHz及650 MHz超导腔 …… 103
6.1.3　超导腔的表面处理与测试 …… 106
6.2　高功率输入耦合器 …… 109
6.2.1　耦合器的设计 …… 111
6.2.2　耦合器的加工 …… 115
6.2.3　耦合器的测试 …… 116
6.3　调谐器 …… 117
6.3.1　超导腔频率控制物理需求 …… 117
6.3.2　超导腔调谐器原理及设计 …… 119
6.4　低电平控制系统 …… 121
6.4.1　低电平控制系统工作原理 …… 123
6.4.2　低电平反馈控制 …… 125
6.4.3　安全联锁保护系统 …… 125
6.5　低温恒温器 …… 126
6.5.1　1.3 GHz超导腔低温恒温器 …… 126
6.5.2　650 MHz超导腔加速器低温恒温器 …… 131
参考文献 …… 138

第7章　高效率速调管技术 …… 141
7.1　高效率速调管设计 …… 142
7.2　高效率速调管工艺 …… 151
参考文献 …… 155

第 8 章　静电-电磁分离器技术 …… 157
8.1　静电-电磁分离器 …… 160
8.2　工作原理 …… 161
8.3　参数计算 …… 162
8.4　静电分离器主要技术指标 …… 163
8.4.1　电场均匀性 …… 164
8.4.2　真空度 …… 165
8.5　静电场的设计 …… 165
8.5.1　电极板形状优化 …… 165
8.5.2　静电分离器最大场强 …… 168
8.6　极板间的静电吸引力 …… 170
8.7　电场与磁场相匹配 …… 171
8.8　降低静电分离器的束流阻抗 …… 174
参考文献 …… 176

第 9 章　注入引出技术 …… 177
9.1　注入引出系统 …… 180
9.1.1　注入引出的基本物理概念 …… 180
9.1.2　注入引出系统的组成 …… 181
9.1.3　常见的注入物理方案 …… 181
9.2　切割器 …… 189
9.2.1　直接驱动型切割磁铁 …… 191
9.2.2　涡流板型切割磁铁 …… 193
9.3　冲击器系统 …… 194
9.3.1　梯形波冲击器系统 …… 195
9.3.2　半正弦波冲击器系统 …… 197
9.3.3　逆向行波冲击器系统 …… 198
参考文献 …… 200

第 10 章　加速器控制技术 …… 203
10.1　控制系统的组成 …… 203
10.1.1　硬件系统 …… 203

10.1.2　软件系统 …… 205
10.2　控制系统发展史 …… 205
10.3　分布式控制系统的体系结构 …… 207
10.3.1　硬件结构 …… 207
10.3.2　软件结构 …… 208
10.4　计算机控制技术 …… 208
10.4.1　实时操作系统 …… 209
10.4.2　任务和任务的调度 …… 209
10.4.3　任务的同步和互斥 …… 210
10.4.4　任务间的通信 …… 210
10.4.5　网络通信技术 …… 211
10.4.6　信号的采集与处理 …… 215
10.4.7　数据库信息管理系统 …… 217
10.4.8　干扰和容错技术 …… 217
10.5　加速器控制系统 …… 219
10.5.1　加速器控制系统的任务 …… 219
10.5.2　加速器控制系统的功能 …… 220
10.5.3　加速器控制系统的体系结构 …… 220
10.5.4　加速器控制系统的组成和设计 …… 221
参考文献 …… 232

第 11 章　束流测量系统 …… 233
11.1　束流位置测量系统 …… 234
11.2　束流强度测量系统 …… 238
11.3　同步光测量系统 …… 240
11.4　束流损失测量系统 …… 242
11.5　工作点测量系统 …… 243
11.6　束流横向反馈系统 …… 246
11.7　束流纵向反馈系统 …… 248
参考文献 …… 250

第 12 章　准直测量技术 …… 253
12.1　参考基准和测量仪器 …… 254
12.1.1　参考基准 …… 254
12.1.2　测量仪器 …… 256
12.2　准直控制网 …… 256
12.2.1　一级网 …… 257
12.2.2　二级网 …… 259
12.3　平差计算 …… 262
12.4　设备标定 …… 265
12.5　预准直 …… 266
12.6　隧道准直 …… 267
12.6.1　设备安装准直 …… 268
12.6.2　设备平滑准直 …… 269
12.7　位置监测 …… 269
12.7.1　设备位置监测 …… 270
12.7.2　变形监测 …… 270
12.8　CEPC 准直技术需求 …… 272
参考文献 …… 274

第 13 章　机械技术 …… 275
13.1　磁铁支架在振动传递中的作用 …… 275
13.2　典型的磁铁支架设计 …… 280
13.2.1　CEPC 二极磁铁支点位置分析 …… 280
13.2.2　HEPS-TF/HEPS 多极磁铁支架 …… 282
13.2.3　SuperKEKB 对撞区超导铁支架 …… 286
13.3　受热载荷设备的主要设计考虑 …… 287
13.4　典型受热载荷设备的设计 …… 292
13.4.1　束流准直器设计 …… 292
13.4.2　束流窗口的设计 …… 294
参考文献 …… 296

第 14 章 辐射防护技术 …… 299
14.1 粒子加速器辐射防护概述 …… 299
14.2 加速器辐射源项与辐射屏蔽 …… 300
14.2.1 辐射源项分析 …… 300
14.2.2 辐射屏蔽计算方法 …… 305
14.3 加速器的感生放射性 …… 307
14.4 人身安全联锁系统 …… 308
14.5 辐射剂量监测 …… 309
14.6 粒子加速器辐射防护新的挑战 …… 310
参考文献 …… 311

第 15 章 低温技术 …… 313
15.1 低温技术概述 …… 313
15.1.1 低温系统的发展历史 …… 313
15.1.2 低温系统的基本原理 …… 318
15.1.3 低温系统的基本结构 …… 321
15.2 CEPC 低温系统 …… 322
15.2.1 CEPC 超导腔低温系统 …… 323
15.2.2 CEPC 超导磁铁低温系统 …… 329
15.2.3 CEPC 低温系统关键技术研究 …… 333
参考文献 …… 335

第 16 章 对撞区超导磁体技术 …… 339
16.1 超导磁体基础知识 …… 339
16.1.1 超导体 …… 339
16.1.2 超导多极磁体基本类型 …… 341
16.1.3 粒子对撞机的对撞区超导磁体一般特点 …… 343
16.2 CEPC 对撞区超导四极磁体 …… 344
16.2.1 CEPC 对撞区超导磁体介绍 …… 344
16.2.2 CEPC 对撞区超导四极磁体技术方案 …… 345
16.3 CEPC 反抵探测器磁场的超导螺线管磁体 …… 352
参考文献 …… 355

第 17 章 粒子对撞机上的超导磁体技术 …… 357
17.1 超导体及超导电性 …… 357
17.2 超导线材及超导电缆 …… 358
17.3 超导线圈及超导磁体 …… 359
17.3.1 超导二极磁体在粒子加速器中的应用 …… 359
17.3.2 高场强超导二极磁体国外研究现状 …… 360
17.3.3 高场强超导二极磁体国内研究现状 …… 366
参考文献 …… 378

第 18 章 通用设施 …… 381
18.1 供配电系统 …… 381
18.1.1 负荷分类和负荷计算 …… 382
18.1.2 变配电室布置和供电可靠性 …… 383
18.1.3 谐波治理及接地 …… 385
18.1.4 工艺电缆敷设 …… 385
18.1.5 电力监控系统 …… 386
18.1.6 照明及其他 …… 386
18.2 工艺循环冷却水系统 …… 386
18.2.1 总体规划及系统设计 …… 387
18.2.2 水冷恒温监控系统 …… 393
18.3 通风空调系统 …… 394
18.3.1 粒子加速器通风空调系统特点 …… 394
18.3.2 加速器通风空调系统的分区 …… 395
18.3.3 通风空调系统的关键技术指标与实现方案 …… 396
18.3.4 通风空调系统组成 …… 398
18.4 压缩空气系统 …… 400
参考文献 …… 401

第 19 章 等离子体加速器 …… 403
19.1 激光尾场加速器 …… 404
19.1.1 基本理论 …… 405
19.1.2 非线性等离子体波 …… 406

19.1.3　电子失相长度 …… 408
19.1.4　激光脉冲在等离子体中的传输 …… 410
19.1.5　被加速电子的注入 …… 412
19.1.6　LWFA 主要实验进展 …… 418
19.2　等离子体尾场加速器 …… 419
19.2.1　基础理论 …… 420
19.2.2　束流负载效应 …… 422
19.2.3　基于 PWFA 加速的 CEPC 等离子体注入器 …… 423
参考文献 …… 424

第 20 章　高能同步辐射应用技术 …… 427
20.1　未来对撞机高能同步辐射技术 …… 427
20.1.1　扭摆磁铁技术 …… 429
20.1.2　超高能同步辐射束线设计 …… 429
20.1.3　兆电子伏特量级超硬 X 射线聚焦透镜设计 …… 432
20.2　超高能同步辐射光源的应用探索 …… 441
参考文献 …… 443

附录：彩图 …… 445

索引 …… 457

第 1 章
直线加速器关键技术

直线加速器是大型环形正负电子对撞机的必要组成部分，产生用于对撞的高能量电子束和正电子束。本章主要介绍直线加速器中的电子源、正电子源和高梯度加速结构。其中，电子源和正电子源是产生正、负电子的装置，而加速结构是对电子和正电子进行加速的装置。

1.1　电子源和正电子源

电子源和正电子源是大型加速器，也是正负电子对撞机中不可或缺的两个重要组成部分，它们分别用来产生具有一定分布和初始动能的电子束和正电子束，是加速器的源头，也是核心部件。

位于不同发展阶段的正负电子对撞机对电子源和正电子源的要求也不尽相同，例如目前正在运行的北京正负电子对撞机和日本高能加速器研究机构(KEK)的 SuperKEKB 正负电子对撞机的电子源和正电子源均采用常规的方案[1-2]；而拟建中的下一代采用先进超导高频技术的超高能量正负电子直线对撞机，即国际直线对撞机(international linear collider, ILC)，在物理设计上提出了极化的正负电子束团的对撞[3]；在紧凑型直线对撞机(CLIC)的概念设计报告中，提出的基本方案是极化电子与非极化正电子的对撞[4]。这就对电子源以及正电子源的设计提出了新的要求和挑战，极化电子源和极化正电子源正逐步成为大型加速器不可或缺的关键技术之一。

1.1.1　电子源和极化电子源

电子源可以发射出具有一定能量、一定流强、一定束团横向尺寸、一定纵向长度和一定发射角的电子束流，是现代电子加速器中至关重要的部件之一。

按照电子发射的机理，通常可以把电子枪分为三类：热阴极电子源、光阴极电子源和场致发射电子源。随着多年来加速器装置的不断发展，热阴极电子源和光阴极电子源技术越发趋于成熟，已广泛地应用于各种类型的电子加速器装置中。

热阴极电子源通过灯丝加热阴极材料使电子能够获得足够的能量从而逸出阴极表面，在一定的附加电场作用下，热发射电子获得动能，并加速引出至后续的加速器部件中，常见的热阴极材料有钡钨阴极和六硼化镧阴极等。按照外界附加电场的原理分类，热阴极电子源可以分为两种类型：热阴极高压电子源和热阴极微波电子源。

热阴极高压电子源的优点是技术成熟，结构相对简单，阴极工作寿命长，性能稳定；缺点是发射度较大，束团长度较长。可以通过在阴极表面附近增加栅网并在栅网上附加偏压和脉冲发生器来获得短的束长，称为热阴极栅控电子源，但受限于脉冲发生器自身构成的机理，一般束团长度可以控制在百皮秒至纳秒的范围。因此它通常作为同步辐射光源注入器、高能环形对撞机注入器等对束流参数要求没有那么严格的直线加速器的电子源，很少用于要求小发射度、超短脉冲电子束流的自由电子激光装置。以目前正在建造的高能同步辐射光源为例，其预注入器是一台电子能量最高可达 500 MeV 的电子直线加速器，采用热阴极高压引出栅控电子源的方案，直线加速器对电子源的参数要求如表 1－1 所示[5]。热阴极栅控电子源主要由阴栅组件、电极与枪体、灯丝电源、脉冲电源、偏压电源、高压电源、联锁与控制系统、隔离变压器等组成，具体结构如图 1－1 所示。灯丝电源加热阴极至一定温度，在外加电场的作用下将热发射电子引出，通过偏压电源和脉冲发生器控制束团的流强和束团长度。

表 1－1　高能同步辐射光源直线加速器电子源参数

参　数	数　值
宏脉冲电荷量/nC	0.5～10
束流脉冲半高全宽/ns	≤1.0
束流脉冲底宽/ns	≤1.6
非归一化 4 rms 发射度/(μm・rad)	≤30
阴极高压/kV	≥150
重复频率/Hz	50

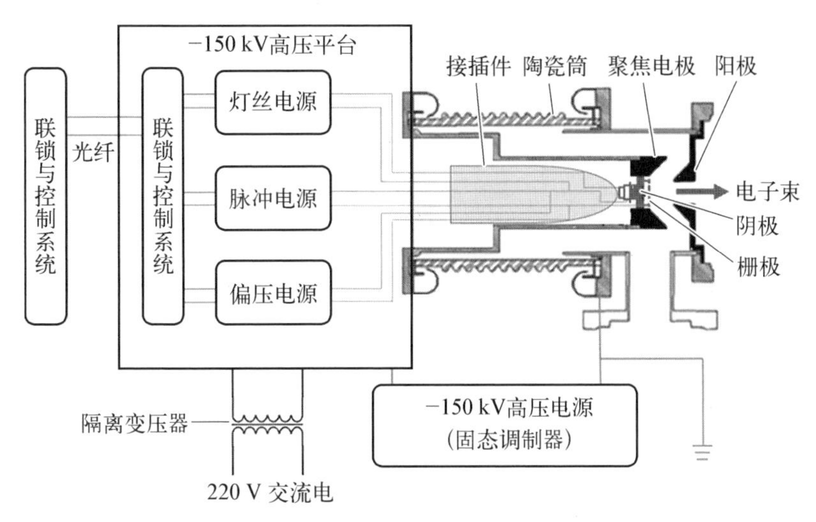

图1-1　热阴极栅控电子源的结构示意图

另外一种热发射电子源是热阴极微波电子源，对该类型电子源的研究始于20世纪80年代，其原理是利用高功率微波在热发射阴极表面形成一定的电场强度，将热发射电子引出并加速到相对论速度。其结构相对简单，将热阴极放置在一定波段的微波谐振腔内，微波功率通过特定的传输系统馈入腔内，如图1-2所示。热阴极微波电子源常见的阴极类型包括BaO_6和LaB_6，相比于高压引出的热阴极电子源，它具有更高的阴极表面加速梯度，有利于产生更高峰值流强的束团，且发射度更好，多用于红外和远红外自由电子装置以及基于自由电子激光的THz源。例如日本京都大学的KU-FEL装置[6]、中国科学院高能物理研究所(以下简称高能所)研制的北京自由电子激光BFEL装置[7]，此外，中国工程物理研究院太赫兹源初期的注入器方案都采用了热阴极微波电子源的方案[8]。

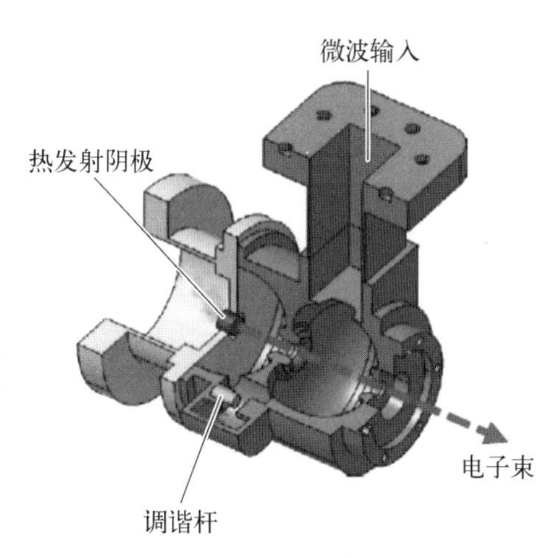

图1-2　热阴极微波电子源结构

光阴极电子源技术的发展源于爱因斯坦提出的光电效应理论，通过将一定功率的短脉冲激光入射至光阴极材料，产生光电子，并在一定外界附加电场的作用下加速引出，束团的横向和纵向分布均由入射激光决定。同样，按照加速引出电子电场形成的方式，常见的光阴极电子源包括两大类：光阴极直流高压电子源和光阴极微波电子源。相比于热发射电子源，光致发射电子源的特点如下：第一，发射电子束团的长度在很大程度上取决于入射激光脉冲的长度，驱动激光可以产生超短的脉冲，从而获得超短脉冲束团，提高束团峰值流强；第二，光致发射的原理决定了其具有更小的发射度，从而实现小发射度的电子束引出。高峰值流强和小发射度的电子束，是自由电子激光装置在合理的波荡器长度范围内获得较大饱和功率的必要条件。因此，光阴极电子源是自由电子激光装置中电子源的最佳选择。

美国斯坦福实验室的直线加速器相干光源（LCLS）采用该类型的光阴极微波电子源，可以产生电荷量为 1 nC、发射度小于 1 μm・rad 的高品质束团，其主要技术参数如表 1-2 所示。该类型的电子源具有阴极工作寿命长、性能稳定、阴极表面电场强度高、束流品质好等优点，是自由电子激光装置中应用最广泛的电子源[9]。

表 1-2　直线加速器相干光源光阴极微波电子源参数

参　数	数　值
波段/MHz	2 856（S 波段）
光阴极材料	Cu
驱动激光波长/nm	260
量子效率	1×10^{-5}
阴极表面电场强度/（MV/m）	140
束团电荷量/nC	1
重复频率/Hz	120
电子枪出口能量/MeV	7
能散/%	0.2（rms）

对于光阴极电子源，光阴极材料是其中非常重要的组件之一，不同需求的光阴极电子源对阴极材料的选择也完全不同，常见的光阴极材料包括金属阴极和半导体阴极。对于光阴极材料来说，量子效率（quantum efficiency，QE）是其非常重要的参数，定义为光阴极发射的电子数与入射光子数之比，即

$$QE = \frac{n_e}{n_p} = \frac{Ihc}{eP\lambda} \times 100\% \qquad (1-1)$$

式中，I 是光电流（μA）；h 是普朗克常数（6.626×10^{-34} J·s）；c 是光速（2.998×10^8 m/s）；e 是电子电荷量（1.6×10^{-19} C）；P 是激光功率（mW）；λ 是驱动激光波长（nm）。量子效率是光阴极材料的一个重要参数，量子效率的大小体现出光阴极在固定的入射光功率与光波长的情况下能获得多少光电流，它的大小依赖于光阴极材料的选择和驱动激光的波长。不同光阴极材料具有的量子效率不一样，例如金属阴极的量子效率一般在 10^{-5} 量级，半导体阴极的量子效率为 0.1～0.15，甚至更高。表 1-3 列出了几种常见光阴极材料的参数对比。

表 1-3　几种常见光阴极材料的参数对比

阴极类型	驱动激光	量子效率/%	发射度/（μmrad/mm）	极化束流
金属阴极 Cu、Mg 等	紫　外	0.01～0.05	0.5～0.7	否
Cs_2Te	紫　外	1～15	0.8～1.0	否
GaAs	绿　光	1～15	约 0.4	是
K_2CsSb	绿　光	1～10	约 0.4	否

近年来，随着超导技术不断发展，基于先进超导腔技术的直线加速器成为国内外的主流发展方向。超导直线加速器可以工作在 CW 模式或者长脉冲模式，实现加速器高重复频率和高平均流强的运行。超导直线加速器的高重复频率运行对电子源也提出了新的要求，在保证束流品质的前提下，需要电子源产生高重频的电子束流，不同的装置对束团重复频率的要求也不一致，通常在几十千赫兹至吉赫兹的范围内。由于激光系统更容易获得高重频的超短激光脉冲，因此国内外常见的高重频电子源基本上都是采用激光驱动的光阴极电子源。总的来说，目前可以提供高品质束流的高重频光阴极电子源共有三大类：① 光阴极直流高压电子源；② CW 运行的 VHF 频段常温光阴极微波电子源；③ 射频超导光阴极微波电子源。上述三种电子源也是目前国内外高重频光阴极电子源的主流选择方案。

电子自旋是电子的固有特性，它分为两种状态：自旋向上（↑）和自旋向下（↓）。电子自旋极化度定义为电子的纯自旋态数与总自旋态数之

比，即

$$P=\frac{N\uparrow - N\downarrow}{N\uparrow + N\downarrow} \tag{1-2}$$

式中，$N\uparrow$ 是自旋向上的电子数；$N\downarrow$ 是自旋向下的电子数。对于一般电子源发射出来的电子束团，自旋向上的电子数与自旋向下的电子数一致，因此束团整体的极化度为 0，即非极化电子源。当电子源发射的电子在某一自旋方向的电子数目占优势而呈现出纯自旋状态时，称为自旋极化电子。GaAs 半导体由于其能带结构的特殊性，在一定波长的激光照射下可以产生具有一定极化度的电子，其经过直流电场或射频电场的加速引出后用于后续的高能电子对撞机，一般把此类装置称为极化光阴极电子源。

GaAs 光阴极产生极化电子的本质在于其价带底以及导带顶的电子分别属于 P 态和 S 态。由于自旋-轨道耦合使价带的六重简并分裂为四重简并的 $P_{3/2}$ 态和二重简并的 $P_{1/2}$ 态，其能量间隙为 0.34 eV(见图 1-3)，图中用 m_j 标出了各个简并态，圆圈中的数字代表相对跃迁概率。GaAs 的禁带宽度为 E_g，当入射光子能量范围为 $E_g<h\nu<E_g+0.34\text{ eV}$ 的圆偏振激光入射 GaAs 光阴极时，只有 $P_{3/2}$ 能级上的电子可以跃迁到 $S_{1/2}$ 上。根据量子选择定则，当激光为左旋圆偏振光时，跃迁方式如图 1-3 中的虚线所示；当激光为右旋偏振光时，跃迁方式如图 1-3 中的实线所示。此时自旋向上的电子数为自旋向下电子数的 3 倍，导带上的电子理论极化度 $P=(3-1)/(3+1)=50\%$。但是由于 GaAs 晶体导带电子热扩散到表面时存在着强烈的去极化效应，因此在

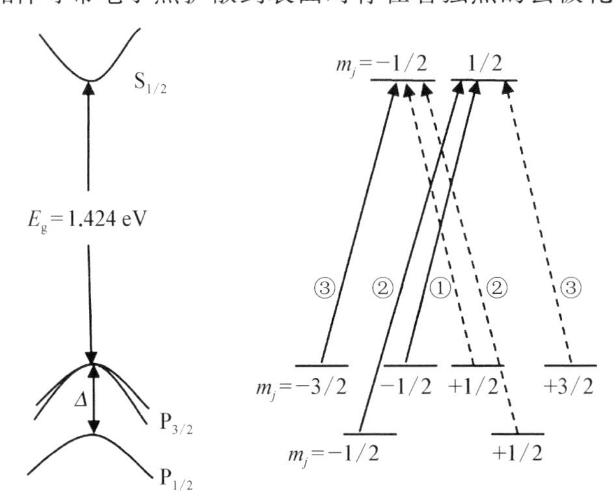

图 1-3 常规 GaAs 光阴极的能带精细结构

实验中得到的电子极化度小于理论极限值，一般都小于 30%。通过构造厚度小于或远小于热扩散长度的 GaAs 薄晶片，可明显减弱去极化效应，从而提高电子极化度，可以使极化度接近理论极限值的 50%。然而，利用薄 GaAs 晶片来提高极化度实际上是以牺牲量子效率为代价的，而且实验上获得的电子极化度是不可能超过 50%这一理论极限值的。当入射光子能量 $h\nu > E_g + 0.34$ eV，四重简并的 $P_{3/2}$ 态和二重简并的 $P_{1/2}$ 态上的电子将全部跃迁至 $S_{1/2}$，此时 $P=(3-3)/(3+3)=0$，即不显示极化特性。

为了利用 GaAs 光阴极获得更高的极化度，可以通过将 GaAs 生长在与之晶格常数不同的晶体结构上，从而在其内部产生一个单轴应变，在应变力的作用下，GaAs 子能带 $P_{3/2}$ 的轻重空穴的简并消除，从而使导带上电子的极化度理论值完全达到 100%，大大提高出射电子的极化度，此种阴极称为应变 GaAs 光阴极。应变 GaAs 光阴极材料的能带精细结构如图 1-4 所示，$P_{3/2}$ 子能带中的重空穴带和轻空穴带之间的简并消除，导致能级分裂。重空穴带与轻空穴带之间的能带间隙(分裂能)为 δ，当光子能量处于轻、重空穴带之间的圆偏振光入射应变 GaAs 时，只有重空穴(或轻空穴)带中的极化电子能吸收光子而跃迁到导带，并发射进入真空，即应变 GaAs 产生的电子自旋极化的理论极限值为 100%。但由于电子在输运和逃逸过程中存在去极化效应，实际实验中获得的自旋极化度要小于 85%。

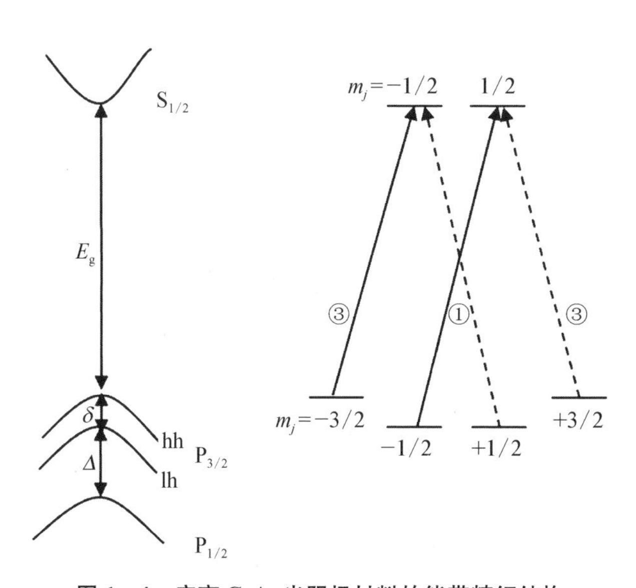

图 1-4　应变 GaAs 光阴极材料的能带精细结构

GaAs类光阴极是目前国内外已知的唯一可用于产生高极化度电子的光阴极材料，因此基本上所有的极化电子源都采用了该类型的光阴极材料。由于GaAs类光阴极材料对电子源内真空的要求很高，通常极化电子源都采用直流高压的方式引出电子束。

1.1.2 正电子源和极化正电子源

正电子是基本粒子的一种，带正电荷，质量与电子相等，是电子的反粒子，静止能量为0.511 MeV。正电子是不稳定粒子，遇到电子会与之发生湮灭而转变成两个光子，所以一般在实验室不容易直接观测到正电子。正电子最早是由狄拉克从理论上预言的，实验室最早观测到正电子则是在1932年，由美国加州理工学院的安德森等在云雾室中首次观测到正电子。正电子的发现开启了人们对反物质领域的研究。

在高能正负电子对撞机中，正电子源是非常重要的组成部分之一，用来产生具有一定方向、发射角的正电子束团，并由后续的加速结构俘获，加速至高能量。上一节重点介绍了高能加速器用的电子源，可以看到电子源的方案设计有很多种，都可以用来获得高品质的电子束。然而由于正电子自身的特殊性，正电子源想要获得足够强度、束流品质良好的正电子束，在技术上则要困难得多。

大型正负电子对撞机中的正电子源通常采用高能电子束轰击高原子序数的金属转换靶(如钨靶)产生电磁级联簇射来生成正电子。正电子的产生过程如下：高能电子在靶中通过轫致辐射产生光子，光子与原子核通过正负电子对产生过程和康普顿散射过程产生正负电子对和光子，生成的正负电子又引起轫致辐射，从而使簇射粒子总数急剧增加，最后一定数量的正电子可以发射出靶外。图1-5是高能电子束在金属靶内产生电磁级联簇射的示意图。为了在靶中发生足够的电磁级联簇射，通常金属转换靶需要有一定的厚度。这种以簇射形式产生的正电子束能谱宽，横向发散严重，很难被后面的加速系统直接俘获。在正电子产生靶后面必须要有一个匹配段，将从靶上发射出来的小尺寸、大发射角的正电子束转换成大尺寸、小发射角、能被后面加速系统接收的正电子束，然后在选择好的加速相位上进入加速管，同时用均匀纵向磁场保证其横向聚焦。

通常把利用高能电子束直接轰击金属转换靶产生正电子的方案称为常规型正电子源方案，其结构如图1-6所示，主要由提供打靶电子的电子直线加速器、正电子转换靶、俘获匹配段以及后续的正电子直线加速器组成。它的优点在于技术比较成熟，目前世界上运行中的大型正负电子对撞机的正电子源系统大多采用该类型。例如，目前在高能所运行的北京正负电子对撞机 BEPC Ⅱ的正电子源系统就是采用高能电子束轰击金属靶来产生正电子的，入射电子能量为 240 MeV，金属转换靶的材料为钨，靶厚度为 8 mm，转换靶后的绝热匹配系统采用磁号装置，可以在 100 mm 纵向空间内产生峰值磁场强度为 0.5～5.5 T 的脉冲磁场分布[10]。

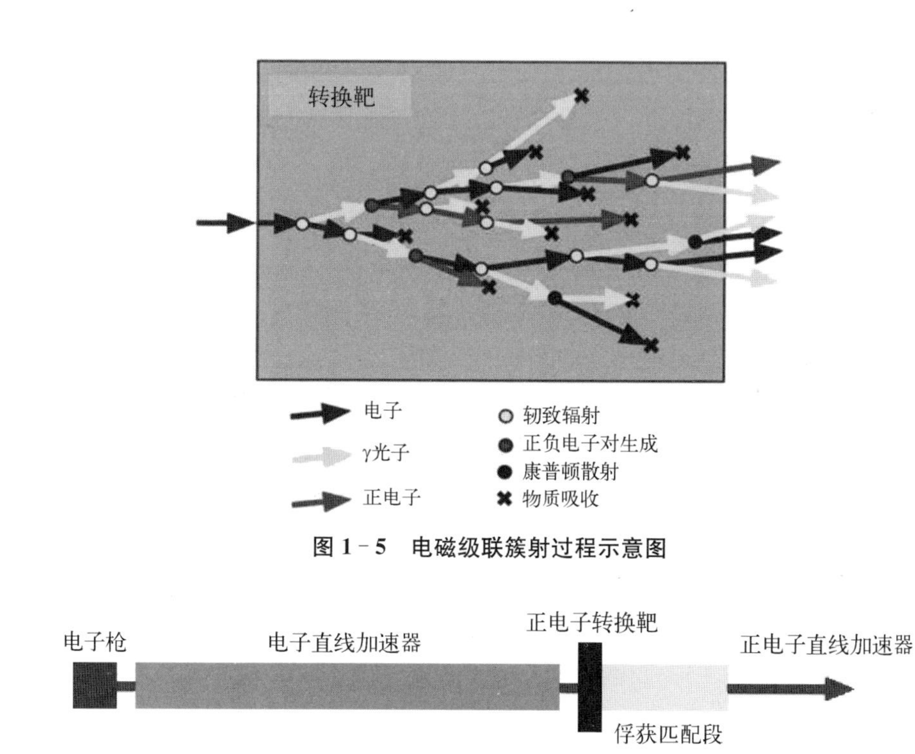

图 1－5　电磁级联簇射过程示意图

图 1－6　常规型正电子源方案示意图

正电子的产额与入射电子的能量和流强成正比，为了获得更多的正电子提高单束团电荷量，需要入射的电子束能量达到几吉电子伏特，束团电荷量超过 10 nC，在如此高功率的入射电子束轰击下，正电子转换靶需要足够的水冷带走靶内的功率沉积。过高的功率沉积以及高功率电子束打靶的瞬态温升带来的热冲击都会对转换靶造成损伤，因此需要严格对转换靶进行水冷和机械设计。表 1－4 给出了目前世界上正在运行或者拟建中的高能正负电子对撞机的正电子源的技术参数。

表 1-4 正在运行或者拟建中的高能正负电子对撞机的正电子源技术参数

参 数	BEPCⅡ	SuperKEKB	FCC	CEPC
入射电子能量/GeV	0.240	3.3	4.46	4
入射电子单束团电荷量/nC	6	10	8.8	10
重复频率/Hz	50	50	200	100
入射电子束斑尺寸/mm	2.5	0.7	0.5	0.5
转换靶材料	钨靶	钨靶	钨靶	钨靶
转换靶厚度/mm	8	14	15	15
功率沉积/kW	0.013	0.6	2.7	0.78

采用常规型正电子源很难得到具有一定极化度的正电子束，即便采用高极化度的电子束作为入射电子，同样无法有效地获得极化正电子束，主要原因是从正电子靶出射的正电子大部分是低能正电子，高能正电子很少，例如BEPCⅡ常规型正电子源，其在 240 MeV 入射电子能量下出射正电子的能谱分布如图 1-7 所示[11]。当入射电子具有极化特性时，出射的正电子中只有高能量的正电子具有一定极化特性，而高能正电子数本身就非常少；另外，为了获得高产额，正电子靶通常具有一定的厚度，具有极化特性的高能正电子出射过程中会有一定的退极化效应，因此采用常规型正电子源的技术方案很难获得极化正电子束。

另外一种可以有效产生正电子的方法是直接利用高能的伽马(γ)光子束轰击低原子序数的金属薄靶(如钛靶或者钛合金靶)，通过光子与靶原子核相

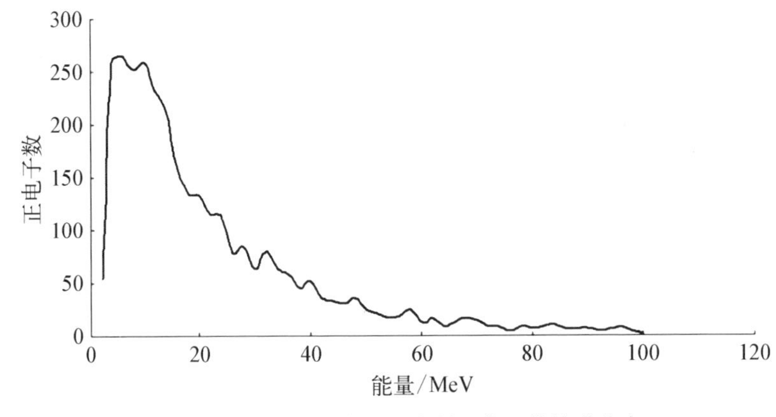

图 1-7 常规型正电子源出射正电子的能谱分布

互作用的正负电子对产生过程来生成正电子。相比于常规型正电子源，采用高能 γ 光子束打靶的新型正电子源具有独特的优势，即当入射的高能光子束具有圆极化特性时，可以产生纵向极化的正电子，这也是目前世界上公认的可以用来得到极化正电子的有效方法，正负电子对的产生过程如图 1-8 所示。如何获得具有圆极化特性的高能 γ 光子束是产生极化正电子的关键所在。

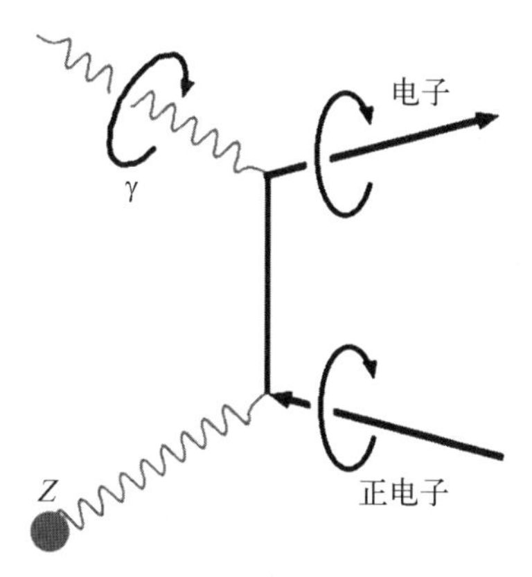

图 1-8　正负电子对产生过程示意图

通常可以采用两种不同的方案来产生具有圆极化特性的高能 γ 光子束用于打靶产生正电子，按照高能 γ 光子束产生方式的不同，分别称为基于波荡器型极化正电子源和基于康普顿背散射型极化正电子源[12-13]。基于波荡器型极化正电子源利用能量非常高的高能电子束通过一个短周期的螺旋波荡器产生能量大于 10 MeV 的极化 γ 光子束，如图 1-9 所示。电子束的能量、波荡器磁场强度、波荡器周期长度以及波荡器总长度都是其中的关键参数，所有这些参数都影响最终产生的正电子的产额和正电子束的极化特性。

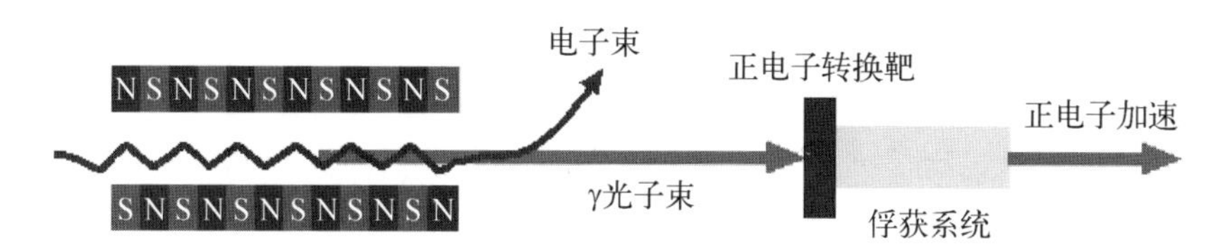

图 1-9　基于波荡器型极化正电子源方案

另外一种产生高能 γ 光子束的方案是利用康普顿背散射过程，相比于基于波荡器的方案，它的优点在于对电子束流能量的要求较低，GeV 能量量级的电子束即可以产生满足打靶能量要求的高能 γ 光子束，在实际应用中更容易实现。GeV 能量量级的电子束与一定波长的激光发生康普顿背散射过程，从而产生高能 γ 光子束，然后利用该光子束打靶通过正负电子对产生过程生成正电子束，具体方案如图 1-10 所示。当与电子束作用的激光具有圆偏振特性时，其产生的高能 γ 光子的能谱在高能部分具有一定极化度，打靶产生的正电子同样具有极化特性。

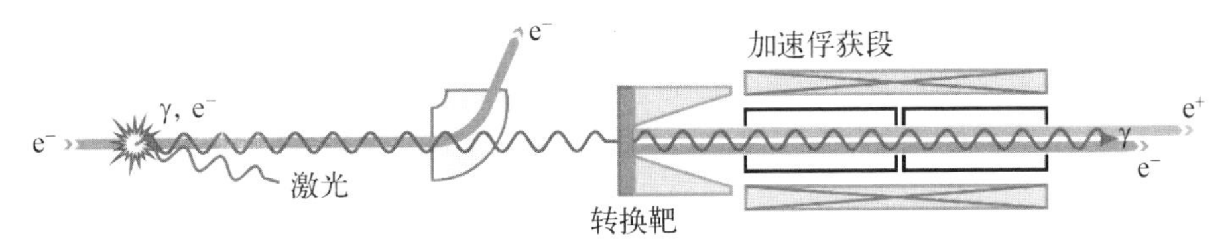

图 1-10 基于康普顿背散射型极化正电子源方案

1.2 高梯度加速结构

在电子直线加速器中,利用射频场加速电子,射频加速结构就是将功率源产生的功率转化为电子能量的结构,根据腔中的工作模式可分为行波结构和驻波结构。直线加速器射频加速结构,无论是行波还是驻波,它的任务是产生一个与带电粒子运动方向和速度一致的加速分量。

直线加速器常用的是圆柱形的波导谐振腔,但在通常的圆柱形波导中,电磁波的相速大于光速,按照相对论,电子的速度不可能超过光速,为了实现有效的加速,必须减慢波导中电磁波的相速,使它与电子同步,所以电子直线加速器的加速波导是一种慢波结构。慢波结构有许多种,常用的是盘荷波导,盘荷波导的微波特性、机械强度和导热性能较好,加工也方便。

1.2.1 谐振腔的主要参数

为了能加速粒子,电磁场中需要存在轴向电场分量,最合适的就是最简单的 TM_{01} 行波模式和 TM_{010} 驻波模式。本节给出了盘荷波导结构谐振腔各性能参数的定义[14],包括谐振频率、工作模式、相速、群速、衰减常数、分路阻抗、品质因数、建场时间等。

1) 谐振频率 f

谐振频率是谐振腔的重要参数,也是设计腔时首先确定的一个参数。谐振腔的频率越低,谐振腔的尺寸越大;反之,则尺寸越小。为了实现微波功率能无反射地馈入谐振腔中,谐振腔的谐振频率必须与功率源的频率保持一致。

2) 工作模式

工作模式 ϕ 定义为结构中每周期(一般即每腔)上的相移,即

$$\phi = 2\pi/m \tag{1-3}$$

式中，m 为每个波导波长中的腔数或栏片数。例如，$2\pi/3$ 模式表示波导中每腔相移 120°，即3个腔长为一个波导波长。

3）相速

相速定义为射频场中恒定相位沿加速结构轴线的传播速度，相对相速 β_p 表示为

$$\beta_p = \frac{v_p}{c} = \frac{\kappa}{\beta_0} \tag{1-4}$$

式中，v_p 为相速；κ 为波数；β_0 为基波传播常数。利用关系式 $\phi = \beta_0 D$，式(1-4)可改写为 $\beta_p = \kappa D/\phi$，其中 ϕ/D 是单位距离上的相移。

4）群速

相对群速 β_g 定义为

$$\beta_g = \frac{v_g}{c} = \frac{d\kappa}{d\beta_0} \tag{1-5}$$

式中，v_g 是群速，可以表示为 $v_g = p/w$，w 是储能密度，p 是功率流。群速与栏片孔径和腔直径之比 a/b 密切相关，群速与表征结构色散特性的量 $d\beta_p/df$ 直接相关。

5）衰减常数

在均匀结构中不考虑束流负载时，场强按指数规律衰减。波导终端场强 E_L 与始端场强 E_0 之间有如下关系：

$$E_L = E_0 e^{-\alpha L} \tag{1-6}$$

式中，α 为电压衰减常数，而 $\tau = \alpha L$ 定义为结构的衰减常数，它是束流负载为零时结构的总衰减，常用的单位为奈培(neper，符号为Np)，1奈培衰减表示结构终端场强减弱到始端的 $1/e$。另一个常用的单位是分贝(dB)，按定义，$\tau(dB) = 10\lg(P_0/P_L)$。两单位之间的关系为 1 Np = 8.68 dB。对非均匀结构，$\tau = \int_0^L \alpha(z)dz$。

6）分路阻抗

分路阻抗又称并联阻抗，单位长度的分路阻抗 R_M 定义为

$$R_M = \frac{-E_0^2}{dP/dz} \tag{1-7}$$

式中，E_0 为轴上平均电场，$E_0 = \frac{1}{L}\int_0^L e_z(0, z)dz$，$L$ 为结构长度；dP/dz 是

单位长度上的功率损耗。分路阻抗反映在一定功耗下结构提供的极大梯度，显然愈高愈好，常用的单位是 MΩ/m。

7）品质因数

品质因数又称 Q 值，无载（或固有）Q 值是作为谐振腔结构品质的度量，是衡量腔内储能与耗能的一种质量指标。它定义为腔中储能与每弧度射频周期中腔内射频损耗之比，表示为

$$Q=-\frac{\omega w}{\mathrm{d}p/\mathrm{d}z} \tag{1-8}$$

式中，w 是储能密度；ω 是角频率。Q 值与结构材料、加工质量有关。腔的 Q 值越高，则表示在消耗相同功率时，腔内的储能越大。

8）建场时间

建场时间 t_F 是射频功率充满整个加速波导段的时间，表示为

$$t_\mathrm{F}=\frac{L}{v_\mathrm{g}} \tag{1-9}$$

式中，L 是波导长度，当射频功率进入波导时，只有经过建场时间 t_F 之后，场在结构中才能稳定地建立起来。

1.2.2 常温高梯度加速结构

常温高梯度加速结构有等阻抗和等梯度两种。等阻抗加速结构就是均匀结构的加速结构，即移动一个周期之后结构的尺寸并不发生变化。加速场恒定的结构称为等梯度加速结构，由于加速结构中场分布随束流而变化，故在定义等梯度加速结构时，仅对某一指定束流而言，这里所讨论的是束流为零时的等梯度结构的特性。为了达到等梯度特性，加速波导栏片孔径 a 应减小，而为了保证相速为光速 c，波导半径 b 也应减小，因此等梯度结构中每个腔的尺寸是渐变的，加工工艺较等阻抗结构更复杂。与等阻抗结构相比，等梯度结构还有几个优点：较低的频率灵敏度，较高的功率转换效率，较弱的束负荷影响，而最主要的是它有较高的束流崩溃阈电流。

在常温直线加速器中，几乎所有的参数都与工作频率有关，所以建造直线加速器时，首先应通过比较不同工作频率的优势和劣势，进而选择合适的频率。但是频率的选择是不能完全用理论的方法分析得到的，一般还应根据工程的需求和参考以前装置的成功经验来选择。

参考文献[15]中按比例缩放加速结构尺寸的原则给出了工作频率与腔主要参数的关系。单位长度的分路阻抗与频率的1/2次方成正比，一定长度和能量的加速器所需的总功率与频率的1/2次方成反比，即频率越高，需要的总功率就越低，整个加速器就越经济。同时，频率高的优点还有结构的填充时间短，腔中储能低，腔承受最大场强的阈值高，可以允许更大的相对频率和相对尺寸偏差等。

但是，频率的选择受制于束流通过腔时所需的最小束流孔径，功率的提升还会增加功率源、微波传输系统、控制系统等的数量，使整个加速器的建造成本和运行难度增大，这些因素将削弱由于频率升高带来的腔耗降低的优势。一般情况下，频率的升高会要求加工精度的提高。对单束团而言，由于束流孔径减小，横向尾场与束流孔 $a^{-3.5}$ 成正比，强烈的横向尾场效应也是高频率结构的问题之一[16]。现有工业用脉冲功率源也是直线加速器设计中要考虑的一个重要因素，由于 e^+e^- 对撞机的需求，现已有80 MW S波段、50 MW C波段、50 MW X波段的商业成熟速调管可以使用，因此，加速器的频率选择需要综合考虑。下面主要介绍工作于S波段、C波段和X波段的等梯度行波加速结构的性能及主要使用装置。

1）S波段等梯度加速结构

美国斯坦福大学直线加速器中心(SLAC)的长度为2 mi(1 mi≈1.609 km)的直线加速器是目前世界上最长的常温电子直线加速器，其采用了工作于S波段的3 m长盘荷(disk-loaded)波导等梯度加速结构，平均运行加速梯度为17 MV/m。目前，此结构也一直是各常温直线加速器的样本，其主要参数如表1-5所示[15]。

表1-5　SLAC型加速结构主要参数

参　数	等梯度、行波
结构	盘荷
运行模式	2π/3
运行频率/MHz	2 856
运行温度/℃	45±0.1
相速	真空中光速
射频周期长度/mm	104.969
腔数目/个	85+2×0.5

（续表）

参　　数	等梯度、行波
总长度/m	约 3.095
每个腔单元的射频相移量/(°)	120±2
累计射频相移量/(°)	(85×120)±2
填充时间/μs	0.83
有效分路阻抗/(MΩ/m)	53～62
射频衰减常数/Np	0.554
归一化群速	0.007～0.022
Q 值	13 000

1986 年，高能所北京正负电子对撞机（BEPC）建成，其直线加速器采用了 SLAC 2 mi 长直线加速器最开始的 2 个加速段，每个加速段由 8 个速调管组成，一个速调管携带 4 个 3 m 长的 SLAC 型行波加速结构，共计 56 个加速结构，全长 203 m。在 BEPC 升级项目 BEPCⅡ中，部分微波系统改造成一个速调管携带 2 个加速结构，因此加速结构的工作梯度由原来的约 17 MV/m 提高到 20 MV/m，目前运行稳定。

韩国浦项科技大学（POSTECH）硬 X 射线自由电子激光（PAL - XFEL）装置采用 10 GeV 直线加速器常温 S 波段（2 856 MHz）的加速结构、80 MW 的功率源（TOSHIBA），重复频率为 60 Hz，在研制过程中，曾经有 3 家公司（德国的 RI 公司、日本的 MHI 公司、韩国的 Vitzro Tech 公司）为这个项目研制了 S 波段的加速结构，目前整个装置运行稳定[16]。

环形正负电子对撞机（CEPC）是由高能所在 2012 年提出的加速器设计方案[17]，其中，直线注入器将为增强器提供正负电子，在正电子靶之前采用常温 S 波段加速结构对正负电子进行加速，为了降低平均加速梯度与最大表面电场的比值，设计人员对腔型和盘片结构进行了优化，并采用跑道型对称耦合的方式降低在耦合器中由于场的不对称性引起的束流发射度增大。优化设计完成后，完成了 3 m 加速结构的制造，图 1 - 11(a)所示为单腔结构，图(b)所示为在实验室进行测试的整管。

完成冷测和调配后，在高能所高功率测试台进行了老练，如图 1 - 12 所示。在使用脉冲压缩技术的情况下，此加速结构在高功率测试台老练时的无载加速梯度达到了 33 MV/m。

(a)

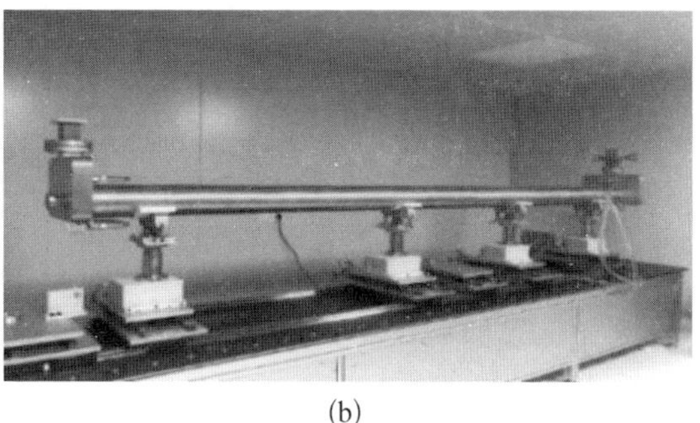

(b)

图 1 - 11 高能所研制的 S 波段内水冷加速结构

(a) 单腔结构；(b) 在实验室进行测试的整管

(a)

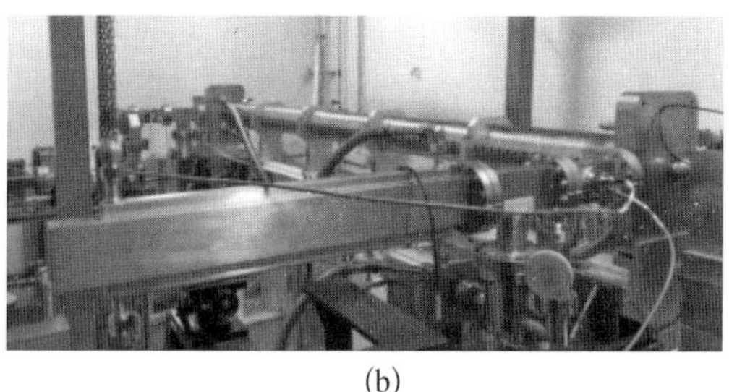

(b)

图 1 - 12 高能所 S 波段高功率测试台

(a) 功率源、真空及控制台；(b) 被测加速管

2) C 波段等梯度加速结构

世界上第一个自由电子激光装置是美国斯坦福大学直线加速器中心的 LCLS 装置，它由现有的 2 mi 的 S 波段直线加速器的前 1/3 部分改造而成，总能量为 14 GeV [18]。新建一个这样的 S 波段装置耗资巨大，为了降低成本，使装置紧凑，日本 SPring - 8 自由电子激光装置 SACLA[19-21]、瑞士保罗谢勒研究所(PSI)自由电子激光装置 SwissFEL[22-23]、中国科学院上海高等研究院(SARI)软 X 射线自由电子激光装置 SXFEL[24] 等都选择了 C 波段频率为 5 712 MHz 的加速结构，功率源的功率为 50 MW。微波功率进入加速结构之前，采用脉冲压缩技术可提高其峰值功率，这三个自由电子激光装置加速结构的参数如表 1 - 6 所示，SwissFEL 和 SXFEL 使用的加速结构在高功率测试台老练的加速梯度均大于 50 MV/m。

表 1-6　各实验室 C 波段加速结构参数

装　置	SACLA (SPring-8)	SwissFEL (PSI)	SXFEL (SARI)
工作频率/MHz	5 712	5 712	5 712
总能量/GeV	8.5	5.8	0.8 (一期)
功率源功率/MW	50	50	50
重复频率/pps	60	100	—
工作梯度(运行)/(MV/m)	38	30	40
工作模式	$3\pi/4$	$2\pi/3$	$4\pi/5$
腔数(含耦合腔)/个	91	104	81
加速结构长度/m	1.8	2	1.8
高功率测试台梯度/(MV/m)	—	52	50
功率源脉宽/μs	2.5	3	3
微波结构	一拖二	一拖四	一拖二
脉冲压缩器脉宽/μs	2.5～0.5	3～0.4	2.5～0.5
脉冲压缩器类型	双腔	BOC 型	双腔
直线长度/m	700	600	135
一个速调管带来的能量增益/MeV	137	240	144

高能所也进行了 C 波段加速结构的研究，研制了工作于 $3\pi/4$ 模式的 C 波段加速结构[25]，其性能参数如表 1-7 所示，高能所研制的 C 波段加速结构实物图如图 1-13 所示。

表 1-7　高能所研制的 C 波段加速结构的性能参数

参　数	数　值
频率 f/MHz	5 712
总腔数/个	$89+2\times0.5$
腔间相移	$3\pi/4$
总长度/m	1.8
单腔长度 d/mm	19.67
盘片厚度 t/mm	4.5

（续表）

参　　数	数　　值
平均束流孔径 $2a$/mm	14.28
腔平均内径 $2b$/mm	22.8
分路阻抗 R_s/(MΩ/m)	66.04～73.8
品质因数 Q	11 359～11 183
相对群速(V_g/c)/%	2.8～0.9
色散特性$(d\theta/df)$/(°/MHz)	0.83～2.5
填充时间 t_F/ns	337
衰减常数 τ	0.536

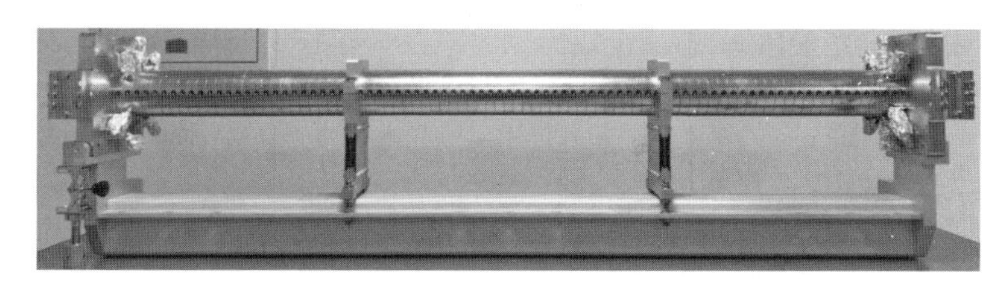

图 1-13　高能所研制的 C 波段加速结构实物图

还有一些其他的实验室由于升级改造的需求对 C 波段加速结构进行了研究，比如意大利国家核物理研究院(INFN)[26]使用长度为 0.54 m 的实验样管，在高功率测试台的加速梯度大于 50 MV/m。

3）X 波段等梯度加速结构

CERN 提出的紧凑型直线对撞机(compact linear collider, CLIC)，其主加速段采用常温 X 波段(工作频率为 12 GHz)加速结构，加速结构的加速梯度为 100 MV/m[27]。由此构成的加速器结构紧凑、造价低、性价比高，这些特点使其在科研、工业、医疗方面具有广泛的应用前景。

CERN 联合 SLAC、KEK、FNAL 等开展了对 X 波段加速结构长达 15 年的研究，研制了 DT、DDS、RDDS、HDDS 等系列管型，加速梯度达到 100 MV/m。目前，由于射频打火、暗电流、表面温升的影响，实验中铜材料的加速梯度上限是 100 MV/m[28-29]。清华大学和中国科学院上海高等研究院也在近几年加入了 CLIC 合作组织，开展 X 波段加速结构的研究。

对 X 波段加速结构的研究旨在采用新材料和新工艺提高加速梯度，突破现在的 100 MV/m，达到 150 MV/m。在新材料方面，KEK 等实验室进行了研究[30-31]，测试的材料包括无氧铜、铜锆、铜铬、热等静压铜、单晶铜、电镀铜、Glidcop、铜银和镀银铜。在射频加工之前，将样品暴露于不同的加工和热处理工艺中，在约 110℃的峰值脉冲加热温度下测试每个样品，结果表明，使用铜锆和铜铬合金，脉冲加热有可能提高梯度极限。在新工艺方面，为了避免在焊接过程中由小的缝隙导致的打火，可采用铣床铣出半个结构再焊接的方式来避免焊缝引起的打火。CERN 和 SLAC 联合设计并进行了高功率测试，在高功率测试台上无载梯度达到了 100 MV/m[32]。

参考文献

[1] Pei G X. Overview of bepcii linac design[C]//Proceedings of LINAC 2002, Gyeongju, Korea, 2002.

[2] Kamitani T. Injector linac upgrade for superKEKB[C]//Proceedings of Linear Accelerator Conference LINAC 2010, Tsukuba, Japan, 2010.

[3] Vauth A, List J. Beam polarization at the ILC: physics case and realization [J]. International Journal of Modern Physics: Conference Series, 2016, 40: 1660003.

[4] Rinolfi L. The CLIC electron and positron polarized sources [R]. Ferrara: CLIC Study Team, 2009.

[5] Meng C, He X, Jiao Y, et al. Physics design of the HEPS LINAC [J]. Radiation Detection Technology and Methods, 2020, 4(4): 497 - 506.

[6] Ohgaki H, Hayashi S, Miyasako A, et al. Measurements of the beam quality on KU - FEL linac[J]. Nuclear Instruments and Methods in Physics Research Section A, 2004, 528(1): 366 - 370.

[7] 谢家麟，高杰，黄永章，等. 热阴极微波电子枪[J]. 高能物理与核物理，1990，14(7)：577 - 584.

[8] 刘锡三，黄孙仁，许州，等. S 波段 1+1/2 腔热阴极微波电子枪研究[J]. 强激光与粒子束，1994(2)：161 - 170.

[9] Alley R, Bharadwaj V, Clendenin J, et al. The design for the LCLS RF photoinjector [J]. Nuclear Instruments and Methods in Physics Research A, 1999, 429(1 - 3): 324 - 331.

[10] Pei G X, Sun Y L, Liu J T, et al. BEPCⅡ positron source [J]. High Energy Physics and Nuclear Physics, 2006, 30(1): 66 - 70.

[11] 苟卫平. BEPCⅡ正电子源物理设计[D]. 北京：中国科学院高能物理研究所，2001.

[12] Alexander G, Barley J, Batygin Y, et al. Observation of polarized positrons from an undulator - based source [J]. Physical Review Letters, 2008, 100(21): 210801.

[13] Omori T, Fukuda M, Hirose T, et al. Efficient propagation of the polarization from laser photons to positrons through compton scattering and electron-positron pair

creation [J]. Physical Review Letters, 2006, 96: 114801.
[14] 姚充国. 电子直线加速器[M]. 北京：科学出版社，1986.
[15] Neal R B. The stanford two-mile accelerator [M]. New York: W. A. Benjamin Inc. , 1968.
[16] Lee H S. PAL - XFEL accelerating structures[C]//Proceedings of IPAC 2013, Shanghai, China, 2013.
[17] The CEPC Study Group. CEPC conceptual design report[R]. Beijing: IHEP, 2018.
[18] Nuhn H D. Linac coherent light source conceptual design report[R]. Menlo Park: SLAC, 2002.
[19] Inagaki T, Kondo C, Maesaka H, et al. High-gradient C-band linac for a compact X-ray free-electron laser facility[J]. Physical Review Special Topics - Accelerators and Beams, 2014, 17(8): 080702.
[20] Shintake T. HOM - free linear accelerating structure for e^+e^- linear collider at C-band[C]//Proceedings of the Particle Accelerator Conference, Dallas, USA, 1995.
[21] Hasegawa T. States of a precise temperature-regulation system for the C-band accelerator at XFEL/SPring - 8 [C]//Proceedings of the International Particle Accelerator Conference, Kyoto, Japan, 2010.
[22] Alex J, Calvi M, Celcer T, et al. SwissFEL conceptual design report[R]. Zurich: PSI, 2017.
[23] Zennaro R. Measurement and high power test of the first C-band accelerating structure for SwissFEL[C]//Proceedings of LINAC 2014, Geneva, Switzerland, 2014.
[24] Fang W C, Gu Q, Tong D C, et al. Design optimization of a C-band traveling-wave accelerating structure for a compact X-ray free electron laser facility [J]. Chinese Science Bulletin, 2011, 56(32): 3420 - 3425.
[25] Zhang J R. Design of a C-band travelling-wave accelerating structure at IHEP[C]//Proceedings of IPAC 2017, Copenhagen, Denmark, 2017.
[26] Alesini D. Design, fabrication and high power RF test of a C-band accelerating structures for feasibility study of the SPARC photo-injector energy upgrade[C]//Proceedings of IPAC 2011, San Sebastián, Spain, 2011.
[27] Aicheler M, Burrows, P, Draper M, et al. A multi-TeV linear collider based on CLIC technology: CLIC conceptual design report[R]. Menlo Park: SLAC, 2012.
[28] Wu X W, Shi J R, Chen H B, et al. High-gradient breakdown studies of an X-band compact linear collider prototype structure [J]. Physical Review Accelerators and Beams, 2017, 20(5): 052001.
[29] Khabiboulline T. Development of X-band accelerating structures at FERMILAB [C]//Proceedings of PAC 2003, Portland, USA, 2003.
[30] Laurent L, Tantawi S, Dolgashev V, et al. Experimental study of RF pulse heating [J]. Physical Review Accelerators and Beams, 2011, 14: 041001.
[31] Simakov E I, Valery A D, Sami G T, et al. Advances in high gradient normal

conducting accelerator structures [J]. Nuclear Instruments and Methods in Physical Review A, 2018, 907: 221 - 230.

[32] Theodoros A, Nuria C L, Alexej G, et al. Design, fabrication, and high-gradient testing of an X-band traveling-wave accelerating structure milled from copper halves [J]. Physical Review Accelerators and Beams, 2018, 21(6): 061001.

第2章
对撞机磁铁技术

加速器磁铁是环形正负电子对撞机中的基础设备，也是种类、数量最多的设备，主要作用是提供电磁力，对正负电子束流进行偏转和聚焦等[1]。我国在规划的环形正负电子对撞机(CEPC)中，对撞环(主环)周长约 100 km，共有约 9 370 台磁铁，其总长度约占对撞环周长的 80%。磁铁系统中包括二极磁铁、四极磁铁、六极磁铁和校正磁铁等多种。因此，特别需要考虑降低磁铁造价和功率损耗。对撞环中大部分二极磁铁的磁场强度都比较低，四极磁铁、六极磁铁具有中等磁场强度，因此均选用常规的电磁铁方案。CEPC 可工作在 TT(182.5 GeV)、Higgs(120 GeV)、W(80 GeV)、Z(45.5 GeV)等多种模式，因此必须要确保磁铁在不同运行能量下的磁场性能满足设计要求[2]。

CEPC 是一台双环对撞机，正负电子束流间距为 350 mm。对撞环大部分二极磁铁和四极磁铁采用双孔径磁铁方案[3-4]。相比于传统的单孔径磁铁方案，可大大降低磁铁数量、造价和功率损耗。CEPC 对撞环共有双孔径二极磁铁约 2 400 台，双孔径四极磁铁约 2 400 台，六极磁铁约 1 900 台。双孔径二极磁铁、四极磁铁需要解决两个孔径内磁场的耦合干涉问题，保证每个孔径内的磁场性能满足设计要求；同时二极磁铁和四极磁铁长度长，磁场精度要求高，其设计、研制、磁场测量难度均较大。

CEPC 主环二极磁铁、四极磁铁采用铝导线绕制励磁线圈，设计中采用低电流密度和大线圈横截面降低工作电流和功耗。部分二极磁铁还要求同时产生六极磁场，即采用二六极组合磁铁方案[5]，用于降低独立六极磁铁的磁感应强度和功率损耗。

在 CEPC 对撞环磁铁的设计中，考虑了束流同步辐射对线圈造成的损坏，因此在磁铁线圈绕组旁预留了空间来放置辐射防护吸收体。在二极磁铁、四极磁铁和六极磁铁的设计中，磁场计算和优化使用电磁场软件 OPERA 进行。

作为预研工作的第一步，研制了一台双孔径二极磁铁短样机来验证磁铁的物理和机械设计。

2.1 双孔径二极磁铁

CEPC 主环周长 100 km，为减少磁铁总数量，加速器物理要求二极磁铁磁场有效长度为 28.7 m，要求它们在束流能量为 182.5 GeV 时每个磁铁孔径内产生 567 Gs(1 Gs=1×10^{-4} T)的磁场。考虑到长达 28.7 m 磁铁的加工制造、磁场测量和运输安装等都非常困难，设计中将二极磁铁的铁芯分为 5 段，每段长度为 5.7 m，便于磁铁制造、运输和安装真空泵。每段铁芯放置励磁线圈，相邻段的励磁线圈在端部进行电连接，从而构成完整的电流回路。设计中选择两个磁铁孔径共享一个线圈的"工"字形紧凑型双孔径二极磁铁结构，相比于两个并排放置的单独二极磁铁，可节省约 50%的功耗，并可在两个孔径中提供大小、方向相同的磁场。

六极磁铁的功耗与 SR^3 成比例，其中 S 代表二阶磁场梯度，R 代表极头内接圆半径。双孔径二六极组合磁铁(见图 2-1)可用于二极磁铁 5 段铁芯中的第一个和最后一个铁芯段[5]，即在每个孔径内产生二极磁场的同时，还能产生六极磁场，这样可显著降低对撞环中独立六极磁铁的磁感应强度和功率损耗。在双孔径二六极组合磁铁中，六极磁场由特殊的磁极轮廓形成，不会显著增加磁铁功率。

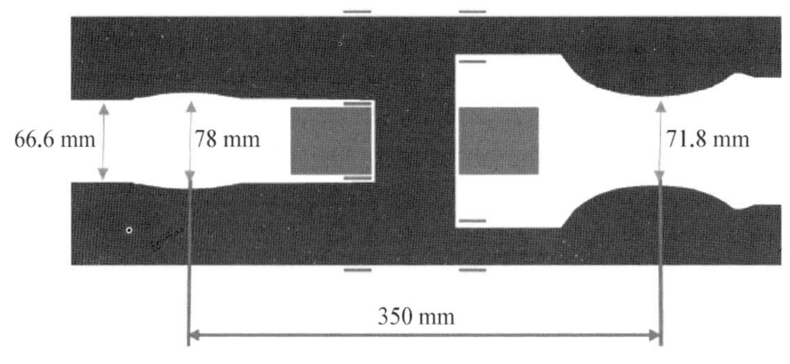

图 2-1　双孔径二六极组合磁铁横截面

2.1.1 双孔径二六极组合磁铁

本节介绍双孔径二六极组合磁铁的物理要求、磁铁截面设计、磁场仿真计算和磁场测量结果。

1）双孔径二六极组合磁铁设计

表 2－1 列出了双孔径二六极组合磁铁的设计要求。在两个孔径中六极磁场极性相反的情况下，二极磁场大小、方向必须相同，因此两个孔径中的磁极轮廓的曲率相反。

表 2－1　CEPC 对撞环二六极组合磁铁主要设计要求

项　　目	数　　值
45.5 GeV 时磁感应强度/Gs	140
182.5 GeV 时磁感应强度/Gs	567
磁铁有效长度/m	5.7
中心气隙高度/mm	≥70
好场区半径/mm	13.5
磁场精度 B_n/B_1	$\leqslant 5\times10^{-4}$
磁感应强度调节范围/%	±1.5
双孔径磁感应强度差异/%	<0.5
二阶磁场梯度/(T/m^2)	4.888，−7.017

二六极组合磁铁的极面轮廓可以根据标量磁势推导得出[6]。给定气隙中心磁感应强度 B_0，二阶磁场梯度 S 和孔径中心处的间隙半高度 h，二六极组合磁铁的极面基本方程为

$$y=\frac{B_0 h}{B_0+\dfrac{Sx^2}{2}} \tag{2-1}$$

二维磁场仿真计算用于优化磁极轮廓和磁铁横截面。中心二极磁场大小由间隙高度迭代调整，六极磁场分量通过改变极面轮廓的曲率来实现，高阶场谐波用磁极两侧的垫补修整来满足设计要求。通过多次迭代仿真，除正六极磁铁谐波分量 b_3 以外，所有磁场高次谐波均在 5 units 以下（1 unit 代表主二极磁场的 1×10^{-4}）。两个孔径中的最终间隙高度分别为 78 mm 和 71.8 mm。上下极面最小间隙为 66.6 mm，允许从 C 形开口侧插入真空盒。为降低造价，线圈由纯铝导线制成。图 2－1 和图 2－2 分别为双孔径二六极组合磁铁的横截面图和二维磁力线分布图。

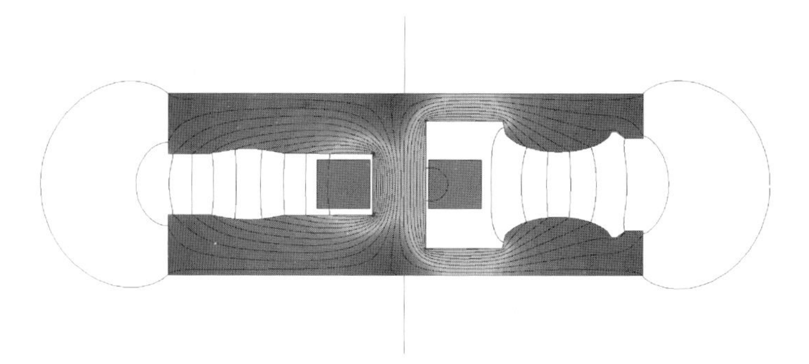

图 2-2　双孔径二六极组合磁铁二维磁力线分布

双孔径二六极组合磁铁三维磁场计算模型如图 2-3 所示。

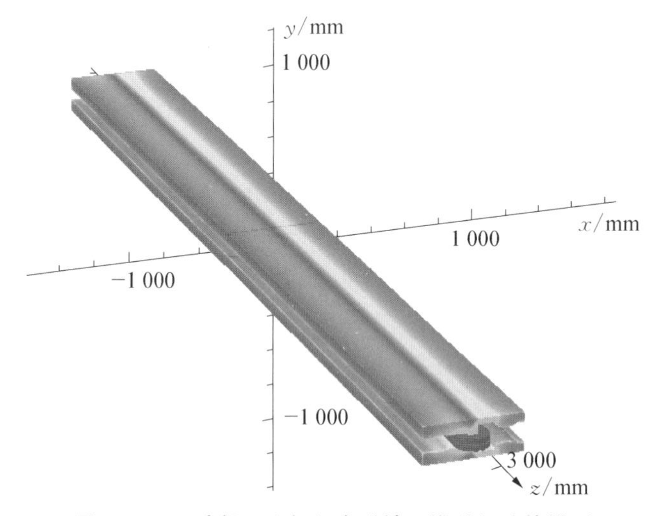

图 2-3　双孔径二六极组合磁铁三维磁场计算模型

双孔径二六极组合磁铁长度为 5.7 m,相对于孔径的比值较大。计算结果表明,端部效应较小,在不进行端部削斜的情况下,积分磁场以及各高阶磁场分量均满足设计要求。

图 2-4　双孔径二极磁铁短样机磁场计算模型

环形正负电子对撞机主环磁铁系统预研工作的第一步为研制一台双孔径二六极组合磁铁短样机,以验证磁铁的物理和机械设计。双孔径二六极组合磁铁短样机长度设计为 1 m。如图 2-4 所示,在三维磁场计算中,磁铁端部使用端部削斜来减小端部效应，并实现良好的积分磁场均匀性。在最高工作电流下，铁芯中磁场强度非常小，两孔径磁场干涉效应可忽略。当调整线圈以±1.5%的调节能力被激励时，两个孔径中的高阶磁场几乎保持不变，如表2-2所示。其中，b_{n_L}、b_{n_R}分别表示左侧孔径和右侧孔径的n阶谐波分量，$b_{n\_L-1.5\%}$，$b_{n_L+1.5\%}$分别表示左侧孔径减少和增加1.5%的电流后的n阶谐波分量。

表2-2　120 GeV时三维磁场计算两个孔径内积分磁场谐波分量

n	$b_{n\_L}/\times10^{-4}$	$b_{n\_L+1.5\%}/\times10^{-4}$	$b_{n\_L-1.5\%}/\times10^{-4}$	$b_{n\_R}/\times10^{-4}$
1	10 000	10 000	10 000	10 000
2	−2.72	−2.51	−1.83	0.23
3	113.60	113.80	113.85	−155.236
4	2.28	2.35	2.38	−0.44
5	−3.11	−3.09	−3.08	2.89

双孔径二极磁铁短样机的机械设计模型如图2-5所示。铁芯采用实心工业纯铁DT4建造，分为三部分：上磁极、下磁极和中心薄磁轭。磁极轮廓由数控机床加工而成，线圈由四匝实心铝条绕制而成，采用空气自然冷却。校正线圈用漆包铜线缠绕在磁轭上，在磁铁C形开口处放置支撑结构以减少由于磁极自重和磁极间电磁吸力引起的磁极变形。

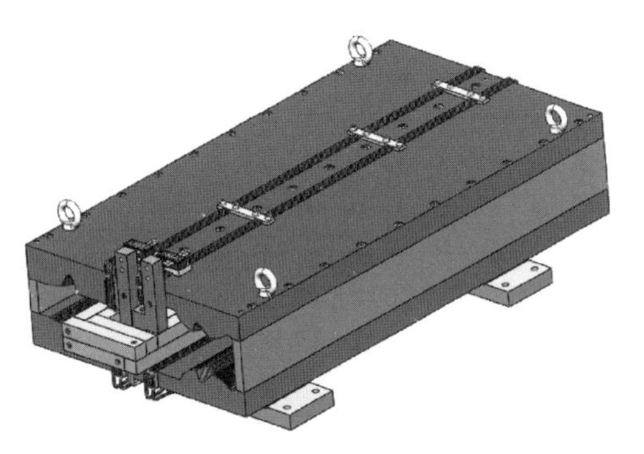

图2-5　双孔径二极磁铁短样机的机械设计模型

2）双孔径二极磁铁短样机磁场测量

双孔径二极磁铁短样机加工制造完成后，采用霍尔磁场测量系统进行磁场测量，如图2-6所示。

图2-6　双孔径二极磁铁短样机进行霍尔磁场测量

点测测量得到的两个孔径的中心磁场差异小于0.3%，测量得到的不同能量下的磁场沿纵向的分布如图2－7所示。

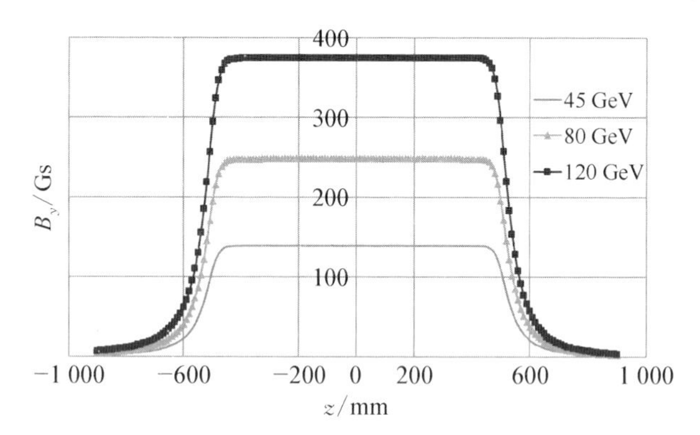

图2－7　双孔径二极磁铁短样机左孔径内中心处不同能量下磁场沿纵向的分布

在45.5 GeV束流能量处，测量得到的横向磁场分布(见图2－8)与OPERA三维模拟结果一致。对积分磁场分布进行多项式拟合得到高阶磁场分量，两个孔径中的六极磁场 b_3 分量分别为113.24 units和－157.23 units，其他高次磁场谐波小于5 units，满足设计要求。

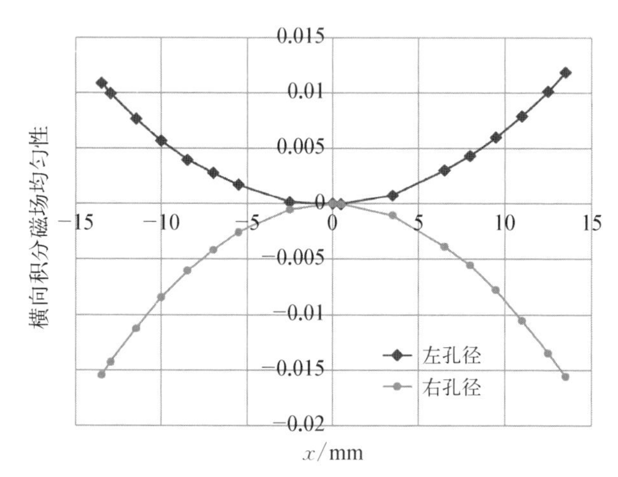

图2－8　45.5 GeV时双孔径二极磁铁短样机两个孔径内积分磁场均匀性分布

在短样机实验中发现一个问题，即线圈端部的温度升高比预期大。原因之一是在磁铁样机设计中线圈导线材料为纯铝，但在线圈制造中使用了合金铝，其电阻率是纯铝的1.6倍，导致发热量增大。另一个原因是铝条之间的接触电阻很大，导致这些表面上的局部发热严重。解决方式是采用带水冷的中空导线，并通过一些特殊的表面处理措施来减小接触电阻。

2.1.2　双孔径二极磁铁设计

双孔径二极磁铁的铁芯分为5段，每段的长度为5.7 m；中间3段为纯二极磁铁，即在每个孔径内只产生二极磁场。除不产生六极磁场外，其他设计要求与前面所述的二六极组合磁铁相同。

双孔径二极磁铁两个孔径中心距离为350 mm，左、右孔径的中心磁场方向一致，大小相同，可通过调整线圈进行单独微调整。线圈采用纯铝为线材，采用水冷方式进行冷却。双孔径二极磁铁整体采用“工”字形结构，两个孔径共用一个主线圈，与两个单孔径磁铁并排放置相比，功率减小50%。两个孔径内真空盒的水冷孔朝向一致，线圈两侧屏蔽铅块厚度为30 mm，如图2-9所示。

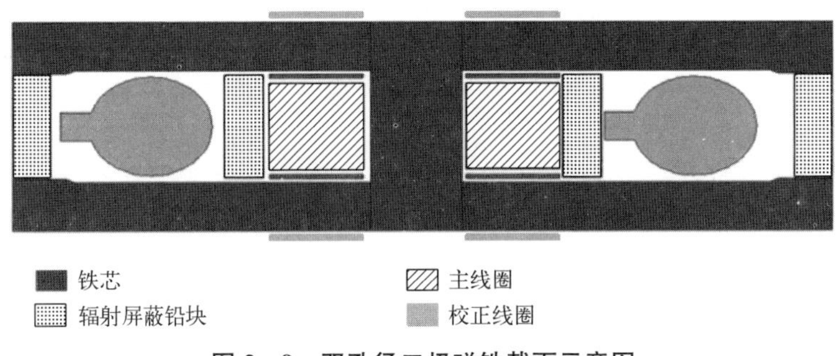

图2-9　双孔径二极磁铁截面示意图

双孔径二极磁铁的铁芯采用实心电工纯铁（DT4），磁铁极面主体部分为平面，方便加工，极面开口侧带有梯形垫补以改善磁场质量。为降低输电线缆上的功耗，主励磁线圈设计为两匝，导线规格为60 mm×27 mm，中心水冷孔直径为7 mm。对应束流能量为182.5 GeV，磁铁最大工作电流为1 605 A，每台磁铁功率为1.2 kW。通过水冷对导线进行冷却，线圈绝缘采用对铝块进行阳极氧化处理，使铝块表面产生一层阳极氧化膜；导线匝与匝之间的接触面采用镀银工艺处理降低接触电阻，减少发热。二维磁场分析得到的磁力线分布如图2-10所示。

不同工作电流下的磁场计算结果表明，双孔径二极磁铁两个孔径的磁场谐波基本保持不变。校正线圈单独调节一个孔径内磁场时，该孔径内的磁场谐波几乎不变化，对另一孔径内的磁场几乎无影响。

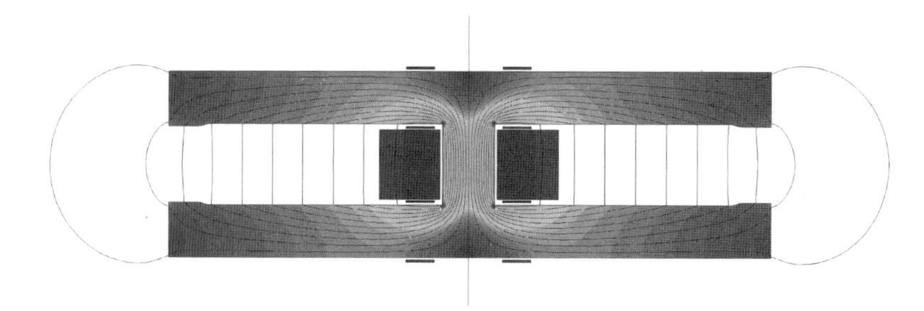

图 2－10　双孔径二极磁铁二维磁力线分布

双孔径二极磁铁的三维磁场计算模型和积分磁场分布如图 2－11 和图 2－12 所示。计算结果表明，在不同工作电流以及利用校正线圈调节磁场时，每个孔径内的磁场质量均满足设计要求。

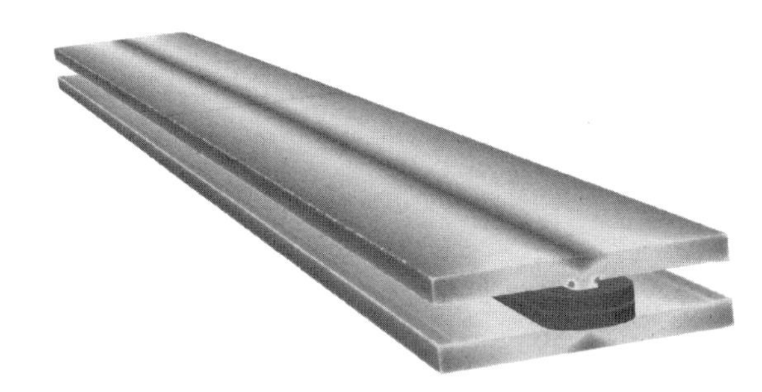

图 2－11　双孔径二极磁铁三维磁场计算模型

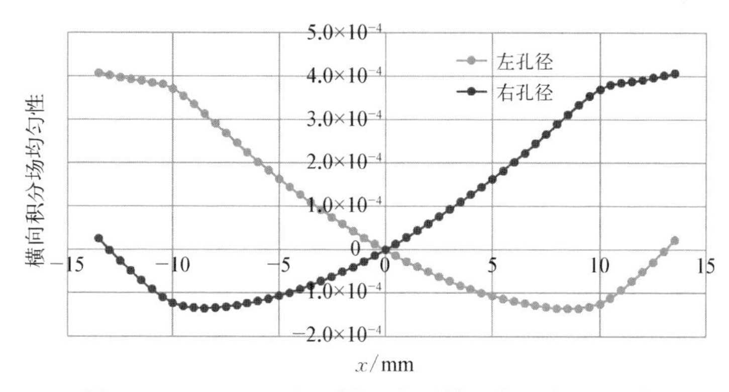

图 2－12　120 GeV 时双孔径二极磁铁三维积分磁场分布

图 2－13 和图 2－14 分别为双孔径二极磁铁机械设计图和端部视图。磁铁主要由铁芯、主线圈、校正线圈、支撑部件、铜排及引线等部件组成。铁芯分为三部分，上、下磁轭通过螺栓与中间磁轭连接固定。主线圈由两匝铝导线组成，采用分段设计，用螺栓进行连接。

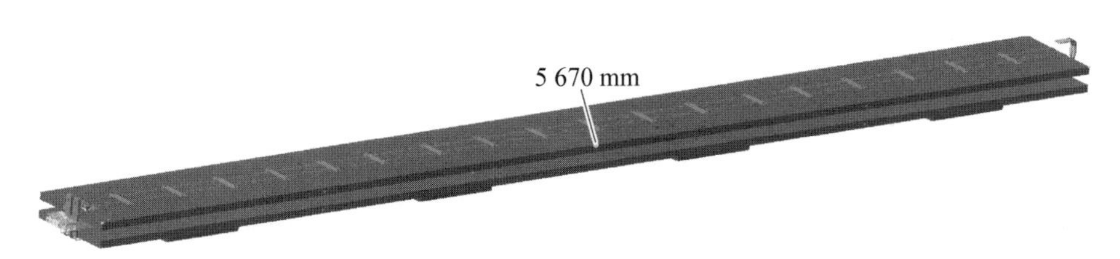

图 2－13　双孔径二极磁铁机械设计

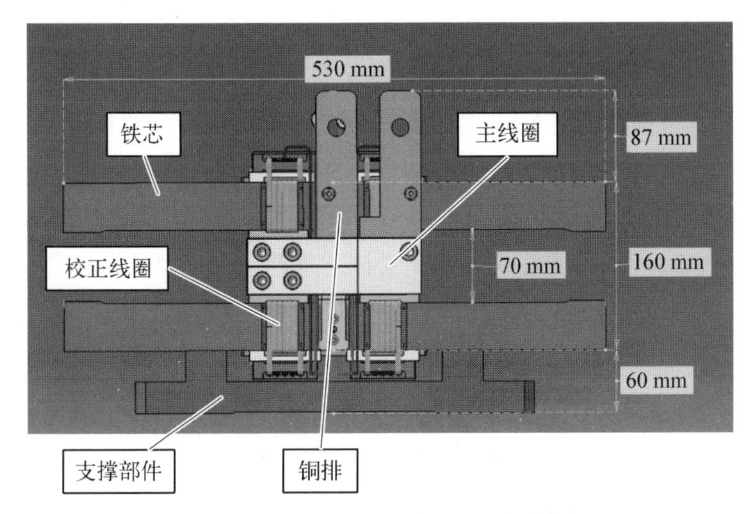

图 2－14　双孔径二极磁铁机械设计端部视图

2.2　双孔径四极磁铁

CEPC 对撞环双孔径四极磁铁两孔径中心距离为 350 mm，物理设计要求如表 2－3 所示。

表 2－3　CEPC 对撞环四极磁铁主要设计要求

项　　目	数　　值
45.5 GeV 时磁场梯度/(T/m)	3.18
182.5 GeV 时磁场梯度/(T/m)	12.8
磁铁有效长度/m	2
磁极内接圆直径/mm	76

（续表）

项　　目	数　　值
好场区半径/mm	12.2
磁场精度 B_n/B_2	$\leqslant 5\times10^{-4}$
磁场可调范围/%	±1.5
两孔径磁场差异/%	<0.5

双孔径四极磁铁的设计难点主要是磁铁工作在不同的束流能量下，需要保证磁铁在各能量下的磁场性能满足设计要求。采用类似双孔径二极磁铁的设计以及共用线圈的方式，可以节省约 50%的功率损耗。按照通常设计，两个孔径存在严重的磁场干涉，导致每个孔径内的磁场质量变差，产生额外的二极磁场和六极磁场，因此需要进行优化设计。双孔径四极磁铁两个孔径共用两个跑道型线圈来励磁，截面如图 2-15 所示。

双孔径四极磁铁两个孔径内的磁场大小相同、极性相反；上、下两个极头各安装一个跑道型线圈，尽量增大线圈截面积以降低电流密度和功耗，线圈选用中空铝导线绕制。通过优化设计，在两孔径共享的中间铁芯磁轭部位增加凸台垫补，解决干涉问题，其横截面和磁感应强度分布如图 2-16 所示。

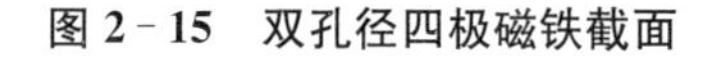

图 2-15　双孔径四极磁铁截面

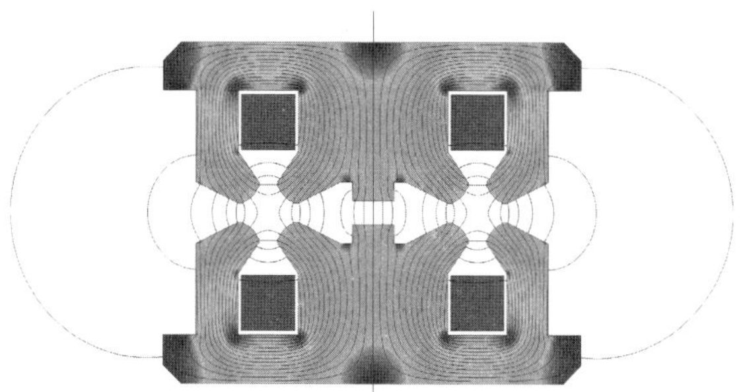

图 2-16　120 GeV 能量下四极磁铁截面和二维磁感应强度分布图(彩图见附录)

为补偿能量锯齿效应，两个孔径内需要分别调节磁场梯度。根据磁铁的对称性，将校正线圈布局在单个四极磁铁的极头部位，产生的校正磁场主要影响单个孔径内磁场，对另一个孔径的影响可忽略不计。带校正线圈的四极磁铁的磁力线分布如图2-17所示。

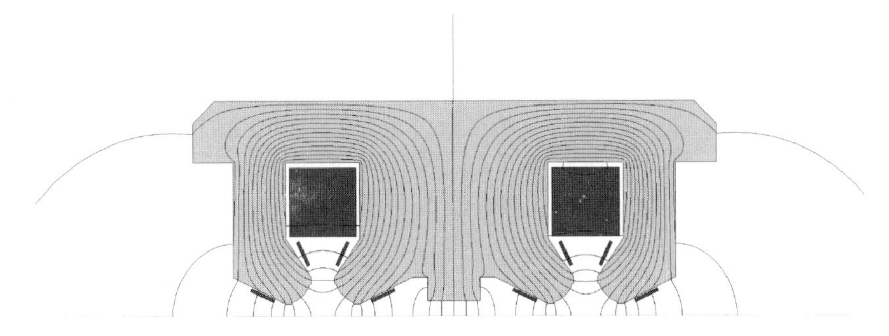

图2-17　120 GeV能量下带校正线圈的四极磁铁的截面和磁力线分布

120 GeV束流能量下，一个孔径内增加调节线圈对磁场梯度进行调节时，每个孔径内磁场谐波几乎保持不变，两孔径之间的磁场干涉效应可忽略(见表2-4)，其中，A_{p_L}、A_{p_R}分别代表左孔径和右孔径，$A_{p\_L-1.5\%}$，$A_{p_R+1.5\%}$分别表示左、右孔径内减少和增加1.5%的梯度。

表2-4　120 GeV能量下增加调节线圈后的二维磁场计算结果

项目		A_{p_L}	$A_{p\_L-1.5\%}$	$A_{p\_R+1.5\%}$
磁场梯度/(T/m)		−8.537	−8.407	8.663
$(B_n/B_2)/\times10^{-4}$	$n=2$	10 000	10 000	10 000
	$n=3$	−1.09	−1.18	0.99
	$n=4$	0.52	0.52	0.52
	$n=5$	−0.01	−0.01	−0.01
	$n=6$	−0.03	−0.03	−0.04

120 GeV束流能量下双孔径四极磁铁的三维磁场计算模型如图2-18所示，磁场沿纵向的分布如图2-19所示。

对不同束流能量以及增加调节线圈等各种情况分别进行了三维磁场计算，各种情况下双孔径四极磁铁每个孔径内的磁场性能均满足设计要求。

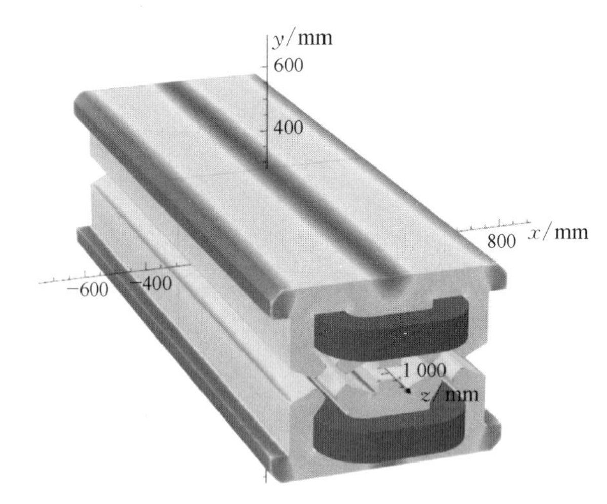

图 2-18　双孔径四极磁铁三维磁场计算模型

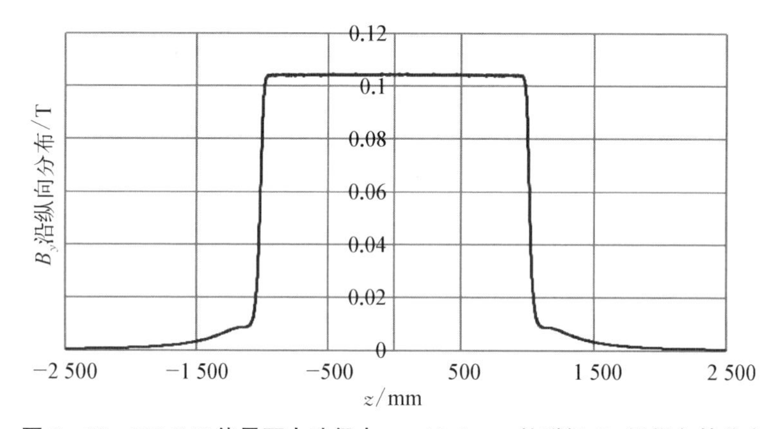

图 2-19　120 GeV 能量下右孔径内 $x=12.2$ mm 处磁场 B_y 沿纵向的分布

2.3　六极磁铁

CEPC 对撞环六极磁铁物理设计要求如表 2-5 所示。

表 2-5　CEPC 对撞环六极磁铁主要设计要求

项　　目	数　　值
45.5 GeV 时二阶磁场梯度/(T/m^2)	191
182.5 GeV 时二阶磁场梯度/(T/m^2)	740

（续表）

项　　目	数　　值
磁铁有效长度/m	0.7
磁极内接圆直径/mm	80
好场区半径/mm	14
磁场精度 B_n/B_3	$\leqslant 3\times10^{-4}$

相邻六极磁铁两孔径中心距离同样为 350 mm。六极磁铁设计的主要难点在于其二阶磁场梯度较高，而两孔径之间的距离有限，限制了铁芯的宽度和线圈的尺寸。

在六极磁铁设计中，应充分优化极面形状，提高磁场质量；采用楔形磁极，降低磁极饱和度，提高励磁效率；优化铅块位置和线圈导线排列，为磁铁装配安装预留空间。采用两个单孔径磁铁并排放置的方案，根据空间布局，需要采用较大的电流密度以减小线圈尺寸、压缩磁铁宽度。

在六极磁铁的每个极头放置一个励磁线圈，由铜导线绕制而成。铜导线规格为正方形，边长为 7 mm，中心带有直径为 4 mm 的水冷孔。每个线圈有 22 匝，分为 4 层，采用水冷方式对导线进行冷却。磁铁最大工作电流为 302 A，对应导线电流密度为 8.49 A/mm^2，单台磁铁功率为 10.2 kW。相邻六极磁铁并排放置，如图 2-20 所示。

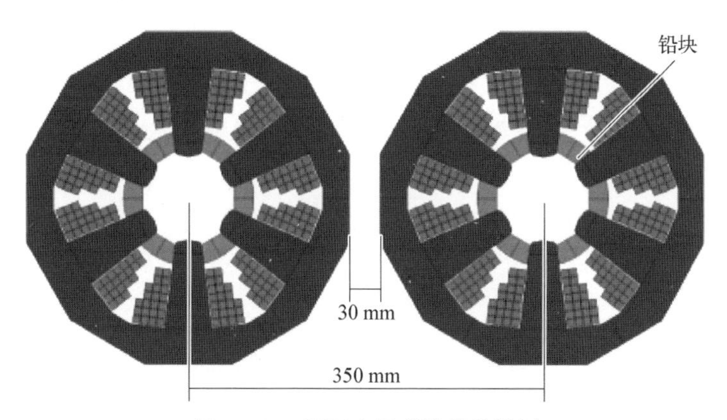

图 2-20　双环六极磁铁并排放置

六极磁铁的三维磁场计算模型如图 2-21 所示，励磁曲线和励磁效率如图 2-22 所示。

六极磁铁的三维磁场计算铁芯模型如图 2-23 所示。

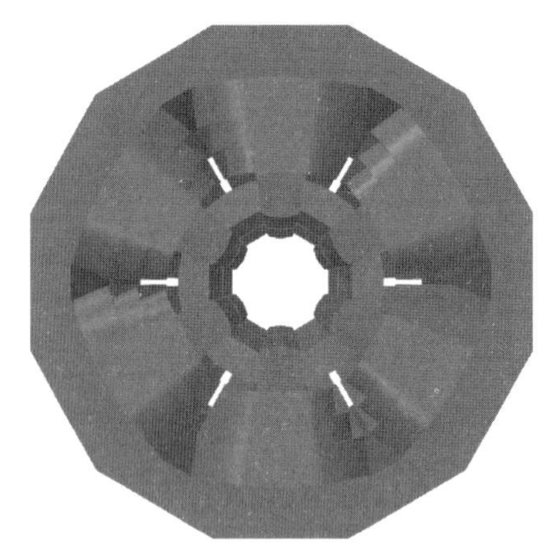

图 2-21　六极磁铁三维磁场计算模型

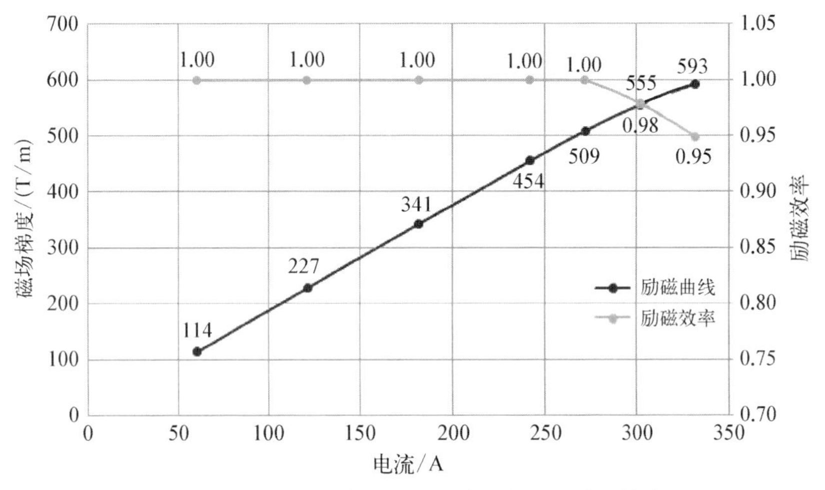

图 2-22　六极磁铁积分磁场励磁曲线和励磁效率

图 2-23　六极磁铁的三维磁场计算铁芯模型

三维磁场的计算结果表明，在最高工作电流下，六极磁铁的铁芯比较饱和，励磁效率为 0.98，各阶系统磁场谐波小于 1×10^{-4}。

磁场计算结果表明，两台磁铁之间的磁场干涉效应可忽略。对不同束流能量进行了磁场模拟，在各种工作情况下，六极磁铁的磁场性能均满足设计要求。

参考文献

[1] 赵籍九，尹兆升. 粒子加速器技术[M]. 北京：高等教育出版社，2006.

[2] The CEPC Study Group. CEPC conceptual design report volume 1: accelerator [R]. Beijing: The CEPC Study Group, 2018.

[3] The FCC Collaboration. FCC-ee: the lepton collider: future circular collider conceptual design report volume 2[J]. European Physical Journal Special Topics, 2019, 228(2): 261 - 623.

[4] Milanese A. Efficient twin aperture magnets for the future circular e^+/e^- collider [J]. Physical Review Accelerators and Beams, 2016, 19(11): 112401.

[5] Wang D, Wang Y W, Chou W R, et al. The CEPC lattice design with combined dipole magnet [C]//The 9th International Particle Accelerator Conference, Vancouver, Canada, 2018.

[6] Tanabe J. Iron dominated electromagnets: design, fabrication, assembly and measurements [M]. Singapore: World Scientific Publishing Co Inc., 2005.

第 3 章
增强器磁铁关键技术

对于环形对撞机或同步辐射光源储存环来说，实现全能量注入的方式有两种：一种是全能量的直线加速器直接实现注入，另一种是相对低能的直线加速器与相对小型的增强器组合在一起实现全能量注入。由于后一种全能量注入方式造价相对较低，目前在国际上普遍采用这种注入方式实现对撞机或同步辐射光源储存环的全能量注入。

增强器是一台环形同步加速器，如上所述，它其实是以较低的造价实现了直线加速器的部分功能，因此增强器的主要作用是将来自直线加速器较低能量的粒子束流加速到对撞机或同步辐射光源储存环所需的能量，然后引出到对撞机或储存环。由于增强器内粒子束流的能量在不断地增加，因此增强器所有磁铁的磁场必须随能量同步增大。也就是说，相对于储存环加速器的直流磁铁来说，增强器磁铁的主要区别就是磁场不是恒定不变的，而是随时间不断变化的，磁铁不是工作在一个点上，而是工作在一条线上。对于对撞机或同步辐射光源的增强器来说，束流能量或磁铁磁场变化的重复频率相对比较低，通常为 1～2 Hz。

磁铁系统作为增强器的重要系统之一，主要包括二极磁铁、四极磁铁、六极磁铁、校正磁铁等。其中，二极磁铁用于粒子束流的偏转，四极磁铁用于束流的聚焦，六极磁铁用于束流的色品校正，校正磁铁用于束流的闭轨校正。由于增强器束流引出能量对应的磁场（高场）通常是注入能量对应磁场（低场）的 10 多倍，变化范围很大，因此在磁铁设计时，需要充分考虑以下因素：① 励磁的非线性对磁场质量的影响；② 涡流效应对磁场质量和波形的影响；③ 磁铁电感对绝缘电压的影响；④ 周期性磁场力对铁芯和线圈振动的影响。

一般情况下，加速器二、四、六极磁铁和校正磁铁都采用电磁铁，主要由铁芯和励磁线圈组成，铁芯材料为软磁材料，在低场和高场都存在非线性。由于增强器磁铁工作动态范围比较宽，铁芯材料的非线性在低场和高场时对磁场质量的影响不一样，因此磁铁磁场的优化设计要充分考虑铁芯材料的非线性，同时兼顾高、低场的性能。

由于增强器磁铁的磁场是变化的磁场，根据电磁感应定律，变化的磁场会在磁铁铁芯和端板等金属部件内感应出涡流，这种涡流效应会带来两方面的问题：一方面，涡流会对铁芯和端板等金属部件产生加热效应，使得铁芯和端板的温度升高；另一方面，涡流产生的磁场不仅会破坏励磁线圈产生的主磁场的空间分布，影响其性能，而且还会在时间上使磁场波形发生滞后和畸变。

对于常规的直流磁铁来说，励磁线圈两端的电压只是线圈的电阻电压，相对来说比较低。但是对于增强器中动态变化的磁铁来说，除了线圈电阻电压，还有线圈电感引起的感应电压，线圈端电压比较高，因此增强器磁铁设计时需要适当选择线圈匝数，均衡励磁电流和线圈端电压的大小，使线圈绝缘电压控制在合理的范围内。

周期性变化的磁场会在磁铁铁芯和线圈上产生周期性的磁场力，对铁芯和线圈的固定造成冲击，因此磁铁结构设计时必须考虑固定件的防松措施。

环形正负电子对撞机（CEPC）加速器由直线加速器、增强器、对撞机以及将它们连接在一起的束流输运线组成，其中，增强器和对撞机都是环形加速器，并且同处一个隧道，周长都是 100 km。正负电子束流分别由直线加速器加速到 10 GeV，经低能输运线注入增强器，增强器将正负电子束流再加速到 120 GeV 或 175 GeV，然后引出并经高能输运线注入对撞机。可见，CEPC 增强器是一台注入能量为 10 GeV、引出能量为 120 GeV 或 175 GeV 的同步加速器。

如前文所述，CEPC 增强器所有磁铁的磁场都随着正负电子能量的增加而同步增加。对于二极磁铁来说，与注入能量对应的最低工作磁场只有 28 Gs（在 10 GeV），与引出能量对应的工作磁场为 338 Gs（在 120 GeV）和 492 Gs（在 175 GeV），增强器磁铁磁场变化波形如图 3-1 所示，上升时间为 4 s，平顶时间为 1 s，下降时间为 4 s。

CEPC 增强器磁铁的主要特点如下：① 磁铁数量众多，增强器有 16 320 台二极磁铁、2 036 台四极磁铁和 448 台六极磁铁；② 磁铁长度很长，增强器二极磁铁的长度为 4.7 m，四极磁铁长度为 2 m，明显长于目前研制过的同类磁铁；③ 二极磁铁磁场强度非常低，增强器二极磁铁磁场强度随束流能量进

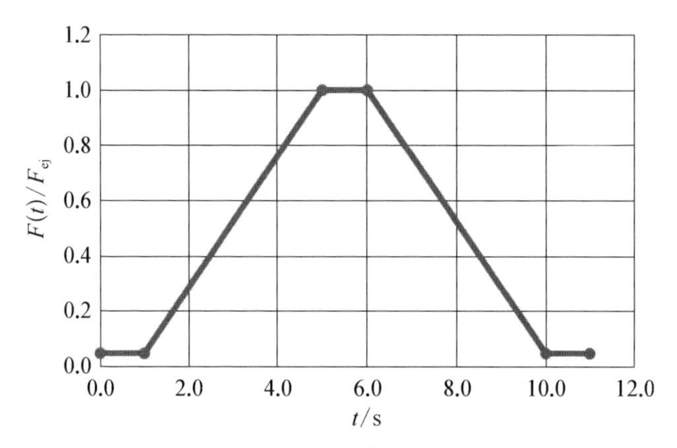

图 3-1　增强器磁铁磁场变化波形

行变化，最低只有 28 Gs，最高也只有 492 Gs。表 3-1 所示是 CEPC 增强器二极磁铁的主要技术指标。

表 3-1　CEPC 增强器二极磁铁技术指标

指 标 名 称	数　值
数量/台	16 320
最低工作磁场强度/Gs	28
最高工作磁场强度/Gs	492
磁间隙/mm	63
磁有效长度/mm	4 700
好场区范围/mm	55
磁场均匀性/%	0.1
励磁重复性/%	0.05

表 3-1 中最关键的指标是磁场均匀性和励磁重复性。二极磁铁的磁场均匀性是指在束流经过的好场区范围内，除了所需的纯二极场外的其他磁场误差。励磁重复性是指励磁电流每次达到同一电流强度时磁场的差异。这两个指标都会影响束流经过二极磁铁后的性能。

对于周长比较短、能量比较低的增强器来说，最低工作磁场强度都在几百高斯以上，最高工作磁场强度也在几千高斯以上，磁场均匀性和励磁重复性指标虽然要求小于 0.05%和 0.02%，但是都可以通过磁铁的优化设计和精密加工后达到指标。对于 CEPC 增强器二极磁铁来说，最低工作磁场强度只有

28 Gs，由于地磁、铁芯剩磁和加工误差等因素的影响，要达到表 3-1 中的磁场均匀性和励磁重复性(特别是磁场均匀性指标)非常困难。

目前国内外环形加速器二极磁铁大多工作在中高磁场强度下，磁铁采用实心纯铁铁芯或高叠装系数的硅钢片叠装铁芯，其磁场设计和加工制造工艺都很成熟。但是高精度低场动态二极磁铁，特别是最低工作磁场强度为 28 Gs 的高精度动态二极磁铁，国际上从来没有设计和研制过。目前有文献记载的高精度低场交变二极磁铁是欧洲核子研究中心(CERN)研制的 LEP 二极磁铁[1]和 LHeC 二极磁铁样机[2]，但是这两种磁铁的最低磁场强度都大于 120 Gs。因此，CEPC 增强器二极磁铁的设计和研制都极具挑战性，是增强器磁铁需要攻克的关键技术，主要的难点如下：

(1) 所有磁铁的总长度大约为 75 km，因此磁铁造价是磁铁设计时必须要考虑的一个重要因素。

(2) 最低工作磁场的绝对误差低于 28 Gs×0.1%=0.028 Gs，而常规铁芯材料(硅钢片)剩磁在磁间隙内产生的磁场为 4～6 Gs。

(3) 由于低场下的材料磁化曲线很难测量准确，而且计算机模拟程序自身在低场时精确度也不足，因此无法采用常规的优化磁场的设计方法。

(4) 常用的霍尔磁场测量系统的绝对测量精度约为 0.05 Gs，已无法测量磁场误差和磁场的重复精度。

(5) 磁铁长度为 4.7 m，而截面尺寸约为 0.3 m，长径比很大的磁铁的加工制造、吊装和运输也具有挑战性。

为了解决增强器二极磁铁的设计和研制难题，我们分析并提出了两种新的低场二极磁铁设计方案：一种为铁芯二极磁铁，另一种为空芯线圈二极磁铁。

3.1 铁芯二极磁铁

由于铁芯磁铁具有励磁效率高、磁场分布和磁场精度比较容易控制等优点，常规粒子加速器普遍采用带铁芯的电磁铁。对于中高磁场强度的铁芯二极磁铁，加速器物理所要求的磁场场形和精度完全取决于磁性材料制作的铁芯极头和磁轭回路，地磁场和铁芯材料剩磁对磁场精度的影响相对来说非常小，可以忽略不计。但是对于最低工作磁场强度只有 28 Gs 的 CEPC 增强器二极磁铁来说，地磁场强度(约为 0.5 Gs)约占 1.8%，而磁场精度要求为 0.1%，因此设计磁铁时必须考虑对地磁场的有效屏蔽。如图 3-2 所示，通过模拟计算可以看出，H 形封闭结构铁芯对地磁场的屏蔽效果比 C 形开口铁芯好，因此 CEPC 增强器二极磁铁采用 H 形铁芯。

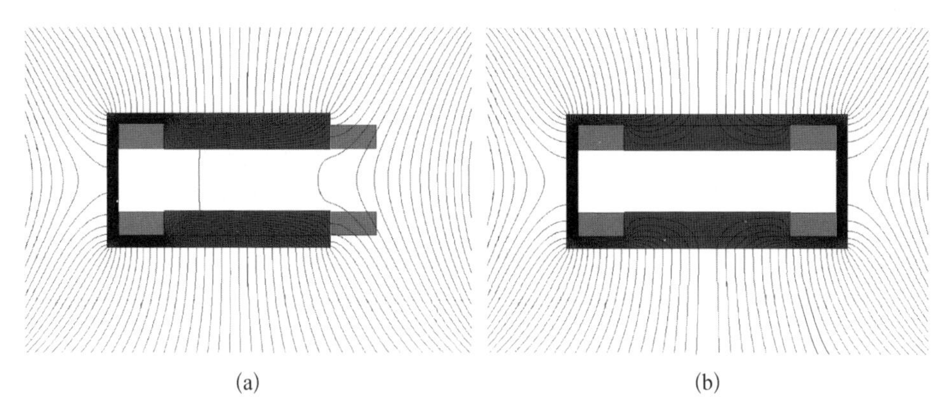

(a)　　(b)

图 3-2　地磁场屏蔽效果模拟

(a) C 形铁芯；(b) H 形铁芯

为了便于装配线圈和安装真空盒，CEPC 增强器二极磁铁 H 形铁芯由上、下两个半铁芯组成。参考 LEP 和 LHeC 高精度低场二极磁铁的设计[1-2]，铁芯采用纵向稀释技术，铁芯由硅钢片和铝片以 1∶1 的厚度比例相间叠装而成。铁芯稀释技术不仅能够降低磁铁重量和造价，而且可以增大铁芯材料内的磁场，从而减小剩磁的影响。为了进一步减小磁铁重量、提高铁芯材料内的磁场，我们提出了横向铁芯稀释方案，一方面尽可能减小铁芯磁轭回路的宽度，另一方面在硅钢片极头区域冲制一些方孔和圆孔，如图 3-3 所示。

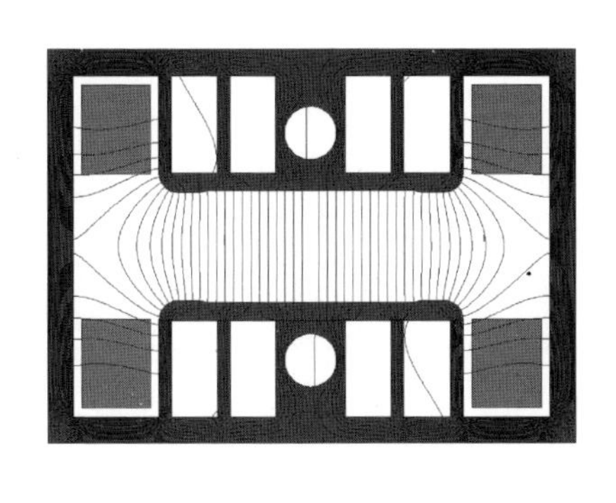

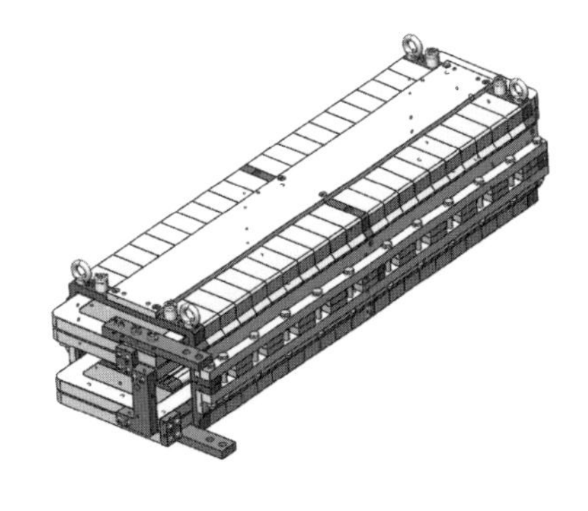

(a)　　(b)

图 3-3　CEPC 增强器铁芯二极磁铁设计方案

(a) 二维截面磁力线分布；(b) 三维磁铁模型

为了降低铁芯剩磁对低场精度的影响，与常规磁铁铁芯采用无取向硅钢片不同，CEPC 铁芯二极磁铁磁性材料采用低剩磁、低矫顽力的取向硅钢片，与无取向硅钢片相比，取向硅钢片具有更优异的性能，如图 3-4 所示。

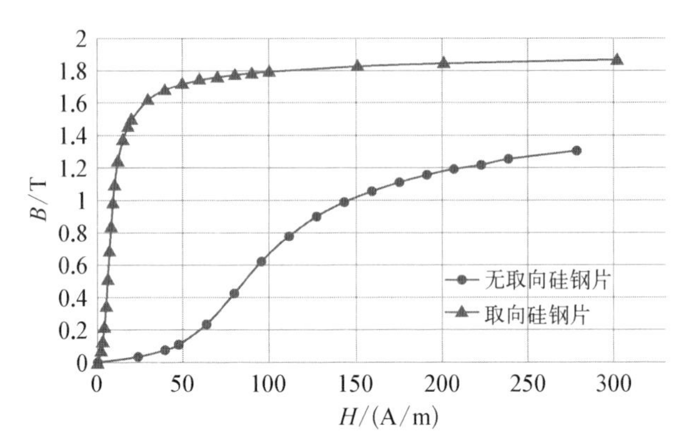

图 3-4　取向硅钢片与无取向硅钢片磁性能对比

磁铁有两个励磁线圈，分别安装在上、下两个极头上，线圈的设计主要考虑降低造价。首先，每个线圈设计为 2 匝，由纯铝板而不是常用的无氧铜板直接加工而成，线圈匝间和两个线圈之间通过过桥导体串联在一起。其次，由于线圈工作电压比较低，线圈匝间以及铁芯之间都采用 G10 环氧板进行绝缘，无须进行真空环氧浇注。最后，由于励磁电流比较低，可以通过适当增加线圈导体截面降低电流密度，从而使得线圈无须进行水冷，这样可以简化线圈结构。另外，线圈采用低匝数设计方案，还可以降低磁铁电感以及上千台磁铁串联供电时的感抗电压。

表 3-2 所示是 CEPC 增强器铁芯二极磁铁设计参数。

表 3-2　CEPC 增强器铁芯二极磁铁设计参数

参　数	数　值
最高工作磁场/Gs	492
最低工作磁场/Gs	28
磁间隙/mm	63
有效长度/mm	4 700
好场区范围/mm	55

(续表)

参　数	数　值
单极最大安匝数	1 246
单极最小安匝数	74
线圈匝数	2
最大工作电流/A	623
最小工作电流/A	37
导线截面尺寸 /mm	40×25(Al)
线圈电阻/mΩ	1.34
最大功耗/W	518
平均功率/W	207
铁芯宽/高/(mm/mm)	310/225
磁铁质量/t	1.3

为了验证磁铁设计方案，我们进行了小型实验样机的加工制造和实验研究，实验样机长为1.2 m，均分为两段，分别由极面有方孔和极面无方孔的冲片叠装而成，主要目的是通过对比研究，确认极面方孔的有效性。图3-5所示是两种类型的冲片以及叠装完成后的铁芯。

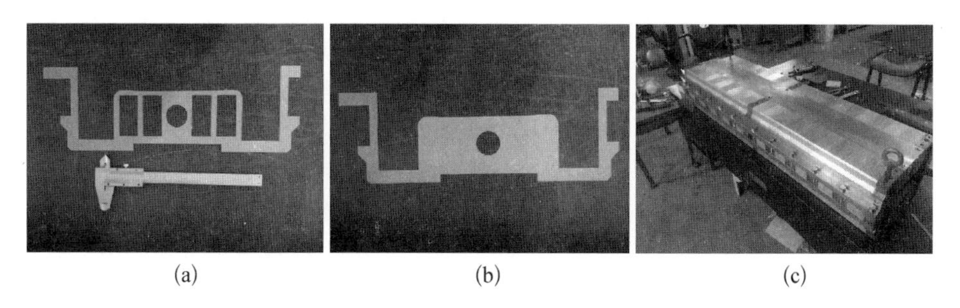

(a)　　(b)　　(c)

图3-5　铁芯二极磁铁冲片及铁芯

(a) 极面有方孔冲片；(b) 极面无方孔冲片；(c) 叠装完成后的铁芯

常用的霍尔磁场测量系统的测量精度大约是0.05 Gs，无法测量低场28 Gs的磁场精度(28 Gs×0.1%=0.028 Gs)。为了解决低场二极磁铁的测量难题，通过与目前国际上最好的霍尔磁测设备研制公司合作，在实验室成功搭建了一套霍尔磁测系统，在实验室温度稳定度控制在±0.5℃的条件下，测量精度可以达到0.01 Gs，能够满足28 Gs的低场测量精度。图3-6所示是霍尔磁测设备以及正在测试的小型铁芯二极磁铁样机。

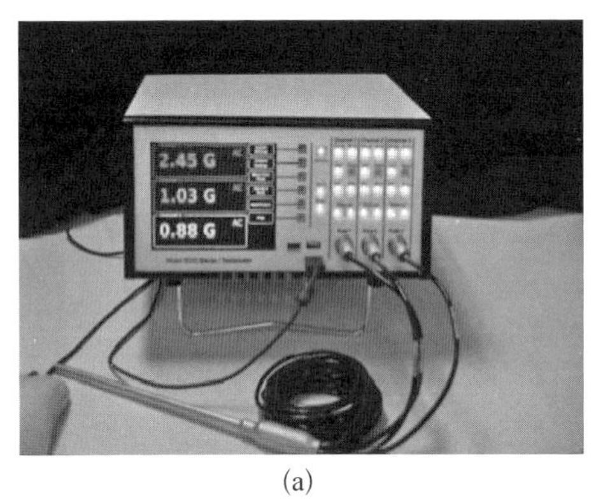

(a)

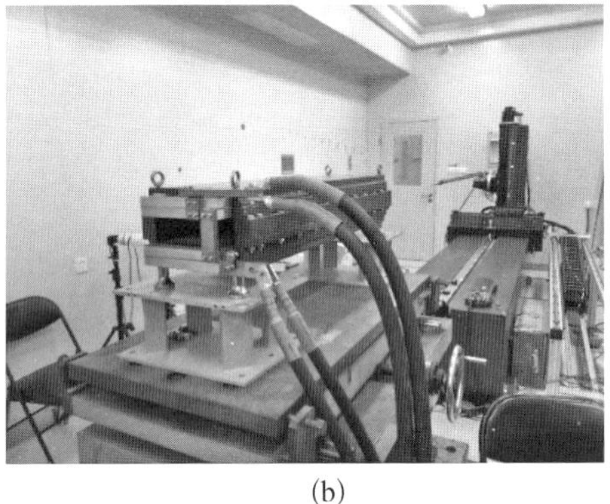

(b)

图3-6 铁芯二极磁铁小型实验样机磁场测量

(a) 高精度霍尔磁场测量设备；(b) 正在测试的实验样机

实验结果表明，在好场区范围内，低场(28 Gs)均匀性(精度)大约为0.3%，无法满足0.1%这一设计要求。但是当磁场高于60 Gs后，均匀性可以满足设计要求的0.1%。另外，磁铁反复励磁4次，每次都从28 Gs上升到338 Gs，然后再下降到28 Gs，无论在低场还是高场，励磁重复性都能够满足设计要求的5×10^{-4}。图3-7所示是铁芯二极磁铁小型实验样机的磁场性能测量结果。

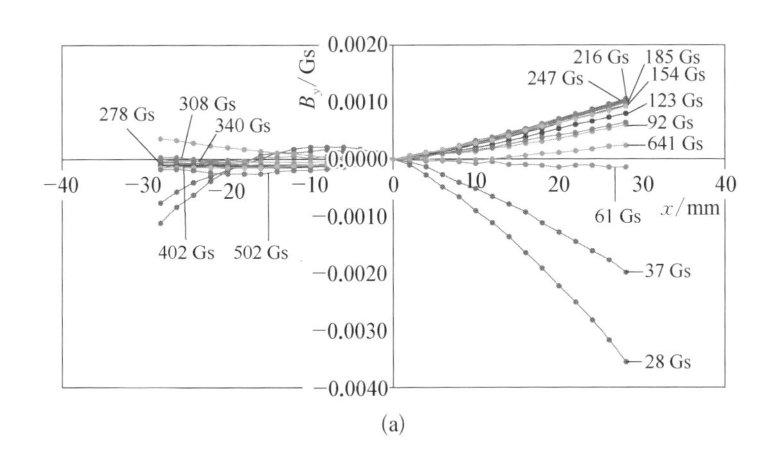

(a)

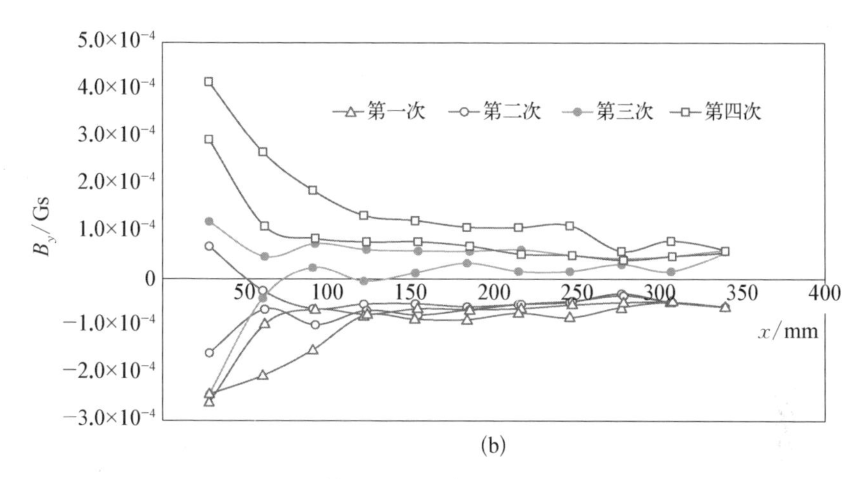

图 3-7　铁芯二极磁铁磁场性能测量结果

(a) 磁场分布曲线；(b) 励磁重复性

根据实验研究和数据分析，铁芯二极磁铁在低场(28 Gs)时之所以不能满足 0.1%的磁场精度，主要源于铁芯内剩磁分布的细微差异(0.028 Gs)，从目前来看，铁芯剩磁的这种细微差异很难避免，因此，铁芯磁铁方案对于磁场精度小于 0.1%、工作磁场只有 28 Gs 的二极磁铁来说是不可行的。

3.2　空芯线圈二极磁铁

空芯线圈二极磁铁方案，顾名思义，就是没有铁芯、只有线圈的二极磁铁设计方案，这种设计方案最早用于超导磁铁的设计[3]。由于没有铁芯的磁性材料的约束，磁力线的分布和磁场精度完全取决于线圈的形状误差和位置精度。这种方案的最大优点是可以消除铁芯材料剩磁对低场(28 Gs)精度的影响。考虑到 CEPC 增强器二极磁铁还必须达到 492 Gs 的工作磁场，因此我们采用了励磁效率相对比较高的 Cose Theta(CT)型空芯线圈方案设计增强器二极磁铁。

为了降低磁铁造价，CT 型磁铁线圈在结构设计上尽量简单，磁铁由上、下两个线圈组成，每个线圈又分成内、外两层，内层 2 匝，外层 1 匝。在高场(492 Gs)时的励磁电流比较大，线圈导体温升比较高，因此内层导体之间镶嵌了冷却水管，采用水冷方式避免磁铁温升。为了屏蔽地磁场对磁铁性能的影响以及二极磁铁自身磁场对周围设备的磁场干扰，整个磁铁线圈安装在一个铁屏蔽筒内。对于空芯线圈磁铁,磁场精度完全由线圈导体的形位公差决定,根据磁场模拟结果,导体截面在整个磁铁长度上的形状公差需要小于 50 μm,导体的定位误差需要小于 100 μm。在磁铁长度方向上有若干精密加工的支撑件将线圈精确定位在铁屏蔽筒内,实现线圈中心和铁屏蔽筒中心的同轴度。图 3-8 所示是 CT 型空芯线圈二极磁铁的截面和样机的三维模型示意图。

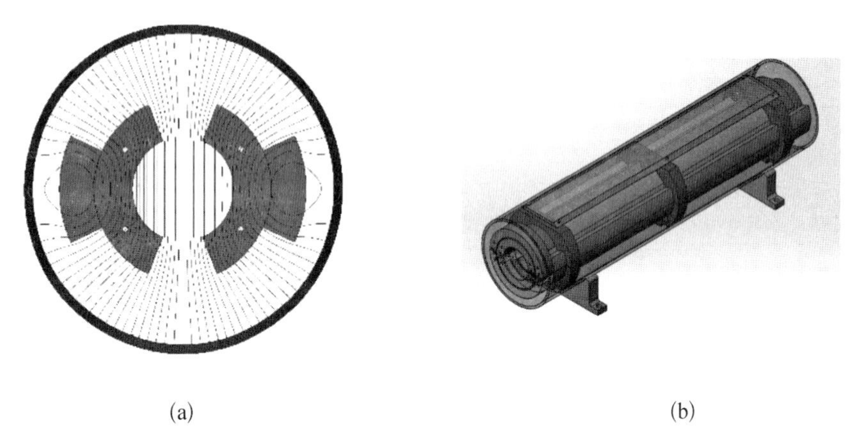

(a) (b)

图 3-8 CEPC 增强器空芯二极磁铁设计方案

(a) 二维截面磁力线分布;(b) 三维磁铁模型

表 3-3 所示是 CEPC 增强器空芯二极磁铁设计参数。

表 3-3 CEPC 增强器空芯二极磁铁设计参数

参数	数值
最高工作磁场/Gs	492
最低工作磁场/Gs	28
磁间隙/mm	63
有效长度/mm	4 700
好场区范围/mm	55
单极最大安匝数	5 160
单极最小安匝数	288
单极线圈匝数	3
最大工作电流/A	1 720
最小工作电流/A	96

(续表)

参　数	数　值
内层线圈内径/mm	57
内层线圈外径/mm	100
外层线圈外径/mm	138.46
内层线圈角度/(°)	67.5
外层线圈角度/(°)	24.8
线圈电阻/mΩ	0.95
最大功耗/W	2 800
平均功率/W	1 120
屏蔽筒内径/外径/mm	340/360
磁铁质量/t	1.4

为了验证磁铁设计方案,我们同样进行了小型实验样机的加工制造和实验研究,实验样机长 1.4 m。常规磁铁线圈一般都是由导线绕制而成,为了降低造价,CEPC 空芯二极磁铁线圈由精密加工的铝导体拼接而成,通过端部过桥导体串联成整个线圈。图 3-9 是拼装完成后的 CT 型线圈和装配完成后的小型实验样机。

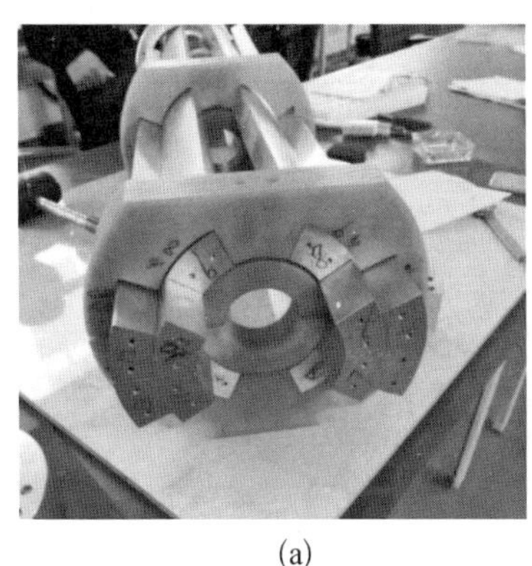

(a)

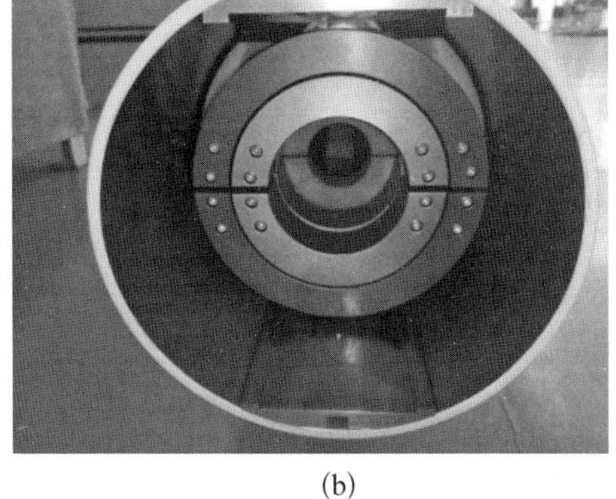

(b)

图 3-9　空芯二极磁铁小型实验样机装配

(a) 正在装配的线圈;(b) 完成装配的磁铁

常规磁铁线圈采用真空环氧浇注实现匝间绝缘和对地绝缘,CEPC 空芯二极磁铁线圈匝间绝缘和对地绝缘通过铝导体表面阳极化后的氧化铝绝缘膜实现，绝缘膜厚度约为 50 μm，能够承受 500 V 的电压冲击，能够满足增强器二极磁铁对绝缘电压的要求。由于这种线圈绝缘方案采用了氧化铝无机材料，具有很强的抗辐射性能，因此磁铁设计和制造无须增加铅块进行辐射屏蔽，这同样可以降低磁铁造价。

图 3-10 所示是正在测试的空芯二极磁铁小型实验样机。

图 3-10　正在测试的空芯二极磁铁小型实验样机

实验结果表明，在好场区范围内，无论低场（28 Gs）还是高场的均匀性都满足了 0.1%的设计要求，磁铁反复励磁 3 次，每次都从 28 Gs 上升到 338 Gs，然后再下降到 28 Gs，励磁重复性都能够满足设计要求的 5×10^{-4}。图 3-11 所示是 CT 型空芯二极磁铁小型实验样机的磁场性能测量结果。

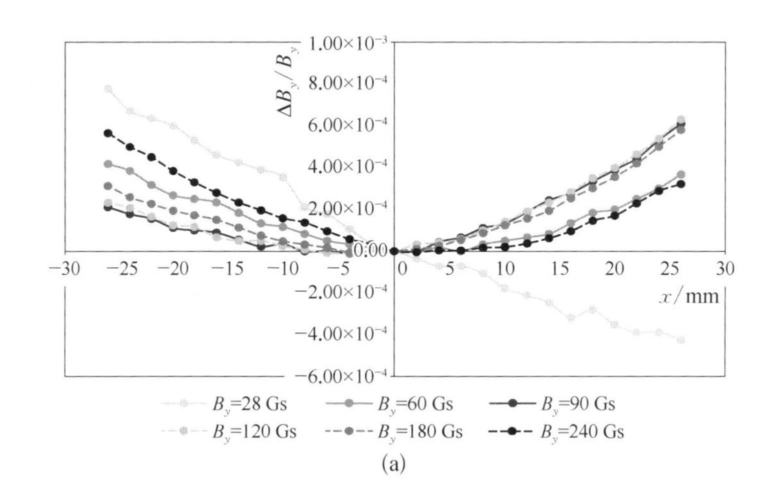

(a)

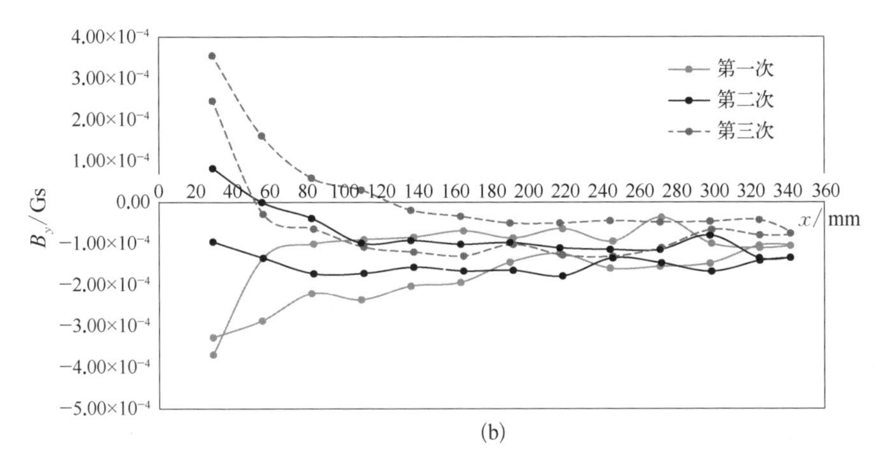

图 3－11　CT 型空芯二极磁铁磁场性能测量结果

(a) 磁场分布曲线；(b) 励磁重复性

为了满足 CEPC 增强器高精度低场二极磁铁的设计要求，我们分别提出了铁芯二极磁铁和空芯二极磁铁两种设计方案，并进行了小型实验样机的研制和实验验证。由于铁芯剩磁的影响，虽然采用了低剩磁的取向硅钢片制作铁芯，铁芯二极磁铁在低场(28 Gs)时还是无法满足磁场均匀性的要求，但是如果最低工作磁场增大到 60 Gs，铁芯二极磁铁的均匀性就可以满足设计要求。

由于空芯二极磁铁没有铁芯剩磁的影响，磁场精度完全取决于线圈导体的形位公差，因此如果线圈的加工精度和装配精度满足设计要求，那么低场(28 Gs)磁场分布与高场磁场分布基本一致，两者的磁场均匀性都能满足物理设计要求，空芯线圈小型实验样机的测试结果符合预期，低场和高场精度都优于设计要求的 0.1%。

参考文献

[1] European Organization for Nuclear Research. LEP design report [R]. Geneva: CERN, 1984.

[2] Tommasini D, Buzio M , Chritin R. Dipole magnets for the LHeC ring-ring option [J]. IEEE Transactions on Applied Superconductivity, 2012, 22(3): 4000203.

[3] Mess K P, Schmuser P, Wolff S. Superconducting accelerator magnets [M]. London: World Scientific Publishing Co., 1996: 45－63.

第 4 章
电源技术

电源技术是以电力电子技术为基础，根据负载需求，通过使用电力半导体器件构成不同电路拓扑对电能进行变换和控制的技术。在粒子加速器中，使用了大量不同种类的电源，大致可分类如下：高频、高压（可调频）电源——用于射频系统；窄脉冲、大电流电源——用于调速管（调制解调器）、冲击磁铁；直流高压、小电流电源——用于静电分离器；直流低压、大电流电源——用于导航、聚焦、校正等磁铁；直流超低压、超高电流电源——用于超导导航、聚焦、校正等磁铁。

本章将主要讨论加速器磁铁电源技术，并且工作在直流、低压、大电流模式下，我们称它为直流稳流电源技术。

在大型粒子加速器中，尤其是在储存环和对撞机这类加速器中，需要使用成百上千台性能优良的磁铁电源。这些电源组成一个系统，为各种类型的磁铁提供高精度的稳定励磁电流或具有特殊波形的励磁电流，从而使加速器获得符合运行模式（operating configuration）的稳定磁场结构（lattice）。实践证明，对于已建造好的加速器，磁铁电源性能的好坏直接影响加速器的工作性能。因此，为满足粒子加速器性能的要求，磁铁电源在主电路拓扑、稳定性、动态特性、控制策略及技术、电磁兼容、结构设计及可靠性等方面与民用和普通工业所用电源存在很大不同。作为加速器磁铁电源系统，其具有以下基本特点：

（1）它不是若干台单个设备的简单组合，而是由加速器中央控制计算机进行全方位控制并与其他设备统一协调运行的电源系统。为了实现这一功能，在这一系统内的每一台电源都必须配备有符合一定控制协议的控制接口。因而，就设备而言，它们都是可编程程控电源。

（2）各类磁铁电源的工作模式、馈电方式（负载连接方式）、内部器件布局、冷却方式都必须根据加速器的运行方式、特点来设计和安装。由于各个加速器的设计目标不同,因而对各个电源系统的要求有很大的差别,这就导致了大多数加速器电源设备为非标准专用设备,不太可能直接在市场上购买到现成的产品。所以在设计过程中必须了解该加速器的基本工作特点,同时与加速器物理专家、磁铁专家紧密配合,选出最佳设计方案。

(3) 磁铁电源设备以大功率直流稳流电源为主,这是因为它们的负载大多是要求大激磁电流的磁铁负载。对于某些加速器,还要求电源输出电流可大范围调节,同时还要保证输出电流值的高稳定度。

4.1 稳流电源的几种基本结构类型

随着现代电力电子技术、自动控制技术的发展,各种类型的大型加速器所应用的磁铁电源技术始终处在电源技术发展的前沿。磁铁电源的结构类型也在不断发展变化。下面简要介绍几种加速器磁铁电源所使用的基本结构类型[1]。

4.1.1 线性控制方式

线性控制的稳流电源如图 4-1 所示。它是利用串联在电源输出回路中的大功率晶体管放大特性来进行工作的。这种电源的特点是稳定特性好,响应速度快,噪声小,电路也较简单。但是由于在输出回路中加入了大功率晶体管,所以这种类型的电源效率比较低,特别是作为低电压大电流时,效率更低。在要求电流稳定度很高的场合常使用这类电源。

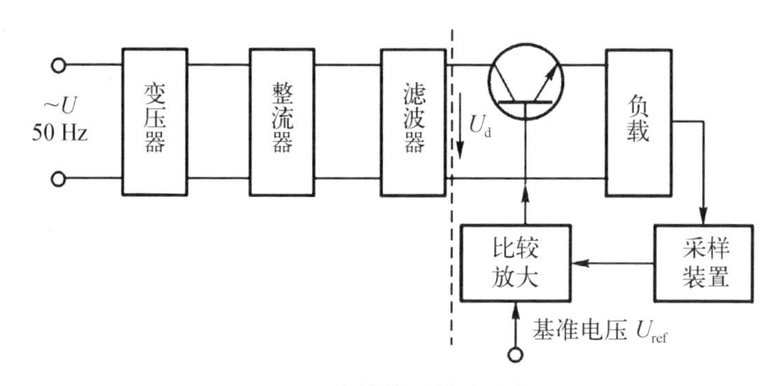

图 4-1 线性控制的稳流电源

4.1.2　相位控制方式

相位控制的稳流电源如图4－2所示。它是利用晶闸管的相控特性来稳定输出量。这种电源的特点如下：晶闸管相控调节时输出电压纹波大，对电网干扰比较严重；由于存在一定的失控时间，电源的响应速度比较慢；与线控电源相比，这种电源的效率高、可靠性好。它尤其适合用作大功率、大电流的直流电源。随着控制技术的发展，具有高稳定度输出电流的相控电源技术已经相当成熟。

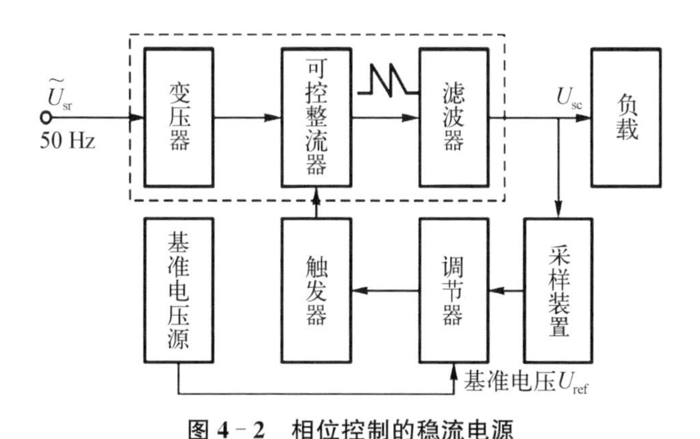

图4－2　相位控制的稳流电源

4.1.3　开关控制方式

开关控制的稳流电源可分为斩波器(chopper)方式和变换器方式两种，如图4－3所示。它是利用MOSFET或IGBT等高速功率开关管的开关特性进行工作的。这类电源的特点是效率高、体积小、电磁干扰大。

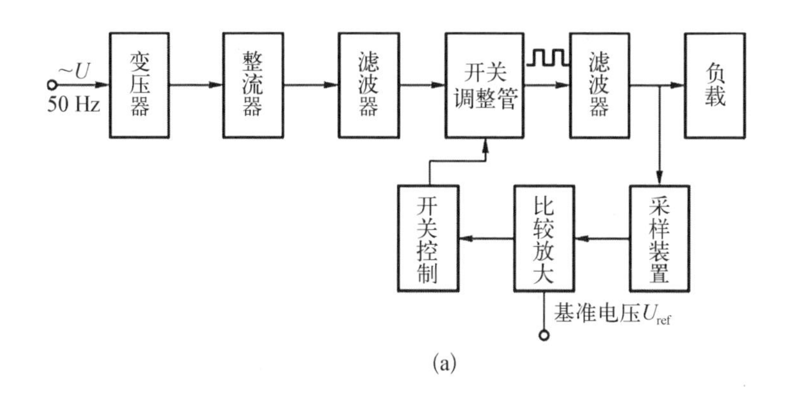

(a)

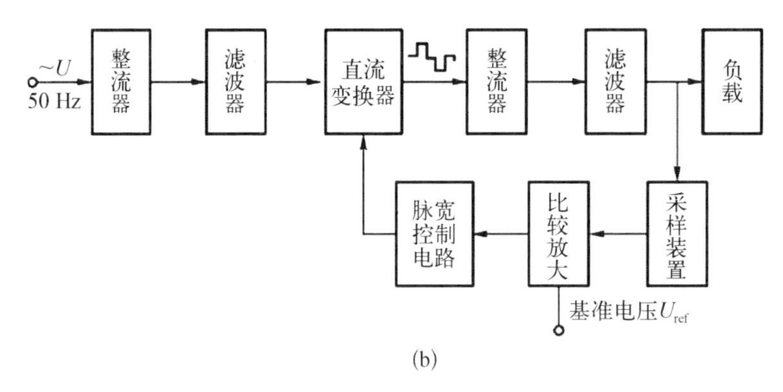

图 4-3　开关控制的稳流电源

(a) 斩波器方式;(b) 变换器方式

斩波器方式中所用的开关管工作在脉冲开关状态,控制电路通过开关管调节输出方波脉冲电压的占空比,从而改变输出电压的平均值。

变换器方式的开关电源则是将直流电压通过变换器变成几十千赫的矩形波或近似正弦波的电压,然后经高频整流滤波变为所需要的直流电压。

随着现代电力电子学的发展,适用于高频工作的大功率半导体开关器件和高频磁性材料的性能不断提高,开关电源发展得很快,基本上已经取代了线性电源和晶闸管调相电源。

4.1.4　数字控制方式

以上三种控制方式都是模拟控制方式。随着数字信号处理技术的发展,国内外加速器磁铁电源系统逐步由模拟控制技术向数字控制技术方向发展。采用数字控制[2]技术的加速器高精度稳流电源已成为新的发展趋势。

数字控制电源具备如下优点:

(1) 通过软件即可调节和优化电源控制回路的参数;电源的控制框架发生变化,可通过软件更改,无须重新设计硬件;为电源的调试和维修提供了极大的便捷。

(2) 电源与其远程控制系统的接口成为电源的数字控制器的一部分,可直接通过数字量进行电源的本地与加速器控制系统间的信息交互,节省了传统模拟控制所需的中间数模转换(DAC)和模数转换(ADC)环节。

(3) 电源控制系统硬件以大规模集成电路为主,降低了设备故障率;随着智能技术的发展,在无须改变电源现有硬件的基础上,能够逐步实现电源智能化控制。

(4) 可通过计算机进行全面的电源监控和诊断。

图 4-4(a)(b)分别为电源的传统模拟控制结构(模拟电源)和全数字控制结构(数字电源)示意图。电源数字控制系统以输出高精度脉宽调制(pulse width modulation, PWM)信号最为便捷,适用于开关电源的拓扑结构。为了加强电源数字控制技术的适应性,图 4-4(c)所示为基于数字化电流闭环控制的部分数字控制电源结构。

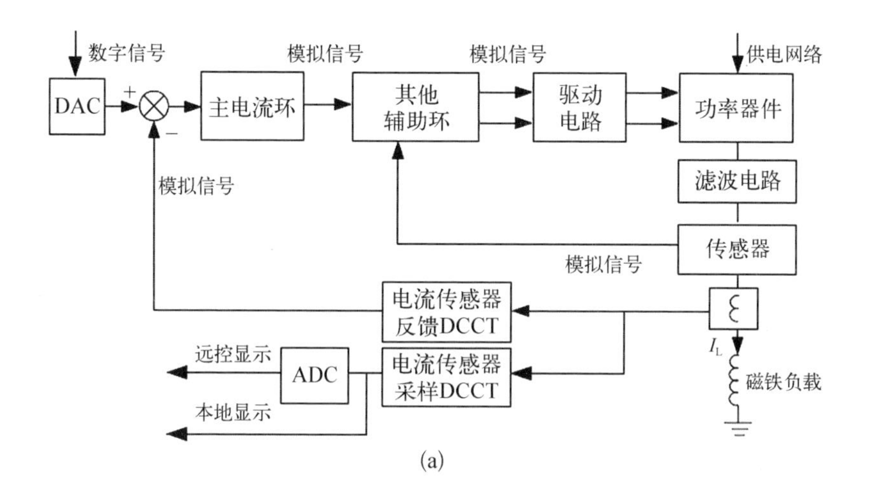

(a)

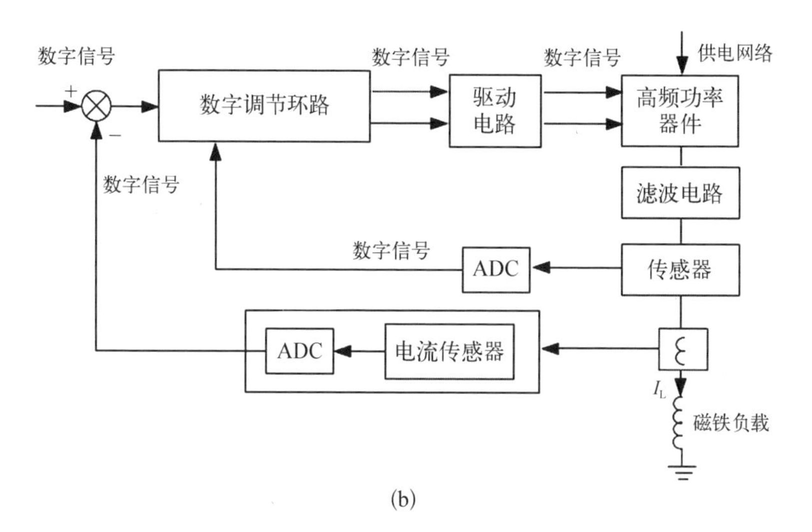

(b)

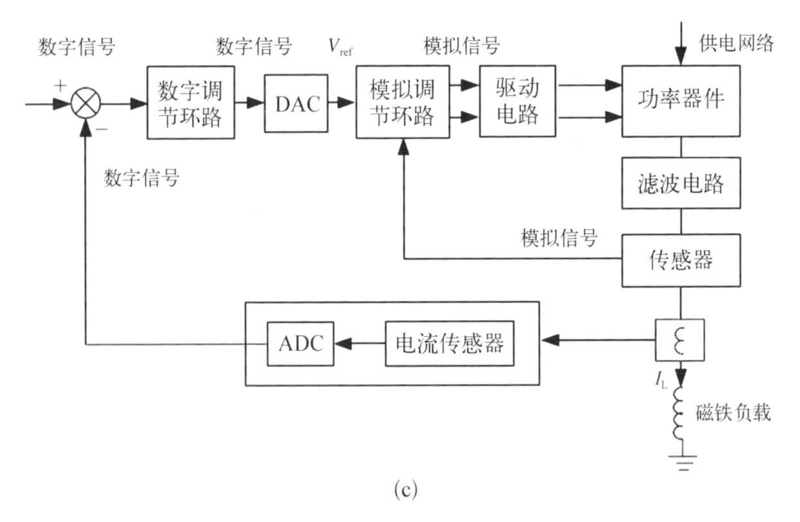

(c)

DAC—数模转换器(digital-to-analog converter);ADC—模数转换器(analog-to-digital converter);DCCT—直流电流传感器(direct-current current transformer)。

图 4-4 模拟与数字电源控制结构

(a) 模拟控制;(b) 全数字控制;(c) 部分数字控制

数字控制电源可根据数字控制器与主功率电路之间控制信号类型的不同分为全数字型和部分数字型两种。图 4-5(a)所示是“全数字+全开关”的结构,电源数字控制器实现所有控制回路的数字化调节和控制,并通过硬件产生高精度 PWM 信号(最小抖动量为 150 ps),实现对高精度开关电源的全数字化控制。

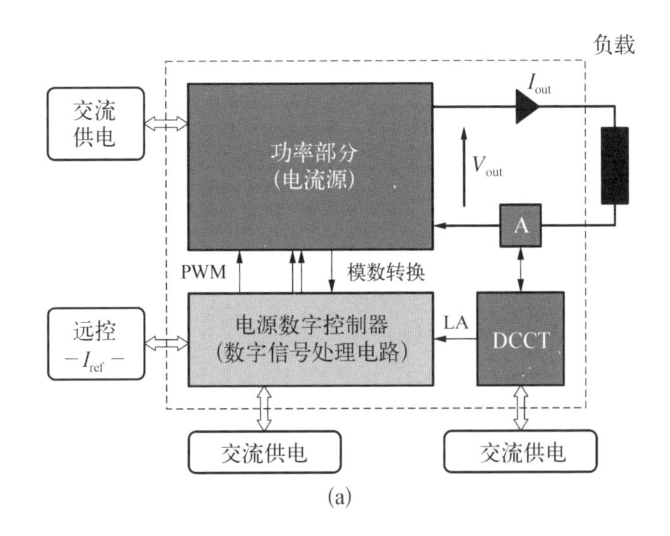

(a)

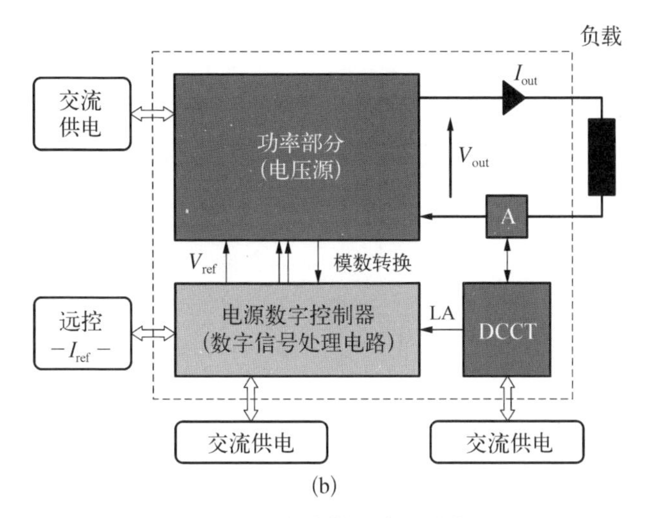

(b)

图 4-5　数字控制电源结构

(a) 全数字+全开关;(b) 部分数字+任意拓扑

图 4-5(b)所示是“部分数字+任意拓扑”的结构,电源数字控制器实现高精度电流闭环的数字化调节和控制,电流闭环控制的输出通过数模转换电路,作为电压环的参考给定。电源的功率回路提供电压源,可以为任意拓扑方式。这种控制方式既发挥了数字控制的优势,又克服了数字控制方式对拓扑结构的依赖及数字 PWM 控制精度的限制。

4.2　稳流电源的主要拓扑结构

从上一节电源的基本结构类型介绍可以知道,磁铁电源由控制电路、驱动电路、保护电路、检测电路和以电力电子器件为核心的主电路组成,如图 4-6

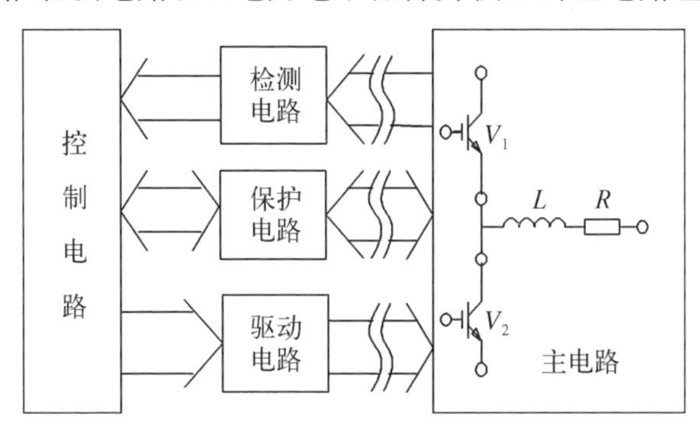

图 4-6　电源的组成

所示。这其中变化最多的就是电源的主电路结构。本节就加速器中常用的磁铁电源，重点介绍几种主电路拓扑结构。

4.2.1 三相全控整流电路

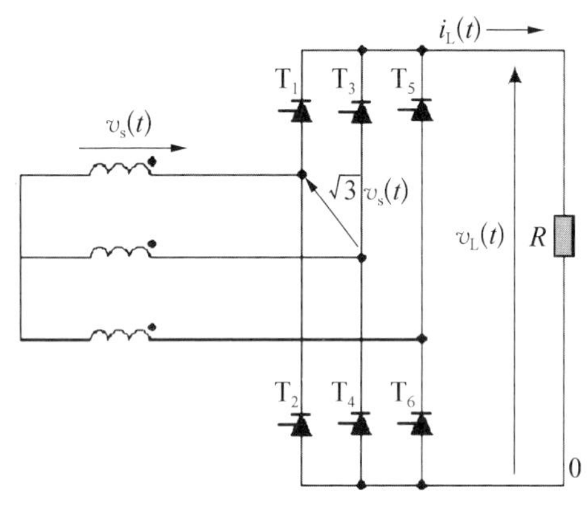

图 4-7 三相桥式全控整流电路

三相桥式全控整流电路如图 4-7 所示，是应用最为广泛的整流电路。其中采用的功率开关器件是晶闸管。它从关闭状态过渡到导通状态不仅取决于阳极-阴极电压的极性（对于二极管来说，它是自然的换向器件），而且还通过施加适当的电流脉冲来控制。

三相桥式全控整流电路的工作特点如下：① 2 管同时导通形成供电回路，其中共阴极组和共阳极组各 1 个，且不能为同相器件。② 触发脉冲按 T_1—T_6—T_3—T_2—T_5—T_4 的顺序触发晶闸管，相位依次差 60°。其中，共阴极组 T_1、T_3、T_5 的脉冲依次差 120°，共阳极组 T_2、T_4、T_6 的脉冲也依次差 120°。同一相的上、下两个桥臂，即 T_1 与 T_2，T_3 与 T_4，T_5 与 T_6，脉冲相差 180°。③ U_L 一周期脉动 6 次，频率为 50 Hz×6=300 Hz。每次脉动的波形都一样，故该电路为 6 脉波整流电路。④ 需保证同时导通的 2 个晶闸管均有触发脉冲。

从晶闸管开始承受正向阳极电压起到开始导通这一电角度称为控制角，用 α 表示，也称为触发角或触发延迟角。

三相桥式全控整流电路是两组三相半波电路的串联，当控制角是 α 时，整流电压为三相半波的两倍，在电感负载时，有如下表达式：

$$U_L = 2\times 1.17U_S\cos\alpha = 2.34U_S\cos\alpha = \frac{2.34}{\sqrt{3}}U_{Sl}\cos\alpha = 1.35U_{Sl}\cos\alpha \tag{4-1}$$

式中，U_S 和 U_{Sl} 分别为变压器次级相电压的有效值和线电压有效值。

4.2.2 开关型直流电源

广义地说，凡用半导体功率器件作为高频开关（一般在 20 kHz 以上），将一种直流(DC)电源形态转变成另一种直流电源形态的转变电路称为开关变换电路,即我们所说的DC/DC变换(直流-直流变换)。这种变换电路在变换时使用自动控制闭环稳定输出技术及保护环节,称为开关型直流电源(switching modul power supply)。开关型直流电源[3]的主要组成部分是DC/DC变换电路(主回路),由于开关型直流电源的主回路拓扑形式很多,工作原理也大不相同,因此,本节仅介绍在加速器中常用的几种开关型直流电源。

1) 串联式开关型直流电源

串联式开关型直流电源[在加速器领域常称为斩波器(chopper)电源]的输入为直流电压,功率管工作在开关状态,工作波形为矩形波,经过脉冲占空比的调制,再经滤波,在输出端得到一个稳定的直流电压(电流)。

串联式开关型直流电源是最基本的开关型直流电源,图4-8为其作用原理图。图中U_i为直流输入电压,K为理想的功率开关器件,U_o是一串矩形波的电压,其平均值U_{oA}为

$$U_{oA}=\frac{1}{T}\int_0^{T_{ON}}U_i\mathrm{d}t=\frac{U_iT_{ON}}{T}=\frac{U_i(T-T_{OFF})}{T}=U_iD \tag{4-2}$$

式中,T为开关的周期;T_{ON}为开关的导通时间;T_{OFF}为开关的截止时间;$D=\frac{T_{ON}}{T}$为开关的脉冲占空比。

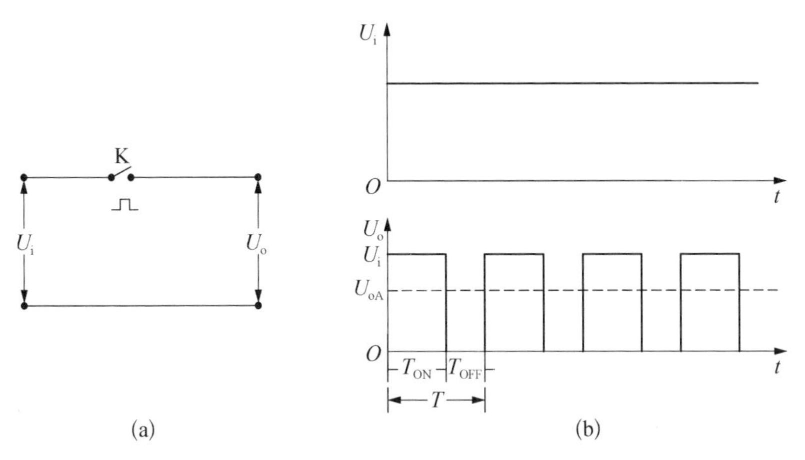

图4-8　串联式开关型直流电源的作用原理

由此可见，只要在电路中接入一个脉冲调制电路，适当调整开关的脉冲占空比 D，就可以维持输出电压（电流）不变。图 4－9 所示为串联式开关直流电源的基本电路。

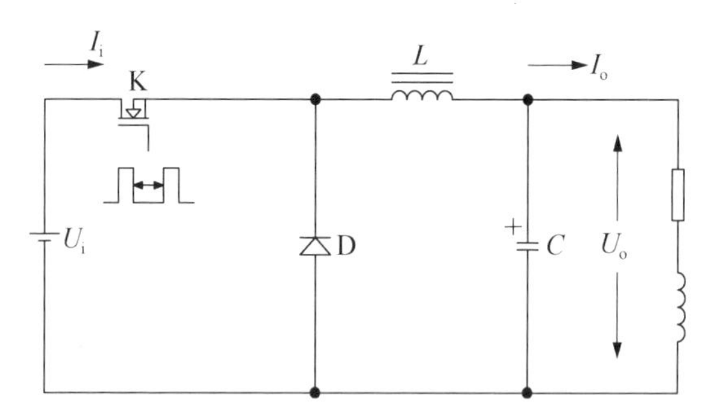

图 4－9　串联式开关直流电源的基本电路

斩波器电源又称为 Buck 变换器，由于它电路简单、经济实用，设计、调试、维修均较方便，所以在大型加速器中得到了广泛的应用。这种电源极少单台使用，通常在应用中将几台至几十台斩波器并联接在一台大功率的直流稳压电源的输出端上，大功率直流稳压电源为它们输入直流电压，如图 4－10 所示。这种电源的不足之处是功率管的开关损耗较大，同时产生的电磁干扰也大。

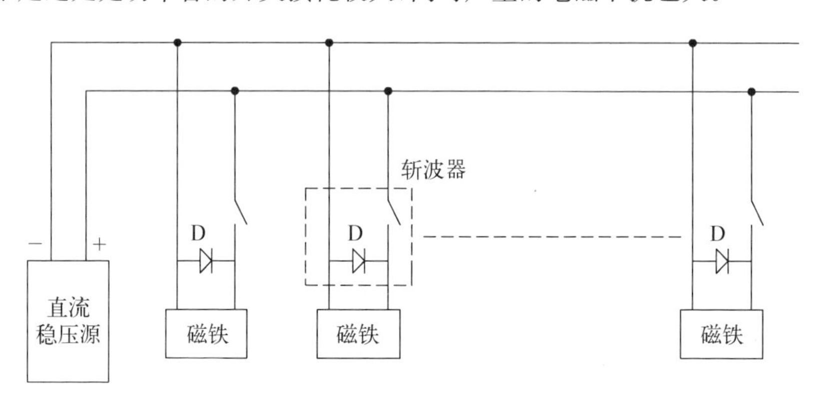

图 4－10　斩波器使用示意图

2）PWM DC/DC 全桥变换式开关电源

PWM DC/DC 全桥变换式开关电源的功率变换电路（主回路）是一种出现比较早的无工频变压器开关电源。它首先把交流市电整流滤波，得到直流电压；其次，通过直流变换器进行高频变换，得到高频交流电压；最后通过高频整流二极管及高频滤波网络滤波得到直流电压（电流）。同时依靠控制电路来调整变换器的脉冲占空比，得到稳定的电源直流输出参量。其工作原理简述如下。

图4-11所示为PWM DC/DC全桥变换式开关电源的基本电路。图中电网滤波器的主要作用是防止开关电源在工作时产生的高频干扰信号返回电网。整流器B将电网电压变为直流电压后，再经过L_1、C_1组成的低频输入滤波器，变为较稳定的直流输入电压V_{in}。V_{in}加到由功率MOS开关管Q_1、Q_2、Q_3、Q_4及高频变压器T组成的高频功率变换器上，而开关管在控制回路提供的栅极驱动电压激励下交替通断(其中U_{G_1}与U_{G_2}同相位，U_{G_3}与U_{G_4}同相位)，将直流电压V_{in}变换成高频方波电压。高频变压器T将该电压降成所需的电压，经次级高频二极管D_1、D_2进行整流，得到两倍于原边开关频率的方波，通过L_2、C_2组成的高频滤波器滤波后，成为直流电压。

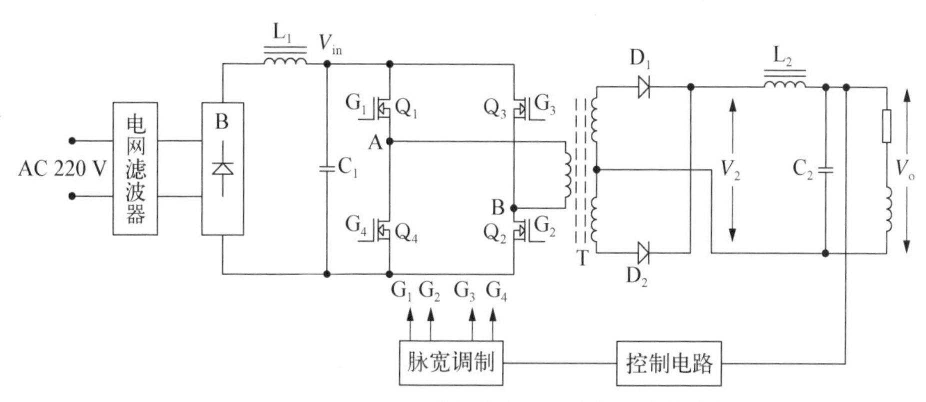

图4-11 PWM DC/DC全桥变换式开关电源的基本电路

由于PWM DC/DC全桥变换式开关电源的功率部分未使用工频变压器以及应用了高频逆变技术，所以其体积和质量与同等功率的线性电源及晶闸管调相电源相比都要小很多，同时效率也成倍地提高。与其他谐振式开关电源相比，它具有电路相对简单，调试、维修方便等优点，所以目前在中小型加速器中经常使用这种电源。但由于这种电源的功率开关管是工作在所谓“硬开关”状态，所以开关管的开关损耗较大，产生的电磁辐射也相应比较大，因此，它不适合制作功率较大的电源，适用的电源功率一般在几百瓦至几千瓦量级。

3）移相控制零电压开关PWM DC/DC全桥变换器

随着开关电源技术的发展，对各种各样的开关电源的性能、质量、体积、效率、可靠性以及产生的电磁噪声有了更高的要求。为了满足这些要求，“软开关”技术应运而生。软开关是指功率开关管处在零电压或零电流时才导通或关断，这样，开关管就没有开关损耗，提高了变换器的效率，大幅度提高了工作频率，减小了质量和体积，产生的电磁噪声也明显降低。有许多变换器可以实现开关管的零压开关或零流开关，如谐振变换器(resonant converter)、准谐振变换器(quasi-resonant converter)和多谐振变换器(multi-resonant converter)。但这些变换器的功率开关管在开关过程中所承受的电流和电压较大，并且要采用频率调制，不利于滤波器的优化设计。为了保持谐振变换器的优点，实现开关管的软开关，同时采用 PWM 控制方式，实现恒定频率调节，利于优化设计滤波器，在 20 世纪 90 年代出现了零转换变换器(zero transition converter)，其特点是功率开关管在开关过程中，变换器工作在谐振状态，实现开关管的零电压开关或零电流开关，其他时间均工作在 PWM 控制状态。

移相控制零电压开关 PWM DC/DC 全桥变换器(phase-shifted zero voltage switching PWM DC/DC full bridge converter)就是基于零转换变换器技术研制的软开关电源。它利用高频变压器的漏感或原边串联的电感和开关管的寄生电容来实现开关管的零电压开关。其电路结构及主要波形如图 4-12 所示。其中，D_1～D_4 分别是 Q_1～Q_4 的内部并联的二极管，C_1～C_4 分别是 Q_1～Q_4 的寄生电容或外接电容。L_r 是谐振电感，它包括了变压器的漏感。每个桥臂的两个功率管成 180°互补导通，两个桥臂的导通角相差一个相位，即移相角，通过调整移相角的大小来调整输出电压。这里 Q_1 和 Q_3 的相位分别超前于 Q_4 和 Q_2 一个相位，因此，称 Q_1 和 Q_3 组成的桥臂为超前桥臂，Q_2 和 Q_4 组成的桥臂为滞后桥臂。

4.3 电源数字控制器

电源数字控制器是电源实现数字化控制的执行元件，其控制算法具有多样性和鲁棒性，用于实现对电源的精密调节，其 ADC 电路用于对电源电流采样进行模数转换，它们的设计将直接影响电源的性能。因此，电源数字控制器是粒子加速器数字化直流稳流电源实现高精度控制的关键部件。

电源数字控制器的关键技术包括数字调节器的控制算法、高精度数字脉宽调制信号、高精度模数和数模转换器、远控通信接口的选择、数字信号处理系统部件的选择等。

1) 数字调节器的控制算法

数字调节器的控制算法是影响数字电源性能的关键因素之一，其中数字 PID 控制是一种普遍采用的控制算法。比例环节即时成比例地反映控制系统的偏差信号 $e(t)$，偏差一旦产生，控制器立即产生控制作用以减少偏差；积分

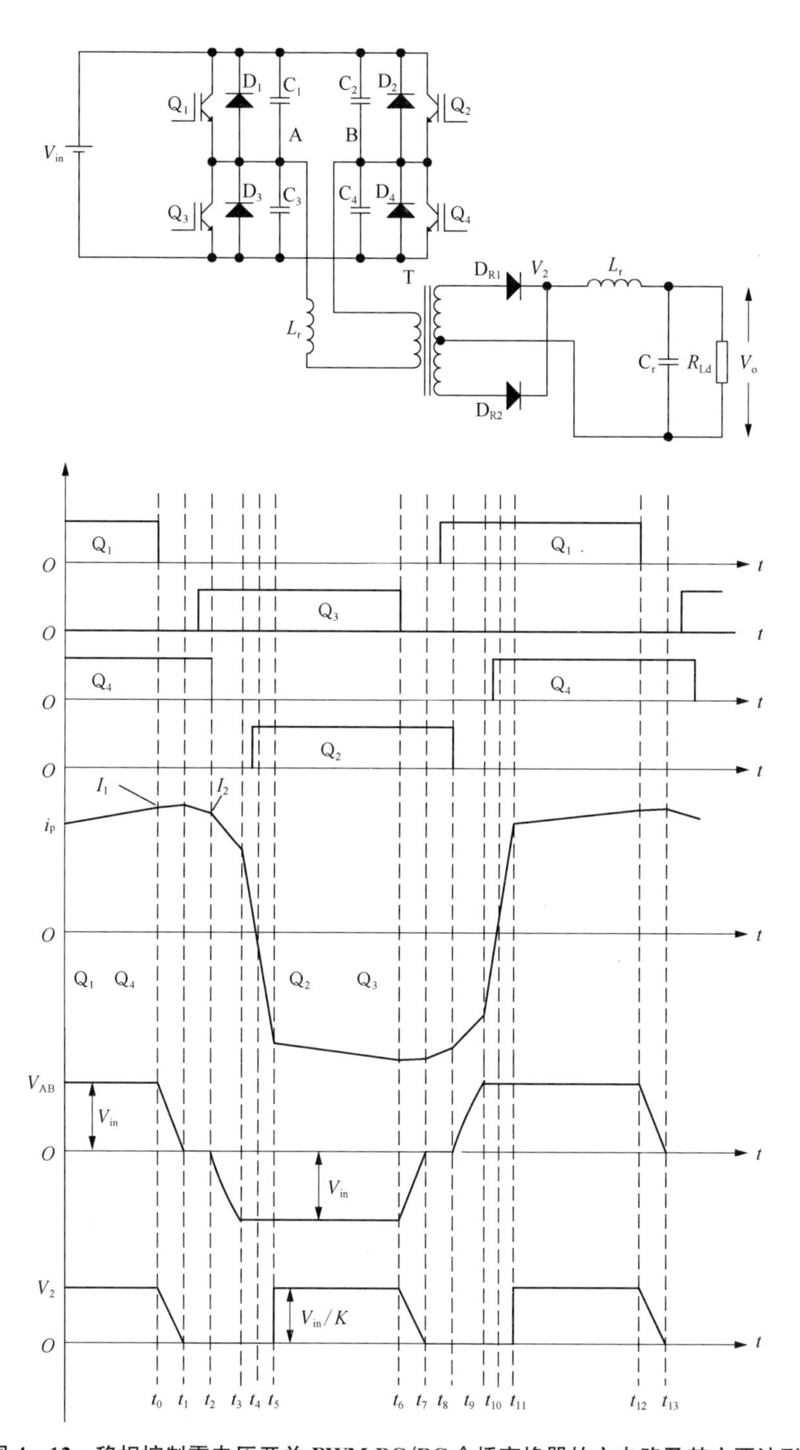

图 4-12　移相控制零电压开关 PWM DC/DC 全桥变换器的主电路及其主要波形

环节主要用于消除静差，提高系统的无差度。积分作用的强弱取决于积分时间常数 T_i，T_i 越大，积分作用越弱；反之越强。微分环节能反映偏差信号的变化趋势（变化速率），并能在偏差信号值变得太大前在系统中引入一个有效的早期修正信号，从而加快系统的动作速度，减少调节时间。另外也有采用 RST 数字控制器的，它是一个三支路结构控制器，可以等效为一个前向预测器和一个无时延的控制器，能够很好地解决时延系统中的相位变化问题，使系统具有较好的鲁棒性。但是计算过程非常复杂，对于不熟悉该算法的使用者来说，计算出来的多项式系数的含义不直观。因此，对于常规的电源设计来说，PID 控制算法不仅简单易用，且各个参数的含义可以很直观地与模拟系统联系起来，方便使用者根据不同的被控对象进行参数调节。

2）高精度数字脉宽调制信号

数字控制器通过闭环控制产生 PWM 波形，从理论上讲，PWM 信号的分辨率无穷大。而数字 PWM 生成器一般采用计数器通过可编程逻辑器件（programmable logic device，PLD）实现，两个频率决定了数字 PWM 信号的分辨率，即计数器的时钟频率和开关频率，可以用 T_c/T_{rep} 表示，T_c 指计数器的时钟周期，T_{rep} 指 PWM 信号的周期即开关频率。假设计数器的时钟频率为 100 MHz，PWM 信号的输出频率为 20 kHz，则数字 PWM 信号的分辨率为 200 ppm①，等价于 12～13 位分辨率（100 MHz/20 kHz＝5 000，1/5 000＝200 ppm）。

数字 PWM 信号要达到 18 位或 18 位以上的高分辨率，在开关频率一定的条件下只能通过提高 PLD 的主频即计数器的时钟频率。比如，开关频率为 20 kHz，PLD 的主频必须达到 5 GHz，PWM 信号的分辨率才能达到 18 位，而如此高的主频对于目前的 PLD 器件是不可能的。低频 PWM 信号增大了 PWM 信号的周期 T_{rep}，PWM 信号的控制精度可以提高。但为了追求无源滤波元件的小型化，需要采用高频 PWM 方式，这时在最小脉宽相同的情况下，调节精度随开关频率升高而降低。

3）高精度模数和数模转换器

高精度模数和数模转换器包括电压环模数转换器、电流环模数转换器、多通道模数转换器和数模转换器，主要用于电源输出电压、电流采样、电源模拟信号监控以及模拟控制量输出。

其中，电流采样 ADC 的选择及应用是实现数字电源高精度控制的关键

① ppm 指百万分之一（parts per million）。

技术之一。结合加速器磁铁电源的性能指标要求，我们一般选择SAR，即逐次逼近型的18位或者20位的ADC，作为高精度的数字电流闭环的采样器件。并且在ADC应用电路的设计上，应结合ADC器件的内部电路特点，开展外围电路的选择、接地阻抗及噪声源分析、印制电路板(printed circuit board, PCB)设计等。同时在软件设计上，考虑进行数字信号的滤波降噪处理。

另外，ADC的温度漂移特性也将直接影响电源的长期和短期稳定度。因此，针对高精度稳流电源的需求，该部分ADC电路可以采取恒温处理。

4）远控通信接口的选择

随着工业以太网的不断发展，许多加速器实验室也在研究用工业以太网来控制前端设备。目前主要的工业以太网标准有4种，即Ethernet/IP、Modbus TCP/IP、PROFINET和FF HSE。Modbus和Modbus TCP/IP真正公开协议，免收许可费用，被监控与数据采集系统(supervisory control and data acquisition, SCADA)和人机交互(human machine interface, HMI)软件广为支持，易于集成不同的设备，开发成本低，同时有广泛的技术支持资源。

5）数字信号处理系统部件的选择

加速器磁铁电源的数字化控制，就是数字信号处理技术在磁铁电源领域的应用和发展。目前国内外加速器实验室设计的电源数字控制器一般都采用基于数字信号处理器(digital signal processor, DSP)的构架，由DSP负责算法处理，辅助以单片机或者小型现场可编程门阵列(field programmable gate array, FPGA)负责外设接口及电源联锁保护等简单功能。

FPGA属于可重构器件，其内部逻辑功能可以根据需要任意设定，具有集成度高、处理速度快和效率高等优点。其结构主要分为三部分，即可编程逻辑块、可编程输入输出(I/O)模块和可编程内部连线。由于FPGA的集成度非常大，一片FPGA有少则几千个等效门，多则几万或几十万个等效门，所以一片FPGA就可以实现非常复杂的逻辑，替代多块集成电路和分立元件组成的电路。它借助于硬件描述语言(VHDL)进行系统设计，采用三个层次(行为描述、RTL描述、门级描述)的硬件描述和自上至下(从系统功能描述开始)的设计风格，能对三个层次的描述进行混合仿真，从而可以方便地进行数字电路设计。比较而言，DSP适合采样速率低和软件复杂程度高的应用。当系统采样速率高(MHz)、条件操作少且任务比较固定时，FPGA更有优势。FPGA和DSP是两种不同的处理系统，FPGA内部全是硬连线资源，通过功能模块复制，实现大规模数据量的并行处理；而 DSP 是基于指令集的系统，一般使用串行算法。FPGA 管脚多，易于逻辑扩展；相对而言，DSP 的管脚资源决定了其不适合于逻辑功能扩展。对于复杂算法，利用 FPGA 难以实现，但是只要算法可以通过 DSP 的指令来表达，则 DSP 都可以处理。因此，对于算法处理的灵活性，DSP 优于 FPGA。

随着 FPGA 技术的发展，嵌入 DSP 模块的 FPGA 成为数字信号处理技术新的发展趋势。利用 FPGA 完成 DSP 功能，能在许多实用领域综合 DSP 与专用集成电路（application specific integrated circuit, ASIC）的优点。由 FPGA 构成的 DSP 系统可以并行或顺序方式工作。在并行工作方面，FPGA 优于 DSP，DSP 需要大量运算指令完成的工作，FPGA 只需一个时钟周期的时间即可完成。以 Altera 的飓风系列 FPGA 为例，基于浮点数的加减法和乘法，运行速度都在 100 MHz 以上，除法的运行速度也超过 40 MHz。而在顺序执行方面，FPGA 也比 DSP 快，因为 FPGA 中可以使用各种状态机或使用嵌入式微处理器完成，且每一顺序工作的时钟周期中能同时并行完成许多执行任务，而 DSP 则不行。

FPGA 中嵌入式软核处理器的发展，进一步提高了 FPGA 的系统集成度和灵活性，使之成为一个软件和硬件联合开发和灵活定制的结合体。设计者既能在嵌入式软核处理器中完成系统软件模块的开发和利用，也能利用 FPGA 的通用逻辑宏单元完成硬件功能模块的开发。例如，Altera 的 FPGA 器件为用户提供嵌入式软核 NiosⅡ、Xilinx 的 Microblaze 等。

现代 FPGA 结构和性能的发展，早已突破人们对于 FPGA 应用的传统理解。利用 FPGA 的可定制性和可重构性，创建在系统修改的用户数字信号处理系统，成为数字信号处理技术的发展趋势。

以 CEPC 所采用的 DPSCMⅡ为例，它是以 FPGA 为数据处理核心，采用片上可编程系统（system on a programmable chip, SOPC）的设计，实现电源的数字化控制。图 4－13 所示为嵌入 DPSCMⅡ的电源结构。

DPSCMⅡ主要硬件包括主板（DPSCM_MB）、高精度模数转换控制板（DPSCM_AD）、电源数字电流闭环与其他模拟控制回路之间的数模转换控制板（DPSCM_DA）及多通道数模转换器构成的电源监控接口电路（DPSCM_MDA）。主板包括了电源与其他系统及其他电源之间的若干接口电路，主要有远控控制系统的光纤接口、定时系统的光纤接口、用于电源参数显示的接口、与其他电源的 PWM 同步信号及本地调试人机交互界面的接口。考虑电源不同的控制框架，主板产生的普通精度的 PWM 信号即 NPWM(normal-precision pulse width modulation)信号，可以用于普通稳流电源的全数字化控制；也可产生 150 ps 步长控制的高精度 PWM 信号即 HPWM(high-precision pulse width modulation)信号，用于高精度稳流电源的全数字化控制；为适用于各种拓扑结构，还可以利用 DPSCM_DA，仅通过电流外环实现数字闭环控制。为了适应超高稳定度的要求，DPSCM_AD 还将进行恒温控制。

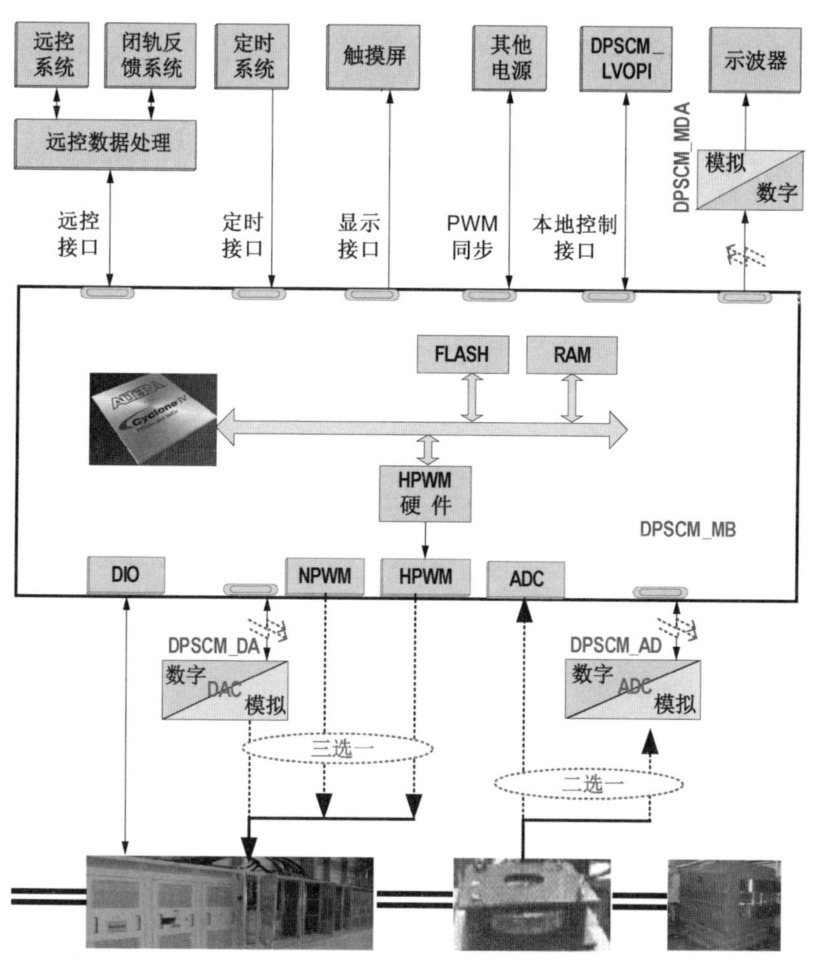

DPSCM—数字电源控制模块(digital power supply control module)；DPSCM_MDA—DPSCM 的多通道数模转换器(multi-digital to analog converter)构成的电源监控接口电路；DPSCM_DA—DPSCM 的数模转换控制板；DPSCM_AD—DPSCM 的模数转换控制板；DPSCM_LVOPI—DPSCM 基于 Labview 的操作界面；DPSCM_MB—DPSCM 的主板(mainboard)；NPWM—普通精度的 PWM 信号；HPWM—高精度的 PWM 信号；FLASH—快闪存储器；RAM—随机存储器(random access memory)。

图 4-13 嵌入 DPSCMⅡ的数字电源框图

4.4 精密测量和校准平台

高精度直流稳流电源中的高精度要求包括了稳定度、准确度和重复性的高精度要求。电源采用全数字化的控制方式后，影响电源精度的主要部件包括直流电流传感器和电源数字控制系统 ADC 部分。通过对这些关键部件进行恒温控制，可以达到长期和短期稳定性的要求。但是针对准确度和重复性(可以视为短期准确度和长期稳定度的综合)，则需要建立一个精密测试和校准平台，通过该平台可以开展精密测量工作，对直流电流传感器和 ADC 系统进行校准。

1) 电流型直流电流传感器的测量和校准

电流型直流电流传感器相当于一个无量纲的比例器件，实现从大电流到小电流的准确比例变换。图 4-14 为电流型直流电流传感器的测量和校准系统示意图。该系统研制的难度在于读差系统的设计。通过同时测量参考电流传感器和被测电流传感器的输出信号并进行读差处理，可以大大降低对于电流源性能的要求，即无须采用高精度的稳流源，也能实现对被测电流型直流电流传感器的精确校准。

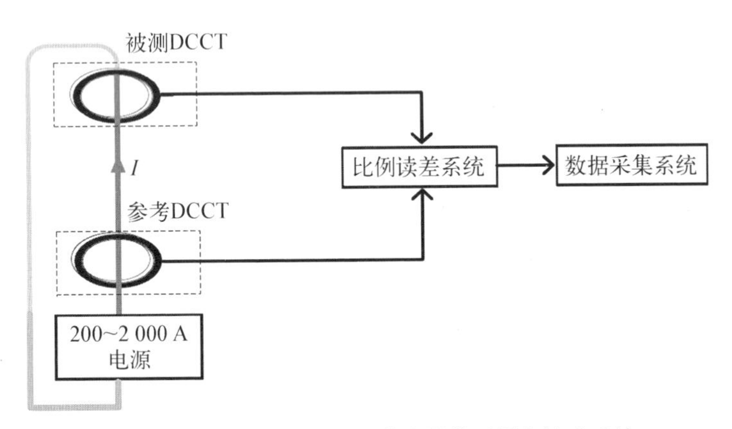

图 4-14 电流型直流电流传感器的测量和校准系统

2) 电压型直流电流传感器的测量和校准

电压型直流电流传感器的输出为电压信号，即电流型直流电流传感器经过了 I/U 转换。电压型直流电流传感器可以视为一个模拟的电阻，被电流源激励后，将输出电压，即呈现出电阻的特性。因此，可以采用标准电桥加量程扩展器，将被测直流电流传感器的等效电阻与标准电阻构成电桥平衡的方法进行测量和校准。

3）直流电流传感器在线校准系统

直流电流传感器安装在电源上以后，通常不易拆卸。由于直流电流传感器存在输出年偏移量，为确保电源长期使用时输出电流的准确性，需要一套直流电流传感器在线校准系统。图4-15为直流电流传感器在线校准系统的示意图。经过校准可溯源的参考直流电流传感器及可溯源的标准电阻，将其作为标准，与带电流-电压转换电阻的被测直流电流传感器的输出进行比较，进入读差系统，得到被测直流电流传感器的校准输出。读差系统降低了对电流源的要求，故可将被测电源作为激励电流源。当需要在线校准直流电流传感器时，断开短路片，接入移动测试平台。正常运行时，将短路片短接，并移除移动测试平台。在工艺设计时，预留该短路片的位置。

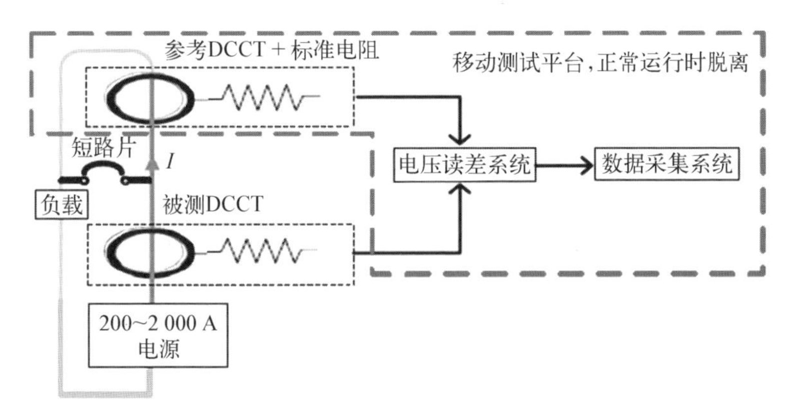

图4-15　直流电流传感器在线校准系统

4）ADC校准系统

ADC的校准将采用标准电压源（例如KH523校准仪）作为其激励输入，通过直方图的方法，测量ADC的积分非线性、微分非线性及增益和偏差，并将数据存入电源数字控制器的主控芯片，作为在线补偿的依据。

参考文献

[1] 赵籍九，尹兆升. 粒子加速器技术[M]. 北京：高等教育出版社，2006.
[2] 龙锋利. HEPS-TF初设报告（第2册）[R]. 北京：中国科学院高能物理研究所，2016.
[3] 阮新波，严仰光. 脉宽调制DC/DC全桥变换器的软开关技术[M]. 北京：科学出版社，1999.

第5章 真空技术

加速器真空系统的主要功能是提供良好的真空环境,保证束流有足够的寿命和稳定性,同时有效分散接近光速的高能粒子弯转时产生的同步辐射光功率。加速器真空系统主要由真空盒、射频屏蔽波纹管、同步辐射光吸收器、阀门、真空获得和测量设备等组成。本章首先概述加速器真空系统的特点和需求,然后介绍真空技术基础知识,最后重点阐述正负电子对撞机、质子对撞机和同步辐射光源真空系统关键非标设备真空盒、射频屏蔽波纹管和光子吸收器的设计、加工和调试方法,以及真空盒内表面镀膜技术。

5.1 概述

高能粒子加速器主要包括正负电子对撞机、同步辐射光源、大型强子对撞机等,无论是对撞机还是同步辐射光源,储存环都是加速器的核心部分,也是设计和研制过程中需要解决诸多技术难点之处。储存环真空系统设计的难点之一是如何达到束流运行时的动态真空要求。在储存环真空系统中,导致压力上升的原因除了真空材料的热放气外,主要就是同步辐射光打在真空盒内表面引起的光子解吸。在高流强的电子储存环中,电子在弯转运动时沿切线方向产生同步辐射光,高能量的光子打在真空盒和光子吸收器上,将引起温度和压强上升。由同步辐射光引起的气体负载要比一般的材料热放气负载大 1～2 个数量级,为了降低气载,必须提高真空盒内壁的清洁度,降低光电子轰击器壁引起的放气量。同时采用特殊的真空结构设计,利用分布式或集中式的抽气方式,提高真空系统的抽气效率,以满足束流寿命对真空度的要求。

对于储存环真空系统,基本要求如下:

（1）储存环动态压强低于 2×10^{-7} Pa，满足由于束流与残余气体相互作用导致的束流寿命大于 100 h 的要求。

（2）真空盒表面应尽可能光滑，减小束流通过真空盒时产生的高次模电磁场。

（3）由同步辐射光和高次模损失产生的热负载必须用冷却装置排除掉。

（4）在加速器开始运行时，能很快达到好的束流寿命。

（5）系统的某区段暴露大气后能很快地恢复真空。

正负电子与残余气体分子碰撞后丢失是探测器潜在的本底源，束流与残余气体分子的轫致辐射导致束流损失，并产生探测器本底。因此，提高对撞区真空度对于减小探测器本底是有重要意义的。由于束-气相互作用，在距对撞点 2～14 m 处的真空度要求达到 6×10^{-8} Pa 或更低的压强。

5.2 真空技术基础

真空技术是建立低于大气压力的物理环境，以及在此环境中进行工艺制作、物理测量和科学试验等所需的技术。真空技术主要包括真空物理、真空获得、真空测量、真空检漏、真空系统设计和真空应用几个方面。随着真空获得和测量技术的发展，真空应用日渐扩大到工业和科学研究的各个方面。真空应用是指利用稀薄气体的物理环境完成某些特定任务，有些是利用这种环境制造产品或设备，如电子管、速调管、粒子加速器和空间环境模拟设备等，这些产品在使用期间始终保持真空；而另一些则仅把真空当作生产中的一个步骤，最后产品在大气环境下使用，如真空镀膜、真空冶金和真空钎焊等。本节重点介绍真空技术基础知识，包括真空计算、真空获得、真空测量和检漏。

5.2.1 真空计算

真空是指在给定空间内压强低于一个大气压的气体状态，也就是该空间内气体分子密度低于该地区大气压下的气体分子密度。真空度的高低通常用气体的压强来表示，在国际单位制中，力的单位为 N，面积单位为 m^2，故压强单位为 N/m^2。1 N/m^2 称为 1 帕斯卡（Pascal），简称帕（Pa）[1]。其他普遍使用的单位还有 Torr（1 Torr≈133.3 Pa）、mbar（1 mbar＝100 Pa）、1 个标准大气压（atm，1 atm≈760 Torr≈1.0133×10^5 Pa）。

气体在管道中的流动因压强及流速的不同而有种种形式。当压强高且流速大时为湍流，随着压强的降低变为黏滞流，最后变为分子流。当管道两端存在压强差(P_1-P_2)时，管内便出现气体流动。在稳定流动时，通过管道的流量为 $Q=C(P_1-P_2)$，其中 C 称为管道的流导。对于分子流，C 为常数；对于黏滞流，C 正比于管内平均压强。

由于我们讨论的加速器是高真空和超高真空系统，所以只计算分子流条件下管道和孔的流导，分子流流导的计算公式可在《真空技术手册》中查到。几个管道并联所得的流导等于各个管道流导之和，几个管道串联所得流导的倒数为各管道流导倒数之和。知道了流导以后，就可以计算泵的有效抽速。名义抽速为 S_o[L/s]的泵通过流导为 C[L/s]的管道与真空系统相连，那么泵对真空系统的有效抽速为

$$\frac{1}{S_{eff}}=\frac{1}{S_o}+\frac{1}{C} \tag{5-1}$$

从式(5-1)可知，只有当 $C\to\infty$ 时，才有 $S_{eff}\to S_o$，即流导很大时有效抽速才接近泵的名义抽速。因此，为了发挥泵的效能，必须尽可能用流导大(即孔径大)的真空管道。

当真空系统开始抽气时，被抽容器中的压强不断降低。在任何瞬间，容器中的压强实际上是由泵的抽气作用与系统中各种气源的放气、漏气效应之间的动态平衡所决定的。设由一根流导为 C 的管道将真空容器与泵相连，泵的抽速设为 S，容器的体积为 V，由于管道对气流的阻碍，容器出口处的有效抽速为 $S_e(<S)$。在 S_e 的作用下，每秒从容器抽掉的气体量为 PS_e，这将导致容器压强 P 降低。此外，容器中除了原有大气气体之外，尚有下列各种气源：① Q_L，漏气；② Q_D，器壁及内部零件表面气体的脱附；③ Q_P，大气通过气壁的渗透；④ Q_V，材料的蒸气压放气量；⑤ Q_{St}，电子、离子和光子激发产生的解吸率。

上述各种气源统称为气体负载，它们将导致压强 P 的升高。在任一瞬间，容器中气体量的瞬时净增量为

$$V\frac{dP}{dt}=Q_L+Q_D+Q_P+Q_V+Q_{St}-PS_e \tag{5-2}$$

式(5-2)称为真空系统的抽气方程[1]，若能解出这个方程，即求出压强 P 作为时间 t 的函数，便掌握了抽气过程的基本情况。

任何真空系统，抽气到最后必定达到某一稳定压强，即 $t\to\infty$，$dP/dt=0$，总的气体负载趋向恒定，我们得到被抽容器的极限压强为

$$P_u = \frac{Q_{const.}}{S_e} \tag{5-3}$$

式中，$Q_{const.}$ 为不随时间变化的恒定气体负载。

在设计加速器真空系统时，要选择合适的真空材料和合理的真空表面加工、清洗工艺，以减小材料表面的放气率。另外，应该尽量选择短而粗的真空管道来增加泵的有效抽速，当然束流管道孔径的增大将造成磁铁孔径的增大，磁铁的造价也随之提高，因而在真空盒设计时应综合考虑。在真空系统中放气率比较大的地方要安装大抽速的真空泵，以提高系统的极限真空。

5.2.2 真空获得

用来获得真空的设备称为真空泵。因为真空技术所涉及的压强范围达十几个数量级，这样宽的压强范围不可能只用一种真空泵来达到。真空泵的选择要根据泵的工作压强范围、泵的尺寸和抽速以及泵的特性来决定。真空获得设备种类繁多，按其工作原理大致可以分为三类。

(1) 变容积真空泵。它是通过机械方式周期性地改变排气腔内的体积以达到抽气目的。例如各种油封旋转机械泵、涡旋型干式泵、罗茨泵等。

(2) 动量输运型真空泵。它是通过机械方式或蒸气喷流把动量传递给气体分子，以达到抽气目的。例如各种分子泵和蒸气流泵。

(3) 吸附型真空泵。它通过固体及表面对气体分子的吸收或吸附以达到抽气目的。例如钛升华泵(TiSP)、吸气剂泵(NEGP)、低温泵和离子泵。

无论是根据何种原理制成的真空泵，在其工作时除了抽气因素外，总是存在着与抽气相对立的因素。例如气体经压缩后的反扩散，气体分子从表面脱附等。从原则上讲，各种泵的结构与运转都是以保证泵内抽气因素远大于相反因素为目的[1]，所以每种真空泵由于各自的作用不同而有它自己的特点和应用范围。加速器真空系统中常用的真空泵及其特性列在表 5-1 中。

表 5-1　加速器真空系统中常用的真空泵及其特性

泵　型	极限压强/Pa	使用范围/Pa	主 要 特 性
溅射离子泵(SIP)	1×10^{-9} 以下	1×10^{-10}～1×10^{-2}	在低压下有较长的使用寿命；普通二极泵对惰性气体的抽速小，但能抽 CH_4；惰性气体二极泵和三极泵能够改善对惰性气体的抽速；可以制成分布式离子泵

（续表）

泵　型	极限压强/Pa	使用范围/Pa	主要特性
钛升华泵（TiSP）	1×10^{-9} 以下	1×10^{-10}～1×10^{-2}	高抽速、低费用、容易操作；为了提高抽气容量，泵壳需要有较大的表面积；不能够抽除惰性气体
吸气剂泵（NEGP）	1×10^{-9} 以下	1×10^{-10}～1×10^{-2}	结构简单、体积小、容易操作；有限的吸气容量，需要激活来恢复抽速；不能抽除惰性气体；可以制成分布式吸气剂泵
低温泵	1×10^{-9} 以下	1×10^{-10}～1×10^{-2}	能抽除 He 以外的所有气体，对 H_2 有相对高的蒸气压；与 TiSP 和 NEGP 相比抽气量较大；需要辅助泵，并且在泵的再生期间应与主真空系统隔离
涡轮分子泵	1×10^{-9} 以下	1×10^{-9}～1×10	能抽所有气体；需要前级泵从大气开始抽真空，油润滑轴承会污染超高真空系统，因此尽量选择磁悬浮轴承和干式前级泵；价格较高
涡旋型干式泵	1	1～1×10^{5}	可以从大气开始抽气，清洁无油，常作为分子泵的前级泵

溅射离子泵、钛升华泵和吸气剂泵是加速器真空系统的主要抽气泵。由涡轮分子泵和前级泵组成的分子泵机组从大气开始粗抽真空系统，并且在真空系统烘烤时抽除真空系统表面放出的气体。当真空系统达到 1×10^{-4} Pa 的压强时，可以启动离子泵、钛升华泵和吸气剂泵，用这些泵来获得更高的真空度。不使用涡轮分子泵时，利用真空阀门与束流真空管道隔开，以免在加速器运行期间涡轮分子泵漏气或反流造成真空系统污染。

5.2.3　真空测量和检漏

用来测量真空度的仪器称为真空计，真空计一般由真空规和控制器组成。真空测量分为直接测量和间接测量，能够直接测量的最低压强约为 1×10^{-3} Pa，在这个压强下，1 cm^2 所受力仅为 1×10^{-7} N，需要用电子放大信号来测量。直接测量真空规的优点是它们的测量值与气体种类无关，并且能真正测量混合气体或单纯气体的总压强。间接测量真空规测量的压强与气体种类有关，因此，如果不能精确知道测量的混合气体成分，不可能把信号转换为准确的压强读数。加速器真空测量中遇到的压强都很低，要直接测量它们的压力效应是极不容易的。因此测量真空度的方法通常都是先在气体中引起一定的物理现象，然后测量这个过程中与气体压强有关的某些物理量,再设法确定真实压强。

按真空测量的原理不同,有各种各样的真空测量计,每种真空计都有它自己的测量范围,不同的压强范围选用不同的真空计。在加速器中常用的总压强测量真空规列在表 5-2 中。

表 5-2　加速器常用真空规

真空规类型	压强测量范围 /Pa
热偶规/电阻规	$1\times10^{-1}\sim1\times10^{5}$
电容薄膜规	$1\times10^{-3}\sim1\times10^{6}$
反磁控规(冷规)	$1\times10^{-9}\sim1\times10^{-1}$
B-A 规(热规)	$1\times10^{-10}\sim1\times10^{-1}$

在大的加速器真空系统中,一般要把束流管道通过闸板阀分成几个或几十个区段,每个区段至少应安装一个热偶规或电阻规来监测从大气开始的抽气过程并与其他真空设备进行联锁。热偶规利用热传导原理,其测量值与气体种类密切相关,这是由于测量的物理参数与气体分子本身的特性(如自由度、分子的平均速度)相关,同时也与气体分子在表面的吸附性能有关,因此热传导规对于任何污染都很敏感。

反磁控规离子流与压强的关系比其他结构的冷阴极规重复性好,并且在低压情况下不容易熄火,因此它的测量精度可达到 1×10^{-9} Pa。反磁控冷阴极真空计有许多优点,比如它不怕突然暴露于大气,暴露于大气后放电会自动熄灭,管子可不遭受任何损伤,使用寿命长。因此反磁控规成为加速器的主要真空测量工具。

B-A 规具有量程宽、测量下限低、精度高、电极结构容易除气等特点,因此广泛应用于中真空和超高真空测量中。

上述几种真空计是用来测量总压强的,总压强能反映真空程度,而分压强既能反映真空程度,更重要的是能反映真空的质量。在真空系统中分压强测量通常用质谱计,其中四极质谱仪是加速器真空系统中常用的一种残余气体分析仪(residual gas analyzer, RGA),它可以对残余气体各种成分的分压强进行测量。四极质谱仪是一种不用磁场的气体分析器,它根据不同质荷比的离子在直流-高频双曲面电场中运动轨迹的稳定与否来实现质量分离,其性能指标在动态质谱计中是最高的,也是目前应用最广、最有发展前途的质谱仪器之一。

检漏是加速器获得真空的一个重要步骤，在加速器真空系统中如果遇到不能抽到预定的极限真空情况，除了由于材料放气及泵工作不正常外，最主要的原因是有漏气存在。加速器真空系统常用的检漏方法是用氦质谱仪进行检漏，氦质谱仪是利用磁偏转原理把不同质量数的气体分离，用氦气作为示漏气体，通过离子收集极观察氦离子流的大小来判断系统是否有漏。

加速器中与真空有关的所有部件在安装到系统前都要用氦质谱仪进行检漏，以减少加速器部件安装时检漏的工作量，同时及时发现部件存在的漏孔，以便在实验室进行修复。检漏常用的方法是喷吹法和氦罩法，喷吹法要对被检件所有部位喷吹，花费时间较多，但可以确定具体漏位。氦罩法通常用塑料袋将部件罩起来，通以氦气，可以对部件同时进行全面检漏。

在检漏过程中，要对氦气在每个检漏位置的响应时间进行认真的估算，特别是对于加速器真空系统，由于真空管道较长，氦信号出现的时间也较慢，因此要花费必要的时间等待最大的漏信号出现。另外，加速器中的一些易损部件，如陶瓷窗、密封波纹管等，常常被其他部件遮盖，不容易被氦气喷上，因此检漏时要把那些遮盖的部件打开，使氦气直接喷吹在易漏部件上。

5.3　真空盒

真空盒为粒子运行提供通道，是保证束流寿命和稳定性的基础部件。真空盒的设计既要考虑到束流清晰区和全环阻抗预算的要求，又要满足真空度的要求及磁铁孔径的限制，同时还要控制好同步辐射功率的分布。由于同步辐射光打在真空盒上产生大量的热负载，因此必然要选择可水冷的高热导真空盒材料(铜或铝)。同步辐射光打在铜表面时，铜会产生低的放气量，并且能够有效地防止光子穿透而损坏磁铁和其他硬件，因而可广泛应用到加速器真空系统中。铝有较好的热导性和低的磁导率，价格便宜，但高温烘烤后容易变形，并且强度下降。316LN不锈钢具有高的强度和低的磁导率，容易加工，制造费用比铜和铝的低，但热导性比较差。不锈钢的磁导率要小于1.02，以免对束流产生干扰。在快循环同步加速器中，快速变化的磁场会在金属真空盒上产生不可接受的涡流损耗，因而常用陶瓷真空盒来减小涡流的热损耗和涡流产生的磁场干扰。

在储存环真空系统中通常选用多通道的真空盒，各个通道分别用来提供束流运行空间、真空泵安装空间和冷却水通道。下面分别描述几个有代表性的加速器真空盒结构。

5.3.1 LEP 真空盒

欧洲核子研究中心研制的 LEP 正负电子对撞机储存环由一个 8 分圆构成，弯转半径约为 3.3 km，8 个弧区由 8 个 500 m 长的直线节连接，总周长接近 27 km。在约 22 km 的储存环弧区有规律排列的重复结构，其中包括 3 个 11.7 m 长连续排列的弯转磁铁真空盒和 3.6 m 长的聚焦磁铁真空盒。真空盒之间通过短的不锈钢波纹管连接。LEP 需要的平均压强由束流寿命决定，为了使束流寿命达到 20 h，有效地完成高能物理实验，束流运行时的动态真空需要优于 3×10^{-7} Pa。标准的真空盒通过对铝合金挤压成型制造，用这种方法能够以较低的成本制造长而复杂的真空盒。LEP 真空盒的横截面如图 5-1 所示[2]。

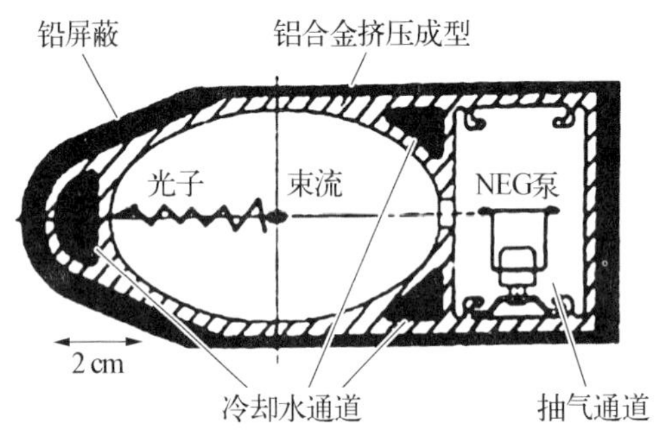

图 5-1　LEP 真空盒横截面

LEP 真空盒由椭圆形的束流通道(131 mm×70 mm)和并列的非蒸散型吸气剂(non-evaporable getter，NEG)泵带抽气通道组成，是一种挤压成型的铝真空盒。束流通道和抽气通道经过一排 20 mm 长、8 mm 高的抽气孔相通，每米单排 40 个抽气孔能够提供对于氮气约为 600 L/s 的流导。同步辐射光子直接打在真空盒内壁上，冷却水通道能够把同步辐射光功率移去。在冷却水通道的对面安装着分布式 NEG 泵，用来抽除由同步辐射光产生的大量气体。在真空盒的外面有一层铅防护层，用来吸收从铝真空盒透出的 X 射线，以便减小周围环境的放射性水平。

LEP 是第一个以线性非蒸散型吸气剂(NEG)为主来抽真空的加速器，吸气剂以带状形式安装在抽气通道中。吸气剂是粉末状的锆铝合金，被碾压在康铜带上，形成吸气剂带，LEP 总共用了大于 22 km 的吸气剂带。

5.3.2 PEPⅡ真空盒

美国 PEPⅡ储存环有 6 个弧区和 6 个直线节，在 9 GeV 的高能环(电子环)，弧区的真空盒由铜制成，同步辐射光直接打在带有水冷的能够承受10 kW/m线性功率密度的真空盒壁上。束流通道的侧面是分布式离子泵抽气通道，中间用低阻抗并能防止高次模进入泵室的抽气屏隔开。图5-2所示为PEPⅡ高能环弧区真空盒横截面[3]。

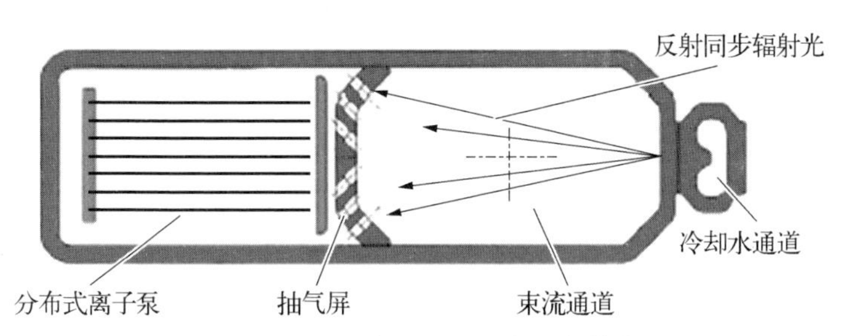

图5-2　PEPⅡ高能环弧区真空盒横截面

在低能环(正电子环)弧区使用挤压成型并带有前室的铝真空盒，安装在前室的每个光子吸收器能够吸收15 kW的辐射功率，这对应着低能环3 A的束流电流。低能环中真空盒仅有小部分区域被同步光照射，大部分同步辐射光子打在光子吸收器上。图5-3所示为低能环弧区真空盒横截面[3]。

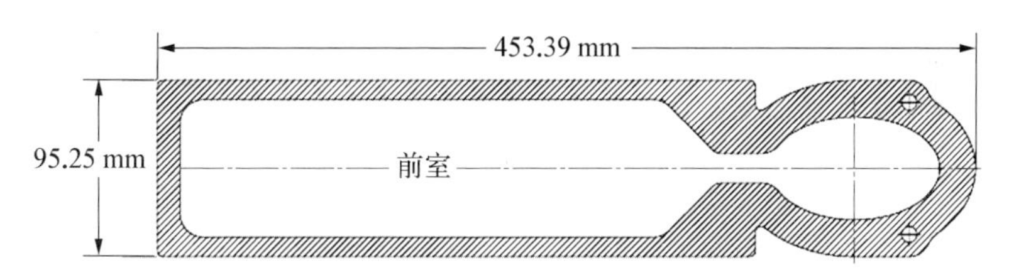

图5-3　低能环弧区真空盒横截面

对撞区是PEPⅡ储存环的心脏，因为探测器位于对撞区。为了避免束-气相互作用产生的韧致辐射导致探测器本底辐射，以及束-气相互作用导致粒子能量损失，进而粒子在对撞点附近弯转磁铁的作用下打在探测器上，要求对撞区的平均压强小于1.3×10^{-7} Pa(等同于N_2)。这个压强需求对于高能电子束线是在对撞点的上游2～40 m范围，对于低能正电子束线是在对撞点的上游2～30 m范围。由于大量的同步光打在对撞区束流管上，平均气体负载约为1×10^{-4} Pa·L/(s·m)，为了取得1×10^{-7} Pa的平均压强，要求线性抽速达到1 000 L/(s·m)。考虑到在真空系统设计时不能产生高阻抗，避免引起束流不稳定性和高次模发热，同时对撞区的空间非常有限，要达到这样的抽速是十分困难的。

大多数对撞区真空盒由无氧铜挤压而成，一些受同步辐射照射功率高的真空盒采用不锈钢材料，并带有高强度的弥散铜(Glidcop)吸收器。高能环(HER)对撞区标准真空盒横截面如图5-4所示[4]。

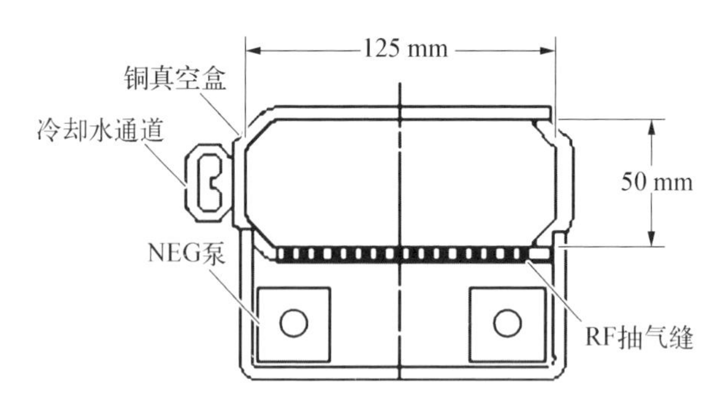

图5-4 HER对撞区真空盒横截面

高能环对撞区真空盒有一个八边形的束流通道，束流通道下方是抽气屏，抽气屏由相互垂直的两层狭缝组成，目的是阻挡高频横电模进入抽气室。低能环(LER)对撞区真空盒横截面如图5-5所示[4]，束流通道与抽气通道由一个“微波”型高频屏蔽抽气屏隔开。计算的高能环和低能环抽气屏流导分别为2 000 L/(s·m)和1 600 L/(s·m)。

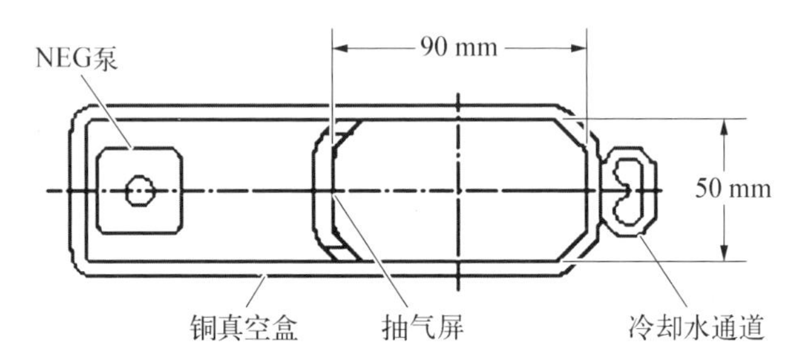

图5-5 LER对撞区真空盒横截面

PEPⅡ对撞区真空系统的运行表明平均压强小于1.3×10^{-7} Pa，真空盒抽气屏对全环的阻抗影响很小，并且能有效地防止TE模进入泵室。

5.3.3 KEKB真空盒

KEKB正负电子对撞机由2个环组成，正负电子环平行放在隧道中，并在对撞区交叉。为了获得高亮度，设计的束流强度远高于现存的同步辐射光源。由于KEKB束团长度仅为4 mm，运行的束流产生宽的频谱，如何桥接或屏蔽法兰间隙、抽气口以及波纹管，避免产生高次模场并由此引起真空部件发热是非常重要的。

低能环(LER)真空盒的标准孔径(直径)为 94 mm(圆形)，高能环(HER)的标准孔径为 104 mm × 50 mm(跑道形)。图 5－6 所示为 KEKB 高能环铜真空盒[5]。

图 5－6　KEKB 高能环铜真空盒

大部分真空盒由铜制成，铜有较高的热导性，能够承受同步辐射光高热负载产生的温度梯度。另外，铜还可以作为辐射屏蔽，减小束流产生的同步辐射光对真空盒外其他部件的影响。对于与真空接触的表面，使用标号为 ASM C10100(无氧电子铜)的铜材，而在其他部分，使用 C10200 无氧铜。真空盒由一根拉制的管道冷却成型。真空盒壁厚为 6 mm，通过这个厚度屏蔽，在设计流强下每年运行 200 天，同步辐射光在低能环和高能环真空盒外面产生的辐射剂量分别小于 1×10^5 rad/a 和 1×10^7 rad/a。在低能环，真空盒壁上最大的同步辐射热功率达到 14.8 kW/m，估算上升温度为 120℃，并产生 0.15%应力变形。真空盒法兰由 AISI304 不锈钢制成，不锈钢的磁导率要小于 1.2，避免由于磁化影响束流运行。

在设计束流管道时，束流管道内表面应尽可能光滑。为了避免同步辐射光打在波纹管和法兰上，不得不在束流管道内设计一些凸起的光子挡块。真空盒之间采用标准的 CF 法兰连接，在法兰连接处形成一个间隙。当束流通过时，束流产生的在截止频率以下的电磁场在间隙处被捕获。为了避免这种现象，在法兰连接处采用与束流管道内径相同的 Helicoflex－delta 密封圈，这种密封圈起了真空密封和高频屏蔽两种作用。图 5－7 所示为 Helicoflex－delta 法兰密封结构[5]。

图 5－7　Helicoflex－delta 法兰密封结构

对于 KEKB 升级后的 SuperKEKB 正电子环，为了减少光电效应，真空

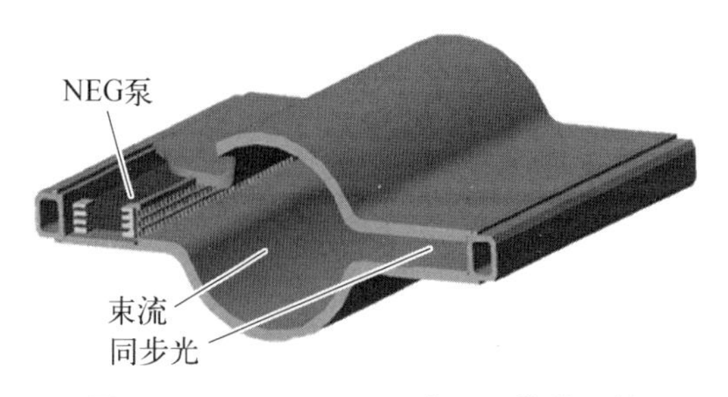

图 5-8　SuperKEKB 正电子环带前室的束流管道示意图

盒设计成带前室结构，图 5-8 为带前室的束流管道示意图[6]。

真空盒由束流通道、同步光通道、NEG 泵通道和冷却水通道组成。吸气剂泵通道和束流通道之间有一个抽气屏，厚度为 5 mm，上面打了许多直径为 4 mm 的小孔，用来抽除气体，同时与束流通道建立光滑的界面，减小阻抗。同步辐射光打在带水冷的前室内壁上，可以有效地分散同步光热功率。由于同步光打在前室内壁上产生的光电子远离了正电子束，有效地降低了电子云效应。

5.3.4　BEPCⅡ真空盒

为了减小光电子和次级电子与正电子束的相互作用以及提高系统的真空度，北京正负电子对撞区二期工程（BEPCⅡ）储存环弧区真空盒横截面分成两个区：一个区是束流通道，另一个区是前室真空室，束流空间与由同步光激发的光电子所在的前室通过狭缝分开。图 5-9 为 BEPCⅡ弯转真空盒截面图[7]。右侧通道是束流通道，左侧通道是前室，束流通道与前室通过狭缝分开。前室上可安装光子吸收器和大抽速的真空泵，用来吸收同步辐射功率和抽除同步辐射光产生的气载。由于在前室真空室里的光电子远离了正电子束，因此电子云对正电子通道的影响也减弱。同时，光子激发产生的大量气载也位于高抽速的真空泵附近，可以有效地抽除同步辐射光产生的动态气载。铝合金 Al 5083-H321 有高的热导性、好的机械性能、低的出气率且容易加工，可选为弯转真空盒的材料。直线节真空盒则使用铝、铜和不锈钢材料，不锈钢的相对磁导率要求小于 1.05，以免对束流产生干扰。真空法兰采用不锈钢材料。

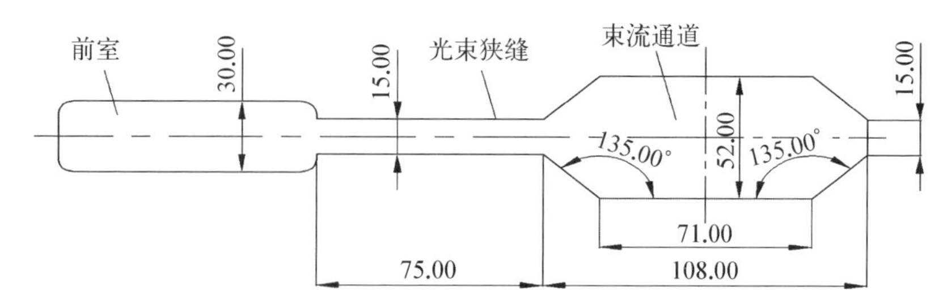

图 5-9　BEPCⅡ弯转真空盒截面图(单位: mm)

由于BEPCⅡ正负电子环之间有非常紧凑的安装空间，弯转真空盒的长度为3 m。真空盒由上、下两块组成，为了改善真空盒出气率性能和轮廓的精度，两块真空盒用无油数控机床加工并焊接在一起。每块真空盒在周围的焊接处都有一个薄焊接边。图5－10为弯转真空盒三维立体图。真空盒上、下的六个conflat法兰口用来安装离子泵、钛升华泵和NEG泵，束流通道上的法兰是BPM接口，光子吸收器安装在真空盒侧面的法兰上。由于弯转磁铁真空盒是由铝合金材料制成的，因此，其上的所有连接法兰均采用无磁不锈钢和铝合金爆炸复合板材料（SUS316L/Al 5083－H321），以满足真空焊接和密封要求。真空盒外壁和磁极之间的距离是3 mm。

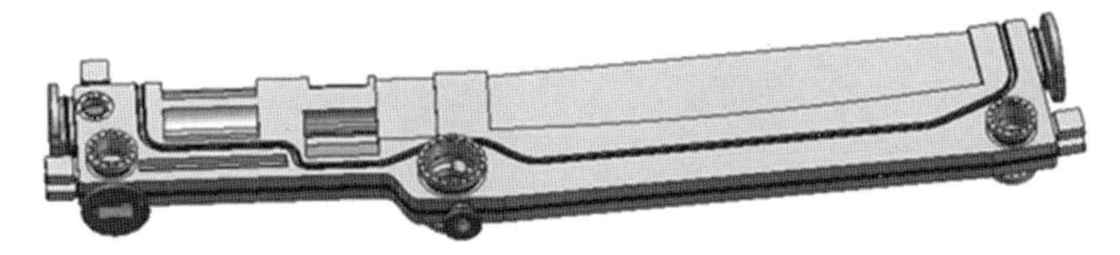

图5－10　弯转真空盒三维立体图

5.3.5　LHC真空盒

大型强子对撞机（LHC）质子储存环真空盒位于超导磁铁恒温器内，真空盒外壁处在低温磁铁的温度（1.9 K），因此形成了一个很好的低温泵。为了减少低温功率损耗，真空盒上的同步辐射热负载和镜像电流热负载由一个插在真空盒内的束流屏吸收，束流屏的温度为5～20 K。质子储存环要提供满足数天束流寿命的真空度，避免由于质子在残余气体分子上散射，使功率沉积在束流管内壁上而导致超导磁铁的失超。低温表面抽气的机制主要是依据气体的饱和蒸气压随温度降低而降低的特性，一个经液氦冷却的表面经长时间抽气后，许多气体（如H_2O、CO_2、O_2等）的蒸气压接近零。由于H_2和He在低温下仍有较高的蒸气压，所以会影响极限真空获得，但可以满足束流对真空度的要求。

在低温状态下，压强通常用气体密度描述，考虑到各种气体的电离横截面不同，压强用等效氢气密度表示。为了保证100 h的束流寿命，等效氢气密度应该在$1\times10^{15}/m^3$以下[8]。在对撞实验区，等效氢气密度将在$1\times10^{13}/m^3$以下，以减小实验本底信号。对于其他常温部件，压强应在$1\times10^{-9}\sim1\times10^{-8}$ Pa范围内。低温超导磁铁和液氦传输管道的绝热真空在室温下达到

10 Pa 即可，在低温状态下，如果没有大漏存在，真空将保持在 1×10^{-4} Pa 左右。

真空盒作为低温磁体的一部分，直径为 50 mm 的低温束流管通过能够补偿长度变化与准直公差的低温连接器组合在一起。带有冷却管的束流屏插在束流管内，用来阻挡同步辐射光和倍增电子的功率落在低温束流管上，同时限制直接覆盖在束流管上的冷凝气体数量。束流屏的截面是跑道形，水平和垂直孔径分别是 46.4 mm 和 36.8 mm。图 5-11 为 LHC 束流屏结构图[8]。

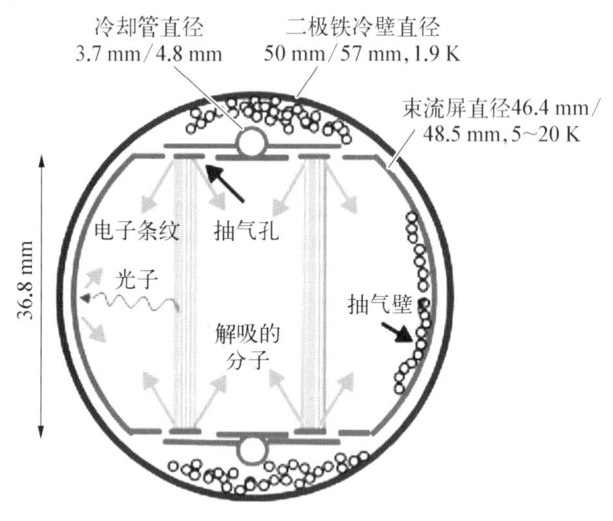

图 5-11 LHC 束流屏结构图

抽气孔占束流屏总面积的 4%，它们通过在束流屏的平面部分打孔而成。抽气孔的式样选择应利于减小纵向和横向阻抗，并且尺寸选择要保证通过抽气孔的高频损失小于 1 mW/m。在束流屏罩的内表面有一薄层铜(75 μm)，用来对束流镜像电流提供低的阻抗通道[8]。

5.4 RF 屏蔽波纹管

RF 屏蔽波纹管的主要功能是用于补偿真空盒的热胀冷缩，并且由于安装和准直的要求，调整真空盒的横向、纵向和角偏移，同时在两个相邻的真空盒之间提供连续的 RF 屏蔽，以减小整个束流管道的阻抗。加速器中最常用的屏蔽波纹管是双指型屏蔽波纹管，在日本 KEKB 对撞机升级过程中又发明了梳型屏蔽波纹管，本节将对这两种 RF 屏蔽波纹管给予详细介绍。

5.4.1　双指型屏蔽波纹管

通常的RF屏蔽结构是由许多狭窄的铍-铜接触指和Inconel弹簧指组成的，当波纹管被压缩时，这些铍-铜指沿着束流管道的内侧滑动。指型RF屏蔽结构的设计关键点之一是接触力的强度。每一个接触指应该与束流管道有一个适当的接触力，从而保持足够的电接触，以便减小接触电阻。接触力越大，电接触越好，但在机械运动时磨损也越严重(产生尘粒)。因此，为了避免接触点过热和产生打火现象，保持最小的接触力是重要的。在RF屏蔽波纹管结构中，高次模通过指间的狭缝漏进波纹管的内部是另一个需要关注的重要问题。

大多数对撞机和同步辐射光源储存环采用双指型屏蔽波纹管，对于BEPCⅡ，把接触指设计成具有较高的接触力，接触力为(125±25)克/指，指间狭缝长度约为20 mm。RF屏蔽结构的最大拉伸量为6 mm，最大压缩量为18 mm，并且允许2 mm的侧向偏移。接触点的台阶小于1 mm，对于1 mm冲程的伸缩，设计寿命是1×10^5次。考虑到同步辐射光反射功率、焦耳热、真空盒内表面的高次模热负载以及漏进波纹管内的高次模功率，在RF屏蔽波纹管组件内安装了冷却水通道。图5-12所示为BEPCⅡ双指型RF屏蔽波纹管组件[7]。

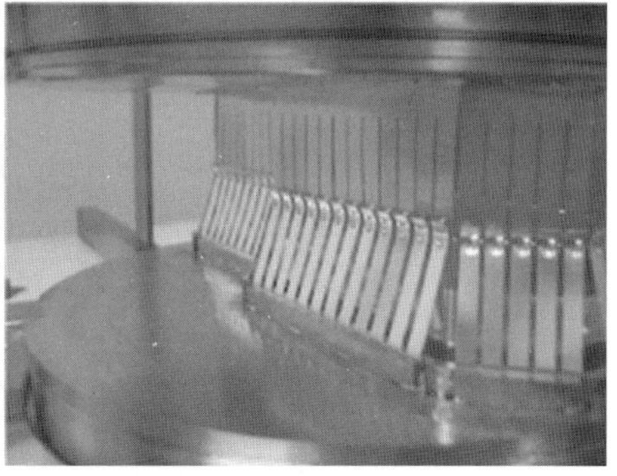

图5-12　双指型RF屏蔽波纹管组件

RF屏蔽波纹管是高流强加速器的薄弱环节，很多加速器发生了由于大流强、高次模等因素造成的RF屏蔽波纹管损坏，引起真空泄漏或者接触指变形落入束流通道，影响加速器正常运行。

5.4.2　梳型屏蔽波纹管

日本SuperKEKB研发了一种针对高流强的梳型屏蔽波纹管，这种屏蔽波纹管在束流管内部没有薄的接触指，而用梳齿替代通过高频镜像电流。与通常的双指型波纹管相比，梳型波纹管从结构上有更高的热强度，通过屏蔽结构的 TE 高次模几乎被压缩。图 5－13 所示为圆形束流管梳型屏蔽结构[9]，其中长度 a、宽度 t 和一个梳齿的径向厚度分别为 10 mm、1 mm 和 10 mm，两个邻近齿的间隙 c 为 2 mm，因此嵌套和齿的间距为 0.5 mm。在自由位置，RF 屏蔽结构总长度 b 为 15 mm，整个梳状结构采用无氧铜加工。从原理上讲，束团产生的高频壁电流可以利用嵌套与齿间(0.5 mm 间隙)的电容流动，为了保证直流和低频壁电流流动，由镀银的铬镍铁合金(inconel)制成的小薄指安装在嵌套与齿间的外半部，与小薄指接触的梳齿也镀 10 μm 厚的银，以便提供良好的电接触。

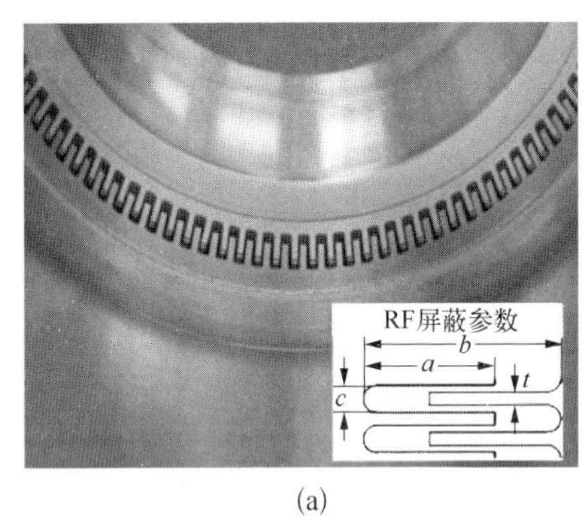

(a)

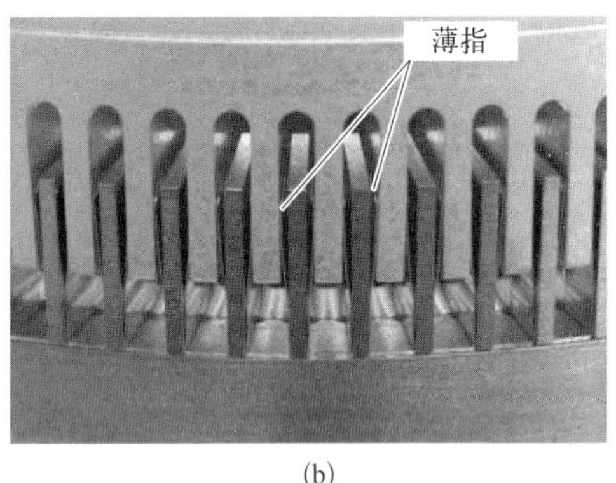

(b)

图 5－13　圆形束流管梳型屏蔽结构

(a) 梳型屏蔽结构(从里面看)；(b) 小薄指在嵌套与齿间的外半部(从外面看)

梳型 RF 屏蔽结构优点如下：

(1) 由于梳齿的厚度为 1 mm，而通常双指型屏蔽波纹管接触指厚度为 0.2 mm，因此梳型屏蔽结构有更高的热导性和机械强度。

(2) 克服了双指型屏蔽结构沿束流管内表面径向存在的不可避免的台阶，因而有较低的阻抗。

(3) 梳齿的径向厚度达 10 mm，TE 高次模几乎不能从屏蔽结构中漏出。

(4) 在束流管内表面没有滑动接触点，避免了在真空状态打火和过热。

(5) 梳型屏蔽结构可以匹配束流管截面形状。

然而，由于梳型 RF 屏蔽结构限制，上述波纹管沿轴向的拉伸和压缩分别为 3 mm 和 4 mm，径向偏移量仅为 0.3 mm，其弯转角度与双指型波纹管的相当。

5.5 光子吸收器

光子吸收器的主要功能是阻挡束流通过弯转磁铁和插入件磁铁而发射的同步辐射光，避免同步辐射光照在波纹管、真空盒和法兰连接处。同步辐射光通过束流管与前室真空室之间的缝隙引出，并且打在位于前室真空室的光子吸收器上。光子吸收器上的开孔可以将同步辐射光传输到光束线站。图5－14为光子吸收器示意图[10-11]。

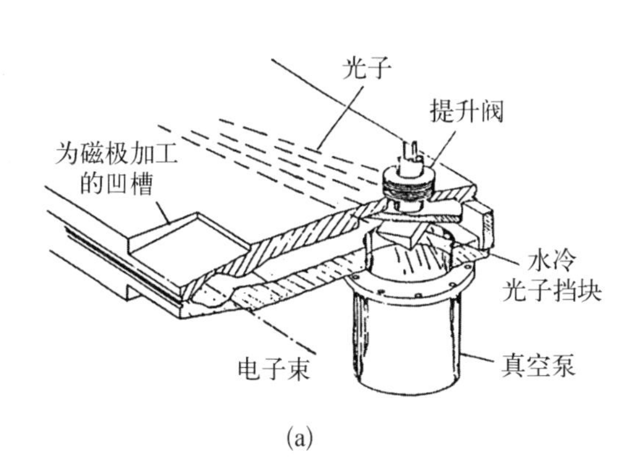

(a)

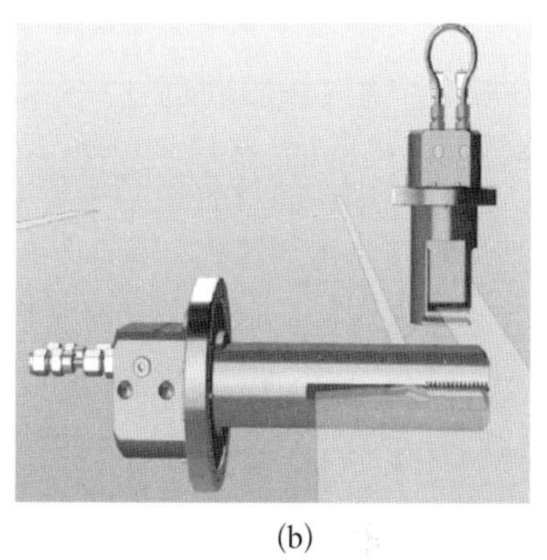

(b)

图5－14 光子吸收器示意图

(a) 先进光源真空盒、光子挡块和真空泵结构图；(b) 极亮光源光子吸收器示意图

光子吸收器的常用材料有无氧铜、弥散铜和铬锆铜，本节分别介绍采用这三种材料制成的光子吸收器的结构和特点。

5.5.1 无氧铜吸收器

同步辐射光打在铜表面时，会产生低的放气率、高的热导性和电导性，因而铜被广泛地用作光子吸收器材料。为了减小打在光子吸收器上的同步辐射光的功率密度，吸收器的迎光面设计成斜面，避免同步辐射光垂直入射。图5－15所示为BEPCⅡ两侧开V形槽并有通光孔的圆形光子吸收器[7]，同步辐射光的入射角度为10°或20°，开有V形槽的圆形光子吸收器焊接在CF63法兰上。由于BEPCⅡ储存环在同步辐射模式和对撞模式时束流走向不同，故此区段的圆形光子吸收器为双侧受光，两侧均开有V形槽。此外，有些地方需要引出同步辐射光，因此此区段的吸收器带有通光孔。

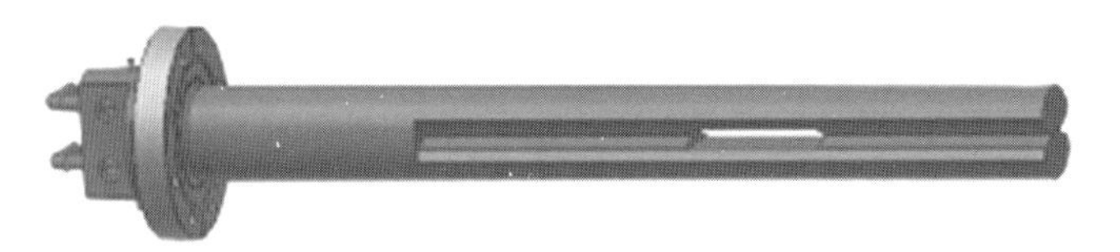

图 5-15　BEPCⅡ两侧开 V 形槽并有通光孔的圆形光子吸收器

BEPCⅡ光子吸收器的冷却结构采用双管换热的方式，即在吸收体的长度方向上钻深孔，冷却水管（直径小于深孔）同轴插入深孔中，冷却水从冷却水管内流入，从冷却水管与深孔的间隙中流出。这种换热方式不仅可以避免在冷却水与真空连接处的焊接，而且与同样直径的单管换热方式相比，换热系数更高。

5.5.2　弥散铜吸收器

弥散铜是通过将极细小的 Al_2O_3 颗粒均匀弥散到铜基材内部而制得的，其具有高热传导性能，并且在高温下仍具有良好的力学性能。图 5-16 所示为高能光源（HEPS）弥散铜梳型吸收器工艺样机[12]，弥散铜梳型吸收器的吸光区域分上、下两部分加工成梳齿形状，迎光侧加工成倾斜面，上、下两部分交错扣合后焊接到不锈钢法兰的肩环上。

图 5-16　高能光源弥散铜梳型吸收器工艺样机

弥散铜的焊接方法推荐采用在氢炉或真空炉内的钎焊，并使用金铜焊料焊接，因为银铜焊料中的银成分会顺着密集且整齐的晶界快速扩散到弥散铜中，这样会大量消耗焊料，并伴随着焊点出现大量小空隙，导致焊点脆化。

5.5.3　铬锆铜吸收器

铬锆铜材料的高温力学性能和硬度高于无氧铜材料，并与弥散铜材料接近，热传导性能稍低于无氧铜材料和弥散铜材料。可以利用铬锆铜材料硬度高的特点在高热载同步辐射元器件上制成真空刀口法兰，省去焊接法兰的工艺。铬锆铜材料的价格是弥散铜的四分之一，但如果铬锆铜持续处在大于500℃的高温环境中，它的强度将迅速降低。

HEPS预研期间设计了铬锆铜材料的吸收器结构[12]。图5-17所示为铬锆铜整体加工的齿型吸收器模型和样机。

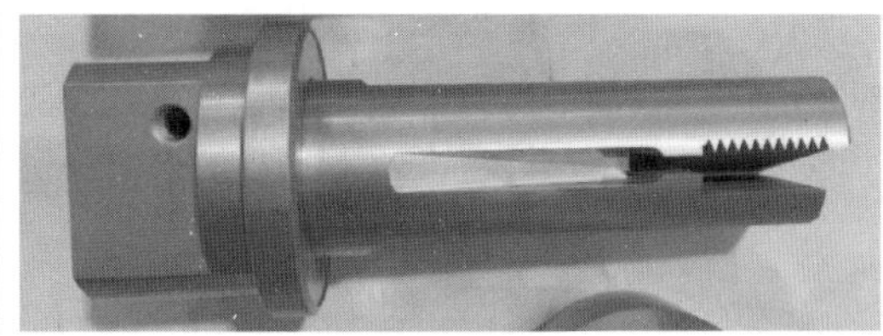

图5-17　铬锆铜整体加工的齿型吸收器模型和样机

表5-3列出了光子吸收器常用的三种材料[弥散铜(Glidcop Al-25)、铬锆铜(CrZrCu)和无氧铜(OFHC)]的机械性能和热性能[11]。

表5-3　光子吸收器常用的三种材料的机械性能和热性能

特　　性	Glidcop Al-25	CrZrCu	OFHC
拉伸模量/GPa	130	128	115
屈服强度/MPa	330	280	75
抗拉强度/MPa	380	380	200
断裂伸长率/%	12	8	45
硬度(布氏)	120	130	100
热膨胀系数/($\times 10^{-6}$/K)	16.6	17.5	16.8
导热系数/($W \cdot m^{-1} \cdot K^{-1}$)	365	320	393
通常最大热负载/(W/mm^2)	70	50	20

5.6　真空盒内表面镀膜

在加速器运行过程中，为了减小次级电子产生率(SEY)，避免由于电子倍增导致的电子云不稳定性，在真空盒的内表面要镀约100 nm厚的氮化钛(TiN)。对于大多数金属，次级电子产生率略大于1。而对于铝来说，由于在真空盒的内表面固有的氧化物，它的次级电子产生率要比1大得多(典型的峰值为3～5)，非常容易形成电子云[13]。为了降低铝表面的SEY，可以在铝表面镀一种SEY比较低的材料。TiN就是一种比较好的材料，它的SEY峰值在1.6左右，并且电导性比钛高。

另外一种新技术是在真空管道内表面通过磁控溅射的方法镀一层约 1 μm 厚的非蒸散型吸气剂(NEG)薄膜(Ti-Zr-V),NEG 薄膜在真空管道烘烤期间被激活(约 180℃烘烤 24 h),具有抽气能力。尽管 NEG 薄膜的厚度仅是 NEG 带吸气剂粉末厚度的 1%,但是它能提供类似 NEG 带的抽速和吸气容量。同时,NEG 薄膜不占用真空管道空间,在激活期间,吸附在 NEG 薄膜表面的氧化物和污染物溶解到 NEG 薄膜的内部,使真空管道形成一个干净的内表面,因而也减小了放气率和次级电子发射系数。

下面分别介绍氮化钛镀膜和吸气剂镀膜的原理、方法和分析技术。

5.6.1 氮化钛镀膜

美国 SLAC 国家加速器实验室(简称 SLAC)采用直流溅射法对 PEP Ⅱ正电子环束流管道进行了大规模的氮化钛镀膜,北京正负电子对撞机重大改造工程(BEPC Ⅱ)也对正电子环真空盒用直流溅射法进行了氮化钛镀膜。与蒸发的钛粒子相比,溅射的钛离子有更高的动能,因此溅射层通常有更强的黏附力和更密的镀层结构。直流溅射法通常把钛阴极放在真空盒里面,并制成真空盒的形状,且在阴极和束流管道的内表面之间保持恒定的距离。图 5-18 为 BEPC Ⅱ、PEP Ⅱ和美国散裂中子源(SNS)真空盒镀膜截面图。

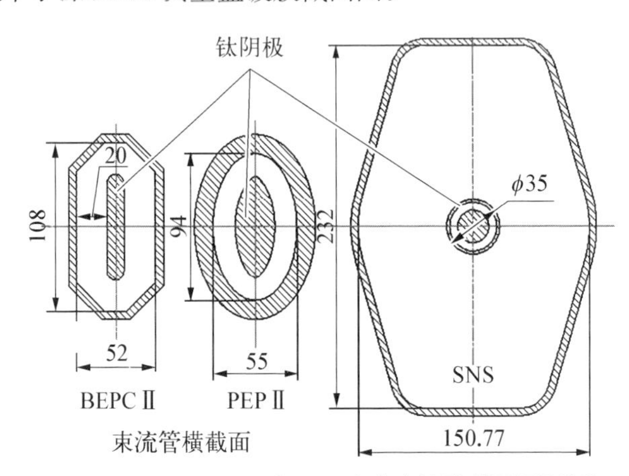

图 5-18 BEPC Ⅱ、PEP Ⅱ和 SNS 真空盒镀膜截面图(单位: mm)

除了用直流溅射法镀膜外,美国散裂中子源(SNS)和中国散裂中子源(CSNS)用磁控溅射法分别对不锈钢真空盒[14]和陶瓷真空盒进行了氮化钛镀膜[15]。磁控溅射法以磁场改变电子运动方向,束缚和延长电子的运动路经,提高电子的电离概率。正交电磁场对电子的束缚效应是磁控溅射与直流溅射的根本区别，束缚效应保证了磁控溅射的低温和高速，也使放电区域变得可以控制。

常用磁控溅射法是将同轴圆柱形磁块插在阴极里，相邻的两组磁铁以同极性相对的方式排列，在阴极表面形成一个足够强的环形磁场，图5-19为磁控溅射圆柱形钛阴极靶示意图。与直流溅射相比，磁控溅射由于电磁场的作用，电离密度和溅射速率提高了近一个数量级，大大缩短了镀膜时间。另外，为了减小阴极外径，磁块可以不放在阴极里，而是把真空盒放在螺线管磁场中，产生轴向磁场，起到相同的效果。同时螺线管磁场可以通过改变线圈电流大小来控制，SuperKEKB 正电子真空盒镀膜就采用这种方法[6]。

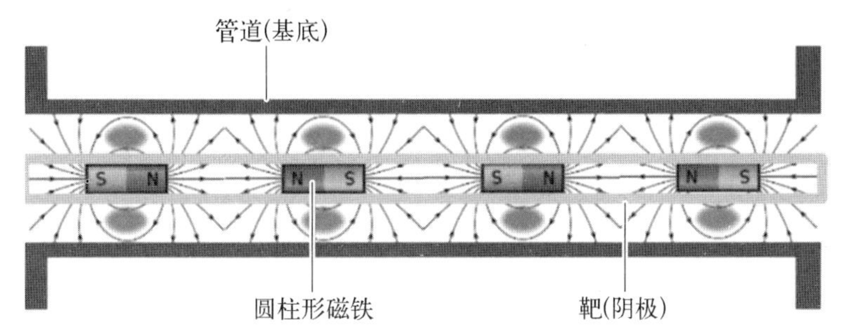

图5-19　磁控溅射圆柱形钛阴极靶示意图

真空盒镀膜装置由真空室、溅射阴极、抽气系统、充气系统、高压直流电源、循环水冷却装置、真空测量系统等组成。高纯度的氩气和氮气充入真空室，气体流量用流量控制器控制。镀膜过程是用电离的氩离子轰击钛阴极，从阴极溅射出来的钛原子与分解、激发、电离的反应气体分子(N_2)在飞向真空室内表面的过程中或者在表面上发生化学反应，生成的化合物(TiN)沉积在真空室表面，积累成膜。图5-20为TiN镀膜装置示意图[14]。

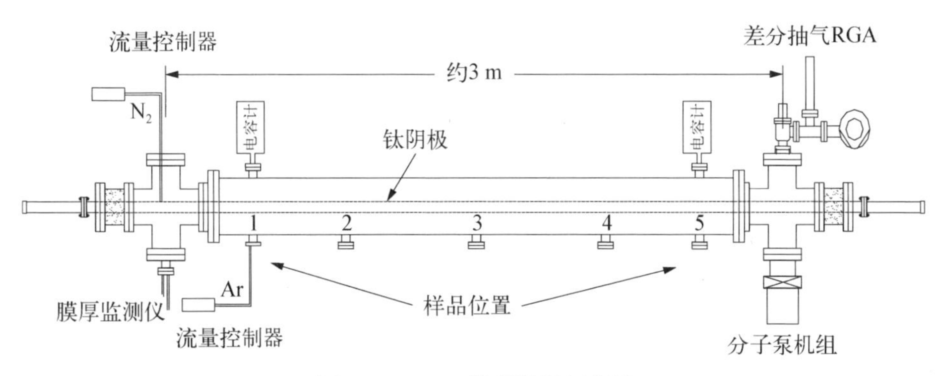

图5-20　TiN镀膜装置示意图

镀膜质量和厚度的检验是由小样品来完成的。沿真空盒轴向每隔一定距离放一块样品,这样可以检验膜厚的轴向均匀度。要想取得高质量的 TiN 膜,要求杂质尽可能小,除了用高纯度的钛、氩和氮气之外,真空盒要经过严格的清洗。在镀膜前抽真空时,一般要经过 48 h 的烘烤,以去除表面吸附的气体和提高本底真空度。

5.6.2 吸气剂镀膜

吸气剂镀膜技术由欧洲核子研究中心(CERN)发明以来,在加速器领域得到广泛应用。特别是第四代同步辐射光源,由于紧凑型磁聚焦结构及小孔径真空盒的应用,传统集中式真空泵在储存环真空系统中的应用受到了极大的限制。为了提高真空系统的抽气效率,减小集中式真空泵所占用的空间,需要在真空盒内表面镀一层 Ti - Zr - V 吸气剂膜,由它来取代传统集中式真空泵。

非蒸散型吸气剂(NEG)镀膜系统由真空盒、阴极、螺线管及电源、涡轮分子泵机组、电容真空计、残余气体分析仪、放电电源、气体流量控制器和冷却装置等组成。阴极通常由 3 根直径约为 1 mm 的 Ti、Zr、V 丝相互均匀绕制而成,并固定在真空盒中心。螺线管线圈沿轴向套在真空盒外,与阴极电压形成正交的电磁场,以提供气体辉光放电条件。高纯度的放电气体 Kr 通过流量控制器充入真空盒,然后用分子泵机组抽走。放电气体 Kr 在电磁场作用下电离,Kr 离子打在阴极上引起吸气剂材料 Ti - Zr - V 溅射,被溅射的材料沉积在真空盒内壁上形成吸气剂膜。通过调节阴极电压、螺线管磁场和气体 Kr 的压力改变吸气剂膜的沉积速率,改善膜的性能和质量。采用上述结构镀出的吸气剂膜的成分(原子分数)一般为 Ti 30%、Zr 30%、V 40%。在溅射期间,阴极温度可能超过 1 000℃,超过这个温度,Ti 和 V 有不可忽略的蒸气压,因而相对于 Zr 有更高的沉积率[16]。因此,实际的薄膜成分取决于溅射参数,例如阴极直径、溅射率、溅射压强。图 5 - 21 所示为高能光源(HEPS)镀吸气剂膜实验装置[10]。

影响薄膜形态的主要因素是镀膜期间被镀基体的温度,当基体温度大于或等于 250℃时,薄膜生长成柱状和粒状结构,使得薄膜表面积增加约 10 倍,提高了抽速和吸气容量。但是,镀膜期间基体温度不能超过 300℃,否则晶粒尺寸变大,导致激活温度升高[17]。磁控溅射中较轻的离子撞击重原子阴极并反射时带有更高的能量,更容易植入生长的膜层。实验证明,使用放电气体

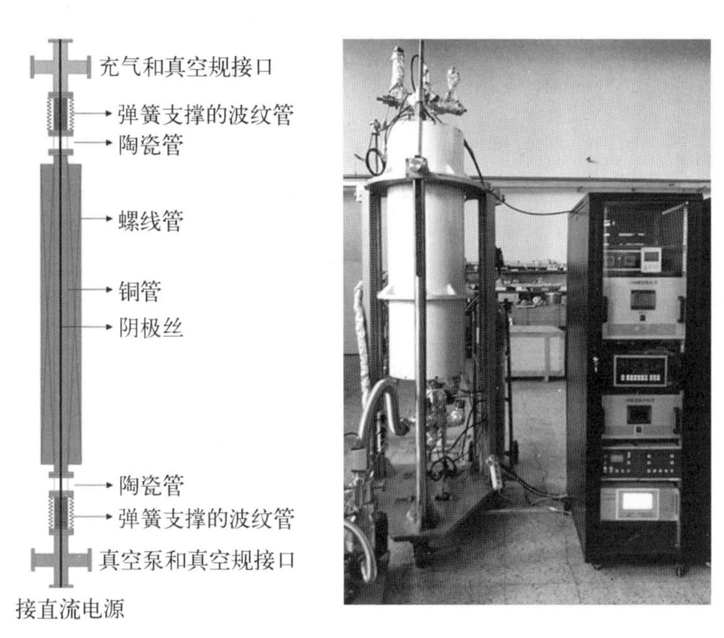

图5-21　高能光源(HEPS)镀吸气剂膜实验装置

Kr在Ti-Zr-V膜层的植入量少于常用的放电气体Ar[17]。

当镀膜的真空盒暴露于大气后，吸气剂表面达到饱和并不再能抽气，此时必须进行激活处理。通过加热镀膜的真空盒，吸气剂表面的饱和层扩散到内部，达到激活目的。

参考文献

[1] 王欲知，陈旭. 真空技术[M]. 2版. 北京：北京航空航天大学出版社，2007.

[2] Grobner O. The design and performance of LEP vacuum system at CERN [J]. Vacuum, 1992, 43(1): 27-30.

[3] Wienands U. Vacuum performance and beam life time in the PEP Ⅱ storage ring [C]//IEEE Particle Accelerator Conference, Chicago, USA, 2001.

[4] Bertolini L, Alford O, Duffy P, et al. Interaction region vacuum system design at the PEPⅡ B factory[C]//Particle Accelerator Conference, Vancouver, Canada, 1997.

[5] Kanazawa K, Kato S, Suetsugu Y, et al. The vacuum system of KEKB [J]. Nuclear Instrument and Methodes in Physics Research A, 2003, 499: 66-74.

[6] Shibata K, Suetsugu Y, Ishibashi T, et al. Commissioning status of SuperKEKB vacuum system[C]//ICFA Advanced Beam Dynamics Workshop on High Luminosity Circular e^+e^- Colliders, Hong Kong, China, 2018.

[7] 董海义，宋洪，李琦，等. BEPCⅡ储存环真空系统[J]. 真空科学与技术学报，2006，26(4)：335-338.

[8] LHC Team. LHC design report [R]. Geneva: CERN, 2004.

[9] Suetsugu Y, Shirai M, Shibata K, et al. Development of a bellows chamber with a comb-type RF shield for high-current accelerators [J]. Nuclear Instruments and Methods in Physics Research A, 2004, 531(3): 367 - 374.

[10] Schuchman J C. Vacuum system design and fabrication of electron storage rings [J]. Journal of Vacuum Science and Technology, A 8(3), 1990, 2826 - 2834.

[11] Gagliardini E, Coulon D, Dabin Y, et al. A new generation of X-ray absorbers for the ESRF EBS storage ring[C]//Mechanical Engineering Design of Synchrotron Radiation Equipment and Instrument (MEDSI 2016), Barcelona, Spain, 2016.

[12] HEPS团队. HEPS初步设计报告：加速器[R]. 北京：中科院高能物理所，2018.

[13] Kennedy K, Harteneck B, Millos G, et al. TiN coating of the PEPⅡ low-energy ring aluminum arc vacuum chambers[C]//1997 Particle Accelerator Conference, Vancouver, Canada, 1997.

[14] He P, Hseuh H C, Mapes M, et al. SNS ring vacuum system and TiN coated half-cell chamber [R]. Beijing: IHEP, 2003.

[15] 董海义，宋洪，李琦，等. 中国散裂中子源(CSNS)真空系统研制[J]. 真空，2015，52(4)：1 - 6.

[16] Benvenuti C, Chiggiato P, Pinto P C, et al. Vacuum properties of TiZrV non-evaporable getter films [J]. Vacuum, 2001, 60(1 - 2): 57 - 65.

[17] Chiggiato P, Pinto P C. Ti - Zr - V non-evaporable getter films: from development to large scale production for the Large Hadron Collider [J]. Thin Solid Films, 2006, 515 (2): 382 - 388.

第6章 超导高频技术

环形正负电子对撞机(CEPC)的超导高频系统主要用于加速增强器和主环中的正负电子束流、补偿同步辐射能量损失,并为一定的动量接收度和束团长度提供足够的高频腔压。超导腔比常温腔具有更高的连续波加速梯度、更高的能量转换效率以及更大的束流孔径,因而可以显著减少腔的数目,降低功率损耗,减小腔的阻抗(即减少对束流的扰动)。超导高频系统一般主要由超导腔、高功率输入耦合器、调谐器、低电平控制系统及低温恒温器组成,下面分别予以介绍。

6.1 超导腔

在超导加速器系统中,超导的微波谐振腔是最为核心的部件之一。它相当于整个加速器的发动机,主要用于为带电粒子提供能量,将其加速。谐振腔一般采用金属铌制成,运行在2.0～4.2 K的低温环境中。此时,铌处于超导态,因此微波在腔体中的功耗非常小,几乎可以忽略不计。这是超导腔最为重要的优点之一。本节我们将从超导腔概述、典型超导腔介绍以及超导腔的表面处理与测试几个方面进行阐述。

6.1.1 超导腔概述

超导腔是一种利用内部腔体建立电磁场,从而实现对带电粒子进行加速增能的加速结构,由于它的材料为超导材料,因此通常称为超导腔。

6.1.1.1 超导腔的发展和特点

超导腔是超导技术和微波加速技术在经过近半个世纪的发展后自然结合的产物。1961年,由斯坦福大学和卢瑟福实验室分别提出了电子和质子的超导加速结构,使在腔壁上的损耗由于超导而大幅降低。1970年在斯坦福大学完成了首个8.5 GHz超导原型腔的研制，表面电场达到70 MV/m，而腔壁损耗仅为腔内储存能量的10^{-10}。然而，在实际使用时，受到当时技术水平的影响，如没有解决次级电子倍增等难题，未得到实际的应用。一直到20世纪80年代，美国的连续电子束加速装置(continuous electron beam accelerator facility, CEBAF)项目立项，专门由美国杰弗逊国家实验室承担该项目，开展该技术的研究工作，射频超导技术才第一次真正实现了从概念的原型实验到加速器应用的转变，并逐步发展成为一个多专业交叉的学科，涵盖了固体物理、表面科学、低温学、电磁学、材料学、微波技术、控制与反馈系统、束-腔相互作用、真空技术、机械等诸多专业。

与传统的加速结构相比，超导腔有着自身的优势和特点。

首先，相比于常温加速器，超导腔最为显著的优势在于节能。由于谐振腔在超导条件下的表面电阻非常小，仅产生很少量的微波损耗，即使加上维持低温制冷的功率，一般情况下，超导加速器仍比常温加速器更节省一到两个数量级的能源。此外，这也大大降低了对微波功率源的要求。

其次，超导腔能以高占空比或连续波的模式运行。射频超导腔允许电磁场以高的占空比，乃至在连续波的模式下运行。而在这种情况下，常温导体很难做到正常运行。例如对于常温用的铜腔，如果在连续波模式下的梯度达到5 MV/m，需要几兆瓦功率以支持微波损耗，这时，即便有强大的水冷系统，腔壁上微波损耗产生的热量仍然可以破坏谐振腔内的真空，降低谐振腔腔体材料的强度，甚至使其融化而破坏腔体。

最后，超导腔具有低的束流阻抗。由于射频超导腔低的微波损耗，它们在束管孔径较大的结构下，仍然可以保证轴线方向的高加速梯度。而对于常温加速器，则需要一个小的束管孔径来集中电磁场，从而减小腔壁微波损耗的比例。此外，超导腔具有高Q值，窄带宽，因此，使用大的孔径，各模式之间仍然不至于相互影响。大的束孔可以减小束流阻抗，对加速高流、抑制高阶模、减少尾场及束流损失、提高束流品质等均是有益的。

因此，随着技术的不断发展，超导腔越来越广泛地应用到世界众多大型科学装置中。比如，历史上运行过的超导加速器有TRISTAN(日本)、LEP(瑞士)、HERA(德国)等；另外，目前已建成或运行的装置有CEBAF(美国)、SuperKEKB(日本)、XFEL(德国)、SNS(美国)、JLab－FEL(美国)、CEBAF(美国)、LCLS Ⅱ(美国)、LHC(瑞士)、ELBE(德国)等；此外，仍有一些装置正在筹划，如国际直线对撞机(ILC)、环形正负电子对撞机(CEPC)、未来环形对撞机(FCC)等。

6.1.1.2 高频超导腔基础

超导腔通常可以分为两大类。第一类为横磁场(transverse magnetic field)模式(TM-mode)超导腔，主要用于为接近光速的粒子增能，如电子、正电子等具有高 β 值的粒子。第二类为横电磁场(transverse electric and magnetic field)模式(TEM-mode)超导腔，主要用于为速度比光速低很多的粒子提供能量，如速度为光速的 0.01～0.5 倍的重离子等。对于中间速度的粒子，两种超导腔均可使用，这主要取决于实际情况。图 6-1 为不同粒子速度对应的超导腔频率以及腔型的大体分布图[1]。

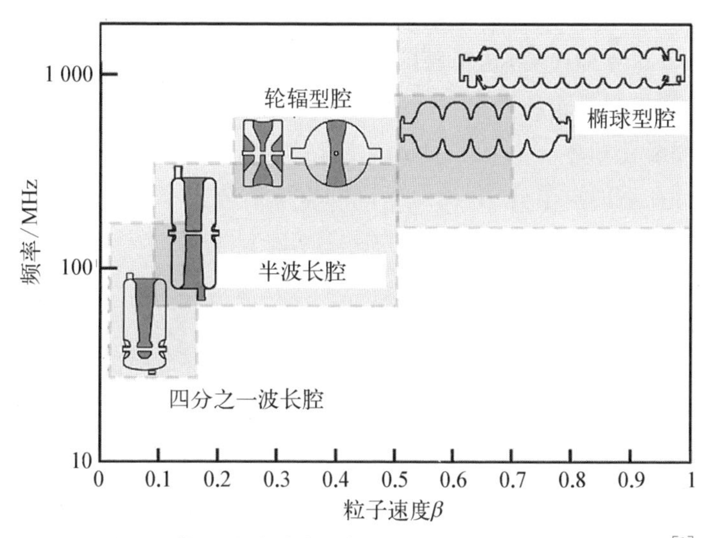

图 6-1 不同粒子速度对应的超导腔频率以及腔型的大体分布[1]

1) 横磁场模式(TM-mode)超导腔

加速高 β 值的粒子常采用横磁场模式超导腔，其典型加速结构为椭球型超导腔，用于对 β 约为 1 的粒子(如电子、正电子、高能的质子等)进行加速，这里 $\beta=v/c$，v 为粒子的速度，c 为光速。其加速器间隙 $L=\beta\lambda/2$，其中 λ 对于多 cell 超导腔来说为超导腔 π 模的波长。对于 β 较低的超导腔，如 $\beta=0.8$、0.6 等，也可使用椭球型超导腔结构，但由于较小的加速间隙，超导腔的侧壁变得竖直，机械结构变得不稳定。

图 6-2 所示为单 cell 及多 cell 的椭球型超导腔结构。如图所示，所谓的“椭球”，是指其 cell 的截面为椭圆形，通常由两端的椭球抛物线和中间的一个

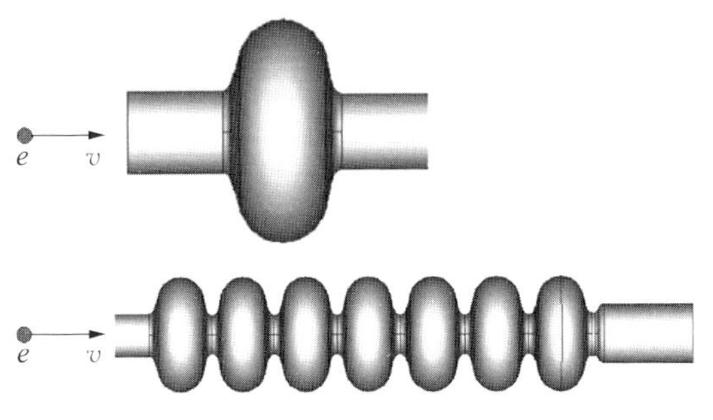

图 6-2 单 cell 及多 cell 的椭球型超导腔

直线段组成。其中,最大和最小直径处分别称为"赤道"和"iris"。一个典型的椭球型腔加速器结构,通常为一串 cell 组合而成的多 cell 结构,每个 cell 直接通过 iris 进行耦合。最极限的例子为单 cell 腔,经常用于高流强的环形加速器。除了椭球型 cell 外,两端还有束管结构,用于引导粒子通过。此外,在束管上,通常还设计有许多端口,用于向椭球型腔内馈入功率、高阶模功率的引出,以及用天线探针探测腔内场强。

对于一个超导加速器,超导腔的数量也不相同,可能为几只,也可能有成百上千只。例如北京正负电子对撞(BEPC Ⅱ)使用了 2 只 500 MHz 单 cell 超导腔;高能环形正负电子对撞机(CEPC)需要 300 多只 1.3 GHz 和 650 MHz 的超导腔,将在后面章节介绍;而对于国际直线对撞机 250 GeV 能量的设计,则需要 8 000 多只腔。图 6-3 所示为用于 CEPC 主环的 650 MHz 超导腔样腔及其垂直测试。

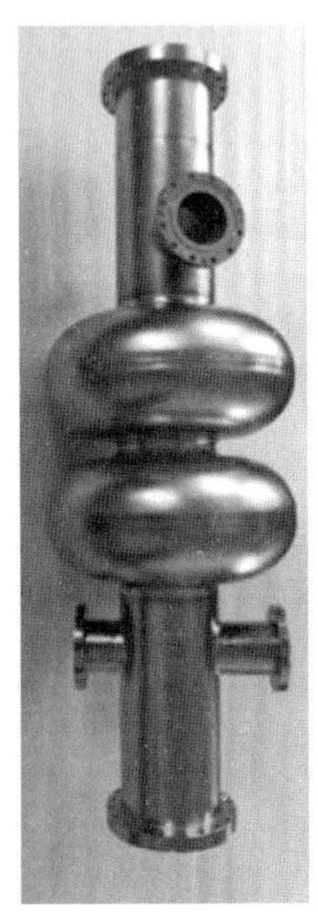

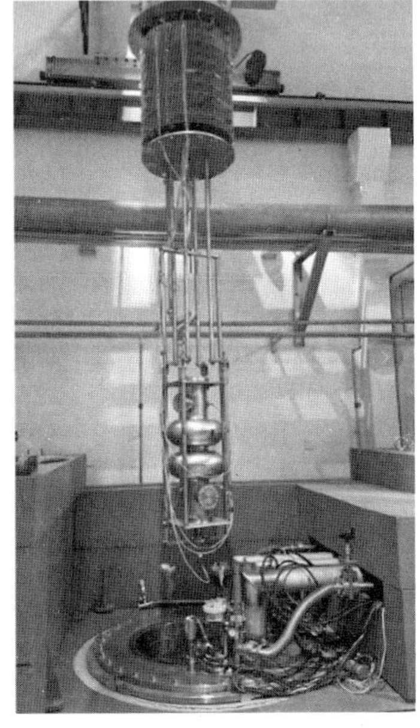

图 6-3 用于 CEPC 主环的 650 MHz 超导腔样腔及其垂直测试

2）横电磁场模式（TEM－mode）超导腔

对于重粒子，通常需要许多腔进行加速才能达到或接近光速。因此，在这个过程中，不同的速度区间需要采用不同 β 值的超导腔。

对于中 β 粒子，也常采用椭球型超导腔的加速结构，例如散列中子源（SNS）、ADS 等项目中的质子加速。对于这种情况，我们可以采用直接压缩轴向距离的同时保持直径不变的方式来获得高效的加速，如图 6－4 所示[2]。例如，在 SNS 项目中，使用了两种椭球型腔结构：$\beta=0.6$（200～600 MeV），$\beta=0.8$（600 MeV～1 GeV）。对于椭球型腔结构，一般 β 的最小值为 0.5，此时腔壁几乎与腔束线垂直，使得机械结构十分不稳定。

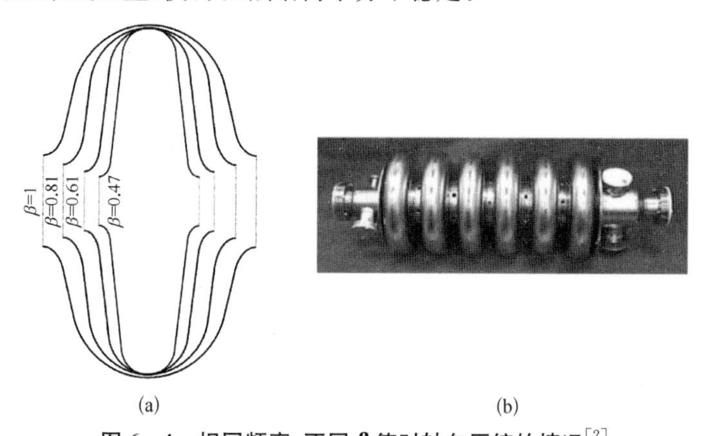

图 6－4　相同频率、不同 β 值时轴向压缩的情况[2]

（a）不同 β 值超导腔形状；（b）低 β 值椭球型超导腔实物图

而对于 β 约为 0.5 的加速结构，另外一种方案是采用轮辐型（spoke）结构，如图 6－5 所示。轮辐型腔是一种采用 TEM 模式对粒子进行加速的半波长超导腔，由同轴线谐振腔转化而来，其内部存在一根（或多根）轮辐型柱，具有结构比较紧凑、较大的速度接受范围等优点。

对于速度小于光速的一半的重离子，TEM 模式超导腔是最有效的加速结构。常用的加速结构有四分之一波长谐振（QWR）腔、半波长谐振（HWR）腔以及轮辐型腔等。图 6－6 所示为几种典型的低 β 超导腔，包括半波长谐振腔、四分之一波长谐振腔，以及双轮辐型腔。其中，HWR 腔为半波长谐振腔，具有对称的电磁场分布，是中低能区加速结构中较常使用的候选腔型，但其细长的腔体尺寸增大了加工制造的难度；QWR 腔的体积比 HWR 腔小，但轴向电磁场不对称分布，需要增加矫正线圈；轮辐型腔则在兼顾半波长谐振腔特点的同时，还具有腔体结构紧凑、机械性能良好、分路阻抗更高等优点，也可进行多加速间隙设计，提高超导腔的加速效率。

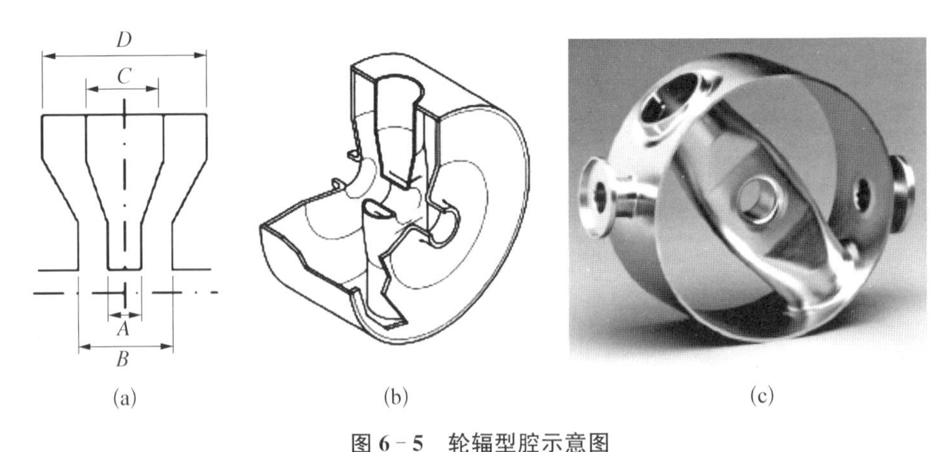

图 6－5　轮辐型腔示意图

(a) 原理图；(b) 三维示意图；(c) 部件照片

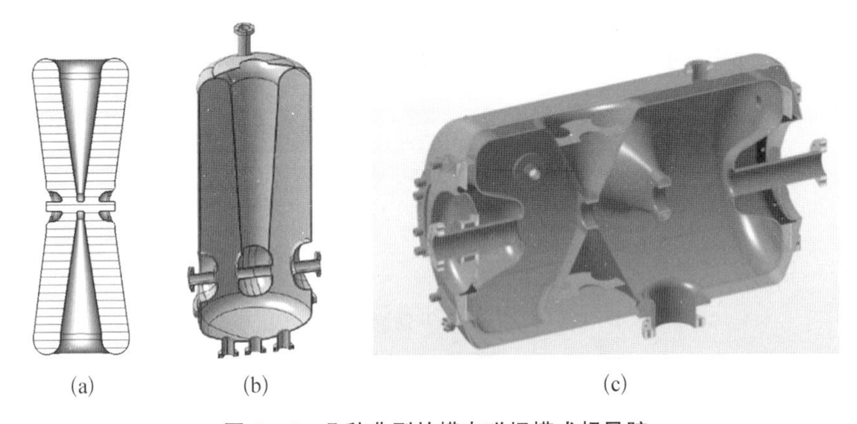

图 6－6　几种典型的横电磁场模式超导腔

(a) HWR 腔；(b) QWR 腔；(c) 双轮辐型腔

3) 超导腔的主要参数和影响因素

如前所述，对于超导腔，最重要的两个参数为平均加速电场 E_{acc}(通常称为加速梯度)和无载品质因数 Q_0。加速梯度 E_{acc} 是指每个加速器单元加速电压 V_c 与每个单元的长度的比值。而每个单元优化后的长度一般由其速度决定，典型值为 $\beta\lambda/2$，其中 $\lambda(=c/f)$ 为 RF 的波长。因此得到

$$E_{acc}=\frac{V_c}{\beta\lambda/2} \tag{6-1}$$

另一个参数 Q_0 表征了超导腔内储能 U 损耗快慢的物理量，反映了 RF 功率在腔壁上的损耗 P_c，其定义为

$$Q_0 = \frac{\omega_0 U}{P_c} = \frac{\omega_0 \mu \int_V |\mathbf{H}(\mathbf{r})|^2 dV}{\oint_A R_s |\mathbf{H}(\mathbf{r})|^2 dA} \tag{6-2}$$

因此，Q_0 是与超导腔的表面电阻 R_s 有关的物理量，它们之间的关系为

$$Q_0 = \frac{G}{R_s} \tag{6-3}$$

式中，G 为几何因子，只与超导腔的形状有关；R_s 为超导腔的表面电阻，与超导腔的频率、温度及材料性能有关，是反映材料性能的内在物理量。超导腔的 R_s 通常在 nΩ 量级。此外，峰值电场比（E_{peak}/E_{acc}）和峰值磁场比（B_{peak}/E_{acc}）在超导腔设计完成后，也将是一个恒定值。因此，我们在设计时，尽可能降低峰值电场比可以降低场致发射的可能性；降低表面磁场峰值比，可获得高加速梯度。

图 6－7 所示为 TESLA 型超导腔的 $E_{acc}-Q_0$ 性能曲线，反映了实际制造过程中超导腔性能在不同情况下的限制，如次级电子倍增（multipacting）、热致失超、场致辐射、高场区 Q 值下降以及氢中毒等情况。正是由于这些限制，目前超导腔的实际性能与理论预测还存在很大的差距。因此，如何解决这些问题，是超导腔研制过程中的关键。

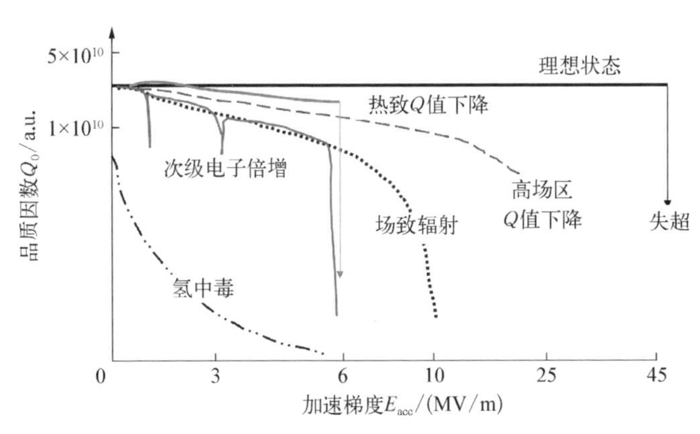

图 6－7　影响超导腔性能的关键问题

6.1.2　1.3 GHz 及 650 MHz 超导腔

1.3 GHz 超导腔是目前国际上使用最为广泛的腔型，应用在欧洲 XFEL 项目、美国 LCLSⅡ项目等。未来国际直线对撞机（ILC）项目、环形正负电子对撞机（CEPC）项目的增能器也采用该腔型。此外，650 MHz 频率的加速腔则将应用在未来 CEPC 项目中。

6.1.2.1 1.3 GHz 超导腔

CEPC booster 采用了 1.3 GHz 9 - cell TESLA 型超导腔(见图 6 - 8),其由高纯铌制成,工作在 2.0 K 的低温下,最大加速梯度为 19.8 MV/m(脉冲运行),长期运行的无载品质因数 Q_0 为 1×10^{10}。为了达到这个运行指标,其垂直测试的指标为 24 MV/m 时 $Q_0>3\times10^{10}$。1.3 GHz 9 - cell TESLA 型超导腔的主要射频参数如表 6 - 1 所示。

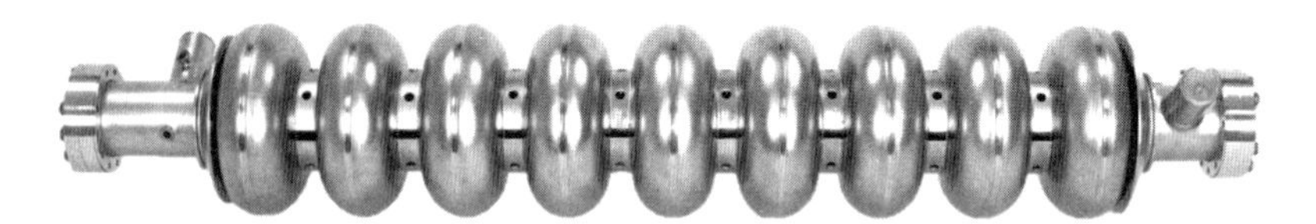

图 6 - 8 1.3 GHz 9 - cell TESLA 型超导腔

表 6 - 1 1.3 GHz 9 - cell TESLA 型超导腔主要射频参数

参 数	数 值
cell 数量	9
有效加速长度/m	1.035
束管直径/mm	78
$(R/Q)/\Omega$	1 013
几何因子/Ω	272
E_{peak}/E_{acc}	1.98
B_{peak}/E_{acc}/[mT/(MV/m)]	4.17

目前,1.3 GHz 9 - cell TESLA 型超导腔已经广泛应用于各种加速器,例如欧洲自由电子激光(E - XFEL)、美国直线相干光源二期(LCLSⅡ)、上海硬 X 射线自由电子激光(SHINE)、深圳软 X 射线自由电子激光、大连极紫外自由电子激光等项目,未来还将应用于国际直线对撞机(ILC)等项目,是世界上使用最广泛的超导腔。

6.1.2.2 650 MHz 超导腔

CEPC 对撞环的 650 MHz 2 - cell 超导腔(见图 6 - 9)由高纯铌制成,腔上的 2 个 cell 外面焊接的液氦槽由钛制成。该超导腔运行在 2.0 K 的低温下,最大加速梯度为 19.7 MV/m(连续波运行),长期运行的无载品质因数 Q_0 为 1.5×10^{10}。其主要的射频参数经过优化后,最终结果如表 6 - 2 所示[3]。

650 MHz 2 - cell 超导腔在安装进 CEPC 的隧道之前，还需要经过垂直测试和水平测试，以检验其性能是否满足要求。垂直测试的指标是 $Q_0>4\times10^{10}$（在 22 MV/m），水平测试的指标是 $Q_0>2\times10^{10}$（在 20 MV/m）。

(a)　　(b)

图 6 - 9　650 MHz 2 - cell 超导腔

(a) 裸腔；(b) 焊接液氦槽后

表 6 - 2　650 MHz 2 - cell 超导腔主要射频参数

参　　数	数　　值
cell 数量	2
有效加速长度/m	0.46
束管直径/mm	160
$(R/Q)/\Omega$	211
几何因子/Ω	279
E_{peak}/E_{acc}	2.35
(B_{peak}/E_{acc})/[mT/(MV/m)]	4.2

650 MHz 2 - cell 超导腔为了获得高品质因数和高加速梯度，需要采取很多先进的技术手段，例如氮掺杂、电化学抛光、中温退火、快速降温等。此外，为了实现高 Q 值的长期带束运行，超导腔与主耦合器、高阶模吸收器等附件的腔链组装必须在 10 级洁净间完成，整个过程需要将颗粒物的数量降到最低。

6.1.3 超导腔的表面处理与测试

超导腔性能的发展大致经过了以下四个阶段：① 从 20 世纪 70 年代超导腔的诞生到 80 年代中期，其性能主要由次级电子倍增效应所限制，梯度仅为 2～4 MV/m。② 1986 年，超导腔在设计上有所突破，由圆柱形的腔体改进为椭球型腔，使得超导腔的梯度提高到 4～6 MV/m。③ 之后人们发现由材料的低热导导致的超导腔热致失超成为又一障碍，到 1991 年超导腔所用材料的 RRR 值普遍提高到了 250 以上，这也使梯度增加到了 10 MV/m 左右。④ 此后，超导腔后处理技术的突飞猛进使超导腔性能迅速提高。以 1.3 GHz 超导腔为例，其梯度可超过 40 MV/m。

6.1.3.1 超导腔后处理技术

由于超导腔在实际运行中，微波仅能穿透铌表面几十纳米的厚度（以 1.5 GHz 超导腔为例，其微波的穿透深度约为 40 nm），因此，对超导腔的处理大多针对表面性能的改变。

1） 超声清洗

超导腔经过机械加工后，往往带有油脂污染，因此表面有机物的去除成为表面处理的第一个环节。通常的做法是首先用去污剂或有机溶液去除机械加工中给超导腔表面带来的油脂污染物等。常用的溶剂有 Micro - 90、Liqui - Nox，或者丙酮、异丙醇等。

2） 缓冲化学抛光

在超导腔端腔组件或中间哑铃等部件的焊接过程中，由于电子束焊机真空度不够高，或者焊接前部件表面清洗不充分等问题，超导表面时常会生成一层薄膜状污染物，因此需要进行初步的化学清洗。常用的办法一般为 30 μm 量级的缓冲化学抛光（BCP），一般采用氢氟酸、硝酸以及磷酸的混合溶液，其体积比一般可采用 1∶1∶2，但也有采用 1∶1∶1 的比例的。

3） 超导腔表面材料损坏层的处理

在超导腔加工完成后，通常内表面会有一个损坏层（约为 150 μm）需要去除，以保证超导腔的性能不受影响。由于此次处理为整个后处理过程中对超导腔内表面最大的一次改变，因此处理的好坏会对性能产生关键的影响。目前这一步骤常用的方法有缓冲化学抛光、电化学抛光、滚动抛光以及柔性（流体）抛光。对于高性能超导腔，通常使用电抛光；而对超导腔性能要求不高时，通常使用化学抛光；对于内表面修复，则通常使用滚动抛光。此外，近年来流体抛光也有所进展。但滚动抛光和流体抛光均属于机械抛光，一般需要再次对超导抛光腔进行化学抛光或电抛光，超导腔才能达到应有性能。

4）高温退火和掺氮

对于铌来讲，在化学处理中常常伴随吸氢的问题。在100～150 K的温度下Nb会与H原子形成Nb-H化合物，有可能会严重影响超导腔的品质因子。为了解决吸氢问题以及释放加工应力，目前常用的办法有10 h 600℃退火处理、2 h 800℃退火处理等工艺，其真空要求一般在1×10^{-3} Pa以下。此外，近年来发展的超导腔高温掺氮技术也是利用了高温退火（800℃）这一过程充入氮气的工艺，使得超导腔品质因子有了显著的提高。

5）高压水冲洗

高压水冲洗（HPR）是去除超导腔内表面吸附灰尘、颗粒最有效的办法，已成为超导腔表面处理的一个标准步骤。此外，HPR也是目前应对可能会造成超导腔较强的场致发射的重要技术。

6）低温烘烤和中温退火

超导腔经高压水冲洗并在超净室晾干、完成组装后，会进行120℃的低温烘烤。它对于高场下，尤其是电抛光后高场区Q值下降有着明显的改善作用。而中温退火工艺则是近年最新研究成果，可显著提升超导腔品质因子，与掺氮技术效果类似。

7）洁净间技术

洁净间是指将一定空间范围内空气中的微粒控制到某个较低的水平。在超导腔的处理过程中，有许多环节需要洁净间来实现，例如在HPR、洁净组装、检漏等过程中，我们希望超导腔处于ISO 4或ISO 5等级的环境中；在120℃烘烤过程中，真空连接部件的洁净度符合ISO 4或ISO 5。

正是这些处理技术的发展使得超导腔的性能从最初的几兆伏提高到目前的几十兆伏。然而这些工艺的开发或发展并不是一蹴而成，而是经过了二三十年的发展才逐步完善的，这个过程也是认识超导腔和超导腔性能逐步提高的过程。其间，一系列超导腔测试、检测等技术也得到了发展，保证了研究的发展，如内窥镜与内部研磨技术、T-mapping、第二声探伤技术等。

6.1.3.2　超导腔测试技术

垂直测试是超导腔研制过程中必不可少的关键环节，通过垂直测试可判断超导腔是否达到设计指标要求，并通过测试分析为超导腔进一步的处理和性能提升提供方向指导。超导腔垂直测试的基本要求是测量Q_0随E_{acc}变化的曲线，判断腔性能是否达到设计指标。

在低场区（一般馈入功率为 200 mW）利用半功率点测量衰减时间常数 $\tau_{1/2}$ 并计算腔的有载品质因数 Q_L，同时记录下此时各端口的提取功率值（P_{in}、P_r、$P_{coupler}$ 及 P_{beam}）来标定对应口的耦合参数（β_{in}、$\beta_{coupler}$ 及 β_{beam}）和对应的 Q 值，从而计算出超导腔的 Q_0-E_{acc} 关系曲线。

对于有次级电子倍增效应的超导腔，需要对超导腔进行老练，当超导腔初步老练结束后，调整输入天线长度至临界耦合状态（对于固定耦合的情况，如果天线设定不合适导致驻波比过大，会增大测量误差），完成各端口耦合系数的精确标定，其中耦合器端口耦合系数 $\beta_{coupler}$ 及束流端口耦合系数 β_{beam} 满足如下关系：

$$\beta_{coupler}=\frac{P_{coupler}}{P_c}=\frac{P_{coupler}}{P_{in}-P_r-P_{coupler}-P_{beam}} \tag{6-4}$$

$$\beta_{beam}=\frac{P_{beam}}{P_c}=\frac{P_{beam}}{P_{in}-P_r-P_{coupler}-P_{beam}} \tag{6-5}$$

输入端耦合系数 β_{in}：

$$\beta_{in}=\frac{1+\Gamma}{1-\Gamma} \tag{6-6}$$

式中，Γ 为反射因子，其表达式为

$$\Gamma=\begin{cases}\sqrt{P_r/P_{in}} & （过耦合）\quad \beta_L=\mathrm{VSWR}>1\\ 0 & （临界耦合）\quad \beta_L=\mathrm{VSWR}=1\\ -\sqrt{P_r/P_{in}} & （欠耦合）\quad \beta_L=1/\mathrm{VSWR}<1\end{cases} \tag{6-7}$$

当超导腔处于临界耦合状态下，切断发射机输入功率，超导腔内的储能会随时间衰减，计算式如下：

$$\frac{\mathrm{d}U(t)}{\mathrm{d}t}=-\frac{U(t)}{\tau_L} \tag{6-8}$$

腔内的储能随时间呈指数衰减。根据 Q_L 与衰减时间的关系，根据式(6-6)和式(6-8)得到超导腔的无载品质因数 Q_0。衰减时间越长，超导腔的腔耗越小，Q 值越高。

$$Q_L=\frac{\omega\cdot\tau_{1/2}}{\ln 2} \tag{6-9}$$

$$Q_0 = (1 + \beta_{in} + \beta_t + \beta_{15d}) \cdot Q_L \tag{6-10}$$

式中，β_{15d} 为超导腔功率提取口的耦合度。其余端口的 Q：

$$Q_{coupler} = Q_0 / \beta_{coupler} \tag{6-11}$$

$$Q_{beam} = Q_0 / \beta_{beam} \tag{6-12}$$

以上完成了超导腔测量前相关端口的 Q 值和相关参数的标定，在超导腔测试过程中，实时 Q_0 与 E_{acc} 的计算式为

$$Q_0 = Q_{coupler} / \beta_{coupler} \tag{6-13}$$

$$E_{acc} = \frac{1}{L_{eff}} \sqrt{R/Q} \cdot \sqrt{Q_{coupler} \cdot P_{coupler}} \tag{6-14}$$

6.2　高功率输入耦合器

高功率输入耦合器是超导高频系统的重要部件之一，它位于传输波导和超导腔之间，主要功能是将高频功率馈送到超导腔内，并利用陶瓷窗将大气与腔内的超高真空环境隔开，同时还提供从室温到超导低温的低漏热过渡连接作用；另外，还需要保证超导腔内的高洁净度以及尽可能减少对腔和束流性能的影响；有的耦合器还需要提供可调的耦合度以满足不同的运行模式和负载要求[4]。根据运行经验，高功率输入耦合器是超导高频系统出现故障或者性能下降的一个重要因素。比如，超导腔的水平测试性能往往不如垂直测试性能，原因之一就是高功率输入耦合器的影响[5]。并且，高功率输入耦合器能承受的最大功率往往限制了超导腔向束流提供的功率上限。因此，超导高频系统对高功率输入耦合器的性能要求非常高，其研制难度和造价甚至不亚于超导腔，涉及的学科领域也很广，包括微波传输、低温学、机械工程学、真空学、材料科学等。目前世界各大加速器实验室研制的超导腔高功率输入耦合器多达数十种，它们从结构到性能参数都各不相同，可按不同标准进行分类。

(1) 按照几何结构的不同，超导腔高功率输入耦合器可以分为波导型和同轴型两种类型。波导型输入耦合器采用矩形波导结构，它多利用孔耦合的方式将高频功率耦合到超导腔内，其典型代表是 CESR - B 500 MHz 超导腔高功率输入耦合器[6]，如图 6 - 10 所示。同轴型输入耦合器采用同轴线结

构，并多采用电耦合方式，同轴线的内导体作为耦合天线将功率耦合到超导腔内，其典型代表是 BEPCⅡ 500 MHz 超导腔高功率输入耦合器[7]，如图 6-11 所示。

图 6-10　CESR-B 500 MHz 超导腔高功率输入耦合器

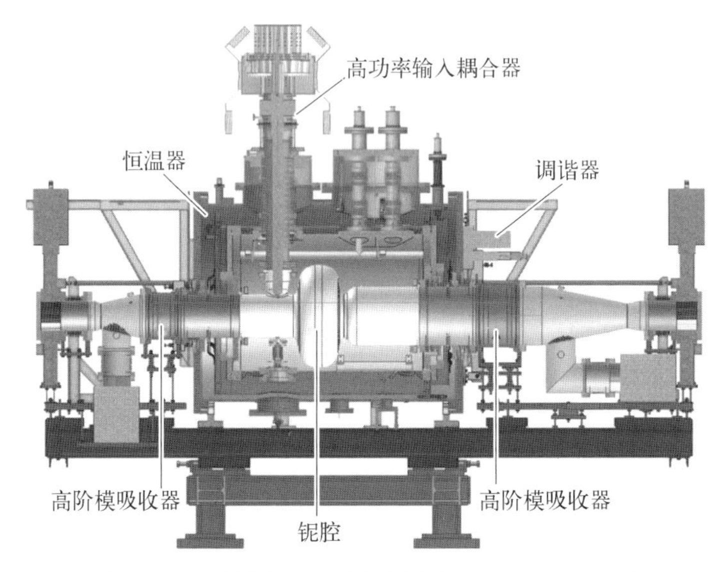

图 6-11　BEPCⅡ 500 MHz 超导腔高功率输入耦合器

(2) 按照工作模式，可以分为脉冲波型与连续波型两种类型。高功率输入耦合器的工作模式取决于超导腔的工作状态。两者的区别主要在于连续波型耦合器传输的平均功率往往高于脉冲波型耦合器，因而其高频损耗更大，冷却难度也更大;脉冲波型耦合器通常峰值功率更高,发生次级电子倍增效应和弧光打火的可能性更大,因而抑制次级电子倍增效应的发生是难点[8-9]。

(3) 按照窗体的数量,可以分为单窗型和双窗型两种。单窗型耦合器只有一个窗体,具有结构简单、易于冷却、运行功率高等优势。双窗型耦合器除了常温窗之外,增加了一个工作在 80 K 左右低温环境的窗体,称为冷窗。双窗型耦合器的主要优势是为超导腔增加了一道真空密封的屏障,即使一个窗在运行中破裂,另一个窗还能确保腔内的高真空度,从而提高了超导腔的真空安全性。并且,由于冷窗可与超导腔在 10 级洁净间内率先完成安装,可最大限度地避免耦合器组装给腔引入的污染。但是,双窗型耦合器结构复杂,设计和制造困难,造价更昂贵,同时内导体和冷窗冷却困难,导致其平均功率水平远低于单窗型耦合器。

(4) 按照耦合度是否可调,可以分为固定耦合度型和可调耦合度型。可调耦合度型耦合器能够满足不同运行模式和束流流强下的高效率匹配运行,但其结构往往更复杂,比如需要在同轴线内外导体上增加波纹管结构,同时需要特别设计移动机构以改变内外导体行程差,从而改变耦合度,这些都增大了可调耦合度型耦合器的风险和造价。

6.2.1 耦合器的设计

高能粒子对撞机超导腔高功率输入耦合器的研制目标为简化结构、提高功率和运行稳定性,以及降低漏热和造价并重。因此,耦合器的设计受到多方面甚至是相互矛盾方的限制,若不能满足设计要求,将影响超导腔的性能,进而影响整个加速器的性能。因此,优秀的设计是耦合器成功的基石。

全面考虑耦合器的功能,并根据现有耦合器的设计和运行经验,耦合器的设计应遵循如下原则:① 在工作频率实现良好的匹配传输;② 避免在运行功率水平发生次级电子倍增效应;③ 关键部件的温升需控制在合理的范围内;④ 低温漏热足够小;⑤ 完备的监测手段和安全联锁设计以确保耦合器的安全运行。

以下按照耦合器的设计流程来阐述其中的重要问题。

1) 结构选型

耦合器的结构选型包括波导型或者同轴型,单窗或者双窗,平板窗或者圆柱窗,可调耦合或者固定耦合。耦合器的结构选型基于频率、耦合度、功率水平、低温漏热等基本参数要求，同时需要综合考虑超导腔系统对耦合器的具体设计要求以及实验室已有的研制经验等。比如，当工作频率低于 200 MHz 时，波导型耦合器尺寸过大，通常选择同轴型耦合器；当超导腔工作梯度高于 20 MV/m 且 Q_0 要求非常高时，耦合器必须与超导腔在 10 级洁净间完成组装，通常选择双窗型耦合器。

2）耦合端口优化

通常我们用耦合器的外部品质因数 Q_e 来表示耦合器与加速腔之间的功率耦合强度。基于机器的特定设计参数，存在一个最佳 Q_e，使得在设计束流流强下，输入耦合器端口的反射功率为零，即此时达到最佳匹配。对于超导腔来说，最佳 Q_e 满足[10]

$$Q_e=\frac{Q_0}{P_b/P_c}=\frac{V_c^2}{P_b(R_a/Q_0)} \tag{6-15}$$

式中，V_c 为超导腔加速腔压；P_b 为束流带走的功率；R_a/Q_0 是由腔的几何形状决定的量。

耦合端口的优化目标是使耦合器的外部品质因数 Q_e 满足式(6－15)所给出的理论最佳 Q_e。对同轴型耦合器来说，耦合端口的位置、同轴线外导体的直径以及内导体天线的插入深度等是影响 Q_e 的重要几何参数。对波导型耦合器来说，耦合端口的位置及开孔大小是影响 Q_e 的重要几何参数。

3）阻抗匹配性能

耦合器的主要功能是将功率源输出的功率馈送到超导腔内，因此在工作带宽内实现良好的匹配传输是设计的基本要求。通常我们利用数值模拟工具(比如 CST、HFSS 等)优化耦合器的电磁结构，使耦合器达到良好的阻抗匹配性能。考虑到加工误差、外导体的降温收缩、安装误差等原因，耦合器运行时的电磁结构与仿真结构有一定的差别，其传输性能很可能会下降。因此，在耦合器的阻抗匹配设计中保证耦合器的传输性能优于一定的值并有一定的带宽，对于耦合器的成功设计十分重要。

4）次级电子倍增效应

次级电子倍增效应对于高功率输入耦合器来说是一把双刃剑。一方面，次级电子倍增效应产生的大量电子可以有效清除器壁表面的灰尘和吸附气体，从而使器壁表面的次级电子发射系数大大降低。在输入耦合器老练过程中，往往通过有控制性地激发次级电子倍增效应(比如加偏压老练)来加快老练速度和改善老练效果。但是在实际运行中，次级电子倍增效应往往是影响高功率输入耦合器功率水平的提高和性能稳定性的重要因素之一，其危害主要表现在以下方面：次级电子倍增效应产生大量电子，电子轰击耦合器内壁，导致内壁表面浅层吸附的气体脱吸附，如果这些气体不能被有效抽走，将导致耦合器内部真空环境变差；同时，电子与气体分子相互作用，使气体分子离子化，可能导致耦合器内部产生弧光打火。最糟糕的是，产生的离子可能继续轰击器壁，损坏耦合器外导体内壁的镀铜层从而导致外导体温升异常，或者导致窗体上的铜溅射到陶瓷窗表面，从而造成窗片局部热过高、温度梯度增大，超过窗片最大能承受的热应力值，最终导致窗片破裂。可见，次级电子倍增效应是耦合器研制中必须要考虑的一点，只有深刻认识和掌握了耦合器内部次级电子倍增效应发生的特点和规律，才能正确而有效地运用好这把双刃剑。

5）弧光打火

弧光打火是一种严重的真空击穿活动，可能导致窗体破裂。弧光打火通常伴随着真空环境变差、电子流活跃和功率被吸收等现象。在弧光打火发生的过程中，气体分子与电子发生碰撞，电离产生的正离子在电场的驱动下轰击耦合器内、外导体表面，耦合器微波面的原子被溅射出来，并在电磁场的作用下运动，打在内、外导体或陶瓷窗上。如果发生弧光打火后，继续保持高频功率，则上述离子溅射活动会持续加剧，导致内、外导体或陶瓷窗被溅射。如果继续加功率，不仅会影响耦合器的匹配性能，更严重的是，陶瓷窗表面将出现大电流，导致陶瓷窗表面发热严重。由于陶瓷窗热导率小，局部发热引起的表面温度不均匀，可能导致窗的破裂。可见，弧光打火是耦合器运行中危害性最大的一种真空活动，因此必须采取措施防止其发生。防止弧光打火的措施包括避免耦合器窗体上发生次级电子倍增效应，避免陶瓷窗暴露在腔的场致发射电子视野之内，利用响应快速的弧光打火、真空、电子流联锁保护装置进行监测并及时切断高频功率。

6）冷却

由于耦合器材料并非理想电导体，在传送高频功率时，其内、外导体表面都会产生欧姆热损耗。欧姆热损耗将导致耦合器温度上升，如果没有足够的冷却措施，过高的温度可能会威胁耦合器的正常运行，甚至导致耦合器烧毁。耦合器的另一个热源是陶瓷窗。陶瓷窗有介电损耗，耦合器功率越高，陶瓷介电损耗越大，发热量也越大。如果温度过高，陶瓷窗承受的热应力超过限值将导致陶瓷窗破裂。因此,耦合器的冷却设计必不可少。

冷却设计优化需要评估额定的高频功率通过时,耦合器内各个部件的温升和热应力情况。这是一个高频-热-结构耦合场计算问题,通常可采用COMSOL、ANSYS APDL、ANSYS Workbench 等数值仿真软件来进行。耦合器常见的冷却方式有自然风冷、强制风冷、氮气冷却、水冷、氦气冷却、热锚冷却。

7) 控制漏热

在运行的加速器上,超导腔高功率输入耦合器的一端与处于超导低温下的超导腔连接,另一端与处于常温的功率传输线连接,因而耦合器承担着从超导低温到常温的过渡连接功能,也是低温系统的重要热负荷之一。耦合器的热传导、欧姆热损耗以及热辐射都会给低温系统带来漏热。

通常,降低耦合器引入的低温漏热主要有如下三种方法:① 耦合器不锈钢外导体内壁镀铜,可以大幅度减少耦合器的欧姆热损耗,从而降低耦合器的动态漏热。但是镀铜会增大外导体的热传导能力,导致耦合器的静态漏热增大。因此,镀铜层的厚度和 RRR 值需要精心优化,保证既能减少耦合器的欧姆热损耗,又不显著增大耦合器的热传导能力。镀铜层的厚度通常取数倍趋肤深度。② 在耦合器外导体上添加热锚,热锚另一端通过铜编织带与 80 K 氮屏、5 K 冷屏连接,使大部分漏热截断在 80 K、5 K,从而降低超导低温下的漏热。③ 当耦合器传输的平均功率较高时,需要采用氦气气流冷却耦合器的外导体,此时耦合器的外导体通常设计成双夹层结构。

8) 机械设计

耦合器的机械设计指将高频结构模型转化成可供加工的机械模型和工程图纸的过程。首先,充分考虑耦合器的基本结构以及耦合器与超导腔、恒温器、功率传输系统的安装要求,将耦合器拆分成若干个子部件;其次,结合材料、加工工艺、系统接口等进行各子部件的零件建模,并结合高频结构设计的公差分析结果和加工工艺完成各零件的公差设计和工装设计;最后,将完成的机械设计回馈给高频结构设计,对机械设计过程中的调整和修改进行高频计算的校正修改,并根据高频计算结果迭代调整机械设计。

在耦合器机械设计的过程中,需要注意以下几点:① 保证耦合器易于清洗,能与腔在足够洁净的环境内安装;② 机械公差设计既要满足高频性能要求,又要确保零件可加工,以及各子部件之间易于组装;③ 充分考虑外导体冷却收缩,在设计中引入必要的柔性连接结构;④ 法兰形式连接的密封面设计要满足超高真空要求；⑤ 为了确保耦合器的安全运行，需设计必要的信号监测端口。

6.2.2 耦合器的加工

耦合器的加工涉及多种材料和多道关键工艺，任何一个环节没有控制好，均可能导致耦合器的失效，因此耦合器加工的重要性不亚于耦合器设计。耦合器加工中，需要重点关注材料选择、窗体焊接、不锈钢镀铜、TiN 镀膜几个方面。

1）材料选择

超导腔高功率输入耦合器材料的选择需要综合考虑高频、热、机械性能等要求以及加工工艺技术。输入耦合器包含多种材料，主要为陶瓷、无氧铜、不锈钢、铝及聚四氟乙烯等。陶瓷是耦合器窗体的核心材料，通常选择低介质损耗、高纯度的氧化铝陶瓷，此外需要满足与无氧铜金属易于焊接、孔隙小、表面没有污点和缺陷等要求。内导体作为高频表面，常选择高纯度、高电导率、高光洁度的锻造无氧铜材料，其铜含量为 99.99%，电导率接近 5.8×10^{7} S/m，无氢脆现象，加工和焊接性能良好。外导体采用低热导率、高电导率及高机械强度材料，故选择无磁不锈钢(通常为 316L 或 316LN 不锈钢)，但是不锈钢的电阻率是无氧铜的 3.4 倍，其欧姆损耗比无氧铜大，因此，需要在其内表面镀一层高电导率膜。耦合器的匹配过渡结构通常采用硬铝材料，这是从轻便的角度考虑的。

2）窗体焊接

窗体焊接是耦合器加工中的关键工艺难点之一，其面临着如下挑战：① 陶瓷纯度高，且与无氧铜金属的热膨胀系数差异大，真空封接难度大；② 窗体体积大、焊料爬延性差，对焊接炉的均匀区要求高；③ 窗体焊缝多，结构复杂，一次性焊好的难度较大；④ 整窗组焊后的同心度要求高，对焊接夹具要求苛刻；⑤ 整个焊接过程中，要保证陶瓷片不受污染，对焊接环境和洁净操作要求极高。

3）不锈钢镀铜

不锈钢镀铜也是耦合器加工中的关键工艺难点之一。不锈钢镀铜的技术要求如下：① 镀铜层厚度均匀；② 镀铜层黏附性好，经过冷热循环后无起泡和剥落；③ 镀铜层氢气含量低；④ 镀铜层表面粗糙度 $R_a<1.6\ \mu m$；⑤ 镀铜层的 RRR 值太高则静态漏热大，太低则动态漏热大，30～80 比较合适。

4）TiN 镀膜

窗体附近的次级电子倍增效应对陶瓷窗片危害很大，而氧化铝陶瓷表面的次级电子发射系数较高，这增大了窗片附近次级电子倍增效应发生的概率。

通常采取在陶瓷真空面镀 TiN 膜的方法来降低其表面的次级电子发射系数[11]。陶瓷真空面的 TiN 镀膜要求严格控制膜厚，一般膜厚为 8～10 nm，过厚则可能导致陶瓷表面过热。常用的 TiN 镀膜方式有溅射镀法和蒸镀法两种。

6.2.3 耦合器的测试

耦合器在加工完成后，通常需要经过一系列测试，具体如下：① 针对外观、尺寸、真空漏率和传输特性进行初步检测。② 初步检测合格的耦合器需要进行测试台高功率测试，目的有两个：一是检验耦合器高频、热和真空等性能参数是否达到设计指标；二是高功率测试的过程也是对耦合器进行老练的过程，通过高频功率清除表面的气体、灰尘和金属小颗粒，可最大限度地确保超导腔的洁净度，并大幅缩短耦合器腔上老练的时间。③ 耦合器在测试台上测试成功，随后与超导腔集成。由于该过程中耦合器短时间暴露于大气，根据经验，有必要在超导腔降温前进行耦合器的腔上常温老练，最大限度降低耦合器内部放出的气体在降温后由于低温势阱效应被吸附到超导腔内壁的可能性。④ 超导腔降温后，为了确保超导腔运行的稳定性，通常首先将超导腔失谐，单独进行耦合器的老练。⑤ 完成上述测试后，耦合器方可开始其腔上带束流运行的生涯。

测试台高功率测试是所有测试环节中的核心，以下针对该测试进一步介绍准备工作、测试系统组成和测试老练方法。

1）准备工作

准备工作包括清洗、烘烤，具体流程如下：① 通过超声清洗和超纯水冲洗以清除表面的油、灰尘颗粒；② 在清洗和吹干后，迅速安装到测试台上，并进行抽真空和检漏；③ 对整个测试系统进行烘烤，让表面充分放气。

2）测试系统组成

耦合器测试台高功率测试系统组成框图如图 6－12 所示，包括四大子系统：功率源系统、功率传输系统、测试台、联锁保护系统。

3）测试老练方法

耦合器的高功率测试老练就是在低电平联锁系统的控制下，逐步升高高频功率。在高频场的作用下，耦合器内壁吸附的气体、灰尘等被加速电子、离子轰击而脱附，并最终保证在设计功率水平上不发生真空放气、弧光打火以及次级电子倍增效应等真空活动，从而实现稳定运行。因此，耦合器的测试老练方法的宗旨是在运行安全性和老练效率之间达到最佳平衡。目前国际上推行

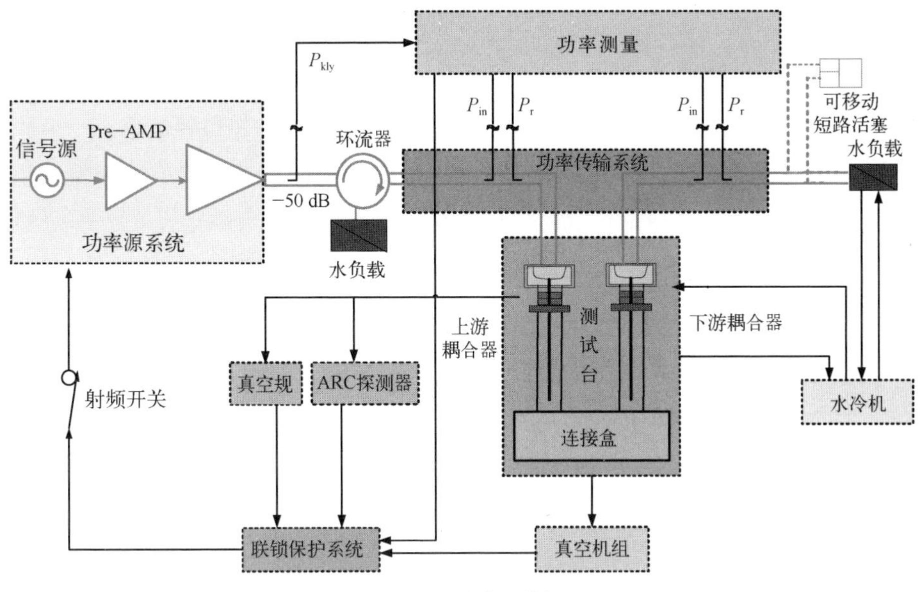

图 6-12　测试系统框图

的老练方法从低占空比、低功率开始，基于真空放气情况，逐步扩大占空比和提高功率水平。

6.3　调谐器

调谐器是超导腔系统的重要组成部分，其作用是改变超导腔的频率。超导腔在加工制造过程中会产生一定的误差，需要调谐器将腔的频率调制为工作频率；在超导腔工作时，由调谐器补偿束流负载效应、氦压波动、麦克风效应等引起的频偏；当超导腔出现故障后，可以通过调谐器将故障的超导腔失谐，以保证加速器系统的正常运行。

6.3.1　超导腔频率控制物理需求

对超导腔的频率进行控制主要是出于以下三点物理方面的因素：一是束流的能量增益（直线加速器）；二是超导腔的功率利用效率；三是束流稳定性（储存环加速器）。

1）束流能量增益对频率控制的需求

当超导腔的加速腔压和同步相位角受到扰动时，束流经过超导腔时获得的能量会发生一定的变化，称为束流的能量差或能散[12]，如式(6-16)所示：

$$\frac{\Delta U}{U}=\frac{\Delta V}{V}-\Delta\varphi\tan\varphi_{\mathrm{s}}-\frac{\Delta V}{V}\Delta\varphi\tan\varphi_{\mathrm{s}}\tag{6-16}$$

式中，ΔV 为超导腔腔压抖动量；V 为超导腔腔压；$\Delta\varphi$ 为相位抖动量；φ_{s} 为同步加速相位。从式(6-16)可以看出，束流的能散主要来自超导腔加速腔压幅度和相位的误差或不稳定性，而加速电场幅度和相位的不稳定性在大部分情况下是由于超导腔的频率受到扰动，从而对腔的幅度和相位产生影响。

2) 超导腔功率利用效率对频率控制的需求

(1) 无束流情况下。功率源通过传输线向超导腔内馈送微波功率，建立起一定幅度的高频电磁场。超导腔所需要的入射功率和建立起来的高频电磁场的关系如式(6-17)所示[12]：

$$P_{\mathrm{f}}=\frac{V_{\mathrm{cav}}^{2}}{4(R/Q)Q_{\mathrm{L}}}\cdot\left[1+\left(2Q_{\mathrm{L}}\frac{\Delta f}{f_{1/2}}\right)^{2}\right]\tag{6-17}$$

式中，P_{f} 为超导腔的入射功率或前馈功率；V_{cav} 为超导腔的腔压；Q_{L} 为超导腔的有载品质因数；Δf 为超导腔的频偏；$f_{1/2}$ 为超导腔的半带宽。

超导腔建立高频加速电场所需要的入射功率与超导腔的频率失谐量存在直接关系。当出现频率失谐时，建场所需要的入射功率也会增大；如果失谐频率过大，功率源无法提供足够的功率，导致无法建立所需要的高频电场，同时也造成功率的浪费。因此，功率源最初设计时需要考虑机器的实际运行情况，留有适当的功率余量，保证必要的功率需求。同时，也需要保证腔的失谐频率控制在一定的范围内，不会造成功率的过度浪费。

(2) 有束流情况下。当束流强度不为零时，束流通过超导腔获得能量的同时会带来束流负载效应，造成"束-腔"系统阻抗的变化，如图 6-13 所示。

当束流经过超导腔时，为了保证从功率源角度看，"束-腔"系统呈纯阻抗，需要对超导腔的频率进行调节控制，抵消束流负载效应的虚部。此时所需要的入射功率也最小，入射功率与束流和超导腔的关系如式(6-18)所示：

$$P_{\mathrm{f}}=\frac{V_{\mathrm{cav}}^{2}}{4(R/Q)Q_{\mathrm{L}}}\cdot\left\{\left[1+\frac{(R/Q)Q_{\mathrm{L}}I_{\mathrm{b}}}{V_{\mathrm{cav}}}\cos\varphi_{\mathrm{s}}\right]^{2}+\left[\frac{\Delta f}{f_{1/2}}+\frac{(R/Q)Q_{\mathrm{L}}I_{\mathrm{b}}}{V_{\mathrm{cav}}}\sin\varphi_{\mathrm{s}}\right]^{2}\right\}\tag{6-18}$$

式中，I_{b} 为束流强度。

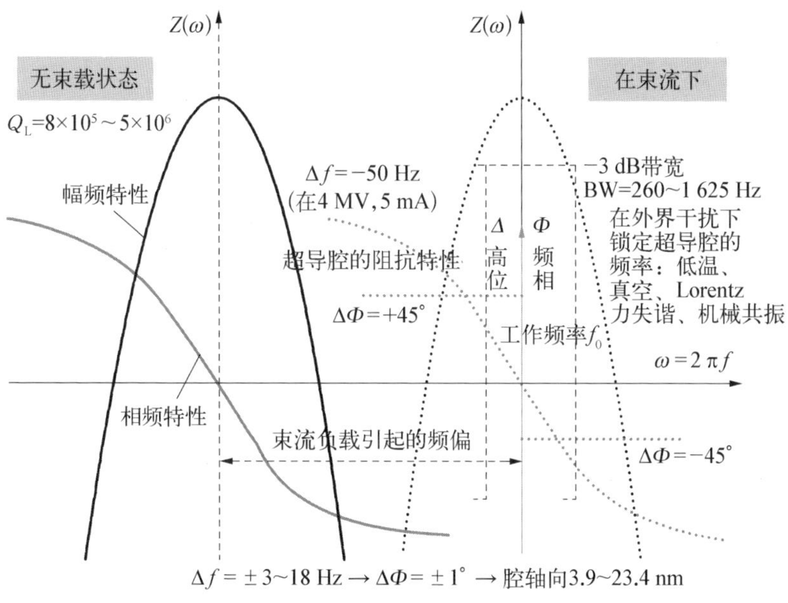

图6-13　超导腔阻抗特性示意图(带频控环路)

3）束流稳定性对频率控制的需求

对于储存环加速器，通过设置预失谐角可以防止束流快速注入过程超过束流不稳定限，造成束流的丢失，提高高流强下"束-腔"系统的稳定性。对于大型储存环加速器，对频率失谐量的控制也有严格的要求[13-14]。

6.3.2　超导腔调谐器原理及设计

1）调谐器原理

调谐器的工作原理是依据谐振腔的电磁微扰理论，包括体积微扰和介质微扰[15]。当在谐振腔内部插入围绕体或是改变谐振腔的局部形状时，超导腔内部的电磁场会受到扰动，造成内部电场和磁场能量的变化，从而会使谐振腔的频率发生变化。

由于超导腔对内部电磁表面和洁净程度要求非常严格，所以一般超导腔的调谐器通过改变其轴向长度（改变加速间隙，对强磁场区进行微扰）来对超导腔的频率进行调节。此种调谐器不会与超导腔内部的电磁场直接作用，因而也不会带来污染，并且不会直接对束流产生不良作用。另外，有一部分低频超导腔也采用插杆式的调谐器来改变其频率，内部插杆采用纯铌材质，需要考虑热效应导致的失超、冷却以及次级电子倍增效应等问题。

谐振腔也可以等效为无数个并联谐振回路，其频率可以用下式计算：

$$f=\frac{1}{2\pi\sqrt{LC}} \tag{6-19}$$

式中，L 和 C 分别为谐振回路的电感和电容。

可见，可以通过改变谐振回路的电感和电容来调节超导腔的频率。改变超导腔的加速间隙，相当于改变谐振回路的电容，从而改变腔的频率[5-6]。

2）调谐器设计

调谐器设计时首先要考虑的是高频系统的工作方式和物理需求，应根据需求确定调谐器的设计方向和目标。表 6－3 所示为工作在不同模式下的超导腔对调谐器的不同需求。

表 6－3　工作在不同模式下的超导腔对调谐器的不同需求

需求操作	连续模式(CW)		脉冲模式(Pulse)	
降温调谐和失谐	大行程	粗调/慢速	大行程	粗调/慢速
运行时频率补偿	精密调节		快速调节	

不论超导腔工作在连续模式还是脉冲模式，在超导腔降温、复温，以及超导腔不用失谐过程中都需要大行程的调谐器对腔的频率进行调节，此时对调节精度和速度没有过高的要求，只要能调节至设定频率即可，即需要保证足够大的调谐范围。当超导腔运行时，对于以连续模式运行的超导腔，需要有精密的调谐机构对腔的频率进行实时控制，对于速度一般没有过高的要求，但是精度一般为 Hz 量级。另外，调谐精度的要求与超导腔的带宽也有直接关系，一般超导腔的带宽越小，要求精密调节机构的精密度越高。对于以脉冲模式运行的超导腔，由于建场和束流时间都很短，需要在 ms 甚至 μs 量级的时间内完成超导腔的频率调节，因此要求调节机构的速度要足够快。结合以上超导腔的两种工作模式，国际上通用的是通过电机和机械机构来完成大范围的慢速频率调节，通过压电陶瓷或磁致伸缩机构来完成高精度和快速的频率调节，这几种调节机构相互配合工作，来完成超导腔频率的调节。

确定超导腔的工作方式和调谐器的设计方向和目标后，要进行调谐器的指标设计和相应的具体结构设计，其设计流程如图 6－14 所示[16-17]。

调谐器执行机构在具体的设计过程中还需要明确如下几个原则：

（1）寿命。由于加速器的运行时间一般为 20 年，需要保证调谐器的寿命能达到机器的运行时间。

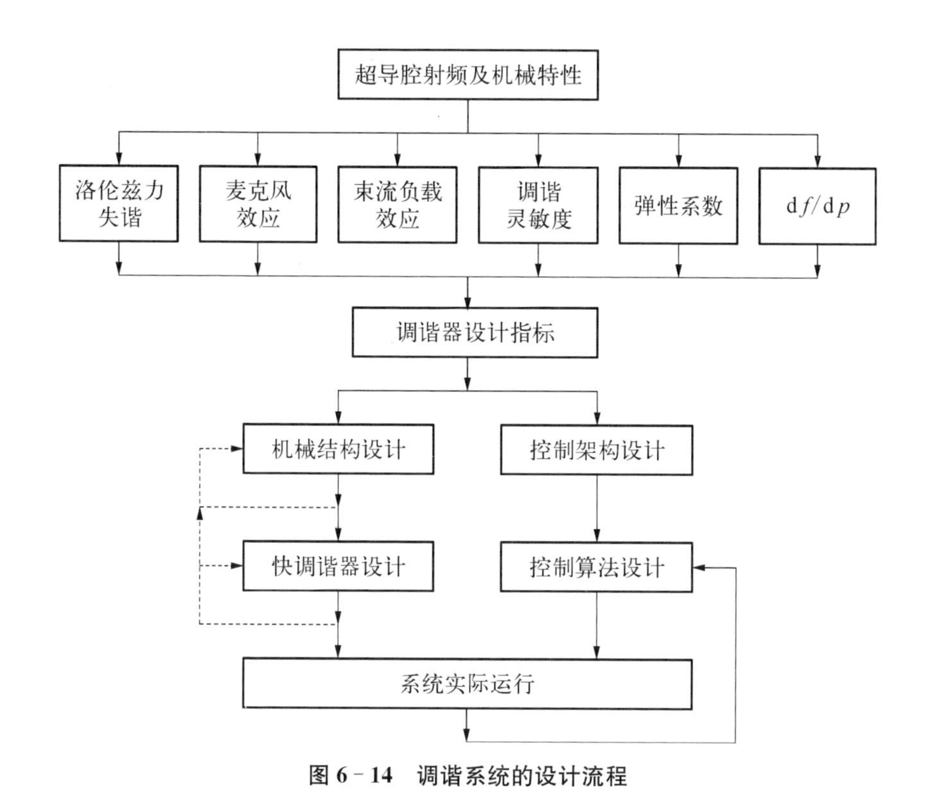

图6-14 调谐系统的设计流程

（2）易维护性。超导腔调谐器是超导腔系统的位移动态执行机构，需要长期动态工作，特别是对于工作在低温环境的调谐器，若其发生故障，则会导致超导腔无法带束运行，甚至整个加速器停机。因此，需要保证其可维护、易维护。

（3）紧凑性。无论是对直线加速器，还是储存环加速器，直线节空间都很宝贵，因此设计的调谐器结构要紧凑，减小空间和减少材料成本。

（4）联锁保护。调谐器的联锁保护，一方面是保护调谐器自身运行的安全；另一面是保证超导腔的安全，防止超导腔发生塑性变形等问题。

（5）漏热和低磁。对于电机在常温环境、机械机构在低温环境的调谐器，需要对隔热进行严格设计，保证调谐器引起的漏热远低于超导腔的动态热耗。另外，调谐器的材质要选择低磁或无磁材质，以免引入过多的外界剩磁，对超导腔的性能造成影响。

6.4 低电平控制系统

低电平控制技术经历了全模拟控制、数字加模拟控制和全数字控制三个阶段。20世纪60年代和70年代的加速器高频低电平控制为全模拟控制，核心元件为微控器件；而80年代和90年代初期，主要因高精度和高稳定度的数字控制振荡器(numerically controlled oscillator, NCO)的出现，发展了模拟和数字混合的高频低电平控制器；到21世纪，开始发展全数字的高频低电平控制系统，因数字信号处理器(digital signal processor, DSP)和现场可编程门阵列(field programmable gate array, FPGA)的广泛使用，数字低电平控制系统利用DSP和FPGA强大的数据处理能力，随着集成度的提高，核心芯片完全能扩展所需功能对资源的要求。同时，此控制系统能提供更加便利的人机交互界面和系统诊断方式。国际上各加速器装置中的高频低电平控制系统的技术特点如表6-4所示。

表6-4 国际上加速器高频低电平控制系统的技术特点

装　置	主要参数	信号处理	反馈控制内容和方式	装置类型
SNS(LINAC)	$\lvert\Delta\psi\rvert<0.5°$ $\lvert\Delta V/V\rvert<0.5\%$	数字	1、2、5	质子直线加速器
TESLA	$\lvert\Delta\psi\rvert<0.5°$, $\lvert\Delta V/V\rvert<0.5\%$	数字	1、2、5	电子直线对撞机
PEP Ⅱ	$\lvert\Delta\psi\rvert<1°$, $\lvert\Delta V/V\rvert<1\%$	数字	1、2、3、4	B工厂、储存环
KEKB	$\lvert\Delta\psi\rvert<0.5°$, $\lvert\Delta V/V\rvert<1\%$	模拟	1、2、3、4	B工厂、储存环
CESR	$\lvert\Delta\psi\rvert<1°$, $\lvert\Delta V/V\rvert<1\%$	数字	1、2、3、4	对撞机
BEPC Ⅱ	$\lvert\Delta\psi\rvert<1°$, $\lvert\Delta V/V\rvert<1\%$	模拟	1、2、3、4	正负电子对撞机
APS	$\lvert\Delta\psi\rvert<1°$, $\lvert\Delta V/V\rvert<1\%$	模拟	1、2	同步辐射光源
SPring-8	$\lvert\Delta\psi\rvert<1°$, $\lvert\Delta V/V\rvert<1\%$	模拟	1、2	同步辐射光源
PLS	$\lvert\Delta\psi\rvert<0.5°$, $\lvert\Delta V/V\rvert<0.5\%$	模拟	1、2	同步辐射光源
TLS	$\lvert\Delta\psi\rvert<1°$, $\lvert\Delta V/V\rvert<1\%$	模拟	1、2	同步辐射光源
ELETTRA	$\lvert\Delta\psi\rvert<0.5°$, $\lvert\Delta V/V\rvert<1\%$	模拟	1、2	同步辐射光源

（续表）

装　　置	主要参数	信号处理	反馈控制内容和方式	装置类型
ESRF	$\|\Delta\psi\|<1°$，$\|\Delta V/V\|<1\%$	模拟	1、2	同步辐射光源
SOLEIL	$\|\Delta\psi\|<1°$，$\|\Delta V/V\|<1\%$	模拟	—	同步辐射光源
SLS	$\|\Delta\psi\|<0.5°$，$\|\Delta V/V\|<1\%$	模拟	1、2	同步辐射光源
CLS	$\|\Delta\psi\|<0.5°$，$\|\Delta V/V\|<1\%$	模拟+IQ	1、2	同步辐射光源
SSRF(Storing)	$\|\Delta\psi\|<1°$，$\|\Delta V/V\|<1\%$	数字	1、2、3	同步辐射光源

说明：反馈控制内容和方式中，1 指腔场（幅度与相位）反馈环路，2 指频率反馈环路，3 指 RF 直接反馈，4 指零模反馈控制环路，5 指前馈。IQ 指同步正交(in-phase and quadrature)调制解调技术。

与全模拟高频低电平控制系统相比，全数字低电平系统的优点如下：① 结构简单，所有环路器件都集成在一块芯片上，系统搭建方便，维护更方便；② 更易补偿环路中的各种非线性效应，达到更好的环路性能；③ 价格便宜，只有模拟低电平系统费用的 25%～50%。在实际控制中，低电平系统有各种不同的结构，即可以每个腔单独使用一套低电平系统，也可以多个腔合用一套低电平系统。所以，新建或在建的低电平系统基本都采用全数字低电平系统。

6.4.1　低电平控制系统工作原理

数字低电平控制系统是高频系统的大脑和中枢系统，硬件上主要由信号源、射频前端和数字信号处理(DSP)板卡、联锁保护单元等组成，主要实现反馈控制、高频系统设备安全联锁保护及故障诊断等功能。

图 6-15 所示为 HEPS-TF 166.6 MHz 高频低电平控制系统的工作原理总框图，高频低电平激励信号经过射频开关后送入固态功率源放大器(solid state power amplifier，SSPA)进行放大，微波信号而后经同轴馈管，末端经高功率耦合器将高频功率馈入高频腔，从而在腔中建立高频场对通过粒子进行加速。低电平控制系统主要包括腔场幅度相位反馈控制和腔频率调谐反馈控制。幅相反馈控制经过以下方式完成：首先，腔场信号经衰减后下变频至中频信号，然后送入 DSP 板卡；在 DSP 板卡中，经 ADC 采样后，解调出同步正交

(in-phase and quadrature，IQ)信号，IQ信号再经过级联积分梳状滤波(cascaded integrator comb filter，CIC)、矢量旋转、坐标旋转数字算法(coordinate rotation digitol computer，CORDIC)等操作后与IQ设置值做差，与IQ设置值的差值送入比例积分(proportional integral，PI)控制器，将PI输出进行IQ矢量调制后经DAC输出中频激励信号，此信号变频为射频信号后即可作为SSPA的前向激励信号，至此完成幅相控制环路；同理，前向功率和腔场信号送入DSP板卡后经数字鉴相、矢量旋转等处理后，将相位差值分别送入电机和压电陶瓷的PI控制器，然后将PI控制器的输出作为电机驱动逻辑和压电陶瓷驱动机的输入，相应的输出分别控制驱动电机和压电陶瓷来完成对加速腔频率的控制。

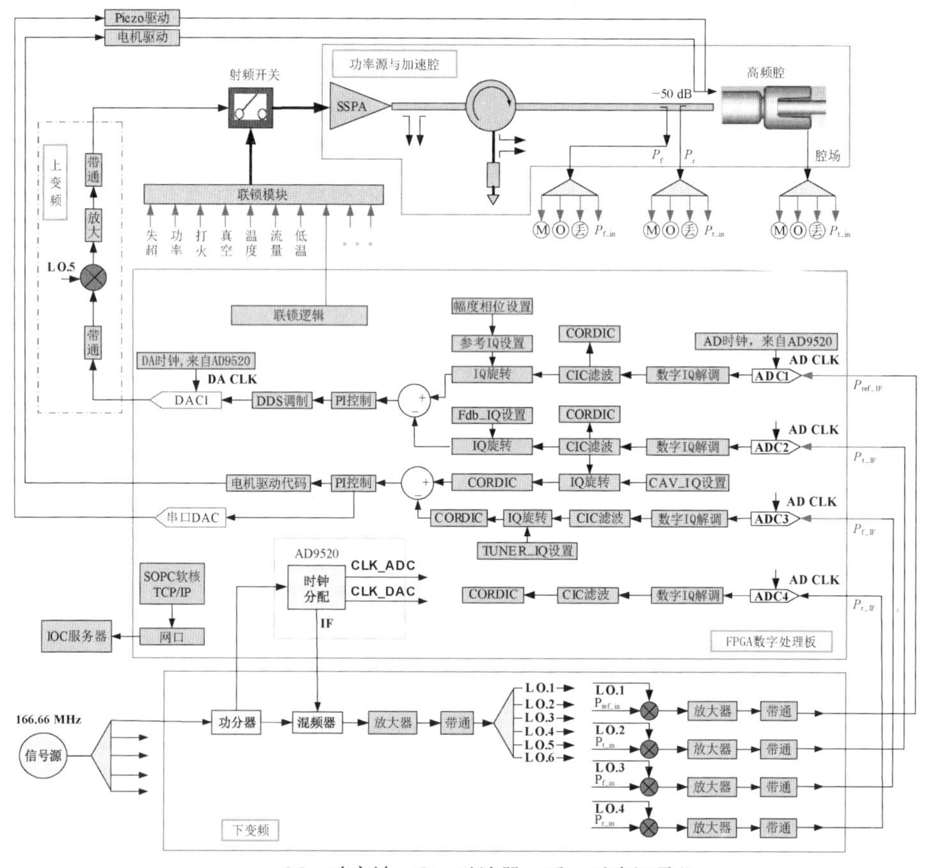

M—功率计；O—示波器；丢—丢束记录仪。

图6-15 HEPS-TF 166.6 MHz高频低电平控制系统的工作原理总框图

6.4.2 低电平反馈控制

低电平反馈控制主要包括高频腔场幅度和相位控制、高频腔频率控制、直接反馈控制等，另外还包括低频噪声抑制反馈控制和为了抑制束流不稳的零模束流反馈控制等，在脉冲机器中还有自适应前馈控制等。

1）高频腔幅度控制环路

保持高频超导腔压的幅度恒定，可使束流得到有效的加速电压。低电平控制系统检测高频腔压信号，与设定的腔压信号比较，通过改变输出激励信号的大小来实现高频腔压幅度控制。

2）高频腔相位控制环路

保持高频超导腔相位锁定，可使束流经过高频腔时得到正确的加速相位。数字低电平控制系统检测高频腔压信号，与标准参考源的相位比较，通过数字移相器来实现激励信号的相位变化。

3）频率自动调谐环路

频率自动调谐环路自动补偿超导腔由于液氦池压力波动、束流负载变化和其他因素引起的腔体频率偏差，保持高频腔处于谐振工作状态。低电平控制系统检测高频腔压与入射波的相位误差信号，误差信号经 PI 控制环路后，驱动步进电机和压电陶瓷控制调谐超导腔的频率，使误差信号趋零。

4）直接反馈控制环路

除了上面这些高频加速场的稳幅、稳相控制环路外，为提高 Robinson 流强限，低电平控制系统将采用直接高频反馈环路，降低束流感受到的阻抗，以保证系统重束流负载条件下的稳定性。

6.4.3 安全联锁保护系统

低电平安全联锁保护系统是对设备及人身安全进行联锁保护，主要监测及保护的信号包括高频功率、高频腔压、超导腔和耦合器真空、耦合器 ARC 信号、设备温度、流量、压力信号等。按照信号变化速率的不同，信号联锁分为快联锁信号和慢联锁信号两种。其中，失超、ARC、电子流、功率保护等信号为快联锁信号，保护信号直接送入联锁模块，而温度、流量、压力等慢信号接入 PLC 进行数据采集监测，然后进行逻辑判断，再送入联锁模块。联锁模块的总输出控制射频开关，保证在高频系统出现故障信号时能够及时切断送入功率源的射频激励信号。

6.5 低温恒温器

低温恒温器是工作在极低温度下的一种高真空绝热容器，顾名思义，低温恒温器的核心任务就是维持其工作温度恒定在某一设定值，使其核心低温区域受环境的影响较小，同时应用多种绝热技术来控制外界热量的传递，使得低温液体能够实现长时间保存。超导加速器领域中的大型低温恒温器作为加速器系统的关键设备，其作用不仅是为超导加速器件提供稳定的低温液氦超导环境，更重要的是将这些器件集成在低温恒温器中，满足各个器件的运行需求，形成一套总体集成设备。大型低温恒温器内的核心部件为超导高频腔和超导磁体，其作用分别为实现带电粒子的速度提升与运行轨道矫正。除此之外，低温恒温器还囊括高功率输入耦合器（input power coupler）、调谐器（tuner）、束流位置监测器（beam position monitor, BPM）等辅助设备，上述设备须在洁净间内组装形成高真空的超导腔串。

大型低温恒温器的设计指标主要包括运行温度、许用热负荷、准直精度、安全性、成本造价、运行寿命、设备尺寸及质量等。运行温度及许用热负荷是设计低温恒温器的基本指标，为了满足设计要求，需考虑材料选择、绝热设计、成本造价、设备复杂性以及整体尺寸要求等，同时还需考虑系统的升级需要和整个低温系统的优化空间。设计低温恒温器时还需要考虑在真空环境或者在降温/复温的冷热往复循环的条件下，低温部件的热应力及位置偏移，其低温位移需满足加速器准直精度要求。安全性要求需要在低温恒温器方案设计初期就有所考虑，若在设计或者建造完成后再去考虑，就会付出较大的时间及费用代价。设备尺寸及质量需要满足整个加速器隧道的布局以及低温恒温器本身的转运要求[18]。

6.5.1 1.3 GHz 超导腔低温恒温器

TESLA（tera-electronvolt superconducting linear accelerator）型低温恒温器的设计概念由德国电子同步加速机构（DESY）在 20 个世纪 90 年代初提出[19]。后来在建的大型加速器装置中采用的 1.3 GHz 超导腔低温恒温器都沿用 TESLA 型低温恒温器的“悬挂式”结构方案，包括欧洲 X 射线自由电子激光装置（European X-ray free electron laser, E-XFEL）、日本国际直线对撞机（international linear collider, ILC）、美国相干光源Ⅱ期（linac coherent light source Ⅱ，LCLS Ⅱ）。

6.5.1.1 E-XFEL 低温恒温器

E-XFEL 低温恒温器是基于 TESLA 测试装置的第三代低温恒温器，每台大型低温恒温器内部安装 8 台 9-cell 超导高频腔和 1 台超导四极磁体，超导腔采用 2 K 超流氦浸泡式冷却，超导磁体采用传导冷却方式。低温恒温器的整体长度为 12.2 m，总质量为 7.8 t，其中包括 2.8 t 的冷质量和 5 t 的真空容器。E-XFEL 低温恒温器采用"悬挂式"结构方案，即冷质量由 3 组低温绝热支撑悬挂吊装，基本结构如图 6-16 所示。

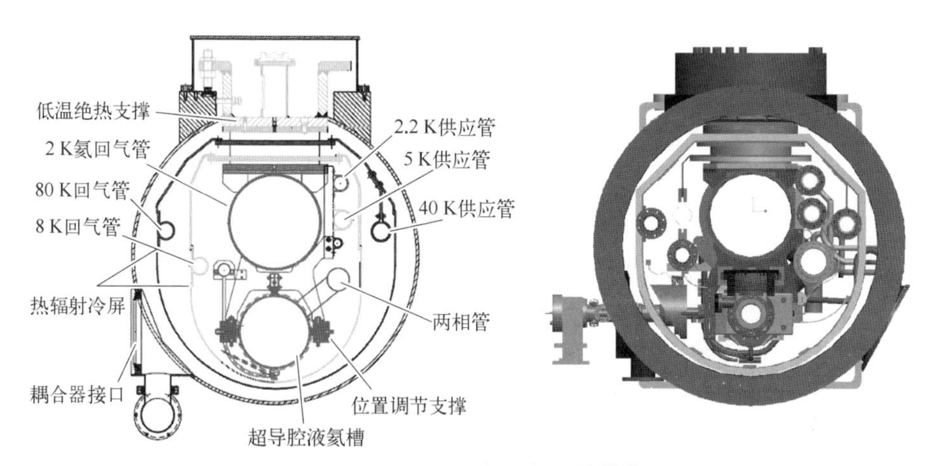

图 6-16 E-XFEL 低温恒温器横截面

E-XFEL 低温恒温器的结构描述如下。直径为 38 in（Φ966/ Φ946 mm）的碳钢材料的真空容器作为外壳，Φ312/Φ300 mm 的氦回气管线（gas return pipe, GRP）作为冷质量的主支撑大梁。同时，还配有 3 个可调节的支撑杆吊装在真空容器的上部，中间为固定支撑，外部支撑杆可沿轴向滑动，在降温过程中，12.2 m 长的氦回气管线两端可向低温恒温器的中心移动约 18 mm。低温恒温器低温管道包括一根 2 K 的单相氦供应管线、一根 2 K 的两相氦管线连接到超导腔的液氦槽、一根 5 K 的供应管线和一根 5 K 回气管线、一根 70 K 回气管线、一根带有毛细管的复温/降温管线。低温恒温器包括结构类似的不同温区的两层氦气冷屏，即 5 K/8 K 冷屏和 40 K/70 K 冷屏。冷屏分为上、下两部分，顶部强度较大的铝制 5 K/8 K、40 K/70 K 冷屏安装在顶部支撑结构上，上、下两部分中间设置"Ω 形"管道，为了进一步降低辐射热负荷，5 K/8 K 冷屏包扎 10 层绝热材料，40 K/70 K 冷屏包扎 30 层绝热材料。此外，8 台 9-cell 超导腔、1 台超导四极磁体以及 1 台束流位置监视器（beam position monitor, BPM)吊装在 GRP 正下方,并可分别进行准直,保证每个超导束线设备的准直精度。同时,每台超导腔与超导磁体通过热膨胀系数较小的铟钢杆来限制束流方向的位移变化,确保超导腔的高功率耦合器的常温端有 2 mm 的调节范围[2]。

地磁场会对超导高频腔的运行产生影响,同时超导高频腔工作的时候会产生很强的磁场辐射,为了防止辐射对超导腔运行和外界环境产生不良影响,低温恒温器里的液氦槽内还需设置磁屏蔽层。一般情况下,超导高频腔的材料为铌材,而液氦槽的材质与超导腔有所不同,在降温或复温过程中,由于两种材料的热膨胀系数不同而产生低温形变差异,导致超导腔体的频率产生偏移。因此,液氦槽的材料通常选择热膨胀系数与铌相近的钛金属,这样在液氦温度下超导腔与液氦槽连接处的低温变形很小,从而可通过调谐器将超导腔频率控制在工作点附近,而不会由于温度受到太大影响。此外,与液氦槽连接的低温供液管道一般为不锈钢材质,而不锈钢与钛的焊接比较困难,所以液氦槽的供液管设置为一段不锈钢与钛材质的双金属接头,起到过渡连接的作用。

由于低温恒温器的优化设计包括机械结构设计与热负荷计算分析,其中,机械结构设计是为了保证低温恒温器的机械性能、安全性与经济性,热负荷计算分析可以保证低温恒温器的运行性能、可靠性和稳定性。根据 E－XFEL 项目的技术设计报告(technical design report, TDR),E－XFEL 低温恒温器的性能指标和样机测量值如表 6－5 所示[19]。

表 6－5　E－XFEL 低温恒温器的性能指标和样机测量值

性能指标		设计指标	样机测量值
超导射频腔加速梯度/(MV/m)		23.6	>29
超导射频腔动态热负荷/W		3.0($Q_0=1\times10^{10}$)	3.0($Q_0=1\times10^{10}$)
低温恒温器静态热负荷(2 K/5 K/40 K)/W		4.2/21.0/112	3.5/13.5/74
准直精度(x/y)/mm	超导腔	x: +0.5/−0.5 y: +0.5/−0.5	x: +0.35/−0.32 y: +0.2/−0.1
	超导磁体/BPM	x: +0.3/−0.3 y: +0.3/−0.3	x: +0.15/−0.05 y: +0.2/−0.05

（续表）

性能指标	设计指标	样机测量值
准直精度 $\|z\|$/mm	<2	<2
耦合器位置精度 $\|z\|$/mm	<2	<2

DESY 研制了 E-XFEL 低温恒温器的样机，并对样机进行了水平测试，分析水平测试得到的不同温区的实验数据，同时计算各个传热部件的静态热负荷，将各温区下热负荷计算数值与实际测量结果进行对比，对比结果如表 6-6 所示[20]。

表 6-6 E-XFEL 低温恒温器的静态热负荷计算值与测量值对比

温区	计算值/W	测量值/W	制冷量预算/W	安全系数	制冷能力/W
2 K	2.1	6	4.8	1.5	125
5 K/8 K	6～12	6～11	13	1.5	20
40 K/80 K	100～120	100～120	83	1.5	125

E-XFEL 低温恒温器的各台超导腔与超导磁体的位置需满足加速器准直要求，加速器设备在低温下的位置精度较为严格，束流线轴向（z 方向）为 ±2 mm，水平方向（x 方向）及垂直方向（y 方向）的位置精度则更高。下面将 E-XFEL 低温恒温器样机中各超导设备的低温位置偏差测量值与准直要求进行对比，对比结果如表 6-7 所示[19]。

表 6-7 E-XFEL 低温恒温器的准直精度对比

项目	精度要求/mm	测量峰值/mm
超导腔水平方向	±0.5	+0.35/−0.27
超导腔垂直方向	±0.5	+0.18/−0.35
超导磁体水平方向	±0.3	+0.20/−0.10
超导磁体垂直方向	±0.3	+0.30/−0.10

6.5.1.2 ILC 低温恒温器

日本正在预研的国际直线对撞机（ILC）项目采用的超流氦低温恒温器是

在 TTF-Type Ⅲ上做了一些调整与改进，主体框架结构与 E-XFEL 低温恒温器类似，不同之处在于 ILC 低温恒温器总长度略有增加，ILC 低温恒温器中的超导四极磁体的位置不同等。ILC 低温恒温器的样机已经完成测试，其静态热负荷的计算值与测量值的对比如表 6-8 所示[20]。

表 6-8 ILC 低温恒温器的静态热负荷计算值与测量值对比

温　区	计算值/W	测量值/W
2 K	6.8	7.2
5 K/8 K	11.3	12.6
40 K/80 K	79.7	83.1

ILC 低温恒温器在谐振及失谐条件下，利用液氦消耗测量方式进行计算分析，获得了超导腔的静态热负荷、动态热负荷以及超导腔的品质因数 Q_0 等。其中，当超导腔加速器梯度 E_{acc} 为 25～38 MeV 时，其品质因数 Q_0 的测量值均在 4×10^9～9×10^9 范围内。超导腔及耦合器的静态和动态热负荷测量值如表 6-9 所示[21]。

表 6-9 ILC 低温恒温器的静态和动态热负荷测量值

项　目	低温恒温器 1		低温恒温器 2	
	谐　振	失　谐	谐　振	失　谐
加速梯度/(MV/m)	20.0	32.0	26.9	32.0
总馈入功率/W	2.7	—	6.9	—
耦合器动态热负荷/W	0.2	0.5	2.5	4.6
超导腔功率/W	2.5	—	4.4	—

说明：低温恒温器 1 和低温恒温器 2 内部都分别包含 4 台超导腔。

E-XFEL 与 ILC 低温恒温器中的超导腔的运行方式均为脉冲(pulse)模式，而 LCLS Ⅱ低温恒温器中的超导腔运行方式为连续波(continuous wave, CW)模式。超导腔的运行模式不同，导致超流氦低温恒温器的结构参数和热力学性能有所区别；虽然低温恒温器的基本结构形式类似，但是超导腔的动态热负荷会有所区别。由于 LCLS Ⅱ低温恒温器还未投入运行，其热力学性能还有待低温实验来验证[16]。三种 TESLA 型超流氦低温恒温器的结构方案对比如图 6-17 所示。

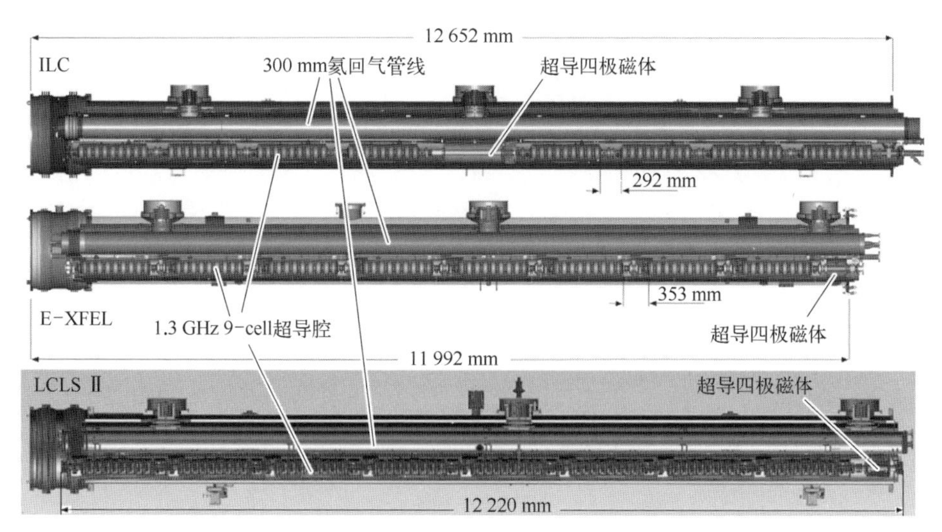

图 6-17　ILC、E-XFEL 与 LCLS Ⅱ低温恒温器方案对比

6.5.2　650 MHz 超导腔加速器低温恒温器

650 MHz 超导腔低温恒温器主要涉及两种类型：其一是美国的质子加速器升级计划Ⅱ期（proton improvement plan Ⅱ，PIP Ⅱ）项目用到的 650 MHz 5-cell 超导腔低温恒温器；其二是中国的环形正负电子对撞机（CEPC）项目用到的 650 MHz 2-cell 超导腔低温恒温器。

6.5.2.1　PIP Ⅱ 650 MHz 5-cell 超导腔低温恒温器

PIP Ⅱ 650 MHz 5-cell 超导腔包括两种类型：① 高 beta（high beta 650 MHz，HB650），beta=0.92；② 低 beta（low beta 650 MHz，LB650），beta=0.61。两种类型超导腔对应的低温恒温器除了内部的超导腔 beta 值以及数量有所差异之外，其结构框架、耦合器、调谐器、低温流程都类似，LB650 低温恒温器的超导腔布局为（cavity-cavity-cavity，C-C-C），HB650 低温恒温器的布局为 C-C-C-C-C-C，两种类型的低温恒温器的基本布局如图 6-18 所示[22]。

PIP Ⅱ HB650 低温恒温器与 LB650 低温恒温器的基本结构形式类似，其低温流程及运行方式相同，但由于高、低 beta 值超导腔的外形尺寸参数以及低温恒温器中超导腔的数量有所不同，这些差异直接影响两种类型低温恒温器的规模，具体参数如表 6-10 所示[21]。

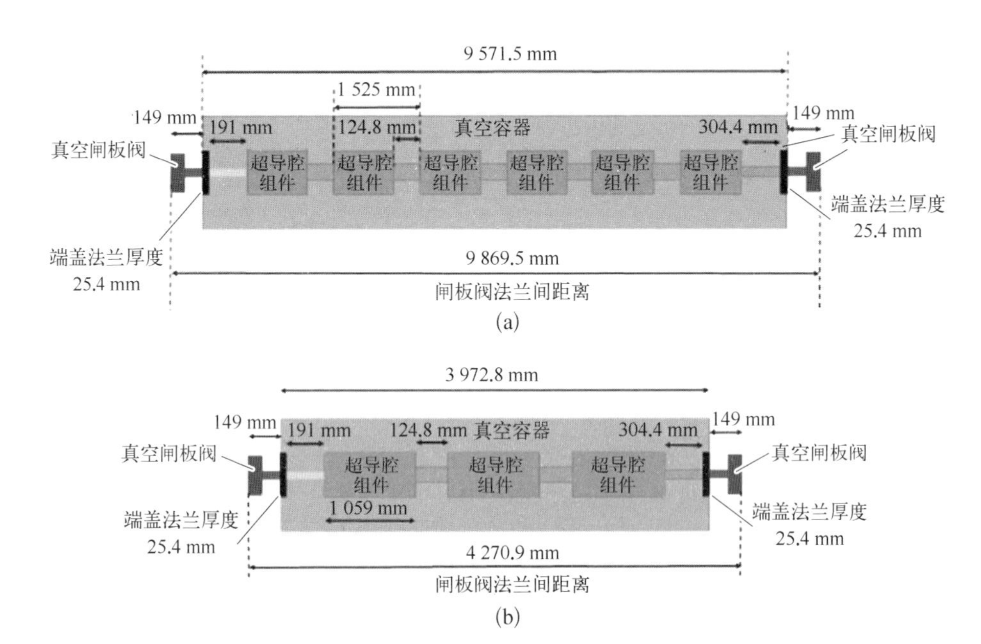

图 6－18　高 beta 与低 beta 低温恒温器的基本布局

(a) 高 beta 值；(b) 低 beta 值

表 6－10　高 beta 与低 beta 低温恒温器的参数指标

项　　目	HB650	LB650
beta 值(几何)	0.92	0.61
单台低温恒温器中超导腔数量	6	3
运行温度/K	2	2
束流孔直径/mm	118	83
总体长度(法兰到法兰)/m	9.57	3.97
束线高度(距离地面)/m	1.3	1.3
总体高度(距离地面)/m	<2.0	<2.0
70 K 温区最大允许热负荷/W	300	100
5 K 温区最大允许热负荷/W	25	15
2 K 温区最大允许热负荷/W	220	100
最大热、冷循环次数	50	50
防辐射冷屏温度/K	45～80	45～80
两级热锚的温度/K	5 K，45～80 K	5 K，45～80 K

（续表）

项　　目	HB650	LB650
2 K 下系统压力稳定性/mbar	约 0.1	约 0.1
环境对内部磁场的贡献/mG	<10	<10
超导腔的横向准直精度/mm(rms)	<0.5	<0.5
超导腔的旋转准直精度/mrad(rms)	≤1	≤1

PIPⅡ 650 MHz 超导腔低温恒温器采用“底部支撑”结构，主要由以下三部分组成：外真空筒体、超导腔串(包括超导腔等)、冷质量(包括低温管道、低温绝热支撑、支撑平台以及辐射冷屏等)。HB650 低温恒温器主要部件如图 6－19 所示。

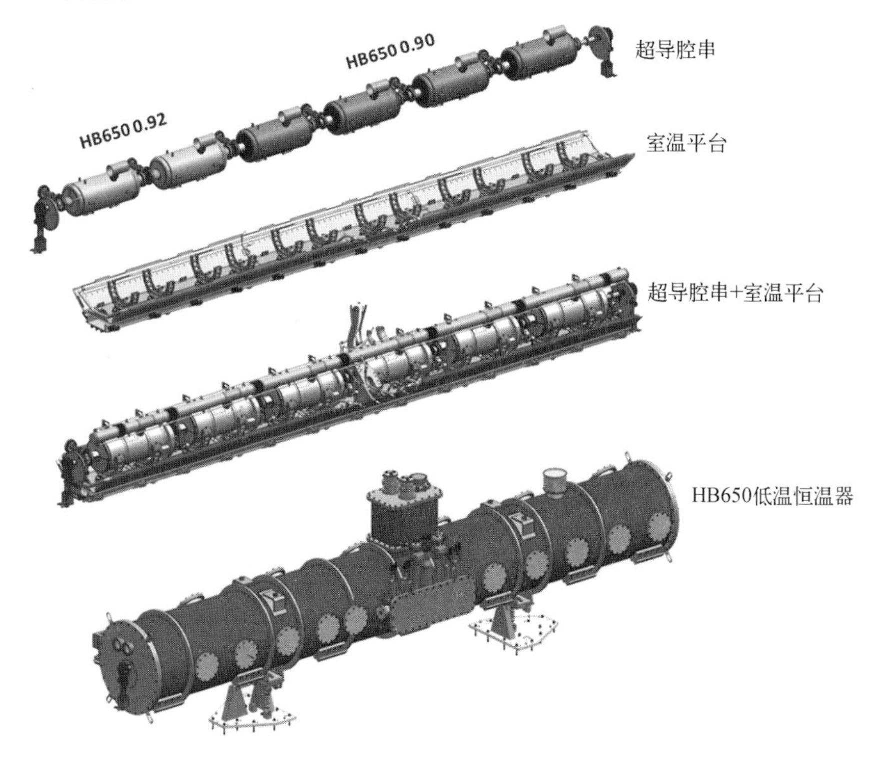

图 6－19　HB650 低温恒温器主要部件

所谓“底部支撑”结构，就是超导腔串以及冷质量支撑在真空筒体的底部，每个带有液氦槽的超导腔通过一个低温绝热支撑固定在室温平台(strongback)上。每台超导腔有 4 套三维调节机构，用于 3 个方向、6 个自由度的微量调节，满足束流设备位置精度要求。低温恒温器中的每台超导腔液氦槽顶部设置两相管来保证液氦的稳定供应，液氦槽底部设置降温/复温管道，并在末端设计为螺旋状毛细管道来保证超导腔平稳的降温与复温。低温恒温器的真空筒体采用动态真空来降低对流换热，其真空度通常小于 1×10^{-4} Pa，采用中间温区的热辐射冷屏与真空多层绝热的方式来降低辐射换热。其中，2 K 和 5 K 两个温区的液氦槽及低温管道包扎 10 层绝热薄膜；45～80 K 温区冷屏与低温管道包扎 30 层绝热材料。为了最大限度减少腔串束流真空的粒子污染，超导腔串是在 10 级的洁净间内完成组装的，并在其两端设置真空闸板阀来建立束流高真空系统，随后，超导腔串作为整体在洁净间外与冷质量及真空筒体进行组装。HB650 低温恒温器内部基本结构如图 6－20 所示[23]。

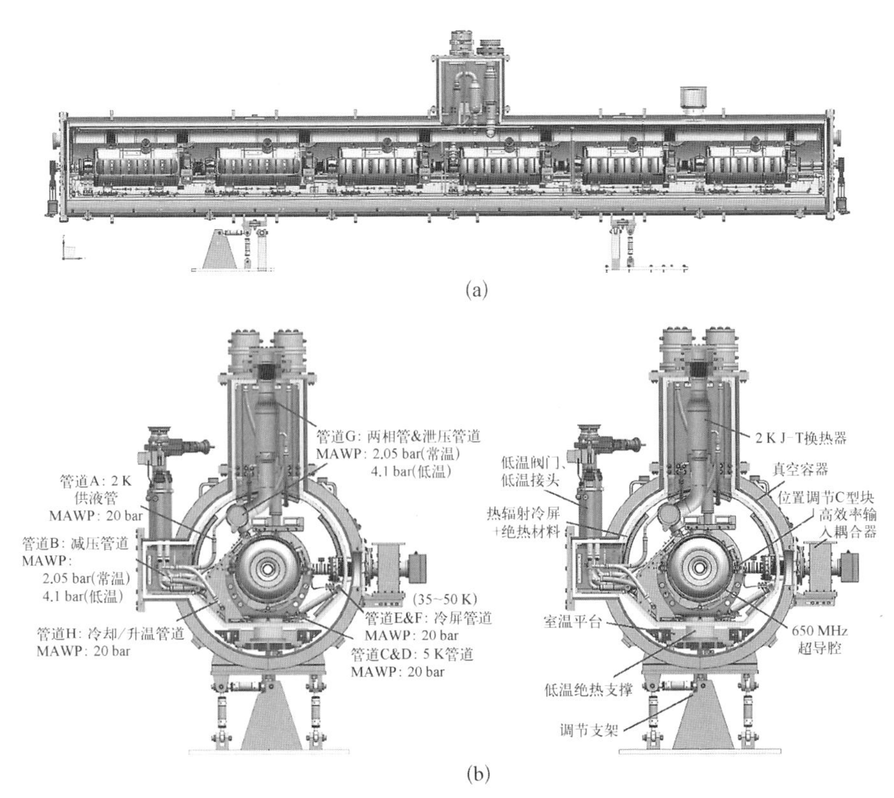

图 6－20　HB650 低温恒温器内部基本结构

(a) 纵截面图；(b) 横截面图

PIP Ⅱ 650 MHz 超导腔低温恒温器的静态热负荷来自与真空筒体连接的部件，即高功率输入耦合器、低温绝热支撑、束流管过渡段、多层绝热材料等。

其中,高功率耦合器、束流管过渡段等部件设置 5 K 及 45～80 K 两级热锚。由于各个部件涉及不同温区,所以静态热负荷要对 2 K、5 K 及 70 K 三个温区分别进行计算。其中,2 K 液氦槽及 45～80 K 辐射冷屏包扎多层绝热材料(multilayer insulation, MLI)的辐射热流密度按照 0.15 W/m^2(2 K)及 1.5 W/m^2(70 K)来进行估算。PIP Ⅱ 650 MHz 超导腔低 beta 及高 beta 两种类型低温恒温器的热负荷值如表 6-11 和表 6-12 所示,压力参数如表 6-13 所示[21]。

表 6-11 LB650 低温恒温器的静态热负荷明细

热负荷来源	每只超导腔/W			数量	每台恒温器/W		
	70 K	5 K	2 K		70 K	5 K	2 K
高功率耦合器	4.4	1.8	0.2	3	13	5	1
低温绝热支撑	0.4	1.8	0	6	2	11	0
多层绝热材料	30.6	0	1.5	1	31	0	1
束流过渡段	0.7	0.1	0	2	1	0	0
总静态热负荷	—	—	—	—	48	16	2

表 6-12 HB650 低温恒温器的静态热负荷明细

热负荷来源	每只超导腔/W			数量	每台恒温器/W		
	70 K	5 K	2 K		70 K	5 K	2 K
高功率耦合器	4.4	1.8	0.2	6	13	5	1
低温绝热支撑	0.4	1.8	0	12	2	11	0
多层绝热材料	53.3	0	2.6	1	53	0	3
束流过渡段	0.7	0.1	0	2	1	0	0
总静态热负荷	—	—	—	—	86	32	4

表 6-13 LB650 和 HB650 低温恒温器管道的压力参数

项　　目	室温设计压力/bar	低温设计压力/bar
2 K 负压通道	2	4
2 K 正压管道	20	20
5 K 管道	20	20

（续表）

项　　目	室温设计压力/bar	低温设计压力/bar
45～80 K 管道	20	20
隔热真空	−1	—
超导腔真空	−2	−4
束流管道（非超导腔部分）	−1	−1

说明：非超导腔部分的束流管道包括 BPM 及束流管过渡段等，工作场合为外侧大气及内侧真空环境，故设计压力为−1 bar。

6.5.2.2　CEPC 650 MHz 2-cell 超导腔低温恒温器

CEPC 项目用到 40 套 650 MHz 超导腔低温恒温器，每套低温恒温器包括 6 台 650 MHz 2-cell 超导腔（$Q_0=2\times10^{10}$），其运行在 2 K 超流氦温区并采用浸泡式冷却方式。为了满足高 Q 超导腔运行需求，引入了“快速降温”及“低磁导率”材料的设计，使 2 K 温区下静态热负荷控制在 5 W 以内。CEPC 650 MHz 2-cell 超导腔低温恒温器采用“底部支撑”形式的结构框架，筒体直径为 1.4 m，长度（端法兰到端法兰）为 8 m，其基本结构如图 6-21 所示[23]。

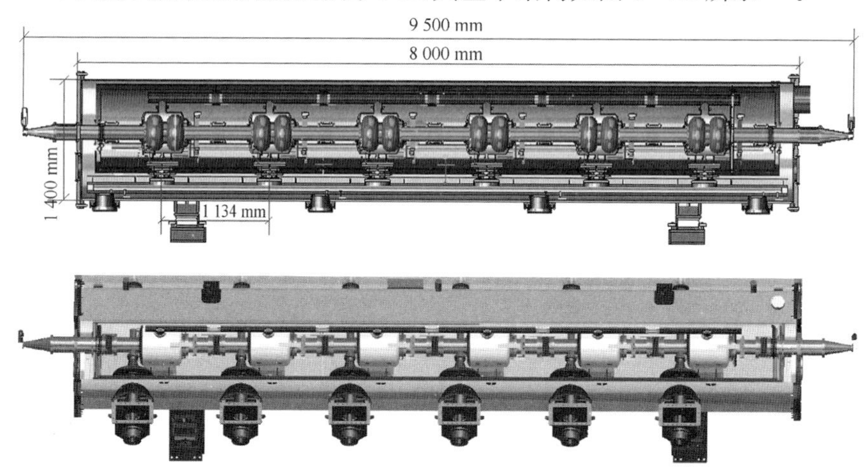

图 6-21　CEPC 650 MHz 超导腔低温恒温器基本结构

低温恒温器的管路通道主要包括冷屏管路与超导腔液氦槽通道，其中，超导腔液氦槽底部设置降温/复温管道，并在末端设计为螺旋状毛细管道来保证超导腔平稳的降温与复温。低温恒温器从室温 300 K 开始缓慢降温至液温区时，当温度降至约 80 K 时，材料大部分冷收缩已经完成，辐射冷屏的温度接近运行温度，此时再提供足够的冷量，开始进入“快速降温”环节。为了利于超导材料的磁通排出，在超导腔的降温过程中，一般在 20～40 K 时开始采用“快速降温”，使其温度快速通过超导材料的临界转变温度(9.2 K)，通常这个过程只需几分钟而已。所谓“快速降温”，就是降温速度达到 2～3 K/min，而超导腔的正常降温速度($\mathrm{d}T/\mathrm{d}t$)一般小于 0.5 K/min。

低温恒温器的 2 K 温区的静态热负荷有两个主要来源：① 5 K 冷屏到 2 K 液氦槽之间的热辐射和冷质量支撑系统的直接热传导；② 高频功率耦合器外管的热传导。在带有射频和波束功率运行时，动态热负荷来自特定组件：超导腔、高频功率耦合器和高阶模式(HOM)耦合器。

CEPC 650 MHz 2-cell 超导腔低温恒温器主要包含以下传热部件：6 套冷质量的低温绝热支撑，其中 G10 管直径为 200 mm；6 只固定耦合的单同轴型输入耦合器，输入耦合器在连续波模式下提供高达 6 kW 的高频功率，外导体由不锈钢制成，表面镀有 10 μm 厚的铜，承载射频电流，两级铜热锚优化温度梯度降低低温端的热负荷；多层绝热材料可降低因不同温度下组件之间的辐射而产生的热负荷，其中残余气体压力低于 1×10^{-3} Pa 时，残余气体中的传导可以忽略。650 MHz 2-cell 超导腔低温恒温器的热负荷如表 6-14 所示[23]。

表 6-14　650 MHz 2-cell 超导腔低温恒温器的热负荷

热负荷来源	数量	静态热负荷/W			动态热负荷/W		
		80 K	5 K	2 K	80 K	5 K	2 K
超导腔	6	—	—	—	—	—	120.00
高功率耦合器	6	36.00	18.00	2.10	60.00	36.00	6.00
HOM 耦合器	12	—	—	—	—	—	6.00
低温绝热支撑	6	44.37	6.81	2.10	—	—	—
测量信号线	—	—	—	0.54	—	—	—
辐射冷屏+MLI	—	32.50	1.28	—	—	—	—
束流管过渡段	—	1.00	0.30	0.20	—	—	—
合　计		113.87	26.49	4.94	60.00	36.00	132.00

CEPC 650 MHz 超导腔测试低温恒温器与正式恒温器的基本结构类似，但是超导腔的数量只有 2 个。测试低温恒温器的直径同样为 1.4 m，长度(两个端盖法兰间的距离)为 3.02 m。测试低温恒温器已经建成并介入加速器系统中，进行低温下的水平测试。测试低温恒温器与配套阀箱的结构如图 6-22 所示。

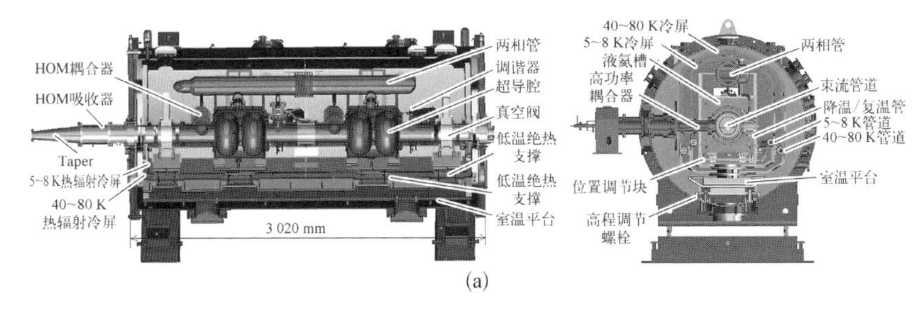

(a)

(b)

图 6-22 650 MHz 超导腔测试低温恒温器及配套阀箱

(a) 截面;(b) 低温恒温器与阀箱接入加速器系统中

参考文献

[1] Belomestnykh S, Shemelin V. High-β cavity design — a tutorial [C]//The 12th International Workshop on RF Superconductivity, New York, USA, 2005.

[2] Kelly M. TEM-class cavity design [C]//Proceeding of SRF 2013, Paris, France, 2013.

[3] Zheng H J, Gao J, Zhai J Y, et al. RF design of 650-MHz 2-cell cavity for CEPC [J]. Nuclear Science Techniques, 2019, 30(10): 155.

[4] Moeller W. High power input couplers for superconducting cavities[C]//Proceeding of SRF 2007, Beijing, China, 2007.

[5] Isidoro E C. Fundamental power couplers for superconducting cavities [C]// Proceeding of SRF 2001, Tsukuba, Japan, 2001.

[6] Belomestnykh S, Padamsee H. Performance of the CESR superconducting RF system and future plans [C]//The 10th Workshop on RF Superconductivity, Tsukuba, Japan, 2001.

[7] Huang T M, Pan W M, Ma Q, et al. High power input coupler development for bepcii 500 MHz superconducting cavity [J]. Nuclear Instruments and Methods in

Physics Research Section A：Accelerators，Spectrometers，Detectors and Associated Equipment，2010，623（3）：895－902.
[8] Belomestnykh S. Review of high power CW couplers for superconducting cavities [C]//Proceeding of Workshop on High-Power Couplers for Superconducting Accelerators，Newport News，USA，2002.
[9] Isidoro E C. State of the art power couplers for superconducting RF cavities[C]//Proceeding of EPAC 2002，Paris ，France，2002.
[10] Padamsee H，Knobloch J. RF Superconductivity for accelerators [M]. New York：Wiley，1998.
[11] Krawczyk F L. Status of multipacting simulation capabilities for SCRF applications [C]//Proceeding of SRF 2001，Tsukuba，Japan，2001.
[12] Delayen J. LLRF control systems tuning system [C]//Proceeding of SRF 2007，Beijing，China，2007.
[13] Neumann A，Anders W，Kugeler O，et al. Analysis and active compensation of microphonics in continuous wave narrow-bandwidth superconducting cavities [J]. Physical Review Special Topics－Accelerators and Beams，2010，13：082001.
[14] Pedersen F. RF cavity feedback [R]. European Organization for Nuclear Research，CERN/PS 92－59(RF)，1992.
[15] David M P. 微波工程基础[M]. 3 版. 张肇仪，周乐柱，吴德明，等，译. 北京：电子工业出版社，2010.
[16] 刘亚萍. BEPCⅡ 500 MHz 铌腔的研制[D]. 北京：中国科学院研究生院，2011.
[17] 米正辉. 超导腔调谐器设计研究[D]. 北京：中国科学院大学，2015.
[18] Weisend－Ⅱ J G. Cryostat design：case studies，principles and engineering [M]. New York：Spring Verlag，2016：1－4.
[19] Altarelli M，Brinkmann R，Chergui M，et al. The European X-ray free-electron laser technical design report [R]. Hamburg：Deutsches Elektronen Synchrotron (DESY)，2007.
[20] Wang X L，Barbanotti S，Eschke J，et al. Thermal performance analysis and measurements of the prototype cryomodules of european XFEL accelerator：part Ⅰ [J]. Nuclear Instruments and Methods in Physics Research A，2014，763：701－710.
[21] Chirs A，Maura B，Barry B，et al. The international linear collider technical design report [R]. Tsukuba：High Energy Accelerator Research Organization (KEK)，2013.
[22] Ball M，Burov A，Chase B，et al. The PIP－Ⅱ conceptual design report[R]. Batavia：Fermi National Accelerator Laboratory，2017.
[23] Han R X，Ge R，Li S P，et al. Design of 650 MHz 2－cell cavity cryomodule for the CEPC accelerator [J]. IOP Conference Series：Material Science and engineering，2019，502：1－5.

第7章
高效率速调管技术

速调管是一种微波振荡器或放大器，它克服了低频电子管中电子振荡和电子渡越时间的限制，利用电子束作为媒介，通过高频谐振腔感应场对电子枪产生的均匀电子束流进行速度调制，并最终转化为密度调制，将电子束的直流功率部分转化为微波功率，从而达到放大微波信号的目的(见图 7-1)。速调管是微波电子技术中应用的重要电子元件之一，能够产生高的峰值和高的平均功率，它主要用作各种微波器件的功率放大器和粒子加速器的微波功率源。随着速调管技术的发展，现代速调管的输出脉冲功率可达百余兆瓦，甚至千兆

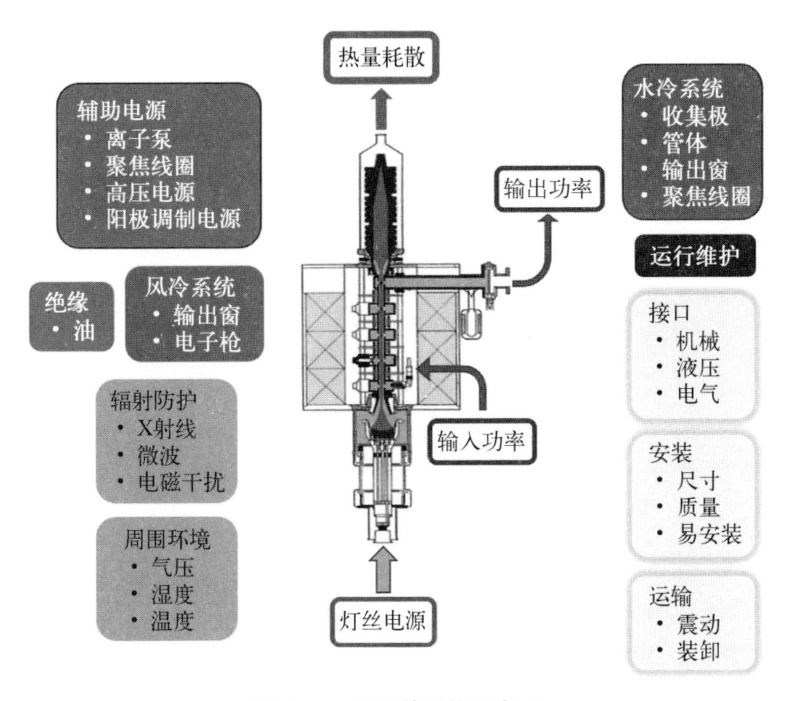

图 7-1　速调管结构示意图

瓦,平均功率也达兆瓦级别。由于速调管工作的稳定性和寿命远远优于其他微波电子管,因此,作为高频率、高功率、高增益和高效率的微波放大器件,速调管在科学研究、国防事业和国民经济领域中得到了广泛应用。

高功率和高效率速调管一直是国内外各大科研机构非常热门的研究领域。在过去的几十年中,高功率速调管技术对科学界更为重要,因此速调管的研究主要集中在高功率,通常把高峰值功率和高平均功率作为研究目标。类似于加速器中的强聚焦原理的出现导致了强流加速器的出现,近几年新提出的高品质束流群聚方法开启了高效率速调管设计的大门。世界上各大科学工程方案,如国际直线对撞机(ILC)、紧凑型直线对撞机(CLIC)、未来环形对撞机(FCC)及环形正负电子对撞机(CEPC)等的提出,使得高效率速调管成为速调管研究领域新的热点,世界各地的科研机构、大学和速调管生产厂家也纷纷参与到这场高效率速调管的研发竞争当中,这使得速调管的工作效率有了一定的提高,其中比较典型的多注速调管最高效率可超过70%。此外,伴随着科学界对速调管物理更加深入的理解,新物理概念的不断提出和超级强大的计算机资源的出现,速调管设计效率达到了90%。

7.1 高效率速调管设计

1) 总体参数

速调管的效率取决于速调管内电子注群聚的好坏,高的基波电流和低的速度离散是获得高效率的基本条件。为了达到好的电子群聚效果,需要降低电子注的空间电荷效应。导流系数是衡量空间电荷效应强弱的重要参数,导流系数越小,空间电荷效应越弱,越容易获得较好的电子注群聚,速调管的效率越高。导流系数的选择还需综合考虑速调管电子枪的耐压、瞬时带宽和漂移管长度等各种因素,在输出功率较高的情况下,可采用多注电子枪降低电子枪工作电压。除了降低导流系数以外,还可以采用新的群聚方法进一步提高速调管的效率。目前提高速调管效率的群聚方法主要包括绝热群聚(Kladistron)[1]、内核振荡(COM)[2]、BAC[3]、高次谐波聚束(如CSM)[4]等,其中高次谐波聚束(主要为二次谐波聚束)和内核振荡(单次内核振荡即长漂移距离)已成功应用于商用连续波速调管,其他方法尚处在实验室研究阶段。与其他群聚方法相比,高次谐波聚束可以将速调管长度做得更短,尤其适用于低频段速调管的设计。谐波群聚就是利用高次谐波叠加来逼近理想群聚中的锯齿波波形，用以改善电子注群聚效果。除了上述通过优化电子群聚效果提高速调管效率以外，还可以采用降压收集极等方法进行能量回收[5]。

CEPC高效速调管首支样管采用低导流系数和高次谐波聚束（采用三次谐波腔）相结合的方法来实现75%以上的设计效率。表7-1给出了650 MHz/800 kW速调管高效率样管的基本设计参数要求。

表7-1 650 MHz/800 kW速调管设计参数

参 数	设 计 值
工作频率/MHz	650
电压/kV	110
电流/A	9.1
导流系数/($\mu A/V^{3/2}$)	0.25
效率/%	≥75
饱和增益/dB	≥40
输出功率/kW	约800
1 dB带宽/MHz	±0.5
布里渊磁场强度/Gs	115.8
缩减等离子波长/m	6.46
谐振腔数目	7
归一化漂移管半径	0.38
归一化电子注半径	0.23
填充因子	0.6

2）高频互作用段

速调管的增益、带宽和效率都取决于高频互作用段的设计。650 MHz/800 kW速调管的互作用段共包含7个谐振腔，其中第3个腔为二次谐波腔，第4个腔为三次谐波腔。近年来，随着计算机技术的飞速发展，已开发出许多模拟速调管波-注相互作用过程的大信号计算软件，使得计算机模拟成为速调管设计的主要手段。AJDISK是由SLAC开发的基于圆盘模型的一维大信号速调管模拟计算软件，其计算速度快，主要用于速调管前期设计的参数优化[6]。KLYC 1D/1.5D是由CERN开发的一款免费的速调管模拟计算软件，基于圆环模型，可采用二维电磁场，但只考虑粒子的纵向运动，可模拟电子束分层效应对速调管效率的影响[7]。EMSYS－KLY 是基于 PIC 算法的 2.5 维速调管模拟计算软件，对谐振腔采用端口近似，可用于聚焦磁场的优化[8]。CST 软件中的粒子工作室的 PIC 求解器是一种自洽的三维多粒子跟踪软件，它可以完整地呈现速调管的实际结构，计算精确度高，但求解时间相对较长，通常用于速调管设计结果的最终验证模拟[9]。

在 AJDISK 中，根据设定的速调管目标参数，通过调整各个谐振腔的参数和谐振腔之间的距离对互作用段的动力学特性进行优化。优化过程中，在确保最大效率的同时应避免出现反射电子，防止速调管出现振荡。经过一维 AJDISK 程序的计算和优化后，650 MHz/800 kW 速调管的饱和输出功率为 856 kW，效率为 85.6%，增益为 49.3 dB。AJDISK 基于圆盘模型，不能考虑谐振腔间隙电场和空间电荷场的径向分布引起的电子注群聚分层效应对速调管效率的影响。

KLYC 1.5D 基于圆环模型，可更精确地模拟波-注相互作用过程。图 7－2 给出了利用 KLYC 1D 对 650 MHz/800 kW 速调管进行计算的结果，速调管饱和输出功率为 843 kW，效率为 84.2%，增益为 49.3 dB。图 7－3 给出了利用 KLYC 1.5D 对 650 MHz/800 kW 速调管进行计算的结果，速调管饱和输出功率为 811 kW，效率为 81%，增益为 49.1 dB。

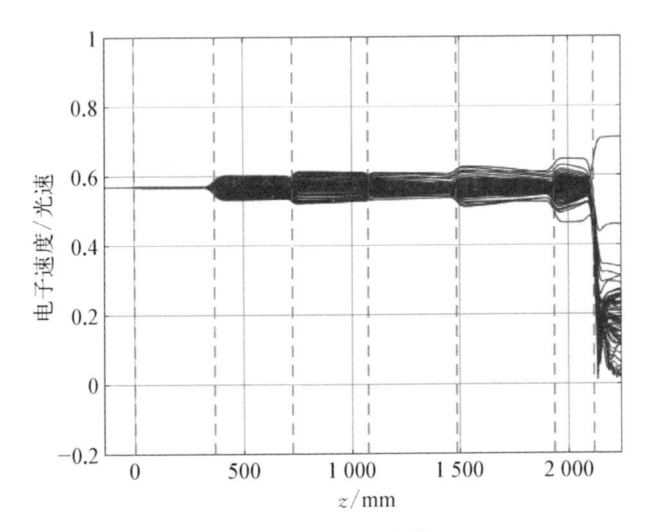

图 7－2　KLYC 1D 计算结果

KLYC 1D/1.5D 只考虑电子注轴向运动，不能考虑外加聚焦磁场对电子注波动和速调管效率的影响。由于电子注进入均匀磁场区时很难满足最佳注入条件，其横向尺寸实际是波动的。EMSYS－KLY 为 2.5 维计算软件，电磁

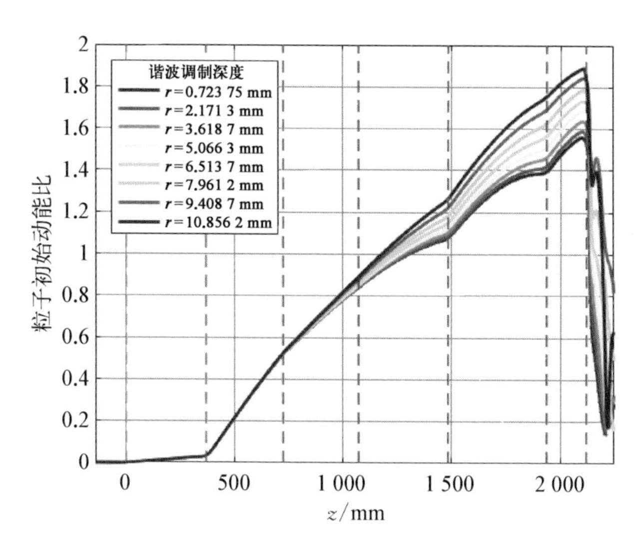

图7-3 KLYC 1.5D计算结果(彩图见附录)

场为轴对称二维场,可考虑电子注三维方向的运动。在该软件中,谐振腔用等效电路参数来表示,腔内电磁场模式可由EMSYS-RF模块导入,因其计算速度快,可用于对速调管聚焦磁场的分布进行优化。图7-4给出了EMSYS-KLY计算得到的某时刻电子轨迹轴向分布。图7-5给出了EMSYS-KLY计算得到的某时刻电子动能轴向分布。在初始束流沿径向均匀分布和1 000 Gs均匀磁场聚焦的情况下,EMSYS-KLY模拟计算得到的650 MHz/800 kW速调管饱和输出功率为812 kW,对应效率约为81.4%,饱和输出增益为49.1 dB。

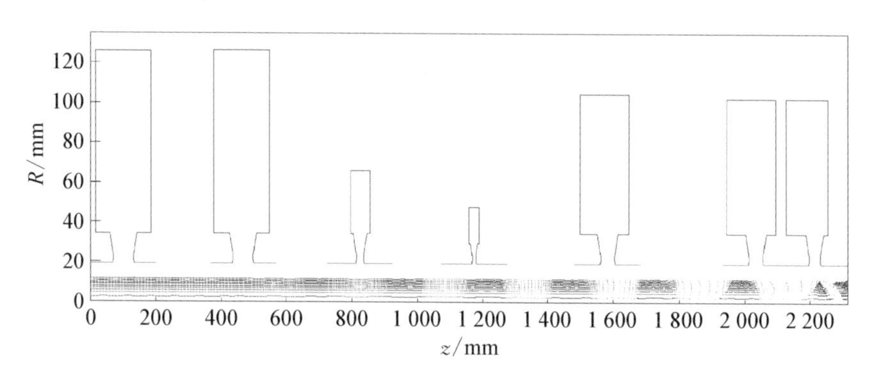

图7-4 EMSYS-KLY程序计算得到的某时刻电子轨迹轴向分布

在2.5维模拟计算软件中,电磁场为轴对称二维场,无法计算耦合器(尤其是输出耦合器)在谐振腔中引起的电磁场非对称性对速调管效率的影响,也不能计算由谐振腔高次模导致的电子注运动过程中的不稳定或振荡现象。

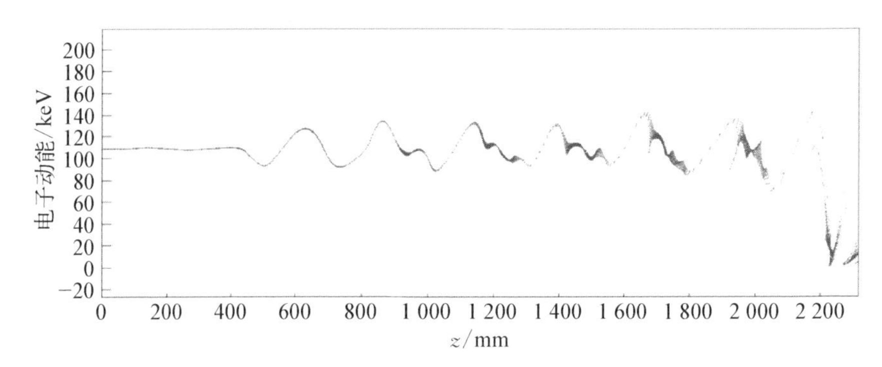

图 7－5　利用 EMSYS－KLY 程序计算得到的某时刻电子动能轴向分布

CST 粒子工作室为三维模拟计算软件，可完全构建速调管的实际模型并对速调管中的注-波相互作用进行完整的模拟，其计算结果更加准确，可用于对速调管的二维模拟计算结果进行复核。

为了研究耦合器非对称性对效率的影响，分别采用旋转对称耦合器和非对称同轴耦合器进行模拟。图 7－6～图 7－9 分别给出了对称耦合器情况下利用 CST 粒子工作室计算得到的速调管时域输出信号波形、时域输出信号波形的频谱、电子注运动轨迹及电子注纵向相空间变化情况。CST 粒子工作室模拟计算得到的 650 MHz/800 kW 速调管饱和输出功率为 819 kW，对应效率为 81.9%，饱和输出增益为 48 dB。

图 7－10～图 7－13 分别给出了非对称耦合器情况下利用 CST 粒子工作室计算得到的速调管时域输出信号波形、时域输出信号波形的频谱、电子注运动轨迹及电子注纵向相空间变化情况。CST 粒子工作室模拟计算得到的速调管饱和输出功率为 782 kW，对应效率为 78.2%，饱和输出增益为 47.8 dB。

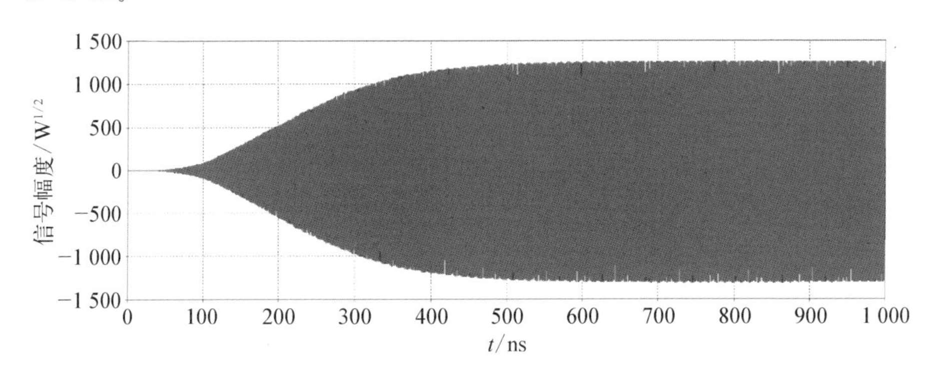

图 7－6　对称耦合器下计算得到的速调管时域输出信号波形

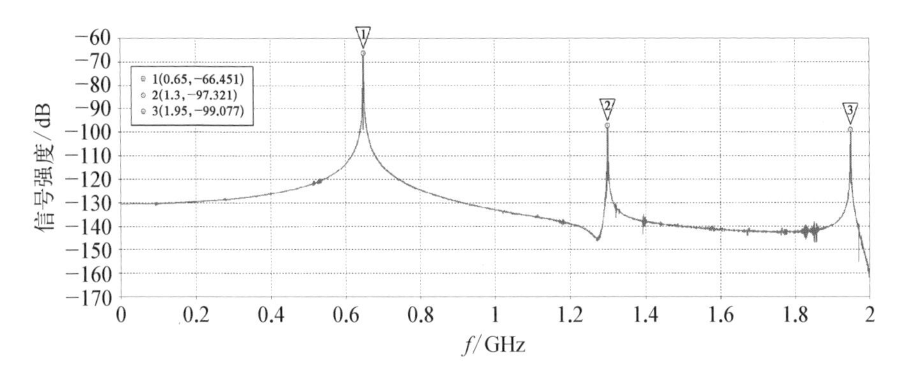

图 7－7　对称耦合器下计算得到的速调管时域输出信号波形的频谱

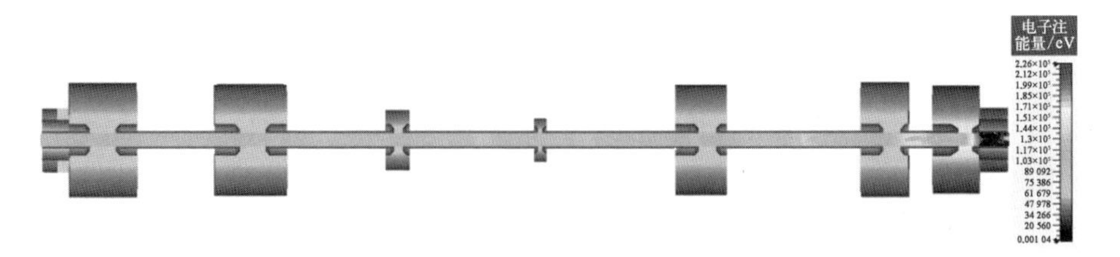

图 7－8　对称耦合器下计算得到的电子注运动轨迹(彩图见附录)

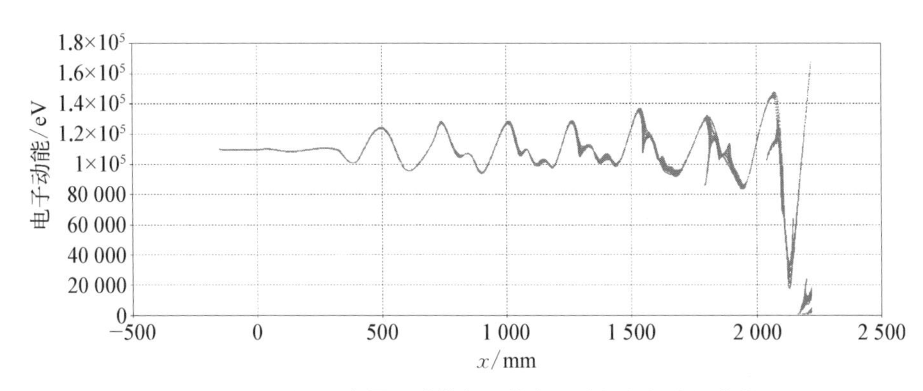

图 7－9　对称耦合器下计算得到的电子注纵向相空间变化

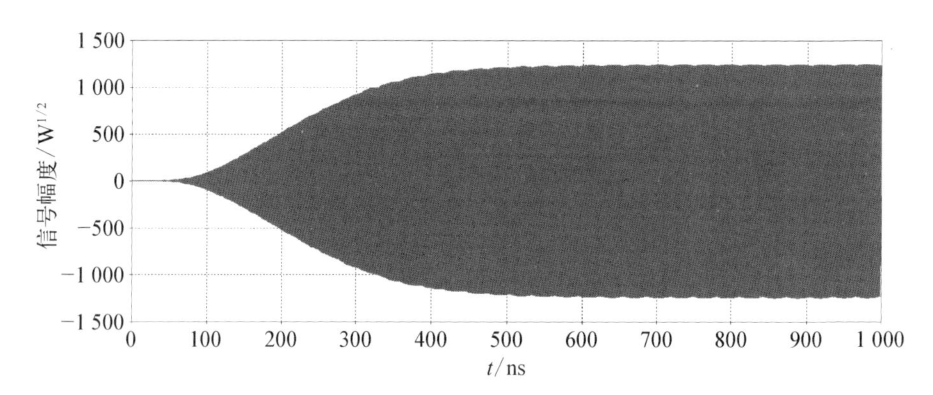

图 7-10 非对称耦合器下计算得到的速调管时域输出信号波形

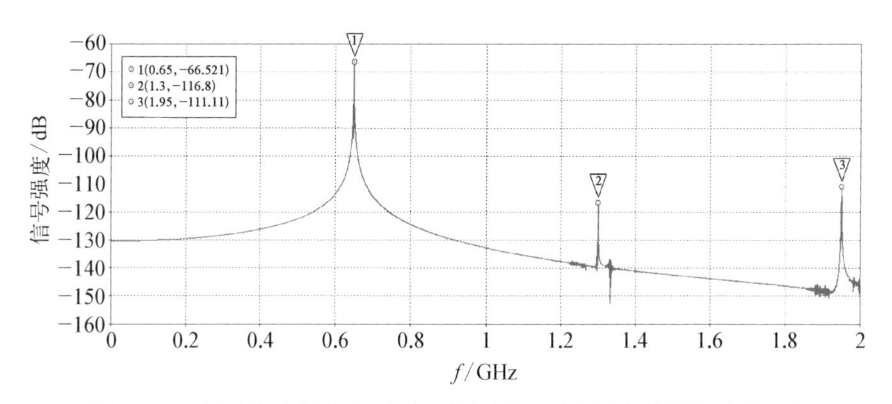

图 7-11 非对称耦合器下计算得到的速调管时域输出信号波形的频谱

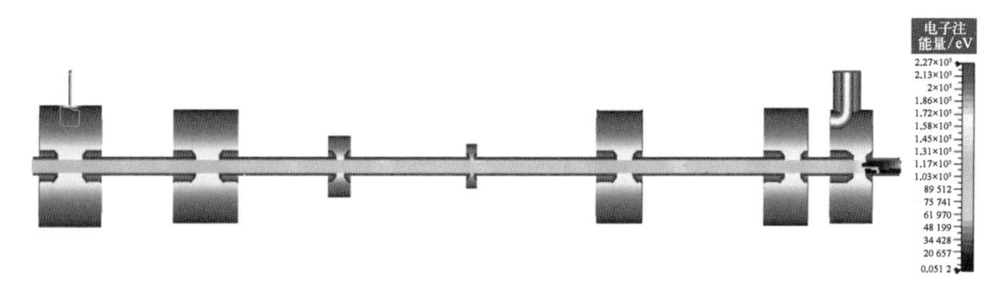

图 7-12 非对称耦合器下计算得到的电子注运动轨迹(彩图见附录)

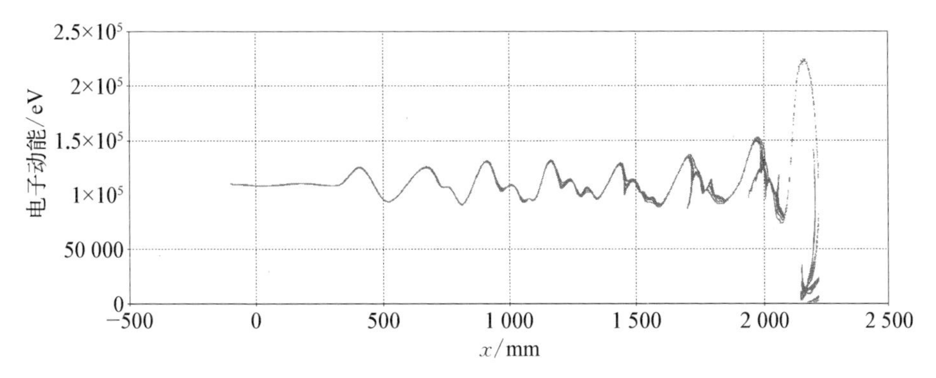

图 7－13　非对称耦合器下计算得到的电子注纵向相空间变化

图 7－14～图 7－16 分别给出了利用 AJDISK、KLYC 1D/1.5D 和 EMSYS 计算得到的速调管转移特性曲线、带宽曲线和效率曲线。1 dB 带宽大于 1.6 MHz。

3）谐振腔微波设计

在 650 MHz/800 kW 速调管高频互作用段中，谐振腔采用圆柱形双重入式腔，工作模式为 TM_{010}。谐振腔鼻锥间隙和漂移管半径由动力学计算决定。谐振腔鼻锥采用刀刃式结构，鼻锥形状和尺寸由特征阻抗、最大表面场强和水冷散热等各种因素共同决定。在确定谐振腔鼻锥的形状和尺寸后，可通过调节谐振腔的半径和高度使谐振腔的特征阻抗最大。优化过程中应使谐振腔中高次模的频率远离谐波频率，以避免电子注在速调管中出现振荡现象。

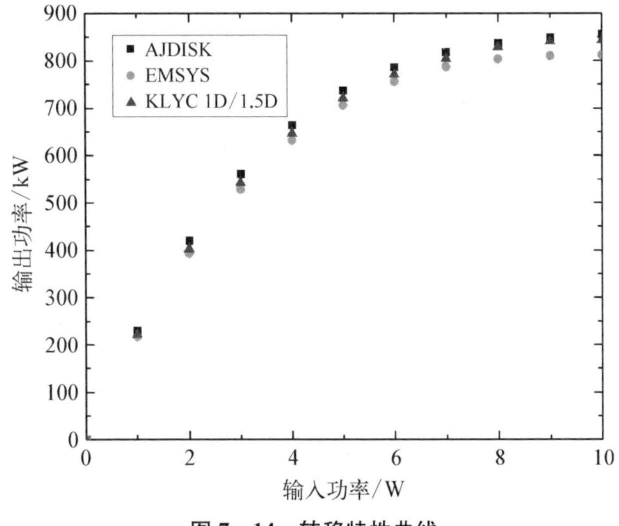

图 7－14　转移特性曲线

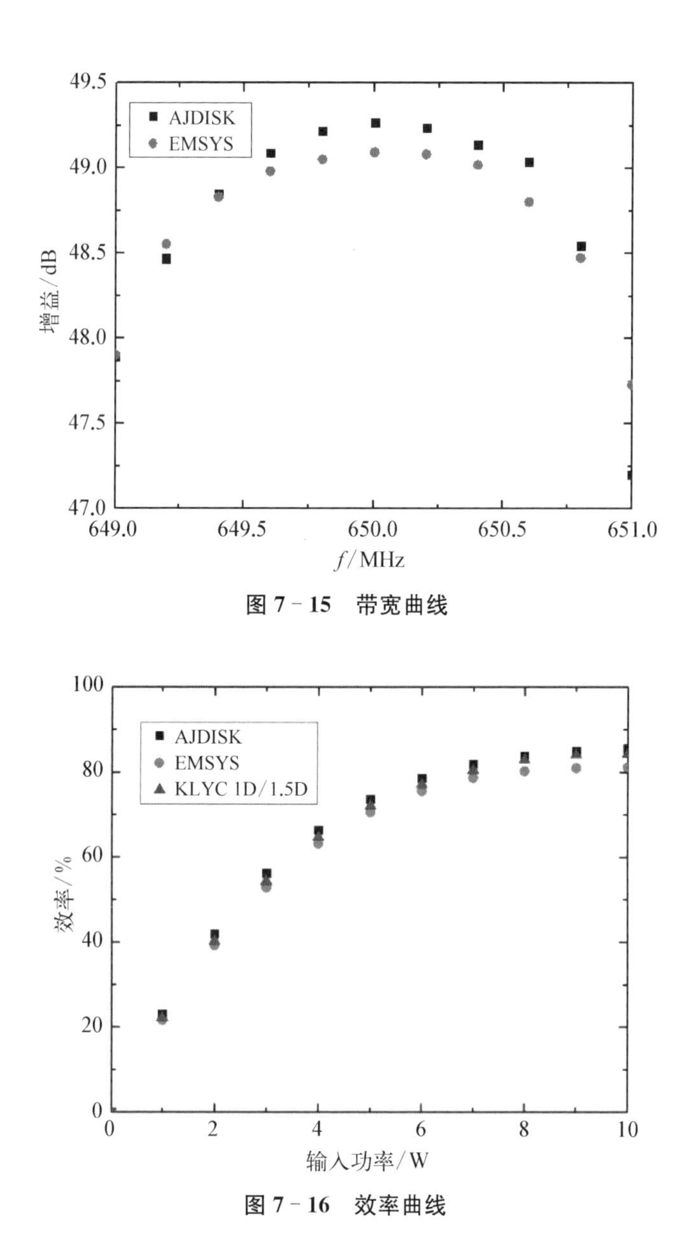

图 7-15　带宽曲线

图 7-16　效率曲线

由理论计算确定圆柱形重入式谐振腔的初始尺寸后，可以使用二维电磁场模拟计算软件对腔体的尺寸和形状进行优化，以获得尽可能高的 R/Q。谐振腔高次模的计算和输入输出耦合器的设计可以利用三维电磁场计算软件完成。图 7-17 和图 7-18 分别给出了 650 MHz/800 kW 速调管输入腔和输出腔的电磁场分布。

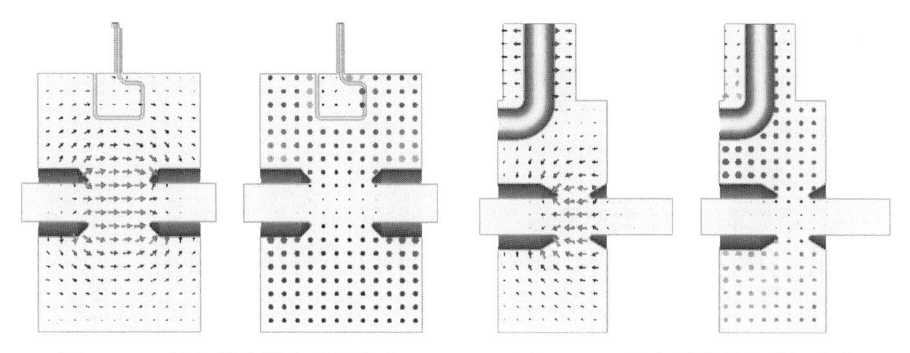

图 7-17　输入腔中的电磁场分布　　　　图 7-18　输出腔中的电磁场分布

4) 多注速调管

速调管的效率和电子注的导流系数紧密相关，电子注导流系数越低，则速调管效率越高，与此同时电子枪高压也越高。对于兆瓦级功率的单个电子注而言，过低的导流系数将导致直流电子枪高压超出目前的技术可以实现的范围。采用多注速调管方案可以在保留低导流系数的前提下，降低电子枪高压。

CEPC 650 MHz/800 kW 多注高效率速调管的单电子注导流系数为 0.2 μP，电子枪高压为 54 kV，电子注数量为 8。使用三维 PIC 仿真软件 CST 进行注-波相互作用模拟计算，初步计算结果显示速调管效率可以超过 80%。图 7-19 给出了多注速调管三维仿真情况。

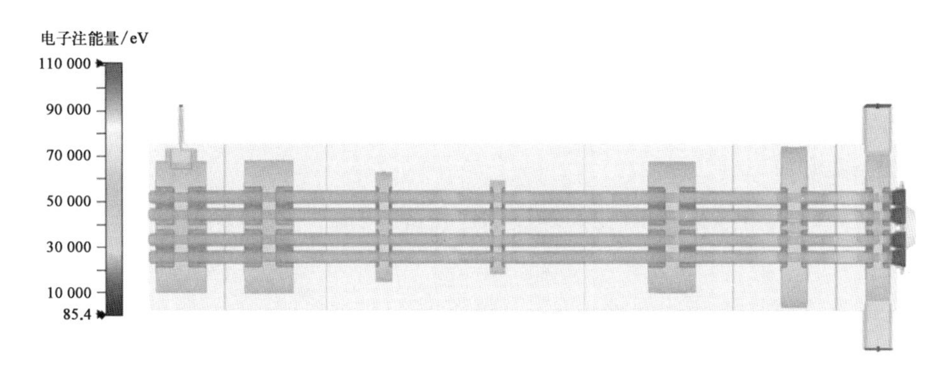

图 7-19　多注速调管三维仿真(彩图见附录)

7.2　高效率速调管工艺

速调管制管主要包括部件加工、钎焊、冷测、阴极处理、总装、焊接、速调管排气以及高功率老练与测试等工艺。高效率速调管制管工艺与常规速调管相似，现对谐振腔冷测、电子枪阴极处理与速调管烘烤排气以及高功率老练与测试等过程进行阐述。

1）谐振腔冷测

微波谐振系统尽管类型繁多，结构各异，但从微波测量的观点来看，可以分为两种：具有一个耦合元件的单口系统和具有两个耦合元件的双口系统。

对于单口系统，通常采用反射法进行测量，即利用扫频法测单口系统的反射参量（S11 模式）；而对于双口系统，则采用通过法进行测量（S12 或 S21 模式）。一般来说，在单个谐振腔加工完成后，对其采用通过法进行测量（利用反射法测量，结果相近）；在谐振腔整体焊接后，由于只有一个端口，对其采用反射法进行复测。

在高频谐振腔加工完成后，利用网络分析仪对其分别进行冷态测试，由于受加工精度的影响，测试值与理论值间有一些差距，需根据谐振腔冷测结果对腔壁进行调谐。通过分析这些谐振腔初始冷测值，根据调谐量与高频参数的关系，对谐振腔进行调谐优化。

谐振腔的冷测、调谐与焊接过程交替进行，首先根据单个谐振腔冷测的结果对其调谐，在调谐基础上再进行冷测，然后进行整管焊接，焊接后再次冷测与调谐，最终给出速调管高频结构的精确参数。

在单个谐振腔加工完成后，结合冷测结果，根据计算结果给出的调谐量，在调谐台上利用专用工具通过调谐孔对谐振腔进行向内挤压和向外拉伸，使谐振腔空间发生变化，从而得到调谐高频参数。由于焊接过程在高温中进行（钎焊），在速调管整管焊接完成后，腔壁可能会发生形变，因此需要对其进行复测和调谐。

另外，由于谐振腔调谐孔的焊接部位较薄，调谐时需要特别注意谐振腔焊接部位，防止出现开裂现象。一般当冷测频率小于理论值时，采用向内挤压调谐孔的方式使其频率达到理论值；当频率大于理论值时，需要向外拉伸调谐孔，为保证谐振腔不脱焊，此时需要特别小心，拉伸限度非常有限。除此之外，还可以采用调整谐振腔鼻锥间距来调整其高频参数，通过调谐杆对谐振腔鼻锥进行调整，使间距加大，从而达到调整谐振频率的目的。

2）电子枪阴极处理与速调管烘烤排气

速调管作为超高真空电子元件，对管内的真空状态有着非常严格的要求（不高于 1×10^{-8} Pa）。将总装封焊好的器件抽真空并对外壳阴极等部件进行适当处理，使之达到一定的工艺和真空要求的过程称为排气。各种长寿命、高可靠器件的排气，不仅要求器件有很高的真空度，而且要求严格控制残余气体的组成成分。

排气是速调管生产中的关键工序之一，排气不良对速调管产生的影响主要体现在：① 残余气体与阴极发生反应，使阴极中毒，损害阴极的发射能力；② 残余气体电离成的大量正离子使空间电荷部分中和，造成电位分布畸变，在速调管运行中会引起出气、打火、二次发射等不良现象；③ 加快管内物质迁移的过程。

一般常以速调管封离时系统真空度的高低来表示排气的水平，其实它只反映当时系统空间气体的压强，而不能反映出内部表面吸附的气体及体内所含的气体。当速调管在工作时，温度升高，这些表面吸附的气体将逐渐释放出，影响速调管的正常工作。因此，排气的目的就是在于获得并长久保持其正常工作的良好真空环境。

由于制造速调管的材料大部分是金属材料（主要是铜），而金属材料通常通过熔炼和铸造得到，在此过程中，空气中的氢、氧、氮和碳的氧化物会不同程度地溶于材料之中。存放材料时，其表面还会吸附大量的气体，主要是水蒸气、氧气、氮气及碳的氧化物等。材料加工过程中的再污染以及其本身的非致密性引起的渗透等因素构成了速调管真空中的主要气源，如果不除掉速调管内以及速调管壁的气体载荷，将会影响整个系统的性能。

用真空泵抽真空时，首先抽走的是容积中的大气（很快完成），然后是金属表面解吸的气体、金属内部向表面扩散出来的气体以及通过金属壁渗透到真空室中的气体。解吸及扩散到表面再解吸的气体的衰减速率非常缓慢，需要的时间很长。一台金属密封的不烘烤的真空系统，要达到超高真空状态（低于 1×10^{-7} Pa）需要大约 108 h。真空系统的烘烤，对获得超高真空状态是不可缺少的方式。一个设计合理的真空系统，如果没有采取烘烤或其他措施，无论选择什么类型的真空泵抽气，只能获得 $1\times10^{-5}\sim1\times10^{-4}$ Pa 数量级的工作压强，极限真空度为 1×10^{-6} Pa，再高的真空度是不可能的。

由于速调管电子枪阴极工作温度较高（约为 1 000℃），因此在对整管进行烘烤排气前，需对电子枪部分尤其是阴极部分进行单独烘烤排气以提高整管烘烤排气时的效率。另外，电子枪阴极在正常工作前也需要进行激活处理。

电子枪阴极烘烤排气过程中，需对阴极进行激活，使之变为良好的电子发射体。阴极处理的工艺是排气的关键，对其性能和寿命影响极大。阴极处理的速度和完善程度取决于温度、时间及系统内气压等因素，其中温度是关键。温度过低将导致阴极发射能力不够，达不到最佳的工作状态；温度过高将导致阴极过分蒸发，寿命下降。

另外，在阴极处理工作开始前需对整个排气系统进行烘烤排气，待系统真空度达到要求后开始对阴极灯丝供电。阴极处理时间的长短取决于系统内的真空状态。在阴极处理完毕后，为避免阴极在大气中暴露过久，应将其迅速安装入速调管内，为下一步的整管烘烤排气工作做准备。

在阴极进行预处理后，将其与速调管的其他部件进行组装与焊接。在一切准备就绪后将速调管安装入排气炉中进行高温烘烤排气。排气炉采用双真空设计（即排气炉内也采用真空设计），加热器放置于真空罩中，采用内热式烘烤，这种设计可以避免高温时速调管表面材料的氧化和变形、烘烤时气体对管壁的渗透和金属材料的腐蚀开裂等情况。

现代真空排气炉采用无油真空排气系统，炉内及管内排气采用罗茨泵（干泵）进行初抽，离子泵辅助冷凝泵复抽，主体为冷凝泵工作（正常情况下，离子泵不工作）。另外，真空排气炉配备有测量控制系统、真空联锁系统以及 RGA（四极质谱仪）系统等，可对排气系统进行远程控制并监控管内真空气体成分变化。为更好地监测炉内温度均匀性，在炉内不同位置安装多个测温点。另外，排气时间的长短由加工的工艺、环境的清洁度和阴极的预处理时间等决定，且加温过程需要缓慢进行，一方面保证系统内出气量的均匀，另一方面也保证管体热平衡充分，出气充分。排气总时间一般为两周。

3）高功率老练与测试

速调管高功率测试台是对速调管进行大功率测试验收及性能测试的重要设备之一。加速器上运行的速调管一般都要先经过测试台高功率测试后，取得相应的数据，再安装在速调管长廊上运行。

测试台主要测试的参数有工作频率、频宽、灯丝电压、灯丝电流、阴极电压（调制阳极）、阴极电流、输出功率、输入激励功率和反射功率等，其他参数如驻波比、增益、导流系数和效率等可从上述基本参数中导出。

高频特性测试系统由高频输入与输出系统两部分组成，测量在外加高频激励条件下，速调管的输出功率、效率和增益等参数随工作频率变化的特性，同时测试速调管的输出频谱、谐波和噪声电平等参数。输入高频系统由信号源、前级固态放大器以及定向耦合器、传输线、功率计等测量仪器组成。输出高频系统由大功率水负载、热电偶、加热器和微波功率计等功率测量仪器与设备组成。

直流高压老练完成后，开始加微波激励的老练，对速调管进行高功率测试。该测试过程与高压老练过程基本一致，从窄脉冲、低重复频率和低电压开始，最终达到宽脉冲、高重复频率和高电压状态。在调整电压时，固定微波激励功率，在达到高压工作状态时，变化激励功率，对速调管的增益值进行测量。

高效率速调管是 CEPC 需要优先解决的关键技术难题，它的成本和效率很大程度上决定了 CEPC 的造价和运行成本。由于其设计和加工制造难度大，且国内没有相关的经验积累，因此高效率速调管的设计将采用“多步走”的战略，逐步实现速调管效率超过 80%的目标。第一阶段是基于现有技术，在国内完成常规效率速调管设计；第二阶段将采用高电压单注设计，有望将速调管效率提高至 75%以上；第三阶段将采用多注速调管技术，有望将速调管效率提高至 80%以上。

参考文献

[1] Marchand C, Mollard A, Peauger F, et al. High-efficiency klystron design for the CLIC project [C]//Proceeding of the CLIC Workshop 2018, Zurich, Switzerland, 2018.

[2] Baikov A Y, Marrelli C, Syratchev I. Toward high power klystrons with RF power conversion efficiencies on the order of 90% [J]. IEEE Transactions on Electron Devices, 2015, 63(10): 3406 - 3412.

[3] Guzilov I A. BAC method of increasing the efficiency in klystrons [C]//Proceeding of the 10th International Vacuum Electron Sources Conference, Saint Petersburg, Russia, 2014.

[4] Hill V C R, Burt G, Constable1 D, et al. Particle-in-cell simulation of a core stabilisation method klystron [C]//Proceeding of IEEE International Vacuum Electronics Conference, London, UK, 2017.

[5] Kemp M A, Jensen A, Neilson J M. A self biasing, pulsed depressed collector [J]. IEEE Transactions on Electron Devices, 2014, 61(60): 1824 - 1829.

[6] Jensen A, Fazio M, Neilson J, et al. Developing sheet beam klystron simulation capability in AJDISK[J]. IEEE Transactions on Electron Devices, 2014, 61(6): 1666 - 1671.

[7] Cai J C, Syratchev I. KLYC 1D/1. 5D manual[R]. Geneva: CERN, 2018.

[8] AET. EMSYS - KLY Manual[R]. Kawasaki: AET Inc., 2000.

[9] Dassault Systemes. CST manual[R]. Stuttgart: Dassault Systemes, 2018.

第 8 章
静电–电磁分离器技术

在大多数单环正负电子对撞机中，为提高对撞流强，以及避免在正负电子注入期间束流之间的束束作用引起束流损失，需要把两束束流在对撞点处分隔开。由于正负电子束携带的电荷符号相反，而且运动方向也相反，所以不能采用磁场来分离，只有采用电场才能实现束流的有效分离，因此国内外的粒子加速器基本上都使用静电分离器来分离束流[1]。

例如在欧洲核子研究中心（CERN）建造的 LEP 中，在正负电子加速过程中，为了在对撞点处将正负电子束分离，设计了一套分离系统[2]。其中包括 32 个 ZL 型静电分离器，其结构如图 8-1(a)所示，用于在 8 个对撞点处产生局部垂直分离凸轨；还包括 8 个安装在偶数对撞点处的 ZX 型静电分离器，其结构如图 8-1(b)所示，用于在圆弧中产生麻花轨道；以及两个用于对撞束水平交叉点校正的 ZXT 型静电分离器。其中 ZL 型静电分离器的电极板间距为

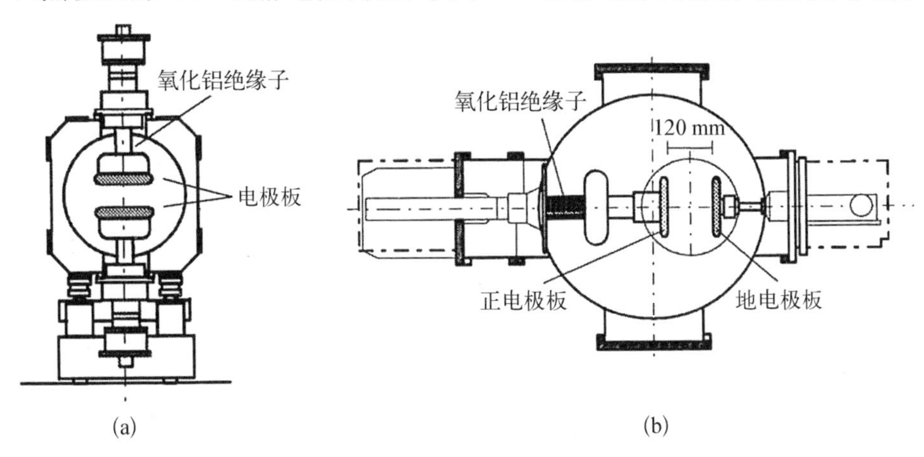

图 8-1　ZL 型及 ZX 型静电分离器

(a) ZL 型；(b) ZX 型

90～160 mm，电极间电压为 130～260 kV，因此产生的电场强度在 0.7～3 MV/m 的范围内。

1994 年，康奈尔大学开始对 CESR 进行升级改造，发现随着对高流强需求的增加，可以通过使用静电分离器增大束流强度，而不需要再额外建造一个储存环。CESR 中的静电分离器包括水平方向和垂直方向的分离[3]。两台垂直静电分离器安装在对称位置，用来进行垂直方向分离，每个静电分离器长 2.7 m，可以提供 1 mrad 的偏转角度。四台水平静电分离器完全相同，由 3 m 长的平行电极板组成，其结构如图 8－2 所示。静电分离器工作时，两个平行的极板分别加上 85 kV 和－85 kV 的电压，电极板中间可以产生 2 MV/m 的场强。由于静电分离器靠近偏转磁铁，此处存在较强的同步辐射作用在静电分离器里，将产生大量光电子，会造成束流损失、高压波动等。因此，在设计中，水平分离器的电极被分成两个部分，只在中间部位通过导体连接到一起，于是同步辐射不会直接作用到电极板上。这样，CESR 中的静电分离器可以在存在较强同步辐射的情况下稳定工作，并且具有较低的束流阻抗。这种新型的静电分离器还具有较低的打火频率。

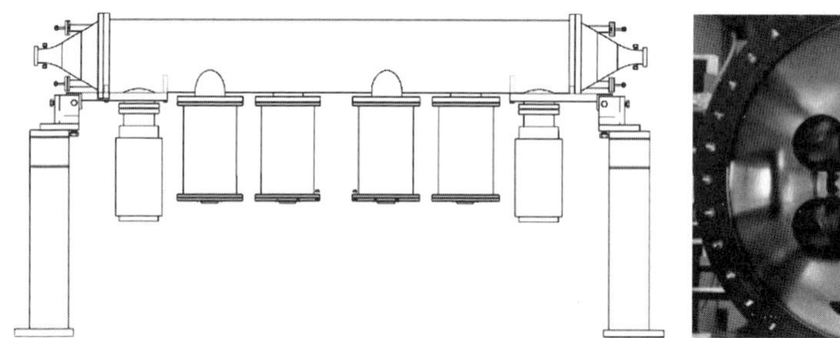

图 8－2　CESR 水平方向静电分离器结构

日本高能加速器研究机构(KEK)在 20 世纪 80 年代建成可转移对撞型储存环加速器(TRISTAN)，在其主环中，正负电子以 8 GeV 能量入射，然后加速到所需要的能量(25～30 GeV)进行对撞[4]。因此在入射和加速时，需要采用静电分离器将正负电子束分开。TRISTAN 的储存环共需要 16 个静电分离器，为此设计了两种不同的静电分离器来进行正负电子束的分离，结构如图 8－3 所示。一种是长 4.6 m 的 L 形静电分离器，另外一种是长 3.2 m 的 S 形静电分离器。静电分离器的电极由两块平行金属板组成，极板间最高工作电压为 240 kV，两个极板的间隙为 80 mm，最大场强可以达到 3 MV/m。

我国建造的第一台大型粒子加速器［北京正负电子对撞机(BEPC)］为单

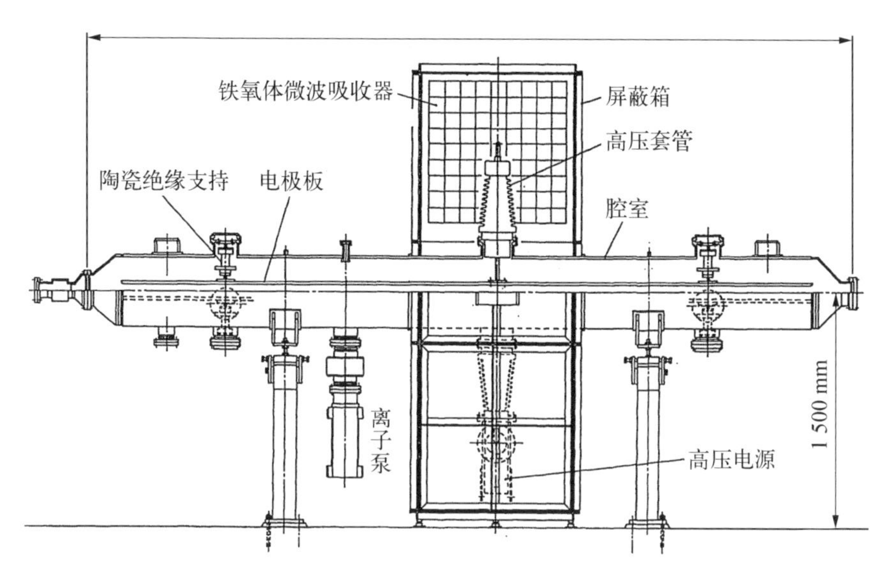

图 8-3 TRISTAN 静电分离器结构

环加速器。在储存环中积累、储存、加速正负电子时,需要将正负电子在对撞点处分离,在参考其他分离设计方案后,BEPC 也采用静电分离方案。BEPC 需要安装四台静电分离器供储存环使用,如图 8-4 所示,静电分离器总长 2.8 m,电极板长度为 2 m,宽 130 mm,极板间距为 60 mm,极板间电压为 ±60 kV,可以产生 2 MV/m 的场强[5]。

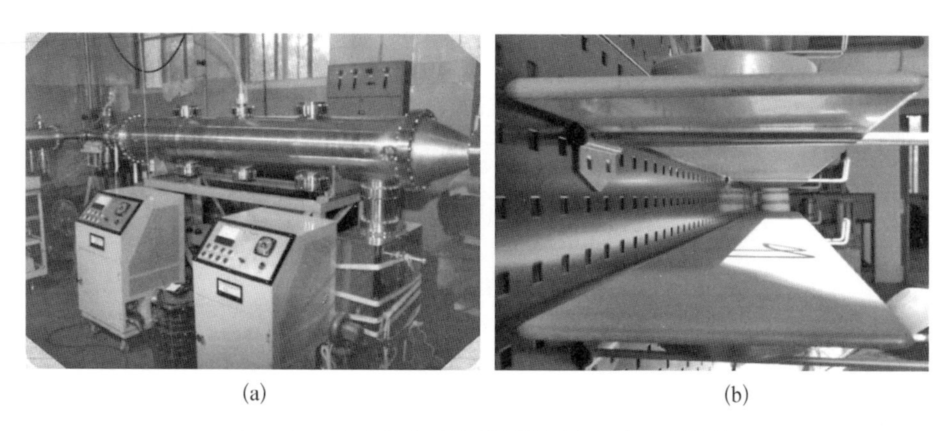

(a) (b)

图 8-4 BEPC 静电分离器测试系统及电极板结构

(a) BEPC 静电分离器测试系统;(b) 电极板结构

可见静电分离器广泛应用于各大加速器上,主要用来在不对撞时将正负电子分离。静电分离器的可靠、稳定运行对加速器非常重要。另外，静电分离器是整个加速器阻抗的重要贡献者，因此静电分离器的设计显得极为关键。表 8-1 所示为国内外各大加速器所用静电分离器参数对比。

表 8-1　国内外各大加速器所用静电分离器参数对比

参　数	TRISTAN	SPS ZX	LEP ZL	CESR	BEPC
极板间距/mm	80	40	100	85	60
场强/(MV/m)	3	5	2.5	2	2
电源电压/kV	±120	0/−200	±125	±85	±60
电极板材料	钛	钛	不锈钢	—	铝
电极尺寸/mm	4 600×150	3 000×160	4 000×260	—	2 000×130

接下来我们以 CEPC 所使用的静电-电磁分离器为例，对静电分离器的设计做进一步介绍。

8.1　静电-电磁分离器

静电-电磁分离器是 CEPC 环形加速器的关键部件之一。在环形对撞机两侧的高频区，高频腔被分成两组，如图 8-5 所示。为了充分发挥高频腔的作用，在 H 模式下运行时，外环的正负电子束流在经过安装在外环的两组高频腔后，分别被安装在高频腔下游的静电-电磁分离器将其偏转到各自的内环；而在 W 和 Z 模式下运行时，正负电子束流经过相应一侧的一组高频腔后，则采用常规磁铁将束流分别偏转到各自的内环，从而减小束腔相互作用。

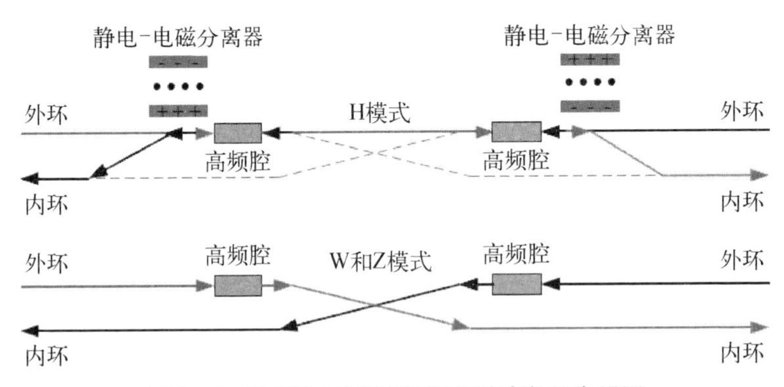

图 8-5　H、W 和 Z 模式下运行的高频区布局图

静电-电磁分离器是由内部产生静电场的静电分离器和外部产生恒定磁场的二极磁铁组合而成的设备。其工作原理是利用电场力与磁场力叠加，实现入射束流轨道不发生偏转，而出射束流轨道向内环偏转。表8-2所示是静电-电磁分离器的电场和磁场参数。一组静电-电磁分离器包含8个独立单元，在CEPC对撞环区总共需要32个单元。

表8-2　静电-电磁分离器的电场和磁场参数

项　　目	场　强	场有效长度/m	好 场 区/mm	场均匀性
静电分离器	2.0 MV/m	4	45 ×11	5×10^{-4}
二极偏转磁铁	66.7 Gs	4	45×11	5×10^{-4}

静电-电磁分离器外部用于产生恒定磁场的二极磁铁采用H形轭铁结构，其磁场设计和加工制造工艺等都比较成熟。而内部产生静电场的静电分离器不仅需要对120 GeV高能正负电子束流进行偏转，还要与外部磁场分布匹配，以减小束流因受力不均产生的同步辐射光能量对下游的超导高频腔的影响，因此我们着重介绍一下静电分离器的设计。

8.2　工作原理

当束流通过静电-电磁分离器时，会受到电场力和磁场力的叠加作用，静电-电磁分离器的工作原理如图8-6所示。

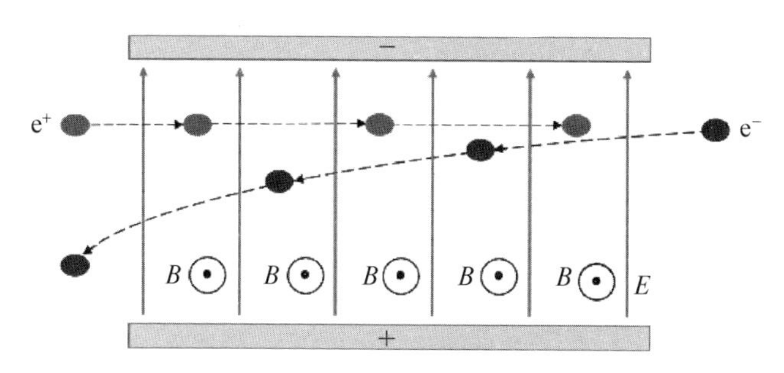

图8-6　静电-电磁分离器工作原理

束流所受电场力和磁场力分别表示为

$$F_E = qE \tag{8-1}$$

$$F_B = qvB \tag{8-2}$$

式中，E 代表静电场场强；B 代表磁感应强度；v 代表粒子速度；q 代表电荷数。

带电粒子所受电场力与电荷性质有关，所以正负电子所受电场力方向相反。由于正负电子通过静电-电磁分离器时运动方向相反，因此受到的磁场力方向相同。对于入射束流来说，所受合力为 $F_i = F_B + F_E$，其中 $F_B = -F_E$，因此入射束流所受合力为零，不发生偏转，直线通过静电-电磁分离器后再通过两组高频腔。对于出射束流来说，所受合力 $F_i = F_B + F_E = 2F_E$，束流将向内侧偏转，从而实现正负电子束分离。

为了使电子所受电场力与磁场力相等，需要 $qvB = qE$，即

$$|B| = \frac{|E|}{|v|} \tag{8-3}$$

根据式(8-3)，当我们设定电场强度为 2 MV/m 时，相应的磁感应强度应该为 66.7 Gs，在这种情况下电子所受电场力与磁场力相等。

8.3 参数计算

静电-电磁分离器的参数根据物理上的要求计算得到。物理上要求静电-电磁分离器只对出射束流进行偏转，因此此时束流受到的电场力与磁场力可以认为相等，我们只需要计算出电场作用的影响，就可以推算出合力对束流的影响。而且我们可以认为粒子的速度无限接近光速，从而可以对静电-电磁分离器的参数进行近似计算。首先，电子通过静电分离器时的偏转距离可以通过下式计算：

$$s = \frac{1}{2}at^2 = \frac{1}{2} \times \frac{e\vec{E}}{m} \times \left(\frac{L}{V_0}\right)^2 = \frac{1}{2} \times \frac{e\vec{E}}{mc^2} \times L^2 \tag{8-4}$$

$$s = \frac{1}{2} \times \frac{e\vec{E}}{E_0} \times L^2 \tag{8-5}$$

式中，a 为加速度；t 为时间；e 为电荷量；$\vec{E}$ 为电场强度；L 为电极板长度；V_0 为电子的初速度。其中，电子的速度 V_0 近似等于光速 c，电子通过静电分离器的时间为

$$t = \frac{L}{V_0} \tag{8-6}$$

因为电子在静电分离器出口处的水平方向速度 $V_\perp$ 为

$$V_{\perp}=at=\frac{e\vec{E}}{m}\times\frac{L}{V_0} \tag{8-7}$$

所以电子在静电分离器出口处偏转角度可以表示为

$$\theta\approx\tan\theta=\frac{V_{\perp}}{V_0}=\frac{e\vec{E}}{m}\times\frac{L}{V_0^2}=\frac{e\vec{E}L}{mV_0^2}=\frac{e\vec{E}}{mc^2}\times L=\frac{e\vec{E}}{E_0}L \tag{8-8}$$

式中，$\vec{E}$ 是电场强度；E_0 是束流能量；L 是静电分离器电极长度。按照 CEPC 的物理设计，我们取电场强度 $\vec{E}=2\ \mathrm{MV/m}$，$L=4\ \mathrm{m}$，$E_0=120\ \mathrm{GeV}$，则偏转角度约为 66 μrad。

静电-电磁偏转器只对出射束流进行偏转，此时束流受到的电场力与磁场力可以认为相等，电场与磁场偏转效果一样，所以整体偏转距离和偏转角度为单纯电场偏转的 2 倍。

8.4　静电分离器主要技术指标

一个静电分离器单元包括电极板、真空腔体、高压绝缘支撑件、高压馈电装置、高压电源和抽真空系统等部件，其主要技术指标列于表 8-3 中。

表 8-3　静电分离器主要技术指标

技术指标名称	数　值
分离器长度/m	4.5
分离器真空腔体内直径 /mm	380
电极板长度 /m	4.0
电极板宽度/mm	180
电极板气隙/mm	75
最大工作场强 E/(MV/m)	2
最大工作电压/kV	±75
最大调试电压/kV	±135
好场区(0.5‰变化)/mm	46×11
正常真空度/Pa	2.7×10^{-8}

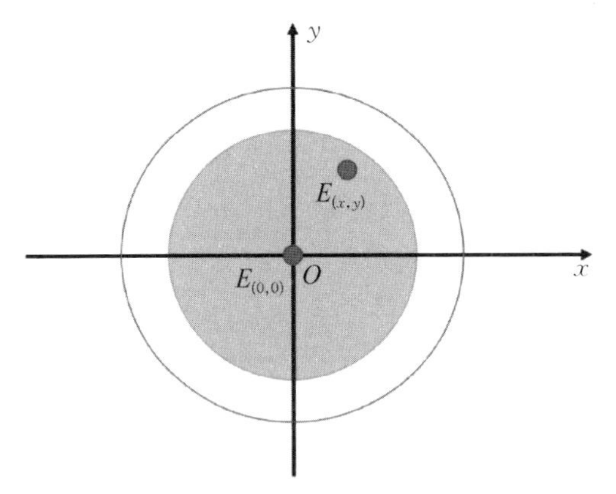

图 8-7 电场均匀性及好场区示意图

8.4.1 电场均匀性

电场均匀性是指静电分离器内部某点的电场强度与中心处电场强度的差值的绝对值除以中心处电场强度的值。如图 8-7 所示，中心处电场强度绝对值为 $E_{(0,0)}$，在静电分离器某点位置的电场强度绝对值为 $E_{(x,y)}$，那么在 (x, y) 处的电场均匀性可以表示为

$$\delta=\frac{E_{(x,y)}-E_{(0,0)}}{E_{(0,0)}} \tag{8-9}$$

好场区是指满足电场均匀性要求的区域范围。例如要求电场均匀性好于 1%，而图 8-7 所示阴影区域满足 $\delta<1\%$，则该阴影区域称为好场区。

好场区的范围是根据束流尺寸、所要求的分离距离、电极板的间距等参数计算得出的，均匀性较高，则对束流品质影响比较小，从而可以在一定程度上提高对撞亮度。下面我们以 CEPC 设计要求为例，介绍一下好场区范围的计算方法。

水平方向好场区：

$$H_{\mathrm{gf}}=2\times\left(18\sigma_x+3+\frac{d}{2}\right) \tag{8-10}$$

垂直方向好场区：

$$V_{\mathrm{gf}}=2\times(22\sigma_y+3) \tag{8-11}$$

式中，H_{gf} 表示水平方向好场区大小；V_{gf} 表示垂直方向好场区大小；d 表示要求的正负电子束流分离的距离；σ_x 代表束团在水平方向上的尺寸；σ_y 代表束团在垂直方向上的尺寸。

在 CEPC 设计中，经过一组静电-电磁分离器之后，要求正负电子束分离距离 d 不小于 20 mm。束流的尺寸 $\sigma_x=0.522$ mm，$\sigma_y=0.106\,318\,182$ mm。因此可以计算出水平方向好场区范围 $H_{\mathrm{gf}}=44.792$ mm，垂直方向好场区范围

$V_{gf} \approx 10.678$ mm。在设计中我们可以取 $H_{gf}=45$ mm，$V_{gf}=11$ mm。因此在 45 mm × 11 mm 范围内，电场、磁场均匀性都好于 500 ppm，并且电场、磁场在轴向上积分的均匀性也需要在这个范围内好于 500 ppm。

8.4.2　真空度

真空系统可以保证加速器的正常运行，束流只有在高真空下，没有气体与其相互作用，才能寿命更长。稳定的束流强度、束流尺寸、位置都离不开好的真空系统，静电分离器作为真空器件，同样需要工作在一个较高真空度的环境下。静电分离真空度需要达到 2.7×10^{-8} Pa。静电分离器主要由电极板、穿墙件、真空腔、绝缘支撑、地电极等组成。在选择材料时应该选择能达到高真空要求的材料，并且在机械设计中，需要考虑焊接等因素的影响。在加工过程中，需要对各器件进行抛光、电化学处理等，最后需要对整个样机进行高温烘烤，使气体排出以达到超高真空。

在粒子加速器中，离子泵被广泛地应用到超高真空系统中。离子泵是把抽出的气体吸附在泵内，并且离子泵可以与真空器件形成一个封闭的系统，并且不需要前级泵等辅助设备，离子泵在低压下有较长的使用寿命。除此之外，离子泵中没有运动部件，没有振荡传递给磁铁，不会对磁场产生影响。目前一些加速器中采用离子泵与其他泵合并使用，可以用来获得对各种气体的最大抽速，可以进一步降低真空系统的压强。

8.5　静电场的设计

在 CEPC 设计要求中，静电分离器静电场均匀性要求需要好于 500 ppm，即 $\delta<0.05\%$，而一般静电分离器均匀性要求在 1%或者 0.1%量级。并且好场区要求在水平方向不小于 45 mm，在垂直方向不小于 11 mm。下面将介绍如何进行静电分离器的电场设计。

8.5.1　电极板形状优化

静电分离器的横截面结构决定了电场均匀性和最大场强。电极板设计方案主要包括平板型电极板、分离式电极板以及弯曲型电极板。通过对几种电极板结构采用 Opera 软件进行仿真，可以观察到每种结构的电场均匀性分布，如图 8-8 所示。

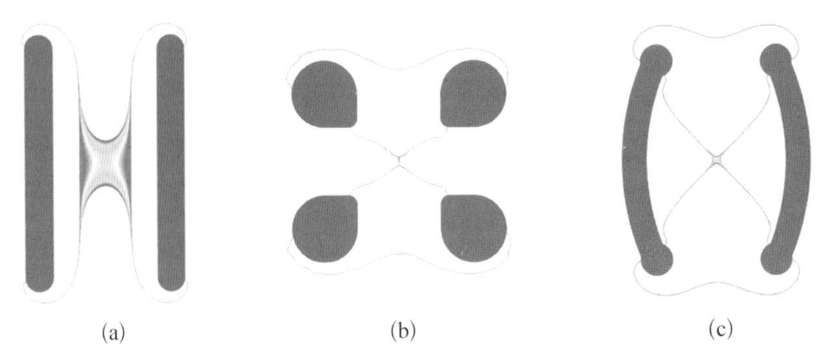

图 8-8　电极板的好场区范围

(a) 平板型电极板；(b) 分离式电极板；(c) 弯曲型电极板

根据模拟结果可以看出，三种不同形状的电极板中，平板型电极板的电场均匀性最好，但是好场区范围仍然不能达到我们的要求。因此，可以考虑改变电极板边缘的形状以进一步提高电场均匀性。在极板边缘处采用“加粗圆弧形”设计可以使电场均匀性有明显的提高。图 8-9 所示为不同边缘半径的平板型电极板的好场区范围(0.05%均匀性)，边缘处半径分别为 11 mm、12 mm 和 13 mm。从图中可以看出边缘处形状对电场均匀性影响较大，边缘处半径改变 1 mm，好场区范围有很大变化。

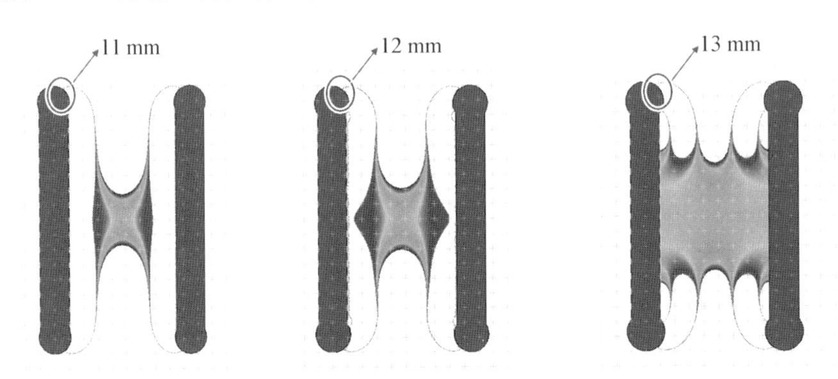

图 8-9　不同边缘半径的平板型电极板的 0.05%好场区范围(彩图见附录)

利用 Opera 软件，不断改变电极板边缘处半径并观察好场区变化，从而可以找出电极板边缘处半径优化的方向。如图 8-10 所示，此时好场区范围水平高度一致，则说明电极边缘处半径处于最佳尺寸，此时的场均匀性较好，好场区范围最大。

同时，我们可以在 Opera 中得到中心处均匀性曲线，如图 8-11 和图

8－12 所示。中心处 x 方向均匀性好于 2×10^{-6}，中心处 y 方向均匀性好于 9×10^{-6}。

根据静电分离器的设计经验，为了减小束流阻抗，需要引入地电极。引入地电极后会对电场均匀性有影响。对于束流阻抗来说，地电极越长，束流阻抗越小；而对于电场来说，地电极越长，电场均匀性越差，因此我们需要将地电极优化到合适尺寸，使好场区范围满足要求并且束流阻抗比较小。

当地电极宽度为 10 mm 时，地电极长度为 110 mm、120 mm 时的好场区范围如图 8－13 所示。在这两种情况下，静电分离器中心处电场均匀性均满足要求。

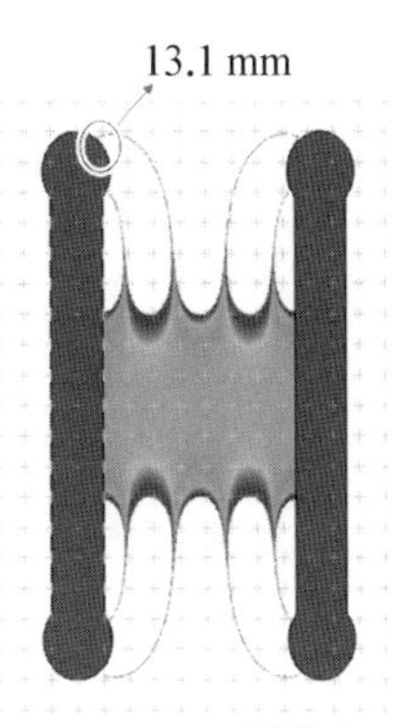

图 8－10　最佳半径时的好场区形状，均匀性为 0.05%(彩图见附录)

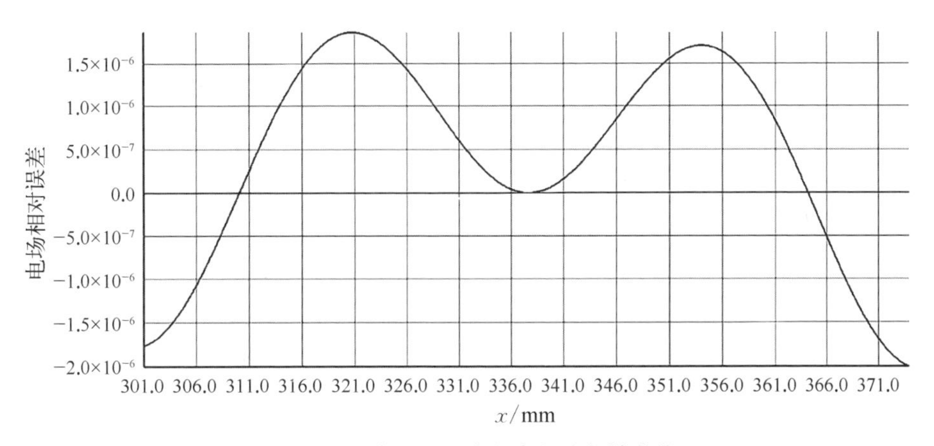

图 8－11　中心处 x 方向电场均匀性曲线

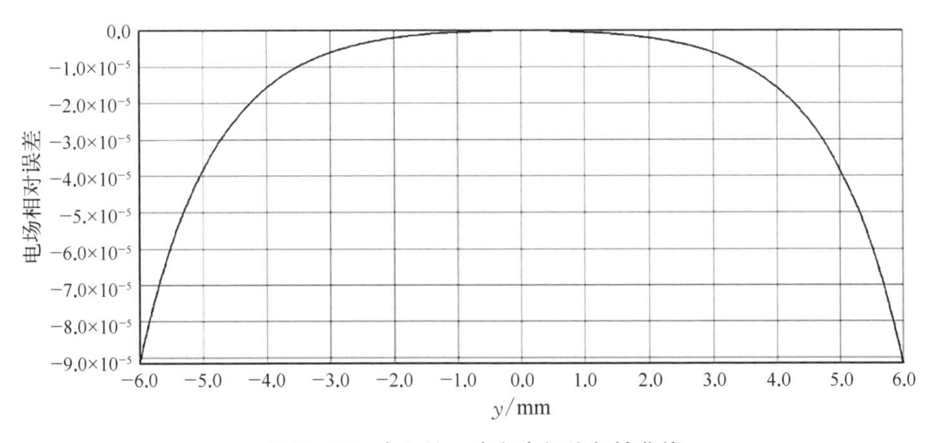

图 8－12　中心处 y 方向电场均匀性曲线

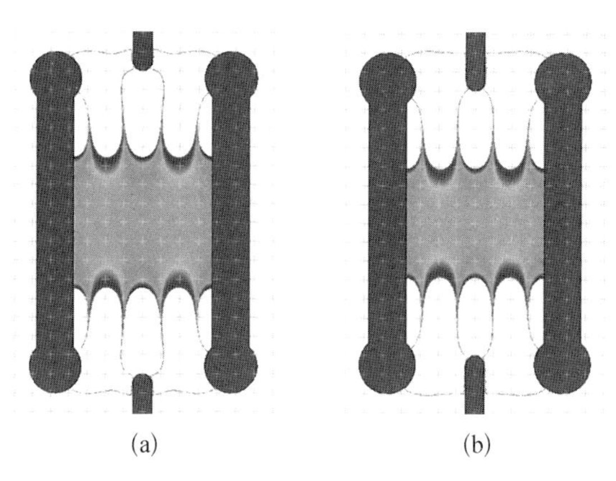

图 8-13 地电极宽度为 10 mm,长度为 110 mm、120 mm 时的好场区范围,均匀性为 0.05%(彩图见附录)

(a) 地电极长度为 110 mm;(b) 地电极长度为 120 mm

8.5.2 静电分离器最大场强

打火是静电分离器中一个非常重要的问题。粒子加速器运行时,打火通常会导致束流丢失。由束流引起打火的一个原因是同步辐射打在电极绝缘体上。由于同步辐射可以在电极上生成大量的光电子流,造成电源负载升高和电极局部加热,严重时会引起打火。在不同的粒子加速器中,通常同步辐射越大,打火频率越高。还有一个引起打火的因素是静电分离器内部局部电场强度较高。为了保证静电分离器的稳定运行,我们需要降低其打火频率,避免发生击穿。减少打火频率的方法主要有以下几种。

(1) 将高压真空馈电引线和电极支撑安装在电极后方,避免被同步辐射光打到。

(2) 在静电分离器上游处设计挡板遮挡同步辐射。

(3) 限制电极边缘和端部的最大场强。

减少打火频率的第一种方法可以在静电分离器机械设计中考虑,第二种办法在加速器器件布局中考虑,我们着重讨论、分析第三种办法。静电分离器两个电极板分别加正、负高压,在电压比较低时,电极板上存在较小的电流,或者为零。随着电压增大,两个电极板场强较大位置会出现火花,随后将发生击穿,由于击穿发生在真空中,因此这种现象称为真空电击穿[6]。在理论上,电场强度需要达到很高才会造成高压击穿。但实际中,高压击穿会受到很多因素的影响。发生击穿时的场强要比理论值小一些。

真空中的击穿过程很复杂，会受到各种因素的影响，例如电极板材料、电极间的距离、真空度、电极温度等。另外，当电极表面不光滑时，粗糙或者突起部位的电场强度将过高，容易引发击穿，因此在制作电极板的过程中，需要对电极板表面进行电化学抛光等处理，使其尽量光滑。在选择材料时，应选择真空性能比较好的材料，并且保持良好的真空度等都有利于降低击穿发生的可能性。完成静电分离器加工后，还需要进行老练使电极板中的气体放出，改善电极板表面状况，这样在后续运行中也可以减少静电分离器打火、击穿频率。

基尔帕特里克准则描述了发生击穿时最大场强与所加电压之间的关系，可用以下关系式来描述：

$$UE^{2}\exp\left(-1.7\times\frac{10^{5}}{E}\right)=1.8\times10^{14} \tag{8-12}$$

式中，U 表示电极板之间的电压，单位为 V；E 表示电极板的表面最大场强，单位为 V/cm。因此根据电极板之间所加高压就可以得出电极板表面所允许的最大临界场强。以 CEPC 所使用的静电分离器为例，其在老练过程中需要达到的最高电压为±135 kV，即 $U=270$ kV，我们可以得出 $E=7.7$ MV/m。因此，静电分离器电极板表面最大场强不能超过 7.7 MV/m，否则容易发生击穿。

最大场强主要与高压、电极板形状、地电极与电极板之间的距离等有关。在这几个方面中，高压和电极板间距是根据场强要求确定的，电极板边缘形状则是由场均匀性确定的，因此我们只需要优化地电极的尺寸来降低最大场强。在模拟中，将地电极边缘及高压电极边缘做成圆弧形，可以减小局部场强。

如前面所述，我们需要将静电分离器中最大场强限制在 7.7 MV/m 以下，为保险起见，我们取了一个整数 7 MV/m 作为优化的目标。我们对前面两种地电极模型进行电场均匀性优化时，还计算了最大场强。地电极宽度为 10 mm 时，两种模型在±135 kV 电压下的电场分布及最大场强如图 8 - 14 所示。当地电极宽度为 10 mm 时，对于地电极长度为 110 mm 的情况，最大场强约为 6.8 MV/m；而对于地电极长度为 120 mm 的情况，最大场强约为 6.98 MV/m。在这两种情况下，电场强度都小于 7 MV/m，能满足最大场强的要求。如果地电极长度继续增加，最大场强则会超过 7 MV/m。

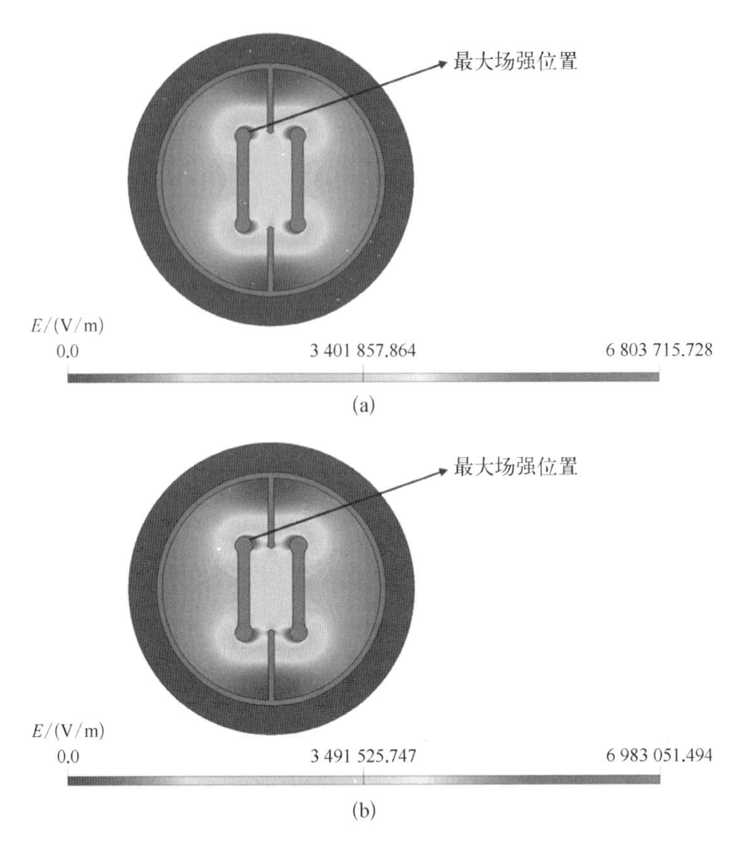

图 8-14 地电极宽度为 10 mm 时,不同地电极长度对应的电场分布及最大场强(彩图见附录)

(a) 地电极长度为 110 mm;(b) 地电极长度为 120 mm

8.6 极板间的静电吸引力

由于静电分离器两个极板分别加正、负高压,电极板存在正、负电荷,并且电极板中间存在电场,所以两个电极板会相互吸引。引力的大小将会影响电极板的支撑。如果吸引力过大,有可能会导致电极板发生形变,影响静电分离器性能。因此我们需要计算出大概的吸引力,可以采用理论的方法来计算。将电极板看成一个电容,电容可以储存能量,这个能量与极板间电压以及电容的大小有关系。若极间电容为 C,极间电压为 U,则极板间储存的能量为

$$W=\frac{1}{2}CU^2 \tag{8-13}$$

当极板间电压维持恒定U时，极板间作用力等于极板间虚位移引起的系统能量的改变，表示为

$$F=\frac{\partial W}{\partial h}=\frac{1}{2}U^2\ \frac{\partial C}{\partial h} \tag{8-14}$$

已知

$$C=\frac{1}{4\pi k}\times\frac{S}{h} \tag{8-15}$$

所以

$$F=-\frac{U^2}{8\pi k}\times\frac{S}{h^2} \tag{8-16}$$

式中，负号表示吸引力；h 表示极板间距；S 表示两电极板正对面积；k 表示静电力常量。

$$\frac{F}{S}=-\frac{1}{8\pi k}\times\left(\frac{U}{h}\right)^2=-\frac{1}{8\pi k}E^2 \tag{8-17}$$

设极板间电压$U=150$ kV，电极板间距$h=75$ mm，电极板表面积约为$S=400\times 18=7\ 200\ (\mathrm{cm}^2)$，可以得出吸引力$F\approx 12.75$ N。这个数值相对较小，可以忽略不计。

8.7　电场与磁场相匹配

在设计静电-电磁分离器时，需要使入射束流受到的合力为零，径直通过。所以需要使电场力与磁场力方向相反，大小相等。同时还要尽量保持每个位置的电场与磁场相匹配，减少束流的左右偏转，从而减小同步辐射。

然而静电分离器内部电场和外部二极磁场分布是存在空间差异的。由于外部二极磁铁的气隙必须包含电极高度和极板到地的安全距离，所以磁场在边缘处的延伸比电场在边缘处的延伸距离要大。在静电分离器的边缘区域，E 与 B 的比值与中间部分的比值不同，这将导致在分离器区域会产生同步辐射光，其能量可能会打到下游的高频腔。束流通过静电-电磁分离器时受到的合力为

$$F_{\mathrm{L}}=q(E+VB) \tag{8-18}$$

式中，q 代表粒子的电荷量；V 代表速度；E 和 B 分别表示电极板之间的电场强度和磁感应强度。对于入射束流来说，我们希望 $F_{L}=0$。

在静电分离器与磁铁未考虑匹配时，电场与磁场在边缘处的归一化分布如图 8-15 所示。从结果可以看出，电场与磁场在静电分离器边缘处相差较大，在这种情况下会产生较强的同步辐射。根据图 8-15 给出的电场、磁场分布参数进行详细计算，计算出入射束流在经过一组静电-电磁分离器后将会产生 3.4 W 的辐射能量。如果这些能量打到同一个高频腔上，将会导致超导高频腔失超，因此物理设计要求电场与磁场在纵向上的积分值相等，并且各点误差小于中心场的 10%，这样产生的同步辐射不会影响到高频腔。

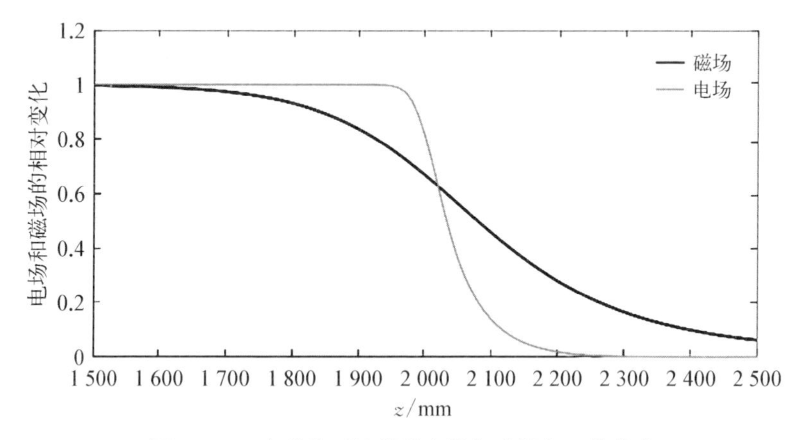

图 8-15　未优化时边缘处电场与磁场归一化分布

为避免同步辐射及入射束流径直通过电磁分离器，需要同时对电场和磁场进行优化。因为若只对其中一种场进行优化，就不能实现很好的匹配。

通过电场与磁场在边缘处的分布，我们可以得出，电场需要在边缘处减缓下降速度，并且下降位置要靠近静电分离器中心，而磁场则需要下降得快一些。对于静电分离器，优化方式主要通过改变电极板的形状，将极板端部向外弯曲，做成一个开口弧形(见图 8-16)，并且需要优化弯曲的长度及弯曲半径。对于磁场，则需要引入镜像板及磁嵌位框，如图 8-17 所示[7]。方法是反复调节端部磁嵌位框的长、宽和厚度等参数及镜像板的尺寸。图 8-17 还给出了铁芯和磁嵌位框上的磁感应强度分布。从中可以看出，端部的磁嵌位框上的磁感应强度相对铁芯更加密集，对降低端部磁通发散以及调节积分场均匀度有着重要的作用。

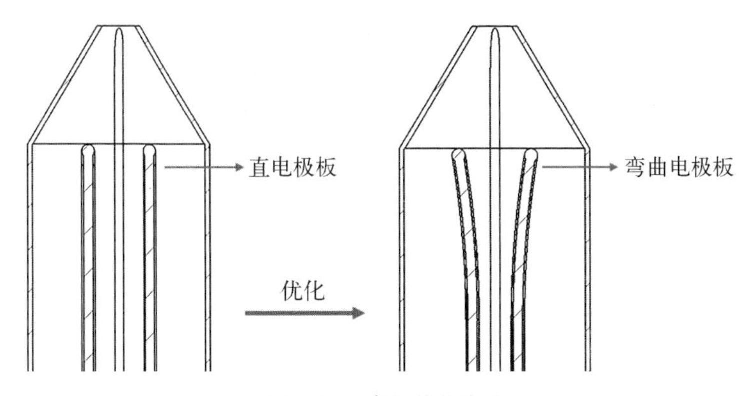

图 8-16 电场优化方法

图 8-17 磁场优化后的磁感应强度分布(彩图见附录)

通过弯曲电极板及引入嵌位框与镜像板之后,电场与磁场的匹配情况如图 8-18 所示。可以看出,优化之后电场与磁场在电磁偏转器端部的变化趋势基本一致,电场与磁场有了很好的匹配。

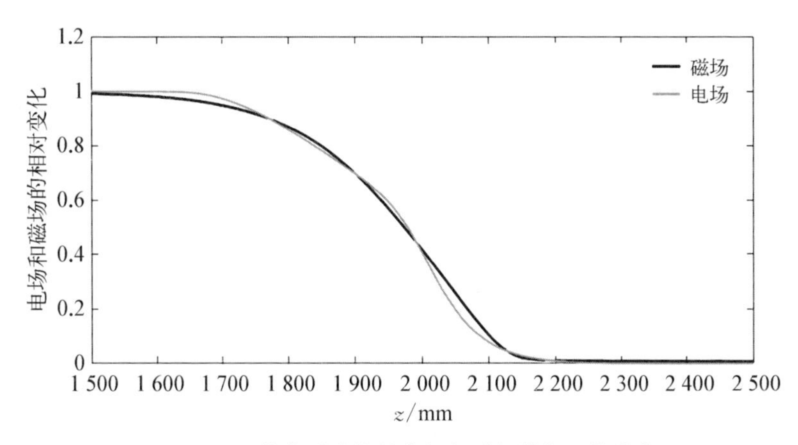

图 8-18 优化后边缘处电场与磁场的归一化分布

8.8 降低静电分离器的束流阻抗

静电分离器是 CEPC 整体束流阻抗的主要贡献者。当束流通过不连续结构时,将产生尾场。尾场的特性与静电分离器的结构有关。产生的尾场会引起纵向多束不稳定性及静电分离器电极与真空腔发热。因此,我们需要使束流阻抗处于一个较低的水平。由于静电分离器模型相对复杂,为了计算出精确的数值,我们在计算机上通过 CST 软件进行模拟计算。

根据束流阻抗的理论知识分析,如果真空腔半径与束流管道差距较大,将导致结构突变,引起较强的尾场,因此我们需要尽量减小真空腔半径,并且对连接部分的形状进行优化。另外,根据 CESR 和 BEPC 的相关设计经验,可以通过引入地电极及真空腔两端锥形过渡来减小束流阻抗[8]。

下面主要列出了三种计算模型。模型 1 含有地电极及高压电极,3D 模型如图 8-19 所示。通过 CST 软件仿真计算,残留在腔中的电磁场基本在 5 GHz 以下,并且可以根据以下计算式直接得到损耗因子:

$$P_{\mathrm{loss}}=kn_{\mathrm{b}}f_{\mathrm{r}}I_{\mathrm{b}}^{2} \tag{8-19}$$

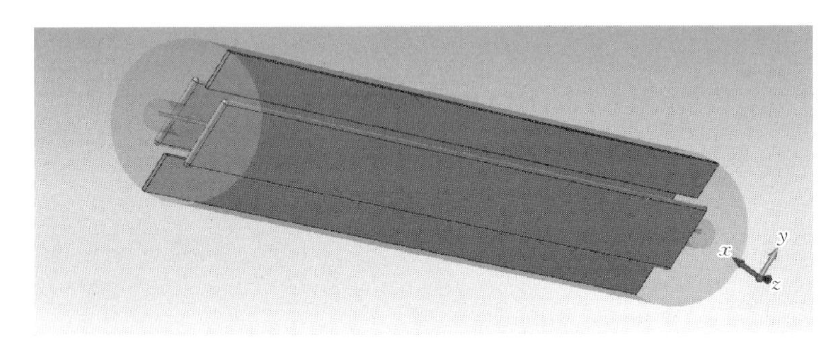

图 8-19 模型 1 仿真结构

计算得出束流的损耗因子为 1.364 136 V/pC。此时静电分离器工作在 H、W 和 Z 模式下的损耗分别为 573 W、2.32 kW 和 8.12 kW。此模型只是加入了地电极,还可以继续优化地电极尺寸来观察束流阻抗的变化。根据束流阻抗理论分析,地电极越宽、越长,束流阻抗越小,同时还需要保证地电极不影响静电分离器的电场均匀性。

在模型 1 的基础上将束流管道与真空腔结合部位改为锥形过渡,其他结构及参数设置保持不变。模型 2 仿真结构如图 8-20 所示，计算出束流的损耗因子为 1.291 932 V/pC，相比模型 1，大约减小了 5%，说明改变束流管道与真空腔连接形式可以有效减小束流阻抗。此时静电分离器工作在 H、W 和 Z 模式下的损耗分别为 542 W、2.19 kW 和 7.63 kW。模型 2 只有局部的锥形过渡，过渡比较小，因此束流阻抗减小不是很明显。我们可以继续优化锥形过渡的结构，包括两端半径及锥形过渡的距离，最终半径增加到真空腔大小，锥形过渡长度取 150 mm。

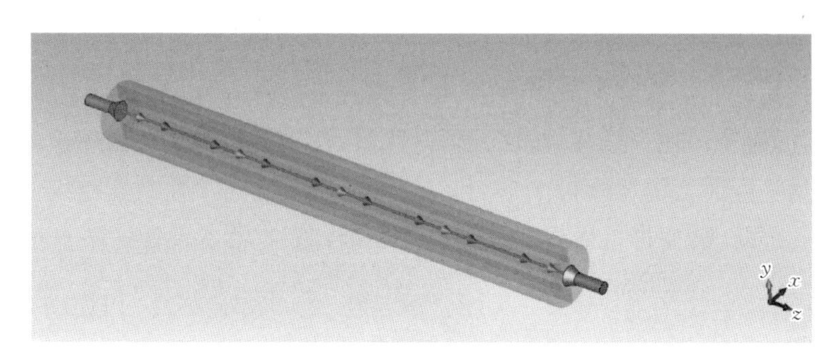

图 8-20 模型 2 仿真结构

我们对锥形过渡及地电极形状做了优化。地电极一直延伸到束流管道的位置，锥形过渡比模型 2 更大一些，具体结构如图 8-21 所示(模型 3)。此时电极板宽 180 mm，间距为 75 mm，真空腔为 190 mm。地电极选择了宽 20 mm、长 100 mm 的尺寸。

根据模拟结果，尾场阻抗依然分布在 5 GHz 以下，束流的损耗因子为 1.170 499 V/pC，此时的束流阻抗在这几种模型中最小。此时静电分离器工作在 H、W 和 Z 模式下的损耗分别为 495 W、1.98 kW 和 6.91 kW。

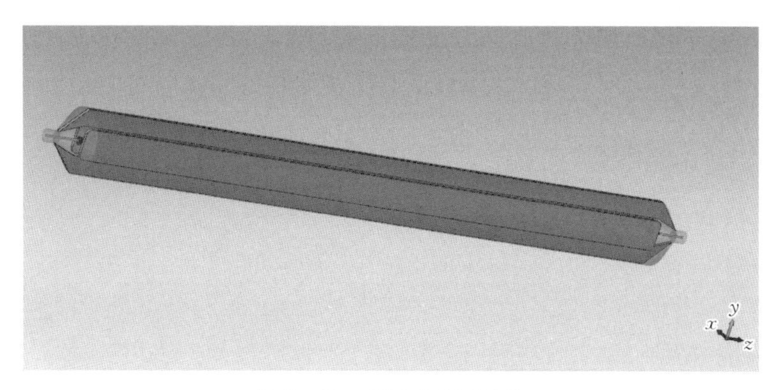

图 8-21 模型 3 仿真结构

根据之前的仿真结果分析，我们列出了几种模型的损耗因子对比，如表8－4所示。

表8－4　不同模型损耗因子对比

模　　型	损耗因子 K/(V/pC)
模型1，无锥形过渡加地电极	1.364
模型2，锥形过渡无地电极	1.292
模型3，锥形过渡加地电极	1.170

从优化后的仿真结果可以看出，在Z模式下运行，静电分离器上将有大约6.9 kW的能量损耗。这些能量大部分将消耗在电极板和真空腔壁上，由此产生的热量一方面会引发极板变形，另一方面会造成放气，影响真空度，导致容易打火。因此，需要进行极板的冷却设计和耦合吸收器的设计。

参考文献

[1] 朱建斌. CEPC静电分离器的研制[D]. 北京：中国科学院高能物理研究院，2021.

[2] Goddard B J. Research and development to reduce beam-induced separator sparking for LEP2 by improvement of dielectric insulators[R]. Geneva: CERN, 1994.

[3] Welch J J, Codner G W, Lou W. Commissioning and performance of low impedance electrostatic separators for high luminosity at CESR[C]// Proceedings of the 1999 Particle Accelerator Conference, New York, USA, 1999.

[4] Shintake T, Suetsugu Y, Mori K. Design and construction of electrostatic separators for TRISTAN main ring[R]. Tsukuba: National Laboratory for High Energy Physics, 1989.

[5] 周纪康. BEPC静电分离器设计报告[R]. 北京：中国科学院高能物理研究所，1985.

[6] 杨晶，路小军. 真空间隙的电击穿分析[J]. 电气开关，2012(6)：91－93.

[7] Bødker F, Kristensen J P, Hauge N, et al. Magnets and wien filters for SECAR [C]// Proceedings of IPAC 2017, Copenhagen, Denmark, 2017.

[8] Welch J J, Xu Z X. Low loss parameter for new CESR electrostatic separators[C]// Particle Accelerator Conference, San Francisco, USA, 1991.

第9章
注入引出技术

未来的高能粒子加速器，无论是粒子对撞机还是同步辐射光源，都朝着更高能量和更高亮度的方向发展。

首先，高能粒子加速器往往是一个庞大的机器，包括未来的高能对撞机如FCC-ee(FCC-hh)、CEPC(SPPC)、ILC和CLIC等，以及正在建设的高能同步辐射光源如APS-U、HEPS等。这些机器大多是由多个加速器从低能到高能串联起来工作的，这就少不了注入引出系统，例如CEPC就包含直线加速器、阻尼环、增强器、对撞环、废束站等，如图9-1所示。注入引出系统是衔接各级加速器的枢纽，发挥着至关重要的作用，它不仅能控制束流轨道，还能实现束流分配和灵活的束团填充模式，更重要的是还能起到束流累积的作用。高效率、高质量是注入引出系统最基本的要求，这里包括最小的束流损失、最小的束流发射度稀释。构成注入引出系统的硬件主要有切割器(septa)、冲击器(kicker)和脉冲电源等，在具体机器的不同环节，这些特种电磁设备的技术

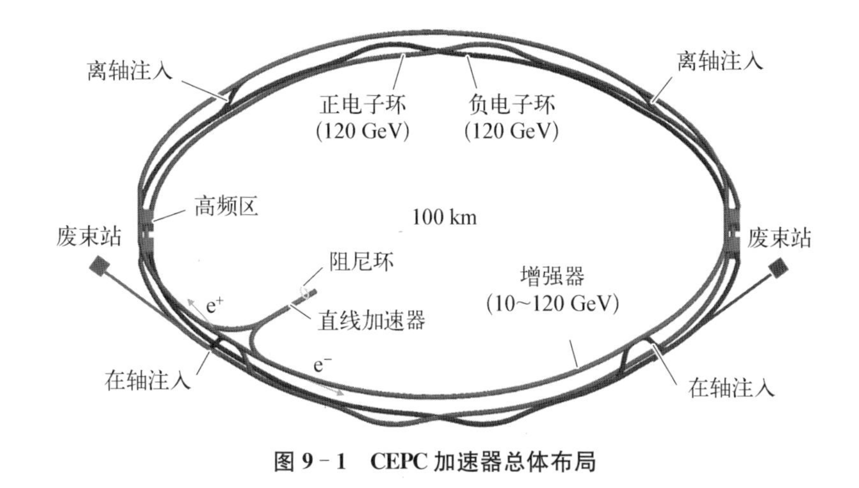

图9-1　CEPC加速器总体布局

要求各不相同，采用的技术路线也是五花八门。为了保证高效率，对切割器的磁场质量以及冲击器的脉冲幅度和时间稳定性都提出了更高的要求。如图 9－2 所示，以 CEPC 为例，CEPC 从直线加速器到阻尼环，从输运线到增强器，从增强器再到对撞环，共包含 9 个注入引出子系统（见图 9－2 中①～⑨）。为了实现不同束流能量、不同束团填充模式下束流的注入和引出，各子系统的参数要求差别很大，必须采用不同类型的硬件设计，如表 9－1 所示。

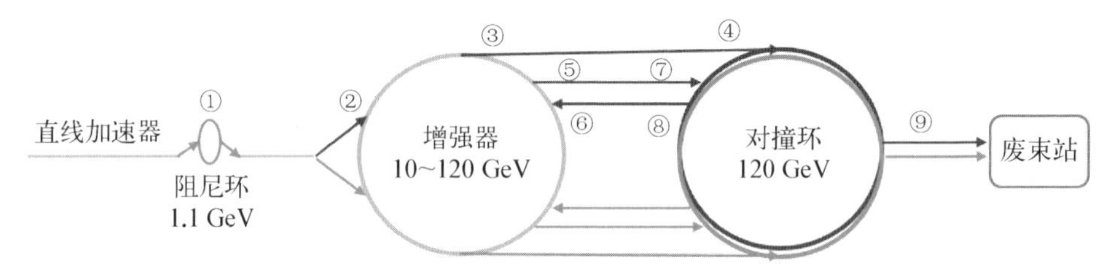

①—阻尼环注入引出；②—增强器低能注入；③—增强器引出至对撞环离轴注入；④—对撞环离轴注入；⑤—增强器引出至对撞环在轴注入；⑥—增强器高能注入；⑦—对撞环在轴置换注入；⑧—对撞环在轴置换引出；⑨—对撞环废束系统。

图 9－2　CEPC 注入引出系统组成

表 9－1　CEPC 注入引出系统硬件类型

序 号	子 系 统	冲击器类型	切割器类型
①	阻尼环注入引出	管道开缝型冲击器/半正弦波/250 ns	水平 LMS 磁铁/3.5 mm
②	增强器低能注入	带状线冲击器/半正弦波/50 ns	水平 LMS 磁铁/5.5 mm
③	增强器引出至对撞环离轴注入	分布参数型二极冲击器/梯形波/440～2 420 ns 可调	垂直 LMS 磁铁/5.5 mm
④	对撞环离轴注入	分布参数型非线性冲击器/梯形波/440～2 420 ns 可调	垂直 LMS 磁铁/2 mm
⑤	增强器引出至对撞环在轴注入	铁氧体窗框型二极冲击器/半正弦波/1 360 ns	垂直 LMS 磁铁/5.5 mm
⑥	增强器高能注入	集中参数型非线性冲击器/半正弦波/0.333 ms	垂直 LMS 磁铁/5.5 mm
⑦	对撞环在轴置换注入	铁氧体窗框型二极冲击器/半正弦波/1 360 ns	垂直 LMS 磁铁/6 mm
⑧	对撞环在轴置换引出	铁氧体窗框型二极冲击器/半正弦波/1 360 ns	垂直 LMS 磁铁/6 mm
⑨	对撞环废束系统	分布参数型二极冲击器/梯形波/440～2 420 ns 可调	垂直 LMS 磁铁/6 mm

其次，高亮度机器，往往追求更高的流强、更短的束长、更低的束流发射度，以获得更高的峰值亮度。同时，未来高性能的加速器还要求其储存环能实现 top－up 注入（恒流注入），以提高运行效率，提高积分亮度。这些发展趋势对注入引出系统的设计提出了更高的要求。动力学孔径（dynamic aperture，DA）小是低发射度储存环（low emittance ring）普遍存在的问题，加速器聚焦结构（lattice）优化设计往往是亮度（即等同于束流发射度）与动力学孔径、束流寿命之间的平衡折中。例如，下一代同步辐射光源大多采用 MBA（multi-bend achromat）如 5BA、7BA、9BA 磁聚焦结构，为了克服 MBA 结构中高梯度四极磁铁引起的色散，引入了很强的六极磁铁，而六极磁铁的非线性使得机器的动力学孔径很小，通常小于物理孔径。此外，磁铁加工装配误差、机械准直误差以及专用光源插入件的引入对磁聚焦结构对称性的破坏，使得动力学孔径进一步缩小，这给磁铁的制造和准直技术带来很大的压力。传统的局部脉冲凸轨注入很难满足要求，需要采用新的注入技术，如非线性冲击器（脉冲多极子）注入，甚至在轴注入。在 CEPC CDR 设计上，为满足在希格斯（Higgs）能量模式下运行，采用的是在轴置换注入，这种新的注入模式还没有在现有运行的机器中运用过。此外，高亮度的机器，对加速器各种真空部件的束流阻抗要求很高，这给注入引出冲击器和切割器的设计增加了难度。

最后，未来规划中的对撞机为了获得更多的科学产出，往往需要工作在不同工作模式下，如 CEPC CDR 设计中要求对撞机在 Higgs、W、Z 三个不同束流能量下运行，能同时满足三种模式下束流能量和束团填充模式的要求，这给注入引出系统冲击器及脉冲电源的设计带来了不小的难度。

注入引出系统硬件在未来对撞机科学目标的牵引下，在工程技术上不断挑战极限，推陈出新。例如，Lambertson 型切割器磁铁在机器动力学孔径严重缩水的情况下，在满足高场强、低漏场的磁场质量要求下，利用新技术将切割板厚度由典型的 15 mm 缩减至 2～5 mm；冲击器在满足场均匀性前提条件下，利用新技术实现更低的束流阻抗、更精确的阻抗控制，一些新型的冲击器及其技术应运而生，如带状线冲击器（strip-line kicker）、非线性冲击器技术等；冲击器快脉冲电源，更是不断挑战极限，在满足脉冲幅度的条件下，利用新技术获得了更快的脉冲速度，由典型的几百纳秒脉宽，压缩至几纳秒，脉冲重复频率由典型的几十赫兹，提升至几兆赫兹，同时还在追求更完美的脉冲波形、更稳定的脉冲幅度和相位的控制，以及更高的可靠性和可维护性。

下面将从注入引出的基础知识出发，探讨针对高能粒子加速器的注入引出关键技术。

9.1 注入引出系统

现在的高能同步加速器大多由多个加速器从低能到高能串联起来工作，包含多个注入和引出环节。只要有环形加速器，就一定少不了注入引出系统[1-2]。注入引出系统好比是一个大型加速器的交通枢纽，起着衔接各级加速器和实验（靶）站间束流轨道的作用。下面将简要介绍注入引出的基本物理概念、系统组成和不同类型高能同步加速器的注入方案。

9.1.1 注入引出的基本物理概念

注入过程是指将输运线输送过来的带电粒子束准确（包括空间上和时间上）、高效率地注入下一个加速器的轨道中；注入引出系统的作用除了精确控制带电粒子束的运动轨道外，还可以实现束流的累积和涂抹等。注入过程的物理本质是将注入器（或增强器）传输过来的具有一定发射度和能散度的束团注入环形加速器的接受度（包括横向和纵向）中，并完成束团俘获的过程。

按照完成注入过程的重复性来区分，注入过程可分为单圈单次注入、单圈多次注入、多圈单次注入和多圈多次注入。按照注入方向来区分，可分为水平注入和垂直注入。按照注入点相对于平衡轨道的位置来区分，可分为在轴注入和离轴注入。按照俘获方式来区分，可分为横向注入（水平、垂直）和纵向注入。

引出过程则相反，是注入的逆过程。引出有快慢之分。快引出可分一次全部引出、多次部分引出等情况，用于向下一个加速器注入或用于某些物理研究工作（外靶）。而有些物理研究工作，比如中微子实验和某些束流应用，比如治疗癌症，需要将束流慢慢引出。此外，有的引出系统也称为废束系统（abort system），作为机器保护的执行元件，用于将束流引出至束流垃圾桶，有的还需要在踢束前用 pre-kicker 或扫描磁铁来稀释束流发射度，减小束流能量密度，以保护束流准直器和束流垃圾桶。

注入与引出的基本要求是高效率和高质量，即追求最少的束流损失和最小的（或是所规定的）束流发射度稀释（dilution）。为此，必须将束流准确地注入同步加速器的横向与纵向接受度中。依据同步加速器聚焦结构（lattice）及机器参数、粒子种类、工作模式的不同，注入、引出的方式方法也都不一样，对应的注入、引出部件也是各式各样的。

9.1.2 注入引出系统的组成

冲击器(kicker)和切割器(septa)是构成注入引出系统的基本部件。其中,冲击器是用来产生快脉冲偏转场的电磁装置,在时间上区分注入束(引出束)和循环束,让环中的束团感受到不同的偏转作用。所谓脉冲,是指时间上的脉动,脉冲波形是场强关于时间的函数,是由注入物理设计决定的,脉冲底宽通常小于或远小于同步加速器的回旋周期。切割器是用来产生特定空间分布的场,在空间上区分注入束(引出束)和循环束,即切割板(septum)将空间分割成强场区和漏场区,注入束(引出束)和循环束分别从切割板两侧通过。切割器可以是直流的,也可以是脉冲的,有些类型的切割器做成脉冲的只是出于设备自身原理考虑,并不是注入物理设计要求的。偏转场可以是磁场、电场或电磁波。对于低能粒子,运动速度较慢,电场力的偏转效率较高;而对于高能粒子,运动速度较快,磁场力偏转效率更高。因此,高能同步加速器注入引出系统中,更常见的是产生磁场的冲击磁铁和切割磁铁。除此之外,有的注入引出系统还有慢凸轨磁铁(bumper)和静电分离器等。

这些注入引出系统硬件设备的最大特点是高压、大电流、快脉冲,与常规的磁铁(如弯转铁和聚焦铁)和常规电源(直流源)有很大区别,习惯把它们称为特种磁铁和特种电源。对于一个同步加速器来讲,注入引出系统的设备数量虽然少,但是设计难度大,往往需要根据具体的加速器物理需求确定方案,选择合适的硬件类型,量身定制,必要时还需要不同专业背景的人员协同攻关。因此,这些特点决定了注入引出系统的设备大、造价昂贵,设备的故障率相对较高,运行维护的难度较大。

本章讨论的注入引出技术仅限于高能环形同步加速器的注入引出系统,并不涉及环形对撞机中的静电分离器系统、直线加速器中的束流分配系统、回旋加速器的注入引出系统和一些医用机械的慢引出系统。

9.1.3 常见的注入物理方案

带电粒子束主要有电子和质子,对应两大类同步加速器。电子同步加速器典型应用包括同步辐射光源(如MAXIV、ESRF-EBS、APSU、HEPS)和电子对撞机(如BEPCⅡ、SuperKEKB、CEPC、FCC-ee)。质子同步加速器的典型代表包括散裂中子源(如 SNS、JPARC、ISIS、CSNS)和质子对撞机(如 Tevatron、LHC、SPPC、FCC-hh)。由于电子与质子的属性不同,电子同步加速器与质子同步加速器在注入引出技术方面也有所区别。

9.1.3.1 电子同步加速器

对于环形电子同步加速器而言,由于辐射能量损失,存在辐射阻尼现象,包括对横向振荡和纵向振荡的阻尼,如图 9-3 所示。辐射阻尼是实现多次累积注入的物理基础。通俗地说,束团(聚合在一起的带电粒子集合)的注入过程,不是简单地把束团输送到机器的物理孔径(真空管道)里就可以了,而是要在正确的时间点上(高频同步相位),把它精确送入闭合轨道上(位置 x、y 和方向 x'、y'),并使它能够待得住,和原有的束团融合在一起稳定地做回旋运动。束团横向振荡的阻尼过程[见图 9-3(a)中虚线],使得注入束的发射度和束团截面尺寸逐渐收缩至循环束轨道的中心,完全与循环束融合在一起。束团纵向振荡(同步振荡或能量振荡)的阻尼过程[见图 9-3(b)中实线],使得注入束的能散度和束团长度逐渐收缩,稳定地聚合在同步粒子周围。式(9-1)是同步辐射的阻尼时间,即振动幅度衰减为 1/e 的时间,它与束流能量的三次方成反比:

$$\tau_{\mathrm{i}}=\frac{4\pi}{cC_{\mathrm{r}}}\cdot\frac{R_{\rho_{\mathrm{s}}}}{J_{\mathrm{i}}E_{\mathrm{s}}^{3}} \tag{9-1}$$

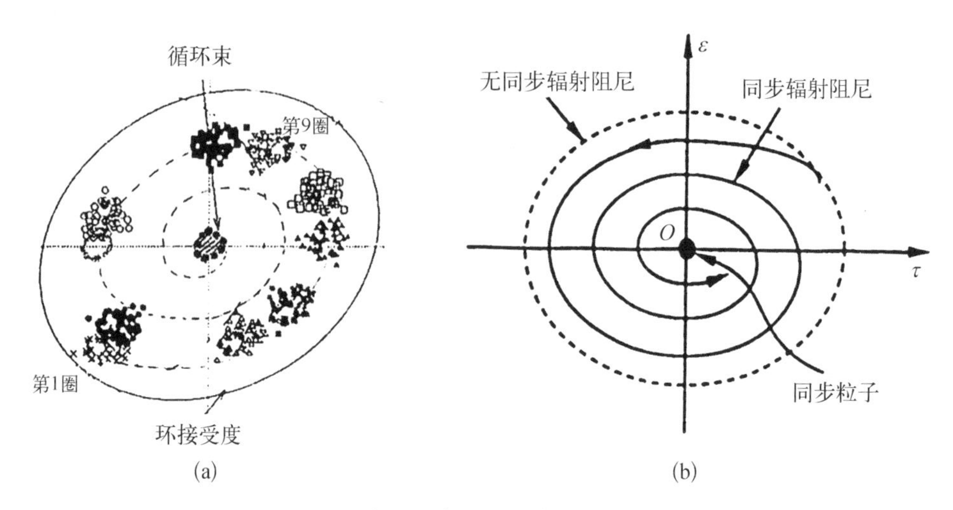

图 9-3 电子同步加速器的辐射阻尼作用

(a) 横向振荡阻尼;(b) 纵向振荡阻尼

我们根据注入点($x'=0$,见图9-4)是否落在循环束平衡轨道上,将环形电子同步加速器的注入方案大致划分为两大类,即离轴(off-axis)注入和在轴(on-axis)注入。

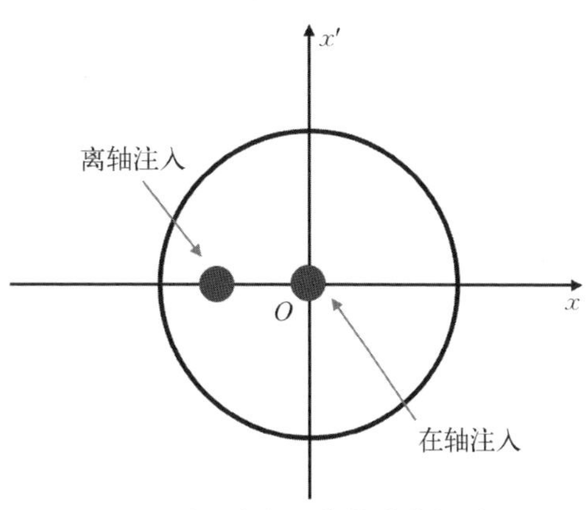

图9-4　注入点与平衡轨道的相对位置

1) 离轴注入

常见的离轴注入,除了较为传统的局部脉冲凸轨注入(pulsed local bump injection)方案外,还有近年来新提出的脉冲切割场注入(pulsed separating field injection)。离轴注入最大的优点是可以利用同步辐射对横向振荡产生阻尼效应,通过多次注入,实现束团电荷的累积。离轴注入的缺点是注入点偏离循环束轨道,因此对储存环的动力学孔径要求较高,通常要求DA>5 mm。下面简要介绍这两种离轴注入方式。

局部脉冲凸轨注入是电子储存环最常见的注入方式,如图9-5(a)所示,利用四块冲击磁铁在储存环注入区形成一个局部闭环凸轨;在凸轨幅度最大的地方放置一块切割磁铁,注入束经切割磁铁偏转后,沿凸轨切线方向,落入储存环的横向接收度椭圆之中,实现注入束的横向俘获;随后,脉冲凸轨迅速

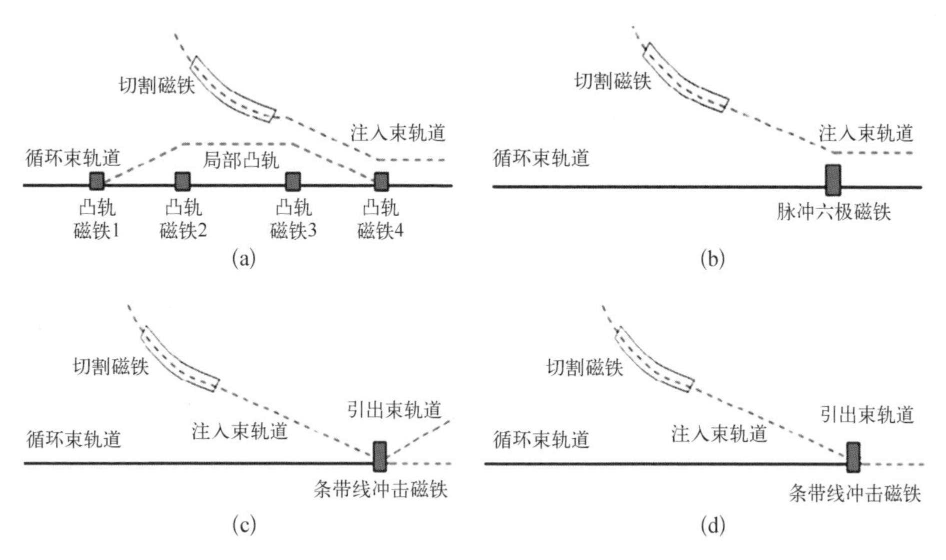

图9-5　电子同步加速器典型注入方案

(a) 局部脉冲凸轨注入;(b) 脉冲六极磁铁注入;(c) 在轴置换注入;(d) 在轴纵向注入

回缩，注入束循环一周，再次经过切割磁铁时，可以躲开切割板围绕闭轨做β振荡；由于同步辐射阻尼的存在，经过一段时间的阻尼过程后，注入束在横向上会逐渐收缩至接收度椭圆中心，完成一次注入过程。产生局部脉冲凸轨的目的是保证注入束循环一周再次通过注入点时，不会打在切割板上，因此脉冲凸轨的回缩时间必须小于储存环的回旋周期。局部脉冲凸轨注入可以通过精确定时对指定相稳定区(bucket)多次反复注入，补充电荷，提高流强。

局部脉冲凸轨注入这种传统的注入方案，尽管被普遍采用，相应的技术也较为成熟，但是也存在以下缺点：① 由于冲击磁铁的磁场偏差、定时抖动、机械加工精度等问题，凸轨很难被完全封闭在局部范围内。② 如果凸轨范围内有非线性元件，比如六极磁铁，也会引起凸轨的泄露，使循环束在全环范围内产生相干二级振荡，而恒流注入要求尽量压缩注入时间内循环束流的振荡，由于辐射阻尼时间远远大于束流的回旋周期，因此采用局部脉冲凸轨方案实现稳定、无扰动的连续注入面临相当大的困难。③ 此外，局部脉冲凸轨注入采用常规切割磁铁技术，切割板的厚度为 2～10 mm，通常要求储存环的动力学孔径大于 10 mm，这对低发射储存环设计来说不容易。

切割场是指在空间上对束流有选择性偏转作用的场，“切割”是指空间上的分割，场可以是磁场、电场或电磁场。脉冲切割场注入是近年来提出的新注入方法，即在注入区只用一台特殊设计的“脉冲切割器”，比如脉冲多极(四极、六极或八极)磁铁[3-4]、非线性冲击磁铁(或冲击器)[5-7]，就可以实现注入，不再需要利用冲击磁铁使循环束平衡轨道凸起。以典型的脉冲六极磁铁注入为例，如图 9-5(b)所示，注入束通过切割磁铁偏转后以较小的夹角进入脉冲六极磁铁的磁间隙中，紧接着在脉冲六极场的偏转作用下，沿循环束轨道的切线方向进入储存环的接收度椭圆中，实现注入束的横向俘获。注入之后，六极场脉冲必须迅速降为零，避免注入束回旋一周再次经过时被踢到。这种特殊的“脉冲切割器”或“非线性冲击器”可以看成是没有切割板(massless septum)的切割器和冲击器的结合体，既实现了注入束和循环束在场空间上分割，又具有时间上快冲击的特点。与传统的冲击器相比，不同点在于建立的场不再是二极场，而是多极场或非线性场，如图 9-6 所示。与传统的切割器相比，不同点在于没有真实存在的切割板，且必须采用快脉冲电源供电。对于脉冲切割场注入，循环束从脉冲切割器的场中心 $x=0$ 处通过(见图 9-6)，此处的场为 0，对循环束没有作用。与四极场相比，六极、八极或其他非线性场的场中心有比较宽的无场区，对具有一定横向尺寸的束团的扰动作用也要小很多。值得注意的是，注入束通过的位置 $x=x_{\text{inj}}$ 存在一定的场梯度，对注入束的发射度有一定的稀释作用，如果能让注入束从非线性场的极大值点(即场梯度为 0 处)通过，则较为理想。为了保证注入束回旋一周重新回到注入点时不再受到场的作用，则要求快脉冲激励下降时间小于回旋周期，例如对于周长为 1 200 m 的储存环，$T_f < 4\ \mu s$。

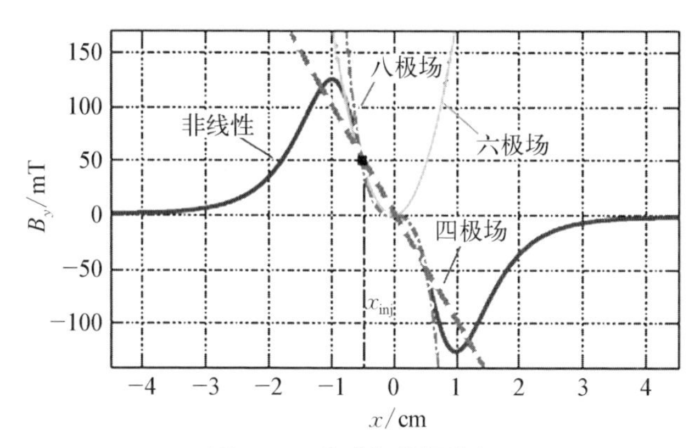

图 9-6　脉冲切割场注入

脉冲切割场注入这种新注入方案的最大优点是简化了注入区的设计，仅用一台脉冲切割器就可以实现注入。此外，对于激励脉冲来说，通常仅要求下降时间小于回旋周期，一般在微秒量级，对于脉冲电源的设计来说，常规的技术就可以实现。这种注入方式的缺点是属于离轴注入，仍然要求储存环具有足够大的动力学孔径，通常要求 DA 为 2～5 mm。瑞典光源 MAX Ⅳ、欧洲光源 ESRF-EBS、德国 BESSY Ⅱ、日本 SPring-8 等均采用这种方案。脉冲切割场注入的关键技术和难点在于特殊的“脉冲切割器”，以实现作用场在空间上的分离。

2) 在轴注入

与离轴注入方式不同，在轴注入的特点是注入点位于循环束的平衡轨道上，即注入束的注入俘获和阻尼过程都在轴上完成，因此对机器动力学孔径的要求很低，一般要求 DA<2 mm 即可实现注入。实际上，在轴注入并不是新的注入方式，它常见于光源增强器的注入系统，通常由一台切割磁铁和一台快冲击磁铁组成，注入束经过切割磁铁偏转后，以较小的夹角接近平衡轨道，在快冲击磁铁的冲击作用下，进一步修正飞行角度，并完全落在平衡轨道上。增强器的这种注入属于单圈单次注入，不需要电荷累积，仅注入一个束团或束团

串,而且每次注入前增强器里没有束团,因此,仅要求冲击器的下降沿足够快,小于增强器回旋周期即可。

在轴注入应用于电子同步加速器的恒流注入是近几年才被提出来的,用于解决小动力学孔径磁聚焦结构低发射度环的注入难题,典型的在轴注入方法有在轴置换注入(on-axis swap-out injection)和在轴纵向注入(on-axis longitudinal injection)。下面简要介绍一下这两种在轴注入方案。

在轴置换注入最早是由美国阿贡国家实验室的 Michael Borland 在 2002 年 APS 务虚会(APS Retreat 2002)上提出来的,如图 9－5(c)所示。注入束经过一个快冲击器偏转后直接进入储存环平衡轨道,取代已衰减的循环束,实现恒定流强,被置换出来的循环束在注入的同时被引出储存环,可以直接废弃于垃圾桶,也可以回注到累积环或增强器里回收利用。图 9－7 所示是一种典型的在轴置换注入过程,目标束先被引出冲击器并踢出至垃圾桶,输运线将新鲜置换束(注入束)注入储存环,在注入冲击器的作用下注入空的相稳定区中,完成一次置换过程。

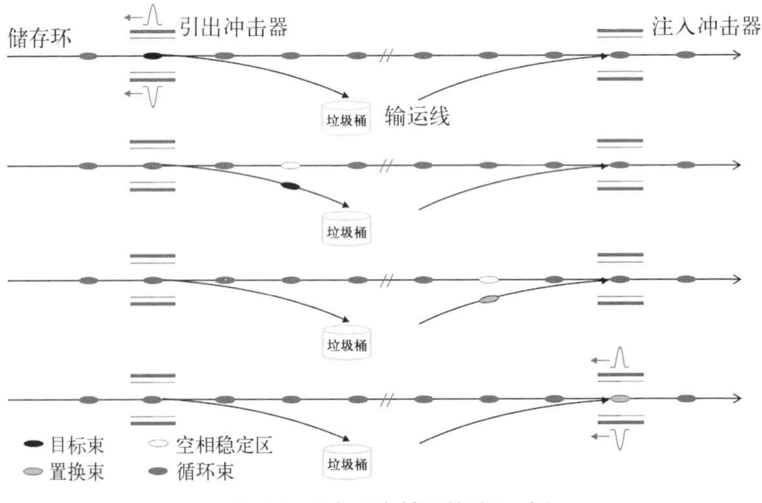

图 9－7　储存环在轴置换注入过程

在轴置换注入要求冲击器脉冲场具有快速的上升、下降过程和一定的平顶宽度,整个脉冲宽度必须小于 2 倍束团间隔时间(纳秒量级),以避免对相邻的循环束造成扰动,从而实现逐束团或束团串的置换,通常采用的冲击器是差模驱动的双电极带状线冲击器(strip-line kicker)。美国下一代光源 APS－U[8]、ALS－U[9]、中国的新光源 HEPS[10-11] 均采用在轴置换注入方式。

在 CEPC 概念设计中，对撞环在 Higgs 能量运行模式下，也采用在轴置换注入方式。

在轴置换注入的缺点如下：由于无法实现束团电荷累积，为了达到设计流强，必须尽可能多填充束团，或提高增强器和直线注入器单束流强。受快脉冲冲击器速度的限制，束团填充率并不高，以 APS - U 为例，周长为 1 104 m，采用 352 MHz 高频系统，若逐束团注入的话，至少隔 3 个相稳定区注入一个束团(即束团最小间距小于 11.36 ns)，最多只能注 324 个束团。置换出来的高能束团如果直接被踢进垃圾桶，或回收效率不高，会造成束流功率的损失，对于运行来说也是很不经济的。

在轴纵向注入的概念最早是由瑞士 PSI 的 Aiba 提出来的[12]，可以利用同步振荡辐射阻尼效应实现对 off-energy 束团的纵向累积注入。在 Aiba 纵向注入概念的启发下，上海应用物理研究所的姜伯承[13]和高能所的徐刚等[14-15]分别提出可以利用调节组合谐波腔高频腔压或相位的办法，完成注入束和循环束在纵向上的融合，实现在轴纵向累积注入。如图 9 - 5(d)所示，从注入元件布局来看，在轴纵向累积注入和在轴横向置换注入是完全一样的。不同的是，要完成注入束的纵向俘获(即在轴纵向注入)，实现束流的补充累积，快脉冲冲击器的速度至少要提高一倍，即冲击脉冲宽度要小于相稳定区的间距，要把束团注在两个循环束之间，冲击脉冲不能踢到相邻的两个束团。例如，对于 500 MHz 高频系统，冲击脉冲宽度要小于 2 ns；对于 100 MHz 高频系统，要求小于 10 ns。显然，要实现在轴纵向注入，难度大得多。此外，采用组合谐波腔实现纵向累积，对高频系统提出了很高的要求，受到冲击器速度的限制，主高频频率不宜太高(100～200 MHz)，选择常温腔技术功耗大，而选择超导腔技术又存在高次模引出困难的问题；另外，还必须增加一套主动的高次谐波高频系统，投入成本也是相当大的。

在轴纵向注入的最大优点是既能实现累积注入，又能实现在轴注入，是目前实现小动力学孔径(DA＜2 mm)低发射度环累积注入的唯一可能方案。

9.1.3.2　质子同步加速器

质子同步加速器大多采用多圈注入方式提高流强。由于受到刘维定理限定，注入的质子束发射度在接受度中所占有的相空间不能重叠(即在绝热系统中，相空间中的相轨迹不能交叉)，因此多圈注入时必须对局部凸轨幅度及其收缩速度加以控制。

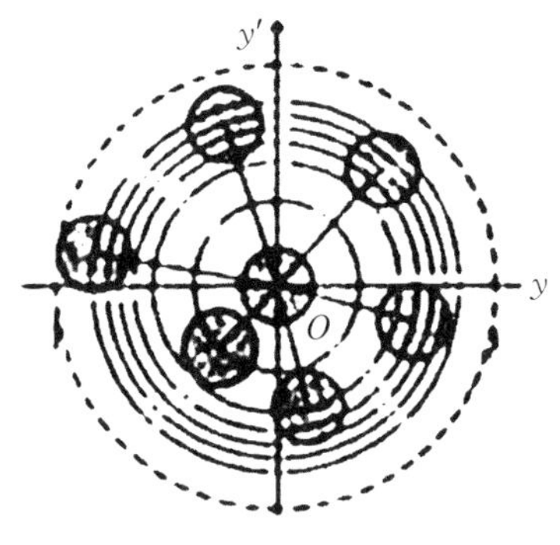

图 9-8 质子机器的多圈注入

如图 9-8 所示，让一开始注入的质子束占据水平接受度的中心位置，后来相继注入的质子束占据接受度渐渐靠外的位置。由于切割板总有一定的厚度，而且注入束的发射度是椭圆形，势必造成环中束流发射度的稀释。当注入束水平发射度为 $\pi\varepsilon_i$时，注入圈数为 n，不考虑空间电荷作用，环中束流发射度为

$$\pi\varepsilon_x > 1.5\pi n\varepsilon_i \tag{9-2}$$

式中，ε_x 为环中束流水平发射度；ε_i 为注入束流水平发射度；n 为注入圈数。

由此可见，质子机器的注入比较复杂，注入效率往往比较低，随着机器向高流强方向发展，提高注入效率、减少束流损失变得更加重要。值得庆幸的是，1963 年苏联利用强流 H^- 源和 H^- 电荷转换法注入质子取得成功，直至今日依然是强流质子机器注入的首选方案，如美国散裂中子源(SNS)和中国散裂中子源(CSNS)均采用这种办法注入。

因为 H^- 的电子被剥掉而转换为质子的过程是在环的接受度中完成的，刘维定理对常规多圈质子注入的限定条件不再成立，质子向接受度中填充不再受不准重叠占据相空间的限制，质子在相空间的密度随注入圈数的增加而不断提高。特别是强流机器，注入过程可以直接将横向与纵向相空间填满到所规定的发射度而不至于有过强的空间电荷力。但是，空间电荷力依然限制了机器流强的提高，采用涂抹(painting)技术使注入束在实际空间中的分布是均匀的，就可以有效地克服空间电荷限制。涂抹技术就是利用凸轨磁铁使闭轨收缩速度满足一定要求，如

$$X = a\left[1 - \sqrt{\frac{2t}{T} - \left(\frac{t}{T}\right)^2}\right] \tag{9-3}$$

式中，X 为凸轨量；a 为注入束半径；T 为注入时间；t 为时间变量(变化范围为 $0\sim T$)。得不到负离子的重离子如氦重离子注入，无法采用剥离膜技术，但可采用涂抹技术，不过闭轨收缩速率将是另一种。

美国的散裂中子源(SNS)和中国散列中子源(CSNS)的同步环注入直线

节均采用如图 9－9 所示的布局，它由四块凸轨磁铁形成梯形凸轨，电荷剥离膜处于凸轨顶部平坦处，注入束经切割磁铁偏转后进入环形同步加速器并穿过处于机器水平接受度之中的剥离膜。注入束脉宽可长至 100 μs ，相当于近百圈，以满足强流要求。剥离膜可以使用高纯铝膜制作(99%)，厚 127 μm，用阳极氧化沉积法生成厚度为 0.25 μm 的 Al_2O_3 氧化层，因 Al_2O_3 熔点很高，可以承受粒子剥离与质子穿透时引起的温升(100～260℃)。

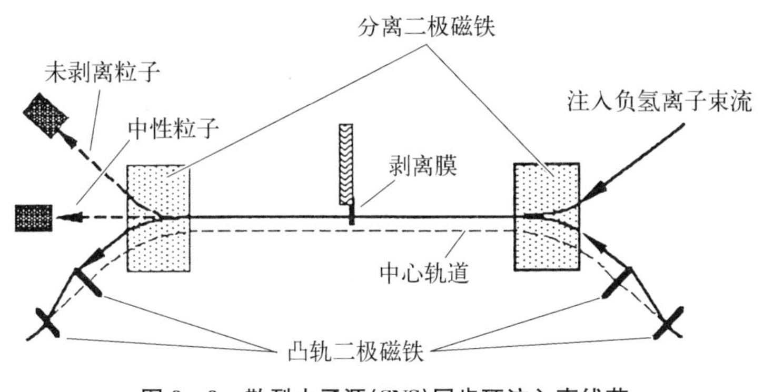

图 9－9　散裂中子源(SNS)同步环注入直线节布局(H^- 剥离膜注入)

9.2　切割器

在粒子加速器领域，术语“septa(切割器)”是指一种特殊类型的束流偏转装置，用于有效地切换、注入和引出束流[1-2]。这种装置的特点是有两个不同的偏转区域，用于切换、融合或分离带电粒子束。理想情况下，一个是零偏转区，另一个是常偏转区。然而，也有两个区域分别提供反向偏转的设计。该装置的主要目的是确保两个区域之间的偏转场发生突变，并使用尽可能薄的切割板(septum)以及最小化漏场。

术语“septum(切割板)”是指用来将空间分割成两个不同场区的隔板，以便有选择地将带电粒子束偏转到它的一侧或另一侧。切割板通常是真实存在的一块隔板，它是切割磁铁不同场区的分界线，但也有的切割磁铁的设计是没有切割板的。通常把包含切割板的装置也称为 septum，例如电切割器(electrostatic septum)、磁切割器(septum magnet)等。

在环形同步加速器注入引出系统里，切割器位于束流输运线和环形加速器交叉衔接处，用于偏转注入(引出)束，尽可能减小注入(引出)束轨道与平衡轨道的夹角。如图 9-10 所示，切割器既要产生很强的场来偏转注入束，又不能影响从它旁边擦肩而过的循环束流。切割器以切割板为边界，将空间分割成两个部分，一边是由它建立的强场区，用于偏转注入束，而另一边必须是无场区，以免影响从那里通过的循环束流。

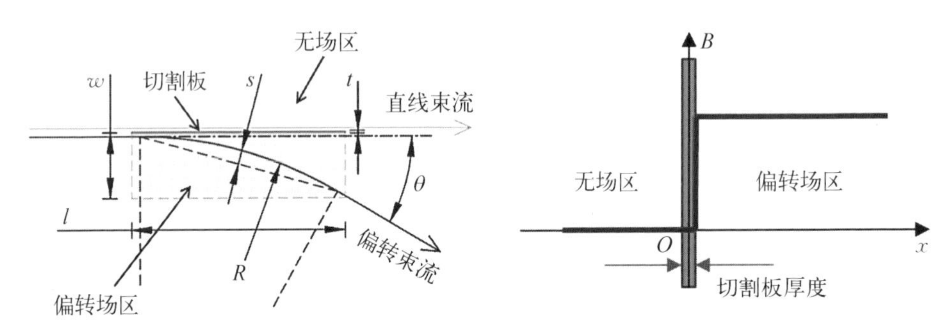

图 9-10 切割器(磁铁)原理图

实际上，无场区不可能做到真正的零场，还是会有一定大小的漏场存在，漏场的大小跟强场区的工作场强和切割板厚度有关，相同结构下的切割板越厚，漏场越小。工程实践上，通常会采用一组厚薄结合的切割磁铁组，束流先通过切割板最厚的切割磁铁，获得最大的偏转角，然后再通过切割板次厚和薄的切割磁铁，获得较小的偏转角。

切割板是分割两个区域的界线，通常是一个真实存在的物体。在满足漏场要求的前提下，切割板的厚度必须尽可能薄。为了让注入束尽可能地贴近环形机器的平衡轨道，通常切割板要放置在高真空中，因此，除电磁性能和机械结构的特殊要求外，还必须满足真空性能的要求。

根据偏转场的种类，切割器可以分成两大类：电切割器和磁切割器。电磁学的等价性表明电场偏转和磁场偏转是完全等效的。对于相对论粒子($v=c$)，电场力 F_E 和磁场力 F_B 在相同场能量密度的条件下是相等的。而在工程实践上，在相同能量密度条件下，磁场更容易获得，因此在高能粒子加速器里，更常见的是磁切割器，并习惯性地称之为切割磁铁。切割磁铁根据磁场随时间的变化情况，又可以分成两大类：直流(或低频脉冲)切割磁铁和涡流板型切割磁铁，如图 9-11 所示。

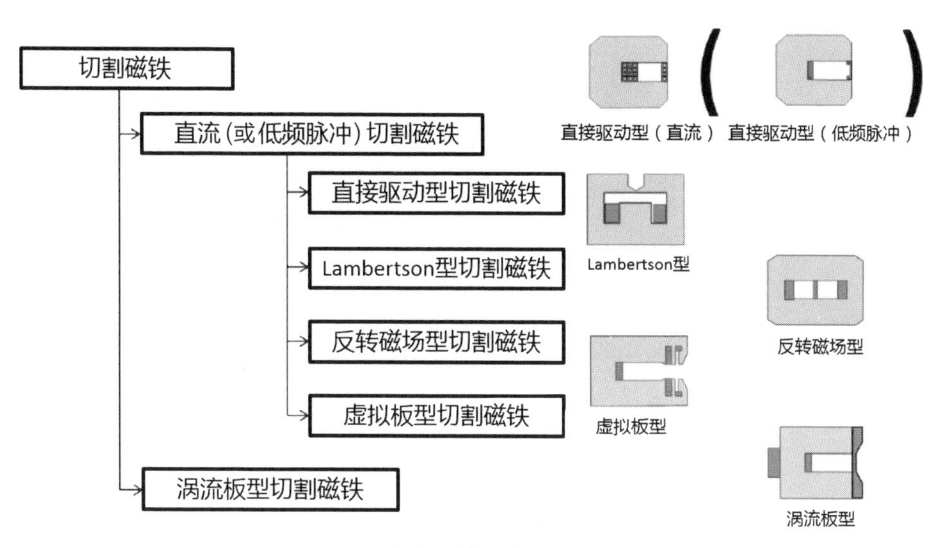

图 9-11　切割磁铁分类和原理图符号

9.2.1　直接驱动型切割磁铁

第一类切割磁铁包括直接驱动型切割磁铁，也习惯称之为导流板型切割磁铁，即切割板构成磁铁励磁电流的回路，为了尽可能减小切割板的厚度，可以采用低频脉冲励磁以降低切割板上的欧姆损耗。图 9-12 所示是理想的导流板型切割磁铁模型，不难证明，当磁芯的磁导率 $\mu=\infty$，切割板与铁芯绝缘间隙 $g=0$ 时，切割板的外侧漏场为零。图 9-13 是导流板型切割磁铁实例照片，图(a)是 J-PARC RCS 环上的一台直流切割磁铁 ISEP2，切割板厚度为 45 mm；图(b)是 CERN PS 上的一台低频脉冲切割磁铁 PESMH16，切割板厚度为 3 mm。

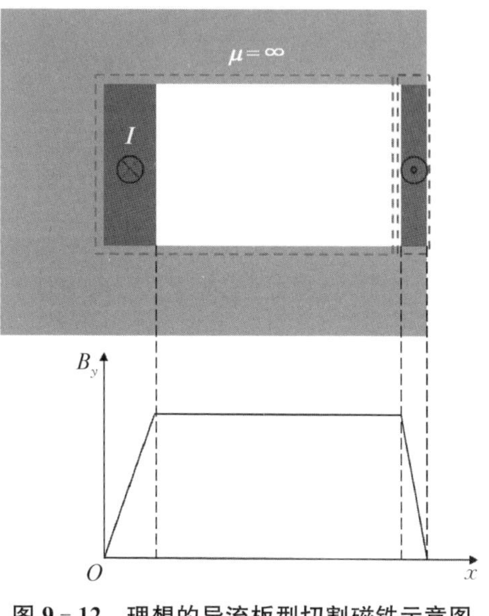

图 9-12　理想的导流板型切割磁铁示意图

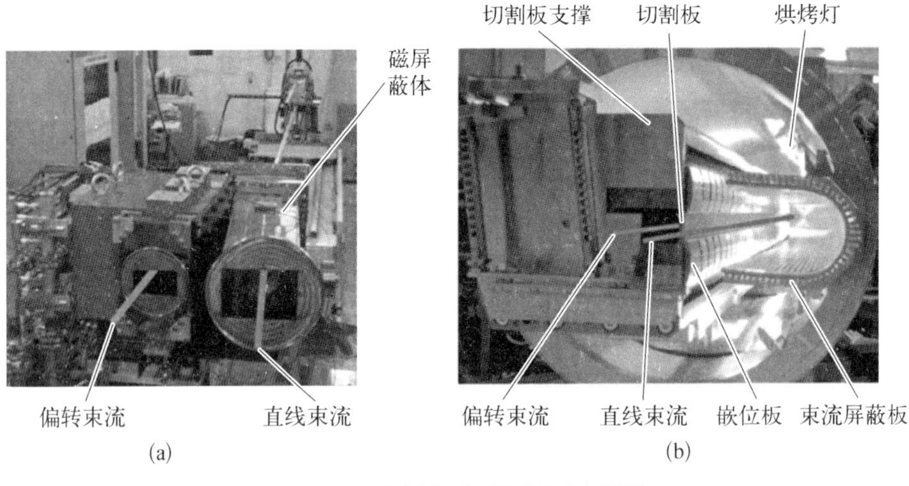

图 9-13　导流板型切割磁铁实例照片

(a) 直流切割磁铁;(b) 低频脉冲切割磁铁

Lambertson 型磁铁也是一块直流切割磁铁,实际上它是一块特殊的 H 型铁芯二极磁铁,只是一侧磁轭上有个开槽安装循环束真空盒,切割板在铁芯开槽处最薄的地方,因此也把 Lambertson 型磁铁称为铁切割器。Lambertson 型磁铁的工作原理很简单。如图 9-14 所示,循环束真空盒所在的三角区磁场很弱,倘若将此部分磁铁切除,对原磁场影响很小。一旦此部分没有磁性材料,磁场会更小。环真空盒就嵌在这个三角区。循环束只感受到非常弱的漏场,而注入束在磁隙中的输运线真空盒中"爬"上来,受到垂直偏转,在出口处恰好落到环的中心水平面上,且与环平行轨道切线方向平行。因铁切割板不通电流,可以做得很薄。图 9-15 是 Lambertson 型切割磁铁实例照片,图(a)是 CERN 大型强子对撞机(LHC)上的一台真空外 Lambertson 型磁铁,图(b)

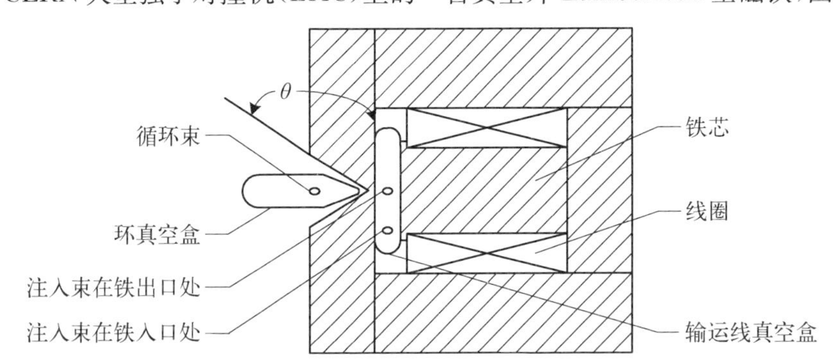

图 9-14　Lambertson 型切割磁铁截面结构示意图

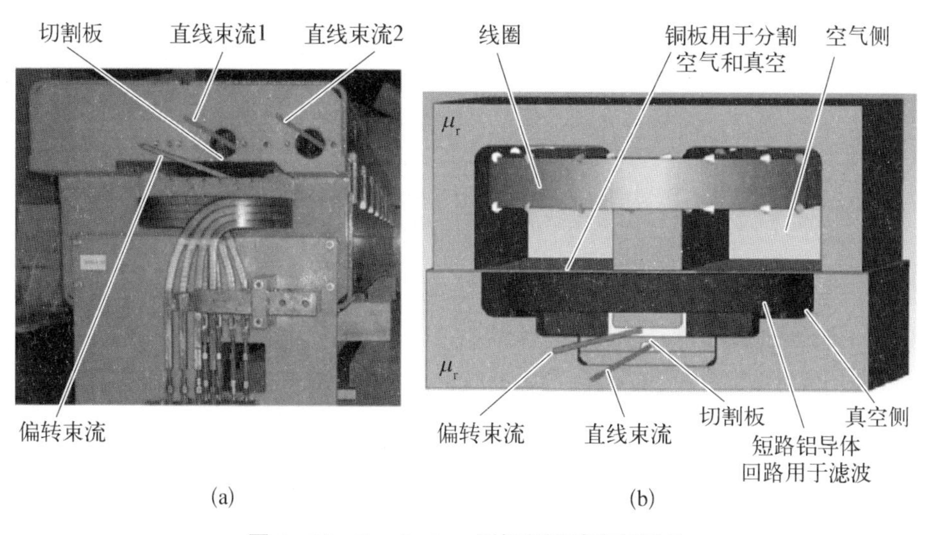

(a)　　　　(b)

图 9-15　Lambertson 型切割磁铁实例照片

(a) CERN LHC 的真空外 Lambertson 型磁铁;(b) SwissFEL 半真空内 Lambertson 型磁铁

是瑞士自由电子激光(SwissFEL)半真空内 Lambertson 型磁铁。

此外,还有用于特殊场合的反转磁场切割磁铁(opposite field septa)和虚拟板型切割磁铁(massless septa)。

9.2.2　涡流板型切割磁铁

第二类涡流板型切割磁铁是利用涡流屏蔽效率来抑制漏场,这种切割磁铁采用较高频脉冲激励。与导流板型切割磁铁一样,涡流板也是用导电性能较好的铜制成,都属于铜切割器;但是,不同的是,涡流板没有励磁电流通过,只有脉冲磁场感应出的涡流,因此切割板可以做得很薄。如图 9-16 所示,典型的涡流板型切割磁铁包括 C 型叠片铁芯、励磁绕组、切割板、冷却水管和循环束真空盒。与导流板型切割磁铁不同,励磁绕组是绕在立轭上的。因为采用脉冲激励,为了降低工作电压,必须减小磁铁电感,所以绕组通常为单匝线圈。切割板通常采用导电性能较好的无氧铜材料,为了获得更好的屏蔽效果,还会再增加一层铁磁性材料进行磁屏蔽。图 9-17 所示是瑞士光源注入用的真空内涡流板型切割磁铁,切割板厚度为 2.5 mm,场强达到 0.9 T,长度达 600 mm,采用 4.3 kA/0.16 ms 的全正弦电流脉冲激励。

所有这些类型的切割磁铁都有真空内(in vacuum)和真空外(in air)的设计。真空外的切割磁铁虽然结构简单,不需要处理真空问题,但是等效切割板的厚度除了包含切割板本身外，还应包括束流真空盒的壁厚和安装间隙，无法满足薄切板的设计要求。对于脉冲激励的切割磁铁，由于脉冲磁场无法穿透金属真空盒，因此也常常将磁铁置于真空内或采用特殊的镀膜陶瓷真空盒。

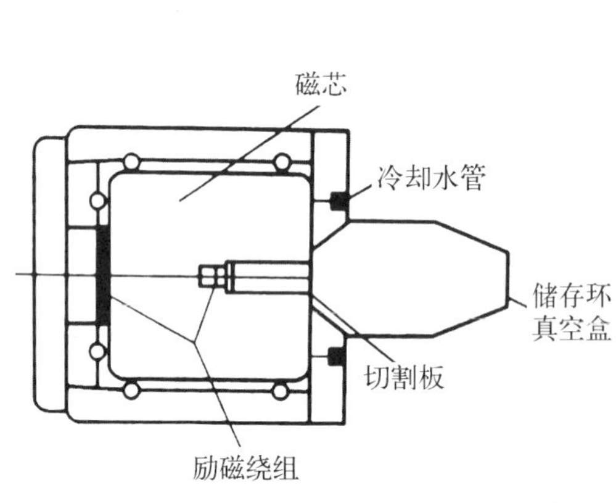

图 9-16　涡流板型切割磁铁的基本结构

图 9-17　真空内涡流板型切割磁铁实例照片

9.3　冲击器系统

冲击器(kicker)[1-2]是用来产生快脉冲偏转场的电磁装置，其在时间上区分注入束(引出束)和循环束，让环中的束团感受到不同的偏转作用。这一点与切割器有本质上的不同，切割器是在空间上区分不同的束团。“脉冲”是指时间上的脉动，脉冲波形是场强关于时间的函数，是由注入物理设计决定的，脉冲底宽通常都是小于或远小于同步加速器的回旋周期。冲击器的驱动脉冲通常比切割器快得多，脉冲场的建立相对困难一些，因此提供的场强也要弱一些。

冲击器在不同机器的注入引出系统里起的作用不同，这也决定了冲击器在具体应用中的不同物理参数。在单次注入的情况下，冲击器的作用是当注入束进入环形机器后，第一次与平衡轨道交叉的一瞬间，使其偏转成与平衡轨道相切，并落在机器接受度的中心位置，冲击器脉冲上升/下降时间的物理要求与环中和上游机器的束团填充方式(时间结构)有关。在多次或多圈注入情况下，由分别安放在适当位置上的若干(2～4)台冲击器共同作用，形成局部平衡轨道的凸起，使接受度移向注入束(即移向切割器出口)，将注入束包容在接受度之中。这个动作只发生在注入的一瞬间，要求脉冲磁场的建立和消失必须足够快。在快引出情况下，冲击器的作用是将循环束踢至引出切割板的另一侧，之后在切割器强场的作用下迅速偏离环形轨道，引出冲击器脉冲的上升/下降时间的物理要求与环中和下游机器的束团填充方式有关。

在工程设计实践中，冲击器和它的驱动脉冲电源是关系紧密的两个硬件，两者构成一个密不可分的冲击器系统，它是一个高压、大电流、快脉冲技术综合体，同时又是集真空、电磁、机械为一体的特种设备；冲击器在这个脉冲放电系统里，或是脉冲电源的负载（电感），或是脉冲电源不可分割的一部分（谐振元件或匹配传输线）。

冲击器系统的种类很多，按照脉冲波形分（时间分布，主要由脉冲源决定），主要有梯形波、半正弦波两种。梯形波冲击器系统包括软管开关、矩形脉冲的形成网络（PFN）[或脉冲形成线（PFL）]、冲击器；或硬管开关（固态半导体开关）、储能电容、冲击器；此时，冲击器在脉冲系统中充当的是一段匹配传输线或短路电感。半正弦波冲击器系统包括软管开关、脉冲电容器、冲击磁铁；此时，冲击磁铁在脉冲系统中充当的是谐振放电电路的部分电感。此外，还有逆向行波冲击器系统。

9.3.1　梯形波冲击器系统

梯形波冲击器系统在质子机器的快引出系统中应用最广泛，也最具有代表性。原则上要求磁场建立（脉冲前沿）或磁场消失（脉冲后沿）应当发生在没有循环束通过冲击磁铁时，而梯形波脉冲顶宽又是由注入或引出束团串的长度决定的。虽然梯形波冲击器系统因机器参数和工作模式的不同，对脉冲前沿、后沿、脉冲顶宽、脉冲幅度等的要求都不一样，但是总的设计方法、主要组成部分是大同小异的。图 9－18 所示是一个典型的梯形波冲击器系统。它由

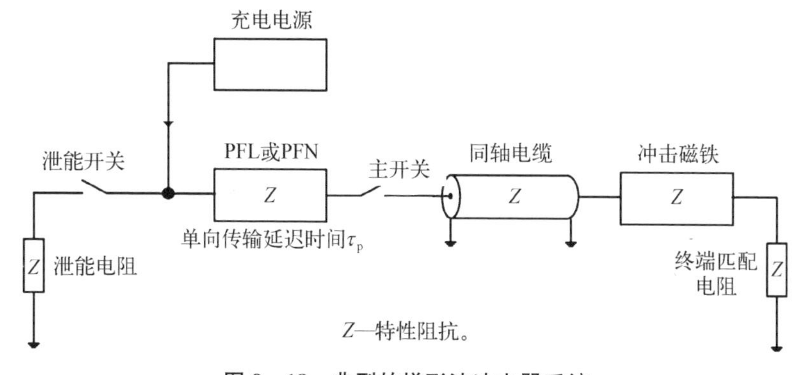

图 9－18　典型的梯形波冲击器系统

六大部分组成：冲击磁铁、脉冲形成线（PFL）或脉冲形成网络（PFN）、高压开关（包括泄能开关和主开关）、脉冲传输线、终端匹配电阻、充电电源。

其基本工作原理如下：特性阻抗为 Z，单向传输延迟时间为 τ_p 的脉冲形成线被充电到工作电压 V_n，高压大电流快速开关（最为常见的是重氢闸流管开关）导通，输出脉宽为 $2\tau_p$、幅度为 $V_n/2Z$ 的梯形电流脉冲，经传输线匹配传输，通过冲击磁铁，最后传输到终端匹配电阻并被终端电阻匹配吸收。脉冲电流在通过冲击磁铁时建立起脉冲磁场，整个过程就是梯形波产生和传输的过程。脉冲形成网络与脉冲传输线的特性阻抗相等，终端电阻的阻值可以选择与脉冲传输系统的阻抗相等实现匹配放电，也可以为 0，即终端短路放电，在冲击磁铁上获得倍增的脉冲电流 V_n/Z_0。冲击磁铁通常是一个电感元件，在波的传输过程中构成一个障碍点，是影响脉冲磁场波形前、后沿及波形规整性的重要因素。如何解决这个问题成了冲击磁铁设计的核心，由此引导出各种不同的技术方案。工程设计时，最好将冲击磁铁与脉冲电源作为一个整体统一考虑，并重点解决好 PFN（PFL）、传输线、终端电阻、连接器以及冲击磁铁之间的匹配传输问题。

梯形波冲击磁铁系统大体上可以分为匹配传输线型和集中电感型。集中电感型又可分为短路放电型和匹配放电型。从磁路上看，有的用铁氧体作为磁芯，有的就是空芯线圈；有的被置于真空箱中，有的则在大气中，配有专门制作的陶瓷真空盒。从技术角度看，最具有代表性的是匹配传输线型冲击磁铁，也是性能指标最好的一种，但从综合指标来看未必最好（结构复杂、成本高）。

图 9 - 19 所示是中国散裂中子源（CSNS）快循环同步加速器（RCS）引出冲击器系统，是一个典型的梯形波冲击器系统。冲击器采用铁氧体窗框型（也称为双 C 型）冲击磁铁，是一种典型的集中参数型冲击器。脉冲电源采用 Blumlein 型 PFN 放电方案，RCS 引出冲击器系统样机及电流脉冲测试波形如图 9 - 20 所示。

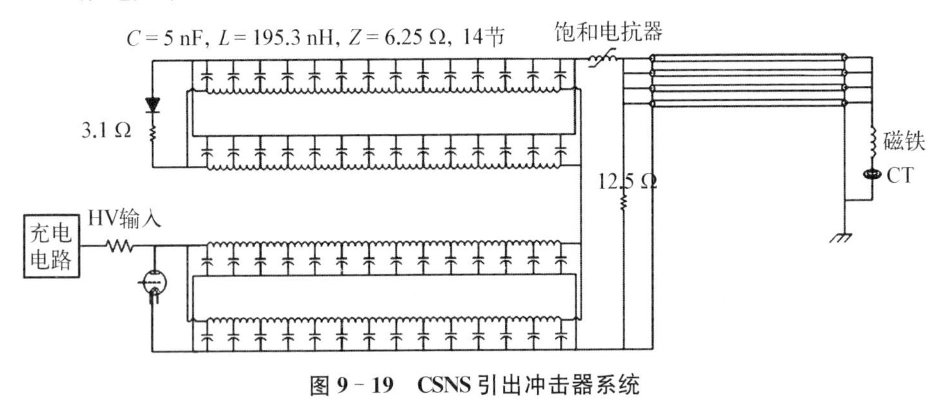

图 9 - 19　CSNS 引出冲击器系统

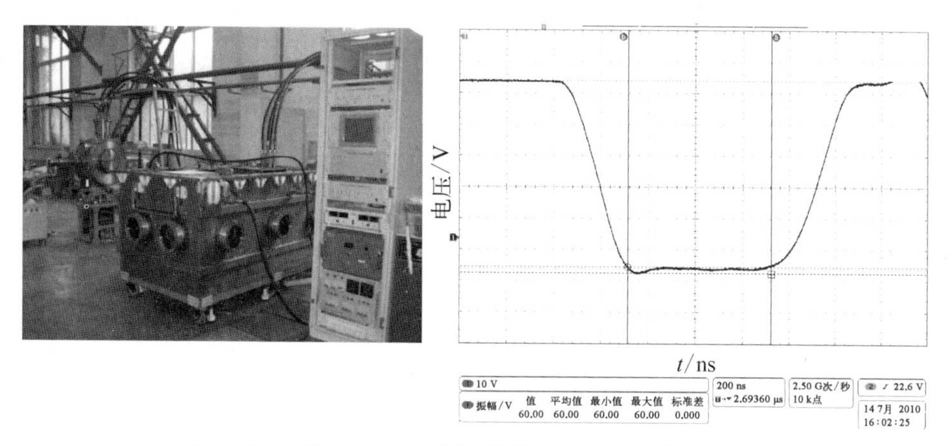

图 9－20　CSNS 引出冲击器系统样机及电流脉冲测试波形

9.3.2　半正弦波冲击器系统

在半正弦波冲击器系统中，一般采用的是集中参数型冲击磁铁，如空心线圈、真空盒开缝型(slotted pipe)、铁氧体窗框型等。冲击磁铁在放电回路里扮演的角色是谐振回路(部分)电感 L_0，线圈结构的寄生电容 C_0 的作用可忽略不计，如图 9－21 所示。半正弦脉冲产生的原理十分简单，冲击磁铁本身就是一个电感负载，将储能电容器充上电，再通过一个单向导通的软管开关放电，即可产生一个半正弦脉冲。

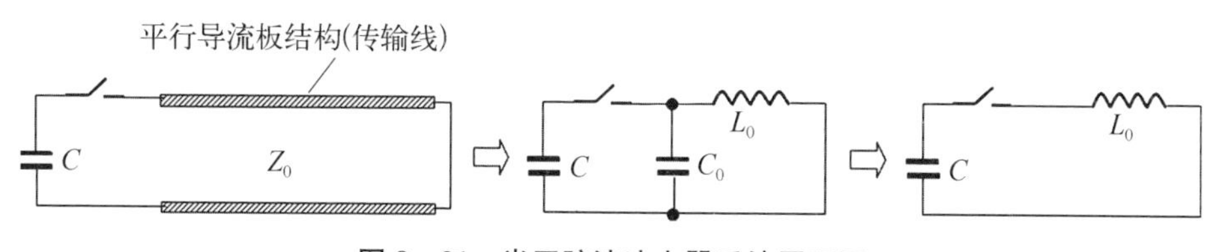

图 9－21　半正弦波冲击器系统原理图

图 9－22 所示是北京正负电子对撞机(BEPCⅡ)储存环冲击器系统，是一个典型的半正弦波冲击器系统实例。冲击磁铁采用真空盒开缝型磁铁，是一种集中参数型磁铁，它的优点是具有较低的束流阻抗，从供电角度上看，由于线圈的中点通过真空盒接地，要求双极性供电，磁铁(含引线)实际电感量为 0.9 μH。脉冲电源直接安装在隧道冲击磁铁负载上方，通过软连接方式与磁铁穿墙件相连。脉冲放电回路元件包括闸流管、脉冲电容器、阻尼电阻、饱和电抗器和平衡变压器等，整体被设计成同轴结构。这些措施有助于最大限度

地降低放电回路的寄生电感。图 9－23 是 BEPCⅡ注入冲击器系统样机的实物照片和测试波形图。

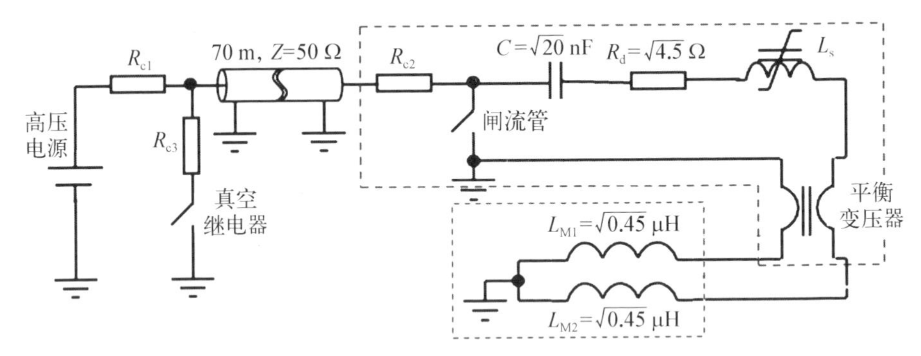

图 9－22　BEPCⅡ注入冲击器系统简化电路原理图

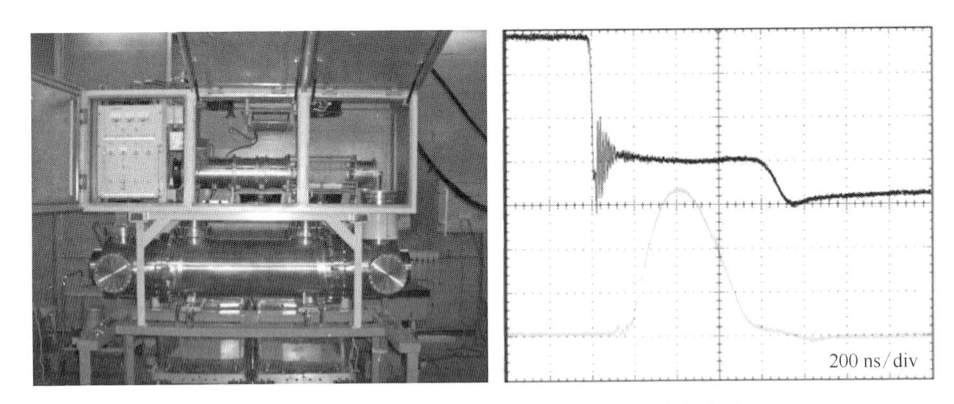

图 9－23　BEPCⅡ注入冲击器系统样机及测试波形

9.3.3　逆向行波冲击器系统

带状线冲击器(strip-line kicker)是最为常见的逆向行波冲击器，属于分布参数型冲击器，是真正意义上的传输线冲击器。严格地说，它不能称为冲击磁铁，因为偏转场不再单纯是脉冲磁场，而是带状传输线里传输的 TEM 行波电磁场，因此称为逆向行波冲击器(counter traveling wave kicker)。结构上，带状线冲击器通常由两根平行放置的条带电极和真空管组成，形成两根具有特定结构阻抗(通常为 50 Ω，方便与常规的脉冲源、射频电缆匹配连接)的带状传输线(strip－line)，带状线通过高压射频穿墙件和射频电缆分别与双极性快脉冲电源和终端匹配电阻连接，整个系统构成一个近乎完美的 TEM 波发生和传输系统，如图 9－24 所示。

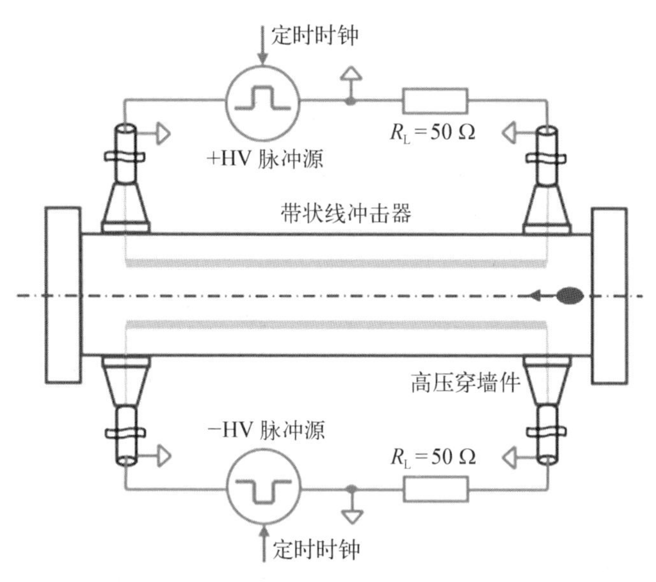

图 9-24　逆向行波冲击器系统

当带状线冲击器两电极的间距比较小时，电极间存在电磁场耦合，会造成差模(differential mode)和共模(common mode)条件下带状线阻抗不相等。双极性脉冲电源输出的是差模信号，因此首先要保证带状线冲击器在差模条件下是匹配传输的，即脉冲源、穿墙件、电缆的特征阻抗以及终端电阻等于带状线的奇数模(odd mode)阻抗。束流在冲击器带状线上感应的电磁脉冲信号属于共模信号，这个信号如果没有被很好地匹配吸收的话，残余的电磁能量将在传输线系统中来回反射，会对环中的束流造成扰动，所以在带状线冲击器设计时应尽可能减小偶数模(even mode)阻抗和奇数模阻抗的差异，尽可能做到匹配。图 9-25 所示是高能同步辐射光源验证装置(HEPS-TF) 注入带状线

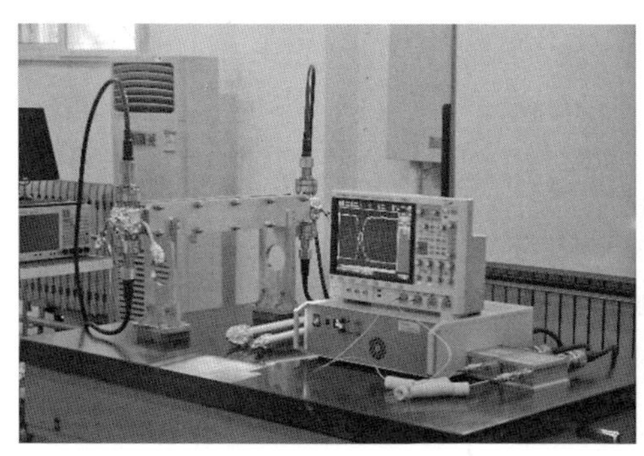

图 9-25　HEPS-TF 注入带状线冲击器系统样机

冲击器系统样机[11]。

参考文献

[1] 赵籍九,尹兆升. 粒子加速器技术[M]. 北京：高等教育出版社,2006：286 - 328.

[2] Holzer B. Beam injection, extraction and transfer[C]//Proceedings of the CAS - CERN Accelerator School, Erice, Italy, 2018.

[3] Harada K, Kobayashi Y, Miyajima T, et al. PF - AR injection system with pulsed quadrupole magnet [C]//The 3rd Asian Particle Accelerator Conference (APAC 2004), Gyeongju, Korea, 2004.

[4] Takaki H, Nakamura N, Kobayashi Y, et al. Beam injection by use of a pulsed sextupole magnet at the photon factory storage ring[C]//The 11th European Particle Accelerator Confrence(EPAC 2008), Genoa, Italy, 2008.

[5] Atkinson T, Dirsat M, Dressler O, et al. Development of a non-linear kicker system to facilitate a new injection scheme for the BESSY II storage ring[C]//The 2nd International Particle Accelerator Conference (IPAC 2011), San Sebastian, Spain, 2011.

[6] Da Silva Castro J, Alexandre P, Ben El Fekih R, et al. Multipole injection kicker (MIK), a cooperative project SOLEIL and MAX Ⅳ [C]//The 10th Mechanical Engineering Design of Synchrotron Radiation Equipment and Instrumentation (MEDSI 2018), Paris, France, 2018.

[7] Chen J, Wang L, Li Y, et al. A novel non-linear strip-line kicker driven by fast pulser in common mode [J] . Journal of Physics: Conference Series, 2019, 1350: 012051.

[8] Borland M. APS MBA lattice[C]//The 3rd Workshop on Diffraction Limited Storage Rings (DLSR 2013), SLAC, Menlo Park, USA, 2013.

[9] Steier C. ALS - Ⅱ [C]//The 3rd Workshop on Diffraction Limited Storage Rings (DLSR 2013), Menlo Park, USA, 2013.

[10] Duan Z, Chen J, Guo Y, et al. The swap-out injection scheme for the high energy photon source[C]//The 9th International Particle Accelerator Conference (IPAC 2018), Vancouver, Canada, 2018.

[11] Chen J, Shi H, Wang L, et al. Strip-line kicker and fast pulser R&D for the HEPS on-axis injection system[J]. Nuclear Instruments and Methods in Physics Research A, 2019, 920 : 1 - 6.

[12] Aiba M. Longitudinal top-up injection for small aperture storage rings[C]//The 5th International Particle Accelerator Conference (IPAC 2014), Dresden, Germany, 2014.

[13] Jiang B. On-axis injection scheme for ultimate storage ring with double RF systems[C]// The 6th International Particle Accelerator Conference (IPAC 2015), Richmond, USA, 2015.

[14] Xu G, Chen J, Duan Z, et al. On-axis beam accumulation enabled by phase

adjustment of a double-frequency RF system for diffraction-limited storage rings [C]//The 7th International Particle Accelerator Conference (IPAC 2016), Busan, Korea, 2016.

[15] Xu G. Longitudinal accumulation in triple RF systems [C]//The 1st Topical Workshop on Injection and Injection Systems, Berlin, German, 2017.

第 10 章
加速器控制技术

加速器控制系统不同于一般的工业过程控制系统，其控制对象是在真空管道中高速运行的带电粒子，需精确定位和控制在轨运行的粒子，以满足加速器的物理设计目标。带电粒子在加速器中产生、注入、加速、积累、对撞或打靶、引出束流到光束线，整个过程都由控制系统负责完成。因此，加速器控制系统又称为加速器的大脑和神经系统[1-4]。

加速器控制技术是一门与时俱进、不断发展的技术，新产品、新控制理念和新技术持续应用到加速器控制系统中。本章将介绍加速器控制系统相关技术及 CEPC 加速器控制系统的设计。

10.1 控制系统的组成

控制系统对被控对象(如温度、压力、流量、转速、转角、液位、电流、电压等)进行采样，经模数转换(analog-to-digital conversion, ADC)输入计算机，根据这些数字信息，计算机按照预定的控制规律将计算结果通过数模转换(digital-to-analog conversion, DAC)施加到被控对象上。

控制系统由硬件和软件组成，两部分缺一不可。控制系统硬件由被控对象、过程通道、主机系统和终端客户机组成。控制系统软件由系统软件和应用软件组成。

10.1.1 硬件系统

控制系统硬件是控制系统的基础和操作平台，用于对被控对象进行监测和控制，其结构如图 10－1 所示。

控制系统的硬件由以下几个部分组成。

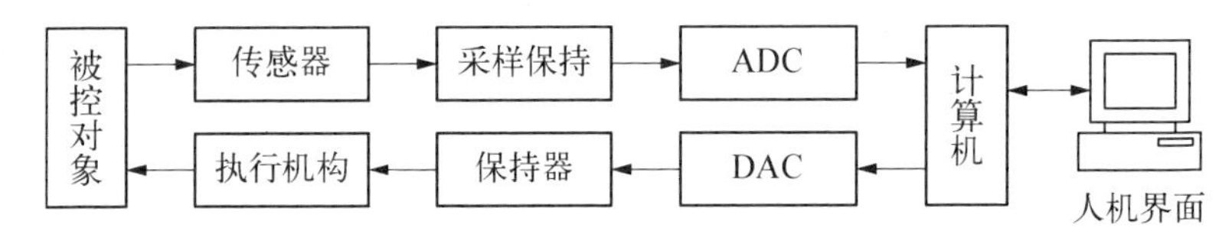

图 10-1　控制系统的硬件结构

(1) 被控对象。在自动控制系统中，一般指被控制的设备或过程。

(2) 过程通道。它是计算机和被控对象之间的通道，包括测量变换装置和执行机构、输入输出模块和信号调理模块等，图 10-2 是过程通道设备样例照片。

图 10-2　过程通道设备

来自被控设备的参量是连续变化的模拟量，而计算机只能处理数字量。模数转换器(ADC)和数模转换器(DAC)是模拟量与数字量之间的转换部件，它使得各种物理参数能被计算机处理。来自设备的数字量直接通过数字量输入模块(digital input, DI)和数字量输出模块(digital output, DO)与计算机进行数据交换。上述 4 类模块(即 ADC、DAC、DI 和 DO)统称为输入输出模块(I/O module)。另外，在输入输出模块和设备之间还需要一些接口电路，称作设备转接器或信号调理模块，将各种被测、被控信号转换为标准 I/O 模块的输入输出信号。

测量变换装置指各种类型的传感器、采样保持器和放大器，用于测量被控对象的物理参数、运动状态和干扰信号等，同时，将信号放大并转换成一定量程的模拟信号，送入模数转换器。功率放大和执行机构产生具体的控制动作，驱动被控对象的运动，实施对设备的操作。采样保持器把模拟信号转换为调幅脉冲序列，并且在给定时间内保持脉冲值不变。多路转换器实施对多路信号的切换。

（3）主机系统（如计算机系统）。在控制系统中起到控制器的作用，对采集的信号进行存储、处理，按控制任务的要求发出指令，输出控制信号。

（4）终端客户机（运行人机界面）。显示图形、参数和状态，操纵前端被控设备。

10.1.2　软件系统

软件控制系统是完成控制功能的软件程序的总称。软件系统主要完成各种操作、设备的监测和管理、计算作业和系统诊断等任务。因此，软件系统是控制系统的中枢神经，整个系统动作的执行都是在软件系统的指挥下进行的。软件系统包括系统软件和应用软件两部分。

（1）系统软件指计算机操作系统、控制系统的开发环境、通信管理软件和信息管理软件。控制系统经常使用实时操作系统作为系统平台，进行实时多任务调度，完成复杂的控制任务。控制系统的开发环境是应用软件研发的基础，它包括组态软件、编程语言、图形工具以及用于仿真计算和数据分析的软件等，选择一个良好的开发环境十分重要。网络和现场总线的通信管理软件负责管理不同层次结构上的数据通信，监视网络流量及配置管理网络。实时数据库和一些商业数据库系统用来管理控制系统的数据和信息，为管理人员和工程师提供服务。此外，系统中还有公共服务程序，如控制算法函数库、数字信号处理函数库等，供应用软件开发使用。

（2）应用软件是用户开发的控制程序，根据控制任务和用户需求研制开发，它包括设备的输入输出驱动程序、过程控制程序、过程控制算法程序、人机界面管理程序和系统诊断程序等。大型系统还需要开发高层管理软件，提供综合信息和决策支持。

10.2　控制系统发展史

由控制系统发展史可知，20 世纪 40—50 年代的自动控制系统基本由电子管硬件设备组成，负责被控对象的参数采集和控制，控制面板主要由按钮和指示灯组成。

自 1946 年第一台计算机出现以来，人们一直致力于将计算机应用到控制领域。1956 年，由美国汤普森・拉莫・伍尔德里奇公司（Thompson - Ramo - Wooldridge, TRW）与得克萨斯（Texas）公司采用 RW300 计算机设计和开发了一个控制系统，用于炼油厂聚合装置，于 1959 年投入运行，共采集 26 个流量、72 个温度和 3 个压力等方面的信号。计算机的主要任务是巡检系统参数，操作人员根据巡检的参数，执行手动操作和记录设备数据等。

20 世纪 60—70 年代，集成电路和计算机接口的出现，使计算机能够与变送器、执行机构相连，被控设备的参数可以送入计算机处理，使得自动控制理论和各种控制算法有了施展的空间，计算机控制系统的发展上了一个新台阶，实现了复杂的闭环和反馈控制。

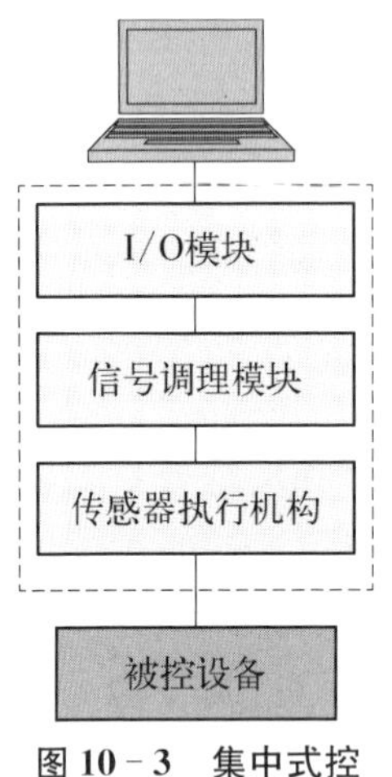

图 10 - 3　集中式控制系统

从体系结构上讲，此时的计算机控制系统属于集中式控制系统。计算机控制系统将几十个或数百个过程变量的采集、显示、控制和操作通过一台计算机实现(见图 10 - 3)。至今，这种集中式控制系统仍然被广泛地使用，已经成为实验室进行科学实验必不可少的系统结构。但是，集中式控制系统也有明显的缺点，即一旦控制计算机出现故障，则生产过程全面瘫痪。另外，单台计算机的中央处理器(central processing unit，CPU)速度和内存容量有限，对于大型控制系统来说，也限制了系统的规模和实时响应速度。

20 世纪 80 年代以来，由于网络通信和现场总线技术的发展，计算机控制系统从集中式向分布式体系结构发展，形成多级计算机控制的体系结构。设备控制的实时作业由分布在网络上的多台前端控制计算机(front-end computer)承担，对控制作业进行并行、分布式处理。管理层的工作由其他计算机完成，计算机之间使用网络交换数据。

分布式控制系统与集中式控制系统相比，具有较高的可靠性和响应速度。各子系统通过前端控制计算机分别控制不同的设备，它们独立工作，互不干扰。当一个子系统出现故障时，不会影响到其他系统的正常运行，提高了系统的可靠性。分布式系统的扩充性较好，当有新的被控设备接入系统时，只需增加前端控制计算机和 I/O 通道，不影响其他部分的运行。

分布式控制系统还具有多级控制功能，设备的操纵控制可以在中央控制室或设备现场进行。系统维修期间，通过本地计算机控制现场设备，易于系统的维护和调试。管理层计算机和操作界面分布在控制室和办公室，便于工程师和管理人员了解设备的运行情况。

由于上述优点，现代控制系统一般都采用分布式体系结构[5-6]。

10.3　分布式控制系统的体系结构

分布式控制系统由硬件系统和软件系统组成，一般具有两级或三级体系结构，如图 10-4 所示。

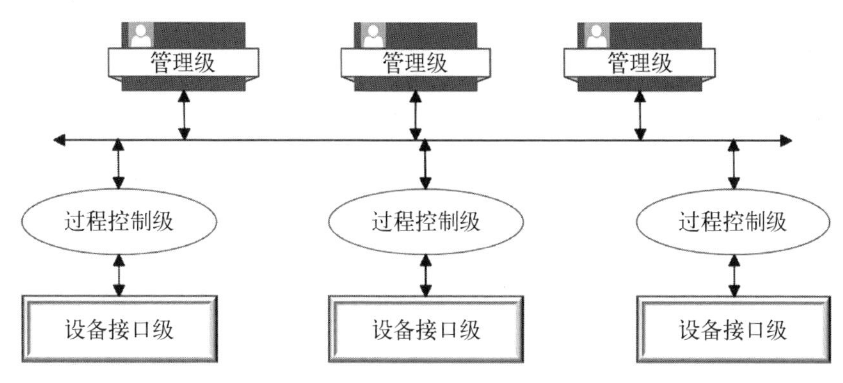

图 10-4　分布式控制系统

10.3.1　硬件结构

分布式控制系统的最高一级是中央控制级或工厂管理级。中央控制级在总控制室提供操作员界面和对系统的调度管理，它也面向工厂管理人员，管理者可以从办公室了解工厂设备和流水线运行的情况，以便制订经营管理策略，对产品进行质量控制。这一级应该有面向管理人员的界面、关系数据库系统和办公室自动化系统。若干台挂在网络上的服务器和其他计算机共同完成管理级的各项任务。

第二级是过程控制级。它是实施控制任务的实体。过程控制级包含多台控制计算机对设备进行控制。这些计算机称为前端机或前端控制器，分别对不同的前端设备进行控制，设备可以按区域、类型或流程划分。过程控制级中还有控制台计算机和工程师站，分别用于监控设备和系统的开发维护。过程控制级的计算机通过网络与管理层计算机通信。

第三级是设备接口级。设备接口级实现前端机和被控设备的连接。在两级系统中，前端机通过 I/O 接口直接连接被控设备。在三级系统中，还可以增加一层带处理器的智能控制器，如单片机、单板机或可编程逻辑控制器等。智能控制器通过 I/O 通道与被控设备相连接。设备控制器通过现场总线或网络与前端机进行数据交换。

分布式控制系统的通信系统在任何时刻都应保持畅通，应具有较高的可靠性和容错能力。若通信系统发生异常，能及时报警并进行自动处理。

10.3.2 软件结构

分布式控制系统的软件体系结构的核心是一个分布式实时数据库系统，实时数据库安装在前端控制计算机上，用于存放来自设备的实时数据。前端机上运行的数据 I/O 程序负责刷新数据库记录，运行在工厂管理级的人机操作界面管理软件从前端机的实时数据库中读取来自设备的参数，并刷新显示页面。

高层管理软件
高层网络通信软件
前端机控制软件
底层通信软件
智能控制器软件

图 10－5 分布式控制系统的软件层次

如图 10－5 所示，分布式控制系统软件有下面几个层次。

(1) 高层管理软件，包括人机操作界面软件、关系数据库系统，以及管理决策和办公自动化系统。关系数据库用于存储控制系统的历史数据和管理信息，为管理决策服务。

(2) 高层网络通信软件，为中央计算机和前端机之间的数据提供通信服务。

(3) 前端机控制软件，包括分布式实时数据库系统、设备控制应用程序、数据 I/O 驱动程序、故障诊断程序、控制算法等。

(4) 底层通信软件，指底层的网络或现场总线通信软件，实现前端机和设备控制器之间的数据交换。

(5) 智能控制器软件，指设备控制器上运行的软件，包括设备控制程序、I/O 驱动程序和故障报警程序及控制算法程序等。

上述各种软件在不同的计算机上运行，共同完成控制任务。

10.4 计算机控制技术

计算机控制技术涉及计算机、操作系统、自动控制、电子学、网络通信、数字信号处理、数据库、抗干扰和容错技术等技术。

10.4.1　实时操作系统

实时控制系统的控制器一般安装实时操作系统。实时操作系统除了具有一般操作系统的功能，如操作系统的核、指令集、命令解释、内存管理、磁盘管理、中断管理、文件系统和 I/O 驱动等外，还具有实时处理能力和实时多任务管理、调度的功能。实时性表现为对事件的响应时间是确定的。

实时操作系统的核心是实时多任务内核，它的基本功能包括任务管理、定时器管理、存储器管理、资源管理、事件管理、消息管理、队列管理等。这些管理功能以 API(application program interface)函数库的方式供用户调用。

实时操作系统有下面一些特征。首先，系统响应时间是确定的，即在用户要求的时间内响应外部事件。其次，实时操作系统任务切换时间短，中断响应时间确定。实时操作系统还具有优先级中断和任务调度的功能，它允许用户定义中断的优先级和任务的优先级，保证重要的任务在允许的时间内，被调度进入运行态。实时操作系统还实行抢占式多任务调度，在这种调度机制下，用户定义的最高优先级任务一旦准备好，处于就绪态，就可以马上抢占 CPU 进入运行态。另外，实时操作系统还支持实时多任务的通信。

10.4.2　任务和任务的调度

在实时操作系统中，任务(task)等同于分时操作系统中进程(process)的概念，指占有系统资源的可独立执行的程序。任务被区分为各种不同的"状态"来进行调度。不同的操作系统定义的状态略有不同，简单地说，实时操作系统任务有以下几种状态(见图 10-6)。

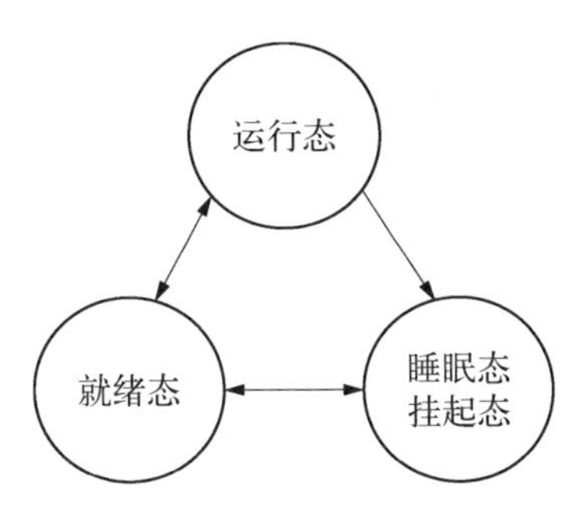

图 10-6　实时操作系统任务的状态

(1) 就绪态(ready)。该任务具备了运行条件，按优先级排队等待占用 CPU。在有的实时操作系统中，任务被创建时就进入就绪态。

(2) 运行态(running)。该任务正占有 CPU，处于运行状态，也称该任务处于执行态。在一个 CPU 系统中任何时刻只有一个任务处于运行态。

(3) 睡眠态(sleep)。此状态为不可执行态。该任务正在等待信息、资源或处于时间延迟等待中。有的操作系统还有挂起态(suspend)，即该任务被自己或其他任务挂起，此时这个任务也处于不可执行态。

在系统中的每一个时刻，每个任务都处于上述的一种状态中，操作系统的任务调度负责管理运行在系统中的任务，对任务进行调度。任务的调度可以采用分时调度法和基于优先级的抢占式调度法。分时调度法是每个任务划分固定的时间片执行，不能保证对紧急事件的及时处理。而基于优先级的抢占式调度法能真正保证实时性，在这种调度方式下，每个任务都有一个优先级。进入就绪态的任务按照优先级排队，高优先级任务先得到CPU，这样最高优先级的任务只要进入就绪态，就可以抢占CPU。

10.4.3 任务的同步和互斥

控制系统中有很多任务并行作业，有些任务需要同步触发执行，有些任务彼此是互斥的。如何管理这些有不同要求的任务呢？任务的同步可以用时间来管理，比如在计算机系统时钟的某一时刻同时启动一组任务的执行，或者用延迟一定时间的方法来达到同步的目的。任务的同步还可以用事件标志来管理，系统中可以设定事件标志码，当某一事件标志码置位时，就可以激活一个或多个任务。

任务对系统资源有需求如I/O通道、外部设备、共享内存等，且两个任务不能同时占用一个系统资源，因此需要进行任务间的互斥。任务的互斥可以使用信号灯和事件标志。用户可以设置信号灯，当一个任务占用某系统资源时，这个信号灯置位，其他任务在使用该资源之前要先读取信号灯的值。如果信号灯已经置位，则其他任务进入睡眠态等待资源，直到占用资源的任务释放资源，信号灯复位，其他任务才能使用该系统资源。用事件标志实现任务互斥的概念与信号灯类似。

用户调用系统库的函数对任务进行管理，实现任务的启动、挂起和停止等。

10.4.4 任务间的通信

系统中运行的任务之间需要交换数据和信息，在同一台计算机上的任务，可以使用消息队列、管道、共享内存来实现数据交换。在网络上不同计算机节点上的任务使用TCP/IP协议提供的管道通信，也可以使用组态软件和商业通信软件包实现任务间的通信。

共享内存是任务间通信中最简单的方式之一，共享内存允许两个或多个任务访问同一个内存，当某一任务改变了共享内存中的数据，其他任务都会看到更新后的数据。共享内存是任务间共享数据的一种最快的方法。一个任务向共享的内存区域写入了数据，共享这个内存区域的所有任务就能立刻看到其中的内容。任务间使用共享内存方式通信时，应注意多个任务之间对该给定存储区访问的互斥，即一个任务正在向共享内存区写数据，则在它完成该操作前，其他任务应避免读、写这些数据。

任务之间通信的另一机制是消息队列。它允许一定数量、不同长度的消息进行排列。任何任务或中断服务程序均可发送消息给消息队列，任何任务也可以从消息队列接收消息。通过调用消息发送或消息接收的函数接口，各任务向消息队列发送消息或接收来自该消息队列的消息，且发送或接收消息都有时间限制，超出指定的等待时间，将放弃本次发送或接收的消息。

管道是一种最基本的进程间通信机制，以先进先出的方式从缓冲区存取数据。写任务按顺序将进程数据写入缓冲区，读任务则按顺序地读取数据，读和写的位置自动增加，一个数据只能被读一次，读出后在缓冲区将不再存有该数据。当缓冲区读空或者写满时，依据一定的规则控制相应的读任务或写任务是否进入等待队列。

10.4.5　网络通信技术

网络和现场总线是控制系统的大动脉，它将分散的计算机、处理器和智能控制器连接在一起，承担着信息传递的任务。

控制系统对网络通信的要求与一般用途不同，它要求通信系统有快速的实时响应能力，很高的可靠性，能适应恶劣的工业现场环境，如电源干扰、雷击干扰、电磁干扰和地电位差干扰等。

10.4.5.1　局域网络技术

计算机网络是通过通信线路连接起来的计算机系统。地域广的卫星通信、海底电缆称为远程网络(wide area network，WAN)。局域网(local area network，LAN)分布在有限的地理范围，有较高的通信速率和较低的误码率。紧耦合网络用于计算机间通信，由内部总线或硬件连接完成，在计算机双机热备份系统中常使用这种紧耦合的连接。

1) 网络的拓扑结构

网络的拓扑结构有星形结构、环形结构和总线型结构。星形结构网络中各节点连到共用的交换中心，可实现点对点的通信，缺点是交换机故障会导致通信中断。为了增强系统的可靠性，核心交换机常采用双机热备份系统，当一台交换机发生故障时，自动切换到另一台上工作。环形结构采用串行通信模式工作，当某一节点故障时会阻塞通路。总线型结构使得各节点共享通信线路，以广播的方式传递信息，当多个节点同时向网上发送信息时会产生碰撞，降低通信效率。

2）传输介质

网络的传输介质有双绞线、同轴电缆、光纤等有线介质和微波、红外线、激光等无线介质。

双绞线由两根互相绝缘、互相扭接在一起的铜线构成。多对双绞线可以封装在屏蔽护套内构成一条电缆。与其他传输介质相比，双绞线在信道带宽、数据传输速率和通信距离方面受到一定限制，但是双绞线的价格便宜、易于维护和安装，因此使用广泛。

同轴电缆由一个空心外部导体围裹着一个内部导体组成。内部导体可以是单轨实心线或绞合线，用固体绝缘材料固定。外部导体可以是单股线或编织线，外面用屏蔽层遮盖。50 Ω 的基带同轴电缆用于数字信号传输，传输距离为几千米。75 Ω 的宽带同轴电缆常用于模拟信号的传输，传输距离可达数十千米。

光纤即光导纤维，由玻璃纤维或塑料纤维制成，线缆中传输光信号。两端加光电信号转换器件，可以与发送或接收电信号的设备连接。光纤传输速率高、传输距离长，信号衰减小、误码率低。但是光纤对端接技术要求高，包括端接的牢度、表面抛光度、准直的要求，另外还要防止折断。

常用的无线介质有微波、红外线、激光等。无线介质的传输要求在发送方和接收方之间有一条可视的通路，通过地面微波接力站和卫星传送信号。无线介质的传输速率很高，如微波工作在 $1\times10^{9}\sim1\times10^{10}$ Hz，激光工作在 $1\times10^{14}\sim1\times10^{15}$ Hz。但是，红外线和激光对环境的干扰比较敏感，如雨或雾的干扰。微波对自然环境的干扰不敏感，但存在不安全因素如被窃听和插入等。

3）工作模式

网络传输技术按在信道中传输的方式可分为单工、半双工和双工。单工传输模式时，数据只能沿一个方向传输。半双工模式时，数据可以双向传输，但是它分时操作，同一时刻只有一个方向的传输。双工模式可以同时双向传输。数据传输分同步传输和异步传输。网络控制的方法分为主从方式、无主方式和总线竞争方式。主从方式是网络中有一个主站，主站控制从站介质的访问。在无主方式中只有得到令牌的节点才能发送数据，而总线竞争方式是由挂在网上的计算机以竞争的方式获得发送数据的权力。

4）差错校验

网络通信通过错误检测及纠错编码来减少传输误差。传输误差常常来自传输线路中的噪声，包括由传输介质和放大电路中电子热运动产生的白噪声和由外界干扰造成的突发噪声。数据差错的检验和校正可以使用表决策略，即多次发送数据，在接收端上进行表决；也可以使用回声检测方法，即接收端将接收的数据回送，由发送端校验后再给出应答。另外，冗余校验方法也很常用，这种方法在信息数据上加上冗余校验位，以判定传输的数据是否正确。

5）局域网络设备

局域网络发展很快，网络设备也在不断更新。当今，交换机已经成为局域网主流连接设备。常用的局域网设备包括路由器、交换机、集线器、网卡和网络服务器等。随着无线局域网的快速发展，无线访问节点和无线网卡在局域网中也使用得越来越多。

10.4.5.2　现场总线技术

根据国际电工委员会 IEC1158 的定义，现场总线是安装在生产过程区域的数据通信线路，它使现场设备、仪表之间以及与上一级控制装置之间进行串行的、数字化的、多点的数据通信。现场总线使得许多智能设备、控制器、传感器、远程 I/O 模块和执行机构可以放在设备现场，通过现场总线把它们集成在一起进行数据交换。现场总线和智能设备控制器可以构成分布式控制的现场控制级，实现信息处理的现场化。它是通信技术、仪表智能化技术和自动控制技术结合的产物。

采用现场总线的设备控制器可以安装在设备附近，减少了前端机到设备的传输电缆，降低了系统造价。现场总线的抗干扰能力强、可靠性高、价格低廉、产品灵活多样，但是各现场总线厂家的产品之间不兼容。

目前，现场总线已经广泛地进入加速器控制领域，在前端控制级和现场控制中使用。

10.4.5.3　常用的现场总线

虽然国际上有多种现场总线，加速器控制中常用的现场总线有下面几种[7]。

（1）CAN(controller area network)总线是 20 世纪 80 年代初德国 Bosch 公司推出的产品，遵从 CSMA/CA 通信协议，对于总线型通信，信息以广播方式传播，其通信速率为 1 Mbit/(s・40 m)或者 5 kbit/(s・10 km)。CAN 总线支持七层网络通信协议的物理层和数据链路层。它使用双绞线通信，常用于现场设备的控制。在高能物理界，德国 BESSY 加速器和 DESY 加速器使用 CAN 总线。

（2）PROFIBUS(process field bus)是德国于 20 世纪 90 年代初制定的国家工业现场总线协议规范，即 DIN19245，由十几家工业企业和五家研究所经过两年多的时间完成，可满足现场设备接口的基本需求。1996年，欧洲电工委员会将PROFIBUS批准列为欧洲规范EN50170，同时，德国注销了原有的规范DIN19245。PROFIBUS以主从方式或多主方式工作，传输速率为9.6 kbit/s～12 Mbit/s。PROFIBUS有三种类型：PROFIBUS FMS用于对响应时间要求不高的上层通信中；PROFIBUS DP是一种优化的通信模块，用于对时间要求较高的通信，常用于设备现场控制的数据交换；PROFIBUS PA用于比较恶劣的现场环境中。PROFIBUS产品能构建一个完整的工厂控制和信息管理系统，广泛地应用于工业控制的各个领域。CERN加速器主要使用西门子PLC和PROFIBUS作为前端控制设备。

（3）ControlNet是美国罗克韦尔公司的现场总线产品，是在DeviceNet的基础上发展起来的，数据传输速率为5 Mbit/s。数据的传输具有时间的确定性和重复性，常用于数据高速传输以及对信息传输有时间苛求的场合，链路上所有控制器之间可实现预定的对等通信互锁。ControlNet的另一特点是设计简单灵活，它虽然以总线技术为基础，仍可使用中继器构成树状和星形拓扑结构，采用光纤或中继后，最大传输距离可达几十千米。采用冗余结构，使用备用电缆以保证通信的可靠性。通信电缆可采用双绞线、光纤或同轴电缆。以生产者/客户模式进行通信，数据的发送与客户的数量无关，提高了传输效率。美国SNS和我国BEPCⅡ采用ControlNet作为底层的通信设备。

（4）Lonworks(local operating network)是美国埃施朗(Echelon)公司推出的现场总线，它允许使用多种传输介质，传输速率为78 kbit/(s·2 700 m)～1.25 Mbit/(s·130 m)。Lonworks产品可以从前端I/O集成到高层应用，能快速模块化地安装，广泛应用于环境温度控制领域和电力行业等。国外曾有加速器控制系统采用Lonworks建造了样机，发现其CPU处理能力有限，计算速度不够快，大批量实时数据的传输速度无法令人满意。

另外，WorldFIP也是使用较广的一种现场总线，它的高可靠性受到用户的青睐，CERN的LHC加速器使用了该总线。

10.4.5.4 工业以太网

现场总线有许多优点，但也有一定的局限性。比如，现场总线没有统一的标准，通信速度不够高，主要用于现场控制，大部分现场总线不能提供从现场控制层到管理层的信息集成。工业以太网采用交换式以太网技术，传输速率为100 Mbit/s～1 Gbit/s，在时间的确定性方面优于传统的以太网。因此，工业以太网在控制系统中得到了越来越多的应用，主要有四种标准：Ethernet/

IP、Modbus TCP/IP、PROFINET 和 FF HSE。

Ethernet/IP 基于 ControlNet 和 DeviceNet 的 CIP 协议标准(control and information protocol),这个标准把联网的设备组织成对象集合,对这些对象定义存取操作、对象属性的扩展,使得分散的各种设备可以用公共的机制进行访问。Ethernet/IP 使用了所有传统以太网的传输控制协议,所以它支持所有标准的以太网设备。数百个设备供应商的产品支持 CIP 标准,已经被大量使用,如美国罗克韦尔公司的 CompactLogix 的 PLC 产品就是支持 Ethernet/IP 标准的工业以太网。

Modbus TCP/IP 是原美国莫迪康公司开发的一种通信协议,在工业领域广泛应用。Modbus TCP/IP 是在 Ethernet 和 TCP/IP 上结合 Modbus 协议,把 Modbus 帧嵌入 TCP 帧中,使 Modbus 与以太网结合,成为 Modbus TCP/IP。在目前的工业以太网标准中,Modbus TCP/IP 是最简单的一种。它也被 SCADA 产品广泛支持,比如施耐德公司的产品就支持 Modbus TCP/IP 协议的工业以太网。

PROFINET 并不是 PROFIBUS 和 Ethernet 协议的简单结合,它没有使用任何 PROFIBUS 协议。PROFINET 定义了许多设备和程序参数的对象模型,采用 TCP/UDP/IP 协议,加上应用层的 RPC/DCOM 完成节点之间的通信和网络寻址。PROFINET 可以挂接传统的 PROFIBUS 系统和智能现场设备。西门子公司的 PLC 产品支持 PROFINET 工业以太网。

基金会现场总线(foundation fieldbus, FF)的高速以太网(high speed ethernet, HSE)把 FF 的 H1 协议映射到 UDP/IP 或 TCP/IP 中,HSE 能以 100 Mbit/s 的速率运行在 TCP/IP 上。

10.4.6　信号的采集与处理

信号采集是将来自设备的模拟输入信号数字化并进行预处理,以便将规范、正确的数据提供给计算机进行计算和控制。

1）采样周期的选择

采样周期是指两次采样之间的时间间隔。根据采样定理,采样频率 ω_s 必须大于或等于被采样信号最高频率 ω_{max} 的 2 倍,即

$$\omega_s \geqslant 2\omega_{max}$$

采样周期的确定是时间数字化的问题,因为 ADC 必须确定单位数字量所对应的模拟量的大小。从控制的角度来看,采样周期小一些好,但是实际的采

样周期受到控制系统软硬件的制约，它与 ADC 的速度、采样通道数目、总线速度及 I/O 任务的调度周期等因素有关。确定信号的采样周期应从下面几方面考虑：① 信号变化的频率。频率越高，采样周期越短。② 控制对象的特性。当对象的纯滞后比较大时，采样周期应与纯滞后时间大致相等。③ 控制质量的要求。质量要求越高，采样周期应越短。如加速器控制系统中磁铁电源信号的采样频率一般为 1～2 Hz，而束流反馈系统中，单束团流强的采样频率则高达 2 GHz。

2）数字滤波法

控制系统接收的信号中会带有干扰，通常是各种不同频率的噪声信号。为了抑制干扰，在模拟器件的输入信号端配置 RC 滤波器能有效地抑制高频干扰，但对低频干扰的滤波效果不佳。数字滤波使用数学方法对输入信号进行处理，它可以对各种信号进行有效滤波，包括频率很低的信号，弥补了硬件滤波器的不足。数字滤波的优点是不需要增加任何硬件设备，而且数字滤波的稳定性高，回路之间不存在阻抗匹配问题，因此应用非常广泛。常用的数字滤波方法有变化率限幅滤波、递推平均滤波、加权递推平均滤波、中位值法和一阶惯性滤波等，联合使用上述数字滤波方法能得到更好的效果。

3）数据预处理

数字化的模拟信号进入计算机之后，还需要进行预处理，剔除错误的数据，完成标度变换，才能进入计算和控制环节。数据预处理包括以下几方面。

(1) 模拟量的量程检查。检查输入数据是否超过了允许的量程，在量程范围内的数据为有效数据。超过量程，但在允许范围内的数据为可疑数据。超过允许范围的数据是无效数据，程序将停止扫描，发出报警信息，防止硬件故障的进一步扩大。

(2) 模拟量变化率超差检查。在信号采样中保留上一次的采样值，将本次采样值与上次采样值比较，算出变化率。如果该变化率超出限定值，应拒绝接收该数据。

(3) 模拟量近零死区的处理。由于 ADC 的误差或者仪表的误差，可以预先设置一个近零死区($-\varepsilon$, ε)，凡进入该区域内的数据强制为零。

(4) 标度变换。将从模拟输入部件采集进来的二进制数据转换成工程单位，比如温度、流量和电流等物理量单位。一般使用数学表达式进行变换，大多数的变换是线性变换或者多项式变换。不能用数学公式表达的变换使用查表法进行工程单位的变换。

(5) 数字量输入抖动的处理。数字量输入只有开和关两个状态,干扰信号会引起数字量输入信号在 0 和 1 之间频繁地抖动。处理方法为在数字输入模块上设计消抖电路,也可以用软件办法消除抖动。

10.4.7 数据库信息管理系统

当前加速器控制系统越来越依赖于信息技术的发展,以太网技术介入了控制系统的数据交换领域,使得用户能在更大的范围内交换信息。控制系统数据库中存储和管理大量静态和实时的数据,供加速器控制系统和物理学家进行研究和分析。早期的加速器控制系统数据库是用户自己开发的简单的数据存储检索装置。20 世纪 90 年代以来,分布式关系数据库管理系统如 Oracle、Sybase、MySQL 等进入了控制领域。近年来,面向对象的数据库系统面市,在控制系统中也有应用。

控制系统有两种数据库系统:驻留在控制计算机内的实时数据库,用于存放与设备和机器运行有关的实时数据;安装在服务器上的历史数据库,用于存放历史数据及其他相关的信息,常常使用关系数据库。加速器控制系统数据库中存放的数据和信息可分为三部分。

(1) 静态参数。包括加速器机器参数(如 lattice 参数)、磁铁测量参数、加速器部件信息、控制系统设备信息和配置参数等。

(2) 动态参数。动态参数是控制系统的实时数据,包括所有来自设备的数据、故障报警记录、束流参数等,上述实时数据均带有采样时刻的时间标记存入数据库。

(3) 加速器运行管理信息。包括加速器设计文件、控制系统帮助文件、运行值班记录、设备维修记录、系统技术档案以及人员和经费信息。

10.4.8 干扰和容错技术

控制系统的计算机与一般用途的计算机不同,它们常常工作在恶劣的环境中,比如现场的强电磁场、恶劣气候和振动等,而且控制系统的电缆传输弱电信号,因此,上述干扰环境可能造成控制信号失真,或者计算机不能正常工作而导致系统瘫痪。实时控制系统的可靠性、稳定性常成为系统调试和运行中的主要问题,干扰的影响是存在这一问题的主要原因。

干扰是有用信号以外的噪声或者使系统发生恶劣变化部分的总称,如强电磁场对控制系统小信号传输的干扰。消除或抑制干扰才能使控制系统正常地工作。抗干扰是一个复杂的系统问题,需要先分析干扰源,再寻找解决的办法。

10.4.8.1 抗干扰技术

1) 控制系统中的干扰源

控制系统的干扰可能是外部干扰,比如天电干扰、雷达或大气电离作用,以及气象现象的干扰电波。有些干扰来自其他设备,如电台的电磁波、高频设备、电焊机等。有些干扰来自控制系统的内部,比如不同信号间的感应,长线传输的波反射。此外,还有由于多点接地造成电位差引入的干扰、设备中各种寄生振荡引入的干扰、噪声干扰以及来自传感器本身的噪声等。

2) 干扰的耦合方式

控制系统受干扰的四种耦合方式如下: ① 静电耦合,即平行导线传输时导线间分布电容造成的相互耦合。② 互感耦合,空间磁场在载流电路周围产生的干扰。③ 共阻耦合,两个电路的电流流经同一电阻时,一个电路在阻抗上的电压降低会影响到另一个电路。④ 电磁波辐射耦合,在高频电流流过导体时产生。

3) 干扰的分类

干扰分为横向干扰和纵向干扰两种。横向干扰(串模干扰)是叠加在直流信号上的交流干扰信号,如空间电磁场干扰、传感器输出的交流分量、供电系统带来的干扰等。纵向干扰(共模干扰)是由接地不合理引入的干扰。

4) 抗干扰措施

根据对干扰源的分析,控制系统设计时应制订相应的抗干扰措施,选择抗干扰性能好的控制设备。设计时应从以下几个方面来考虑抗干扰措施:

(1) 供电系统采用隔离变压器、交流电源滤波器、不间断电源 UPS 等隔离设备,阻断来自电网的干扰信号。

(2) 在过程通道上采用屏蔽双绞线、同轴电缆、光纤传输信号,防止空间电磁场的干扰。为了防止强电设备的干扰引入控制系统,使用光电隔离器或继电器进行隔离,为模拟输入信号增加滤波器,以去除干扰信号。

(3) 合理地配置地线防止电位差引入干扰。控制系统与强电设备要分别使用不同接地点,两个接地点之间要完全隔离。

10.4.8.2 避错技术和容错技术

控制系统运行过程中会发生故障,为了将故障率降到最低,采用避错技术和容错技术可提高控制系统的可靠性。避错技术的概念是尽量减小故障出现的概率,采用的方法如下: 在强干扰区域工作的控制系统尽量选择 PLC 等抗干扰性能好的设备;自研电子学部件时要注意元器件的筛选和制作工艺;接插件和各种开关可以采用双接点结构，端接要牢固；注意安装工艺，包括电缆的铺设、机柜的安装、屏蔽和接地等；改善系统运行环境，增加防尘、防潮、散热、通风措施。

容错技术不是避免故障，而是利用外加冗余资源，减少故障带来的损失。容错技术包括限制故障的范围，进行故障诊断，确定故障位置，屏蔽故障，进行离线和在线测试，以及重新启动系统等。为了减小故障带来的影响，系统的硬件设备要有备份，通常可以按照设备的重要程度决定备份的数量，重要的设备为 1∶1 冗余，其他组件为 3∶1，5∶1 或 7∶1 冗余。

10.5　加速器控制系统

随着人类对未知领域探索的深入，设计和建造的加速器规模也越来越庞大，如 20 世纪 80 年代美国提议的超导超级对撞机（superconducting super collider，SSC）、国际合作计划项目拟议的国际直线对撞机（international linear collider，ILC）、CERN 规划设计的未来环形对撞机（future circular collider，FCC）、我国科学家正在规划和设计的环形正负电子对撞机（circular electron-positron collider，CEPC）并适时升级为超级质子-质子对撞机（super proton-proton collider，SppC）的方案。控制系统不但要为加速器控制系统的设计和建设工作服务，也要能存储加速器设计、建造和调试全过程中产生的海量数据，以便科学家开展前期设计和后期研究。

加速器的许多设备，比如高压脉冲电源、大功率的高频发射机和冲击磁铁电源等，具有高压、高频和强流的特点，在运行过程中它们会产生很强的空间电磁场和高压脉冲，对控制系统的弱电信号造成强大的干扰，从而增加了控制系统设计和建造的难度。因此，控制系统必须有很好的抗干扰措施，才能保证系统的正常运行。

加速器控制系统的控制目标是高速运行的带电粒子，粒子的运行速度接近光速，因此，加速器控制需要有极高的控制精度和较快的实时响应速度以及高可靠性。因加速器常年开机运行，控制系统必须具有很高的可靠性。

为了便于理解和学习加速器控制系统的设计和建设，下面以 CEPC 为例简单介绍加速器控制系统的设计。

10.5.1　加速器控制系统的任务

加速器控制系统对 CEPC 加速器的设备进行监测和控制，显示运行参数，为操作员提供调束的手段。操作员通过人机界面操纵设备，实现束流的产生、输运、注入、加速积累到预定能量，并控制和调整束流轨道，实现加速粒子的对撞、打靶或引出束流到光束线，达到预定的物理目标。控制的设备包括磁铁电源、高频系统设备、真空系统设备、注入设备、束流测量设备等。此外，也包括对与加速器配套的通用设施的控制，如对超导低温系统的控制、循环冷却水系统的控制、压缩空气系统的控制和电力系统的控制等。

由于 CEPC 规模大，被控设备数量多，控制系统采样通道数达到百万量级之多，实时运行参数的年存储量初估有几百太字节甚至达到拍字节量级。因此，控制系统还要为物理学家和维护运行人员提供一个信息储存系统和信息管理平台，用于海量数据存储，实现信息共享，便于上述人员在线和离线分析加速器装置。

10.5.2 加速器控制系统的功能

为了实现上述任务，CEPC 加速器控制系统应该具有以下功能。

（1）设备的监测和控制功能。控制系统对各类设备实施开/关机、调节参量的操作，且能在本地和中央控制级实施，具有友好的人机界面、设备状态及参数的巡检报警功能。

（2）提供加速器调束软件，如对运行模式的控制、磁聚焦结构的调整、束流闭轨畸变的校正等。

（3）以数据库为核心的信息管理系统，存储加速器的机器参数、实时数据和历史数据，用户通过人机界面访问数据库中的信息。

（4）安全联锁系统，确保设备和人员的安全。

（5）定时系统，为系统提供同步的时钟脉冲和各分系统的时间基准。

（6）通信系统，通过计算机局域网络传递信息，在中央控制室、实验区以及办公室显示系统运行参数，使各部门工作人员掌控和了解加速器装置运行状态。

10.5.3 加速器控制系统的体系结构

现代加速器装置均采用分布式体系结构设计其控制系统，加速器控制任务由分布在网络节点上的计算机共同完成。因此，系统具有很强的并行处理能力、很高的可靠性和实时响应速度以及良好的扩展性能。

近年来，国际加速器控制界提出控制系统体系结构的标准模型，该模型具有两层或三层结构(见图10-7)。标准模型的最高层为操作接口层,它由若干台计算机组成,提供操作界面,安装数据库管理系统和高层应用软件,供大型在线和离线计算作业和程序开发之用。标准模型的第二层是子系统处理级,由分布在被控设备附近的前端控制计算机组成。前端机和高层计算机通过局域网连接,进行数据和信息的交换。第三层为设备控制层,在较小的系统中,前端机通过I/O接口和信号调理模块直接与被控设备连接。在大型加速器控制系统中,增加现场控制层,使用PLC控制器或者基于单片机技术的设备控制器对设备进行现场控制。现场控制器通过现场总线或以太网与前端机进行数据交换。

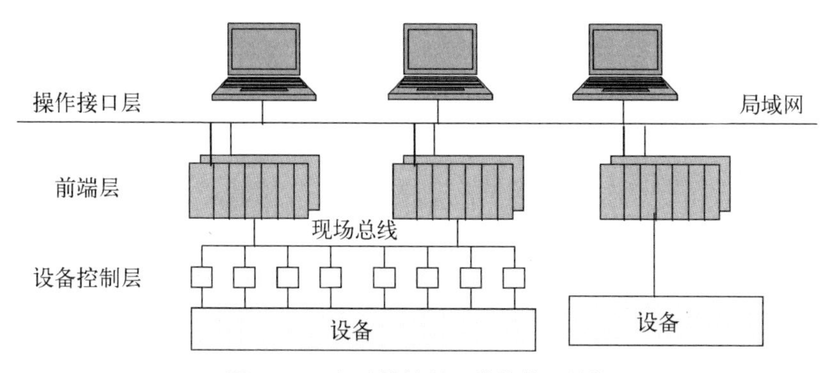

图10-7 加速器控制系统的体系结构

软件方面,使用组态软件建立控制系统的软件体系结构,客户端运行人机界面管理程序和应用软件,前端控制计算机上运行实时数据库和控制程序。

10.5.4 加速器控制系统的组成和设计

为了便于统筹规划控制系统,根据被控设备数量、类型和作用域等不同特性,CEPC控制系统由全域控制、局域控制和第三方集成控制组成。控制系统必须具有较高的可靠性、可用性、稳定性、灵活性、可扩展性和实时性,保障CEPC加速器的长期稳定运行。

10.5.4.1 全域控制系统

CEPC全域控制系统由中央控制系统、机器保护系统、人身安全联锁保护系统和定时系统等子控制系统组成。

1) 中央控制系统

中央控制系统由多台上层计算机担负着设备管理、用户管理、文件系统管理、版本一致性管理、安全管理、数据处理、物理计算等大量任务。这是一个多机、多用户、多任务的分布式开发运行环境,对上层计算环境的有效管理可以显著提高控制系统的开发效率和运行可靠性。承担加速器运行的控制系统上层环境需要一定数量的服务器、工作站以及打印机、磁带机等设备。中央服务器带有多 CPU 或 GPU 以及大容量的硬盘,具有较强的计算和数据处理能力。这些服务器包括数据服务器、网络文件服务器和控制系统服务器。

数据服务器带有海量存储容量的硬盘阵列,用于安装关系数据库系统,存储控制系统的机器参数、实时和历史数据以及管理信息,供物理学家、操作人员、系统开发和维修人员对相关数据进行在线和离线分析。

网络文件服务器为控制系统提供网络文件服务,用户在任一台联网的计算机上开发的程序都会自动地存储到同一台网络文件服务器上,该服务器上安装文件管理系统,如版本控制软件,可对用户文件和程序进行版本一致性管理。

控制系统服务器上安装 EPICS 系统软件[8-12]、控制系统启动文件和控制应用软件。CEPC 控制系统启动时,OPI、IOC 及其应用程序就被下载到客户计算机和前端计算机上运行。加速器物理的在线计算软件也运行在控制系统服务器上。

为了保证控制系统的高可靠性,重要的服务器需进行冗余设计,常常采用双机热备份系统或集群系统,当一台服务器发生故障时,另一台服务器立即接管主服务器的任务,保证控制系统的连续运行。

操作员控制台普遍使用高性价比计算机,也有些系统使用工作站。控制台可以安放在中央控制室、子系统本地控制站以及设备现场,为操作员提供友好的图形操作界面,用于监视控制设备的运行状态。操作员控制台计算机挂在以太网上获取来自前端计算机的数据和信息。为了使重要的信息更醒目,很多实验室采用大屏幕等离子体和液晶显示器,构建大屏幕显示墙,放在中央控制室。

2) 机器保护系统

机器保护系统不是人身安全联锁保护系统,也不是设备级保护,而是系统级的联锁保护和束流管控系统。当意外事故发生时(如设备故障或束流异常),它能可靠地、快速地切断束流或将束流导向垃圾桶,以免加速器装置受损。

加速器设备保护是分级控制和管理,从上到下可以分为四级:中央级、系统级、分系统级和设备级,如图 10-8 所示。

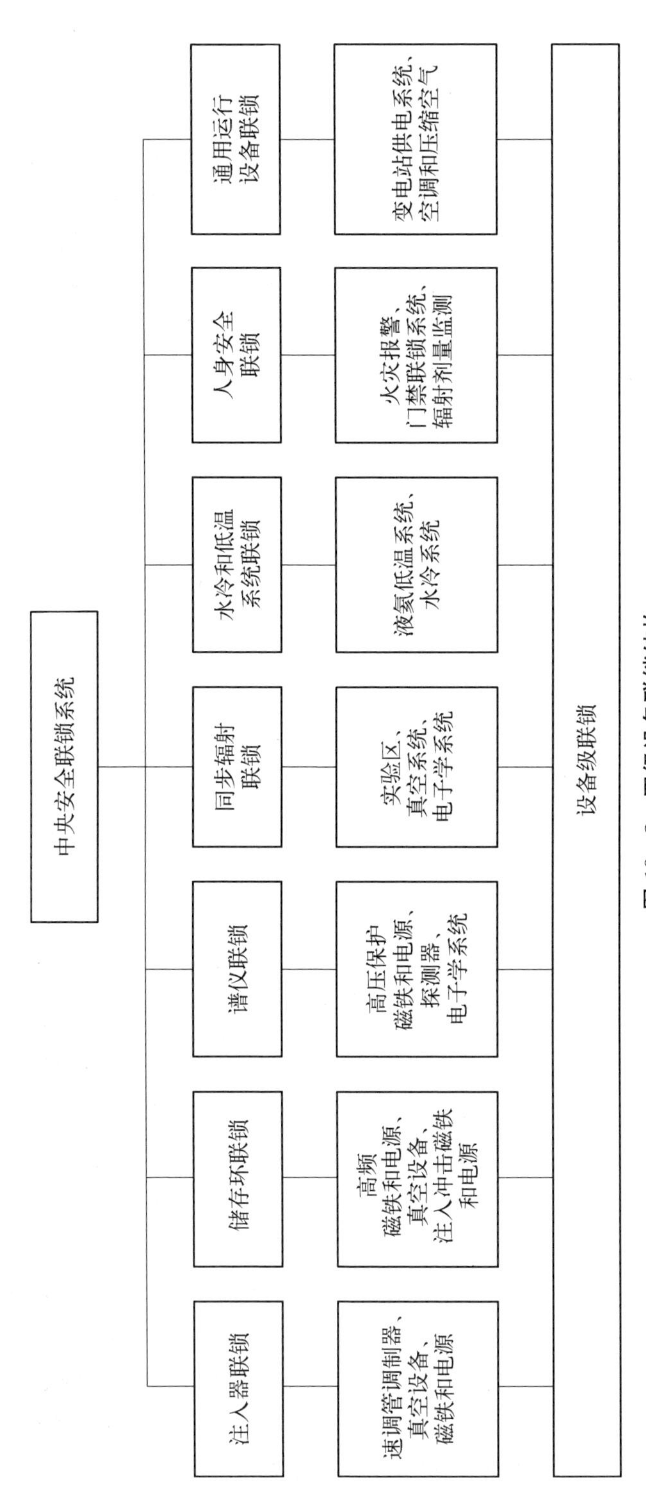

图 10－8　四级设备联锁结构

机器保护系统负责处理各个系统之间的设备联锁保护和束流模式管控，负责对加速器开机和关机操作流程进行控制。比如在加速器开机运行前检查各系统是否准备就绪，按照操作流程，按顺序启动直线注入器、增强器、储存环、谱仪和同步辐射等系统，也负责提供故障报警和联锁状态，向各部门通报运行信息。束流模式管控指预设不同流强束流和运行模式的加速器工作模式管理，如不同流强下的直线工作模式、不同流强下的加速器调试模式、不同流强下的同步辐射供光模式等。

下面将举例说明机器保护系统和设备级联锁保护的内容及其联动机制。如储存环真空联锁保护系统可在束流管道内的真空环境被破坏时，关闭相应的真空阀门，保护管道内的真空环境，这属于设备级联锁保护。由于 CEPC 束流能量较高，如果直接关闭真空阀门，束流将击穿落下的阀门，导致阀门设备损坏。因此，需要优化保护逻辑，储存环真空联锁保护系统发现真空环境被破坏时，首先请求机器保护系统打束，再关闭真空阀门。机器保护系统收到真空联锁保护系统的打束请求后，立即启动打束流程，同时禁止储存环的注入系统引入新的束流，直至故障解除。

根据被保护设备对时间响应的需求不同，机器保护系统核心控制器由 PLC 和 FPGA 组成，PLC 负责秒级响应的设备联锁保护逻辑，FPGA 负责微秒级响应的机器联锁保护动作。上位机 PC/IOC 通过现场总线与 PLC 和 FPGA 进行数据交换，设备联锁保护逻辑在 PLC 和 FPGA 中运行，如图 10－9 所示。

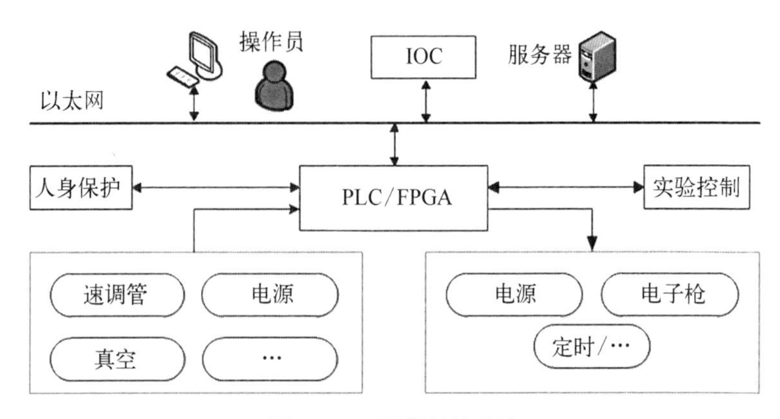

图 10－9　机器保护系统

机器保护系统的信息可分为三个等级，即致命故障、非致命故障和状态信息。致命故障给出红色报警信号，自动启动联锁保护程序或由操作员决定采取何种处理措施对设备进行保护。非致命故障在操作员控制台上给出黄色报警信号，提示设备发生或可能发生故障。状态信息是设备运行的状态参数，显示在控制台上，状态信息颜色的变化可以表示设备的运行情况。

3）人身安全联锁保护系统

人身安全联锁保护系统应保证人员安全，使其免受辐射伤害。当意外事故发生时，系统能够可靠、快速地切断束流，发出报警信息，并向中央控制系统报告故障信息。人身安全联锁保护系统包括门禁系统和辐射剂量监测系统。

门禁系统是人身安全联锁保护系统的重要组成部分。系统对通往加速器隧道的大门加装智能的门禁控制器，使被授权的持卡人在系统允许的情况下刷卡进出各联锁区域，拒绝非授权的人员通行。系统还能自动统计进入联锁区域的人数，抓拍进门人员的图像，在人员退出联锁区域时计数递减和清零。在隧道门的现场还有语音、灯光、LED 显示屏等多种提示，告知联锁区域内的人员各种提示信息和加速器运行状态。

门禁控制器通过现场总线与上位计算机连接，交换信息和命令，上位计算机可以存储人员进出隧道的信息和图片信息，从中央控制台上可以调出这些信息显示。在上位机上还可以进行工作模式的设定、对持卡人及操作员的授权管理、事件的收集统计、对网络和现场控制设备的监测控制等工作。

剂量监测系统在加速器和实验室园区的不同地点设置剂量监测站，由联网计算机采集来自辐射剂量探测器的数据，进行分析和报告。工作场所辐射监测点经常设在下列地点，比如工作人员可能到达并经常停留的地方；辐射屏蔽比较薄弱、贯穿辐射容易泄露的地方；加速器部件更新改进、加速器运行或屏蔽状态的变化可能引起辐射剂量水平变化的地方。剂量监测系统还应该对个人剂量进行检测，并与个人剂量卡联锁，禁止超剂量人员进入隧道。它还应该与隧道剂量监测仪器联锁，当隧道内剂量超限制时，防护门不能打开。

人身安全联锁保护系统依据失效安全原则，采用 PLC 设计其控制系统，上位机 PC/IOC 通过现场总线与 PLC 进行数据交换，设备联锁保护逻辑在 PLC 中运行。故障发生时，上位机 OPI 将对故障的性质和位置做标识，同时播放与事件相关的语音，提醒操作员尽快排除故障。

人身安全连锁保护系统对加速器工作人员进行人身保护，是加速器装置不可缺少的重要系统。

4）定时系统

定时系统是加速器的定时同步触发系统，提供同步的时钟脉冲和加速器设备的时间基准，是一个高精度、高稳定度的系统。定时系统产生一系列时序信号给加速器设备。定时系统向电子枪、微波激励源、速调管、正电子聚束装置和储存环注入磁铁电源，提供精确的同步时钟信号，使得电子枪引出的束团与储存环任意高频俘获区(bucket)稳定地同步，保证束团准确地注入储存环相应的高频俘获区中。电子枪的触发要与储存环的旋转频率长期稳定地同步，触发信号的抖动小于几十皮秒。另外，定时系统还为束流测量系统、磁铁电源控制系统提供时间基准。

定时系统主要有两个技术路线，即 WhiteRabbit[13]（简称 WR）和 EVG/EVR[14]。WhiteRabbit 由 CERN 和 GSI 发起，基于同步以太网、精密定时协议和事件码技术，实现长距离多节点之间纳秒级同步，提供同步的时钟脉冲，其系统结构如图 10-10 所示。欧洲的 CERN、GSI 和 ESRF 等加速器装置已经采用 WhiteRabbit 技术设计定时系统。

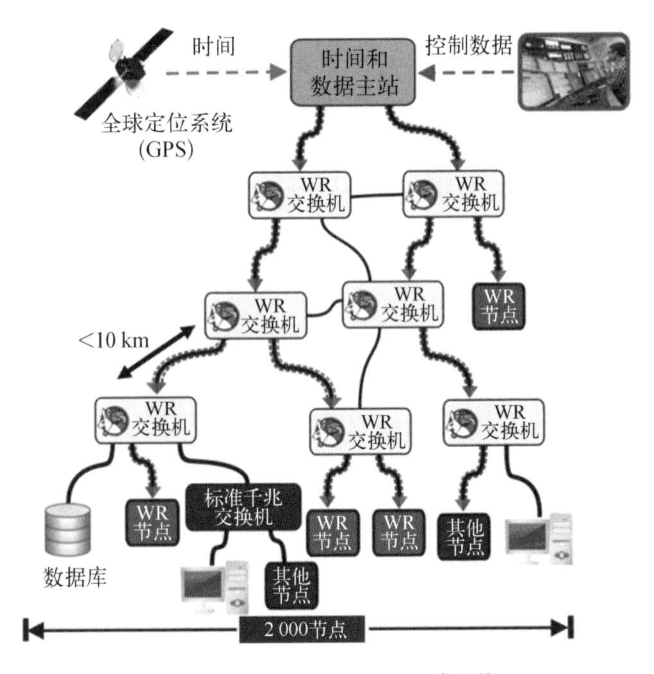

图 10-10　WhiteRabbit 系统结构

定时系统的另一技术路线是基于 FPGA 的事件定时系统，它发起于 1987 年美国费米实验室研制的事件定时系统，其核心部件是事件发生器(event generator, EVG)和事件接收器(event receiver, EVR)。EVG 安装在中央控制室，EVR 部署在设备现场，通过高速光纤相连。定时系统从加速器的高频晶振源上取得频率信号，EVG 根据事先编制好的事件触发时序，向各 EVR 发出事件码。EVR 根据接收的事件码，产生时钟信号输出到被控设备上。事件定时系统仍需使用专用电子学设备如鉴相器、移相器和高精度延时器等，以实现精确定时触发和锁相。

事件定时系统已经成功应用在美国光源 APS、瑞士光源 SLS、英国光源 Diamond 以及我国 BEPCⅡ、CSNS 和 SSRF 中。CEPC 概念设计采用事件定时系统方案(见图 10－11)，同时，CEPC 也在调研使用 WhiteRabbit 设计其定时系统的技术方案。

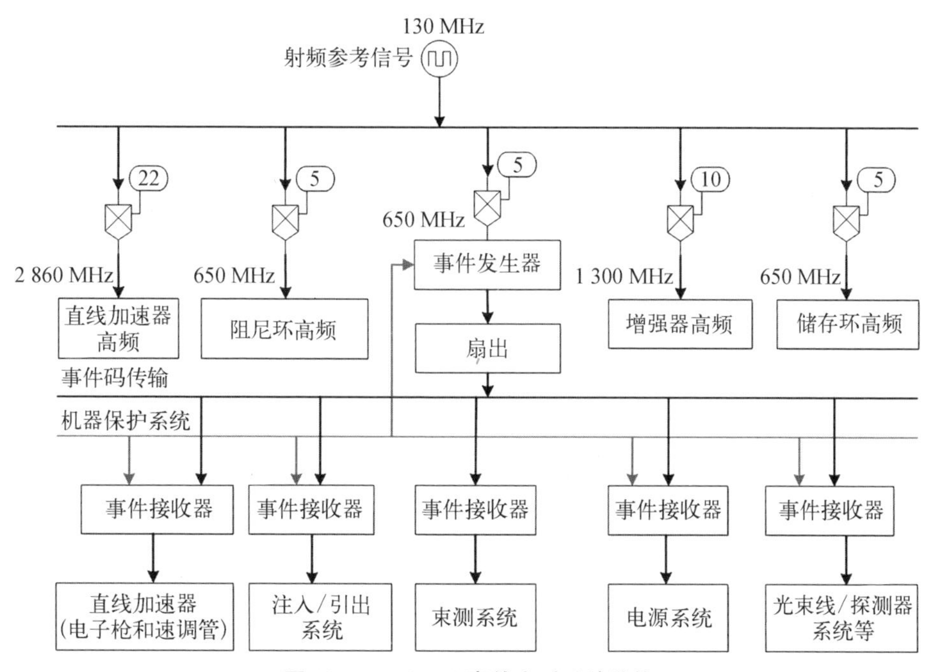

图 10－11　CEPC 事件定时系统结构

5）控制网络系统

加速器控制系统有专用的网络，通过路由器或防火墙与外部网络连接，保证数据通信畅通和系统的安全，网络的性能直接影响控制系统的运行效率。

控制系统网络的设计要采用标准化的产品和先进成熟的技术，系统要便于管理和扩充，采用星形拓扑结构，使用快速的交换设备实现点到点的通信，以减少网络的碰撞或堵塞，图 10－12 所示是 CEPC 控制系统网络的拓扑结构。

为了提高网络系统的可靠性，核心交换机使用双机热备份系统，核心交换

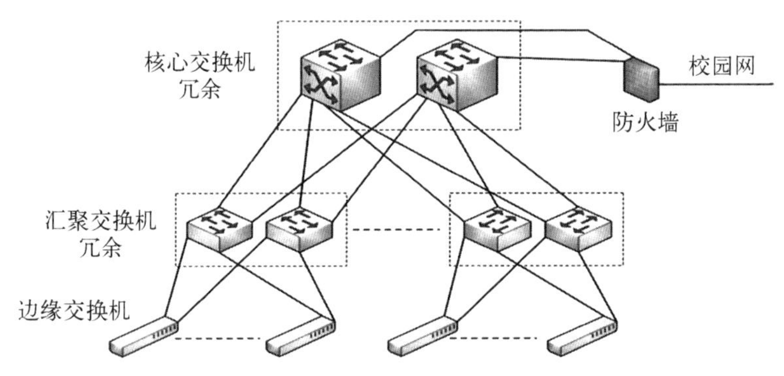

图 10-12 CEPC 控制网络的星形拓扑结构

机到接入层交换机采用双线冗余。

网络安全也是必须考虑的问题。除了使用防火墙与外网隔离之外，控制系统的网段使用私有地址，以防止外网的访问和入侵。向外部开放的数据库、文件服务器等设备使用多网络接口，分别与控制系统和外网连接。加速器控制系统使用 EPICS PV Gateway（过程变量网关）将 EPICS 节点与外部隔离，或限制客户端对 IOC 通道的访问，减轻 IOC 的网络负载，没有权限的外部节点无法访问内部通道，如图 10-13 所示。

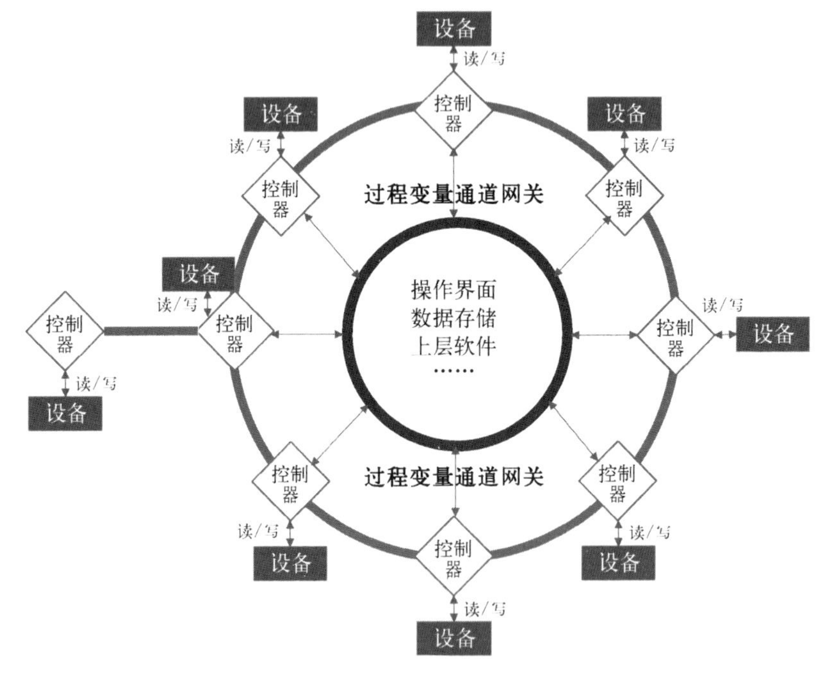

图 10-13 EPICS 网关

6）数据库和数据管理系统

CEPC 加速器从设计、建造到运行将产生大量的数据，这些数据对加速器科学研究具有重要的价值，因此，需要建立一套数据库管理系统用于存储和管理数据，实现数据共享。在加速器建造初期，应启动数据库的设计和建造，随着工程的进展，将新产生的加速器设计参数、图纸设计参数、磁铁测量数据、准直数等陆续存入数据库，供用户使用。因此，数据库的建设工作量巨大。

加速器控制系统有两类数据库，即实时数据库和关系数据库。EPICS 分布式实时数据库运行在各个前端控制计算机上，用于存放运行时的数据和参数。EPICS 提供相应的工具和方法，为实时数据库建模并馈入数据，如用户使用文本编辑器，编写 dbd 和 db 文件为自己的应用建模，也可以用 VDCT 等图形工具设计和创建数据库文件。

大量的静态参数、历史数据和管理信息存放在关系数据库中。数据库开发人员需要将数据分类，为它们建立相应的表格，并建立数据项之间的联系，并开发应用程序将以上数据存入数据库。加速器控制系统数据库应该有被控设备表、控制系统设备表、信号表等，比如被控设备表中存放被控设备的名称、型号、生产厂家、技术参数和与之连接的控制系统信号等，控制系统设备表描述控制系统各种设备的信息，信号表则存放每个硬件通道的信息。

加速器技术人员和物理学家通过 Web 界面访问关系数据库，也可以把需要的数据下载到个人计算机(PC)上使用。

10.5.4.2　局域控制系统

局域控制系统直接控制加速器前端设备，如直线系统、磁铁电源系统、真空系统、温度监控系统等。

1）电源控制系统

电源控制系统通过调节电源的输出电流，改变磁铁的电磁场，从而控制粒子的运动轨道。控制系统的前端控制器与磁铁电源有两种连接方式，即 ADC 和 DAC 直连的模拟控制和通信总线的数字控制。现场总线的电源控制方式可提高数据传输质量和系统的抗干扰能力。

SNS 和 BEPCⅡ的磁铁电源控制系统使用美国布鲁克海文国家实验室(BNL)设计的远程 I/O 模块的模拟控制方案。图 10－14 所示是 BEPCⅡ储存环磁铁电源控制系统的结构。

随着电子技术的发展，磁铁电源全部采用数字化技术设计，由其内部的数字电源控制器负责电源的电压和电流的回路调节，输出信号更加稳定且精度

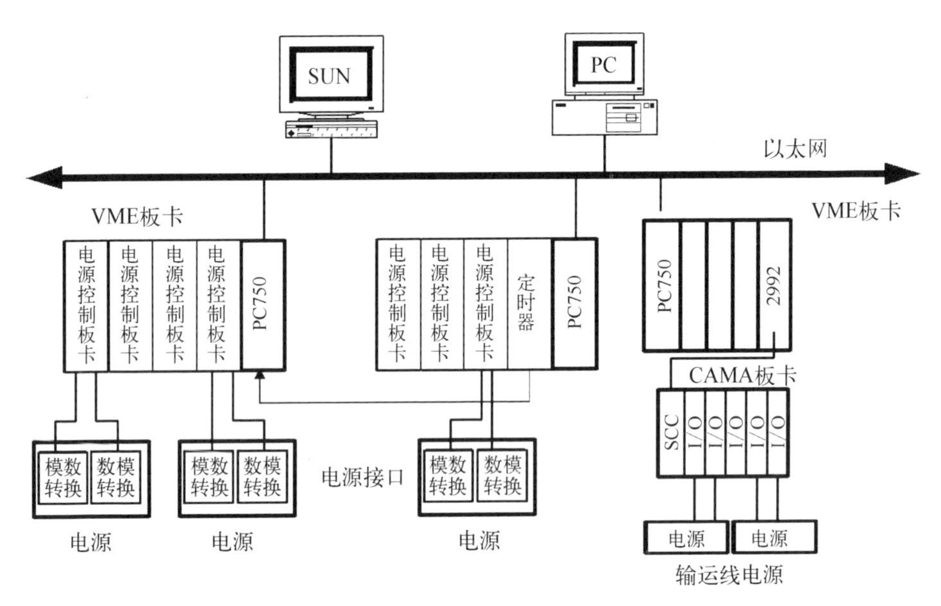

图 10－14　BEPCⅡ磁铁电源控制系统

更高。一般情况下，数字化磁铁电源通过总线（以太网、CAN 或 RS232 等）方式与上位机相连，CEPC 电源控制系统采用总线方式控制磁体电源，如图 10－15 所示。

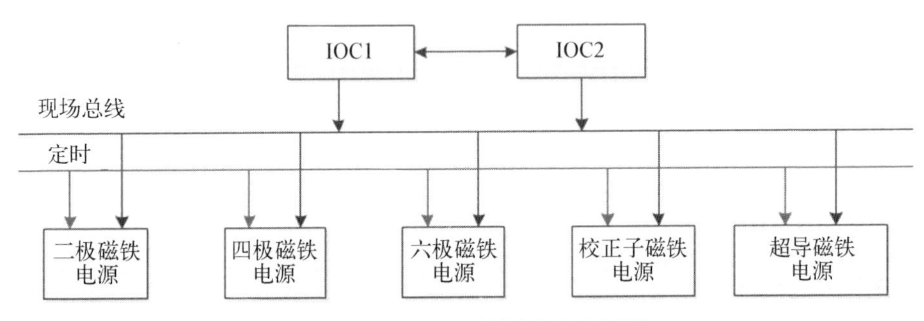

图 10－15　CEPC 磁铁电源控制系统

2）真空控制系统

CEPC 真空控制系统采用前端智能控制器结构。真空计控制器和离子泵电源控制器是智能设备，通过 RS232/RS485 接口与前端控制器 IOC 通信。当某一区段的真空度异常时，真空联锁系统关闭相应的闸板阀，以保护加速器束流管线内的真空环境。

闸板阀的联锁控制采用 PLC 控制，当 PLC 处理器收到来自真空计的真空超限报警输入量时，其联锁逻辑发送数字量输出信号，并关闭相应的闸板阀。同时，PLC 通过现场总线向 IOC 发出真空报警和闸板阀关闭的信息，真空控制系统的结构如图 10-16 所示。

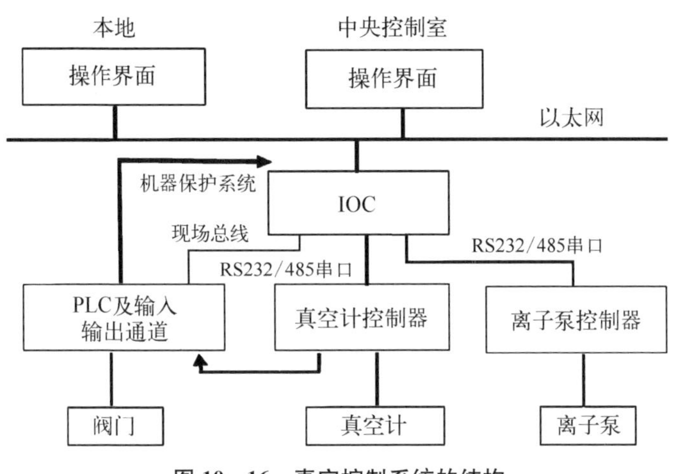

图 10-16　真空控制系统的结构

10.5.4.3　子系统和第三方系统的集成控制

有些加速器设备级系统的控制需求有其特殊性，设备级系统应根据控制系统制订规范，完成本控制系统或由第三方商业合作单位完成设备的本地控制。控制系统负责设备级系统到中央控制系统的集成，如高频系统、束流测量系统、低温系统、注入引出系统、直线系统、同步辐射线站和高能实验物理探测器等。CEPC 的通用实施为加速器装置运行提供基础保障，如水、电、气和制冷系统等。为了综合分析加速器装置的设备运行状态，水、电、气等通用实施系统也应集成到加速器中央控制系统中。若在运行中发现加速器光子吸收器有温升异常现象，需进一步分析该设备温升是由束流偏离轨道后同步辐射光照射引起的，还是由通用实施系统的冷却水供给不足(冷却水流量减小或水管内有异物造成的堵塞)引起的。

子系统和第三方系统与加速器机器保护系统、人身安全联锁保护系统或定时系统等全域控制系统之间为“硬”连接(电缆或光纤，参与联锁或需 T0 同步触发信号)，而与中央控制系统之间为“软”连接(通道访问方式)，将数据存储到数据库或在中央控制室的 OPI 显示。综合分析同一时间维度下不同系统设备的数据和参数，全面掌握和深入分析加速器装置性能。

随着加速器装置规模越来越大，从几百米量级的 BEPCⅡ到几百千米量级的 CEPC 大科学装置，其控制系统的设计和开发难度逐渐增加，工作量也呈几何量级翻倍，应重点关注提升控制系统的远程诊断和故障恢复能力，以及核心控制器冗余设计，以提高系统的可用性。

参考文献

[1] 谢家麟. 北京正负电子对撞机和北京谱仪[M]. 杭州：浙江科学技术出版社，1996.

[2] 赵籍九. BEPCⅡ初步设计报告[R]. 北京：中国科学院高能物理研究所，2002.

[3] 赵籍九，尹兆升. 粒子加速器技术[M]. 北京：高等教育出版社，2006.

[4] 张闯，马力. 北京正负电子对撞机重大改造工程加速器的设计与研制[M]. 上海：上海科学技术出版社，2015.

[5] 王常力，廖道文. 集散型控制系统的设计与应用[M]. 北京：清华大学出版社，1993.

[6] 胡寿松. 自动控制原理[M]. 4 版. 北京：科学出版社，2001.

[7] 许世富. EPICS 及其前端控制技术研究[D]. 北京：中国科学院高能物理研究所，2004.

[8] Frammery B. The HLC control system[C]//Proceedings of the 10th International Conference on Accelerators and Large Experimental Physics Control Systems, Geneva, Switzerland, 2005.

[9] Carwordine. Architecture of the APS real-time orbit feedback[C]//Proceedings of the 7th International Conference on Accelerators and Large Experimental Physics Control Systems, Beijing, China, 1997.

[10] Daneels A, Salter W. What is SCADA? [C]//Proceedings of the 8th International Conference on Accelerators and Large Experimental Physics Control Systems, Trieste, Italy, 1999.

[11] Korhonen T. Timing system of the Swiss light source[C]//Proceedings of the 9th International Conference on Accelerators and Large Experimental Physics Control Systems, San José, USA, 2001.

[12] Dalesio L R, Johnson A N, Kasemir K U. The EPICS collaboration turns 30[C]//The International Conference on Accelerator and Large Experimental Physics Control Systems 2019 (ICALEPCS 2019), New York, USA, 2019.

[13] Serrano J. WhiteRabbit status and prospects[C]//The International Conference on Accelerator and Large Experimental Physics Control Systems 2013 (ICALEPCS 2013), San Francisco, USA, 2013.

[14] 雷革. BEPCⅡ事件定时系统的研究[D]. 北京：中国科学院高能物理研究所，2008.

第 11 章 束流测量系统

粒子加速器束流测量技术是对加速器和束流参数测量原理和方法的研究以及设备研制的集合。束流测量系统通常被比喻为粒子加速器的“眼睛”，束流测量系统由各种束流探头、信号处理电子学、计算机及控制网络组成，在加速器的注入、调整、运行以及机器研究过程中起着非常重要的作用，是加速器的重要组成部分之一。束流测量系统必须提供精确、充足的束流和加速器的参数信息，使得加速器物理学家和运行操作人员能够改善注入效率，优化聚焦结构参数，监控束流行为，从而提高对撞亮度或同步辐射亮度。束流测量系统分布在加速器中的各个部分，对于高能粒子对撞机来说，直线加速器、增强器、输运线和储存环都有束流测量系统。由于直线加速器和低能输运线的束流测量系统是较常规的测量系统，为节省篇幅，本章略去对直线加速器和低能输运线的束流测量系统的介绍，重点介绍环形束流测量系统。由于电子和质子对撞机对于束流参数的测量需求类似，测量方法存在差别，因此本章内容以高能电子对撞机为主，重点介绍电子储存环束流测量系统[1]。

束流测量系统的设计应遵循以下几条基本原则：

(1) 满足长期稳定运行需求。

(2) 束流和机器参数的测量要有合适的测量精度和速度。

(3) 足够的测量动态范围，可以涵盖所有的能量和流强。

(4) 满足机器研究时的特殊需要，满足初调时弱信号处理的要求。

(5) 平衡商业化产品和自研产品，兼顾预算和设备可靠性及可维护性。

应充分利用先进的加速器束流测量技术，如 KEKB、PEP Ⅱ、SPEAR 3 所采用的束流测量技术，加强合作和交流[2-4]。

CEPC 为双环结构，采用大流强、多束团，因此对束流测量系统提出了更高的要求，要求能够快速、精确地监测束流状态，能够精确测量和控制每个束团的流强、闭轨，要求抑制束流不稳定性等，特别是对撞区束流轨道的测量尤为重要，以便准确知道束团在对撞点的位置和夹角。由于这些特点和要求，束流位置反馈系统、多束团流强测量系统以及逐束团(bunch-by-bunch)束流反馈系统等将被采用。常规的测量手段，如测量束流平均流强用的直流束流变压器 (DCCT)、工作点(tune)测量用条型电极、同步光传输光路结构等也将继续采用。

11.1 束流位置测量系统

束流位置测量系统是加速器束流测量系统必须具备的基本系统，不仅在加速器注入、调试过程中要利用束流位置测量来跟踪、监测束团的行踪，在加速器运行中也要随时进行位置测量来监视束流闭轨的变化。束流位置测量是加速器机器参数测量的基础。为精确控制束流轨道，在每一个四极磁铁附近放置一个束流位置测量探头，测量束流位置[5]。

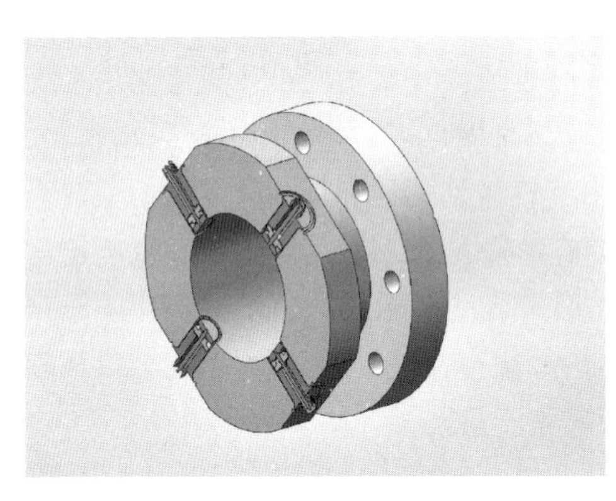

图 11-1 钮扣型 BPM 模型

束流位置测量和校正是任何一台加速器束流测量和控制系统最基本的功能之一。束流位置测量系统作为束流测量系统的重要组成部分，在加速器中大量应用，束流位置测量系统的基本组成部分包括束流位置探测器(BPM)、传输线缆和束流位置测量电子学。

钮扣型电极是最常采用的一种静电感应式探测器(见图 11-1)，因为这种 BPM 有较小的耦合阻抗，占用较小的几何空间，且结构简单，造价低。这种类型的 BPM 一般用在短束团的情况下。

假定束团沿纵向 z (即束流运动的方向)的电荷分布为高斯分布，则

$$\lambda(z,\ t)=\frac{\overline{I}}{\sqrt{2\pi}\sigma_z f_0}\exp\left[-\frac{(z-\upsilon t)^2}{2\sigma_z^2}\right] \tag{11-1}$$

式中，λ 为束团的线电荷密度；$\overline{I}$ 为平均束流强度；σ_z 为束团的均方根半长度；f_0 为束团的回旋频率；υ 为束团的运动速度。

式(11-1)是静止坐标系中束团电荷分布的表达式，为了求出束团建立的电场分布，最好采用运动坐标系，它随束团以速度 v 沿 z 方向运动。四维空间矢量 $[x, y, z, jct]^{\mathrm{T}}$ 和四维电流密度矢量 $[J_x, J_y, J_z, jc\lambda]^{\mathrm{T}}$ 在两个坐标系中有如下的关系：

$$\begin{cases}\begin{bmatrix} z \\ jct \end{bmatrix}=\begin{bmatrix} \gamma & -j\beta\gamma \\ j\beta\gamma & \gamma \end{bmatrix}\begin{bmatrix} z' \\ jct' \end{bmatrix} \\ \begin{bmatrix} J_z \\ jc\lambda \end{bmatrix}=\begin{bmatrix} \gamma & -j\beta\gamma \\ j\beta\gamma & \gamma \end{bmatrix}\begin{bmatrix} J'_z \\ jc\lambda' \end{bmatrix}\end{cases} \tag{11-2}$$

式中，$j=\sqrt{-1}$；c 为光速；$\beta=v/c$，$\gamma=1/\sqrt{1-\beta^2}$。式中我们没有考虑 x 和 y 方向，这是因为在这两个方向上，坐标系没有相对运动。

显然在新的坐标系中，$J'_z=0$，即不存在电荷的运动，这样束团的线电荷密度在运动坐标系中可以写成如下形式：

$$\lambda'(z')=\frac{\overline{I}}{\sqrt{2\pi}\sigma'_z f_0}\exp\left[-\frac{z'^2}{2\sigma'^2_z}\right] \tag{11-3}$$

式中，$\sigma'_z=\gamma\sigma_z$。式(11-3)表明，在新的坐标系中，束团长度拉长，线密度减小，但总的电荷量保持不变，即束团的总电荷量是一个洛伦兹标量，不因坐标系的变换而改变。式(11-3)还说明，当 $v\to c$ 时，$\sigma'_z\to\infty$，即束团可以被看作一无限长带电线，其横截面保持不变。通过以上的洛伦兹变换，我们把问题简化为求与 BPM 中轴线平行的无限长带电线所产生的电场。通常情况下，束流并不通过 BPM 中心，而是距中心有一距离 δ，如图 11-2(a)所示。

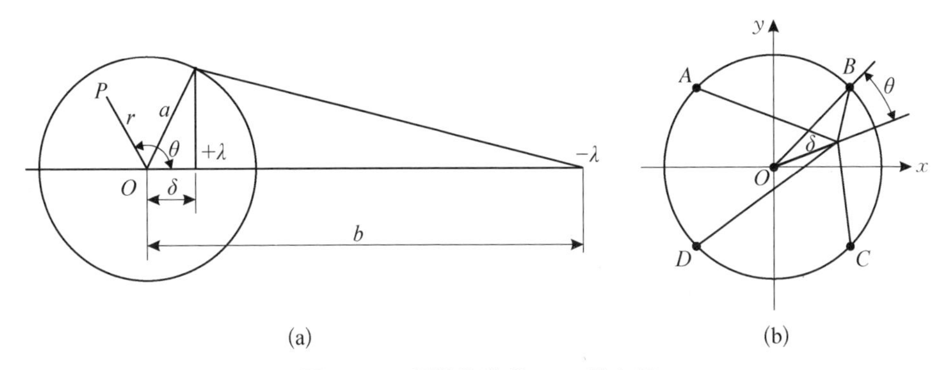

图 11-2　用镜像法求 BPM 的电场

为方便起见，采用柱坐标系。首先，我们用镜像法求出 BPM 环内任一点 $P(r, \theta)$的电位 $\phi'(r, \theta, z)$，镜像电荷线密度为 $-\lambda'$，距 BPM 轴心 O 的距离为$b=a^2/\delta$，a 为探头半径，$\phi'(r, \theta, z')$表示为

$$\phi'(r, \theta, z')=\frac{\lambda'(z')}{2\pi\varepsilon_0}\ln\frac{d_2}{d_1} \tag{11-4}$$

式中，$d_1=\sqrt{r^2+\delta^2-2r\delta\cos\theta}$，$d_2=\sqrt{r^2+(a^2/\delta)^2-2r(a^2/\delta)\cos\theta}$。

为求出 λ' 产生的电场E'，可对 ϕ' 求导，当 $r=a$ 时，电场只剩下法线分量 E'_n。将 E'_n变换回实验室静止坐标系：

$$\begin{cases} E_n=\dfrac{\lambda(z, t)}{2\pi\varepsilon_0 a}F(\delta, \theta) \\ F(\delta, \theta)=\dfrac{a^2-\delta^2}{a^2+\delta^2-2a\delta\cos\theta} \end{cases} \tag{11-5}$$

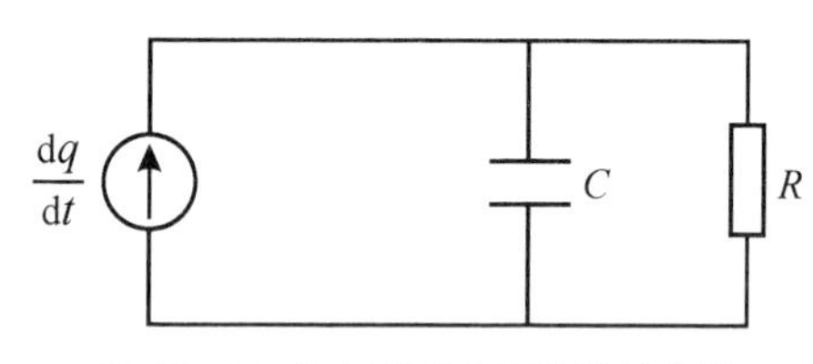

图 11-3　钮扣型 BPM 的等效电路

对于电场感应型的钮扣型 BPM，其等效电路如图 11-3 所示。图中 dq/dt 为电流源；C 为电极电容，典型值约为 10 pF；R 为外接负载电阻，通常为 50 Ω。

假定 BPM 电极直径为 d，并假定观察点在 $z=0$ 处，对于以光速 c 运动的束团，由式(11-5)可求出一个电极上感应的电荷量为

$$q=\frac{d^2}{8a}\cdot\frac{\bar{I}}{\sqrt{2\pi}\sigma_z f_0}F(\delta, \theta)\exp\left(-\frac{c^2t^2}{2\sigma_z^2}\right) \tag{11-6}$$

而感应电压则为

$$V_e=\frac{R}{1+j\omega RC}\cdot\frac{dq}{dt} \tag{11-7}$$

考虑到束团波形频谱中大部分有意义的频率分量都能满足 $\omega RC \ll 1$，且感应电压的最大值 $\hat{V}_e$ 出现在 $t=\pm\sigma_z/c$ 处，所以

$$\hat{V}_e(\delta, \theta)\approx\frac{d^2}{8a}\cdot\frac{R\bar{I}c}{\sqrt{2\pi e}\sigma_z^2 f_0}F(\delta, \theta) \tag{11-8}$$

从式(11－8)可以看出，当探头的几何形状确定后，电极感应电压是与两部分信息相关的。一部分是与束流强度 $\bar{I}$ 及束团长度 σ_z 相关，另一部分则是与束团通过 BPM 时的位置 $F(\delta,\ \theta)$ 相关。

电极感应电压的大小不仅是束流位置的函数，还是束流强度和束团长度的函数，这是我们不期望的。为此定义如下归一化电极信号：

$$\begin{cases} U=\dfrac{V_B+V_C-V_A-V_D}{V_A+V_B+V_C+V_D} \\ V=\dfrac{V_A+V_B-V_C-V_D}{V_A+V_B+V_C+V_D} \end{cases} \tag{11-9}$$

钮扣型 BPM 的位置可以写为

$$\begin{cases} x=K_xU \\ y=K_yV \end{cases} \tag{11-10}$$

式中，K_x 和 K_y 仅与探头的几何形状有关，称为探头系数，它们有长度的量纲。当 x、y 较小时，$K_x=K_y=a/\sqrt{2}$。

只有当 x、y 较小时，即在 BPM 轴心附近较小的范围内，K_x 和 K_y 才可近似为常数。在大范围内，我们可以用 U、V 的高阶多项式来表达束流位置 x、y：

$$\begin{cases} x=\sum_{i=0}^{n}\sum_{j=0}^{i}A_{i-j,\ j}U^{i-j}V^{j} \\ y=\sum_{i=0}^{n}\sum_{j=0}^{i}B_{i-j,\ j}U^{i-j}V^{j} \end{cases} \tag{11-11}$$

与 K_x、K_y 一样，A、B 也称为探头系数，其实它们也是束流位置的函数，但在一定范围内可近似为常数。式(11－11)中多项式阶数 n 可根据所求位置的精度要求以及系数标定时的数据点数而定，通常取 3～5。

BPM 在安装到储存环之前，必须对探测器进行 4 个电极感应电压与束流位置的有关系数的标定。批量探头可以通过严格控制加工公差来保证位置测量精度，因此，通过对模型 BPM 进行标定即可。采用长天线标定装置或者高保线(Goubau line)装置来标定 BPM 探头。在束流调试阶段采用基于束流的准直技术(BBA)来进行束流安装偏差(BPM offset)的校正。

束流探测器信号经过传输电缆输入束流位置测量电子学，经过电子学处理计算得到束流位置的信息。束流位置测量电子学包括前端模拟电路和数字电路。前端模拟电路作为信号预处理单元,对束流信号进行滤波、放大/衰减等处理,以满足数字电路的输入信号需求。通过信号处理计算束流位置。早期的束流位置测量电子学受限于高速、高精度 ADC 器件和信号处理芯片,信号处理过程在模拟电路部分完成。随着半导体技术和软件无线电技术的快速发展,高速采样技术和高速数字信号处理芯片不断更新,促进了束流位置测量电子学技术的发展,模拟数字转换过程逐渐靠近束流探头。束流位置测量由模拟处理逐步转向了数字处理。数字化束流位置测量系统常用的测量模式主要有以下几种:闭轨(close orbit)测量、单圈(first turn)测量和逐圈(turn-by-turn)测量。

单圈测量模式有助于优化束流注入,对束流调试起到重要作用。在储存环调束和进行机器研究时,束流信号将会提供更多有价值的信息,例如束团的运动轨迹、自由振荡频率、闭轨、色散、β 函数以及相移和机器的动力学孔径等束流信息,可用来优化束流参数,提高注入效率。

逐圈测量模式下可以获得以回旋频率为采样率的 4 路电极的数字信号,每路电极的数字信号分别以 I/Q 正交形式给出。由于逐圈束流位置信号的数据率高,连续的实时数据获取目前不可能实现。逐圈测量只能获取某一时间段内的束流位置信号。逐圈束流位置数据被缓存在历史缓冲区(history buffer)内。

11.2 束流强度测量系统

储存环流强测量系统分为两个部分:平均流强测量(DCCT)系统和束团流强测量(BCM)系统。

平均流强测量(DCCT)系统用于测量单位时间内同一截面的电荷量。在储存环中,束流平均流强和束流寿命是非常重要的参数,它是衡量加速器质量的一个重要标志。DCCT 提供了一种手段,使我们可以对储存环束流的平均流强进行绝对测量,它是加速器束流测量系统中一种基本的测量手段,它除了可以实时对束流的平均流强进行测量外,还可以用来计算束流的寿命、标定单束团流强测量(BCM)系统以及用于机器和人身联锁保护系统等。一般来说,DCCT 可以分为三部分:探测器、前端电子学和控制系统。探测器将套装在一段特制的陶瓷真空管道上。通常 DCCT 探测器都选择安装在直线节。由于 DCCT 探测器对磁场的变化很敏感,很容易受到附近高频腔、四极磁铁、导航磁铁以及功率电缆等产生的寄生磁场的干扰，因此，在安装 DCCT 探测器时都应选择远离这些部件。DCCT 实际是一种积分系统，对束流形状并不敏感。

DCCT 是一个零磁通变压器，它的探测器包括一对尺寸、磁特性完全相同的磁环，上面绕有多种绕组，包括激励绕组、感应绕组和反馈绕组等。其中，激励绕组串联绕在两个环上，每环匝数相同，方向相反。低频振荡信号通过激励绕组对两个磁环做反相激励，使它们达到饱和。当无束流通过磁环时，探测器处于零磁通状态，感应绕组无信号输出。当束流通过磁环时，感应绕组输出信号。由于激励信号的二次谐波分量正比于束流强度的平均值，因此，可以通过同步解调器将此二次谐波分量积分放大，然后送入反馈绕组，用以抵消由束流产生的磁通，使探头达到新的零磁通状态。通过测量反馈绕组中的电流，便可以计算出束流的平均流强。DCCT 系统原理如图 11－4 所示。

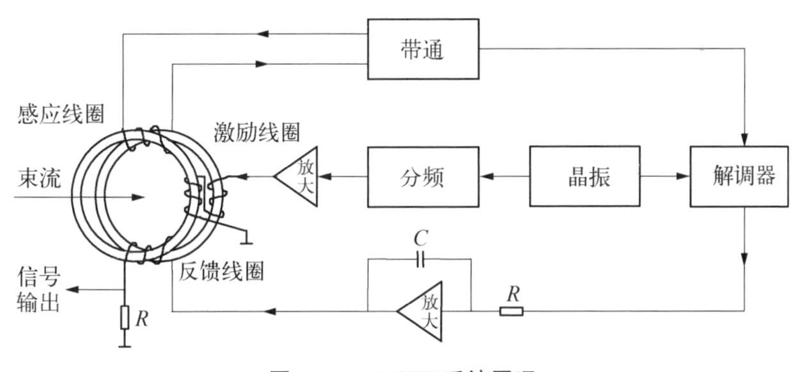

图 11－4　DCCT 系统原理

为了保障 DCCT 结果的正确性，在加速器安装调试阶段或在以后的运行阶段，都需要定期对 DCCT 系统用标准直流电源进行标定。

最新的研究成果表明，磁阻材料的磁阻效应可用于研制新型 DCCT。目前磁阻材料的灵敏度不够高，新型的 DCCT 不能达到很高的灵敏度和精度。随着磁阻材料获得突破性的发展，高灵敏度和高精度的新型 DCCT 成为可能，目前新型的磁阻材料的灵敏度可以达到纳特斯拉量级。

束团流强测量(BCM)系统用于测量每个束团(bunch)的电荷量(见图 11－5)。为了优化束-束频移参数以提高对撞和同步辐射亮度以及抑制由各种效应引起的束流不稳定性等，需要测量和控制每个束团的流强以及选择不同的束团填充模式。束团流强测量系统包括束团流强信号的拾取、高速数字信号的处理和数据的高速传递。

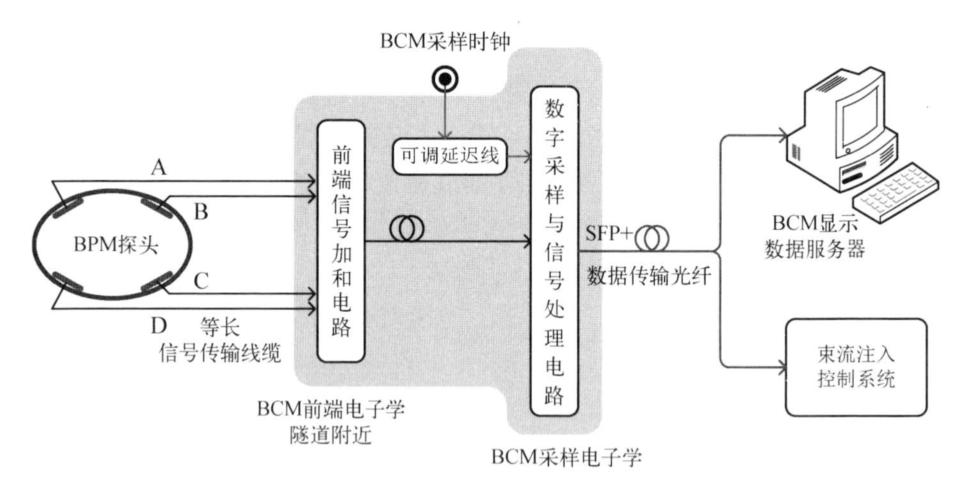

图 11-5　束团流强测量系统

参考 BEPCⅡ、PEPⅡ和 KEKB 束团流强测量系统的成功经验[6]，应尽可能选择高的信号检测频率，有利于提高测量精度和测量分辨率，但高的检测频率受限于束团长度、束流管道传导模截止频率以及信号传输电缆等因素。采用 650 M 的模数转换器（ADC）对逐束团信号进行采样和处理，处理后的束团流强信息用于注入系统作为束团选择的依据，精确控制单束团电荷量。

11.3　同步光测量系统

同步辐射光是一种高效、无损的束流测量媒介。CEPC 储存环同步光测量系统利用电子束流通过弯转磁铁时产生的同步辐射光进行束流参数测量。弯转磁铁内束团的垂直、水平截面尺寸约为 40 μm×1 000 μm，对于该尺寸的束团来说，可以采用目前较为成熟且系统简单的 X 射线小孔成像方法以及可见光空间干涉方法获取。束团长度采用商业条纹相机进行测量。对于 CEPC 来说，需对正电子、负电子分别建设 X 射线束测束线和可见光束测束线，共 4 条束线。

来自弯转磁铁的同步辐射可见光经过引出镜引出，再由反射镜反射至位于隔离墙外的可见光束测实验室内，如图 11-6 所示。实验室配备光学平台及条纹相机等设备，可用于可见光空间干涉、束长测量等研究。可见光束线经第一面反射镜引出，同时 X 射线会透射反射镜，部分 X 射线会被铍镜吸收并导致镜面变形。因此，镜面中心设计得很薄，这样可以尽可能吸收更少的 X 射线；镜面两端设计有水冷孔，可以降低镜面温度。这种设计方案被多数加速器采用[7]。镜子机械设计的关键是高热负载的处理，镜子因吸收热功率而产生的表面形变将决定成像的质量。因此，对镜子吸收的辐射光的热功率进行计算是十分重要的。镜子基底材料的选用主要考虑材料的热传导性能、热膨胀性能、屈服强度以及机加工、焊接等性能。可见光可以进行束团长度测量，常用的手段是采用条纹相机进行束团长度测量。日本滨松(Hamamatsu)公司和德国 Optronis 公司都可以提供高质量的条纹相机，其分辨率高达亚皮秒量级。

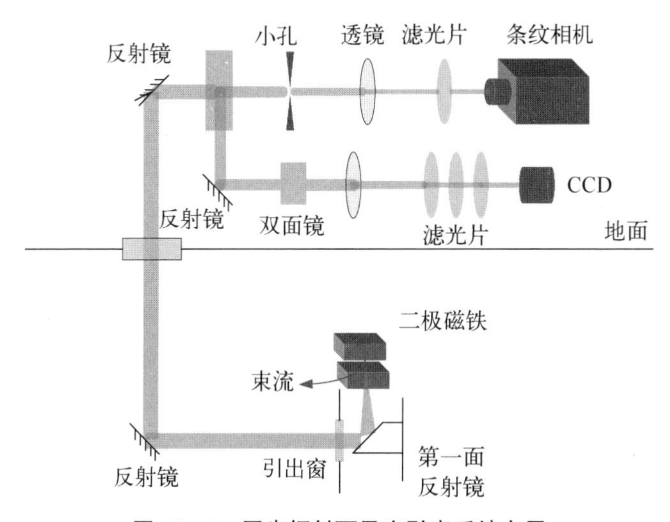

图 11-6　同步辐射可见光引出系统布局

电子同步加速器的束团尺寸一般在 10～100 μm 量级，同步光束测手段选用 X 射线小孔成像方法，分辨率可以达到 2 μm[8]。该量级的成像手段大多也采用 X 射线小孔成像方法，因为它分辨率高且系统简单，目前已经是较为成熟的方法。CEPC 的束团的垂直、水平截面尺寸约为 40 μm×1 000 μm，X 射线小孔成像方法是最优选择，从真空盒中引出同步光至 X 射线束测实验室内，经过铝窗口后部分 X 射线被吸收，剩余的硬 X 射线经过微米量级的小孔后，将光源的像成像在闪烁体上，闪烁体使 X 射线转换成可见光，经过反射镜滤掉 X 射线，透过的 X 射线被吸收，反射的可见光成像到 CCD 上，最后通过计算整体的放大倍数并进行系统误差处理后得到光源尺寸，如图 11-7 所示。

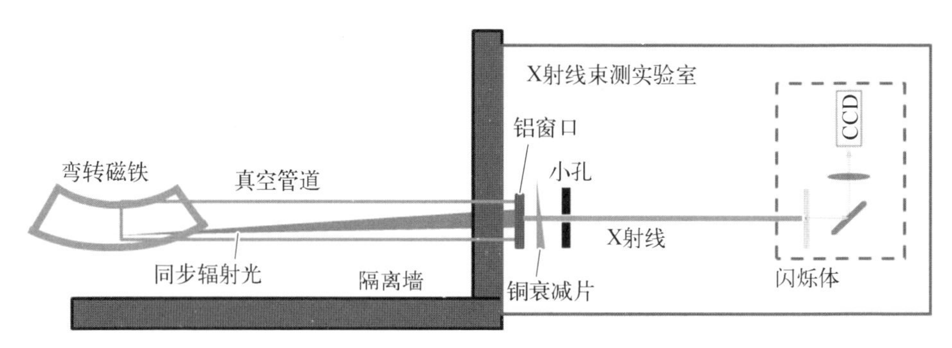

图 11-7 基于 X 射线的束流参数测量

11.4 束流损失测量系统

储存环加速器会由于各种原因出现束流寿命下降或束流突然丢失的现象,因此,束流寿命作为衡量储存环性能的重要参数,直接影响储存环能否正常运行。采用束流损失探测器探测造成束流损失的地点和原因,例如束流不稳定、真空漏气、离子俘获、灰尘俘获以及注入不良等原因,可以发现机器存在的问题,为解决问题、优化机器参数和提高束流寿命提供依据。

束流寿命主要受到量子效应、气体散射、轫致辐射和托歇克效应等因素的影响和制约。

安装在加速器束流管道外侧的束流损失探测器(BLM)可以探测加速器发生束流损失的地点分布,进而研究束流损失发生的原因,为优化加速器参数、提高束流寿命提供重要依据。目前国际上常用的束流损失探测器主要有 4 种,分别是电离室型探测器、PIN -光电二极管型探测器、闪烁体-光电倍增管(PMT)型探测器和切伦科夫探测器。

电离室型探测器是最广泛采用的一种束流损失探头,电离室中可以充压缩空气,也可充氩气或氦气,以提高测量线性度和动态范围。它的优点是动态范围大,抗辐射能力强。它的缺点是响应速度较慢且由于各种粒子都可以作用于它,因此噪声大,反映束损信息不明确。

闪烁体-光电倍增管型探测器通常作为测量束流损失的临时探头,这种探头有许多众所周知的优点,如测量灵敏度高、上升时间快、动态范围大,但由于闪烁体容易受到辐射损伤,所以不宜长期使用。由于光电倍增管的增益易受外界条件影响,所以保持高压电源的稳定性和在使用中随时监测光电倍增管的增益是减小测量误差的关键。

切伦科夫探测器比闪烁体探测器更耐辐射,但是对由低能量加速器束流损失引起的辐射不太敏感。与光电倍增管配合使用后,灵敏度会超越电离室型探测器。当带电粒子在折射率 n 大于 1 的介质中的传播速度大于光在此介质中的传播速度时,会发出切伦科夫光。能激发切伦科夫光的带电粒子的能量范围有一定的阈值,下限是几百千电子伏特。低能量的同步辐射光通过光电效应或者康普顿效应激发的带电粒子,其能量达不到产生切伦科夫光的阈值下限,因而不能在探测器中激发出切伦科夫光子。但是,同步辐射光的能量很大程度上取决于加速器中电子束的能量。切伦科夫探测器对于高能电子束产生的同步辐射光不具有屏蔽作用。

上面提到的三种束流损失探头对同步辐射光同样也是敏感的。为减少同步辐射光对于测量结果的影响,CEPC 束流损失测量系统将采用 PIN -光电二极管型探测器,该探测器相对于上面提到的束损探测器,不仅具备灵敏度高、体积小、安装灵活等优点,而且由于采用符合技术,具有对同步光及噪声本底响应不灵敏的优点,适合于储存环进行束流损失探测。探测器由两个背对背的 PIN -光电二极管以及符合电路组成。由束流损失产生的大量高能次级粒子同时通过两个光二极管,给出符合输出信号,而由于同步光的能量较低,一般只能通过一个光二极管,因此没有符合输出。但是对于 CEPC 的高能量,需要改进 PIN -光电二极管型探测器结构,在两个二极管之间放置铜片或者铅片,从而有效地减小同步辐射光引起的电子到达第二个电极的可能性。

由储存环物理可知,储存环的磁聚焦结构决定了束流在储存环中的运动轨迹,正常的闭轨取决于色散函数、β 函数和能量损失 ΔE,能量损失为 ΔE 的电子可能丢失在下一个色散函数或 β 函数较大处,因此,这些地方应是探测束流损失最灵敏的位置,在这些地方应布置束损探头[9]。另外考虑到现场的安装条件,最终将探测器置于储存环四极磁铁后的束流管线的内外两侧。

11.5　工作点测量系统

工作点(tune)值是储存环最重要的参数之一,必须随时进行监测。最常用的工作点测量方法有扫频法、快速傅里叶变换(fast Fourier transform, FFT)法和锁相环法。工作点测量系统采用实时频谱仪用于日常测量,同时也利用数字 BPM 电子学的逐圈数据进行 FFT 测量,并将结果送入数据库。但无论采用何种测量方法，除了都需要位置探测器外，还都需要信号激励器[10-11]。这是由于束流在储存环中稳定运动时，其相干振荡振幅是很小的，因此，测量振荡频率时需要对束流施加激励信号。其中位置探测器将选用钮扣型位置探测器。

储存环工作点测量系统框图如图 11-8 所示，它由钮扣拾取电极、180° 高频混合组（hybrid）、混频器和频谱分析仪组成。通过一个 180°高频混合组取出含有水平和垂直两个方向束流位置的差信号，该信号经带通滤波器滤波和放大器放大后，送至一混频器与环高频信号进行混频，再经低通滤波器滤波后送入实时频谱分析仪，利过频谱分析仪便可测得束流的横向振荡信号。

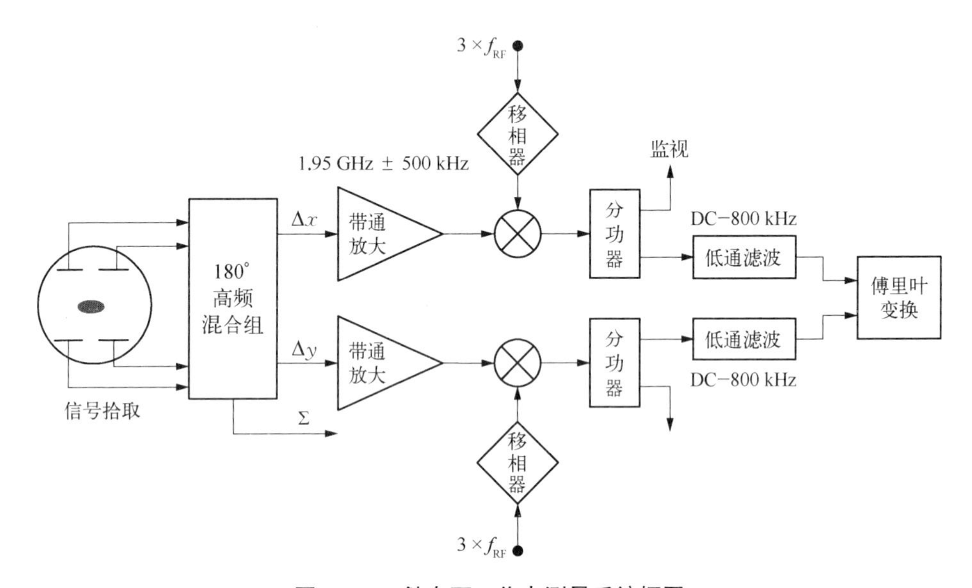

图 11-8 储存环工作点测量系统框图

激励部分的功率放大器等大部分器件是和横向反馈系统共用的，前端的信号发生器输出频带较宽的白噪声，经二选一开关（选择是用于工作点还是横向反馈），送到单端输入、双端输出的混合器中，经过混合器后，加到两路功率放大器上的两个信号的相位相差 180°，这样经过功放后，加到条形激励器（strip line kicker）上的信号的电压幅度是不经反相的 2 倍（功率是 4 倍）。条形电极上的 50 Ω 电阻是阻抗匹配电阻。激励器可以用来激发束团相干振荡。

条形电极可以被用来作为激发束团横向振荡的激励器。极性相反的两个电压信号施加到条形电极的一对电极上，条带电流激发的磁场和条带电势激发的电场对束流产生纯洛伦兹偏转力。由于穿墙件、信号传输电缆以及信号处理电子学的分路阻抗为 50 Ω，为了使阻抗匹配，要求条形电极的特性阻抗为 50 Ω。条形电极与真空管壁之间将形成特性阻抗为 Z_0 的传输线[12-13]，条形激励器如图 11-9 所示。对于纵向激励，通常是用 RF 腔作为激励器。对 RF 腔压进行相位调制，可以激发束流的纵向二极振荡；而对腔压进行幅度调制，则可以激发束流的纵向四极振荡。

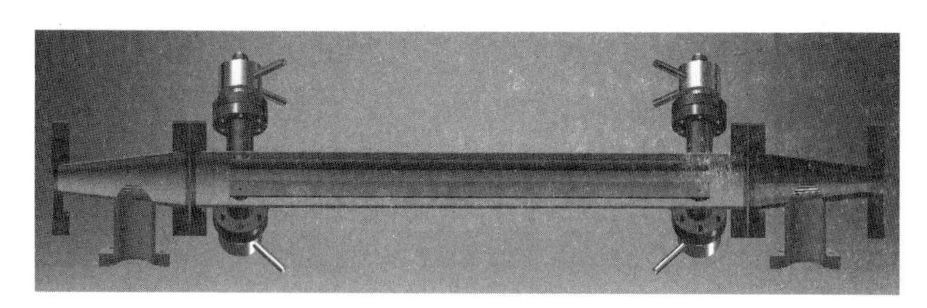

图 11-9　条形激励器示意图

除了用上述传统的扫频法来测量工作点以外，直接二极管测量方法(direct diode detection)作为工作点测量的新方法，简单实用，成本低廉，灵敏度高，能够将回旋频率成分滤除，抗饱和能力强，在束流动态范围内的响应都是平滑的，所测结果独立于填充模式，值得研究和使用。

传统的工作点测量方法最大的问题是，相对于回旋频率的成分来说，β 振荡的成分要小得多，而分析仪器的动态范围是有限的，因此测量灵敏度不够。直接二极管法工作点测量是欧洲核子研究中心(CERN)的 Marek Gasior 根据前人的工作完善发展起来的，其测量原理如图 11-10[14] 所示。它利用二极管的单向导通特性，结合电容、电阻充放电原理，实现峰值包络检测，这样在大幅度衰减回旋频率成分的同时，利用隔直和微分减法电路得到直流分量小且仅

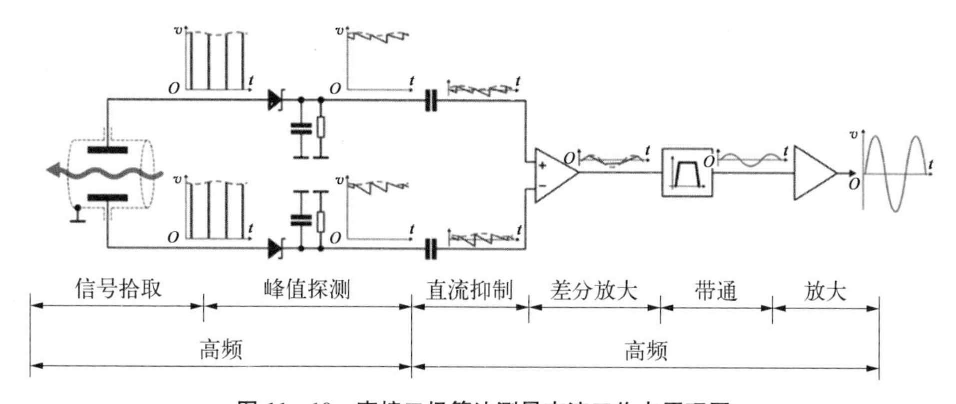

图 11-10　直接二极管法测量束流工作点原理图

包含β振荡频率成分的信号。由BPM探头引出的信号里有3种成分：直流分量、高频频率分量（100 MHz量级）和振荡频率分量（100 kHz量级）。通过二极管之后滤除了信号的负半轴部分，高频成分利用第一个电容滤除，直流成分利用第一个电阻滤除。而振荡频率分量通过第二个电容后，为了进一步抑制回旋频率成分，后续电路用低通滤波器和陷波器对信号进行衰减，然后通过放大器对信号进行放大，得到束流振荡信息（工作点）。

11.6 束流横向反馈系统

耦合束团（coupled bunch，CB）的不稳定性会降低束流质量。耦合束团不稳定性的主要来源是高频腔高次模（HOM）和电阻壁阻抗等因素，辐射阻尼不足以阻尼这种不稳定性，需要采用另外的方法来稳定束团的运动。

束流反馈系统是目前世界上许多加速器装置中均采用的一种阻尼耦合束团不稳定性的方法。束流反馈系统分为逐模式（mode-by-mode）束流反馈系统和逐束团（bunch-by-bunch）束流反馈系统[15]。逐模式的束流反馈系统对已知的不稳定模式分别进行阻尼。逐束团的束流反馈系统则是将拾取到的每一个束团的振荡信号处理后反馈作用到各个相应的束团上，逐束团束流反馈系统实际上是对所有不稳定模式都进行阻尼的逐模式束流反馈系统。对于流强低、束团个数少的加速器，一般可以采用逐模式的反馈系统。但对大流强、多束团的系统，逐模式反馈系统会遇到的增长模式很多（最多对应于束团个数），而且不易确定哪个模式是不稳定模式的问题，CEPC为大流强、多束团运行的对撞机，因此，CEPC要采用逐束团束流反馈系统。逐束团的束流反馈系统是近年来新建或改造的大型加速器普遍采用的技术，如PEPⅡ、KEKB、DAΦNE、ALS、PLS、BESSYⅡ、SLS、ELETTRA等。CEPC将采用逐束团束流反馈系统阻尼耦合束团的不稳定性[16-22]。

当束流在环中运动时，反馈系统可以提供给束流一个自然阻尼以外的二极振荡的阻尼，是束流稳定运动的一个辅助手段。这个系统除了可以阻尼由于高频腔高次模和真空管道电阻壁阻抗引起的耦合束团不稳定性外，还可以阻尼注入过程中束团的瞬时大幅度振荡，对光电子不稳定性也有阻尼作用。同时，逐束团束流反馈系统还是进行机器研究和束流诊断、分析的重要手段。在进行束流诊断时，利用该系统可以方便地测量束流二极振荡的增长时间或阻尼时间，并可以通过束流运动研究环上阻抗的情况。

束流横向反馈系统(TFB)包括水平和垂直两个方向的子系统，它们的信号采集和前端电子学部分可以共用。信号处理部分可以采用模拟或者数字信号处理技术。功率放大器要求至少在 0～325 MHz 的工作频段范围内增益一致。图 11-11 是横向反馈系统框图。

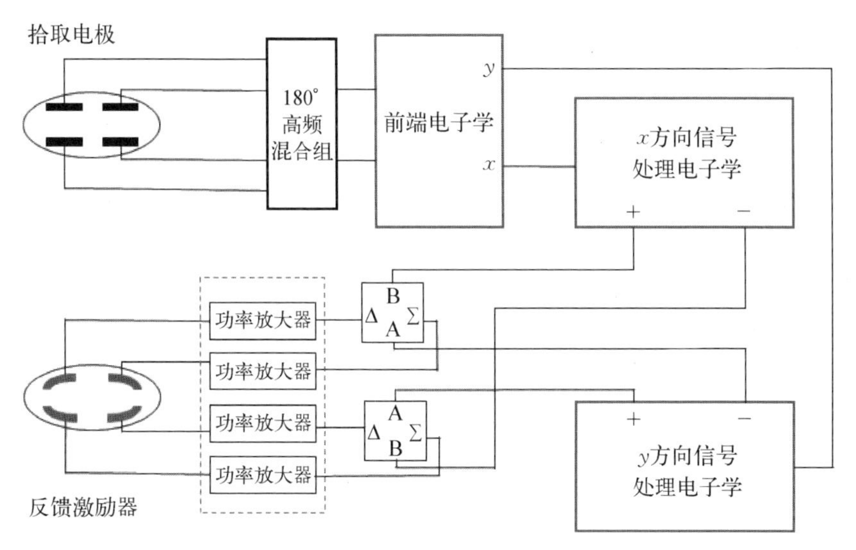

图 11-11　横向反馈系统框图

横向反馈系统采用 1 个普通钮扣型拾取电极。当束团通过时，则在拾取电极上产生一个双极性信号。钮扣型拾取电极的响应函数随频率升高而增大，为了得到更高的信噪比，应选择尽可能高的频率分量作为信号检测频率，但又必须低于束流管道的截止频率，以防止受到在束流管道中传播的高次模信号的干扰。

钮扣型拾取电极采集到的是宽带束流运动信号，前端电子学的任务是将信号中心频率中位于检测频率、带宽为 325 MHz 的频段变换到基频，以提高系统信噪比和激励器的激励效率。综合考虑拾取电极的频率响应特性和束流管道的截止频率，我们选择 1.95 GHz，即 3 倍的储存环高频频率，作为信号检测频率。

前端电子学采用梳状产生器的办法，使束流的频谱集中在我们所选择的频率范围内。实际上，梳状产生器就是一个中心频率为检测频率的带通滤波器(band pass filter)。

功率放大器是反馈系统中的有源器件，反馈对功率放大器的要求是宽带、高增益、高输出功率。功率放大器直接驱动反馈作用器件——激励器。放大器的输出功率越高，则可以阻尼的束流振荡的幅度越大。

11.7　束流纵向反馈系统

束流反馈系统是目前世界上许多加速器装置中均采用的一种阻尼 CB 不稳定性的方法[15]。束流纵向振荡是提高 CEPC 流强和亮度的瓶颈之一。为了抑制束流纵向振荡，需要逐束团束流纵向反馈系统（LFB），确保流强和亮度的进一步提高。

对于 CEPC 双环设计方案，且受限于功率放大器的功率，对 CEPC 正负电子环各做两套束流反馈系统。纵向反馈系统包括信号采集拾取电极、前端电子学、信号处理电子学、后端电子学、功率放大器、反馈作用器件等部分。图 11-12 是计划采用腔式激励器和数字反馈处理器的纵向反馈系统框图。

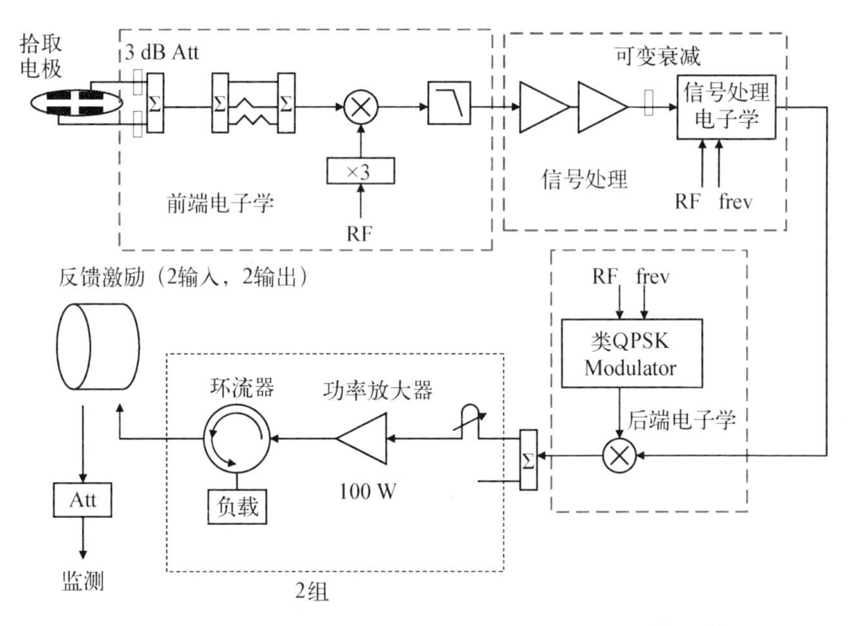

图 11-12　采用腔式激励器和数字反馈处理器的纵向反馈系统框图

纵向反馈系统的拾取电极为钮扣型电极。束团通过该拾取电极时，就会感应出双极信号。纵向反馈系统前端电子学包含了钮扣电极信号求和、梳状产生器、低通滤波器等，如图 11-13 中实线部分所示。前端电子学的任务是将束团纵向振荡从钮扣信号中有效地提取出来。为了提高信噪比，采用梳状产生器使束团相位信息在 1.5 GHz 频率附近聚集。

梳状产生器的输出信号通过双平衡混频器(mixer)与高频频率的 3 倍频(即 1.95 GHz 信号)进行鉴相,便可获得束团的纵向相位信息。采用 1.95 GHz 频率作为信号检测频率,可以得到±30°的动态范围,用 8 位 ADC 采样可以得到分辨率不小于 0.5°的鉴相精度[20]。后端电子学如图 11-13 中虚线部分所示。

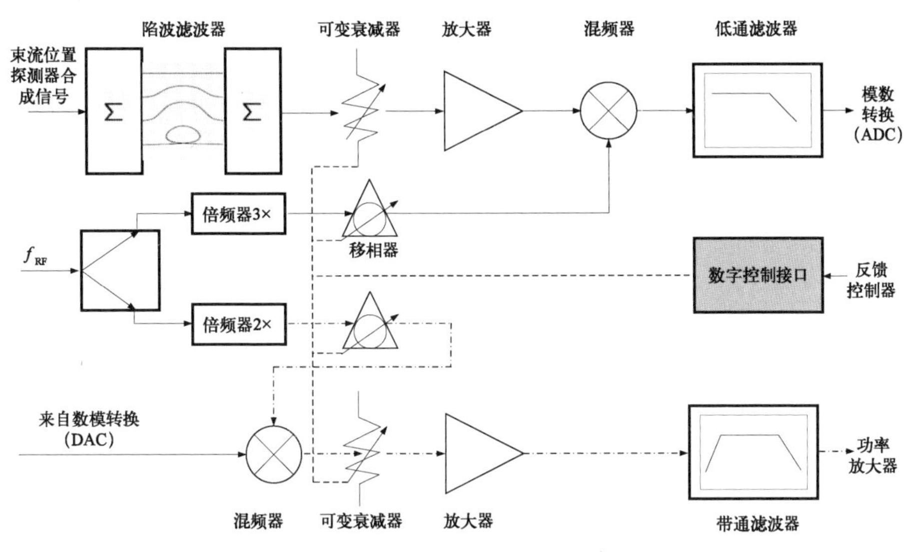

图 11-13　纵向反馈系统前端和后端电子学

纵向反馈系统的信号处理比较复杂,这是由于纵向二极振荡频率较低,需要将多圈信号组合起来,计算出纵向二极振荡经 90°相移后的信号。而且,由于所有 CB 模的信号分布在整个 325 MHz 的频率范围内,所以需要采用宽带技术。由于 FPGA 技术的发展,它既可以实现宽带信号处理,又可以方便地实现滤波、90°的相移、减采样、数字信号抽取、输出缓冲等功能。因此,信号处理的核心部分就是 FPGA。信号处理模块一般是在基带进行工作,由于各种因素引起的单团工作点移动(tune shift)各不相同,数字滤波器必须能够对不同的束团抑制其直流分量,减少对宽带功率放大器的功率要求[21]。

为了抑制所有可能的耦合束团不稳定模,对反馈作用器件即激励器的带宽应至少为 325 MHz,阻抗应尽可能高,这样可以有效利用功率放大器输出的功率。另外,需要仔细选择激励器的中心工作频率,可以选择 $f_c=(p+1/4)\times f_{RF}$ 或 $f_c=(p+3/4)\times f_{RF}$,其中 p 可以是任意整数,应综合考虑市场上已有的商品化功率放大器和 CEPC 650 MHz 的高频频率，选择 p 及中心频率。

功率放大器提供功率给激励器。功率放大器的带宽应该适当大于 325 MHz，以提供激励器的建场时间、填充时间和功率放大器本身的上升时间。放大器增益需要根据反馈系统提供的阻尼率决定，根据前面模拟计算的激励器反馈电压和分流阻抗，可以估算功率放大器功率[23]。

参考文献

[1] The CEPC Study Group. CEPC conceptual design report[R]. Beijing: IHEP, 2018.

[2] Robert H. SPEAR3 design report[R]. Menlo Park: SLAC National Accelerator Lab, 2002.

[3] U. S. Department of Energy. PEP - Ⅱ an asymmetric B factory conceptual design report[R]. Berkeley: Lawrence Berkeley Lab, 1993.

[4] National Laboratory for High Energy Physics. KEKB B-factory design report[R]. Tsukuba-shi: High Energy Accelerator Research Organization, 1995.

[5] 赵籍九，尹兆升. 粒子加速器技术[M]. 北京：高等教育出版社，2006.

[6] Kikutani E, Akiyama A, Katoh T, et al. Bucket selection system of the KEKB rings [C]//The First Asian Particle Accelerator Conference (APAC 1998), Tsukuba, Japan, 1998.

[7] Daly E F, Fisher A S, Kurita N R, et al. Mechanical design of the HER synchrotron light monitor primary mirror for the PEP - Ⅱ B-factory [C]// Proceedings of the 1997 Particle Accelerator Conference, Vancouver, Canada, 1997.

[8] Ye K R, Yin C X. The preliminary design of the SSRF beam instrumentation system [R]. Beijing: SSRF, 2000.

[9] Cui Y, Shao B B, Li Y. PC and CAN bus in beam loss monitor system for NSRL [C]//The 3rd International Workshop on Personal Computer and Particle Accelerator Controls, Hamburg, Germany, 2000.

[10] Ma L, Cao J S, Wang L. Tune measurements in the BEPC storage ring[J]. High Energy Physics and Nuclear Physics, 2000, 24(8): 770 - 774.

[11] 孙葆根，高云峰，胡守明. 工作点测量系统在合肥光源中的应用[J]. 仪器仪表学报，2001，22(5)：473 - 475.

[12] 孙葆根. 合肥光源新束流测量系统研制及其应用研究[D]. 合肥：中国科学技术大学，2000.

[13] 曹建社. BEPC - Ⅱ直线加速器 BPM 原型设计[R]. 北京：中国科学院高能所，2002.

[14] Gasior M, Jones R. The principle and first results of betatron tune measurement by direct diode detection[R]. Geneva: LHC, 2015

[15] 张闯，马力. 北京正负电子对撞机重大改造工程加速器的设计与研制[M]. 上海：上海科学技术出版社，2015.

[16] Ebert M, Heins D, Klute J, et al. Transverse and longitudinal multi-bunch feedback systems for PETRA[R]. Hamburg: DESY, 1991.

[17] Kasuga T, Hasumoto M, Kinoshita T, et al. Longitudinal active damping system for UVSOR storage ring[J]. Japanese Journal of Applied Physics, 1988, 27(1): 100 - 103.

[18] Kikutani E, Obina T, Kasuga T, et al. Front-end electronics for the bunch feedback systems for kekb[J]. AIP Conference Proceedings, 1995, 333(1): 363 - 369.

[19] Teytelman D, Claus R, Fox J. Operation and performance of the PEP - Ⅱ prototype longitudinal damping system at ALS [C]//Proceedings of the 1995 Particle Accelerator Conference, Dallas, USA, 1995.

[20] Bassetti M, Ghigo A, Serio M, et al. DAΦNE longitudinal feedback[C]//The 3rd European Particle Accelerator Conference, Berlin, Germany, 1992.

[21] Kikutani E, Kasuga T, Minagwa Y, et al. Development of bunch feedback system for KEKB [C]//The 4th European Particle Accelerator Conference, London, UK, 1994.

[22] BEPCⅡ Group. BEPCⅡ design report[R]. Beijing: IHEP, 2003.

[23] Yue J H, Teytelman D. Longitudinal instabilities in BEPC - Ⅱ[R]. Beijing: IHEP, 2008.

第 12 章
准直测量技术

加速器准直测量属于大型精密工程测量的范畴，介于工程测量学和计量学之间，在达到一定的规模时还涉及大地测量学的内容。加速器准直的任务是解决加速器设备在大尺寸空间内精确定位的问题，实现绝对位置精度控制下的束流轨道平滑，减少因设备位置偏差造成的束流轨道变形对束流质量和寿命的不利影响，从而保障加速器稳定、高质量的运行。

需要准直的加速器设备主要包括以下几类：① 起加速粒子作用的加速设备，如加速管、DTL、环高频腔；② 起约束粒子运动轨迹形成束流轨道作用的约束设备，如二极磁铁、四极磁铁和六极磁铁等；③ 起测量粒子束作用的束测设备，如束流位置探头、束流轮廓探头等。

大型粒子加速器的准直工作可以分为三个阶段：首先是工程设计阶段，主要工作包括大地水准面精化、坐标基准确立、准直方案设计与验证、技术验证实验室建立；其次是工程建造阶段，主要工作包括准直控制网建立和测量、设备标定和预准直、设备加工组装检验和测量、设备隧道安装准直、束流轨道平滑准直；最后是机器建成以后的阶段，主要工作包括隧道变形监测、设备位置监测和基于束流的设备平滑准直。

加速器准直精度包括设备相对于理论设计位置的绝对位置、角度精度，反映束流轨道平滑程度的相邻设备间的相对位置、角度精度，以及束流轨道长度精度等。其中对束流品质影响最大的是设备间的相对位置、角度精度。表 12-1 所示是中国散裂中子源(CSNS)RCS 环主要设备的准直精度要求。

加速器物理设计给出的是设备最终准直精度要求，准直需要根据完成设备最终就位所要经历的各个工作环节，合理分配各环节的限差，保证设备的最终定位误差满足物理设计要求。一般来说，准直误差环节包括准直控制网误差、设备标定/预准直误差、现场测量误差和安装调整误差。这些误差环节相互独立，因此设备最终就位误差可按如下方式计算：

$$最终误差=\sqrt{控制网误差^2+标定/预准直误差^2+测量误差^2+调整误差^2} \tag{12-1}$$

表 12-1　CSNS RCS 环主要设备准直精度要求

设　备	Δx/mm	Δy/mm	Δz/mm	$\Delta\theta$/mrad		
				x 方向	y 方向	z 方向
二极磁铁	0.2	0.2	0.2	0.2	0.2	0.1
四极磁铁	0.15	0.15	0.5	0.5	0.5	0.2
六极磁铁	0.15	0.15	0.5	0.5	0.5	0.5
BPM	0.15	0.15	0.5	0.5	0.5	0.5

12.1　参考基准和测量仪器

空间位置的描述需要在一个特定系统下采用特定方式进行，这一特定系统称为坐标参照系。要确定一个坐标参照系，需要一定的基准来提供确定它的依据。

12.1.1　参考基准

测量是在地球表面进行的，地球的表面形状、物理特性都会对测量工作产生影响，因此参考基准需要依据地球的几何及物理特性建立[1]。常用的参考基准有地球椭球、高程基准和垂线基准。

1）地球椭球

地球表面形状复杂、内部质量分布不均匀，使得地面上各点在垂线方向发生不规则变化，这就造成大地水准面实际上是个不规则的光滑曲面。在这样的曲面上进行各种测量数据的处理是难以实现的，因此，人们采用一个十分接近大地体的旋转椭球体来代替大地体作为大地基准，称为地球椭球。

地球椭球是一个数学曲面，用 a 表示椭球体的长半轴，b 表示短半轴，则地球椭球的扁率 $f=\dfrac{a-b}{a}$。在几何大地测量中，地球椭球的形状和大小通常用 a 和 f 来表示。利用天文大地测量和重力测量推算地球椭球的几何参数，19 世纪以来，已经求出许多地球椭球参数，我国目前推荐使用的是 2000 国家大地坐标系（CGCS 2000）椭球参数。

2）高程基准

重力位 W 为常数的面称为重力等位面。给定一个重力位 W 就可以确定出一个重力等位面，因而地球的重力等位面有无数个。在某一点处，其重力值 g 与两相邻重力等位面 W 和（$W+\mathrm{d}W$）间的距离 $\mathrm{d}h$ 之间具有下列关系：

$$\mathrm{d}W = -g(h)\mathrm{d}h \tag{12-2}$$

由于重力等位面上点的重力值不一定相等，从式（12－2）可以看出，两相邻重力等位面不一定平行。

在地球众多的重力等位面中，有一个特殊的面称为大地水准面，它是重力位为 W_0 的地球重力等位面。大地水准面可以看作是静止的海平面向大陆延伸所形成的一个封闭的曲面。

地面点到高度起算面的垂直距离称为高程，高度起算面又称高程基准面。选用不同的面作为高程基准面，可得到不同的高程系统。目前，常用的高程系统包括大地高、正高和正常高系统等。

3）垂线基准

垂线方向为重力向量的方向，地面上一点的重力向量 g 和相应椭球面上的法线向量 n 之间的夹角定义为该点的垂线偏差。已知一点的天文经纬度（λ，φ）和大地经纬度（L，B），就可求出该点的垂线偏差：

$$\begin{cases}\xi = \varphi - B \\ \eta = (\lambda - L)\cos\varphi\end{cases} \tag{12-3}$$

式中，ξ、η 为垂线偏差在子午圈和卯酉圈上的分量。

垂线偏差可以用于计算高程异常、大地水准面差距，推算平均地球椭球或参考椭球的大小、形状和定位，并用于天文大地测量观测数据的归算，也用于空间技术和精密工程测量。

在确立了测量基准的基础上，人们定义了一系列坐标系用于描述被观测物在空间中的位置，主要有天文坐标系、大地坐标系、大地空间直角坐标系、WGS－84 坐标系、站心地平坐标系、装置坐标系和平面直角坐标系等。

大地坐标系是在地面开展测量的基本坐标系，但是若将其直接用于工程建设则很不方便，需要将椭球面上的图形、数据按一定的数学法则转换到平面上，即投影，其中最常用的是高斯投影[2]。

12.1.2 测量仪器

准直常用测量仪器主要有水准仪、经纬仪、全站仪、激光跟踪仪、关节臂、全球导航卫星系统（GNSS）和数字摄影测量系统等。表 12－2 所示为一些测量仪器的指标和优缺点[3]。

表 12－2 一些测量仪器的指标和优缺点

类 型	典型测量范围	典型精度	测量速度	空间坐标测量原理	优 点	缺 点
全站仪测量系统	1.5 米至数千米	测角精度 0.5″，测距精度 1 mm +1 μm/m	3 点/s（静态），7 点/s（动态）	球坐标测量	无交会角影响，测量范围大	接触/非接触式测量，测量范围大，精度较低
激光跟踪仪测量系统	≤80 m	15 μm+6 μm/m	3 000 点/s	球坐标测量	无交会角影响，测量范围大，精度高，动态性能好	接触式测量，受环境影响较大
数字摄影测量系统	≤10 m	1/10 万	1 000 帧/s	空间相片交会	便携性好，精度高，批量测量，非接触式测量	单像片测量范围小，受环境影响较大
关节臂测量系统	≤5 m	0.03～0.1 mm	人工接触	空间支导线	便携性好，不需要通视，测量灵活	测量范围小，接触式测量

12.2 准直控制网

准直控制网是指依据被控对象的特点和精度要求，在测量区域内布设一系列控制点，应用相应的测量方法得到这些控制点的空间观测值，通过平差计算得到控制点坐标的最优估值，从而建立起来的空间控制测量网络。准直控制网是参考坐标系实现的具体方式，是部件测量准直的位置基准。在加速器安装期间，控制网可以为设备安装提供全局及局部的位置控制，确保安装准直在统一的坐标系中进行；在加速器运行期间，通过定期监测，提供隧道变形、沉降的相关信息，为各个部件的调整提供依据。

控制网相关工作包括控制网布设、控制网测量和控制网数据处理三部分内容。控制网布设需要考虑的因素有控制对象、控制精度、点的密度、可靠性、灵敏度、稳定性、经济性和是否有利于测量等。

对于大型加速器设施，为了控制测量误差累积，按照从整体到局部逐级控制的原则，准直控制网一般分为一级网（地面网）和二级网（隧道网）两部分。

12.2.1　一级网

一级网用于控制全装置各组成部分相互位置关系和形状，并为二级网坐标计算提供起算基准数据，是一种全装置范围内的绝对位置控制。一级网需要达到的控制精度要根据全装置整体绝对位置精度要求进行设计。

12.2.1.1　一级网布设

一级网由分布于整个装置区地面或隧道内的若干控制点构成，控制点结构包括标石和标志两部分，标石一般由钢筋混凝土浇筑而成，标志是指在标石上精确表示控制点位置的设施。

一级网要根据被控对象的结构特点进行布设。如图 12－1 所示，以中国散裂中子源（CSNS）为例，全装置分为直线、RCS 环、输运线、靶站、谱仪等几个

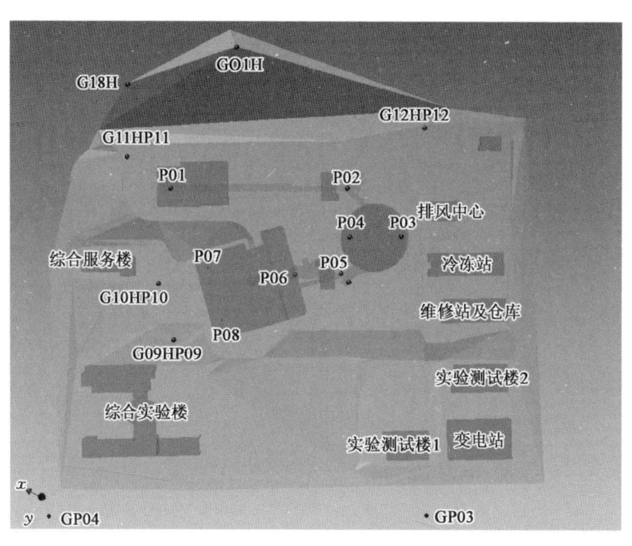

图 12－1　CSNS 一级控制网点分布

部分。一级网需要对这些组成部分进行控制，从而制订了如下布设方案：直线加速器两端各布设一点（P01，P02），RCS 环布设两点（P03，P04），高能输运线布设两点（P05，P06），靶站大厅布设两点（P07，P08）。以上控制点均位于隧道内部兼用作隧道网控制点，实现一级网对二级网的绝对位置控制。此外，为了便于观测、加强网形，又布设了若干园区控制点。

12.2.1.2　一级网测量

一级网过去常采用测距仪、经纬仪和水准仪，通过测边、测角和水准测量的方法测量控制点之间的位置关系，经过平差计算得到控制点坐标值。随着科技的进步，全球导航卫星系统（GNSS）以其测量范围大、使用方便、测量精度高的特点得到广泛应用，成为一级网测量的主力仪器。参照国家标准，加速器一级网的用途属于局部变形监测和精密工程测量范畴，可以参照我国《全球定位系统（GPS）测量规范》（GB/T 18314—2009）中 B 级网的有关规定开展 GNSS 测量。

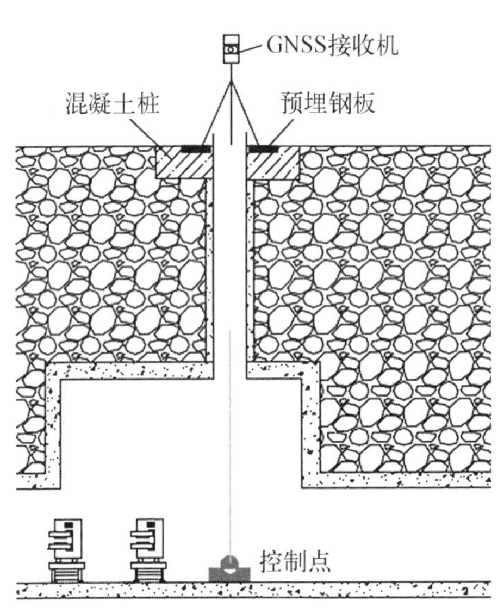

图 12-2　测量隧道内一级网控制点

一级网控制点分为位于地面无遮挡的地面点和位于隧道内的隧道点。对于地面点，可以直接在控制点标志上架设 GNSS 接收机测量。对于隧道内的控制点，由于接收不到信号，无法用 GNSS 接收机直接测量。如图 12-2 所示，为了测量隧道内控制点，需要在控制点的正上方开一个直通地面的通视孔，在通视孔的正上方架设 GNSS 接收机，用投点的方法使接收机与隧道内控制点在垂线方向对中，量取从接收机天线相位中心到隧道内控制点的仪器高，从而确定接收机与隧道内控制点的空间位置关系。

观测结束后需对观测数据按照《全球定位系统（GPS）测量规范》中的有关条目进行检核。

为了获得一级网控制点高精度的高程坐标，需要对全部控制点参照一等水准精度要求进行水准高程测量。经典的水准高程测量方法是几何水准测量，测量仪器为水准仪，其原理是借助于水平视线获取竖立在两点上的标尺读数，从而测定两立尺点间的高差。根据一级网布设方案设计水准测量路线，一般直线形隧道以首尾控制点之间为一条水准路线，采用往返测量方式；环形隧道沿隧道一周为一条水准路线，测量一个闭合环；地面点水准路线要与隧道点水准路线相连接。理论上一条水准路线就可以串联起所有控制点，但是为了提高测量的可靠性，在有条件的地方应该加测水准路线，在控制点之间形成多个闭合环。当水准路线较长时，可以按控制点分成几个测段，在测段内按往返方式进行测量。每完成一条水准路线的测量，应按照《国家一、二等水准测量规范》(GB/T 12897—2006)中的有关条目进行检核。

12.2.1.3　一级网数据处理

一级网观测数据的构成主要是 GNSS 观测数据，边、角观测数据和水准观测数据。GNSS 观测数据处理主要包括基线解算和网平差两部分[4]。基线解算是根据多台接收机同步观测数据计算控制点之间的基线向量及其方差-协方差阵。网平差是将基线解算确定出的基线向量当作观测值，用基线向量的验后方差-协方差阵来确定观测值的权阵，同时引入适当的起算数据，通过参数估计的方法确定出网中各点的坐标[4]。

边、角观测值为在地面上架设仪器观测所得，观测依据的是大地水准面和当地垂线，而大地水准面和垂线方向是不规则的，边、角观测数据处理需要以与大地水准面十分接近的椭球面作为参考基准。应将地面观测的水平方向经过垂线偏差改正、标高差改正和截面差改正，归算为椭球面上的大地方位角；将观测长度经过相应改正，归算为椭球面上的大地线长度。椭球面上点的大地经度、大地纬度，两点间的大地线长度，正、反大地方位角统称为大地元素。在椭球面上开展大地元素计算相当复杂烦琐，因此需要将大地元素再经过投影计算归算到平面上，在平面上开展平差计算得到控制点的平面坐标。

水准观测数据处理一般包括水准标尺尺长误差改正、水准标尺温度改正、正常水准面不平行改正、重力异常改正、固体潮改正，经过平差计算得到控制点的水准高程值，根据大地水准面模型将水准高程值改为装置坐标系中的高程值。

一级网数据处理的目标是得到控制点在装置坐标系下的坐标。粒子加速器物理设计要求所有设备安装在一个几何平面上，在加速器设备安装测量过程中，工作的基准面为大地水准面，因此我们希望加速器的装置坐标系是一个平面方向与当地大地水准面贴合最好的空间直角坐标系[5]。

12.2.2　二级网

二级网布设在加速器隧道内，是设备安装准直和位置监测的参考基准。

为了保证束流轨道的平滑性,加速器物理对相邻设备间的位置精度有严格要求。二级网作为位置基准,需要在满足对设备绝对位置控制的前提下提供高精度的相对位置控制,这就提出了如下要求:一方面,二级网要以一级网控制点为基准实现自身在装置坐标系中的精确定位;另一方面,要通过合理布设、精确测量,提高二级网控制点的自身精度,实现局部控制点间的高精度相互定位。

12.2.2.1 二级网布设和测量

二级网布设和测量不仅与加速器的具体结构、形状有关,也随着测量仪器的发展而不断演化。传统的布网方案有中心辐射环形网、三角形环形网、大地四边形网等。随着全站仪、激光跟踪仪等现代化坐标测量仪器的出现,测量效率极大提高,为了获得更高精度和可靠性的控制网测量数据,控制点布设的密度比以前大幅提高,控制网也从以前布设于地面的平面网变成了沿隧道墙面、地面空间分布的三维控制网。三维控制网是现代加速器隧道网的主流布设形式。

三维控制网通常沿隧道方向按段布设,每段 4～5 点,分别位于隧道地面、墙面或房顶,如图 12－3 所示。段与段间隔 3～8 m,具体视测量环境而定,环境通视条件差、障碍物多时要适当加密控制点。控制点结构为靶球基准座,采用强制对中原理,和靶球的接触面设计为圆锥结构,与跟踪仪 Φ38.1 mm 靶球相配。靶球座用环氧或膨胀螺栓牢固地固定于地面或墙面,内部镶嵌有磁块,可以稳定吸附住靶球。

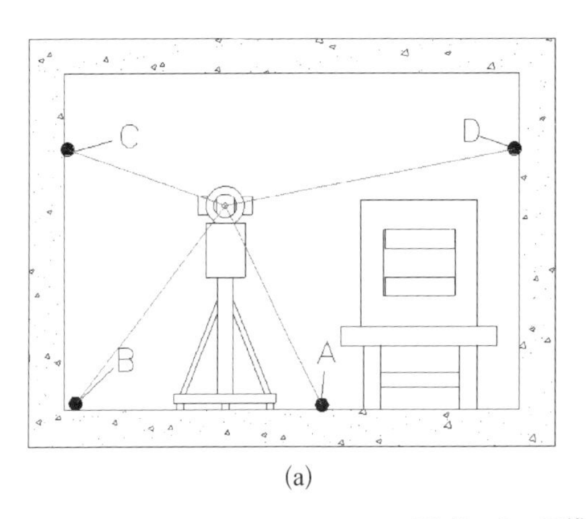

(a)

(b)

图 12－3 三维控制网

(a) 三维控制网布设示意图;(b) 控制点

三维控制网一般采用跟踪仪自由设站方式进行转站搭接测量，如图 12－4 所示。一方面，跟踪仪点位测量精度随测量距离增加而下降；另一方面，增加冗余观测可以提高控制点测量的统计精度和可靠性，每一站的测量范围要综合考虑仪器性能、精度需求和工作效率等因素。水准测量具有高精度、高可靠性的特点，三维控制网开展水准测量可以提高控制网测量的精度和可靠性。三维控制网水准测量通常只需测量地面控制点，测量方法与一级网水准测量相同。

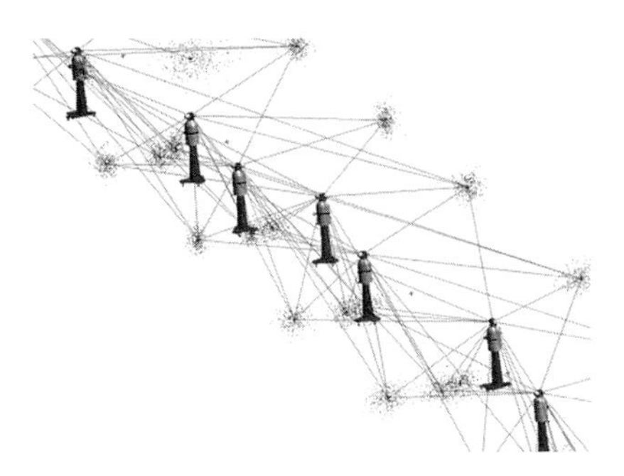

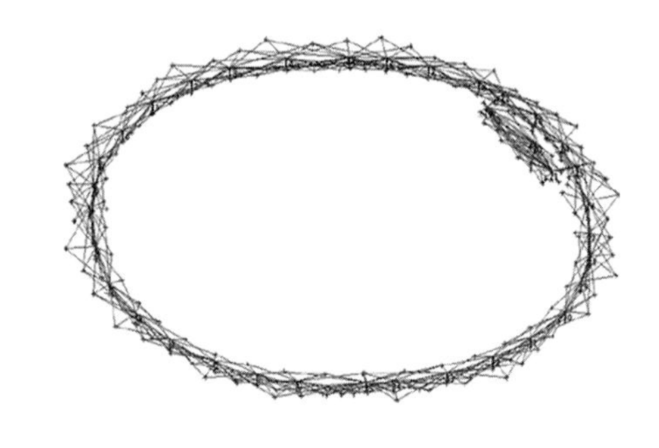

图 12－4　三维控制网测量

跟踪仪测量可以在局部范围内获得几十微米的控制点间相对位置精度，但是长距离搭接测量会形成误差累积。图 12－5 所示为某直线控制网观测数据平差结果，在给定两端控制点起算坐标的情况下，其余点的点位误差会随着远离起算点而逐渐增大，其误差包络曲线呈雪茄形，多次重复测量可以发现点的位置以一定概率随机分布在包络曲线之内。局部范围内相邻点之间的相对点位误差会远小于该点的绝对点位误差。

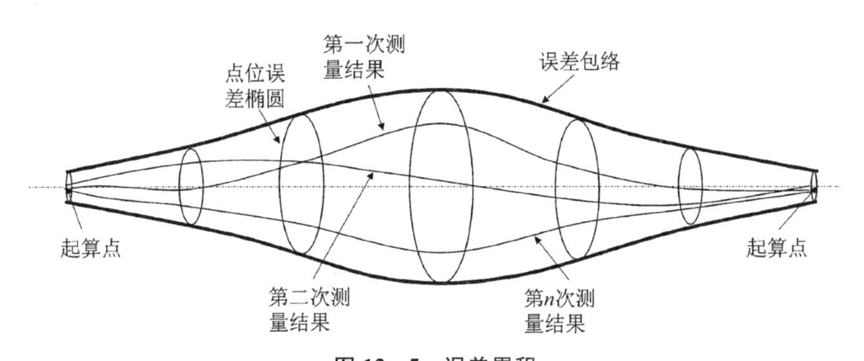

图 12－5　误差累积

误差累积可以从数据处理和测量两方面加以控制。在数据处理方面，将平面观测数据和高程观测数据分开进行平差计算，使平面方向测量误差只在平面方向分配，高程测量误差只在高程方向分配，进行附有约束的平差计算。在测量方面，可以通过加测骨干网、开展水准测量、布设直线基准等方式实现长距离点位控制。

12.2.2.2 二级网数据处理

二级网观测数据包括水平角、垂直角、斜距和水准高差四种类型，通过平差计算得到控制点在装置坐标系中的坐标。在平差计算过程中，需要确定观测数据的权阵。常规定权法是以仪器的标称精度确定观测值的先验权阵，但是仪器的标称精度和实际的观测精度并不完全相符，定权不准确会影响最后的测量平差结果。数据处理时可以根据实测数据类型和来源分别统计边、角观测值的测量精度，相邻测站之间有大量公共点观测值，可以用这些重复测量点统计各类观测量的方差，从而在平差过程中合理定权[6]。

为了方便计算、控制误差累积，二级网观测数据通常采用平面方向和高程方向分开平差的处理方法。平面平差选取一级网控制点作为已知点，通常以平距、水平角作为观测值，以平距、水平角的统计方差作为先验方差进行定权，通过平差计算得到已知点所在坐标系下的平面坐标。高程平差选取一级网控制点作为已知点，以控制点间水准高差作为观测值，根据控制点间观测距离或测站数定权，通过平差计算得到基于已知点的控制点水准高程坐标。与一级网一样，水准高程坐标需要根据似大地水准面模型和垂线偏差模型对水准高程坐标进行改正，得到装置坐标系下控制点的高程坐标。

二级网也可以按三维平差进行计算，三维平差的观测值通常为水平角、垂直角和斜距。目前加速器准直数据大都采用商业软件做平差计算，常用的商业平差软件有 STAR * NET、PANDA、Spatial Analyzer、Axyz、Survey、COSA、清华山维等。

12.3 平差计算

平差计算是为了消除由观测误差引起的观测量之间的矛盾，即如何从带有误差的观测值中找出未知量的最佳估值。经过一百多年的发展，学者们提出了一系列解决各类测量问题的平差方法，平差已经形成了一门独立的学科体系，这里仅介绍最常用的间接平差及其基本理论和方法。

1）间接平差函数模型

间接平差是以测量点坐标或其他待求量作为平差参数，将测量数据中的边长、角度、水准高程等观测值表达成平差参数的函数,这种函数关系式称为观测方程。

函数模型分为线性模型和非线性模型两类,测量平差通常基于线性模型。当函数模型为非线性函数时,总是将其用泰勒公式展开,并取至一次项化为线性形式。函数模型的线性化如下[7]。

设有非线性函数 $\widetilde{L}=F(\widetilde{X})$,其中 $\widetilde{L}$ 为观测值真值,$\widetilde{X}$ 为待求参数真值。为了线性化,取 $\widetilde{X}$ 的充分近似值 X^0,使 $\widetilde{X}=X^0+\widetilde{x}$,$\widetilde{L}=L+\Delta$,$L$ 为观测值,Δ 为观测误差。有

$$\widetilde{L}=F(X^0+\widetilde{x})=F(X^0)+\left.\frac{\partial F}{\partial \widetilde{X}}\right|_{X^0}\widetilde{x} \tag{12-4}$$

令

$$B=\left.\frac{\partial F}{\partial \widetilde{X}}\right|_{X^0}=\begin{bmatrix}\frac{\partial F_1}{\partial \widetilde{X}_1} & \frac{\partial F_1}{\partial \widetilde{X}_2} & \cdots & \frac{\partial F_1}{\partial \widetilde{X}_u}\\ \frac{\partial F_2}{\partial \widetilde{X}_1} & \frac{\partial F_2}{\partial \widetilde{X}_2} & \cdots & \frac{\partial F_2}{\partial \widetilde{X}_u}\\ \vdots & \vdots & & \vdots\\ \frac{\partial F_n}{\partial \widetilde{X}_1} & \frac{\partial F_n}{\partial \widetilde{X}_2} & \cdots & \frac{\partial F_n}{\partial \widetilde{X}_u}\end{bmatrix}_{X^0}$$

则函数的线性形式为

$$L+\Delta=F(X^0)+B\widetilde{x} \tag{12-5}$$

平差函数模型都是用真误差 Δ 和未知量真值 $\widetilde{x}$ 表达的。真值是未知的,通过平差可求出 Δ 和 $\widetilde{x}$ 的最佳估值,称为平差值。$\widetilde{L}$ 的平差值记为 $\hat{L}$,$\widetilde{X}$ 的平差值记为 $\hat{X}$,定义如下:

$\hat{L}=L+V$,$\hat{X}=X^0+\hat{x}$。V 是 Δ 的平差值,称为 L 的改正数。$\hat{x}$ 为 $\widetilde{x}$ 的平差值,它是 X^0 的改正数。

一般而言,如果某平差问题有 n 个观测值 L,t 个必要观测值,选择 t 个独立量作为平差参数 $\widetilde{X}$,则间接平差的函数模型为

$$\hat{L}=B\hat{X}+d \tag{12-6}$$

令 $l=L-(BX^0+d)$,可得误差方程

$$V=B\hat{x}-l \tag{12-7}$$

2）随机模型

随机模型是描述平差问题中的随机量（如观测量）及其相互间统计相关性质的模型。对于观测向量 $\boldsymbol{L}=[L_1 \quad L_2 \quad \cdots \quad L_n]^{\mathrm{T}}$，随机模型是指 $\boldsymbol{L}$ 的方差-协方差阵，简称方差阵。观测向量 $\boldsymbol{L}$ 的方差阵为

$$D=\sigma_0^2 Q=\sigma_0^2 P^{-1} \tag{12-8}$$

式中，Q 为 $\boldsymbol{L}$ 的协因数阵；P 为 $\boldsymbol{L}$ 的权阵，P 与 Q 互为逆阵；σ_0^2 为单位权方差。$\boldsymbol{L}$ 的随机性是由其误差 Δ 的随机性决定的，Δ 的方差阵就是 $\boldsymbol{L}$ 的方差阵。式（12－8）称为平差的随机模型。

3）平差准则及其解

现实测量中观测值的数目往往远远大于平差参数的个数，这种拥有多余观测的平差数学模型无法直接获得唯一解。平差的任务就是要在众多的解中找出一个最为合理的解。测量中的观测值 L 是服从正态分布的随机量，设其数学期望和方差分别为

$$\mu_L=E(L)=\begin{bmatrix}\mu_1\\ \mu_2\\ \vdots\\ \mu_n\end{bmatrix},\ D_{LL}=\begin{bmatrix}\sigma_1^2 & \sigma_{12} & \cdots & \sigma_{1n}\\ \sigma_{21} & \sigma_2^2 & \cdots & \sigma_{2n}\\ \vdots & \vdots & & \vdots\\ \sigma_{n1} & \sigma_{n2} & \cdots & \sigma_n^2\end{bmatrix} \tag{12-9}$$

由最大似然估计准则知，其似然函数为

$$G=\frac{1}{(2\pi)^{n/2}\mid D\mid^{1/2}}\exp\left[-\frac{1}{2}(L-\mu_L)^{\mathrm{T}}D^{-1}(L-\mu_L)\right]$$

$$\text{或}\ \ln G=-\ln[(2\pi)^{n/2}\mid D\mid^{1/2}]-\frac{1}{2}(L-\mu_L)^{\mathrm{T}}D^{-1}(L-\mu_L) \tag{12-10}$$

按最大似然估计的要求，应选取能使 $\ln G$ 取得极大值的 $\hat{L}$ 作为 μ_L 的估计量，考虑到 $L-\mu_L=-\Delta$，$L-\hat{L}=-V$，$\hat{L}$ 为 μ_L 的估计量也就是以改正数 V 作为真误差 Δ 的估计量。当式（12－10）右边第二项取得极小值时，似然函数 $\ln G$ 才能取得极大值。因此，V 必须满足 $V^{\mathrm{T}}D^{-1}V=V^{\mathrm{T}}PV=\min$。

因为 t 个参数为独立量，故可按数学上求函数自由极值的方法得

$$\frac{\partial V^{\mathrm{T}}PV}{\partial \hat{x}}=2V^{\mathrm{T}}P\frac{\partial V}{\partial \hat{x}}=V^{\mathrm{T}}PB=0 \tag{12-11}$$

转置后得

$$B^{\mathrm{T}}PV=0 \tag{12-12}$$

将式(12－7)代入式(12－12),消去 V 得

$$B^{\mathrm{T}}PB\hat{x}-B^{\mathrm{T}}Pl=0 \tag{12-13}$$

则

$$\hat{x}=(B^{\mathrm{T}}PB)^{-1}B^{\mathrm{T}}Pl \tag{12-14}$$

将 $\hat{x}$ 代入误差方程,即可求得改正数 V,平差结果为

$$\hat{L}=L+V,\ \hat{X}=X^0+\hat{x} \tag{12-15}$$

12.4　设备标定

为了计算设备在装置坐标系中的理论位置,需要进行设备标定。通常在每台设备顶部容易观测到的位置都安装有一定数量的靶标座,作为确定设备空间位置的物理基准,称为准直基准点。设备标定就是要实现从束流中心到设备准直基准点的引出标定,确定设备准直基准点与虚拟的束流进出口点坐标之间的位置关系。设备标定测量精度须达到几微米或几十微米量级,因此除了选用相应测量精度的仪器外,对地基稳定性、温度稳定性、气流扰动等都应按相应的测量实验标准做严格要求。按照测量原理的不同,设备标定可以分为机械中心引出标定和磁中心引出标定。

设备的机械中心通常就是束流中心所在的位置,如多极磁铁的孔径中心、加速管的中心轴线、高频腔的中心轴线等。实现束流中心引出标定,需要以可接触测量的物理表面为基准,通过测点拟合几何元素的方法找到设备机械中心,建立设备坐标系,在设备坐标系中确定设备准直基准点和束流进出口点的坐标。加速器设备种类繁多,结构各有不同,需要针对每种设备制订专门的标定测量方案。为了方便计算,通常以进出口点连线的中点作为设备坐标系原点,以机械中心所代表的束流线作为坐标系的一个轴,以高程方向作为另一个轴,建立基于束流线和进出口点连线中心的设备坐标系。

磁铁的磁场中心为理论设计中束流的实际位置，但是磁场中心与机械中心并不重合，若以机械中心为基准标定磁铁，这种差异会带来标定误差。为了提高磁铁标定精度，需要以磁场中心为基准进行磁中心引出标定。准直中常用的磁中心引出标定方法有磁靶标方法[8]和旋转线圈方法。

磁靶标与霍尔测磁机配合使用，磁场中心位置可以用霍尔探头实现微米级精度的测量，但是霍尔探头灵敏点的位置却无法直接用常规的准直仪器测量出来。为了测量霍尔探头灵敏点的位置，需要用到磁靶标作为中介，磁靶标的磁中心位置与磁靶标外框上准直基准点的位置关系可以通过标定精确测量出来，这样当霍尔探头位于磁靶标磁中心时，用常规准直仪器测量磁靶标准直基准点就可以计算出霍尔探头灵敏点的坐标。

旋转线圈可以测量出多极磁铁的磁中心，以磁中心为基准标定磁铁需要测量出旋转线圈的旋转轴线相对于磁中心的偏移量。在旋转线圈两端分别安装跟踪仪靶球，线圈旋转一周时用跟踪仪测量若干点拟合圆，两端圆心的连线即为旋转轴线。以旋转轴线为 z 轴，按照机械中心引出标定方法建立其他几何元素，即可建立过渡磁铁坐标系。根据磁中心与旋转轴线的偏移量修正过渡磁铁坐标系得到基于磁中心的磁铁坐标系，实现磁铁磁中心引出标定。

12.5 预准直

粒子加速器建设中经常采用预准直方案，将加速器中大量存在的标准单元元件预先安装准直好，然后将每个标准单元作为一个独立组件在隧道内安装就位，这样既可以加快工程建设进度，又能提高同一单元内元件间的准直精度。图 12-6 所示为一个预准直单元，预准直的目标是将位于同一单元内的所有设备以一定精度准直调整到单元坐标系下的理论位置，并固定连接好。最常见的是磁铁单元预准直，主要内容包括磁铁等元件在支架上的安装、元件位置测量、准直调整和预准直单元标定。与设备标定一样，预准直也需要对环境温度、地基稳定性、气流扰动等进行相应控制。

预准直单元较大、设备较多，通常仪器在一个站位无法测量到所有设备，需要在预准直单元周围布设控制网作为多站测量的基准，控制网点需全方位立体包围预准直工作空间。对于每一种类型单元都要建立对应的预准直单元坐标系，通过测量预准直单元上的基准面、基准点拟合建立几何元素，以几何元素为对象建立基于束流中心的单元坐标系。准直调整需要有设备的理论

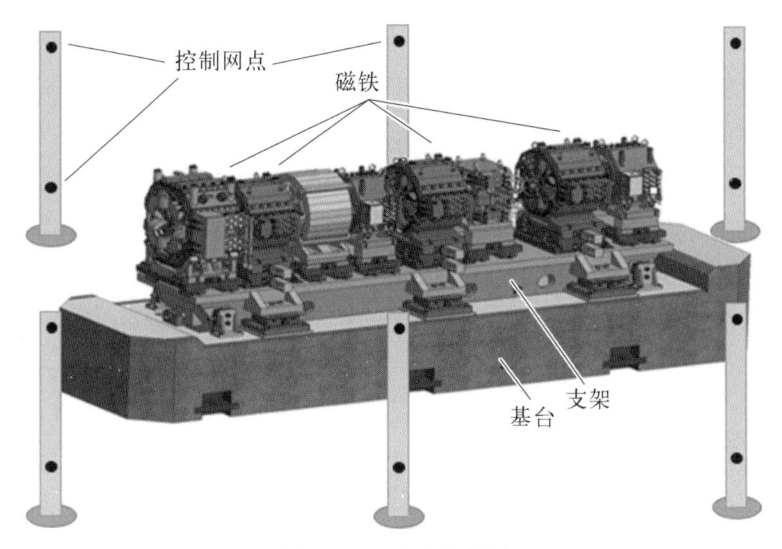

图 12－6　预准直单元

值，设备理论值是指设备上准直基准点在单元坐标系下的理论坐标。在预准直之前，要先完成设备的准直标定，得到准直基准点、束流进出口点在设备坐标系下的标定值。根据物理设计，计算设备束流进出口点在单元坐标系下的理论坐标。根据单元坐标系下设备束流进出口点理论坐标，通过坐标系旋转平移变换将设备坐标系变换到单元坐标系，得到准直基准点在单元坐标系下的理论值。

点位测量精度是制约预准直精度的一项重要因素，跟踪仪虽然是目前大尺寸空间高精度测量的主力仪器，但是其角度测量精度相对较低，点位测量误差随测量距离增加成比例放大，严重制约了点位测量精度的提高。在严格受控的环境下，激光测距精度可以达到 0.5×10^{-6}，采用激光测距仪器组网测量，按照测边网平差计算得到被测点的坐标可以显著提高点位测量精度[9-10]。

在磁铁单元预准直中，往往需要多极磁铁之间的相对位置精度优于几十微米，振动线的磁中心测量精度优于 10 μm。为了提高多极磁铁准直精度，减少误差环节，在预准直中需要采用振动线准直技术直接测量多极磁铁的磁中心位置，实现基于磁中心基准的预准直[11]。

12.6　隧道准直

隧道准直主要包括设备支架的安装位置放线、设备的安装准直和平滑准直。支架在隧道中的安装位置由放线点确定,放线点的理论坐标是根据支架相对于设备的结构设计尺寸计算出来的,放线工作通常采用跟踪仪或全站仪这类自动化的坐标测量仪器。由于隧道地面相对于理论设计值有高低起伏,在放线点上要标记出实际地面相对于理论设计值的高差,用于支架安装时垫平。物理设计会给出每个设备在装置坐标系下的束流进出口点坐标和设备姿态角度,根据进出口点坐标、姿态角度和设备标定值,通过坐标变换计算出设备准直基准点在装置坐标系下的理论值。

12.6.1 设备安装准直

设备在隧道中安装准直,以隧道控制网为基准,以设备理论值为目标,测量设备准直基准点的实际位置,根据实际位置与理论位置的偏差调整设备,直到偏差小于要求的限值。调整偏差的限值需要根据设备总误差限值按误差环节合理分配。在隧道准直中,常用的准直方法有激光跟踪仪方法、准直望远镜方法、激光准直系统方法和丝线准直方法。

激光跟踪仪方法是目前使用最广泛的方法,其以激光跟踪仪作为测量仪器,在跟踪仪的监测下完成设备准直调整。具体方法如图 12-7 所示,在待准直的设备附近设站,仪器测量周围一定范围内的控制网,拟合变换到装置坐标系,在装置坐标系下测量设备准直基准点,得到基准点实测值与理论值偏差,

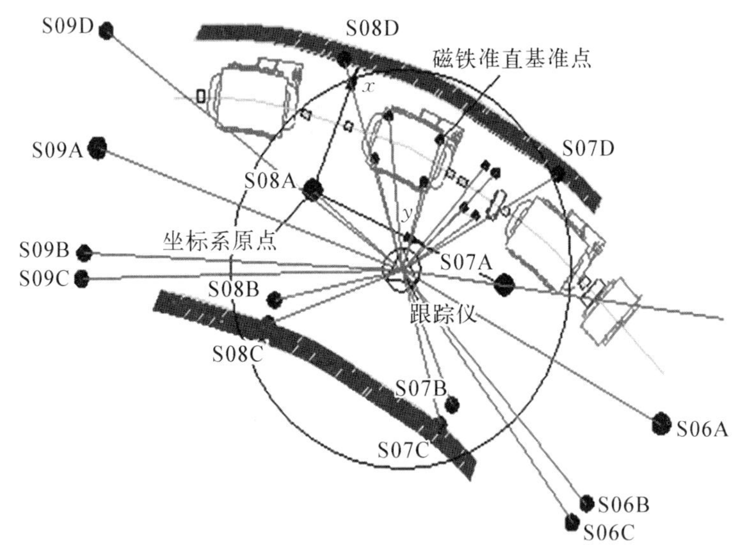

图 12-7　跟踪仪准直方法

根据偏差值调整设备位置。在调整过程中,应用跟踪仪进行实时动态监视,需要不断循环检查各个基准点的坐标偏差,经过反复多轮调整才能最终使所有准直基准点调整到位。

直线加速器或环形加速器的直线节要求将设备的束流中心准直调整到一条直线上,这种情况下应用准直望远镜、激光准直系统或两端张紧的丝线,建立一条直线基准用于指导设备调整,可以避免误差累积,提高设备绝对直线度的准直精度。

12.6.2　设备平滑准直

磁铁的安装准直误差会引起束流的闭合轨道畸变以及横向发射度的耦合,因此,在安装准直阶段要尽可能按理论设计位置准直设备。在完成初次安装准直后做全面测量,可以发现仍会有相当数量的设备位置超限,这是由准直误差、地基沉降、隧道控制网变形、支架设备应力释放和变形等诸多因素引起的。为了给束流提供一个更顺畅的运行轨道,减少损失,同时减轻设备准直调整工作量,在平滑准直阶段不再以设备理论位置作为唯一准直目标,而应将工作重点放在使相邻设备间的相对准直误差尽可能小上,为束流提供一个在理论位置控制下尽可能平滑的轨道。设备的准直误差包括位置误差和姿态误差(角度误差)。其中,位置误差分为沿束流的纵向、垂直于束流的横向和高程三个方向的误差;姿态误差可由设备准直基准点的横向和高程误差表示。大多数情况下,纵向位置误差对束流的影响小于横向和高程误差,为了简化问题,设备平滑准直只着重于对横向误差和高程误差进行平滑分析,而纵向位置误差靠初次安装准直保证。基于不同的平滑准直原理,出现了一系列的轨道平滑准直计算方法,主要有平均值法、多项式拟合法、移动最小二乘法、最小二乘拟合迭代法和基于Z变换低通滤波法等[12-13]。需要注意的是,当某些设备相对于其他设备的位置有特殊要求时,不能采用平滑准直,如插入件相对于光束线的位置。平滑调整之后需要对设备位置偏差进行傅里叶分析检查,确保沿束线的位置偏差频率不会与加速器频率形成明显共振。

12.7　位置监测

加速器设备的位置并非固定不变,由于地基沉降、应力释放、设备变形等诸多原因,其会偏离初始位置。设备位置的变化会给束流运行带来影响,因此有必要通过监测设备位置变动情况、加速器设施的变形情况研究其变化规律，分析位置变化与束流变化的相关性，为机器研究和调束提供依据。

12.7.1 设备位置监测

加速器准直常用的设备位置监测设备有静力水准系统（hydrostatic leveling system，HLS）、线位测量系统和多路激光测量系统。

静力水准系统的原理是在相连的容器中，液体总是寻求具有相同势能的特性，因此可测量和监测参考点彼此之间的高度差异和变化量。静力水准系统以其测量精度高、监测范围广、自动化性能好、实时测量等特点在大型精密工程测量中得到广泛应用。在粒子加速器中，静力水准系统主要用来监测地基沉降和设备高程位置变化。

静力水准系统按测定液面高度的方法可分为电感式、光电式、CCD式和电容式。电容式静力水准传感器的测量精度可以达到亚微米级，并且其体积小、使用方便、耐辐射，在加速器准直测量中得到广泛应用。

影响静力水准系统测量精度的因素主要有气压差、温度差、传感器测量误差、液体蒸发、液体污染、仪器倾斜、潮汐影响等[14-15]。

线位测量系统是以一根张紧的丝线作为位置参考基准，丝线穿过线位传感器腔体中心，两端固定在稳定不动的监测基准点上，线位传感器与被监测设备固连。当被监测设备位置发生变化时，线位传感器相对于静止的丝线产生相同的位移，从而输出信号发生相应的变化，根据输出信号可计算出被监测设备的位移量。根据测量原理的不同，加速器常用的线位测量传感器分为电容式（c-WPS）、影像式（o-WPS）和方向耦合式（WPM）。

Etalon公司推出了一种绝对式激光干涉测距的多路激光测量系统，其特点是从主机由若干条光纤引出激光，在每条光纤的端头安装有与标准靶球一样外形尺寸的发射头，每路激光可以独立测量从发射头中心到反射靶标的距离，测量精度为0.5 μm/m，每路光纤长度可达20 m，最多可引出124路光纤。监测设备三维空间位置时，可以用三路激光分别沿 x、y、z 三个方向测量设备上靶标到相应基准点之间的距离。

12.7.2 变形监测

变形监测的研究内容涉及变形数据处理与分析、变形物理解释和变形预报等，通常可将其分为变形的几何分析和变形的物理解释两部分。变形的几何分析是阐述监测对象的空间状态和时间特性,变形的物理解释是解释监测对象的变形与变形原因之间的关系[16]。

在变形观测中,为了采集变形体的变形信息,证明监测对象是否存在显著变形,变形是否具有周期性和方向性特点,需要布设变形监测网。通过在不同时间对变形监测网进行重复观测,来获取布设在变形体上目标点的位移。在加速器装置变形监测中,准直控制网和设备基准点一起构成了加速器的变形监测网,变形监测网可分为有绝对固定基准的绝对网(参考网)和没有绝对固定基准的相对网(自由网)。在绝对网中,固定基准位于变形体之外,在各观测周期中认为是不变的,以作为测定变形点绝对位移的参考点,这种监测网平差采用经典平差方法便可实现。在相对网中,由于全部网点均位于变形体上,没有必要的起算基准,是一种自由网,平差时存在参考系亏秩问题,为了分析变形,需要寻找一个恰当的变形参考系。加速器变形监测网属于相对网,所有控制点都有发生位置变动的可能。

传统的变形几何分析主要包括观测值的质量评定和平差处理、参考点的稳定性分析、变形模型参数估计等内容。

观测值的质量评定和平差处理主要涉及观测值质量、粗差处理、平差基准、变形的可区分性等内容。在变形监测中,由于变形量本身较小,临近于测量误差的边缘,为了区分变形与误差,必须设法消除较大误差以提高测量精度,减少观测误差对变形分析的影响。检验观测值中是否存在超限误差主要利用统计检验的方法,包括超限误差的整体检验和超限误差的局部检验。分析监测点的变形需要先对各期观测值进行平差计算,求得监测点的各期位置信息,根据各期位置信息分析监测点的变形信息。平差计算需要一定的起算基准,该基准同时也是变形分析的基准(参考系),变形信息总是相对于某一固定基准的,如果所选基准本身不稳定或不统一,则由此获得的变形值就不能反映真正意义上的变形,因此,变形的基准问题是变形监测数据处理必须首先考虑的问题。对于固定网,选用固定基准按经典平差进行求解。对于相对网,通常采用重心基准或拟稳基准,进行秩亏自由网平差。

参考点稳定性检验要解决以下三个问题:

(1) 控制网是否稳定?

(2) 如果控制网不稳定,哪个点发生了变化?

(3) 如果该点发生了变化,变化量是多少?

传统上对参考点的稳定性研究产生了众多的分析方法,典型的有平均间隙法和稳健相似变换法。

近年来，关于变形数据分析方法的研究极为活跃，主要有多元回归分析法、时间序列分析法、频谱分析法、Kalman 滤波模型、灰色系统理论、神经网络等。

变形物理解释方法可分为统计分析法、确定函数法和混合模型法。统计分析法中以回归分析模型为主，通过分析所观测的变形与外因之间的相关性，建立载荷-变形数学模型，是目前应用比较广泛的变形成因分析法。确定函数法中以有限元法为主，它是在一定的假设条件下，利用变形体的力学性质和物理性质，通过应力与应变关系建立载荷与变形的函数模型，然后利用确定的函数模型，预报在载荷作用下变形体可能的变形。混合模型法是对那些与效应量关系比较明确的原因量用有限元法计算。而对于另一些与效应量关系不够明确或采用相应的物理理论计算成果难以确定它们之间函数关系的原因量，则仍用统计模式计算，然后与实际值进行拟合而建立模型。

12.8 CEPC 准直技术需求

CEPC 束线长度超过 100 km，需要准直的元件数量达到数万台，元件的位置精度要求优于 0.1 mm，要在如此大的范围内完成如此多元件的高精度准直工作，需要在测量基准、测量方法、测量效率等方面取得技术突破。

大地水准面是在地球表面开展测量的参考基准，对于几千米范围内的中小型加速器，可以将大地水准面简化成一水平面或球面。CEPC 对撞环周长为 100 km，直径接近 32 km，在如此大范围内进行高精度测量必须考虑大地水准面的不规则起伏对测量带来的影响，因此需要开展大地水准面精化工作。大地水准面精化的目标是建立覆盖全装置的高精度似大地水准面模型和垂线偏差模型。实现方法是在包含 CEPC 装置的区域内划分网格，在全部网点上进行水准、GNSS、天文、重力测量，综合利用全球重力场模型、地面重力资料、地形资料和实测数据，采用最新的似大地水准面精化建模技术和垂线偏差建模技术，建立精度优于 5 mm 的似大地水准面模型，南北分量、东西分量均优于 1.0″的垂线偏差模型。似大地水准面模型和垂线偏差模型将用于控制网和元件在 CEPC 装置坐标系中的高程坐标求解和观测数据的平差计算。有关大地水准面精化研究的理论、方法是一项基础性科研成果，在空间科学、地球科学和工程技术中有着广泛的应用。CEPC 对大地水准面精化的需求将有力推动我国大地水准面精化研究水平的提高，对提高我国工程测量水平具有重要意义。

CEPC 对元件的准直精度提出了极高的要求，如何提高元件的准直精度是本领域面临的巨大挑战。准直控制网是当前加速器元件在隧道内安装准直普遍采用的位置基准，控制网坐标通常由激光跟踪仪观测值经平差计算得到。激光跟踪仪虽然在小范围内能实现高精度测量，但是要完成大范围测量，则需要采用转站搭接的测量方法，这使得观测值在数据处理过程中容易产生误差累积现象，导致控制网坐标精度难以提高。为了提高 CEPC 元件的安装准直精度，需要研究如何在隧道测量中引入覆盖范围大、观测精度高的新的测量方法和数据处理方法。新方法的引入一方面需要为平差计算提供高精度的约束数据，解决跟踪仪测量范围小、多站测量误差累积严重的问题；另一方面需要在大范围高精度准直的情况下代替控制网，直接为元件准直提供高精度的位置参考。CEPC 对大范围高精度准直测量技术的需求将推动我国工程测量技术的发展，其研究成果可以应用到所有大型工程测量中。

CEPC 需要准直的元件众多，但是对于如何实现高效、高精度测量，目前还没有现成的解决方案，测量效率成为制约 CEPC 建设的一个重要因素。跟踪仪是目前加速器准直测量的主要仪器，但是其测量方式为逐点测量，效率难以满足 CEPC 准直测量需求。摄影测量通过在不同的位置和方向获取同一物体的 2 幅以上的数字图像，经特征提取、图像匹配及相关数学计算后得到待测点的空间三维坐标，一次拍照可以获取多个测量点的信息，具有提高测量效率的潜力。目前成熟的摄影测量方法多用于小范围、密集标志测量或大范围低精度测量。对于 CEPC 控制网和元件测量，存在三个主要问题：① 隧道内标志布设太稀疏，一张照片所能拍摄到的标志太少，图像搭接强度低。② 高精度摄影测量需要相机多角度、多方位拍摄，包围被测目标，CEPC 环境中只能做到被测目标包围相机，不利于高精度坐标求解。③ 传统摄影测量标志无法满足与其他仪器测量的互换性和 CEPC 环境中的多角度拍摄要求，需要研制新的靶标。

基于以上原因，CEPC 团队提出了视觉测量仪研究计划，视觉测量仪集成了摄影测量、距离测量和角度测量功能，可以为所拍相片提供角度和距离信息。在做图像匹配、数据平差计算时，角度和距离观测值可以为图像数据解算提供高精度的约束条件，以此解决图像搭接强度低、拍摄角度方位少、坐标求解精度低的问题。视觉测量仪研究瞄准了工程测量中对提高测量精度和效率的迫切需求，其研究成果具有广泛的应用前景。

参考文献

[1] 孔祥元. 大地测量学基础[M]. 2 版. 武汉：武汉大学出版社，2010.

[2] 潘正风. 数字测图原理与方法[M]. 2 版. 武汉：武汉大学出版社，2009.

[3] 李广云，范百兴，杨凡. 激光跟踪仪高精度坐标测量技术研究与实现[C]//第三届全国粒子加速器准直安装及机械设计学术年会，合肥，中国，2013.

[4] 李征航，黄劲松. GPS 测量与数据处理[M]. 3 版. 武汉：武汉大学出版社，2016.

[5] 郭迎钢，李宗春，刘忠贺，等. 工程测量平面控制网计算基准面选定方法[J]. 测绘科学技术学报，2020，37(3)：232－238.

[6] 梁静，董岚，罗涛，等. BEPCⅡ储存环激光跟踪仪测量精度统计及先验误差的确定[J]. 测绘科学，2013，38(6)：182－184.

[7] 武汉大学测绘学院测量平差学科组. 误差理论与测量平差基础[M]. 武汉：武汉大学出版社，2012.

[8] 俞成，蒋志强，周巧根. 一种用于波荡器磁中心高精度标定的磁靶标[J]. 强激光与粒子束，2018，30(8)：148－151.

[9] 范百兴，李广云，李佩臻，等. 利用激光干涉测距三维网的加权秩亏自由网平差[J]. 武汉大学学报(信息科学版)，2015，40(2)：222－226.

[10] 林永兵，张国雄，李真，等. 四路激光跟踪三维坐标测量系统最佳布局[J]. 中国激光，2002，29(11)：1000－1005.

[11] Wu L, Wang X L, Li C H, et al. Research on magnetic center measurement of quadrupole and sextupole using vibrating wire alignment technique in HEPS－TF[J]. Radiation Detection Technology and Method, 2018, 2(2): 1－8.

[12] 王巍. 合肥光源升级改造测量准直及测量精度的研究[D]. 合肥：中国科学技术大学，2016.

[13] 刘忠贺，李宗春，郭迎钢，等. 粒子加速器束流轨道的移动最小二乘法平滑分析[J]. 核技术，2019，42(10)：10－16.

[14] 何晓业. 静力水准系统在大科学工程中的应用及发展趋势[J]. 核科学与工程，2006，26(4)：332－336.

[15] 张强，何晓业，唐郑，等. 用于粒子加速器位置监测的静力水准系统与线位置探测器的比对研究[J]. 原子能科学技术，2017，51(8)：1532－1536.

[16] 黄声享，尹晖，蒋征. 变形监测数据处理[M]. 武汉：武汉大学出版社，2010.

第 13 章 机械技术

机械技术是一项通用技术，一般来说，主要是指机械传动、机械结构、材料、力学、加工等技术。加速器机械技术是指采用通用机械技术的理论与方法，进行加速器机械设备尤其是非标设备的设计、研制等。根据加速器设备的特点，加速器机械技术主要用到的理论及设计方法包括热力学、材料力学、振动力学、有限元分析、机械制图、几何量公差等。需要说明的是，与其他加速器技术不同，由于所设计的设备千差万别，加速器机械设计中并无较为固定的理论方法可寻。

本章将通过两类典型的加速器设备的设计来进行说明，并对所用到的一些关键理论进行阐述。所用原理与方法可借鉴应用到其他设备的设计中。但针对每种设备，设计人员需要根据设计要求进行专门的研究。

13.1 磁铁支架在振动传递中的作用

磁铁支架主要用来支撑与定位磁铁，一般包括调节机构与支撑机构。按照所支撑的设备不同，磁铁支架可分为共架支架与单独支架。磁铁在隧道的准直精度(表征磁场力的位置)以及磁铁本身的位置稳定性的提高，是提高束流轨道稳定性的必要条件。

提高磁铁的准直精度，可以从提高准直精度以及提高磁铁支架的调节性能入手。前者可参考本书第 12 章，后者可以通过设计专门的调节机构，以提高调节分辨率及锁紧精度。一般来说，磁铁调节机构同时也是磁铁支架装配体中刚度薄弱所在，因此，合理设计调节机构不仅需要精密运动副来提高支架的调节性能，同时也需要高刚度来提高支架稳定性。

物体在平衡位置附近的往复运动称为机械振动。对于振动的系统/设备，其振动是由振源向设备输入了信号而使设备做出响应。在加速器磁铁支架的振动设计中，一般可认为在振源已知且响应有预期指标的条件下来设计支架，即在给定的振源条件下，如何设计磁铁支架，以期达到预期的束流轨道稳定性的要求。

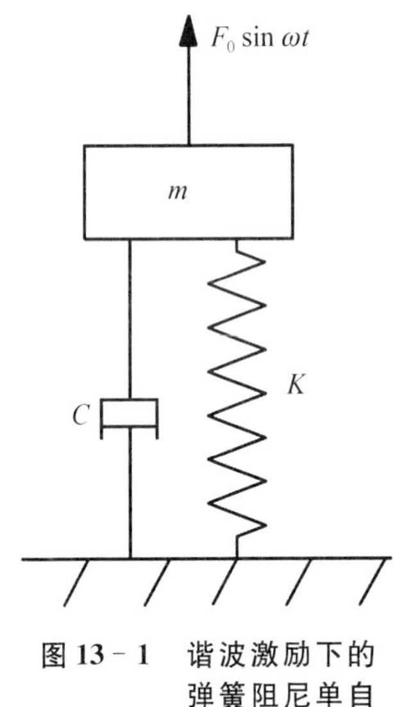

图 13－1　谐波激励下的弹簧阻尼单自由度系统

单自由度线性系统是最简单也是最基本的振动系统。图 13－1 所示为典型的谐波激励下的弹簧阻尼单自由度系统。为便于分析，我们假设弹簧为线性弹簧，且其本身质量可以忽略不计，阻尼为黏性阻尼，则有

$$F_x=-Kx \tag{13-1}$$

$$R_x=-C\dot{x} \tag{13-2}$$

$$m\ddot{x}+C\dot{x}+Kx=F_0\sin\omega t \tag{13-3}$$

式中，F_x 为弹簧回复力；R_x 为阻尼力；K 为弹簧的弹性系数；C 为阻尼系数；m 为振子质量；x 为振子位移；$F_0\sin\omega t$ 为谐波激振力；ω 为激振力频率。

加速器磁铁支架通常是小阻尼系统，即阻尼比小于 1。此时，式(13－3)的通解为

$$x=A\mathrm{e}^{-\zeta\omega_p t}\sin(\omega_q t+\varphi)+\frac{F_0/K}{\sqrt{(1-\gamma^2)^2+(2\zeta\gamma)^2}}\sin(\omega t-\Psi) \tag{13-4}$$

式中，A、φ 为由初始条件确定的常数；$\zeta=C/2m\omega_p$ 为阻尼比；$\omega_p=\sqrt{K/m}$ 为该振子无阻尼振动时的固有频率；$\omega_q=\sqrt{1-\zeta^2}\,\omega_p$ 为有阻尼振动时的固有频率；$\gamma=\omega/\omega_p$ 为频率比。

不难看出，式(13－4)第一项为其次方程的通解，即有阻尼自由振动时的振子位移，且因为阻尼的存在，该项会在振子运动一定时间后消失。第二项为激振力引起的强迫振动，它与激振力频率相同，且不因为阻尼而衰减，其数值与激振力以及系统的质量、刚度、阻尼有关。F_0/K 为外力为 F_0 时弹簧的静伸长量，不难理解，$\dfrac{1}{\sqrt{(1-\gamma^2)^2+(2\zeta\gamma)^2}}$ 反映了该系统对激振力的动力效应，

我们称之为放大因子，表示为 β。即

$$x=\frac{\beta F_0}{K}\cdot\sin(\omega t-\Psi) \tag{13-5}$$

无论是否存在阻尼，当 $\omega\ll\omega_p$ 时，放大因子 $\beta\to 1$；当 $\omega\gg\omega_p$ 时，放大因子 $\beta\to 0$。当 $\omega=\omega_r=\sqrt{1-2\zeta^2}\,\omega_p$ 时，放大因子 β 达到最大值，该频率称为共振频率。

对于多自由度系统，我们仍然可以按照上述方法，求解其运动微分方程，从而得出对激励信号的响应及每一阶固有频率等。

由于阻尼的存在，无论系统是自由振动，抑或是强迫振动，其共振频率都小于无阻尼系统的固有频率。但一般来说，磁铁支架的阻尼比数值较小，共振频率与固有频率差别不大，我们设计时仍将固有频率作为衡量支架性能的重要指标。

以上分析了单自由度线性系统对振动激励的响应。磁铁支架为一个质量、刚度、阻尼在空间连续分布的系统，对于这样复杂的系统我们可以将其离散化，等效成若干质量单元、弹性单元和阻尼单元组成的有限自由度数系统。当离散化的单元数量趋于无穷时，就是真实系统。当然，我们需要在精度与计算难度上做出平衡，这也是机械设计中非常重要的一种技术，即有限元分析的网格划分技术。

对于电子对撞机、同步辐射光源等加速器的储存环磁铁来说，磁铁本身由稳流电源供电，不存在交替磁场力的影响，我们可以认为磁铁受到的激励主要来自大地振动。大地振动对束流轨道稳定性的影响可用图 13－2[1] 及式(13－6)表示。

$$\Delta x=\mathrm{TF}_{\mathrm{Q2e}}\times f_{\mathrm{FOFB}}\times\mathrm{TF}_{\mathrm{G2M}}\times\mathrm{TF}_{\mathrm{s2G}}\times f_{\mathrm{damping}}\times\mathrm{TF}_{\mathrm{gr2s}}\times x_{\mathrm{gr}} \tag{13-6}$$

式中，$\mathrm{TF}_{\mathrm{Q2e}}$ 为聚焦结构设计到束流轨道的传递函数；f_{FOFB} 为轨道快反馈对束流轨道的影响因子；$\mathrm{TF}_{\mathrm{G2M}}$ 为磁铁支架到磁铁的传递函数；$\mathrm{TF}_{\mathrm{s2G}}$ 为隧道地基到磁铁支架的传递函数；f_{damping} 为磁铁支架系统的阻尼影响因子；$\mathrm{TF}_{\mathrm{gr2s}}$ 为大地振动到隧道地基的传递函数；x_{gr} 为大地振动激励。

不难看出，束流轨道稳定性受聚焦结构设计、磁铁支架设计、地基设计等各个因素影响，这些影响是目前国际上先进加速器如 EBS、APS－U、

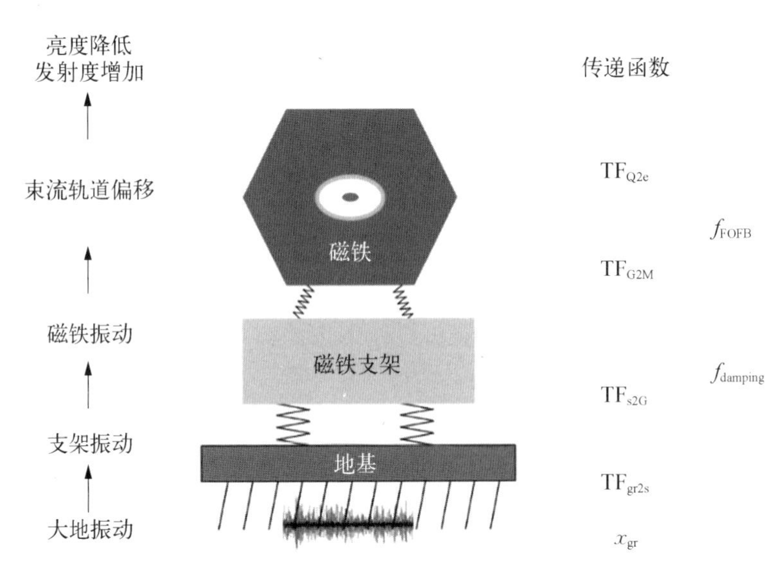

图 13-2　大地振动对束流轨道稳定性的影响示意图

SuperKEKB、HEPS、LHC、CEPC 等的重点优化方向。对于磁铁支架的设计，就是要减小磁铁到支架、隧道地基到磁铁的放大因子。

频率在 1～100 Hz 的振源包括交通、水流、风、机器设备运转等，而磁铁支架系统的共振频率一般也在此范围。图 13-3 所示为高能同步辐射光源

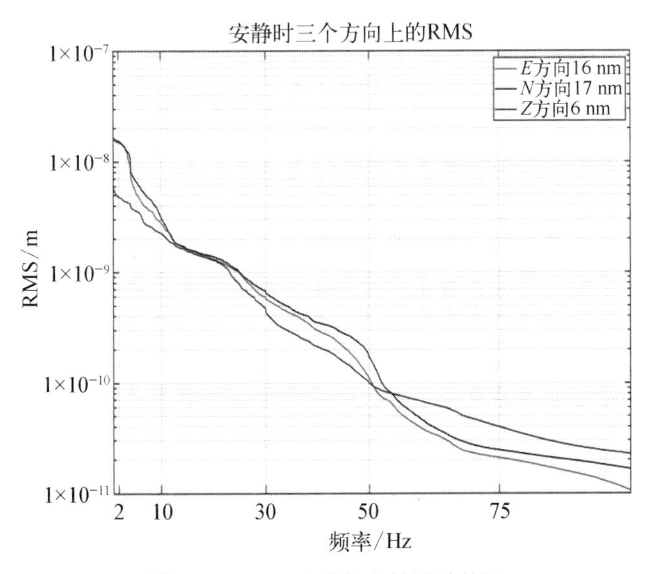

图 13-3　HEPS 场地大地振动幅值

(HEPS)场地大地振动幅值,可以直观地看出,频率较低,振动幅值较大,功率谱密度也相对较高,因此磁铁支架设计应避免在低频区域产生共振。同时,由放大因子的定义得出,其与激励频率的关系如图 13-4 所示,当 $\omega \ll \omega_p$ 时,不同阻尼比的放大因子相差并不大。因此,对于电子对撞机、同步辐射光源等加速器的储存环磁铁支架的设计,减小磁铁振动的有效途径便是通过合理的支架设计提高磁铁支架系统的固有频率,减小磁铁支架系统对低频大地振动的响应,而不是过多地关注阻尼。

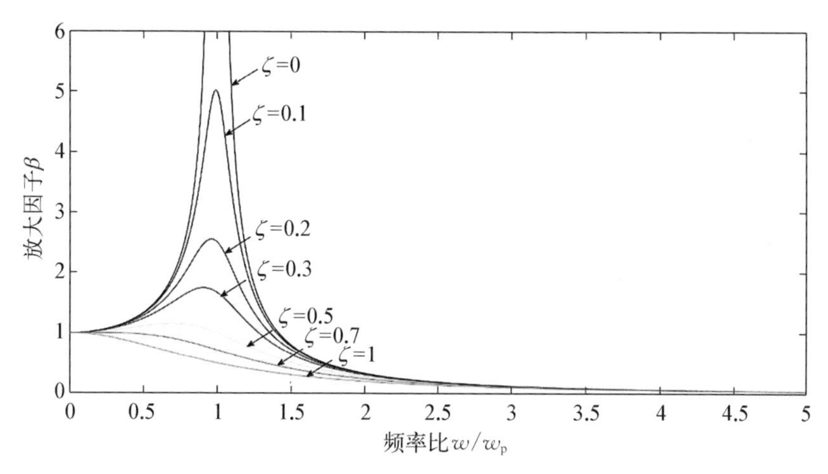

图 13-4　放大因子与激励频率的关系

对于脉冲磁铁支架,其振动分析的侧重点则有所不同。比如 CSNS 是一台束流功率为 100 kW、脉冲重复频率为 25 Hz 的散裂中子源加速器,在电涡流效应及交变洛伦兹力的作用下,磁铁受到强烈的自激振动。这种自激振动的强度远大于大地振动,成为磁铁支架系统的主要振源。CSNS/RCS 二极磁铁样机曾发生过磁铁线圈与铁芯振裂的情况。改造后对其进行振动测量,满电流条件下高程 y 方向的振幅可达 7.38 μm[2]。对于这种情况,我们需要通过支架的设计来减小磁铁自激振动产生的振幅。参考图 13-4 中的曲线,提高激振频率与固有频率的比值到放大因子小于 1,可以起到减震的作用。因此,对于自激振动强烈而需要隔振的磁铁支架,我们通过合理选择频率比与阻尼比达到隔振效果。CSNS 二极磁铁支架采用了隔振器,并选择频率比 γ 在 2.5～5 的范围内,阻尼比约为 0.1,隔振效率高于 80%。图 13-5 所示为 CSNS 二极磁铁支架中的隔振器结构[2]。

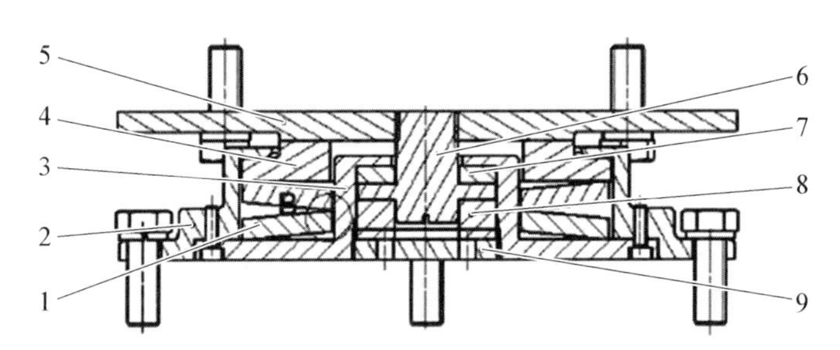

1—碟形弹簧；2—壳体；3—底盖；4—推盘；5—法兰盘顶盖；6—连接柱；7—金属橡胶（上）；8—金属橡胶（下）；9—底端锁盖。

图 13－5 CSNS 二极磁铁中的隔振器结构

13.2 典型的磁铁支架设计

本节将通过一些设计实例来阐述磁铁支架设计中的常见问题及应对方法。这些磁铁支架包括细长型磁铁单独支架、多极磁铁支架及对撞机超导铁支架等，基本涵盖常见的磁铁支撑类型。

13.2.1 CEPC 二极磁铁支点位置分析

设计中的 CEPC 对撞环共有 2 466 台二极磁铁，其中 2 384 台采用双孔径方案，磁铁长度为 28.686 m，由 5 台长度为 5.67 m 的铁芯组成[3]。不难看出，CEPC 二极磁铁类似于一个长梁结构，我们通过本节来讲述如何减小类似长梁结构的静态变形。

首先，我们以四点支撑为例来进行说明。支撑点位置的优化可通过公式解析法及有限元优化法进行，其目标为寻找四个支撑点的位置，使二极磁铁的最大变形最小。为方便计算，我们对磁铁长度进行归一化处理，其受力分析如图 13－6 所示[4]。

由于结构的对称性，图 13－6 中的细长梁受力可表示为

$$F_1 = F_2,\ F_3 = F_4 \tag{13-7}$$

$$F_1 + F_3 = q(l_1 + l_2 + l_3) \tag{13-8}$$

$$\omega_1 = 0 \tag{13-9}$$

式中，ω_1 为点 1 的挠度；F_1、F_2、F_3、F_4 分别为四个支撑点的支撑力；q 为均

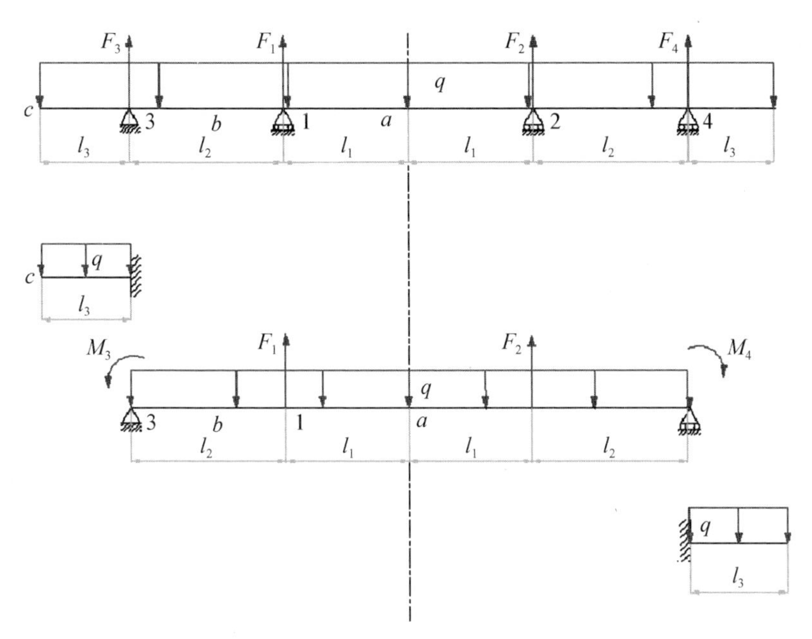

图 13 - 6　四点支撑长梁扭矩图

布载荷(此处为重力)；l_1、l_2、l_3 分别为根据支撑点划分的长度。

图 13 - 6 中，M_3、M_4 分别为点 3、4 的弯矩；点 a 为细长梁中点；点 b 为支撑点 1、3 之间的最大挠度点；点 c 为细长梁端点。由叠加法不难得出三点的挠度分别为

$$\omega_a = \omega_{aq} + \omega_{aF_1} + \omega_{aF_2} + \omega_{aM_3} + \omega_{aM_4} \tag{13-10}$$

$$\omega_b = \omega_{bq} + \omega_{bF_1} + \omega_{bF_2} + \omega_{bM_3} + \omega_{bM_4} \tag{13-11}$$

$$\omega_c = \omega_{cq} + l_3 \cdot (\theta_{3M_3} + \theta_{3M_4} + \theta_{3q} + \theta_{3F_1} + \theta_{3F_2}) \tag{13-12}$$

式中，ω_a 为点 a 处的挠度，ω_{aq} 为由均布载荷 q 产生的点 a 处的挠度，其他项以此类推。式(13 - 10)～式(13 - 12)中每一项挠度均可通过挠曲线微分方程求得，或可通过查找典型挠曲线方程表获得，此处不再赘述。为寻找细长梁的变形最大值，并通过优化 l_1 及 l_2(l_3 可用 l_1 及 l_2 表示)使最大变形最小，我们通过 Matlab 进行计算，得到最优解 l_1 及 l_2 的归一化长度分别为 0.132 及 0.263。

该问题也可以通过有限元分析来进行。这里我们首先建立细长梁模型，并将 l_1 及 l_2 设置为优化的输入参数，并分别设置 l_1 及 l_2 的取值范围，将细长梁的最大变形设置为优化的输出参数，利用 ANSYS 的优化计算也可得到同样结果。图 13 - 7 为该磁铁变形云图。

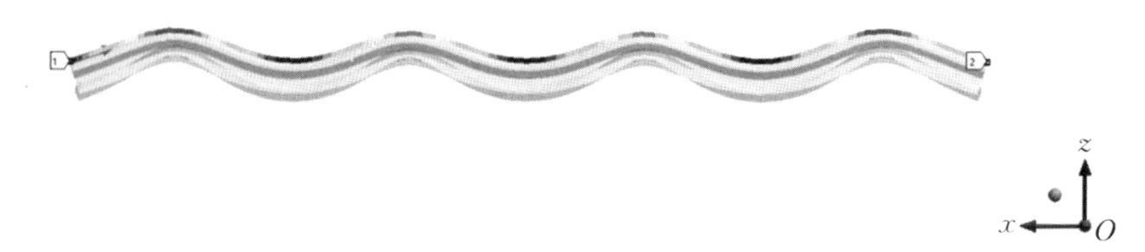

图 13-7 CEPC 对撞环二极磁铁变形云图(彩图见附录)

需要说明的是,这里仅介绍支撑点数量及位置的优化分析,而实际的支架设计需要在此基础上进行结构设计,这里不再展开。

对于 CEPC 增强器,情况稍有不同。增强器位于对撞环的上方,增强器磁铁通过支架固定于隧道顶部。增强器二极磁铁的支架设计除了需要考虑支撑点数量及支撑点在束流方向的位置外,还需考虑支架与隧道连接点位置及支架结构。为此我们引入遍历循环与拓扑优化结合的方法来进行分析。假设在隧道截面上,支架与隧道通过两点接触。遍历循环是指在给定的范围内,遍历两点的角坐标得到一个用于分析的角坐标数组,对每对角坐标下可用的截面面积进行拓扑优化。而拓扑优化是指通过有限元方法,分析可用结构范围内的单元虚密度分布,从而确定系统的最佳几何形状的方法。

我们选择隧道平面内的二维结构进行拓扑优化,以支架占用面积为约束,以结构柔度为目标函数,得到不同角坐标组合下的柔度及单元密度,如图 13-8 所示。之后再寻找不同角坐标组合下的柔度最小值,得出角度(60°,75°)为最优方案。同时考虑实际设计与加工难度,将支撑钢架竖直设计,与隧道接触的角度近似为(60°,70°)。

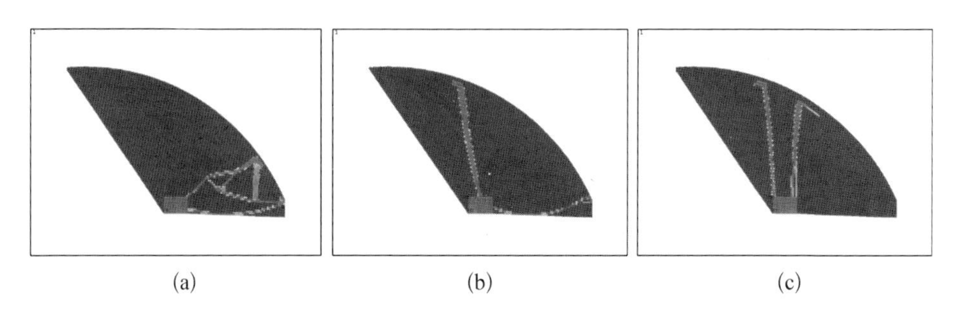

(a) (b) (c)

图 13-8 几种典型两支点角度位置组合下的单元密度分布(彩图见附录)

(a) (30°,40°);(b) (30°,70°);(c) (60°,70°)

13.2.2 HEPS-TF/HEPS 多极磁铁支架

为达到极低的发射度指标,加速器物理对 HEPS 储存环磁铁支架提出了很高的准直安装精度及稳定性要求。在 HEPS－TF 阶段，多极磁铁支架的设计指标如下：

（1）调节范围：水平方向≥8 mm，高程方向≥10 mm；调节分辨率≤3 μm。

（2）支架及磁铁装配体固有频率≥30 Hz。

（3）支架在线可调。

为满足在线可调及稳定性的要求，我们参考了 TPS 的支架设计，采用了多点支撑的凸轮机构进行支撑调整，以及电机驱动、传感器反馈的闭环控制方案，同时基座与支架间设计锁紧机构进一步提高固有频率。

电机驱动的凸轮调整支架因其调节范围大、精度高而应用于 SLAC 直线对撞机研究项目的 FFTB[5]、SLS[6]、TPS[7]、HEPS－TF[8] 等多个项目。以 HEPS－TF 为例，其参考了 Kelvin clamp 和 Boyes clamp 的定位原理，进行了多极磁铁支架的设计与样机研制[9]。其设计难点为需同时满足支架调节灵活性及稳定性的要求，而这两点通常来说是矛盾的。在调节灵活性上，我们不仅采用了电机驱动的凸轮机构以及传感器反馈，还根据结构进行了严密的运动算法推导与控制策略设计。图 13－9 所示为凸轮机构的详细结构及运动关系。其中，位于支架本体上的万向滚珠与固定于运动轴上的偏心凸轮接触，有如下关系式：

$$d=\sqrt{[x+r\cos(\theta+\varphi)-u]^2+[y+r\sin(\theta+\varphi)-v]^2} \quad (13-13)$$

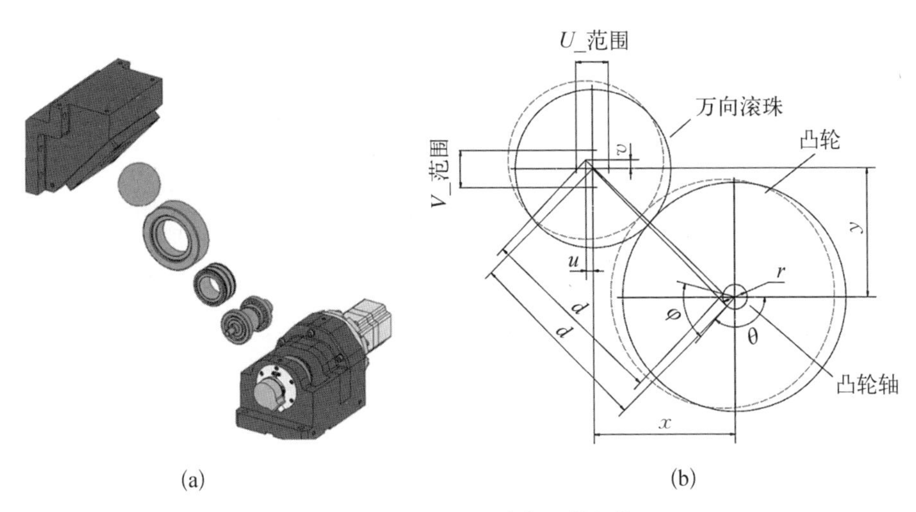

图 13－9　HEPS－TF 支架凸轮机构

（a）三维结构；（b）运动关系

式中，d 为滚珠与凸轮的圆心距；x、y 为滚珠与凸轮的初始相对位置；u、v 为滚珠位移量；r 为凸轮偏心距；θ 为凸轮初始角度；φ 为凸轮调整角度。

如此可得出 6 组在各自坐标系下的滚珠-凸轮位置关系。支架的位置可用凸轮坐标表示，于是任何一个支架坐标对应唯一一组凸轮调整角度，这是该支架控制算法的基本条件。通过式(13-13)以及支架目标位置的矩阵计算及坐标转换，可计算得出每个电机需要的转角。同时，在调节过程中，传感器不断采集支架位置信息，并将与目标的差值作为支架位置的补偿量，从而使支架不断逼近目标，直至达到可接受误差以内。

为进一步提高束流轨道稳定性，目前在建的先进光源进一步提高了磁铁支架的固有频率指标，而放松了在线准直的要求。如 APS-U 要求固有频率高于 50 Hz[10]，HEPS 要求固有频率高于 54 Hz。

对于 HEPS 等高固有频率支架，其难点主要体现在固有频率的获得。而提高固有频率主要依靠提高系统的刚度矩阵以及减小系统的质量矩阵。在磁铁载荷固定的情况下，毫无疑问，提高系统的刚度矩阵是主要方向。

以垂直方向为例，该磁铁支架系统可近似等效为二阶振动系统。两个薄弱的刚度环节分别为基座与大地连接以及支架与基座连接。对于基座与大地连接，目前采用的方案是通过二次浇筑与螺纹固定相结合的方式。对于支架与基座连接，目前比较统一的方法为采用高精度、高刚度楔块进行调节支撑。HEPS 的初步设计结构如图 13-10 所示。

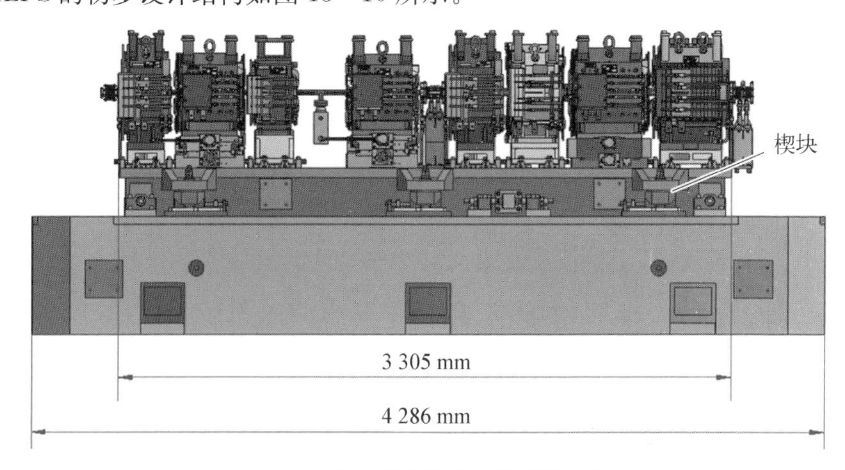

图 13-10　HEPS 多极磁铁支架初步设计结构

为了更好地预测磁铁支架的固有频率，以便在设计阶段避免可能存在的问题，我们需要对楔块进行精确的刚度测量，这同样也是 EBS、APS－U 等加速器重点研究的方向之一。式(13－14)为二阶系统微分方程，可以看出，假设通过锤击法给质量块 m_1 一个激励，则质量块 m_2 将在楔块的弹性力作用下进行振动，此时 F_2 为零。因楔块阻尼较小，可以忽略不计。

$$\begin{bmatrix} m_1 & 0 \\ 0 & m_2 \end{bmatrix}\begin{bmatrix} \ddot{x}_1 \\ \ddot{x}_2 \end{bmatrix}+\begin{bmatrix} C_1+C_2 & -c_2 \\ -C_2 & C_2 \end{bmatrix}\begin{bmatrix} \dot{x}_1 \\ \dot{x}_2 \end{bmatrix}+\begin{bmatrix} K_1+K_2 & -K_2 \\ -K_2 & K_2 \end{bmatrix}\begin{bmatrix} x_1 \\ x_2 \end{bmatrix}=\begin{bmatrix} F_1 \\ F_2 \end{bmatrix} \tag{13-14}$$

式(13－14)中，$\ddot{x}_1$ 和 $\ddot{x}_2$ 为两个质量块质心的加速度；$\dot{x}_1$ 和 $\dot{x}_2$ 为两个质量块质心的速度；x_1 和 x_2 为两个质量块质心的位移。我们可将采集到的传感器位置处的加速度通过一些坐标转换及解耦等进行推导。之后通过一系列的数学计算，可求解出刚度矩阵。该刚度矩阵因受一些假设因素及现场干扰而存在一定误差，鉴于此，我们采用了有限元指导下的锤击法测量。首先，我们通过简单的有限元分析，在假定 K_2 已知的情况下，通过改变 m_1、m_2、K_1 及激振力等计算质量块 m_2 的响应，并根据式(13－14)求解刚度矩阵 K_2'，与假设刚度 K_2 对比，从而寻找精度较好的实验条件。图 13－11 所示为通过该方法得出的一种楔块的刚度与预紧力的关系。测得调节机构的刚度后，可通过有限元分析较为精确地分析系统的固有频率及响应。该方法对于 CEPC 磁铁支架，尤其是 CEPC 超导铁支架等稳定性设计难度大的支架，同样有重要的指导作用。

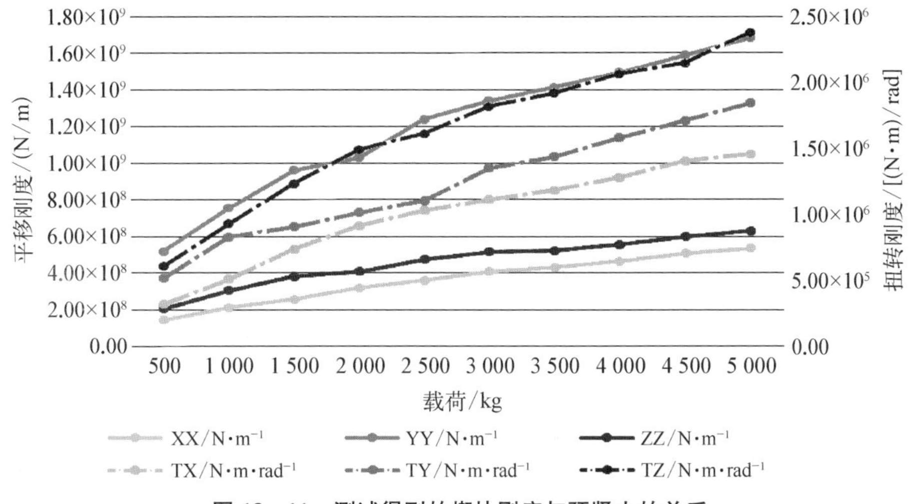

图 13－11　测试得到的楔块刚度与预紧力的关系

13.2.3　SuperKEKB 对撞区超导铁支架

对撞区超导铁支架是一种较为特殊的磁铁支架。为提高对撞亮度，对撞点附近的聚焦磁铁多设计为超导磁铁，并深入探测器内部。而受探测器探测角及布局的限制，支撑超导铁及恒温器的支架一般位于探测器轭铁外，便形成了类似悬臂的支撑结构。同时，加速器物理对超导铁的准直精度及动态稳定性要求一般比较高，使得超导铁支架的设计成为对撞机设计中的一个难点。这里我们以 SuperKEKB 的超导铁支架设计为例。

图 13－12 所示为 SuperKEKB 的对撞区布局[11]。其对撞区的两个恒温器 QCS－L 及 QCS－R 长度分别为 2.724 m 及 3.287 m，插入 BELLE 探测器中并悬臂固定于端部。超导铁对大地振动较为敏感，超导铁支架的固有频率及对大地振动的响应是设计中的一个难点。

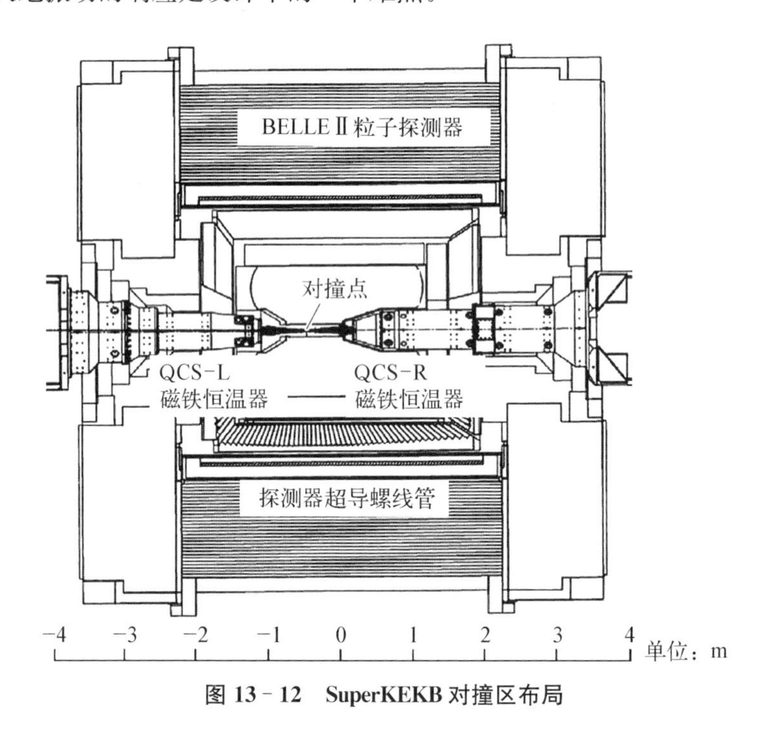

图 13－12　SuperKEKB 对撞区布局

SuperKEKB 设计了 8 个可调支撑柱，用于超导铁相对于恒温器的支撑定位，如图 13－13 所示。在之后的有限元分析中，这些可调支撑柱被简化为弹簧。SuperKEKB 恒温器的尾部用螺栓连接于超导铁支撑架上，并通过调节固定机构固定于移动平台。移动平台可通过导轨与精密水平地面之间发生相对运动，以便于维护时将恒温器撤离到探测器外，如图13－14所示。除了常规的提高结构刚度、采用精密水平地面、提高接触面积外，SuperKEKB还采用了阻尼材料M2052来减小放大因子[12]。

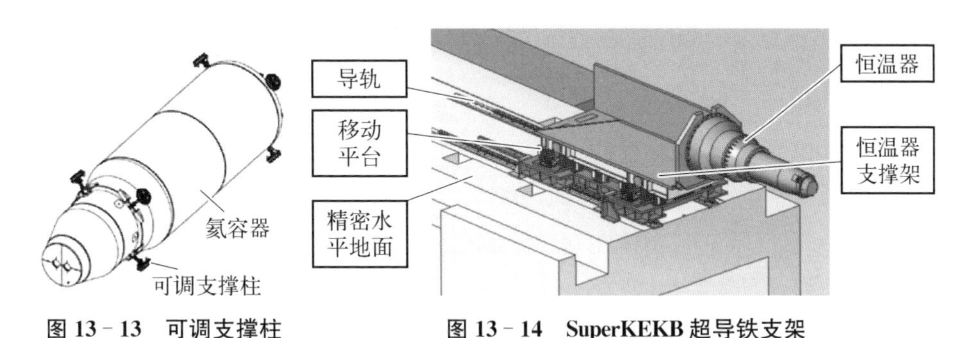

图13－13　可调支撑柱

图13－14　SuperKEKB超导铁支架

SuperKEKB的超导铁支架无论在设计还是运行方面，都为其他超导铁支架提供了经验。目前，CEPC及FCC的对撞区恒温器的悬臂长度更长，束流轨道精度及稳定性要求更高，给设计人员带来了非常大的挑战。我们相信，随着科学技术的发展，这些问题都会被很好地解决。

13.3　受热载荷设备的主要设计考虑

由于温差的存在而产生的能量流动称为传热。我们根据传热的机制（载体）不同，将传热分为热传导、热对流及热辐射，如图13－15所示。

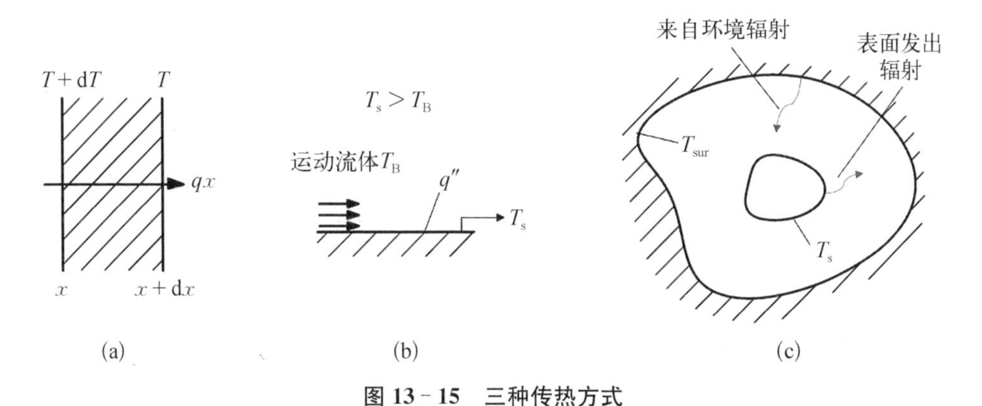

图13－15　三种传热方式

（a）热传导；（b）热对流；（c）热辐射

当静态的物体（无论是固体还是流体）内部存在温度梯度时，介质内部产生的传热称为热传导。热传导定律也称为傅里叶定律或热传导基本定律，对于各向同性材料可用式(13-15)表示：

$$q_x = \frac{Q_x}{t} = -K_x A \frac{\mathrm{d}T}{\mathrm{d}x} \tag{13-15}$$

式中，q_x 为 x 方向的导热速率；A 为面积；t 为时间；Q 为时间 t 内在面积 A 上传过的热量；K 为导热系数[W/(m·K)]；$\mathrm{d}T/\mathrm{d}x$ 为温度梯度。对于各向同性材料，导热系数与传导的方向无关。

导热系数反映的是物体在基于扩散过程的能量传递过程中传输能量的速率。由式(13-15)可知，热量一定时，导热系数越大，物体温度梯度越小。因此，当我们需要将热量快速传递时，应选择高导热系数材料，如一定功率的同步光打到真空盒上，在其他材料不变的情况下，铜真空盒的温升比不锈钢真空盒的温升低很多。而当我们需要隔热时，则应选择低导热系数材料，例如液氦容器与室温间通过冷屏及高真空进行隔热等。

对于很多问题，我们不仅要知道系统稳态时的温度分布，也需要知道其热传导过程。对于任意直角坐标系微体积 $\mathrm{d}x\mathrm{d}y\mathrm{d}z$（见图13-16），每个控制表面的导热速率为[13]

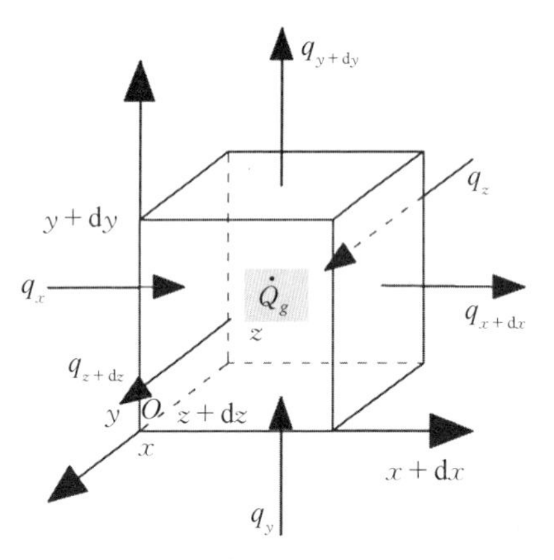

图 13-16 直角坐标系微体积 dxdydz 内导热分析

$$q_{x+\mathrm{d}x} = q_x + \frac{\partial q_x}{\partial x}\mathrm{d}x \tag{13-16}$$

$$q_{y+\mathrm{d}y} = q_y + \frac{\partial q_y}{\partial y}\mathrm{d}y \tag{13-17}$$

$$q_{z+\mathrm{d}z} = q_z + \frac{\partial q_z}{\partial z}\mathrm{d}z \tag{13-18}$$

我们假设物质不发生相变也不存在潜热，则微体积内能量储存速率 $\dot{Q}_{\mathrm{st}}$ 可表示为

$$\dot{Q}_{\mathrm{st}} = \rho c \frac{\partial T}{\partial t}\mathrm{d}x\mathrm{d}y\mathrm{d}z \tag{13-19}$$

式中，ρ 为物质材料密度；c 为比热容[J/(kg·K)]。由能量守恒，我们可以

得出

$$\dot{Q}_{\mathrm{l}} - \dot{Q}_{\mathrm{o}} + \dot{Q}_{\mathrm{g}} = \dot{Q}_{\mathrm{st}} \tag{13-20}$$

式中，$\dot{Q}_{\mathrm{l}}$、$\dot{Q}_{\mathrm{o}}$ 分别为微体积内输入和输出的热量，且有

$$\dot{Q}_{\mathrm{l}} - \dot{Q}_{\mathrm{o}} = q_x + q_y + q_z - q_{x+\mathrm{d}x} - q_{y+\mathrm{d}y} - q_{z+\mathrm{d}z} \tag{13-21}$$

$\dot{Q}_{\mathrm{g}}$ 为微体积内产生的热量，可用生热率 g（单位为 $\mathrm{W/m^3}$）表示，即

$$\dot{Q}_{\mathrm{g}} = g\,\mathrm{d}x\,\mathrm{d}y\,\mathrm{d}z \tag{13-22}$$

由式(13－15)～式(13－22)，便可得出温度 T 关于时间的函数：

$$\frac{\partial^2 T}{\partial x^2} + \frac{\partial^2 T}{\partial x^2} + \frac{\partial^2 T}{\partial x^2} + \frac{g}{K} = \frac{\rho c}{K}\frac{\partial T}{\partial t} \tag{13-23}$$

不难理解，$K/(\rho c)$ 反映了温度趋于一致的能力，称为热扩散系数，用 α 表示。热扩散系数、导热系数可在材料密度、比热容已知的情况下进行换算。

当热表面与流体接触时，因为两者的温度差使流体质点发生相对位移而引起的热量传递过程称为对流。对流分为自然对流和强制对流。流体温度变化会使流体内产生密度差，由于这种密度差引起的对流称为自然对流，例如真空盒外表面与空气之间的对流换热。流体由外力作用形成的对流称为强制对流，例如束流准直器中的冷却水对流。当对流交换的热量足够大时，冷却水会产生沸腾现象，而当冷却水温度较低而环境湿度大时，水管外部会有水滴凝结现象，这些都是设计中需要尽量避免的问题。这里我们假设冷却水不产生沸腾与凝结。

对流传热可用牛顿冷却公式表示，即

$$q'' = h(T_{\mathrm{s}} - T_{\mathrm{B}}) \tag{13-24}$$

式中，q'' 为对流产生的热流密度(单位为 $\mathrm{W/m^2}$)；h 为对流换热系数[单位为 $\mathrm{W/(m^2 \cdot K)}$]；T_{s} 为固体表面的温度；T_{B} 为周围流体的温度。

在工程热计算中，一项重要的任务是计算对流系数。影响对流系数的主要因素如下：① 边界层状态；② 流体流动状态和原因；③ 流体的物理性质(比热容、导热系数、密度、黏度等)；④ 传热表面的性质、位置和大小；⑤ 流体有无相变等。

对于无相变的对流换热，对流特征数可以表示为

$$Nu = f(Re,\ Pr,\ Gr) = \frac{hd_s}{\lambda} \tag{13-25}$$

式中，Nu 为努塞特数，表示表面传热系数的特征数；Re 为雷诺数，表示流动状态的特征数；Pr 为普朗特数，表示物性影响的特征数；Gr 为格拉晓夫数，表示自然对流影响的特征数；d_s 为水力直径；λ 为流体导热系数。对于无相变的湍流对流，且流体被加热时，流体在圆形管内的对流特征数可用式(13－26)表示：

$$Nu = 0.023Re^{0.8}Pr^{0.4} \tag{13-26}$$

$$Pr = \frac{C_p\mu}{\lambda} \tag{13-27}$$

$$Re = \frac{\bar{u}\rho d_s}{\mu} \tag{13-28}$$

式中，C_p 为流体定压比热容；μ 为流体动力黏度，单位为 Pa·s；$\bar{u}$ 为管内平均流速，单位为 m/s；ρ 为流体密度，单位为 kg/m^3。

通过以上各式，可计算流体在管壁的对流换热系数，从而可根据式(13－24)并结合式(13－15)或式(13－23)计算物体在有对流与导热情况时的温度分布。这也是加速器受热载设备最常见的情况。

所有具有一定温度的表面都以电磁波的形式发射能量，这就是热辐射。若两个温度不同的表面之间没有传热介质，那么可以说它们只通过热辐射进行传热。热辐射可以用式(13－29)表示：

$$E = \varepsilon\sigma T_s^4 \tag{13-29}$$

式中，E 为单位表面发射的功率，单位为 W/m^2；ε 为表面发射率，数值介于 0 和 1 之间，当表面为黑体时，ε 为 1；σ 为斯蒂芬-玻尔兹曼常数，$\sigma = 5.67 \times 10^{-8}\ W/(m^2 \cdot K^4)$；$T_s$ 为表面的热力学温度，单位为 K。

投射在表面上的辐射可被表面部分或全部吸收，从而使其热能增加，可表示为

$$G_{abs} = \alpha G \tag{13-30}$$

式中，G_{abs} 为单位表面吸收的功率，单位为 W/m^2；α 为表面吸收率，数值介于 0 和 1 之间，当表面为黑体时，α 为 1；G 为周围物体发射到表面的功率，单位

为 W/m^2。当一个温度为 T_s 的表面与远大于并完全包围它的等温表面之间辐射换热时，我们认为这种投射辐射近似为由黑体所发出的辐射，即 $G=\sigma T_{sur}^4$。若表面为灰表面，即 $\varepsilon=\alpha$，则有

$$q''=\varepsilon\sigma(T_s^4-T_{sur}^4) \tag{13-31}$$

式中，q'' 为由热辐射产生的热流密度，单位为 W/m^2。由于斯蒂芬-玻尔兹曼常数数值较小，因此两个低温表面间由热辐射产生的热流密度很小，通常会被忽略，例如 CSNS 质子束窗最高温度只有 73℃，就不考虑热辐射的影响[14]。当两个表面温度较高时，热辐射成为热量交换的主要形式，例如 CSNS 剥离膜的设计[15]。

设备受热载荷后除了引起温度的变化外，还会在材料内部产生热应变和热应力。因此在这类设备的设计过程中，需同时保证工作温度、应力、应变在许用范围内，对于长时间工作的受力设备如 CSNS 质子束窗，还需考虑材料的蠕变性能等[14]。

对于各项同性的固体材料，若其变形不受限制，则由于温度变化而产生的应变可表示为

$$\varepsilon_T=\alpha_T\Delta T \tag{13-32}$$

式中，α_T 为材料的热膨胀系数；ΔT 为材料温度变化。

考虑热应变时，弹性体的应变分量可用由应力引起的应变分量与由自由热变形（膨胀或收缩）引起的应变分量叠加而成，即

$$\begin{cases}\varepsilon_{xx}=\dfrac{1}{E}[\sigma_{xx}-\nu(\sigma_{yy}+\sigma_{zz})]+\alpha_T\Delta T\\ \varepsilon_{yy}=\dfrac{1}{E}[\sigma_{yy}-\nu(\sigma_{zz}+\sigma_{xx})]+\alpha_T\Delta T\\ \varepsilon_{zz}=\dfrac{1}{E}[\sigma_{zz}-\nu(\sigma_{xx}+\sigma_{yy})]+\alpha_T\Delta T\\ \gamma_{xy}=\dfrac{1}{G}\sigma_{xy}\\ \gamma_{yz}=\dfrac{1}{G}\sigma_{yz}\\ \gamma_{zx}=\dfrac{1}{G}\sigma_{zx}\end{cases} \tag{13-33}$$

式中，E 为材料弹性模量，单位为 Pa；ν 为材料泊松比；ε、σ、γ 分别为材料的线应变、应力与切应变，下标代表其方向；G 为材料剪切模量。

由式(13-33)可知，材料某一位置的应变与应力被唯一确定，而应力、应变的求解可参考相关材料力学或弹性力学教程，这里不再赘述。

对于加速器的受热载荷设备，其热载荷形式主要为体载荷和面载荷。体载荷即热功率作用在材料体积内，比如束流穿入束流窗口时会在材料内部产生热沉积，又比如 CEPC 中 120 GeV 的电子可产生 300 keV 的同步光，可在铜材料内衰减数十毫米，也可认为是体载荷。面载荷即热功率作用在表面上，比如由阻抗引起的热载荷以及由较低能量同步光引起的热载荷。严格意义上讲，上述面载荷也为体载荷，只是其趋肤深度很小而被近似认为是面载荷，而不会对计算精度产生影响。

13.4 典型受热载荷设备的设计

本节将通过一些设计实例来阐述加速器常见受热载荷设备(如束流准直器及束流窗口)的设计中的常见问题及应对方法。其中相关的热载荷分析及热-固耦合分析等对于诸如光子吸收器、挡块、废束窗等同样适用。

13.4.1 束流准直器设计

束流准直器的主要作用是拦截丢失的束流，从而使加速器大部分位置的束流损失控制在较小范围。对于对撞机，准直器也是减小对撞本底的重要设备；对于一些先进同步辐射光源如 HEPS 及 APS-U，准直器还需兼作废束站(dump)使用。很多时候为了调束方便，准直器的刮束体设计为水平或垂直可调结构。例如 BEPCⅡ正负电子环分别安装了 14 个固定准直器及 6 个水平移动准直器[16]。

准直器刮束体上的热载荷主要包括同步辐射、粒子热沉积及阻抗热载荷等。准直器的散热是其整体设计中非常重要的环节，并与其刮束体材料选择、结构设计紧密相关。

在欧洲光源 EBS 准直器的热结构设计中，主要考虑了同步辐射热的影响。其准直器主要由移动刮束体、射频屏壁指、驱动装置、屏蔽体及调节机构组成，如图 13-17 所示[17]。在工作位置，准直器刮束体所受同步光功率为 1 200 W。为减小同步辐射带来的温升，设计者通过对不同材料、不同结构及冷却方式的优化，最终选择了以 IT180 为刮束体材料，对于两路水冷的结构，同步光引起的温升为 187℃。EBS 之所以选择 IT180，除了因其具有高导热性、高熔点外，还有一个重要考虑因素为对束流的阻挡作用，从而使 300 mm 的刮束体可完全吸收需要准直的粒子。

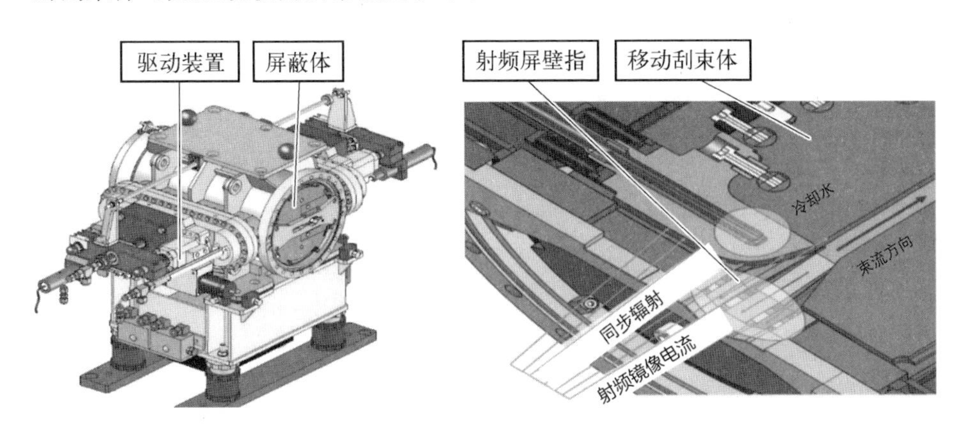

图 13 - 17　EBS 准直器设计图

日本的 KEKB 及 SuperKEKB 在运行及升级过程中，设计了多种束流准直器，下面我们以 SuperKEKB 最新的准直器来说明。图 13 - 18 所示为 SuperKEKB 的水平准直器与垂直准直器[18]。刮束体主要材料为铜，顶部为钨，主要利用了铜的高导热性、易加工以及钨的高熔点和对束流的阻抗作用，两者通过热等静压连接。铜材料内部设计有冷却水通道。为了减小刮束体与真空腔之间的阻抗，SuperKEKB 准直器刮束体的四周均设计了射频屏蔽装置。

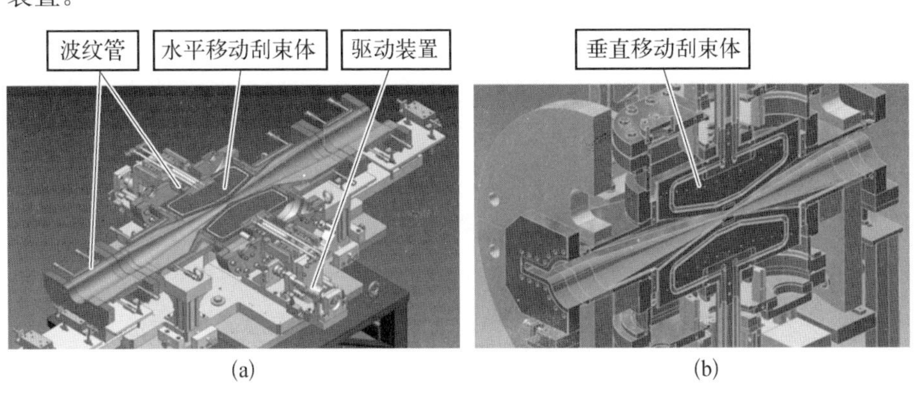

(a)　(b)

图 13 - 18　SuperKEKB 准直器

(a) 水平准直器；(b) 垂直准直器

SuperKEKB 的准直器在设计之初主要考虑的热载荷为同步辐射热，其线功率密度为 9.7 kW/m，可由水冷导出并满足材料性能要求，而在实际运行中，无论是 KEKB 还是 SuperKEKB，均出现了刮束体被束流打坏的情况。在其最新的设计中，提出了石墨刮束头的方案，主要利用了碳材料的高熔点和高比热容。

束流冲击导致刮束体破坏的问题对于新一代同步辐射光源同样存在。APS - U 经多方论证，其准直器采用铝材料作为刮束头，且其水平刮束头可垂直移动，以便束流在局部破坏后移动位置以更新束流作用面[19]。HEPS 则正在研究利用 pre-kicker 提前将束流打散之后再丢失到石墨刮束体上的方案。

对于 CEPC、SPPC、FCC - ee、FCC - hh 等超级对撞机，由于更高的束流能量及功率密度，若束流轨道偏移使束流打到准直器上，情况将更加严峻。例如，FCC - hh 研究人员计算发现，对于 50 TeV 的质子束，0.02 个束团即可使铜材料熔化[20]。我们相信，随着科学技术的不断发展，这些问题一定能解决。当然，我们不仅要考虑束流打到准直器的解决方案，也要设计合理的机器保护方案，避免束流打到真空盒、磁铁等设备上。

准直器的设计还需考虑辐射防护的设计，主要包括局部屏蔽体的材料、结构设计及周围环境辐射剂量计算，准直器附近磁铁、磁铁线圈处的辐射剂量计算及局部屏蔽措施等。对于可移动准直器，还需考虑驱动及传动部件的防辐射设计。

13.4.2 束流窗口的设计

束流窗口为另一典型的受热载荷设备，用于隔离不同的气氛环境，例如同步辐射光源光束线所用铍窗，用来隔离束线两端的真空；中国散裂中子源(CSNS)等的质子束窗，用来隔离高真空与靶站氦气环境；长基线中微子工厂(LBNF)等的衰变通道窗，用来隔离空气与氦气环境；以及位于加速器末端的废束窗，用来隔离真空与空气等。

通常情况下，原子序数低、导热系数高、高温性能好、加工/焊接性能好、真空性能好、抗辐照性能好的材料是束流窗口设计中的首选材料。例如同步辐射光源光束线的窗口多为铍窗，以提高对 X 光的透射率；LBNF 等中微子工厂的质子束窗、衰变通道窗也采用铍窗（或部分铍窗）[21]，以提高对质子以及次级粒子的穿透率。CSNS、J - PARC、ESS 等散裂中子源的质子束窗采用铝合金作为窗口材料[14, 22-23]，其中通过 CSNS 的分析，1.6 GeV 的质子束穿过 4 mm

的铝材料时，其靶上的束流损失约为 1.5%，且束流损失与窗口厚度近似成正比关系[24]。

以上束流窗口多需强制冷却，例如 J-PARC、SNS 质子束窗采用中间通水的三明治型窗口，可承受兆瓦量级的束流功率；ESS 采用多管型窗口结构，可承受 10 MW 量级的束流功率；而 CSNS 采用中心单层、两侧双层的复合结构，可承受 100 kW 量级的束流功率。一般来说，选定材料后，窗口结构的设计应在满足导热、强度等材料要求下尽可能薄，以降低束流损失。例如 CSNS 在结构优化时进行了一系列温度计算，并以此为依据选择单、双层复合结构，使冷却效果满足要求，且束流穿过区域为单层，如图 13-19 所示[14]。

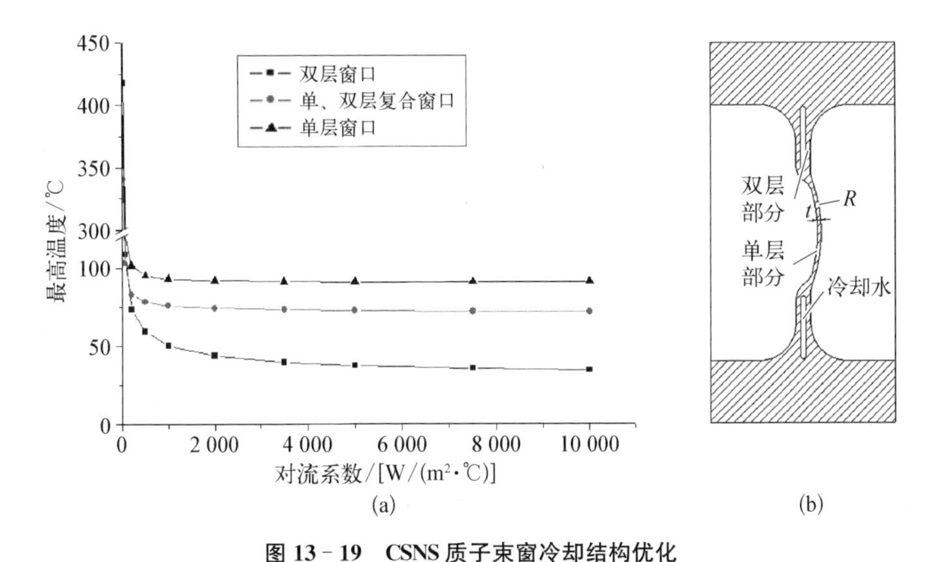

图 13-19 CSNS 质子束窗冷却结构优化

(a) 不同结构最高温度与对流系数的关系；(b) 单、双层复合窗口截面

对于窗口的寿命，一般会考虑机械寿命及辐照损伤寿命。例如 CSNS 利用蠕变实验及外推方法得出，质子束窗 3 年后蠕变伸长率为 0.65%，远小于断裂时的伸长率。通过蒙特卡罗软件 FLUKA 计算窗口在束流作用下的 DPA 得出，CSNS 质子束窗窗口的辐照寿命预期可达到 6 年，可满足寿命要求。

对于窗口的温度随束流脉冲波动较大的情形，我们必须考虑其热冲击响应，例如 LBNF 上游衰变通道窗在靶损坏的事故情况下，每脉冲引起的温度波动高达 65℃，热冲击引起的动态响应必须考虑在内。图 13-20 所示为利用热冲击动态分析方法计算的情况下 2 个脉冲内中心温度变化及脉冲作用时间内的中心应力变化。

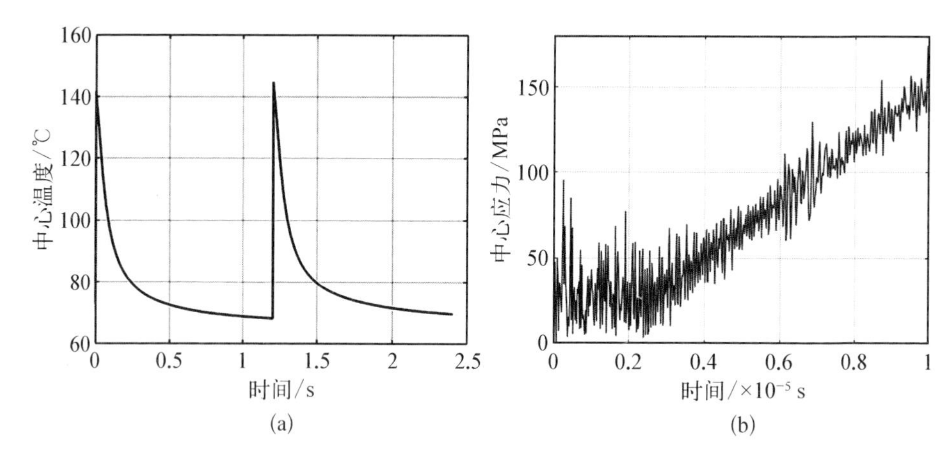

图 13-20 LBNF 上游衰变通道窗在靶损坏事故情况下的热冲击动态分析

(a) 2 个脉冲内中心温度变化;(b) 脉冲作用时间内的中心应力变化

以上介绍了加速器机械中的两种关键设备,即磁铁支架及受热载荷设备,以及在设计中需要考虑的问题。通过相应的振动、传热、受力、变形等理论分析确定设备的关键参数,为结构设计提供参考。在结构设计中,还需考虑设备的加工/焊接工艺性、公差分配、图纸绘制等,读者感兴趣可查看相关资料。

参考文献

[1] Zhang L. Beam stability consideration for low emittance storage ring[R]. Beijing: Workshop on GM 2017, 2017.

[2] 刘仁洪. CSNS/RCS 二极铁支架系统的设计与研制[D]. 北京: 中国科学院大学, 2014.

[3] The CEPC Study Group. CEPC conceptual design report, volume Ⅰ: accelerator [R]. Beijing: IHEP, 2018.

[4] Wang H J, Qu H M, Wang J L, et al. Preliminary design of magnet support system for CEPC[C]//Proceedings of IPAC 2017, Copenhagen, Denmark, 2017.

[5] Bowden G, Holik P, Wagne S R, et al. Precision magnet movers for the final focus test beam [J]. Nuclear Instruments and Methods in Physics Research A, 1996, 368: 579-592.

[6] Zelenika S, Kramert R, Rivkin L, et al. The SLS storage ring support and alignment systems [J]. Nuclear Instruments and Methods in Physics Research A, 2001, 467: 99-102.

[7] Tseng T C. The auto-alignment girder system of TPS storage ring[C]//Proceeding of IPAC 2015, Richmond, USA, 2015.

[8] Wang H J, Li C H, Wang Z H, et al. Latest progress of magnet girder prototypes for HEPS-TF[C]//Proceedings of IPAC 2017, Copenhagen, Denmark, 2017.

[9] Slocum A H. Precision machine design [M]. Dearborn：Society of Manufacturing Engineers，1992.

[10] Collins J，Cease H，Izzo S，et al. Preliminary design of the magnet support and alignment systems for the Aps-U storage ring[C]//Proceedings of MEDSI 2016，Geneva，Switzerland，2016.

[11] Ohuchi N，Zong Z G，Yamaoka H，et al. Design and construction of the magnet cryostats for the SuperKEKB interaction region [J]. IEEE Transactions on Applied Superconductivity，2018，28(3)：4003204.

[12] Hiroshi Y. Stability of the final focus magnets at SuperKEKB [R]. Hong Kong：Mini-Workshop on MDI for Future Colliders，2020.

[13] 弗兰克 P. 英克鲁佩勒，大卫 P. 德维特，狄奥多尔 L. 伯格曼，等. 传热和传质基本原理[M]. 葛新石，叶宏，译. 北京：化学工业出版社，2007.

[14] 王海静. CSNS 质子束窗及其远程维护的设计与研制[D]. 北京：中国科学院大学，2014.

[15] 何哲玺. 中国散裂中子源主剥离膜的设计与研制[D]. 北京：中国科学院大学，2013.

[16] 张闯，马力. 北京正负电子对撞机重大改造工程加速器的设计与研制[M]. 上海：上海科学技术出版社，2015.

[17] Borrel J，Dabin Y，Ewald F，et al. Collimator for ESRF - EBS[C]//Proceedings of MEDSI 2018，Paris，France，2018.

[18] Ishibashi T，Terui S，Suetsugu Y，et al. Movable collimator system for SuperKEKB [J]. Physical Review Accelerators and Beams，2020，23：053205.

[19] Advanced Photon Source Upgrade Project. Final design report，chapter 2：accelerator upgrade[R]. Argonne：Argonne National Laboratory，2019.

[20] Nie Y，Schmidt R，Chetvertkova V，et al. Numerical simulations of energy deposition caused by 50 MeV～50 TeV proton beams in copper and graphite targets [J]. Physical Review Accelerators and Beams，2017，20：081001.

[21] Wang H J，Yuan Y，Tang J Y，et al. Design of the upstream decay pipe window of the long baseline neutrino facility [J]. Nuclear Science and Techniques，2021，32(11)：129.

[22] Harada M，Watanabe N，Konno C，et al. DPA calculation for Japanese spallation neutron source [J]. Journal of Nuclear Materials，2005，343：197 - 204.

[23] Butzek M，Wolters J，Laatsch B. Proton beam window for high power target application[R]. Malmö：The 4th High Power Targetry Workshop，2011.

[24] Meng C，Tang J Y，Jing H T. Scattering effect in proton beam windows at spallation targets [J]. High Power Laser and Particle Beams，2011，23(10)：2773 - 2780.

第 14 章 辐射防护技术

加速器辐射防护技术主要包括辐射屏蔽技术、辐射剂量监测技术和人身安全联锁技术三部分。加速器在调试、运行时，会丢失部分粒子，这些丢失的粒子与加速器部件和环境相互作用，产生次级辐射。如何有效地对次级辐射进行屏蔽，并且避免对工作人员、公众和环境造成过量的辐射，是辐射屏蔽设计的研究重点。为有效评估辐射屏蔽效果，测量工作场所及环境的辐射剂量水平，需要开展对中子、伽马等粒子的剂量探测器的研制和数据采集方法的研究。通过设计可靠的人身安全联锁系统，保障工作人员的人身辐射安全。

14.1 粒子加速器辐射防护概述

辐射防护是研究电离辐射对人体的危害，保护职业放射工作人员和公众以及他们的后代的身体健康，使他们免受不必要的电离辐射照射造成的危害。随着加速器、放射源等核技术手段在工业、农业、医疗等领域应用得越来越广泛，人们对于核技术应用中产生的辐射问题也越来越重视。

辐射防护是一门综合性的学科，涉及原子核与放射性基础、射线与物质相互作用、电离辐射与辐射剂量学、辐射防护的法律法规体系、内/外照射防护的原则、辐射和测量等各个方面。这些基础知识可以参考大量的教材[1-3]，不再列出，本章主要内容为高能粒子加速器的辐射防护问题。

高能粒子加速器在运行过程中可以产生高能、高通量的含有中子、伽马等次级粒子的混合辐射场，一般来讲，需要根据国家的法律法规要求进行相应的辐射屏蔽设计，以使装置的运行满足辐射防护的要求。现行的辐射防护国家标准《电离辐射防护与辐射源安全基本标准》(GB 18871—2002)[4]中关于职业照射和公众照射剂量限值的描述如下。

(1) 职业照射——必须对任何工作人员的职业照射水平进行控制，以使其连续 5 年的年平均有效剂量不超过 20 mSv，任何单一年份内的有效剂量不超过 50 mSv。

(2) 公众照射——公众成员的有关关键人群组所受的估计平均年有效剂量不得超过 1 mSv，在特殊情况下，在单一年份内最大有效剂量不得超过 5 mSv。

剂量限值是不可接受的剂量范围下限，是不允许超过的剂量值，不能够把剂量限值作为辐射防护设计和工作安排的依据，在实际防护设计中，需要根据各装置的特点设置相应的剂量约束值，并按照剂量约束值推导出相应的导出限值，如表面污染控制水平，或者导出剂量当量率限值等，具体的导出方法可参考《电离辐射防护与辐射源安全基本标准》(GB 18871—2002)中附录 B 列出的方法。

按照平均剂量当量率 $\overline{H}$ 的水平将加速器工作区划分为控制区和监督区。控制区分为禁止区和限制区。除此之外的区域需划定为一般工作区或者非限定区域，与放射性工作区域之间需要有明确的标记进行区分。在放射性工作区域内，可以考虑一定的居留因子，居留因子是在屏蔽计算中，根据人员在有关区域居留的时间长短对剂量率或注量率进行修正的系数。

由法律法规及相关责任主体设计的剂量限值、剂量约束值及导出限值是辐射屏蔽设计中剂量率的最高限值，还需要根据辐射防护三原则中的最优化原则对辐射屏蔽进行设计。辐射源项、辐射源导致的电磁级联、光核反应等产生的次级辐射场、次级辐射在屏蔽层中的相互作用和衰减是辐射屏蔽设计的重要内容。以下章节将对高能电子加速器的辐射源项及辐射屏蔽方法进行介绍。

14.2 加速器辐射源项与辐射屏蔽

在辐射屏蔽设计中，针对辐射源项的分析是起始点，需要根据辐射源项的种类、强度进行相应的辐射屏蔽设计。

14.2.1 辐射源项分析

高能粒子与物质相互作用后，会在靶体或设备部件周边产生次级辐射，次级辐射粒子的种类随着初始电子的能量升高而变多，包含次级电子、光子、中子，在入射电子能量大于几吉电子伏特时，还会存在 μ 子[5]。

当正(负)电子与靶核作用时，因碰撞(电离、激发)和辐射(轫致辐射)损失能量。碰撞损失能量正比于靶物质的原子序数和正(负)电子能量的对数。辐射损失能量正比于靶物质原子序数的平方和正(负)电子的能量。当正(负)电子能量大于物质的临界能量 E_c[$E_c=800/(Z+1.2)$,单位为MeV]时,辐射损失是主要的。

轫致辐射产生的光子又可以与物质继续作用,产生光电效应、康普顿散射和正负电子对等,在高能量范围内,产生正负电子对是主要的。如果产生的正负电子的能量仍足够高,还可以再产生轫致辐射。于是,轫致辐射和产生正负电子对会不断发生,其粒子数目也不断增加,这种现象称为“电磁级联”或“簇射”。图 14-1 表示高能电子入射至半无限介质中后,电磁级联的发展过程。

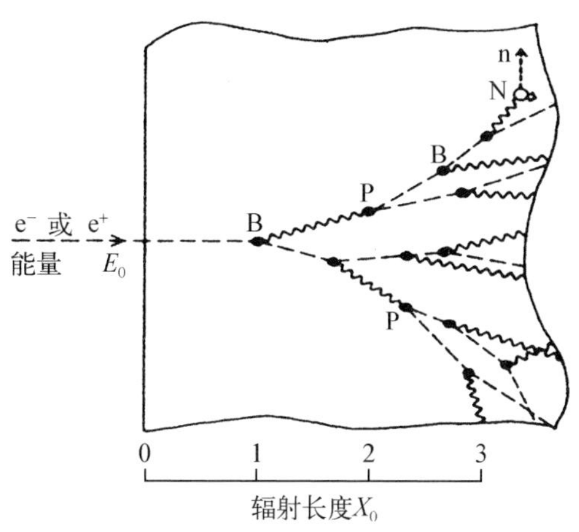

图 14-1　电磁级联发展过程

图 14-1 中虚线表示正(负)电子的径迹,波纹线表示光子的径迹,点 P 表示该处产生正负电子对,B 表示该处发生轫致辐射,N 表示该处发生光核反应,n 表示产生的中子,X_0 为辐射长度。由于电子的库仑散射和光子的康普顿散射,级联过程在侧向的发展越来越弱,因此,级联产生的电子和光子的平均发射角 θ 非常小,在向前方向有一尖锐的峰值,θ 可表示为

$$\theta=0.511\times10^{-3}E_0^{-1}(\text{rad}) \tag{14-1}$$

式中,E_0 为初始电子能量(GeV)。

具有足够高能量的光子又可发生(γ, n)类型反应产生中子(图 14-1 中所示的 n)。若光子能量大于 2×105.66 MeV≈211 MeV 时,光子在靶核的库仑场作用下可产生 $\mu^+-\mu^-$ 对,其过程类似于正负电子对的产生,只是由于 μ 子的质量很大,其产生截面要比正负电子对的产生截面小几个数量级(约 1/40 000)。此外,μ 子也可由 $\pi^{\pm}$ 和 $K^{\pm}$ 衰变而成,但远比直接产生的要小。

可见,高能电子与靶物质作用发生电磁级联,产生光子、中子和 μ 子,形成瞬发辐射场。同时,由于中子与加速器结构材料、冷却水及隧道内空气的作用,产生感生放射性,形成缓发辐射场。图 14-2 表示高能电子产生的辐射场成分及其剂量贡献。

电子与靶核作用,其初始能量转化为轫致辐射能量的部分,称为辐射产

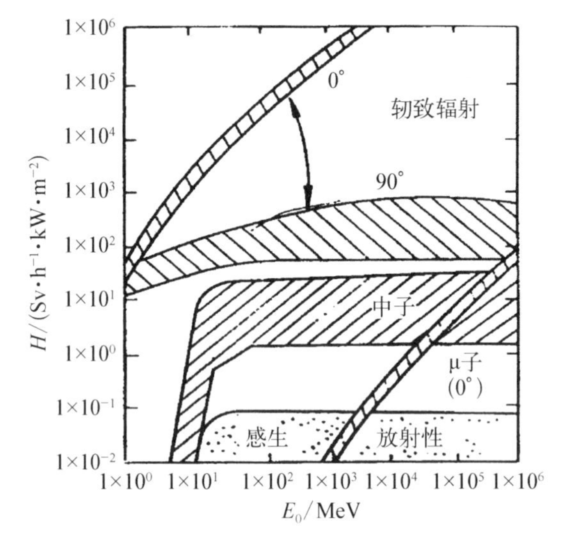

图 14-2　高能电子产生的辐射场成分及其剂量贡献

额，也称为韧致辐射效率 η，可以表示为

$$\eta = E_0(1.6 + Z \cdot E_0)^{-1} \tag{14-2}$$

式中，E_0 为电子初始能量（GeV）；Z 为靶物质的原子序数。

图 14-3 表示单位束流功率电子打在高 Z 材料厚靶时产生光子的吸收剂量 D 与电子初始能量 E_0 之间的关系。

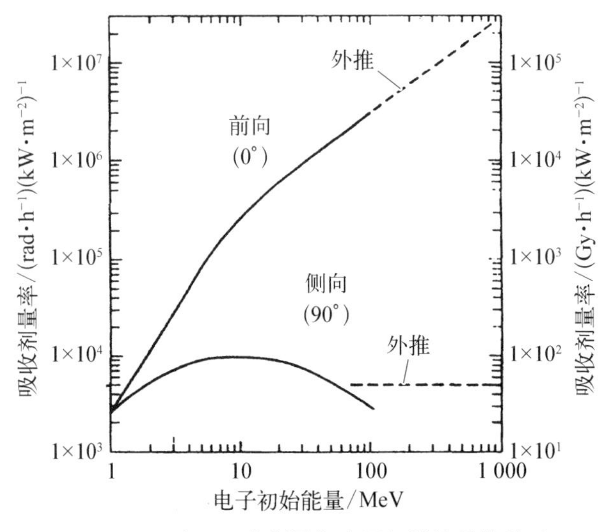

图 14-3　光子吸收剂量与电子初始能量的关系

从图 14－3 中可以看到，给定恒定的束流强度，在 0°方向，当 $E_0<10$ MeV 时，光子吸收剂量 D 与电子初始能量 E_0^2 成正比；当 $E_0>10$ MeV 时，D 与 E_0 成正比。而在 90°方向，当 $E_0>10$ MeV 时，光子吸收剂量与束流功率成正比，几乎与电子能量无关。

当光子能量大于(γ, n)反应阈能时(大部分材料的阈能为 7～20 MeV)，随着光子能量的增加，依次产生巨共振中子、伪氘核中子和高能中子。图 14－4 表示产生各类中子的截面积。

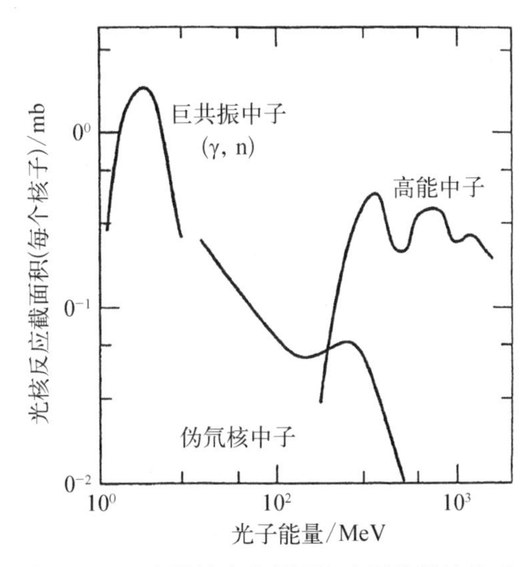

图 14－4　中子的产生截面和光子能量的关系

当光子能量在(γ, n)反应阈能与 30 MeV 之间时，发生巨共振反应，产生巨共振中子。如果不考虑靶的自吸收，巨共振中子产额随靶材料原子序数 Z 的增加而增加，并与电子束流功率成正比。单位电子束流功率的中子产额为

$$Y(n_{\mathrm{GR}})=1.21\times 10^{11}\cdot Z^{0.66}\quad (\mathrm{ns^{-1}\cdot kW^{-1}})\tag{14-3}$$

巨共振中子谱类似于裂变谱，平均能量为 2～3 MeV，巨共振中子几乎呈各向同性分布，但在 90°方向略小。

当光子能量大于 30 MeV 时，发生伪氘核反应，产生伪氘核中子。图 14－5 所示为给出单位束流功率下，中子的产额与电子初始能量的关系，它不考虑靶的自吸收。从图中可以看出，单位束流功率的中子产额基本上是个常数，在能量更高的情况下，进行外推，也不会产生很大的误差。

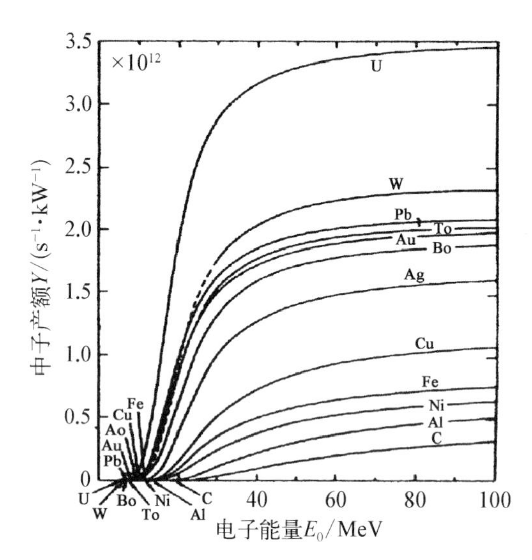

图 14-5　中子的产额与电子能量的关系

当光子能量大于 150 MeV 时，由于(γ,π)反应产生高能中子。图 14-6 表示电子打厚铜靶时高能中子(E_0 > 100 MeV)和中能中子(25 MeV < E_0 < 100 MeV)在距靶 1 cm 处的剂量贡献。

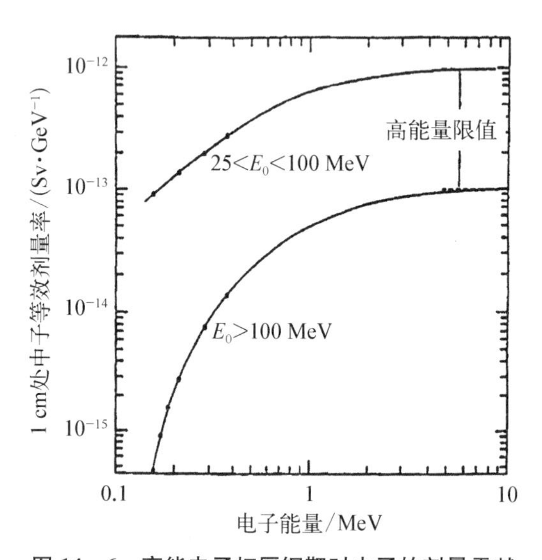

图 14-6　高能电子打厚铜靶时中子的剂量贡献

当电子能量大于 211 MeV 时，会产生 $\mu^+-\mu^-$ 对，图 14-7 表示单位束流功率电子束轰击铁靶时，在束流方向，距靶 1 m 处产生的 μ 子注量。μ 子绝大部分集中在束流前进方向，对于几米厚的屏蔽体外，它分布在直径仅为 10～20 cm 的范围内。

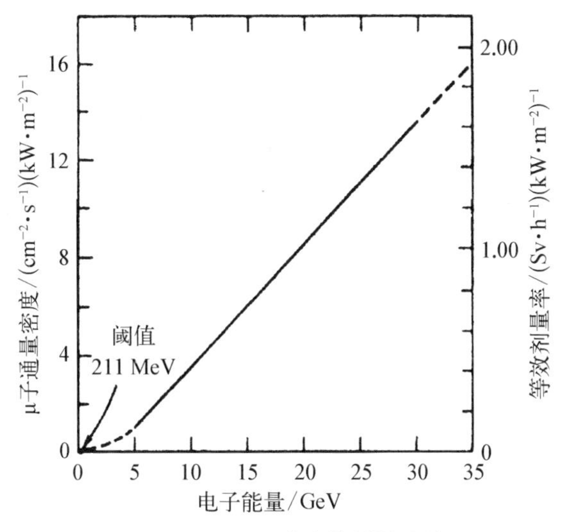

图 14-7　μ 子产生的剂量贡献

14.2.2　辐射屏蔽计算方法

加速器的电子束流损失涉及加速、输运、储存、对撞过程以及打靶和束流突然丢失等多种情况。在加速器辐射屏蔽设计中，通常采用经验公式计算和蒙特卡罗模拟的方法来开展辐射屏蔽设计。常用粒子物质相互作用输运程序，如 FLUKA、MCNP、EGS4 等，用于加速器的辐射屏蔽设计，这些程序可以模拟由辐射源项导致的隧道内外辐射场情况，不在这里展开介绍，这里主要介绍高能电子加速器的辐射屏蔽用的经验公式。

对于电子加速器的侧向屏蔽，采用 Jenkins 半经验公式(修正)计算。在屏蔽体外，由于单个电子打靶而产生的光子剂量当量 H_γ 和中子剂量当量 H_n 可分别用下式计算：

$$H_\gamma = 10^{-13} E_0 \left(\frac{\sin\theta}{a+d}\right)^2 \times \left[\frac{133\exp\left(-\frac{\mu}{\rho}\cdot\frac{\rho d}{\sin\theta}\right)}{(1-0.98\cos\theta)^2} + 0.267\exp\left(-\frac{\rho d}{\lambda_1 \sin\theta}\right)\right](Sv/e) \tag{14-4}$$

$$H_{\mathrm{n}}=10^{-13}E_0\left(\frac{\sin\theta}{a+d}\right)^2\times\left[\frac{13.7\exp\left(-\frac{\rho d}{\lambda_1\sin\theta}\right)}{A^{0.65}(1-0.72\cos\theta)^2}+\frac{4.43\exp\left(-\frac{\rho d}{\lambda_3\sin\theta}\right)}{A^{0.37}(1-0.75\cos\theta)}+4.94z^{0.66}\exp\left(-\frac{\rho d}{\lambda_2\sin\theta}\right)\right](Sv/e) \tag{14-5}$$

式中，E_0 为入射电子的能量(GeV)；θ 为靶与屏蔽体外剂量点连线与束流之间的夹角(°)；a 为靶到屏蔽体内表面的距离(cm)；d 为屏蔽体厚度(cm)；μ 为屏蔽材料对光子的衰减系数(cm^{-1})，$\mu=0.056\ \mathrm{cm}^{-1}$(混凝土)；$\rho$ 为屏蔽材料的密度($\mathrm{g/cm^3}$)；λ_1 为屏蔽材料对高能中子的吸收长度($\mathrm{g/cm^2}$)，$\lambda_1=120\ \mathrm{g/cm^2}$(混凝土)；$\lambda_2$ 为屏蔽材料对中能中子的吸收长度($\mathrm{g/cm^2}$)，$\lambda_2=55\ \mathrm{g/cm^2}$(混凝土)；$\lambda_3$ 为屏蔽材料对低能中子的吸收长度($\mathrm{g/cm^2}$)，$\lambda_3=30\ \mathrm{g/cm^2}$(混凝土)。

Jenkins 公式一般适用于 θ 在 20°～160°范围内的情况，其计算模型如图 14-8 所示，对于注入点束流下游的同步辐射厅锯齿墙(即 $\theta\approx0°$)，则利用 Sakano 公式，即

$$H(d\cdot D\cdot\bar{\omega})=10^{-9}\exp[-0.19\times(\bar{\omega}-1.0)]\cdot a^{-2}\cdot\left(\frac{E_0}{100}\right)\exp\left(-\frac{\mu}{\rho}\cdot\rho d\right) \tag{14-6}$$

式中，ω 为电子在靶中的径迹长度，$\omega=t/\sin\phi$，其中，t 为靶的厚度(cm)，ϕ 为靶表面与束流的夹角(rad)。

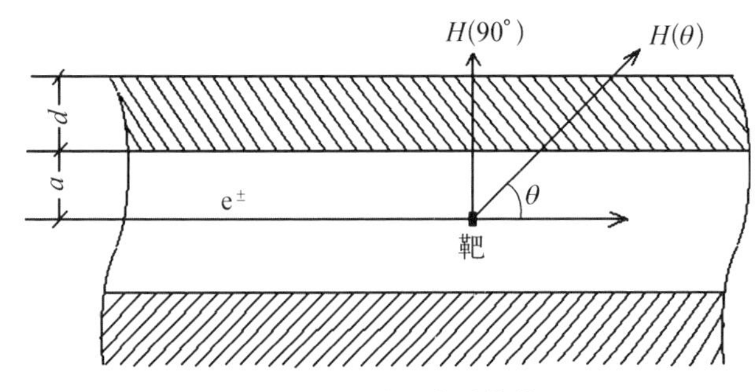

图 14-8　隧道屏蔽计算模型

14.3　加速器的感生放射性

加速器在运行过程中，通过主动、被动的方式必然会丢失所加速的粒子，这些丢失的粒子与加速器部件相互作用后，会在部件、隧道空气、周围环境中产生一定的感生放射性。由于电子加速器的感生放射性主要由光核反应中子所产生，其感生放射性比质子加速器的感生放射性小很多。

在不同类型的加速器上，感生放射性产生的机理、生成的放射性核素类型、放射性强度和停机后衰变的速度，都会有很大的不同。对在屏蔽良好的高能电子加速器周围工作的人员来说，感生放射性是一种不可避免的辐射源，大部分外照射剂量来源于此。

电子加速器上产生的感生放射性主要不是由于原始粒子（电子）与介质的相互作用，因为无论电子能量如何，它的核反应截面都极小。它的产生机理是由于电子与介质作用产生韧致辐射，生成的高能光子（一般大于10 MeV）与介质产生光核反应，其后的中子、介子又引发核反应。由于是光子引起的核反应，(γ, n)反应的截面最大，饱和放射性活度最高。但是由于(γ, n)反应生成的子体核素都是缺中子核素，它们的特点是多为正电子衰变而且寿命很短，可是很容易达到饱和值，所以在刚停机时它们的影响最大。

高能电子加速引起的空气活化主要来自高能韧致辐射的(γ, n)反应。在空气中的主要活化反应有$^{14}N(\gamma, n)^{13}N$，$^{16}O(\gamma, n)^{15}O$，以及N和O的光裂反应产生^{11}C等。

当光子能量低于(γ,n)反应的阈值时（大多数材料的阈值为7～20 MeV），γ射线会引起臭氧、氮气和氮化物的产生。

在光子的作用下，空气中的氧分解生成自由基。氧自由基与O_2结合生成O_3，O_3与空气中的NO结合生成NO_2，NO_2与空气中的H_2O结合生成HNO_3，其O_3、NO_2和HNO_3的产额（定义为每吸收100 eV光子能量产生的分子数）分别为10、7.8和1.5。在计算有害气体产生时，为简化起见，可只计算O_3的产生量，再按此比例分别给出NO_2和HNO_3的产生量。

O_3分子的产生量N（分子数）服从以下微分方程：

$$N=\frac{PG}{\alpha+\frac{RP}{V}+\frac{KF}{V}}\left[1-e^{-\left(\alpha+\frac{RP}{V}+\frac{KF}{V}\right)t}\right] \tag{14-7}$$

式中，P 为空气吸收的功率(eV/s)；G 为 O_3 分子的产额，$G=0.1/\text{eV}$；F 为辐照区域的通风率(cm^3/s)；V 为辐照区域的体积(cm^3)；K 为混合不均匀系数，一般取 $K=1/3$；α 为 O_3 的化学衰变常数(s^{-1})，O_3 的化学半衰期约为 50 min，故 $\alpha=0.693/50\ \text{min}^{-1}=2.31\times10^{-4}\ \text{s}^{-1}$；$R$ 为 O_3 的辐照分解常数，R 的取值在 $1.6\times10^{-16}\sim5\times10^{-16}\ \text{cm}^3/\text{eV}$ 范围内，保守考虑，在计算中取 $R=5\times10^{-18}\ \text{cm}^3/\text{eV}$；$t$ 为工作时间(s)。

空气中 1 ppm 的 O_3 浓度相当于 1 cm^3 空气中有 2.64×10^{13} 个 O_3 分子，因而辐照体积中用 ppm 表示的 O_3 浓度为

$$C_{O_3}=\frac{N}{2.463\times10^{13}V} \tag{14-8}$$

由于韧致辐射，电子束在空气中被吸收的功率按下式计算：

$$P=wfx/\lambda(\text{W})=6.25\times10^{18}wfx/\lambda(\text{eV/s})$$
$$(1\ \text{W}=6.25\times10^{18}\ \text{eV/s}) \tag{14-9}$$

式中，w 为电子束的功率损失(W)；f 为电子能量转换为韧致辐射并进入空气的份额，通常取 $f=0.5$；x 为韧致辐射在空气中的平均路程(m)；λ 为韧致辐射在空气中的减弱长度(m)，一般取 $\lambda=385$ m。

将 f、λ 值代入式(14-9)得到

$$P=8.12\times10^{15}wx(\text{eV/s}) \tag{14-10}$$

14.4 人身安全联锁系统

粒子加速器人身安全联锁系统用于保障人员的人身辐射安全，即要确保联锁区域内有人员时无瞬发辐射源项，存在瞬发辐射源项时无人员滞留。系统主要联锁设备包括联锁钥匙、门磁检测开关、急停/巡更装置、紧急开门按钮、声光警示装置、LED 显示屏、磁力锁、摄像监控装置等，通过完善的联锁逻辑设置，实现对人身辐射安全的多重保护。粒子加速器人身安全联锁系统的设计原则如下：

(1) 遵照系统硬件安全可靠、经济合理、技术可行的原则。采用在工业控制系统中被证明是可靠的产品。同时与完善的管理制度、规章制度等软件措施相结合，以达到“人机合一”更加安全可靠的效果。

（2）遵循“失效保护(fail-safe)”原则。重要部件采用冗余技术，具有不受其他系统限制和可测试的特性。

（3）遵循最优切断原则。如直线加速器人身安全联锁控制直线加速器的电子枪灯丝电压、枪触发器、调制器高压等；增强器和储存环人身安全联锁信号控制高频功率源、低能和高能束运线开关磁铁功率源、束流闸高压等；在特定的情况下提供反馈信号，可以切断束流，保障人身安全。

（4）急停按钮和搜索检查按钮清楚可见、容易识别、标记清晰、容易到达。

（5）用切断联锁或急停开关的办法停机后，系统不能自动复位。切断部位必须经人工复位（重新进行搜索）后，方能在控制台上用主控开关重新启动加速器。

（6）联锁系统的进出口通道门处提供靠机械装置紧急逃逸的机构。

（7）在加速器隧道、实验大厅内人员容易看到的地方安装旋转式红色警告灯及音响警告装置；在通往辐射区的走廊、出入口和控制台上安装工作状态指示屏或指示灯。

（8）辐射监测系统联入联锁系统，并设置报警与切断阈值。

（9）原则上不得有旁路联锁系统；若有特殊需要，须参照联锁系统旁路程序执行。

（10）提供系统自检功能。

14.5　辐射剂量监测

辐射剂量监测的目的是确定工作场所的辐射水平，为估计工作人员可能受到的照射和工作场所安全评价提供基础资料，证实工作场所的工作条件和环境是否满足剂量约束。通过监测数据，可采取和制订相应措施改进辐射工作环境，使工作人员免受或少受电离辐射的损伤，从而达到一切照射应当保持在可合理做到的最低水平的宗旨。其内容包括个人剂量监测、工作场所监测、环境场所监测、流出物监测和环境样品监测。

由于高能电子加速器辐射场存在脉冲特性和混合场的特性，需要根据辐射场的特点选择合适的监测设备。当加速器以脉冲形式加速粒子时，伴随的辐射场也是脉冲式的，这就对场所/环境辐射监测仪提出了严格的限制。脉冲辐射场的测量问题比较复杂，许多种类的测量仪器与加速器提供的脉冲束流时间的占空比有关。特别是脉冲计数型的仪器，受到占空比的影响更大。在可能的情况下，电离室应在足够高的电压下工作，正比计数管需要通过外包的慢化体对中子慢化进行时间展宽后测试，否则，就需要对探测器进行计数的校正。另外，工作场所中的辐射场均为中子、γ混合场，这就要求中子、γ监测器具有很强的中子、γ分辨能力。除此之外，在有较强高频电磁场的加速器辐射场中，剂量监测仪会受到电磁场的干扰，导致仪器的读数不可靠甚至失效。因此，探头和电子学仪器线路要有防电磁干扰的屏蔽措施。

在场所和环境剂量监测方面，剂量监测系统主要由场所/环境剂量监测器(含便携式剂量巡检仪)、数据传输系统及数据采集与控制系统组成。一般由高气压电离室对γ剂量水平进行测量，由雷姆仪型中子探测器实现中子剂量水平测量，在数据采集和传输方面，需要考虑远距离传输以及数据长期保存等要求。

在个人剂量监测方面，屏蔽外瞬发辐射场以中子和光子为主，所以外照射个人剂量监测主要监测中子和光子。常用的伽马个人剂量监测方法有 TLD(热释光个人剂量监测)、OSL(光致发光个人剂量监测)，中子个人剂量监测采用 CR-39(固体核径迹剂量计)。

在流出物和环境样品监测方面，一般采用离线监测的方式。空气中气体放射性浓度和冷却系统水中的活度浓度测量采用γ能谱法进行。环境监测系统由地下水取样点、土壤取样点、放射性废物临时储存库、低本底高纯锗伽马谱仪、低本底液闪谱仪、表面污染检测仪、总 α/β 活度测量仪等组成，以实现对周边辐射环境的监测和对放射性废物的分类处理。

14.6 粒子加速器辐射防护新的挑战

近年来，提出的粒子加速器的能量越来越高，如我国近期提出的环形正负电子对撞机(CEPC)、国际上提出的国际直线对撞机(ILC)和未来环形对撞机(FCC)等，束流能量达到几百吉电子伏特；此外，对于新的加速方法的研究，如等离子体尾场加速研究，给粒子加速器辐射防护工作带来了新的挑战，主要有以下几方面。

(1) 光源上非常有用的同步辐射光，在高能环形对撞机上，成为潜在的辐射危害因素，可能对周围的磁铁线圈等部件作用而产生辐射损失，影响加速器的安全运行。同步辐射光的临界能量与束流能量的 3 次方成正比，同步辐射功率与束流能量的 4 次方成正比，在高能环形加速器中，同步辐射所产生光子的最高能量可以达到数十兆电子伏特，严重影响加速器的安全运行。

（2）所加速的高能束流需要束流收集装置对废弃的束流进行收集，由于单个粒子携带的能量很高，且束流束团的截面很小，会导致束流收集装置出现击穿/材料融化等问题。因此，需要针对性地设计丢弃束流时的扩束方案。

（3）为了有效地提高束流的能量，超导技术得到了发展，高梯度超导腔在水平测试和垂直测试过程中的辐射剂量，以及低温恒温器中多个超导腔串联作为一个加速结构运行时产生的辐射剂量，成为新的辐射源项。目前对于该源项中产生的辐射量的计算有待研究。

（4）在等离子体尾场加速的研究中，激光和束流相互作用产生的次级粒子产额和分布以及导致的辐射剂量问题，是一个新的研究课题。

参考文献

[1] 王建龙，何仕均. 辐射防护基础教程[M]. 北京：清华大学出版社，2012.

[2] 李士骏. 电离辐射剂量学基础[M]. 苏州：苏州大学出版社，2008.

[3] 潘自强，程建平. 电离辐射防护和辐射源安全（上、下册）[M]. 北京：原子能出版社，2007.

[4] 中华人民共和国国家质量监督检验检疫总局. 电离辐射防护与辐射源安全基本标准：GB 18871—2002[S]. 北京：中国标准出版社，2002.

[5] National Council on Radiation Protection and Measurements. Radiation Protection for Particle Accelerator Facilities[R]. Bethesda：NCRP，2003：62 - 65.

第 15 章
低温技术

低温学的研究从最初的气体液化直至今天，已有一百多年的历史。低温学已广泛应用于空间技术、国防建设等科学技术及工农业生产的不同领域。随着超导技术的发展，利用低温超导特性研制的超导磁铁和超导腔，已在高能加速器、重离子加速器、电子直线加速器、同步辐射光源、高能探测器和受控热核装置等领域中得到实际应用。

本章将从低温技术概述和 CEPC 低温系统两方面进行阐述，主要讲述低温技术的发展、基本原理和结构，以及 CEPC 低温系统的主要研究进展。

15.1 低温技术概述

低温学一词最初是根据希腊文"kryos"(英文译为"icy-cold"，即"冰冷")及"genes"(英文译为"born"，意指"出生")得来的，用来描述温度低于－100℃的有关科学与技术。低温学远不是由于现代需要而出现的神秘技术，现在它已经是物理学上一门最基本的分支。这门学科在 20 世纪后半期得到了飞速的发展并日渐成熟。本节将对低温技术这百余年的历史和发展进行总结，将回顾国内外大科学装置低温系统的发展，介绍低温技术的基础理论和基本结构，为 CEPC 低温系统的研究奠定一定基础。

15.1.1 低温系统的发展历史

低温技术本身是一门具有悠久历史并且相对独立的学科，但是在高能粒子对撞机中，低温系统是一个相对年轻的子系统，它是自 20 世纪 70 年代起，伴随着超导技术在加速器领域里的全面应用而被引入其中的。超导加速器由于具有更加紧凑的尺寸、更少的能耗、更强的加速梯度等显著优势，正日益成为加速器发展的主流方向，因此其配套的低温系统也变得更加重要起来。

众所周知，实用性的超导设备必须工作于极低的温度，对于超导加速器而言，最重要的超导设备为超导腔和超导磁铁，超导腔是为束流提供加速能量的“发动机”，而超导磁铁则是保障束流按要求聚集、偏转的“舵手”。而对于高能粒子对撞机而言，超导磁铁不仅在加速器里面发挥作用，同时还是探测器磁铁的关键部件。以上这些超导设备的顺利运行，全都离不开低温系统的稳定支持。

如图 15－1 所示，所谓“低温”，通常是指小于 120 K 的温区，有别于“制冷”(120～300 K)温区，其中 1～120 K 温区是传统意义上的低温温区。在后续的描述中，如无特殊说明，不会涉及小于 1 K 的极低温工况。

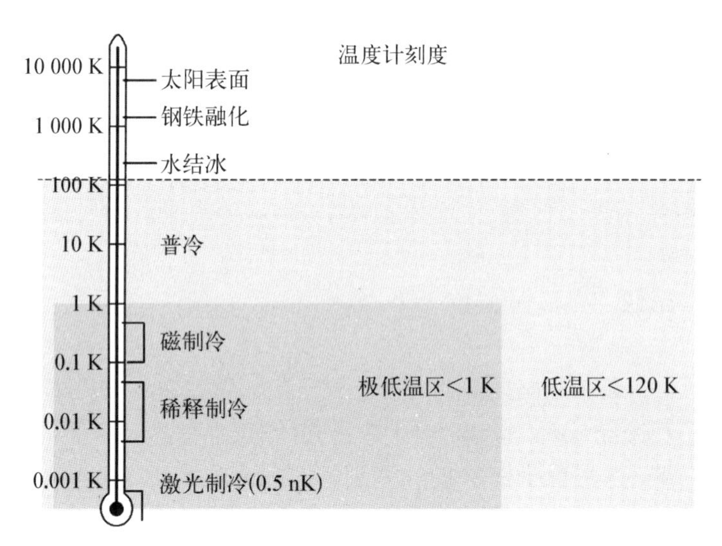

图 15－1　低温温区

低温温区包括数种较难液化的工质——氧、氩、氢、氮、氖、氦等。其中，氮和氦是超导对撞机低温系统最为常用的工质，液氦负责直接为超导设备提供低温环境，而液氮则充当液氦制冷循环中的一级冷源和低温恒温器的绝热屏障。氦在标准大气压下的沸点为 4.22 K，这一温度低于实用超导材料的临界温度，例如铌、铌钛等材料的超导临界温度大约为 9.2 K，因此绝大多数的超导腔和超导磁铁都必须依赖液氦提供低温环境才能正常工作。表 15－1 和表 15－2 给出了常见低温工质的沸点和超导材料的临界温度。

表 15 - 1　常见低温工质的沸点

工　质	常压沸点/K
液化天然气	111.65
液氧	90.19
液氩	87.25
液氮	77.34
液氢	20.27
液氦	4.22
超流氦	2.17

表 15 - 2　常见超导材料的临界温度

<table>
<tr><th colspan="2">超导材料名称</th><th>临界温度/K</th></tr>
<tr><td rowspan="5">常规超导材料</td><td>Hg（汞）</td><td>4.2</td></tr>
<tr><td>Pb（铅）</td><td>7.2</td></tr>
<tr><td>Nb（铌）</td><td>9.2</td></tr>
<tr><td>NbTi（铌钛合金）</td><td>10</td></tr>
<tr><td>Nb_3Sn（铌三锡）</td><td>18</td></tr>
<tr><td rowspan="3">高温超导材料</td><td>MgB_2（二硼化镁）</td><td>39</td></tr>
<tr><td>YBCO（钇钡铜氧）</td><td>90</td></tr>
<tr><td>BSCCO（铋锶钙铜氧）</td><td>110</td></tr>
</table>

现代低温技术作为热力学的一个分支，其发展历程可以上溯至 1755 年爱丁堡化学教师库仑利用乙醚蒸发令水结冰，可谓历史悠久。不过将低温技术应用在加速器领域却是近几十年以来的事情。1960 年，有学者开始利用液氢冷却真空室，也由此开始在粒子物理领域引入低温系统。1980 年，第一台使用超导磁铁的加速器——费米实验室的万亿伏特粒子加速器 Tevatron 开始建造，从此开始引入液氦低温系统。欧洲核子研究中心(CERN)建造的大型强子对撞机(LHC)的制冷量为 8×18 kW(4.5 K 低温系统)。它是世界上规模最大的氦低温系统[1-3]。欧洲 X 射线自由电子激光器(XFEL)项目已由德国电子同步加速器(DESY)成功运行，其制冷量为 2.5 kW(在 2 K 低温系统

下)[4-5]。TESLA 的 500 GeV 能量的自由电子激光(XFEL)装置已被提出[6]。日本高能加速器研究机构(KEK)已经为国际直线对撞机(ILC)建造了制冷量为 100 W(在 2 K 下)的超导射频测试设施(STF)低温系统[7-9]。美国已经建造了许多加速器设施,包括正在运行的连续电子束加速器设施(CEBAF)及其相关的升级项目,其制冷量为 4.2 kW(在 2 K 下)。托马斯-杰弗逊国家加速器实验室(Jlab)的 4.2 kW(在 2.1 K 下)低温系统[10]、橡树岭国家实验室(ORNL)的欧洲散裂中子源(SNS)的 2.4 kW(在 2.1 K 下)低温系统[11],以及 ANL 的重离子激光器(ATLAS)的 1.2 kW(在 4.7 K 下)低温系统[12]。此外,还有美国国家加速器实验室(SLAC)的线性相干光源二期(LCLS Ⅱ),制冷量为 4 kW(在 2 K 下)的低温系统[13],康奈尔大学加速器实验室的 ERL 的制冷量为 7.5 kW(在 1.8 K 下)的低温系统[14],以及密歇根州立大学(MSU)的稀有同位素光束设施(FRIB),其 2 K 超流氦低温系统的制冷量为 3.6 kW(在 2.1 K 下)[15]。

近年来,中国逐渐致力于大型科学设施的研发建设。中国科学院高能物理研究所建造的北京正负电子对撞机(BEPC)及其二期改造(BEPCⅡ)中有两套 500 W(在 4.5 K 下)的低温系统[16-17]。ADS 注入器Ⅰ 2 K 低温系统为国内首套自主研发并设计制造的百瓦级 2 K 超流氦低温系统,其制冷量为 1 kW(在 4.5 K 下)或 100 W(在 2 K 下)[18]。中国科学院上海同步辐射光源(SSRF)低温系统的制冷量为 600 W(在 4.5 K 下),SSRF Ⅱ低温系统的制冷量为 60 W(在 2 K 下)[19]。中国科学院等离子体物理研究所(IPP)的 EAST 托卡马克装置的低温系统,制冷量为 2 kW(在 4.5 K 下)[20]。先进光源研发与测试平台(platform of advanced photon source, PAPS)低温系统的制冷量为 2.5 kW(在 4.5 K 下)或 300 W(在 2 K 下),已于 2021 年 6 月份顺利通过验收。此外,Ci-ADS 低温系统的制冷量为 18 kW(在 4.5 K 下)或 4.8 kW(在 2 K 下),SHINE 低温系统的制冷量为 13 kW(在 2 K 下),高能同步辐射光源(HEPS)低温系统的制冷量为 2 kW(在 4.5 K 下),以及高强度重离子加速器设施(HIAF)低温系统[制冷量为 10 kW(在 4.5 K 下)或 2 kW(在 2 K 下)][21]正在建设之中。此外,CEPC 低温系统的详细设计 TDR 阶段正在进行中,其超导腔侧低温系统制冷量为 4×18 kW(在 4.5 K 下)[22-23],而 CSNS Ⅱ的建设已经开始,其制冷量为 1 kW(在 2 K 下)。

随着新一代超导加速器束流能量指标以及探测器磁场强度的不断提高,超导设备所需要的冷量越来越大,相应的低温系统也变得越来越复杂和庞大了。从基础的 4.2 K 饱和液氦浸泡冷却，逐渐发展到能进一步提高超导设备性能的更低温度的 2 K 超流氦冷却，以及换热能力更强的强迫对流冷却等多种形式，如图 15 - 2 所示。

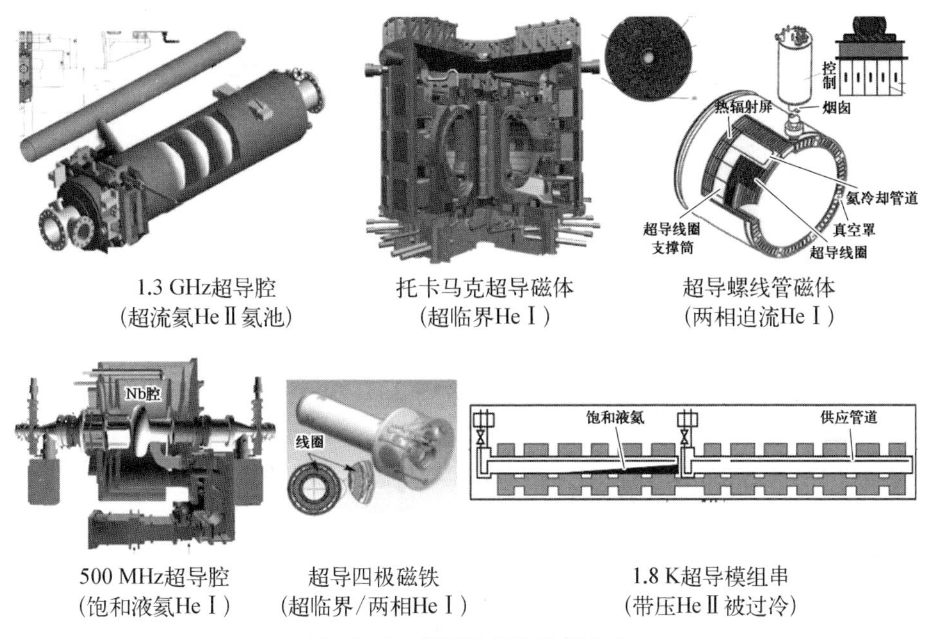

图 15 - 2　超导设备的冷却方式

制冷能力也从一开始的百瓦级，逐渐向着千瓦/万瓦级发展，而且低温传输分配距离也从一开始的数米/十几米的本地分配，发展到了目前的百米/千米级冷量传输分配。另外，低温系统作为超导设备正常运行的先决条件，还必须提高自身的鲁棒性和稳定性，进一步降低故障率。以上这些需求都为低温系统的建设和运行维护带来了更多难度与挑战。以 CERN 的 LHC 项目为例，2010 年建成的 LHC 对撞机是目前世界上最大的已建成粒子加速器，它同时拥有目前世界上最大的低温和超导系统。目前共有 6 000 块超导 NbTi 磁铁运行在 8.3 T 的磁场和 1.9 K 的低温环境下，整个低温系统的制冷能力为 144 kW(在 4.2 K 下)，总的储存环长度为 27 km。

对低温系统而言，除了技术上的困难，还有经费预算方面的考虑。大型低温系统的造价和运行维护费用已经开始占到整个超导加速器建设运行维护费用的 30%～50%，甚至更高。此外，低温系统关键设备的制造和测试耗资巨大，不宜反复迭代，这就要求低温系统在设计的时候必须更加精细和准确。全面引入数字化技术和虚拟仿真技术，减少测试成本，进一步提高低温系统的预研和设计能力，将是低温系统面向未来发展的一个主要方向。

15.1.2 低温系统的基本原理

对于超导对撞机而言，最重要的低温系统是液氦系统，因此本节主要侧重液氦低温系统的基本原理。

1908 年，海克·昂内斯应用林德循环法和焦耳-汤姆孙效应，第一次成功液化了氦气，同时也获得了 1.5 K 的极低温，并且在后续发现了汞在液氦中会产生超导现象，他因为这些发现获得了诺贝尔物理学奖。时至今日，获取液氦的主流方法依然是林德循环法和焦耳-汤姆孙效应及其改进形式。

1）氦的性质

氦是一类稀有气体，在元素周期表中排在第二位，具有两种同位素，分别为^{4}He 和^{3}He。其中，^{4}He 是较为常见的同位素形式，^{4}He 在大型低温系统中应用广泛，^{3}He 则在量子低温物理实验中有独特的用处。大气层中的^{4}He 含量约为 0.000 5%，而^{3}He 与^{4}He 含量的比值约为 1.4×10^{-6}。液氦是低温工程中常用的工质，^{4}He 的三相图如图 15-3 所示。

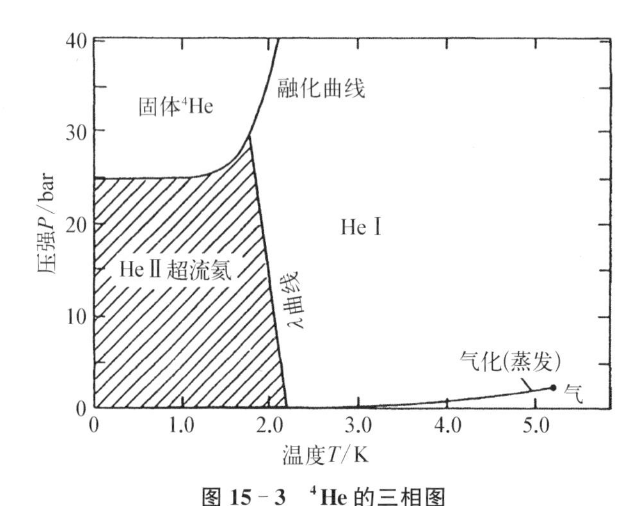

图 15-3 ^{4}He 的三相图

^{4}He 的蒸发潜热不大，对于 4.2 K 的饱和液氦而言，其蒸发潜热大约为 90 J/mol，相比之下，标准大气压下饱和纯水的蒸发潜热为 40 800 J/mol。由于液氦的蒸发潜热很小，因此必须尽可能降低液氦杜瓦、传输管线、阀箱等设备的漏热，确保关键的冷量用于超导设备上。

2）热力循环

从热力学的角度来说，低温的获取意味着工质内能下降，有多种热力循环过程可以实现这一目标。绝大多数热力循环的理论基础都是逆卡诺循环。逆卡诺循环是制冷机的理想循环，消耗功产生冷量，它是制冷理论的基础。逆卡诺循环由两个绝热过程和两个等温过程组成，它是 1824 年 N. L. S. 卡诺在对热机的最大可能效率问题做理论研究时提出的。卡诺假设工作物质只与两个恒温热源交换热量，没有散热、漏气、摩擦等损耗。为使过程是准静态过程，工作物质从高温热源吸热应是无温度差的等温膨胀过程，同样，向低温热源放热应是等温压缩过程。因限制，只与两热源交换热量，脱离热源后只能是绝热过程，卡诺循环效率计算如下：

$$\eta_{Carnot}=\frac{Q_c}{W}=\frac{Q_c}{Q_h-Q_c}=\frac{T_c}{T_h-T_c} \tag{15-1}$$

式中，η_{Carnot} 为卡诺效率；Q_c 为热量交换量；W 为消耗功；T_c 为低温热源温度；T_h 为高温热源温度。如果 $T_h=300$ K 固定的话，那么 T_c 和 η_{Carnot} 分别为

$$\text{当 } T_c=200\text{ K 时，}\eta_{Carnot}=200\% \tag{15-2}$$

$$\text{当 } T_c=100\text{ K 时，}\eta_{Carnot}=50\% \tag{15-3}$$

卡诺进一步证明了下述卡诺定理：① 在相同的高温热源和相同的低温热源之间工作的一切可逆热机，其效率都相等，与工作物质无关，其中 T_h、T_c 分别是高温和低温热源的绝对温度。② 在相同的高温热源和相同的低温热源之间工作的一切不可逆热机，其效率不可能大于可逆卡诺热机的效率。可逆和不可逆热机分别经历可逆和不可逆的循环过程。卡诺定理的基本原理如图 15-4 所示。

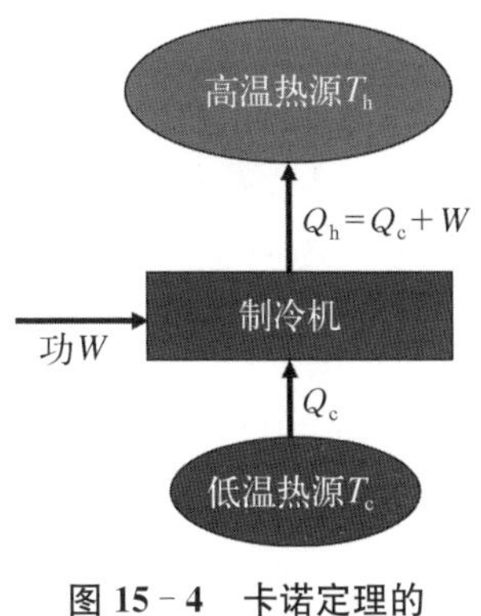

图 15-4　卡诺定理的基本原理

卡诺定理阐明了热机效率的限制，指出了提高热机效率的方向，成为热机研究的理论依据，是关于热机效率的限制、实际热力学过程的不可逆性及其间联系的研究，促进了热力学第二定律的建立。

实际的制冷效率不可能达到理想逆卡诺循环，而是基于逆卡诺循环的改进，例如林德循环、克洛德循环等。这里面较为重要的热力学过程为等焓节流

和等熵膨胀过程，这两个热力学过程都令压力降低，是产生冷量的主要过程，分别由 JT 节流阀和透平膨胀机完成，方案参数对比如图 15-5 所示。

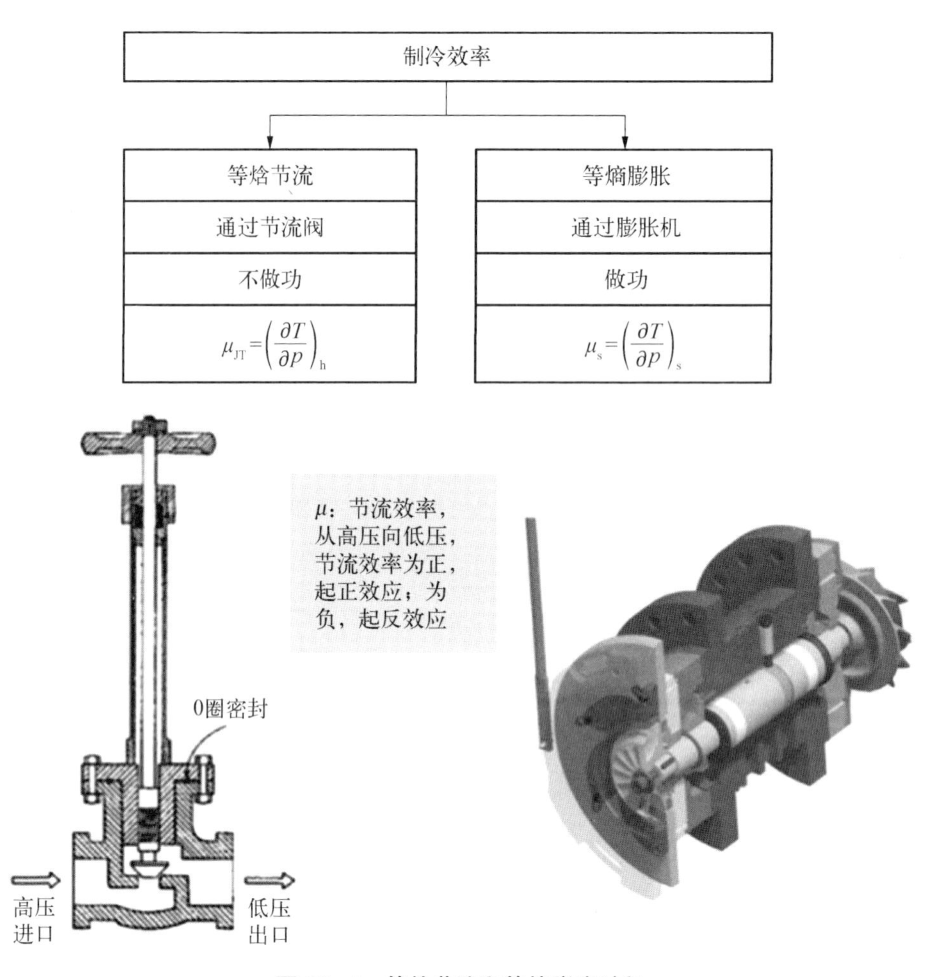

图 15-5　等焓节流和等熵膨胀过程

3）超流氦的获取

通过相图可以发现，当液氦的温度低于 2.17 K 后，将呈现超流特性，超流氦具有一些奇特的属性，例如极高的导热性，几乎没有黏性等。粒子加速器领域多采用超流氦作为高性能超导设备的冷却剂，因此 2 K 超流氦系统也是比较关键的氦低温子系统。

在获得常压 4.2 K 饱和液氦的基础上，继续用真空泵对盛有低温液体的容器减压（近绝热）即可得到更低的温度，所能达到的最低温度约为 1.2 K。如果希望获得更低的温度，普通的减压方式将不再可行，届时将需要利用稀释、退磁等其他手段进一步降温。这里仍然主要聚焦于常规的减压手段，由于所获得的超流氦温度一般在 2 K，因此超流氦低温系统有时候又称为“2 K 低温系统”。超流氦低温系统三种不同的减压方式（2 K 超流氦的获取流程）如图 15－6 所示。

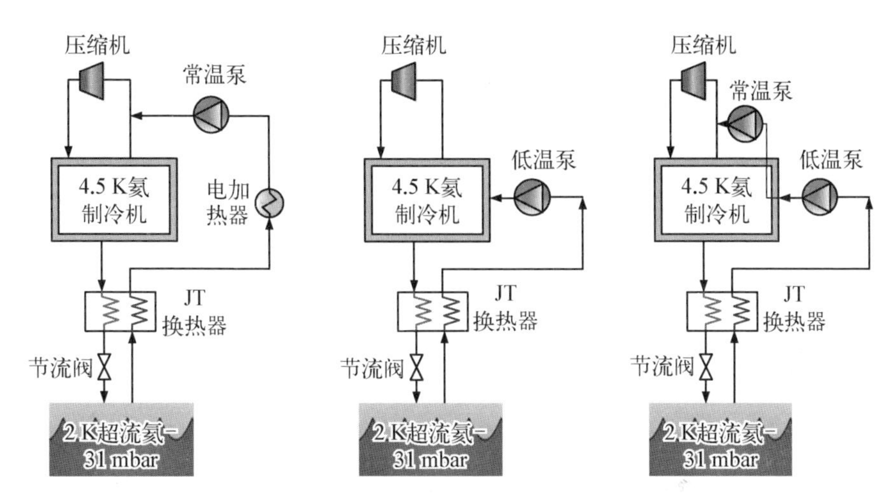

图 15－6　超流氦低温系统三种不同的减压方式（2 K 超流氦的获取流程）

15.1.3　低温系统的基本结构

低温系统与超导系统是紧密联系的，如图 15－7 所示，低温系统与超导系统在低温恒温器中耦合装配，共同工作。在 6.5 节中，我们已经较为全面地介

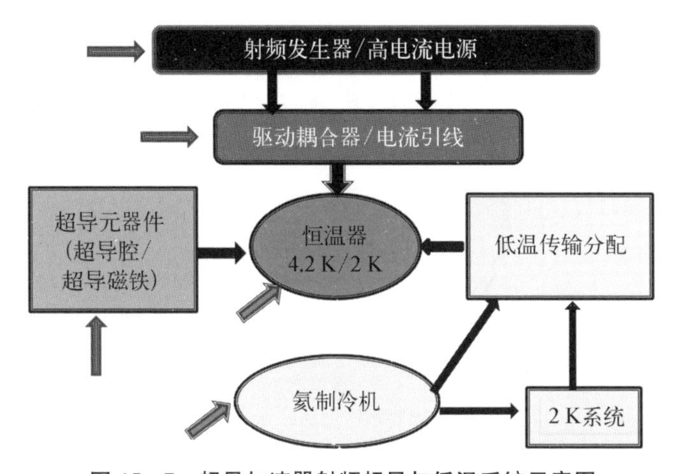

图 15－7　超导加速器射频超导与低温系统示意图

绍了低温恒温器的相关技术，因此这里不再赘述，此处侧重于描述低温系统自身的一些结构特点。

大型氦低温系统是一类典型的连续工业过程，通常由数十个关键子系统和关键设备组成，包括 4.2 K 氦冷箱（制冷机）、饱和液氦杜瓦、氦压缩机、分配阀箱、多通道真空传输管线、低温阀门、低温测量与控制子系统、2 K 子系统、隔热真空泵、回收纯化子系统、液氮子系统、安全子系统、低温恒温器等。以上这些子系统有一些是必须的，例如氦冷箱、氦压缩机、阀门管线等，而另外一些则是根据低温系统整体性能指标的不同可供选配的，例如 2 K 子系统、回收纯化子系统等。

15.2 CEPC 低温系统

CEPC 是具有对撞环和增强器环的双环结构对撞机，处于地下周长为 100 km 的隧道中。如图 15－8 所示，在环左右两侧的射频区域共有 4 个低温站点。对撞环上有 240 个工作在 2 K 温度的 650 MHz 的 2－cell 腔，每个低温模组包含 6 个腔，共 40 个模组均等分布在 4 个低温站点。增强器环上有 96 个工作在 2 K 温度的 1.3 GHz 的 9－cell 腔，每个低温模组包含 8 个腔，共 12 个模组均等分布在 4 个低温站点。上、下两端的粒子对撞点（IP）附近是两个粒子相互作用区（IR），共有 4 块组合型磁铁和 32 块插入六极磁铁。4 块组合

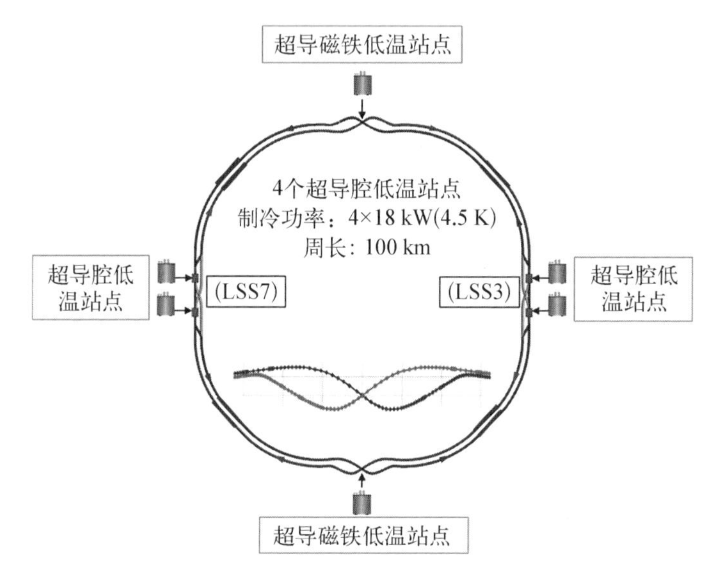

图 15－8　CEPC 低温站点布局图

型磁铁对应两个低温模组，工作温度为 4.5 K；32 块插入六极磁铁在常温下工作，不等距离分布在两个南北站点内。IP 区对称装有两台大型粒子探测器，每台探测器需要 1 块探测器磁铁，在探测器磁铁的左、右两端部各插入两块组合型磁铁。探测器磁铁采用热虹吸的方式进行冷却。下面分别对 CEPC 超导腔和超导磁铁低温系统进行介绍。

15.2.1　CEPC 超导腔低温系统

CEPC 正负电子束流经直线加速段后能量达到 10 GeV，而后经增强器环中 48 个 1.3 GHz 9 - cell 超导腔与对撞环中 120 个 650 MHz 的 2 - cell 超导腔，正负电子束流被加速到 120 GeV。CEPC 超导腔低温系统主要负责为超导腔模组提供冷量，CEPC 超导腔侧低温系统流程简介如下：① 冷箱产生的 5 K 液氦经过冷器和 2 K 换热器后温度降至 2.2 K；② 经多通道传输管线输运至每个模组前的节流阀，通过 JT 阀节流后温度降为 2 K，为模组内的超导腔提供 2 K 的低温环境；③ 因腔的热负荷产生的氦气回流传输至换热器冷端，对换热器中的热端来流进行冷却；④ 从换热器冷端流出的氦气被冷压机压缩后回到冷箱进行冷量多级利用，完成氦工质传输分配循环。为尽量减少 2.2 K 液氦传输过程中的漏热，多通道传输管线设计了 5～8 K 和 40～80 K 两层氦冷屏。在超导腔低温系统的流程设计中曾先后产生两种方案：概念设计方案（CDR）和详细设计优化方案（TDR），模组之间的连接方式从 CDR 阶段的并联优化到 TDR 阶段的模组串联的方式，其流程分别如图 15 - 9 和图 15 - 10 所示。

CDR 的特点如下：每个模组都设置一个 2 K 阀箱，由于主、副隧道之间有 10 m 间隔，故所需多通道传输管线距离较长（约 2 460 m）。这种方案的缺点如下：总传输管线长，导致冷量损失大；传输管线需设计得比较粗，造价更高；2 K 阀箱数量多，维护困难且故障率高。TDR 采用模组串联的方式，只需用一个大的 2 K 本地阀箱来控制氦流的传输分配，可以明显缩短传输管线的长度并减小管径，预估总漏热量减少 4.04 kW，可大幅减少项目所需经费。

下面分别对超导腔模组、低温系统流程计算进行说明。

1）两种模组

CEPC 对撞环和增强器环共有 650 MHz 2 - cell 和 1.3 GHz 9 - cell 两种模组。前者如图 15 - 11 所示，每个这种类型的模组包括 6 个 650 MHz 的 2 - cell 腔、6 个高功率耦合器、6 个调谐器和 2 个高次模吸收器。模组总长度为 8 m，真空容器的直径为 1.3 m，束流管线距离地面 1.5 m，超导腔的工作温度为 2 K。

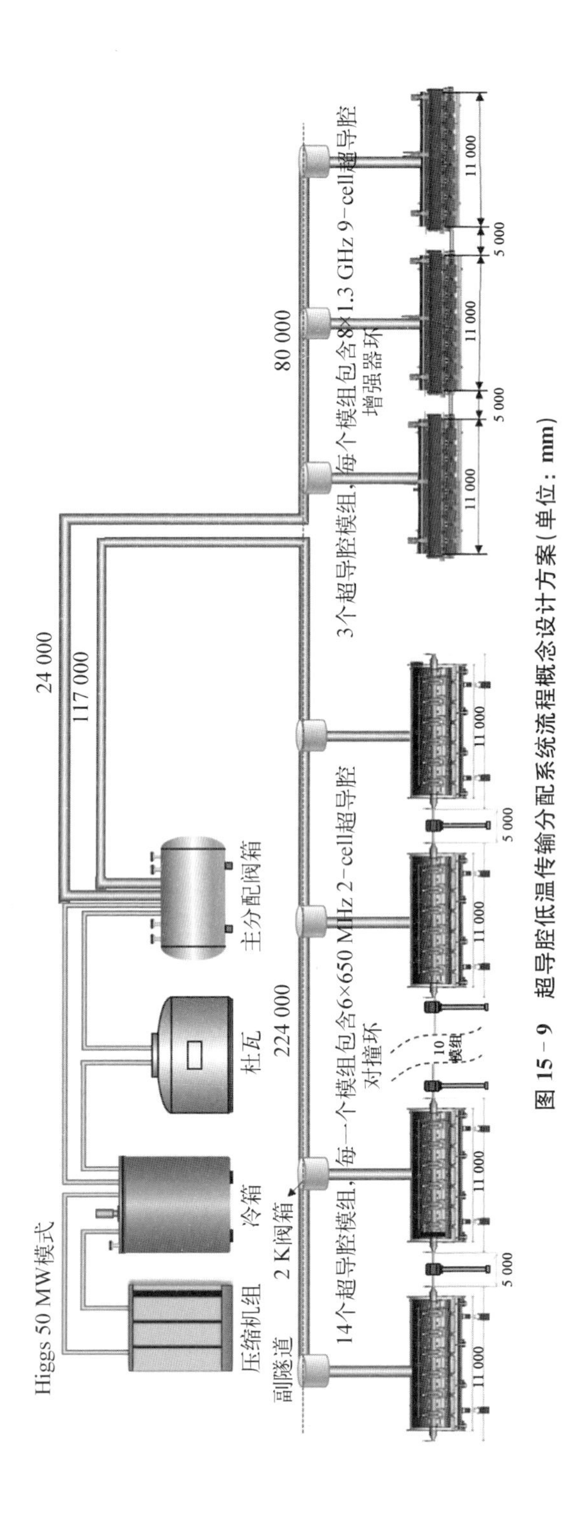

图 15-9 超导腔低温传输分配系统流程概念设计方案(单位：mm)

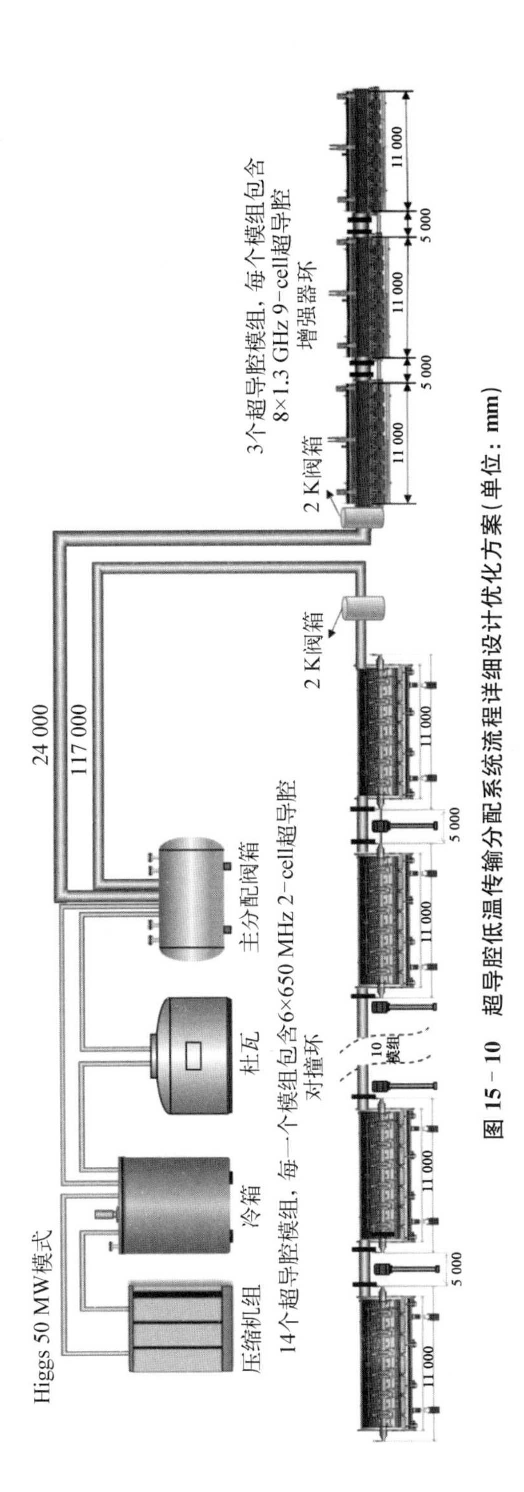

图 15-10　超导腔低温传输分配系统流程详细设计优化方案(单位：mm)

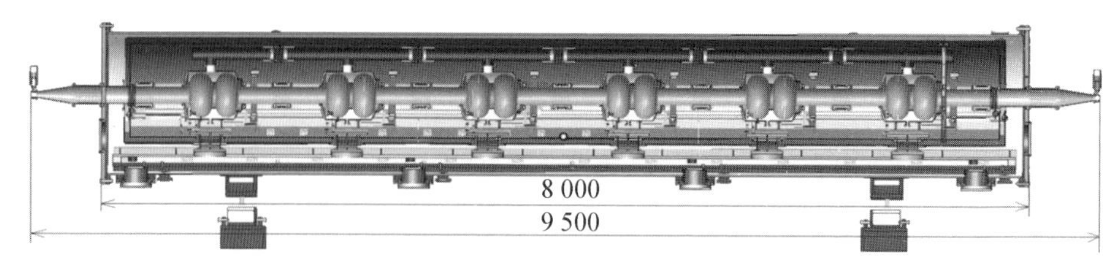

图 15-11 对撞环每个模组包含 6 个 650 MHz 2-cell 腔(单位：mm)

此前，高能所(IHEP)的研究人员曾在 PAPS 平台对包含 2 个 650 MHz 2-cell 腔的模组进行降温和 2 K 运行的性能测试，各项技术指标均满足使用要求，这将对 6 个 650 MHz 2-cell 腔的研究和测试有重要的借鉴意义。

1.3 GHz 9-cell 腔模组的设计目标是低漏热量和快速降温(fast cool-down, FCD)。高能所低温组的研究人员曾与国内企业共同为欧洲自由电子激光(EXFEL)设计了 58 个 1.3 GHz 的 9-cell 腔模组，如图 15-12 所示，这为 CEPC 模组的设计与优化奠定了良好的基础。

图 15-12 IHEP 为 EXFEL 设计的 1.3 GHz 9-cell 腔实物图

2) 低温系统流程计算

通过商业流程计算软件 EcosimPro 对 CEPC 增强器环和对撞环超导腔低温氦传输分配系统进行模拟，设定传输管线的漏热为 0.15 W/m。概念设计方案(CDR)和详细设计优化方案(TDR)的流程计算图如图 15-13 所示。优化后的 TDR 方案与 CDR 方案相比，所需传输管线的尺寸和长度都有所减少，降低了成本。采用相同的方法，设定 5～8 K 冷屏和 40～80 K 冷屏的漏热分别为 0.5 W/m 和 2 W/m，可以设计得出维持两层冷屏所需液氦质量流量和管道尺寸。

除稳态计算外，在低温系统的设计中，通常还要考虑升温、降温等非稳态过程的影响。通过瞬态计算得到超导腔温度由 300 K 降至 100 K 所用的时

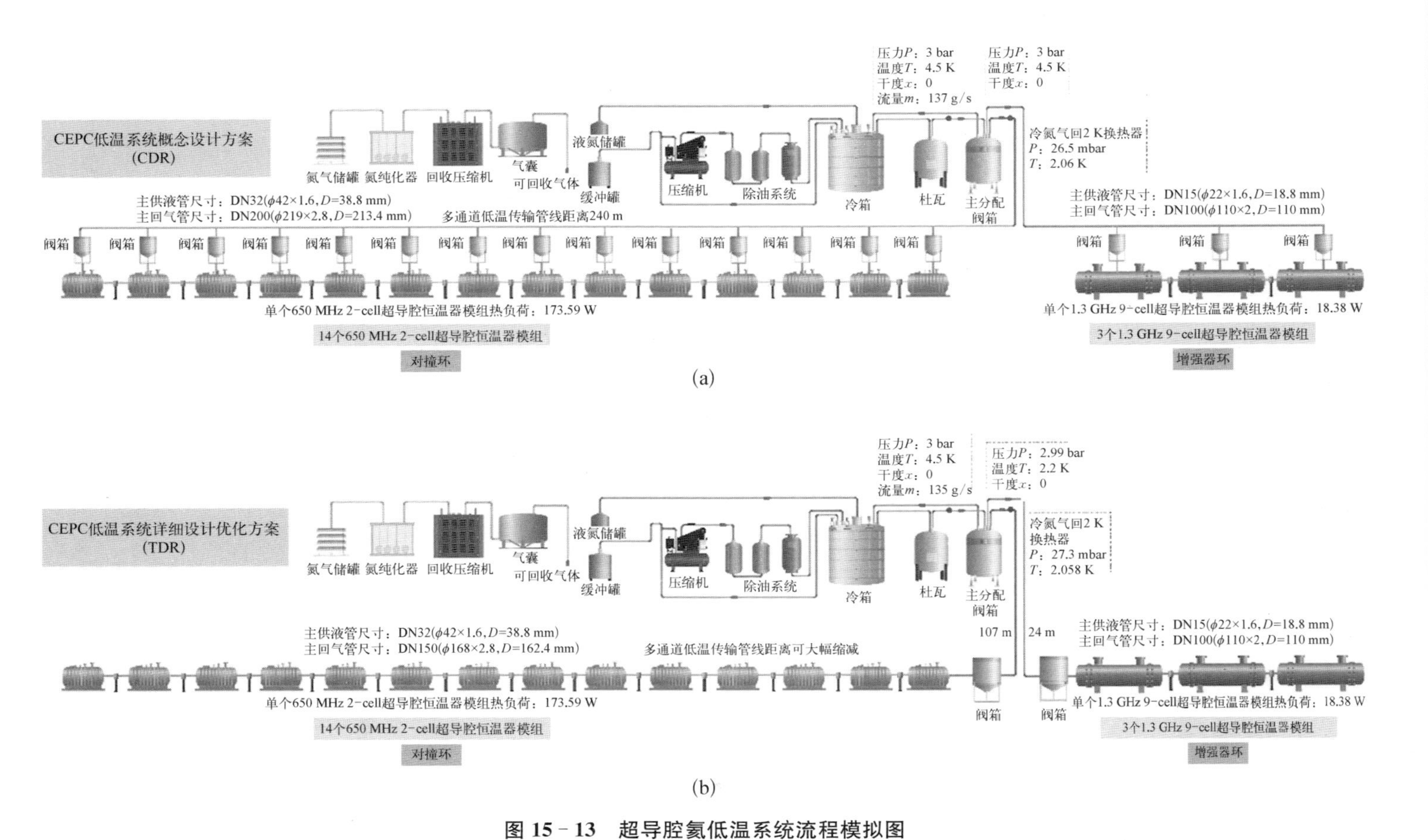

图 15-13　超导腔氦低温系统流程模拟图

(a) 概念设计方案；(b) 详细设计优化方案

间，其降温曲线如图 15－14 所示。可以得到，经过 120 000 s(约 33 h)后，所有超导腔的温度都降至 100 K，降温速度在可接受范围内。另外，使用 Ansys Fluent 对 2－cell 腔的降温过程进行瞬态模拟，在不同的入口氦气温度下，超导腔表面流速如图 15－15 所示。由图 15－15 可见，随着入口温度的降低，同等入口质量流量下的冷氦气流速是不断降低的；超导腔表面流速最快的区域始终在靠近入口处，表面流速最慢的区域始终在超导腔两侧的凹腔里；流速在入口所在的下半部分分布更不均匀一些，在上半部分则分布得较为均匀。

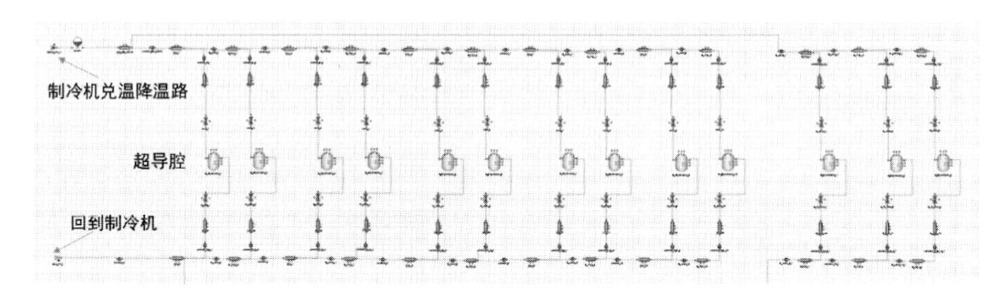

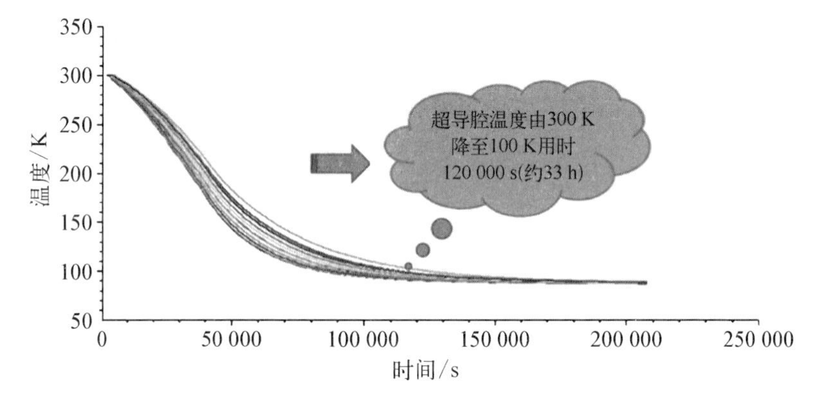

图 15－14　超导腔温度由 300 K 降至 100 K 的降温曲线

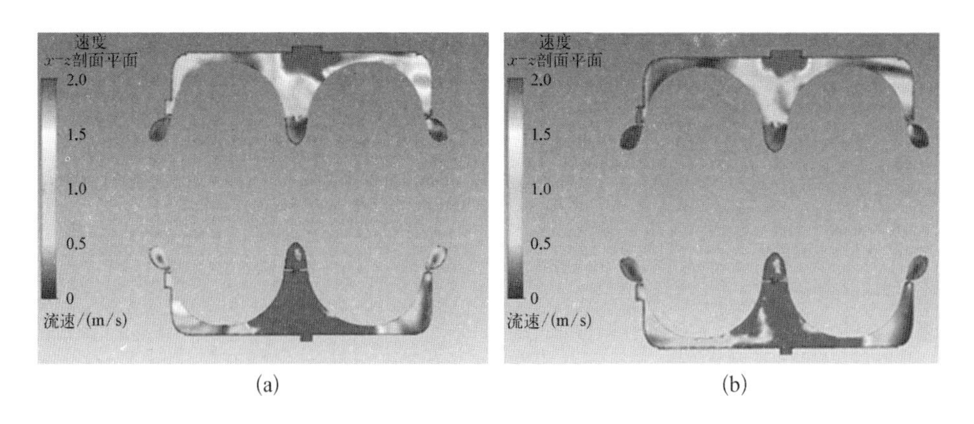

(a)　　(b)

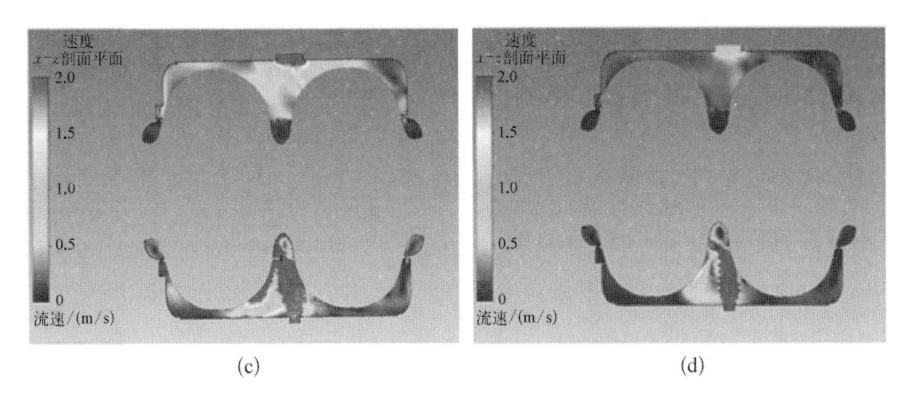

(c)　　　　　　　　　　(d)

图 15－15　不同氦气入口温度下超导腔表面流速(彩图见附录)

(a) 氦气入口温度为 220 K；(b) 氦气入口温度为 140 K；(c) 氦气入口温度为 60 K；(d) 氦气入口温度为 20 K

15.2.2　CEPC 超导磁铁低温系统

CEPC 两个对撞点周围的 IR 区共有 4 块 QD0 磁铁、4 块 QF1 磁铁、4 块反螺线管磁铁和 32 块六极磁铁，CEPC 超导磁铁布局如图 15－16 所示。经初步估计，考虑 1.54 倍的安全裕量系数后，总热负荷估算为 4 170 W。

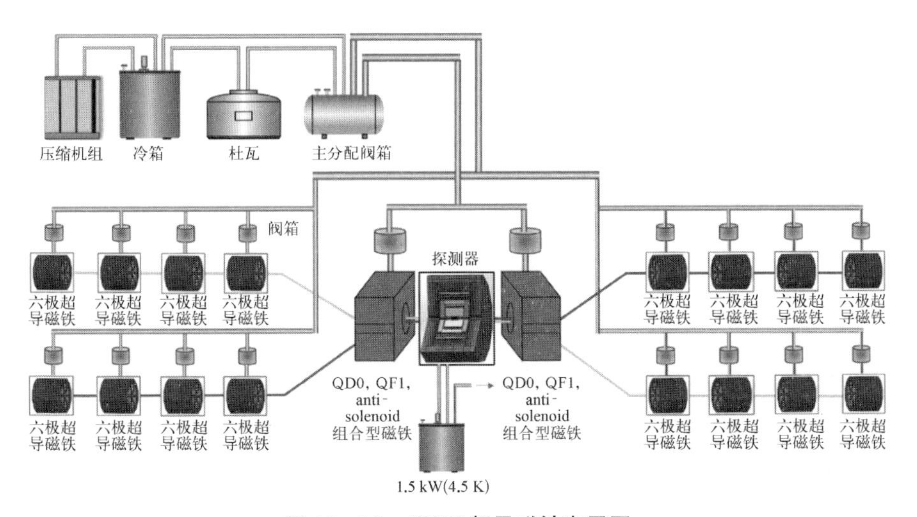

图 15－16　CEPC 超导磁铁布局图

以一个超导磁铁对撞区为例，每块插入六极磁铁的热负荷是 10 W，如果采用小型 GM 制冷机，每台插入六极磁铁需配置 8 台 1.5 W(4.2 K)的 GM 制冷机，而每台 GM 制冷机的电力消耗是 7.2 kW，则为 16 块六极磁铁配置 GM 制冷机的总电功率为 921.6 kW。若通过配置一台大型制冷机来为 16 块六极磁铁提供冷量，则需电功率约 800 kW。另外，GM 制冷机的振动和噪声特别大，16 台 GM 制冷机同时运行的故障率十分高，维护起来十分困难。出于上述考虑，选择一台大型制冷机为六极磁铁提供冷量是更合理可行的。图 15－17 所示为超导磁铁低温流程图，冷箱将产生的液氦储存在杜瓦中，经传输管道和阀箱后为每台超导磁铁提供冷量，最后经节流阀回气至杜瓦中。

采用上节中稳态流程计算的方法，通过 EcosimPro 软件对超导磁铁氦传输分配系统进行模拟，采取两种方案：3 bar(5 K)不过冷和过冷。假定超临界氦流传输管线的漏热为 0.15 W/m，40～80 K 冷屏管线的漏热为 2 W/m，可得如下结论：六极磁铁供液管径选为 DN25，回气管径为 DN40；不过冷情况下，制冷机需提供 3 bar、5 K 超临界氦的质量流量为 92.48 g/s；而过冷情况下，由于冷量品位提高，则只需制冷机提供 88.5 g/s 的质量流量。目前，插入六极超导磁体已通过物理结构优化从而降低电流，从低温超导变成常温超导，因此为 32 块插入六极磁铁（SM 磁铁）设计的低温系统将不再需要，如图 15－18 所示。超导磁铁侧低温系统设计后续将更多集中在机器检测接口（machine detector interface，MDI）组合型磁铁低温恒温器和冷却方案的设计上。

1）MDI 超导磁铁低温系统

MDI 是加速器与探测器交互的部分，涵盖了许多不同的系统（如 IP 附近的束流管道、聚焦系统、螺线管补偿系统等）。MDI 位于 IP 点左右各 7 m 的范围内，主要包括反螺线管磁铁、补偿螺线圈磁铁、QD0、QF1 等。MDI 内的加速器部件不应干扰探测器的设备，并且加速器部件占据的锥形空间越小，探测器的几何接受度就越好。所以 MDI 的结构紧凑，留给低温恒温器的空间非常狭小，对低温系统也有更高的要求。对 MDI 超导磁铁的冷却需要考虑设置冷却通道，进行迫流冷却，但是冷却通道设置对磁铁的机械结构要求较高，需要综合考虑并进行优化。

高能所正在对 MDI 低温恒温器进行设计研究，图 15－19 所示为 MDI 低温恒温器的轮廓图，进一步的设计优化还在进行中。

2）探测器低温系统

探测器螺线管磁铁的设计包含两种方案。方案一采用 NbTi 低温超导材料，低温运行温度为 4.2 K，中心场强达到 3 T。这种方案制得的螺线管磁铁内径为 7.2 m，长度达到 7.4 m，放置在量能器的外面。方案二采用以钇钡铜氧（YBCO）为代表的高温超导材料，运行温度达到 20 K，中心场强为 2 T。相比于方案一，方案二的螺线管内径只有 4 m，长度为 6 m，可放置在量能器内，冷

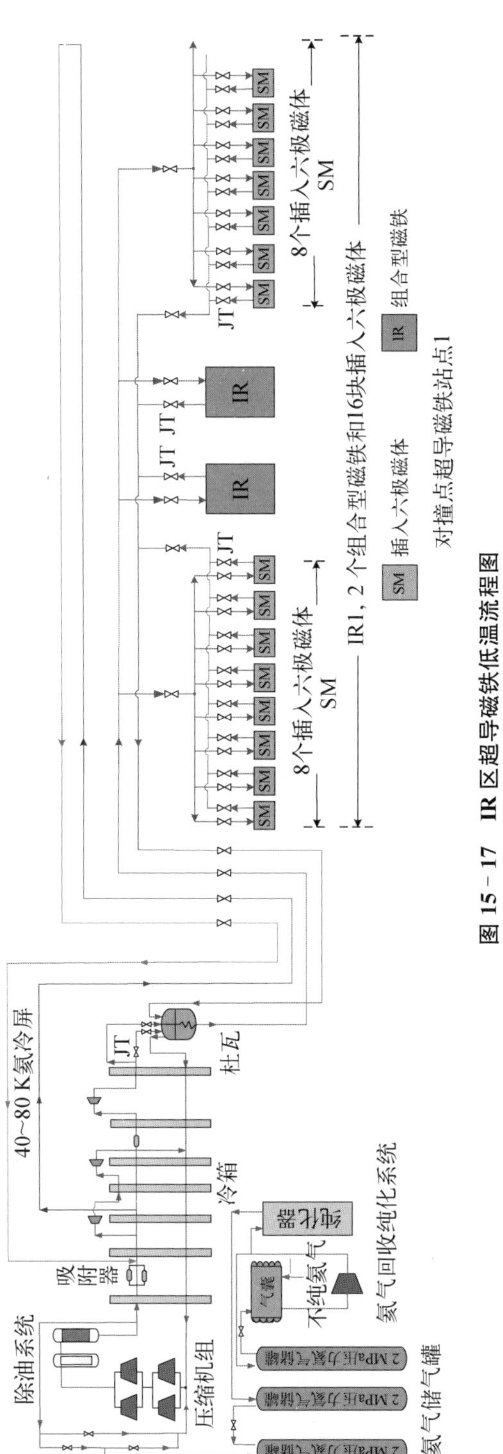

图 15－17　IR 区超导磁铁低温流程图

量消耗减少，并且可以尝试使用如液氖等其他低温冷却工质。低温超导和高温超导探测器的结构如图 15－20 所示。

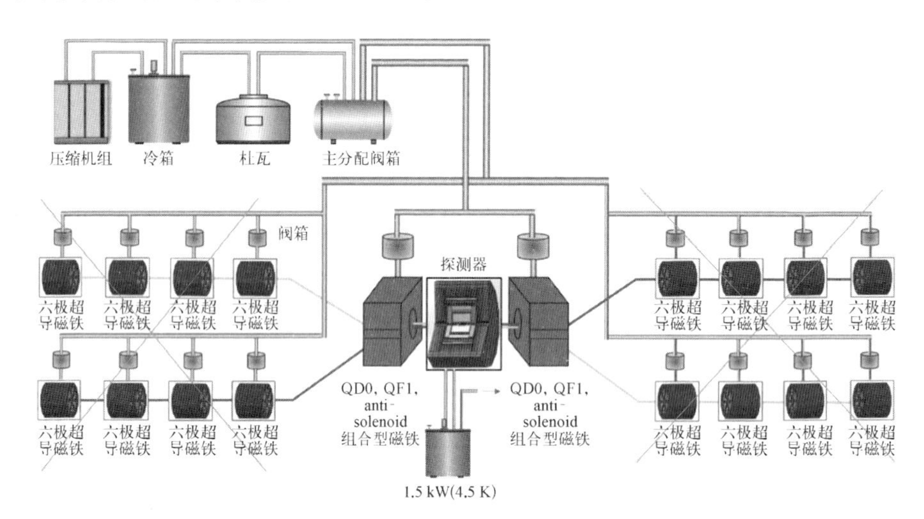

图 15－18　CEPC IR 超导磁铁更新后的低温流程图

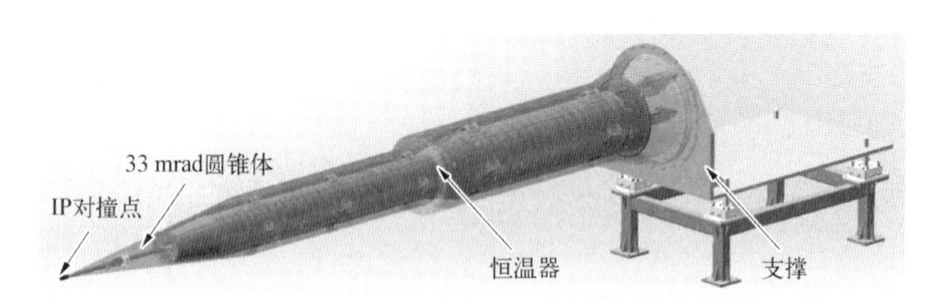

图 15－19　MDI 低温恒温器轮廓图

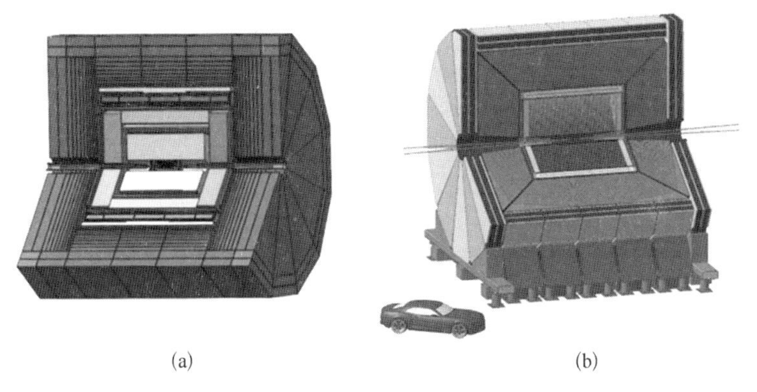

(a)　　(b)

图 15－20　低温超导和高温超导探测器的结构示意图

(a) 低温超导探测器；(b) 高温超导探测器

15.2.3　CEPC 低温系统关键技术研究

1）超导加速器 2 K 超流氦 JT 负压换热器测试平台

2 K 负压换热器是 PAPS 2 K JT 换热器测试恒温器实现 2 K 超流氦的关键部件，其位于 JT 阀之前，通常也称为 JT 换热器。4.2 K 的来流液氦在 2 K 负压换热器中与氦池中蒸发的 2 K 冷氦气换热，随着液氦出口温度的降低，产液率也随之增加。

为了进行 2 K 负压换热器的性能研究，为此设计了一套 PAPS 2 K JT 换热器测试恒温器，如图 15－21 所示，进行不同结构形式和不同流量 2 K JT 换热器的性能测试。换热器测试结果如下：5 g/s 设计流量下，换热器的效率为 85.3%，回气侧压降为 78.89 Pa，满足设计要求。目前，随着氦低温系统规模的逐步扩大，已逐步开展大流量的 2 K JT 换热器的研发测试（10 g/s→50 g/s→100 g/s →200 g/s→…），以满足国内外超导加速器的发展需要，比如 CEPC 超导腔侧低温系统要求的 2 K 负压换热器流量接近 100 g/s，因此对 2 K 负压换热器的研究探索还有很长的路要走。

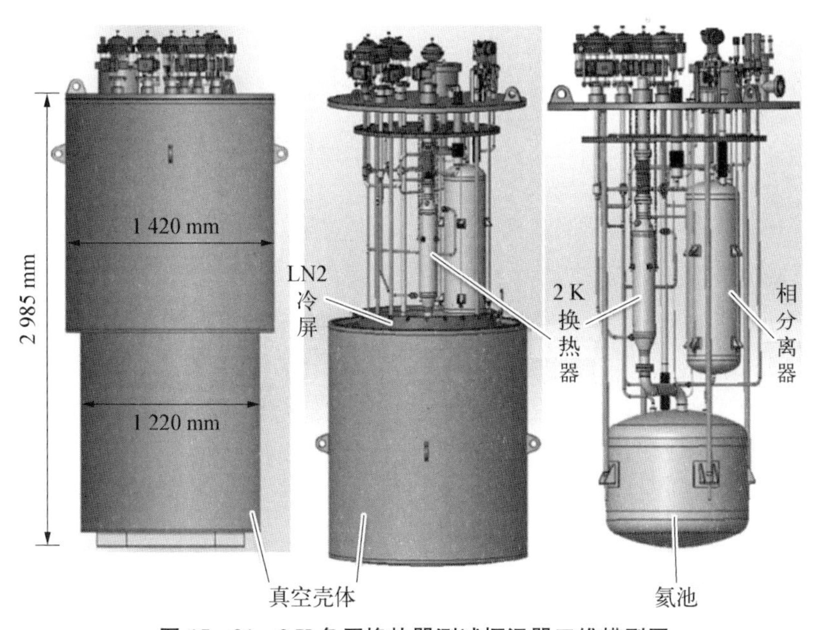

图 15－21　2 K 负压换热器测试恒温器三维模型图

2）低温液氦循环泵

低温液体循环泵（简称低温泵）是在石油、空分和化工装置中用来输送低温液体（如液氧、液氮、液氩、液态烃和液化天然气等）的特殊泵。其中，液氦低温循环泵由于氦分子较小，容易泄漏，所以对密封性和稳定可靠性要求较高。CEPC对撞区磁铁冷却通道狭小，通常采取超临界氦迫流冷却或者超流氦冷却方式，其中超流氦的冷却方式会大大提升整个低温系统的造价与运行成本，而液氦循环泵是其关键设备，其主要功能是将低温液体（氦）从压力低的场所输送到压力高的场所，建立起整个低温循环。近几年，高能所低温系统对液氦低温循环泵从数值建模、仿真模拟、机械结构设计、加工制造、密封、实验验证等方面开展了多维度的研究，主要研究成果如图15-22所示。

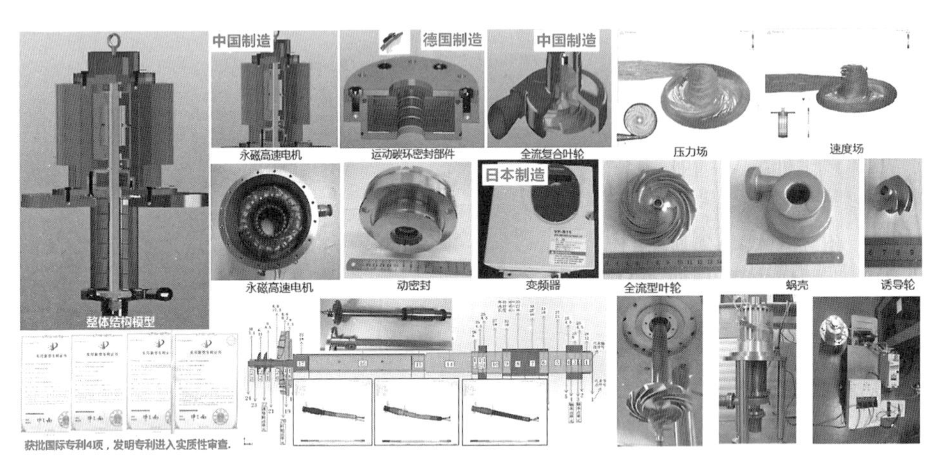

图15-22　液氦低温循环泵研究成果

3）多通道低温传输管线测试平台

多通道低温传输管线是低温传输分配系统的关键部件，其漏热指标直接影响氦低温冷量的品位，CEPC低温系统要求的多通道低温传输管线漏热指标为0.15 W/m，基本对标国际先进水平。为了设计并制造出此类高性能的低温传输管线，高能所低温组还搭建了一套测试平台，可进行不同通道、不同类型（直管、弯管等）的多通道低温传输管线测试，其结构如图15-23所示。目前，主阀箱、后置连接箱以及大部分硬件已经完成加工组装，并已经检漏完成。下一步计划是进行不同通道、不同类型（直管、弯管等）的多通道低温传输管线的实验测试。

4）超导加速器虚拟系统和自动控制策略研究

随着超导加速器技术的不断发展，数百米量级的低温传输将带来巨大的热惯性，使得非线性、迟滞性等因素无法被忽略。传统无模型的PID方法很难

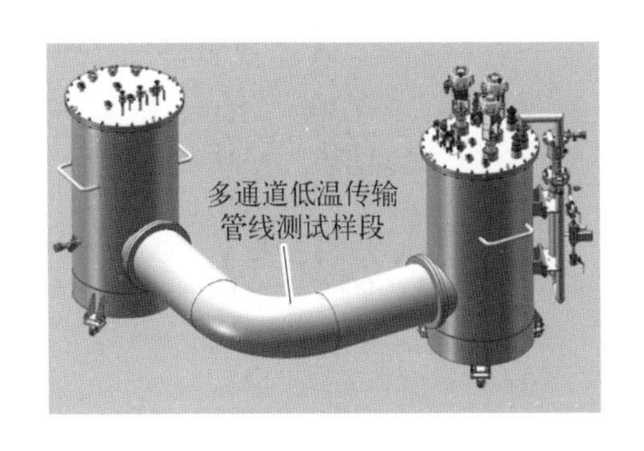

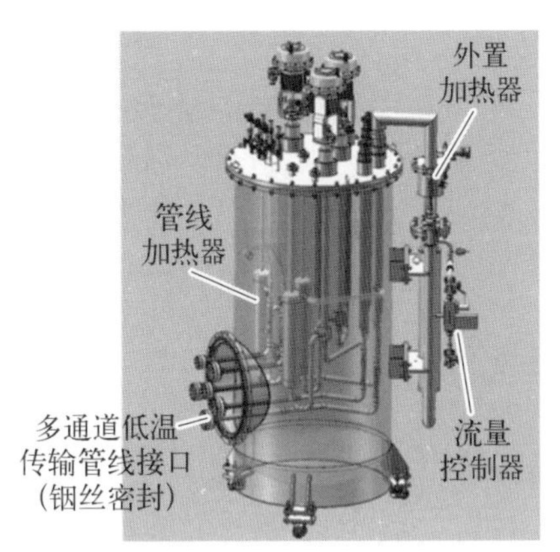

图 15-23　多通道低温传输管线测试平台结构示意图

有效地处理多变量耦合、非线性、大迟滞性的控制问题，仅靠 PID 方法已经很难获得满意的控制效果。欧洲核子研究中心的研究人员为大型强子对撞机(LHC)项目进行了一系列动态建模及控制策略相关的研究，利用动态仿真模型近乎完整地重现了一套实际运行的“虚拟”低温系统。这套系统目前已经可以有限度地实现在线运行，在设计先进控制逻辑、故障预测、训练操作人员、先进控制策略研究等方面均发挥了巨大的作用，取得了较好的效果[24-26]。国内的相关工作仍然较少且未能形成体系，因此有必要充分结合我国超导加速器的实际需求，在加速器低温系统的动态仿真建模和先进控制策略方向开展更加深入的研究，旨在提升加速器运行的稳定性和鲁棒性，同时提升低温系统的预研和设计能力。

参考文献

[1] Evans L. The large hadron collider[J]. Annual Review of Nuclear and Particle Science, 2011, 61: 435-466.

[2] Lebrun P. Superfluid helium cryogenics for the large hadron collider project at CERN[J]. Cryogenics, 1994, 34(34): 1-8.

[3] Bézaguet A, Casas-Cubillos J, Flemsaeter B, et al. The superfluid helium cryogenic system for the LHC test string: design, construction and first operation[M]// Advances in cryogenic engineering. Boston: Springer, 1996: 777-784.

[4] Paetzold T, Petersen B, Schnautz T, et al. First operation of the XFEL linac with the 2 K cryogenic system[J]. IOP Conference Series Materials Science and Engineering, 2017, 278(1): 012101.

[5] Wilhelm H, Petersen B, Schnautz T. Current status of the modifications of the

former HERA cryogenic plant for the XFEL facility[J]. Physics Procedia, 2015, 67: 107 - 110.

[6] Pozniak K T, Czarski T, Romaniuk R S. FPGA and optical network based LLRF distributed control system for TESLA - XFEL linear accelerator (TESLA 2004 - 09) [J]. Proceedings of SPIE: The International Society for Optical Engineering, 2004, 5775(1): 69 - 77.

[7] Yoshida J, Nakai H, Hara K, et al. Development of STF cryogenic system in KEK [C]//IEEE Particle Accelerator Conference, Albuquerque, New Mexico, USA, 2008.

[8] Nakai H, Hara K, Honma T, et al. Superfluid helium cryogenic systems for superconducting RF cavities at KEK[J]. AIP Conference Proceedings, 2014, 1573 (1): 1349.

[9] Sakanaka S, Adachi M, Hajima R. Construction and commissioning of compact-ERL injector at KEK[C]//The 53th ICFA Advanced Beam Dynamics Workshop on Energy Recovery Linacs, Novosibirsk, Russia, 2013.

[10] Rode C H. Jefferson lab 12 GeV CEBAF upgrade[J]. AIP Conference Proceedings, 2010, 1218(1): 26 - 33.

[11] Xu T, Casagran De F, Ganni V, et al. Status of cryogenic system for spallation neutron source's superconducting radiofrequency test facility at Oak Ridge National Lab[J]. AIP Conference Proceedings, 2012, 1434(1): 1085 - 1091.

[12] Fuerst J D, Horan D, Kaluzny J, et al. Tests of SRF deflecting cavities at 2 K[C]// Proceedings of the 3rd International Partical Accelerator Conference, Louisiana, USA, 2012: 2300 - 2302.

[13] D Alesandro A, Kaluzny J, Klebaner A. Thermodynamic analyses of the LCLS - Ⅱ cryogenic distribution system[J]. IEEE Transactions on Applied Superconductivity, 2016, PP(99): 1.

[14] Liepe M, Belomestnykh S, Chojnacki E, et al. SRF experience with the cornell high-current ERL injector prototype [C]//International Partical Accelerator Conference, Vancouver, Canada, 2009.

[15] Ganni V, Knudsen P, Arenius D, et al. Application of JLab 12 GeV helium refrigeration system for the FRIB accelerator at MSU [J]. AIP Conference Proceedings, 2014, 1573(1): 323 - 328.

[16] Chuang Z. BEPC Ⅱ: construction and commissioning[J]. Chinese Physics C, 2009, 33(S2): 60.

[17] Zhan G Z, Li Q L, Lian Y X, et al. Study on cooling process of cryogenic system for superconducting magnets of BEPCⅡ[J]. Chinese Physics C, 2008, 32(9): 761 - 765.

[18] Li S, Ge R, Zhang Z, et al. Overall design of the ADS injector Ⅰ cryogenic system in China[J]. Physics Procedia, 2015, 67: 863 - 867.

[19] Jiang B C, Hou H T. Simulation of longitudinal beam dynamics with the third

harmonic cavity for SSRF phase Ⅱ project[C]//Proceedings of Symposium on Applied Perception, Lanzhou, China, 2014.

[20] Zhou Z, Zhuang M, Lu X, et al. Design of a real-time fault diagnosis expert system for the EAST cryoplant[J]. Fusion Engineering and Design, 2012, 87(12): 2002 - 2006.

[21] Niu X F, Bai F, Wang X J, et al. Cryogenic system design for HIAF linac[J]. Nuclear Science and Techniques, 2019, 12: 178.

[22] CEPC Study Group. CEPC conceptual design report: volume 1: accelerator[R]. Beijing: IHEP, 2018.

[23] CEPC Study Group. CEPC Conceptual design report: volume 2: physics & detector [R]. Beijing: IHEP, 2018.

[24] Bradu B, Gayet P, Niculescu S I. A process and control simulator for large scale cryogenic plants[J]. Control Engineering Practice, 2009, 17(12): 1388 - 1397.

[25] Noga R, Ohtsuka T, Prada de C, et al. Simulation study on application of nonlinear model predictive control to the superfluid helium cryogenic circuit[J]. IFAC Proceedings Volumes, 2011, 44(1): 3647 - 3652.

[26] Inglese V, Pezzetti M, Rogez E. The CERN revamping project of the obsolete cryogenic control systems: strategy and results[J]. AIP Conference Proceedings, 2012, 1434(1): 491 - 498.

第 16 章
对撞区超导磁体技术

超导磁体是高能粒子加速器的关键设备。本章介绍对撞机对撞区超导磁体的基本知识,并以环形正负电子对撞机(CEPC)为例,介绍加速器对撞区超导磁体的特点和技术方案。

16.1 超导磁体基础知识

本节介绍超导磁体的基础知识,包括超导体基本介绍、超导多极磁体的基本类型和粒子对撞机对撞区超导磁体的一般特点。

16.1.1 超导体

超导体指在某一温度下电阻为零的导体。超导体不仅具有零电阻的特性,另一个重要特征是完全抗磁性。超导体一般工作在临界条件以内的合适温度、磁场和电流密度的区间。零场(或自场)下超导体对通过的电流呈现无阻状态的最高温度为临界温度 T_c。当通过超导体中的电流加大到某一定值时,超导态转变到正常态,超导体又重新出现电阻,这一特定电流称为临界电流 I_c,此时的电流密度为临界电流密度 J_c。超导体处于外加磁场中,当磁场增加到某一特定值时,超导体会由超导态转变成正常态。破坏超导电性所需的最小磁场称为临界磁场 B_c。

超导体分为第一类超导体和第二类超导体。第一类超导体的界面能为正,只有一个临界磁场 H_c,一般不超过 0.1 T。第二类超导体的界面能为负,临界磁场较高。成分分布均匀、没有各种晶体缺陷的第二类超导体称为理想第二类超导体,反之则为非理想第二类超导体[1]。

对于第二类超导体,随着磁场的增加,磁通可以逐渐侵入超导体内部,使之成为超导态和常态共存的混合态。使超导体从超导态变为混合态的磁场称为下临界磁场 H_{c1}。混合态不再呈现完全抗磁性,但仍然能通过一定的超导电流。继续增加磁场,超导体将从混合态变为常态,这时的磁场称为上临界磁场 H_{c2}。一般而言,下临界磁场很低,超导磁体均运行于下临界磁场以上的磁场中,即运行于混合态。

实用的超导材料都是非理想第二类超导体,以 H_c 代表上临界磁场,并习惯称其为临界磁场,对应的临界磁感应强度为 B_c。非理想第二类超导体的磁化曲线存在磁滞现象,这是由于晶格中的缺陷、杂质造成的。它能对超导体内部的磁通线产生钉扎力,以克服磁通流阻问题。并且钉扎力越强,磁滞现象越严重,临界电流就越大。

为了解决超导体热扩散速度小于磁扩散速度的问题,人们将超导体与电导率、热导率都很高的铜、铝等正常金属组合,构成复合导体。一旦发生扰动产生热量,就可以通过铜、铝等将热量带走。另外,可将正常金属(即基体材料)看成是超导体的分流器。当超导体出现正常区时,流经超导体的电流就被正常金属分流,从而缓解了超导磁体发热温升的过程,提高了磁体的稳定性。

第二类超导体在外磁场变化时,磁力线突然大量进入或排出超导体,也就是磁通跳跃。这时将消耗大量能量,产生焦耳热,引起磁体局部温升,造成失超。为了克服磁通跳跃,人们将超导体分成很小的细丝(filament),使丝径小于一定的数值(一般为几十微米),就可避免产生磁通跳跃。进一步,人们又采取了扭绞和换位的方法以减小超导丝之间的耦合和持续电流的影响。对于交流磁体,超导丝的直径由直流应用的几十微米减小到微米量级,并需要带有高阻材料的多元复合线材。

在大电流应用时,加速器超导磁体通常采用多股超导线(strand)组成的超导电缆(cable),比如常用的卢瑟福电缆。它将两层多股超导线扭绞、换位后压为梯形形状,畸变角(keystone angle)一般在几度以下,方便近似电流壳层形状。超导电缆的绝缘主要采用聚酰亚胺薄膜(kapton)和玻璃丝带。

欧洲核子研究中心的大型强子对撞机(LHC)周长约为 26.7 km,对撞环磁体全部为超导磁体。LHC 超导二极磁体所用的卢瑟福电缆、单股超导线如图 16-1 所示[2]。

在目前已经建造的高能加速器中,超导磁体均选用 NbTi 合金超导线材。NbTi 合金具有良好的加工塑性、很高的强度以及良好的载流性能,广泛地应用于 10 T 以下超导磁体的制造。另外,这种超导材料在绞缆、绕制以及其他

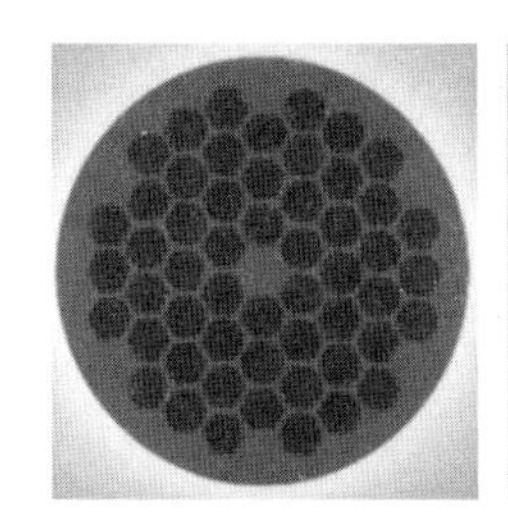
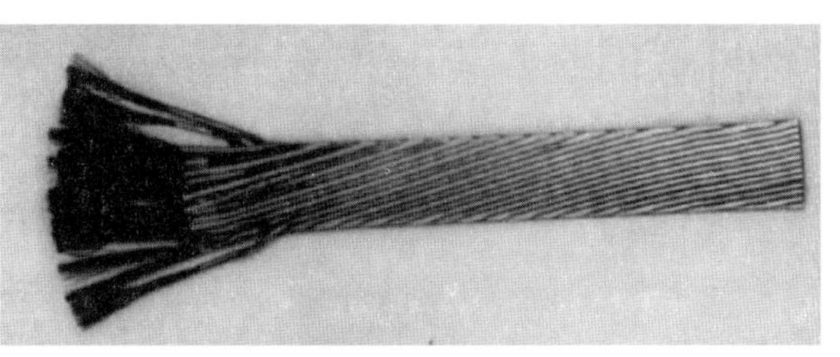

图 16 - 1　LHC 超导二极磁体超导线

组装工序之前就可以进行提高超导体性能的热处理工序，并且它的屈服强度与铜接近。实用化 NbTi 超导体的制造一般包括合金制备、合金棒加工、多芯复合体组合与加工、拉伸、扭绞、热处理等工艺过程。

当需要产生 10 T 以上的强磁场时，一般认为需要使用新材料。目前加速器磁体唯一可选的实用低温超导材料为 Nb_3Sn。Nb_3Sn 具有高临界温度 T_c、高临界磁场 B_c 和高临界电流密度 J_c，理论上更适合在加速器中应用。但是由于 Nb_3Sn 材料的脆性较大，其制造工艺相当复杂，并且其临界电流密度对超导体的应变敏感。由于其自身的机械加工性能较差，在制造线材过程中，并不反应生成最终的 Nb_3Sn 超导相。当用这种线材绕制出超导线圈后，再进行数十小时的高温热处理（约 700℃）才形成 Nb_3Sn。近年来，国际上基于 Nb_3Sn 线材的强磁场超导磁体样机的预研工作一直在进行中。

16.1.2　超导多极磁体基本类型

许多粒子对撞机超导磁体的超导线圈外面使用圆筒形的铁轭，用来增强中心磁场，减少储能和外部漏磁场等。

按照超导线圈对总磁场的贡献大小，超导多极磁体分为线圈主导（coil-dominated）和铁芯主导（iron-dominated）两大类[3]。前者的超导线圈对总磁场贡献在 80%以上，磁场主要由超导线圈产生，即通常的 $\cos\theta$ 型超导磁体。后者的磁场主要由铁芯磁化产生，结构形式与常规磁体类似，只是线圈为超导线圈，而铁芯与常规磁体相同，称为 superferric 型超导磁体。

高能加速器中使用较多的为 $\cos\theta$ 型的超导二极磁体和超导四极磁体，它们的结构形式类似。由于通常需要的励磁电流很大，线圈使用多根细导线绞绕在一起的卢瑟福电缆制成。为克服线圈受到的巨大电磁力，保证线圈始终处于合适的位置，线圈外面通常由不锈钢或铝合金做成的卡箍（collar）固定。外侧部分为铁芯，一般由高磁性能的硅钢片叠装而成。从 HERA 开始，多数加速器超导磁体采用这种结构形式。图 16－2 所示为欧洲核子研究中心的大型强子对撞机 LHC 对撞区超导四极磁体 MQXA 的截面[4]。

在北京正负电子对撞机重大改造工程(BEPCⅡ)的对撞区建造中，超导多极磁体采用了蛇形线圈(serpentine coil)结构形式，线圈分为若干层，使用直径为 0.3～1 mm 的超导线，直接在圆柱形的不锈钢支撑筒表面绕制线圈并临时固定；每两层蛇形线圈采用一根连续的超导线绕制，减少了线圈中接线点的个数，提高了绕线的效率和磁体的稳定性。蛇形线圈可将复杂的三维磁场计算和优化问题转化为二维磁场问题，三维高阶磁场含量与二维截面基本相同，从而使磁场的模拟计算更高效和准确。图 16－3 所示为 BEPCⅡ蛇形四极线圈[5]。

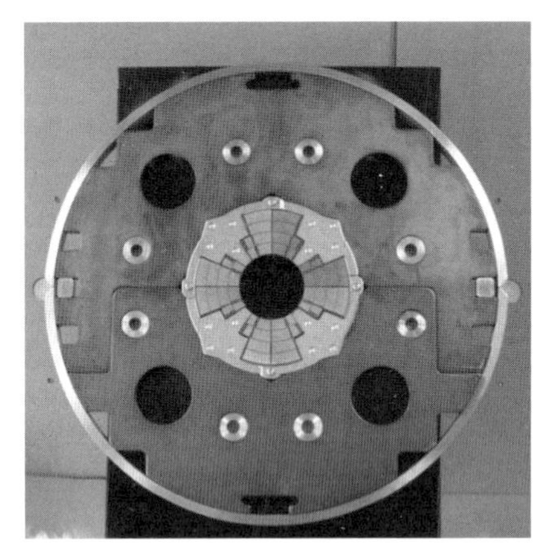

图 16－2　LHC 对撞区超导四极磁体 MQXA 截面

图 16－3　BEPCⅡ蛇形四极线圈实物

另外一种超导多极磁体线圈类型为斜螺线管线圈(canted cosine theta)，线圈以双层为基本单位，电流方向与线圈纵向存在夹角，两层线圈产生的纵向螺线管磁场近似抵消、横向磁场互相叠加，形成需要的磁场形态。线圈每匝导线的空间位置由参数方程给出，绕线前需要用数控机床在骨架上加工出适当大小的连续分布的矩形凹槽，用于放置导线。超导线固定于线槽内，阻断了线圈匝间洛仑兹力的累积，线圈上的应力较小，较好地解决了目前高温超导材料热处理之后变脆及高场下性能退化的问题。一种斜螺线管双层四极线圈如图 16－4 所示[6]。

以上三种超导多极线圈各有优缺点，总体来说，$\cos\theta$ 型多极线圈励磁效率最高，蛇形线圈特别适用于空间紧凑、低磁场应用场合，而斜螺线管线圈特别适用于高磁场应用场合。

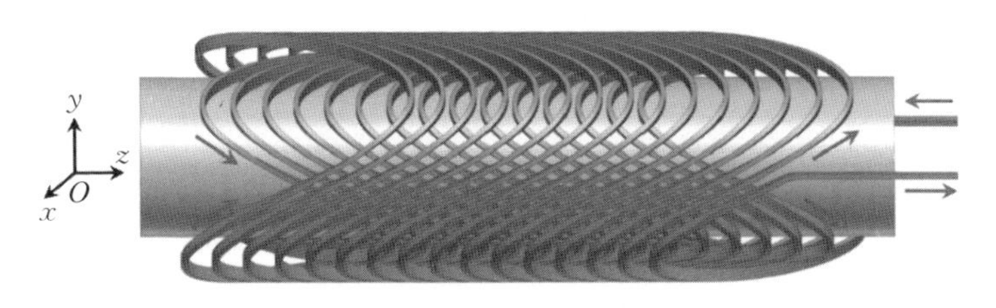

图 16－4　斜螺线管双层四极线圈示意图

16.1.3　粒子对撞机的对撞区超导磁体一般特点

对撞区(interaction region)是粒子对撞机的关键区域。对撞机的主要指标为束流能量和对撞亮度(luminosity)。对撞亮度指粒子束流对撞后所发生的相互作用反应率除以该相互作用的反应截面,亮度越高,对撞机的性能就越好。为了提高对撞机的亮度,在束流对撞点处需要极大地压缩束团的尺寸,以提高对撞机亮度、增大探测新粒子的可能性。对撞机的加速器磁聚焦结构设计中,在对撞点两侧各需要一组高磁场梯度的四极磁体来对束流进行聚焦,并压缩对撞点处的束团尺寸,称为最终聚焦(final focus)四极磁体,由于空间紧张、磁场梯度很高,一般采用超导磁体技术[7-8]。

最终聚焦超导四极磁体是粒子对撞机的关键设备之一,是对撞机能否达到亮度指标的关键因素,而亮度正是国际上正在规划的下一代大型对撞机激烈竞争的关键指标。最终聚焦超导四极磁体还与对撞机的探测器密切相关。为了尽可能接近对撞点,提高对撞机的亮度,最终聚焦超导四极磁体一般深入探测器磁体内部。探测器螺线管磁体的磁场(沿束流方向)将对加速器束流产生严重影响,引起束流状态变化甚至是束流丢失。

为了消除探测器螺线管磁场对正负电子束流的影响,在最终聚焦超导四极磁体外侧以及靠近对撞点一侧需要放置反抵超导螺线管,使得束流经过最终聚焦超导四极磁体时感受到的总螺线管磁场为零。反抵螺线管的磁场强度与探测器螺线管磁场直接相关,而反抵螺线管的放置位置和布局又与最终聚焦超导四极磁体密切相关。大型对撞机的对撞区布局异常复杂,专门设置机器检测接口(MDI)以协调加速器和探测器的接口和布局。

除了最终聚焦超导四极磁体和反抵超导螺线管外,大型对撞机在对撞区一般还需要六极磁体,磁场强度要求很高,需要超导技术才能实现。

对撞区超导磁体紧邻束流对撞点,具有与一般超导磁体不同的特点[7-9]:

（1）磁场强度或梯度高、空间尺寸紧张。

（2）超导磁体的磁场精度要求严格，超导线圈的电流密度高。

（3）由于对撞束流通常带有一定夹角，最终聚焦超导四极磁体的两孔径在纵向不是平行关系，而是带有一定夹角；磁体两孔径距离很近，两孔径之间的磁场干涉问题是需要解决的一大难点。

（4）超导磁体需要具有高抗辐射性和热稳定性，以承受高辐射剂量和热负载。

（5）对超导磁体的准直和机械稳定性有严格要求。

16.2 CEPC对撞区超导四极磁体

在环形正负电子对撞机（CEPC）的对撞环中，加速器磁铁大部分采用常规磁铁技术方案。在对撞区布局中，加速器磁铁深入谱仪内部，为了极大地压缩对撞点处的束团尺寸以获得高的对撞亮度和消除谱仪磁场对加速器束流的影响。CEPC对撞点两侧各需要一台组合型超导磁体，该组合型超导磁体紧邻对撞点，内部包括双孔径超导四极线圈和反抵超导螺线管线圈等，是CEPC的关键设备，其性能好坏直接影响到整个对撞机能否达到设计指标。本节介绍CEPC对撞区超导四极磁体。

16.2.1 CEPC对撞区超导磁体介绍

规划中的我国环形正负电子对撞机（CEPC）的对撞环周长约为100 km，有两个对撞点。在每个对撞点的两侧各需要一对高梯度超导四极磁体QD0、QF1，对正负电子束流进行最终聚焦。正负电子束流对撞时，夹角为33 mrad，QD0和QF1磁体均为双孔径超导四极磁体，在Higgs工作模式下，概念设计阶段，QD0、QF1磁体的物理设计要求如表16-1所示，其中，B_2代表主四极磁场。

表16-1 CEPC对撞区最终聚焦超导四极磁体设计要求

磁体	磁场梯度/(T/m)	磁长度/m	好场区半径/mm	高阶磁场分量	两孔径中心线最小距离/mm
QD0	136	2.0	9.8	$B_n/B_2 \leqslant 5\times10^{-4}$（每孔径）	72.61
QF1	110	1.48	13.5	$B_n/B_2 \leqslant 5\times10^{-4}$（每孔径）	146.20

正负电子束流在 CEPC 对撞点附近具有 33 mrad 的交叉角，QD0 距离对撞点仅 2.2 m，两孔径中心线之间的距离很短，这给其磁体设计和两孔径之间磁场干涉问题的解决带来了很大困难。根据 CEPC MDI 布局，QD0 和 QF1 完全在中心场为 3.0 T 的 CEPC 探测器螺线管磁场内。为了减小纵向螺线管场对加速器束流的影响，需要在 QD0 之前、QD0 和 QF1 外侧放置超导反抵螺线管。它们的磁场方向与探测器螺线管的磁场方向相反，使得由探测器螺线管线圈和加速器反抵螺线管线圈产生的总积分纵向磁场为零。另外，加速器物理还要求在 QD0 和 QF1 磁体内部，总螺线管磁场在纵向各个位置均接近于零。

根据 CEPC 对撞区布局，加速器磁体只能放置在离对撞点 1.1 m 之后，QD0 之前放置反抵螺线管的可用空间有限，因此需要采用具有较强磁场的反抵螺线管。另外，从对撞点看到的加速器磁体所占的空间角度必须满足探测器的要求。考虑到双孔径超导四极磁体场强较高，反抵螺线管的中心磁场高、空间有限，CEPC 对撞区超导四极磁体和反抵螺线管基本方案采用基于 NbTi 导体的超导磁体技术。

16.2.2　CEPC 对撞区超导四极磁体技术方案

本节介绍 CEPC 对撞区超导四极磁体技术方案，首先做基本介绍，然后分别讲述 QD0 超导四极磁体、QF1 超导四极磁体的技术方案。

1）基本介绍

双孔径超导四极磁体 QD0 与 CEPC 对撞点间的距离是 2.2 m，正负电子束流在对撞点附近的交叉角为 33 mrad，故 QD0 两个孔径中心线之间的最小距离只有 72.61 mm，因此 QD0 磁体可供使用的径向空间非常有限。根据加速器物理要求的好场区大小，考虑真空盒厚度和真空绝热所需要的空间后，QD0 单孔径线圈的内半径仅为 20 mm。QD0 单孔径磁体径向总厚度中的可利用空间最大只有 16.3 mm。

QD0 超导四极磁体的基本设计基于励磁效率最高、冷却效果最好的 $\cos 2\theta$ 型超导四极线圈。由于两孔径带有夹角，两孔径之间的磁场的互相干涉效应随着离对撞点距离的变化而变化，这给磁场干涉的校正带来了困难。采用简单的磁场干涉校正方案，使沿纵向积分后的总积分磁场高次谐波是不能满足加速器束流动力学要求的。对撞点附近束流的外形包络变化很大，加速器束流动力学要求在每个孔径内的所有纵向位置上的磁场质量均满足要求。因为不同纵向位置上两孔径的磁场干涉大小是不同的，所以在某一个纵向位置上能很好起到磁场干涉校正效果，使每个孔径内磁场质量满足要求的干涉校正方案，在另一个纵向位置上是不适用的。

如果采用无铁芯的设计方案，采用措施进行两孔径之间磁场干涉的校正后，能使积分磁场质量满足要求，但难以使得沿纵向各个位置的局部高阶磁场、二极磁场均满足加速器物理要求。采用带铁芯的设计方案能很好地消除QD0两孔径之间的磁场干涉问题，使得每个孔径内的磁场性能满足设计要求。该方案另外的优点是，由于铁芯贡献了一部分磁场，使得中心磁场梯度相同的情况下，超导线圈所需的励磁工作电流减小，有利于磁体的稳定运行和失超保护。

2）QD0超导四极磁体

QD0的二维、三维磁场计算使用专业的电磁场仿真软件OPERA和ROXIE。在二维模拟时，首先只计算QD0一个孔径内的磁场。根据对称性，只需对单孔径磁体的四分之一进行建模并分析。经过优化，在要求的好场区范围内获得了良好的磁场质量。采用的卢瑟福电缆宽度为3 mm，梯形畸变角为1.9°，由12股直径为0.5 mm的NbTi超导股线绞缆而成。线圈每极导线21匝，分为两层，工作电流为2 080 A。四极线圈外侧由不锈钢卡箍固定，四个线圈绕线、制作完成后，与卡箍和铁芯装配在一起形成单孔径四极磁体。QD0超导四极线圈内直径仅为40 mm，为方便线圈绕制，导线最小转弯半径取5 mm。

超导卢瑟福电缆表面缠绕着带半固化环氧胶的耐低温绝缘材料。线圈绕线完成后，在一定压力、一定温度条件下，卢瑟福导线绝缘表面的半固化环氧胶具有黏性，发生固化，并将各匝导线粘接在一起形成坚固整体。四极线圈外侧用不锈钢制成的卡箍夹紧，并对超导线圈提供径向和角向的预应力，以克服低温工作状态下超导线圈受到的洛仑兹力。超导线圈紧邻4.2 K液氦容器的内壁，束流真空盒为常温，与液氦内壁之间为真空，间隙为4 mm。

图16－5和图16－6分别显示了QD0单孔径的磁力线和磁感应强度分布。

计算得到的各阶磁场谐波相对于主四极磁场的大小如表16－2所示。

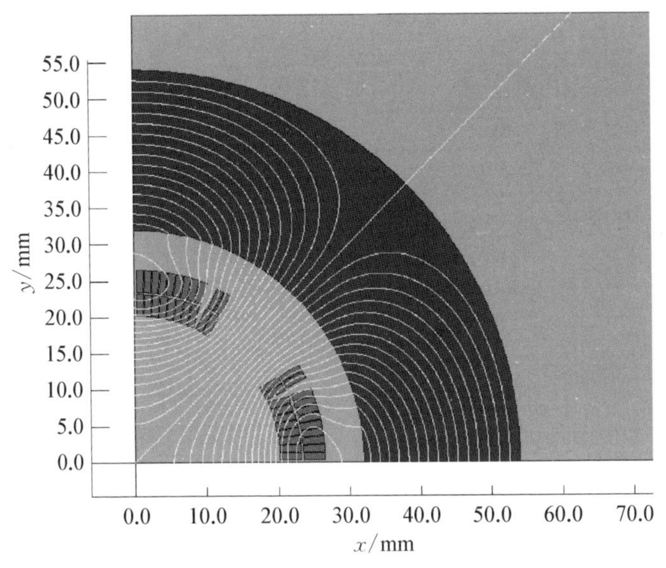

图 16－5　QD0 单孔径磁力线分布(1/4 截面)

图 16－6　QD0 单孔径磁感应强度分布(彩图见附录)

表 16－2　QD0 单孔径磁场谐波

n	B_n/B_2(参考半径为 9.8 mm)/$\times 10^{-4}$
2	10 000
6	1.0
10	−1.85
14	0.03

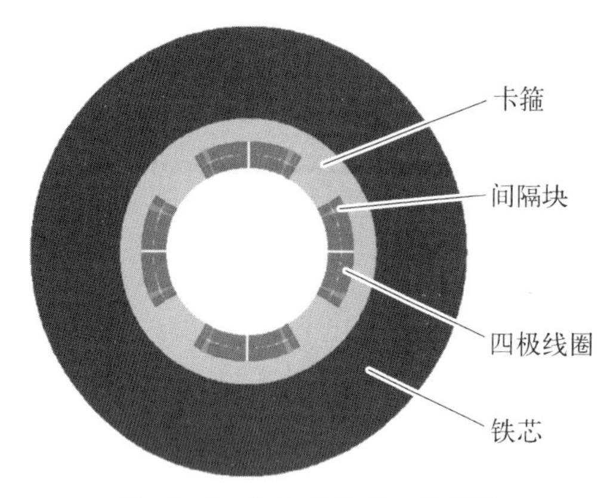

图 16-7 QD0 单孔径二维截面

QD0 单孔径二维截面如图 16-7 所示，主要由四极线圈(quadrupole coil)、间隔块(spacer)、不锈钢卡箍(collar)、铁芯等组成。

QD0 单孔径磁体的铁芯外半径为 54 mm，在最靠近对撞点一侧，两孔径中心线之间的距离仅为 72 mm，无充分空间放置两个并排的单孔径四极磁体。采用了紧凑型的设计方案，最靠近对撞点一侧的 QD0 两孔径共享铁芯。二维磁场模拟得到的磁力线分布如图 16-8 所示。

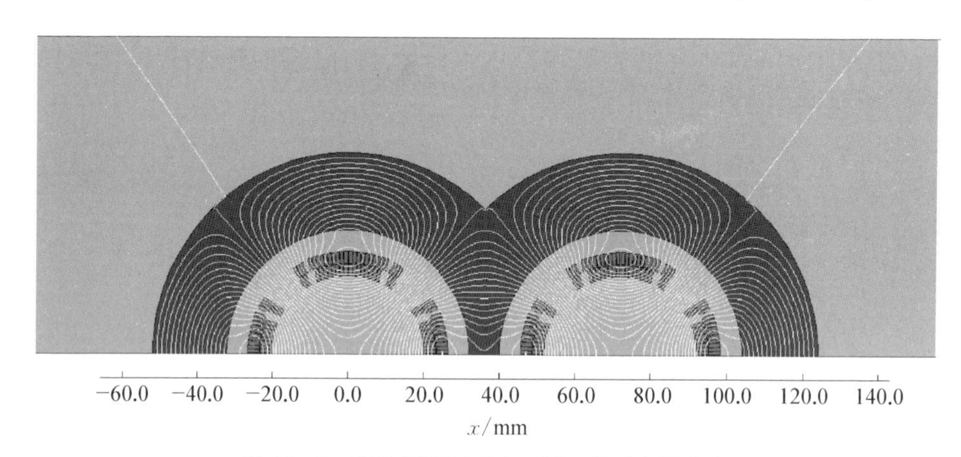

图 16-8 QD0 靠近对撞点一侧二维磁力线分布

在最靠近对撞点一侧，两孔径之间的铁芯最小厚度仅为 8.6 mm。磁场计算结果表明，铁芯很好地起到了屏蔽两孔径之间磁场干涉的作用。由干涉产生的磁场谐波最大的分量为六极磁场，0.3 unit；八极、十极等其他磁场谐波可以忽略。

当与对撞点的距离增大到一定程度后，QD0 两孔径之间距离增大到有充分空间放置两个并排的单孔径四极磁体，两孔径之间磁场干涉产生的磁场谐波可以忽略。铁芯、线圈中的磁感应强度分布如图 16-9 所示。

双孔径超导四极磁体 QD0 三维磁场计算中，为了基本消除两孔径之间的磁场干涉，铁芯覆盖的范围包括线圈直线段和端部，即覆盖全部线圈。

线圈端部的设计和优化是三维磁场计算的重点之一，需要采用合适的导

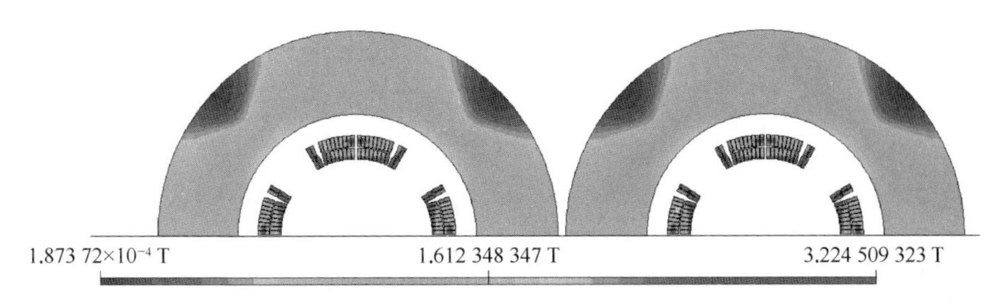

图 16－9　QD0 远离对撞点一侧磁感应强度分布(彩图见附录)

线分组和具体的导线空间形状，以方便线圈绕制，并且使各阶磁场谐波满足设计要求。QD0 四极线圈的端部形状如图 16－10 所示。

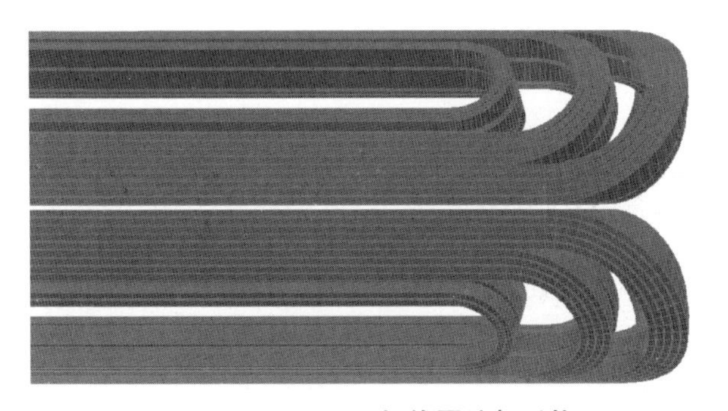

图 16－10　QD0 四极线圈端部形状

三维磁场计算时，首先进行单孔径的磁场建模和分析，确保磁场梯度、磁长度、磁场谐波等满足要求，然后对双孔径进行建模。双孔径超导四极磁体 QD0 三维磁场计算模型如图 16－11 所示。

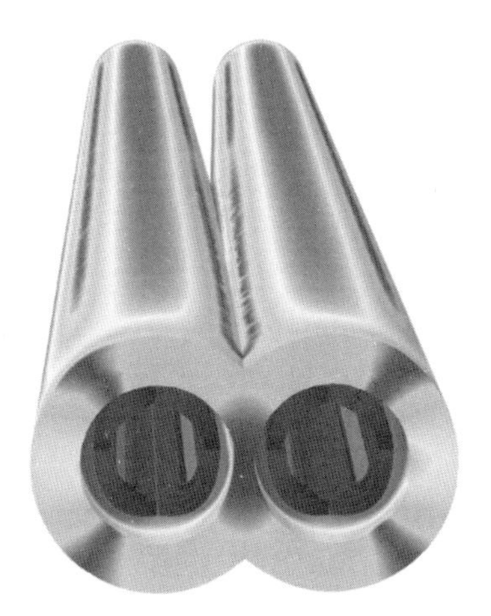

图 16－11　QD0 三维磁场计算模型

可以看到，QD0 两孔径之间不是平行的，带有夹角 33 mrad，在靠近对撞点一侧，两孔径之间共享铁芯；随着与对撞点距离的增大，两孔径逐渐分开。三维磁场计算结果表明，两孔径之间的磁场干涉引起的磁场谐波与二维计算结果一致，非系统磁场谐波可忽略；每个孔径内的磁场梯度、磁长度、积分磁场谐波、高阶磁场沿纵向的分布情况等均满足设计要求。对 QD0 进行力学性能分析和失超模拟的结果表明，在装配、降温、励磁、失超等各阶段，磁体均能安全工作。

3）QF1 超导四极磁体

相比于 QD0，超导四极磁体 QF1 离对撞点的距离较大，两孔径中心线的距离也较大，基本设计采用带铁芯的 cos 2θ 型超导四极线圈设计方案，有充分空间放置两个并排的单孔径四极磁体。QF1 基本结构类似 QD0，同样采用 NbTi 超导卢瑟福电缆绕制而成。

通过二维磁场计算，对 QF1 磁体单孔径截面进行优化。QF1 线圈分为两层，每极导线匝数为 29 匝，铁芯内半径为 41 mm、外半径为 68 mm，好场区内各高阶磁场分量好于 1×10^{-4}。图 16－12 和图 16－13 分别显示了 QF1 单孔径的磁力线分布和磁感应强度分布。

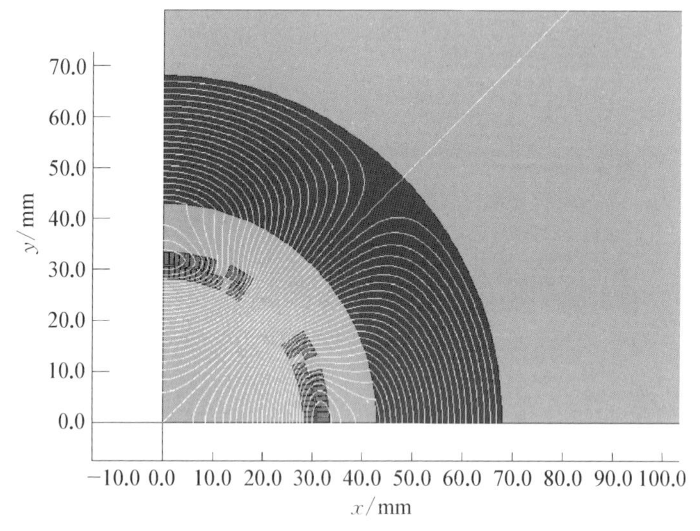

图 16－12　QF1 单孔径的磁力线分布(1/4 截面)

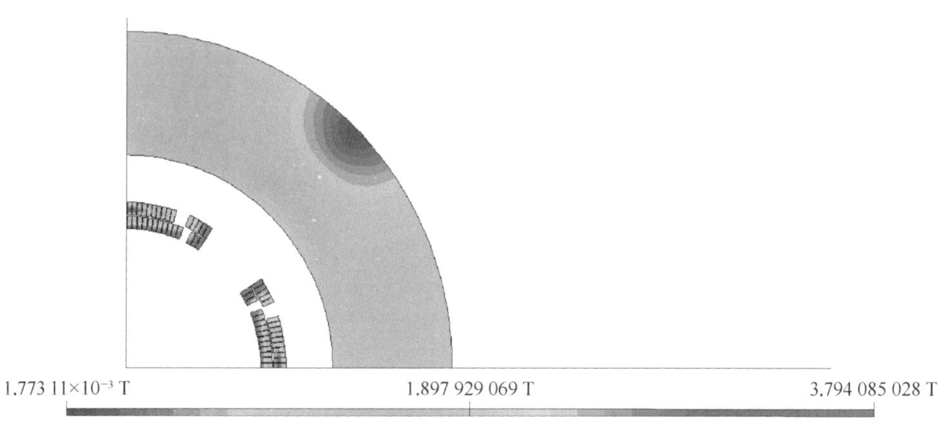

图 16－13　QF1 单孔径的磁感应强度分布(彩图见附录)

通过 OPERA 二维磁场计算，对 QF1 两孔径之间磁场干涉的大小进行了定量模拟。图 16 - 14 所示为 QF1 两孔径磁场干涉模拟的典型磁力线分布。

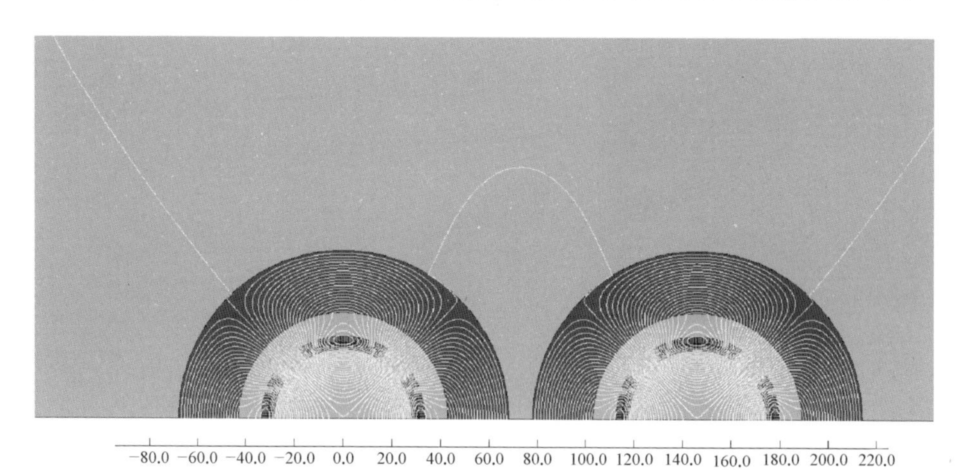

图 16 - 14　QF1 两孔径磁场干涉模拟的磁力线分布

QF1 两孔径之间距离较大，有充分空间放置两个并排的单孔径四极磁体，两孔径的铁芯之间有一定的间隔。铁芯的存在较好地解决了两孔径之间磁场互相干涉的问题。计算结果表明，即使在 QF1 紧靠对撞点一侧，因磁场干涉引起的磁场谐波大小仍然可以忽略。

QF1 磁体设计工作电流为 2 230 A，电感为 0. 012 H，单孔径截面如图 16 - 15 所示。

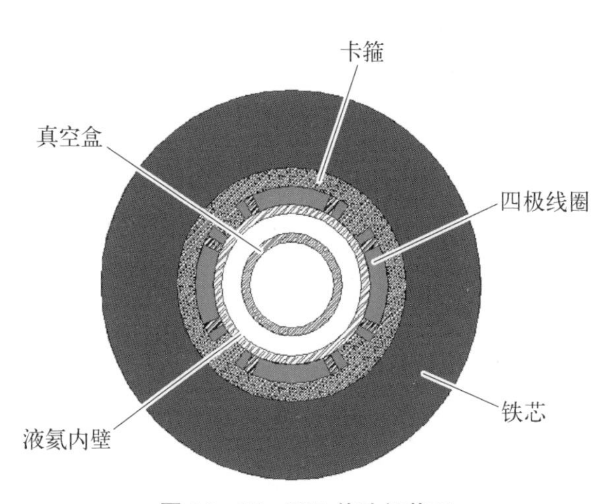

图 16 - 15　QF1 单孔径截面

通过三维磁场计算，优化得到 QF1 线圈端部的导线分组和空间形状，图 16－16 所示为 QF1 单孔径的三维磁场计算模型。

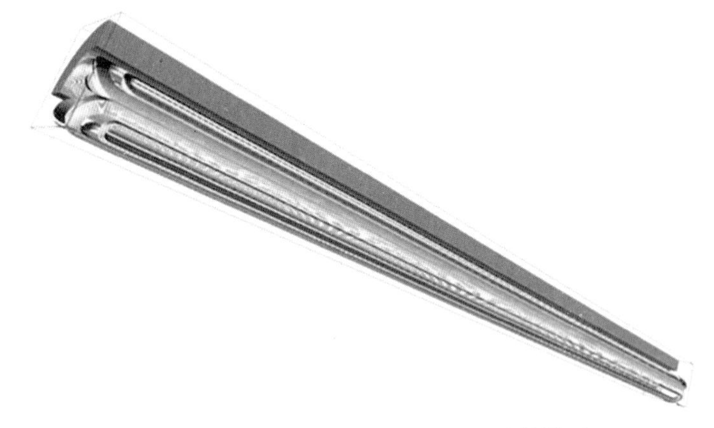

图 16－16 QF1 单孔径的三维磁场计算模型

QF1 两孔径之间的磁场干涉效应可以忽略，每个孔径内的磁场梯度、磁长度、积分磁场谐波、高阶磁场沿纵向的分布等磁场性能均满足设计要求。

16.3 CEPC 反抵探测器磁场的超导螺线管磁体

CEPC 反抵螺线管磁体的作用为抵消探测器螺线管磁场。根据加速器束流动力学要求，CEPC 反抵超导螺线管设计要求如下：

（1）加速器反抵螺线管磁场与探测器螺线管磁场的总积分磁场为零。

（2）超导四极磁体 QD0 和 QF1 内部沿纵向各个位置，总螺线管磁场小于 300 Gs。

（3）总螺线管磁场沿纵向的分布曲线应满足加速器物理对束流发射度的要求。

（4）反抵螺线管相对于对撞点处所占的空间角应满足 CEPC 探测器的要求。

CEPC 反抵超导螺线管的设计充分考虑了上述要求。由于探测器螺线管的磁场不是恒定的，在对撞点为 3 T，然后沿纵向缓慢下降，显然单一矩形截面的反抵超导螺线管是不能满足以上要求的，必须将反抵超导螺线管在纵向分成若干段，才能产生合适的沿纵向的螺线管磁场分布来抵消探测器螺线管磁场。同时反抵超导螺线管在纵向分段也可以减小磁体的尺寸、储能和成本。经过优化后，CEPC 反抵超导螺线管沿纵向一共分成了 22 小段，使用矩形截面(2.5 mm×1.5 mm)的 NbTi 超导线绕制而成。每段螺线管的直径不同，紧靠对撞点一侧的第一段反抵螺线管的直径最小、磁场最强。各段反抵超导螺线管的电流是串联的，工作电流为 1 000 A，但是其中几段螺线管可通过辅助电源施加校正电流，以在磁体实际制造完成后，根据需要调节部分螺线管的电流。

使用二维轴对称模型进行 CEPC 反抵超导螺线管的磁场计算。图 16 - 17 和图 16 - 18 所示为反抵螺线管的磁力线分布和磁感应强度分布，图 16 - 19 所示为加速器反抵螺线管与探测器反抵螺线管组合后的磁场分布。

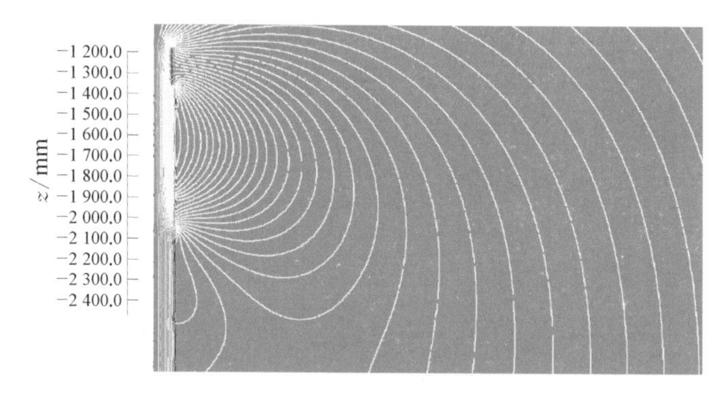

图 16 - 17　反抵螺线管磁力线分布

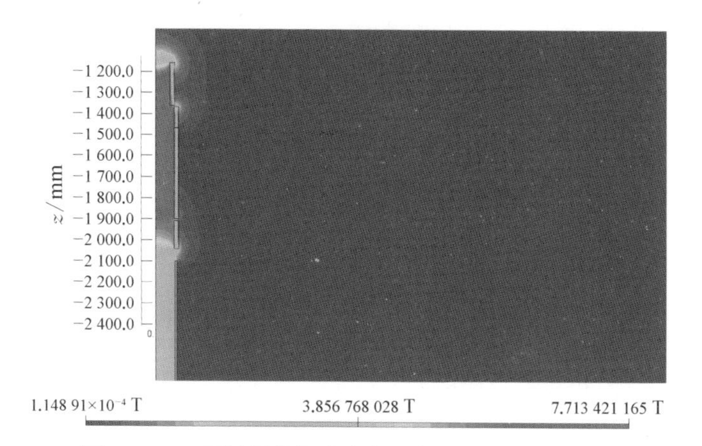

图 16 - 18　反抵螺线管磁感应强度分布(彩图见附录)

靠近对撞点一侧的第一段反抵螺线管的中心磁场最强，达 7.2 T。加速器反抵螺线管与探测器反抵螺线管组合后的磁场分布满足加速器物理的设计

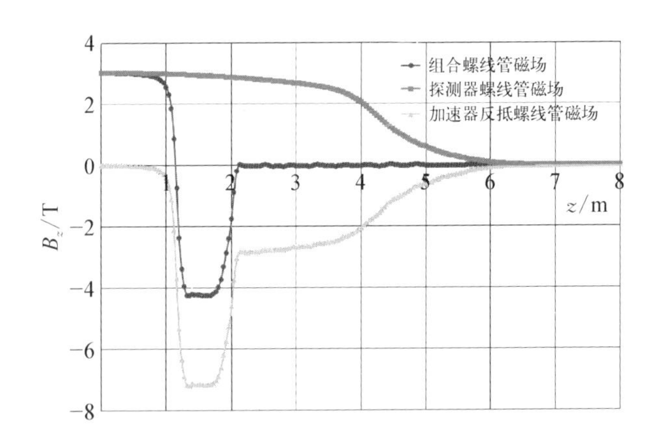

图 16-19　加速器反抵螺线管与探测器反抵螺线管组合后的磁场分布

要求。

CEPC 反抵超导螺线管设计工作电流为 1 000 A，电感为 1.4 H。

离对撞点最远的一段反抵螺线管的中心磁场最弱，小于 0.1 T。为了减小低温恒温器的长度，最后一段反抵螺线管在常温下工作。前 21 段反抵螺线管与 QD0、QF1 超导四极磁体位于同一个低温恒温器内(见图 16-20)。

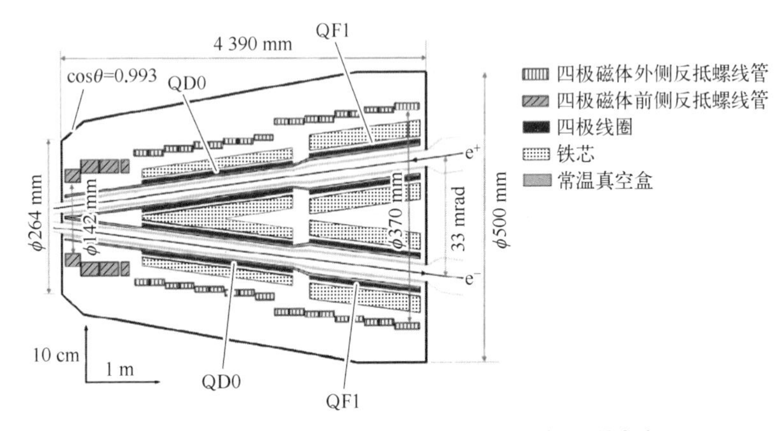

图 16-20　QD0、QF1 和反抵螺线管在低温恒温器内布局

近年来，高温超导材料的研发取得了较大的进展，如 Bi-2212、YBCO 等。基于高温超导材料的超导磁体技术将来也可应用于 CEPC 对撞区超导磁体。主要区别是将上面介绍的 CEPC 对撞区超导磁体设计中的 NbTi 线材更换为高温超导材料，同时结合高温超导线材的载流能力和力学、机械特性对设计方案进行相应的更改。

参考文献

[1] 南和礼. 超导磁体设计基础[M]. 北京：国防工业出版社，2007.

[2] Rossi Lucio. Superconducting magnets for accelerators and detectors [J]. Cryogenics, 2003, 43: 281 - 301.

[3] Russenschuck S. Field computation for accelerator magnets: analytical and numerical methods for electromagnetic design and optimization [M]. Weinheim: Wiley-VCH Verlag GmbH & Co. KGaA, 2010.

[4] Bruning O, Collier P, Lebrun P, et al. LHC design report [R]. Geneva: CERN, 2004.

[5] Wu Y, Yu C, Chen F, et al. The magnet system of the BEPCⅡ interaction region [J]. IEEE Transactions on Applied Superconductivity, 2010, 20 (3): 360 - 363.

[6] 梁羽. 斜螺线管型超导磁体的研制[D]. 北京：中国科学院大学，2018.

[7] Abada A, Abbrescia M, AbdusSalam S, et al. FCC - ee: the lepton collider: future circular collider conceptual design report volume 2 [J]. The European Physical Journal Special Topics, 2019, 228: 261 - 623.

[8] Bottura L, Gourlay S A, Yamamoto A, et al. Superconducting magnets for particle accelerators [J]. IEEE Transactions on Nuclear Science, 2016, 63 (2): 751 - 775.

[9] Zhu Y S, Yang X C, Liang R, et al. Final focus superconducting magnets for CEPC [J]. IEEE Transactions on Applied Superconductivity, 2020, 30 (4): 4002105.

第17章
粒子对撞机上的超导磁体技术

高场超导磁体提供的强磁场可以实现高能量带电粒子束流的轨迹及尺寸控制，是基础物理研究、先进核聚变能源技术以及高能量粒子加速器建设的核心需求。欧洲及美国未来十年高能物理发展战略均把高场超导磁体技术列为优先发展的关键核心技术之一；国际及国内正在开展的热核聚变实验堆计划也无一例外地依赖高场超导磁体技术。性能大幅提升的下一代高场超导磁体技术还有望在高精度医疗、低损耗电力及交通系统等民生领域得到广泛应用，助推我国国民健康的发展、碳中和目标的实现以及相关高科技产业集群的形成。

17.1 超导体及超导电性

在低温下，超导材料的电阻会降至接近为零，即零电阻特性；在一定磁场强度下，超导材料会将磁通从体内排出去，即迈斯纳效应。利用以上两个特性，超导材料已经在很多领域大幅度提高了装置的性能。例如大电流超导电缆，利用其零电阻特性，可以避免电流传输过程中产生的焦耳热导致的能量浪费，可使电能得到充分利用；超导磁体利用超导材料零电阻下的高载流能力，大幅度提高磁体的磁场强度；此外，还有大家所熟知的超导磁悬浮装置等[1]。

1911年，荷兰莱顿大学的卡末林·昂内斯(Kamerlingh Onnes)发现当温度降至4.15 K时，汞的电阻陡降为零，这一发现标志着人类对超导电性研究的开始。随后各国的科学家对超导体及其性能展开了更多的探究，并先后发现大部分纯净金属元素在低温下均具有超导现象，包括我们常见的锌、铝、锡、铅等，并进一步明确了实现超导现象的基本条件，需控制温度、磁场以及导体内的电流密度，使它们分别低于其临界温度 T_c、临界磁场 H_c 和临界电流密度 J_c。这些纯净金属为第一类超导体（当外磁场小于 H_c 时，导体内无磁通穿过，为迈斯纳态；当外磁场超过 H_c 时，样品返回正常态），由于纯净金属元素的 T_c、H_c及 J_c 均较低，因此采用纯净的金属元素制成的超导线材没有太多的实用价值。直到 20 世纪 60 年代，具有较高临界参数（T_c、H_c 及 J_c）的材料相继被发现，如铌钛（NbTi）、铌三锡（Nb_3Sn）、铌三铝（Nb_3Al）等，随后在 80 年代及后期又相继发现了铜氧化物（如 ReBCO 等）、二元化合物（MgB_2）等高温超导体，以及最新的一类铁基超导体。这些具有较高临界参数的超导体被人们用来制作成线、带或者块材，用于超导相关装备的研制。这些超导体为第二类超导体（在迈斯纳态与正常态之间还存在混合态），在一定磁场下，外部磁力线可以部分穿透超导体，在超导体中被锁定，产生超导体与外磁场的互锁效应。

17.2 超导线材及超导电缆

NbTi 自 20 世纪 60 年代首次被发现后，至今一直都是超导磁体上应用最广泛的超导材料。NbTi 线具有非常明显的优点：强度高、延展性好、临界电流密度高和相对造价低。NbTi 线可做成多丝超导线，超导丝的直径为 5～50 μm，这种超导细丝可有效减小磁通跳跃及磁化效应。但 NbTi 超导线的不足之处是其 T_c(9.3 K)及 H_{c2}(11 T, 4.2 K)较低，一般用于制作场强小于 9 T 的超导磁体，而研制更高场强的磁体则需要用到临界磁场更高的 A15 型化合物如 Nb_3Sn、Nb_3Al 等，其 T_c 为 14～23 K，H_{c2} 可高达 30 T。但 A15 型化合物具有脆性，一般不能做成直径特别细的超导丝，其超导丝直径通常在 50 μm 以上，且 A15 型化合物需要进行热处理才能形成超导相。

NbTi、Nb_3Sn、Nb_3Al 等为低温超导材料，一般工作在液氦温区（4.2 K），如磁体工作在更高温区，则需要采用 T_c 更高的超导线材、带材，如 Bi - 2223、Bi - 2212、ReBCO 或者铁基超导体（iron-based superconductor, IBS）等，这些材料属于高温超导材料，具有更高的 T_c 及 H_c。其中，特别值得一提的是，实用化铁基超导线带材的研制目前有了很大的进展。2016 年 8 月，中科院电工所马衍伟团队研制出了世界第一根百米级的铁基超导带材，J_c(4.2 K，10 T)超过了 12 000 A/cm^2。铁基超导线材和带材因其原材料便宜，且材料机械性能相对较好，同时各向异性较小，被认为是极具潜力的实用化高温超导材料。

国内超导相关院所和高校于 2016 年 10 月成立了“实用化高温超导材料产学研合作组”，以共同推进铁基超导体等先进超导技术的发展。

在高场强超导磁体中，大部分的超导线圈是由超导电缆绕制而成的，即先用线材绕制成电缆，再进行线圈的绕制。常用的几种电缆包括卢瑟福电缆，适用于 NbTi、Nb_3Sn 及 Bi－2212 等圆线的绞制；cable-in-conduit 电缆，多用于核聚变磁体线圈的绕制；Robel 电缆，多用于 ReBCO 等高温超导带材等。

17.3　超导线圈及超导磁体

在实际应用中，根据不同的需求将超导线(缆)绕制成不同结构的线圈(即超导线圈)，再配以相应的支撑结构(用于固定线圈及抵抗电磁力等)、轭铁(可提高场强及减小漏场等)、低温系统、控制系统等，研制出不同类型的超导磁体，以服务于能源、医疗、交通、基础物理等多个领域。下面主要介绍高能量加速器中应用的高场强超导二极磁体(dipole magnet)[2-3]。

17.3.1　超导二极磁体在粒子加速器中的应用

高能量粒子对撞机作为超高倍的“放大镜”，是向物质结构更深层次探索的主要工具。而高场强超导二极磁体是高能量对撞机中的核心装备，其性能直接决定着对撞机能够达到的最高能量。

20 世纪 80 年代，美国的费米国家实验室(FNAL)建成了世界上第一台强子对撞机(Tevatron)，其为质子-反质子对撞机，总长为 6.3 km，偏转二极磁体的场强为 4.4 T，质心能量为 0.9 TeV。Tevatron 于 1983 年建成后开始运行，取得了许多重要成果。同样为强子对撞机的还有美国布鲁克海文国家实验室建造的相对论重离子对撞机(relativistic heavy ion collider, RHIC)及欧洲核子研究中心建造的大型强子对撞机(LHC)。RHIC 有两个独立的储存环，周长为 3.8 km，偏转磁体的场强为 3.5 T，质心能量为 0.1 TeV。LHC 位于法国和瑞士的交界处，对撞机的周长为 27 km，是迄今为止最大型的科学装置。其质心能量为 14 TeV，二极磁体的运行场强为 8.3 T。同样采用了超导二极磁体进行粒子偏转的还有德国电子同步加速器研究所(DESY)建造的电子-质子对撞机(HERA)，该对撞机有两个 6.3 km 的储存环，其中质子储存环采用超导二极磁体进行粒子的偏转，磁体场强为 4.68 T，质心能量为

0.82 TeV。电子对撞机由于其对撞能量较小，对储存环偏转二极磁体场强的要求较低，所以大部分正负电子对撞机上采用的是常规电磁铁。但强子对撞机、质子对撞机、重离子对撞机等对撞机的对撞能量较高，需要的偏转二极磁体的场强也较高，因此必须采用超导技术。

17.3.2 高场强超导二极磁体国外研究现状

从20世纪90年代起，在LHC高能量及高亮度升级项目(HL-LHC、HE-LHC)预研经费的支持下，美国、欧洲、日本等加速器实验室(LBNL、BNL、FNAL、CERN、KEK等)都开展了高场超导加速器磁体技术的预研。各大实验室针对多种类型的线圈结构开展了相关研究，并研制出多个不同线圈结构及场强的磁体样机。图17-1所示为目前国际上用于加速器超导二极磁体的四种线圈结构类型：cos-theta类型、common-coil类型、block类型和canted cos-theta类型。下文对已经研制完成的不同类型的加速器二极磁体做简单介绍。

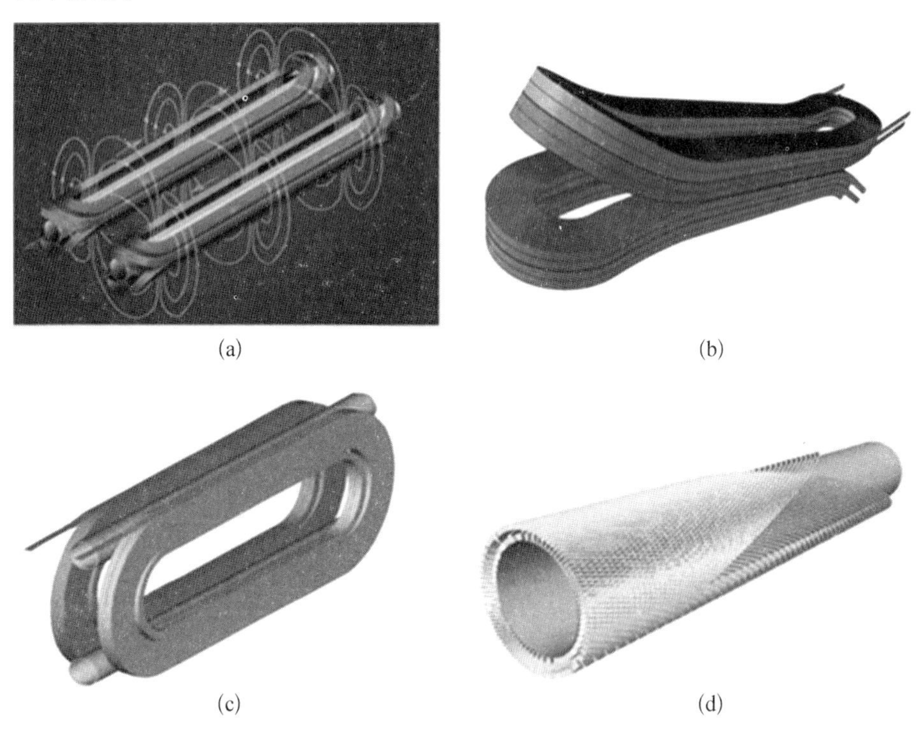

(a) (b) (c) (d)

图17-1 加速器二极磁体4种线圈结构示意图

(a) cos-theta类型;(b) common-coil类型;(c) block类型;(d) canted cos-theta类型

1）cos-theta 类型

cos-theta 类型的线圈结构是加速器二极磁体中最经典的一种结构，也是目前唯一实际应用于加速器(对撞机)的二极磁体线圈结构。如图 17 - 1(a)所示，该类型线圈为马鞍形，扇形块状布局的线圈很好地拟合了电流在束流孔径两侧成 $I = I_0 \cos\theta$ 的分布，场质量较好。在加速器偏转二极磁体中最经典的应用为上文提到的 LHC 上的主二极磁体。LHC 偏转二极磁体采用二合一(2 - in - 1)的结构，两个束流孔位于一个轭铁中，左、右两孔的间距为 194 mm，线圈孔径为 56 mm，束流孔的直径为 50 mm。孔径每侧由两层 15.1 mm 的铌钛线圈绕制而成，共有 6 线圈 blocks(内侧 4 个，外侧 2 个)，用于磁体场均匀度的调节。磁体运行在 1.9 K 下，主场强为 8.33 T，运行电流为 11 850 A。单个磁体长度为 15.18 m，电感为 98.7 mH，储能达到 6.93 MJ，通过采用不锈钢材质的卡箍进行预紧力的施加。CERN 总共用了 13 年的时间完成了共 1 232 个二极磁体的研制。同样还有用在其他几个大型对撞机(Tevatron、HERA、RHIC)上的 cos-theta 二极磁体，在表 17 - 1 中做了说明。

表 17 - 1　加速器二极磁体部分成果统计

磁体名称	线圈类型	场强/T	孔径/mm	材料	研制完成时间	实验室
Tevatron	cos-theta	4.4	76	NbTi	1983 年	FNAL
HERA	cos-theta	4.7	75	NbTi	1991 年	DESY
UNK	cos-theta	5	70	NbTi	1989 年	IHEP (RUSSIA)
RHIC	cos-theta	3.5	80	NbTi	2000 年	BNL
LHC	cos-theta	8.3	56	NbTi	2008 年	CERN
Sampson	cos-theta	4.8	80	Nb_3Sn	1979 年	BNL
Asner	cos-theta	9.5	50	Nb_3Sn	1989 年	CERN
MUST	cos-theta	11	50	Nb_3Sn	1995 年	TWENTE
FRESCA	cos-theta	10	88	NbTi	1997 年	CERN
D20	cos-theta	13.5	50	Nb_3Sn	1997 年	LBNL
MDPCT	cos-theta	14.5	60	Nb_3Sn	2020 年	FNAL
HD1	block	16	—	Nb_3Sn	2004 年	LBNL
HD2	block	13.8	36	Nb_3Sn	2008 年	LBNL

(续表)

磁体名称	线圈类型	场强/T	孔径/mm	材料	研制完成时间	实验室
HD3	block	13.4	43	Nb_3Sn	2014 年	LBNL
SMC	block	12.5	—	Nb_3Sn	2011 年	CERN
RMC	block	16.2	—	Nb_3Sn	2016 年	CERN
FRESCA2	block	13.3	100	Nb_3Sn	2017 年	EuCARD
RD2	common-coil	6	10	Nb_3Sn	1999 年	LBNL
RT1	common-coil	12.2	—	Nb_3Sn	2001 年	LBNL
RD3	common-coil	14.7	10	Nb_3Sn	2001 年	LBNL
DCC017	common-coil	10.2	31	Nb_3Sn	2007 年	BNL
LPF1	common-coil	10.2	10	Nb_3Sn/NbTi	2018 年	IHEP
LPF1-U	common-coil	12.5	14	Nb_3Sn/NbTi	2021 年	IHEP
CCT1	canted cos-theta	2.4	50	NbTi	2014 年	LBNL
CCT2	canted cos-theta	4.6	90	NbTi	2015 年	LBNL
CCT3	canted cos-theta	7.4	90	Nb_3Sn	2016 年	LBNL
CCT4	canted cos-theta	9.1	90	Nb_3Sn	2017 年	LBNL
MCBRDP2	canted cos-theta	2.6	105	NbTi	2020 年	IHEP & CERN

截至目前,用于对撞机上的二极磁体全部采用的是铌钛线圈,而随着对撞机的升级及能量的增高,对二极磁体场强的要求也越来越高,仅用铌钛线圈已经不能满足高能量对撞机对场强的需求。多个实验室开展了将上临界场强更高的铌三锡超导线材用于二极磁体研制的探究,并取得了较多的成果。比较著名的磁体有荷兰特文特大学于 1994 年完成研制的超导二极磁体 MUST,该单孔径磁体的长度为 1 m,线圈与 LHC 主磁体一样为两层,但采用的是铌三锡超导线圈,场强在 4.4 K 下达到了 11 T,突破了铌钛线圈的极限。美国劳伦斯伯克利国家实验室(LBNL)在 1993 年进行了 D20 超导二极磁体的研制,该磁体第一次采用铌钛和铌三锡的混合结构。线圈共有四层,最内侧两层采用的是铌三锡超导电缆,电缆宽度为 14.1 mm;外侧两层为铌钛缆绕制而成的线圈,铌钛缆的宽度为 11.52 mm。D20 在 1.8 K 下最高场强达到了 13.5 T,这一场强纪录一直保持至 2019 年,当时,费米实验室研制的铌三锡单孔径超导

磁体 MDPCT1(见图 17－2)在 60 mm 孔径内场强达到 14.1 T,2020 年 6 月份再次测试,其场强提升至 14.5 T,创造了新的纪录[4]。

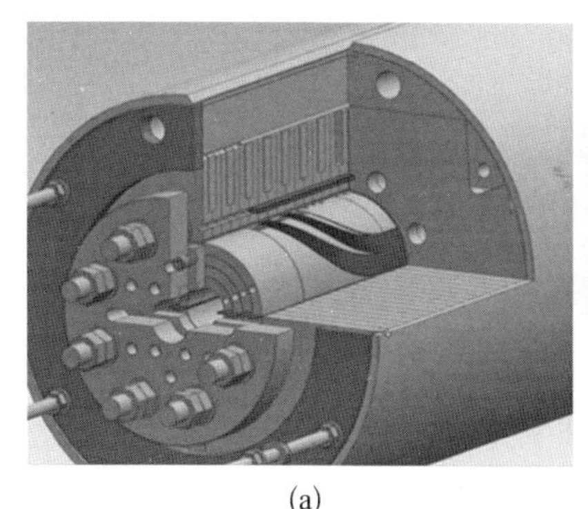

(a)

(b)

图 17－2　MDPCT1 cos-theta 类型磁体

(a) MDPCT1 磁体三维示意图;(b) MDPCT1 磁体组装完成后的图片

2) block 类型

除了 cos-theta 类型的磁体外,各大实验室也在探究其他类型的磁体用于加速器上的可能,以求解决 cos-theta 类型磁体的端部较为复杂的难题。block 类型的磁体在线圈布局上接近 cos-theta 类型的磁体,如图 17－1(b)所示。在磁体直线段部分,block 类型与 cos-theta 类型磁体一致,电流流向关于 x 轴对称,关于 y 轴反对称,且 block 类型磁体的线圈为更规则的矩形块状分布,减小了磁体线圈绕线的难度,同时利于线圈预紧力的施加和传递。为了避免对束流孔的遮挡,线圈在端部向上、下两侧岔开。LBNL 研制的 HD 系列的二极磁体是比较著名的采用 block 类型线圈结构的磁体。其中,HD1 磁体为无孔径的二极磁体,其设计的目的是研究铌三锡在高场强、高应力下所能达到的最高场强的极限。HD1 线圈结构为上、下两个平跑道型双饼线圈,由于没有孔径,所以在端部没有 flared 线圈翘起。该磁体在经历了 19 次失超锻炼之后,最高场强达到了 16 T,创造了超导二极磁体场强的世界纪录。2008 年,LBNL 又成功研制了 HD2 磁体,孔径为 36 mm,该磁体共进行了三次测试,最终场强达到了 13.8 T,该磁体的成功研制也标志着 block 类型的磁体可以做成具有加速器孔径的 13～15 T 量级的二极磁体。2013 年 CERN 开展了 16T 无孔径的 block 类型二极磁体(RMC)的研制。RMC 由 2 个长 80 cm 的双饼式直跑道线圈构成,线圈的端部通过增加垫块优化最高场位于线圈的直线段。RMC 最终在 1.9 K 下经 30 次失超锻炼后励磁到 16.2 T (97%短样电流),成为继

HD1 后基于 block 类型结构再次实现 16 T 的场强的超导二极磁体[5]。图 17－3 所示为 RMC 磁体示意图及 block 类型线圈，部分其他 block 类型磁体的研究成果列于表 17－1 中。

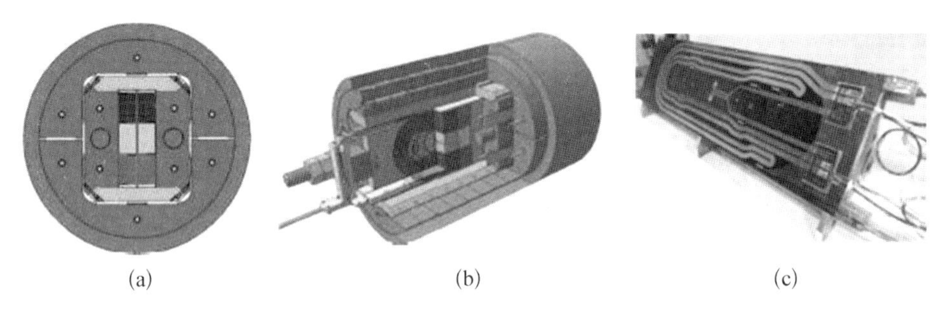

(a) (b) (c)

图 17－3 RMC block 类型磁体

(a) RMC 磁体二维截面示意图；(b) RMC 磁体三维结构示意图；(c) block 类型线圈

3) common-coil 类型

block 类型及 cos-theta 类型磁体的线圈在端部的弯曲半径均较小，易导致磁体在端部位置失超。common-coil 类型磁体的线圈为跑道型结构，易于制作，如图 17－1(c)所示。其线圈弯曲半径不受孔径大小的限制，与两孔之间的距离有关，所以弯曲半径较大，对线材更为友好，尤其适用于对应力较为敏感的铌三锡及高温超导线圈的制作。且当给磁体施加较高预紧力时，跑道型线圈将作为一个整体移动，从而避免了应力集中(尤其在端部)的出现。common-coil 的概念由美国布鲁克海文国家实验室(BNL)的拉梅什·古普塔(Ramesh Gupta)于 1997 年提出，磁体束流孔位于线圈的上、下直线段位置，具有天然的双孔径。RD3 是比较具有代表性的 common-coil 二极磁体，磁体长度为 1 m，孔径为 10 mm，磁体在经过 35 次失超锻炼后达到了 14.2 T，恢复室温后再降至 4.2 K 进行测试，达到了 14.7 T，几乎达到短样 load line 的 100% 的水平。铌三锡和 Bi－2212 等材料在热处理之后线材极易脆断，因此在磁体线圈绕制时通常采用先绕制后热处理的方式，但对绝缘提出了耐高温的严要求。common-coil 磁体由于弯曲半径较大，对线材损伤小，可以采用先热处理后绕制(react and winding)的方式。BNL 于 2007 年通过完成 DCC017 磁体的研制对先热处理后绕制的工艺进行了探究，该磁体线圈采用铌三锡超导线材，磁体在经历 38 次失超锻炼后最终励磁达到了设计目标(4.2 K 温度下达到 10.8 kA 的设计电流及 10.2 T 的中心场强)，该磁体是基于先热处理后绕制的工艺突破 10 T 场强的首个成功案例，磁体如图 17－4 所示[6]。

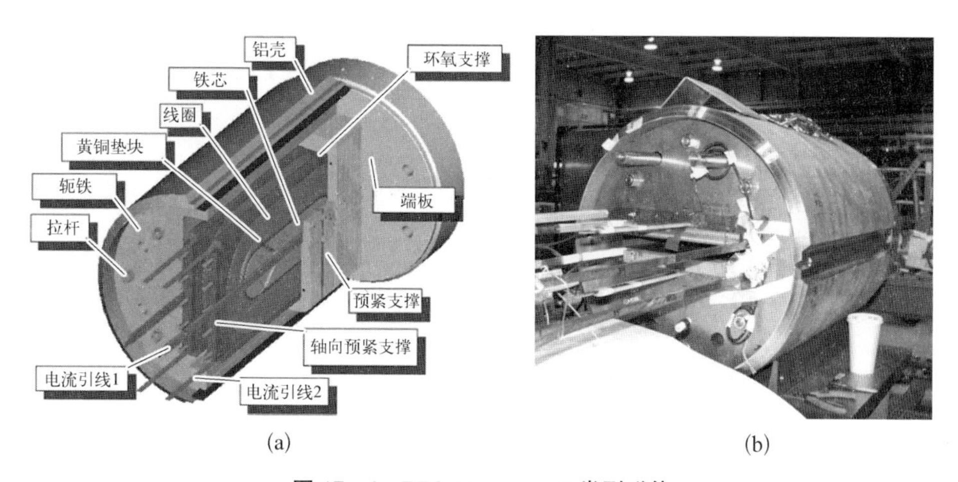

(a)　　(b)

图 17－4　RD3 common-coil 类型磁体

(a) RD3 磁体展示图；(b) RD3 磁体截面

4) canted cos-theta 类型

1970 年，美国密歇根大学的迈耶(Meyer)教授提出一种新的二极磁体结构：将两个绕制方向相反的斜螺线管线圈套在一起，抵消掉法向磁场分量后，线圈孔径内将剩余均匀的垂直方向磁场，这种线圈结构称为 canted cos-theta (CCT)类型，如图 17－1(d)所示。较有代表性的磁体为 LBNL 研制的 CCT 系列磁体。其中，CCT1 采用铌钛缆，孔径为 50 mm，测试场强达到 2.35 T；随后完成的 CCT2 磁体同样采用铌钛缆，孔径增加至 90 mm，利用 CTD－101 K 进行了真空压力浸胶，场强达到了 4.7 T；CCT3 采用铌三锡缆替换 CCT2 中的铌钛缆，测试场强达到了 7.4 T；CCT4 在 CCT3 的基础上进行了升级改进，磁体在经历 85 次失超锻炼后中心场强达到了 9.14 T。另外，LBNL 团队近几年也正在进行将 HTS 线材用于 CCT 类型磁体，分别采用基于 ReBCO 的 CORC 类型的电缆进行了 C1 及 C2 磁体的研制及采用 Bi－2212 卢瑟福电缆完成了 BIN2－IL、BIN－5a 及 BIN－5b 等线圈的研制，取得了优异的成果，如 C2 场强达到了 2.9 T，BIN－5a 线圈在 1.34 T 自场下电流达到 4.1 kA，验证了 HTS 线材用于 CCT 结构的可行性。

2018 年底 LHC 二期运行结束后，CERN 开始了对加速器综合设施和各大实验装置升级的安装调试工作，中国科学院高能物理研究所与 CERN 合作进行 LHC 的升级计划，承担了其中 D2 校正磁体的研制，该磁体采用 CCT 的结构，如图 17－5 所示[7]。

这种结构可以有效地减少洛仑兹力累积，需要较小的线圈预应力。该校

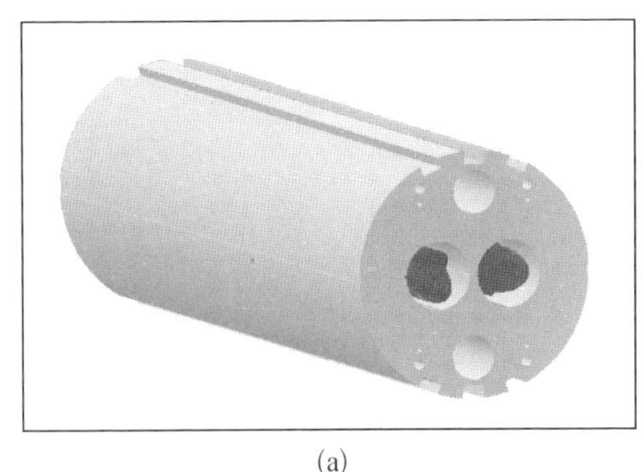

(a)

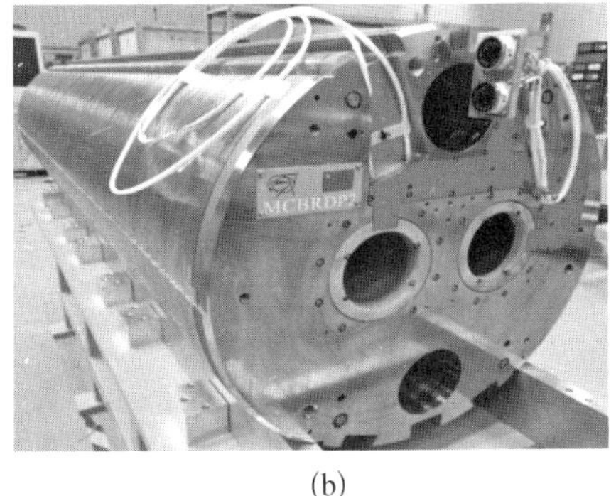

(b)

图 17-5　HL-LHC CCT 类型超导二极磁体

(a) CCT 磁体结构示意图;(b) CCT 磁体样机图片

正磁体有两个直径为 105 mm 的束流孔,磁场的方向在左孔内垂直向上,而在右孔内为水平向右,孔间距设置为 188 mm。磁体长度为 2.2 m,孔径内设计场强为 2.59 T,场均匀度为 1×10^{-3}。截至目前已成功完成 2 台样机、1 台正式磁体及多个线圈的研制,测试结果满足设计要求,后续将继续完成共计 12 台正式磁体的研制。

17.3.3　高场强超导二极磁体国内研究现状

在环形正负电子对撞机-超级质子对撞机(CEPC-SPPC)项目的关键技术预研推动下,高能所正在开展高场强超导二极磁体的研制工作。高能所高场超导磁体团队于 2014 年开始首先完成了几台不同线圈结构(cos-theta、common-coil、block)的 20 T 二极磁体的设计,并对三种结构类型的磁体各自的优缺点进行了对比分析,并确定将 common-coil 类型的磁体作为实验室磁体研制的主要方向。

高场超导磁体团队制订了"三步走"的 R&D 计划来实现 12 T 及以上的双孔径高场强超导二极磁体的研制[8]。第一步是采用铌三锡和铌钛超导线圈的混合结构来实现一个 10 T 及以上的双孔径高场强超导二极磁体,孔径的大小为 10 mm。该磁体(LPF1)用来研究高场强超导二极磁体的具体制作步骤、组装过程及铌三锡超导线材的特性。LPF1 磁体于 2018 年研制完成,磁体最高场强达到了 10.23 T,填补了国内在该领域研究的空白的同时,打破了国外对加速器高场超导磁体技术的垄断[9]。2019 年对 LPF1 磁体进行了重新组装,通过增大预紧力探究了预紧力对磁体性能的影响,在孔径增加 2 mm 的同时,

LPF1－S 磁体的场强提升至 10.71 T。通过增加预紧力，很好地控制了铌钛线圈的失超次数，限制磁体场强未能进一步提高的原因不再是铌钛线圈。同时，LPF1－S 还内插了第二个百米铁基跑道型线圈，并在 10 T 下完成了测试，临界电流达到了短样性能的 87%。通过总结经验以及对关键工艺进行相关改进，2020 年至 2021 年上半年又进行了 LPF1－U 磁体的研制。该磁体从设计出发，到电缆研制、线圈绕制、铌三锡和铌钛接头焊接、真空压力浸胶等关键工艺都进行了相应的升级改造，研制了 2 个新的铌三锡线圈及 2 个铌钛线圈，并于 2021 年 5 月及 7 月完成了两次测试。LPF1－U 磁体最高场强突破 12 T，提升至 12.47 T，达到超导线材临界性能的 90%。该磁体从结构设计、超导材料、电缆及磁体的制备，到相关的装备与测试平台，均基于国内自主技术路线，实现了近 100% 的国产化。下一步将进行一台场强更高(16 T)、孔径更大(30 mm)以及场质量更好的二极磁体的研制。该磁体(LPF3)的初步电磁设计已完成，磁体将采用 Nb_3Sn＋HTS 的混合结构，先采用 Nb_3Sn 线圈制作场强为 13 T 及以上、孔径为 2×50 mm 的背场磁体，达到设计指标后，再于孔径内内插 HTS 高温超导线圈，提升磁体最终场强到 16 T。为了充分发挥 ReBCO 带材在平行场下高 J_c 及低屏蔽场(SCIF)的特性，内插线圈在设计时巧妙地布置其宽面与磁流线尽量平行。目前，LPF3 磁体的零部件加工已经基本完成，线圈的制作正在进行中。完成该磁体的研制后，第三步将要进行更高场强及更大孔径且场质量满足加速器物理要求的磁体的研制，进一步推动大科学工程的进展。“三步走”计划磁体截面及场强分布如图 17－6 所示。

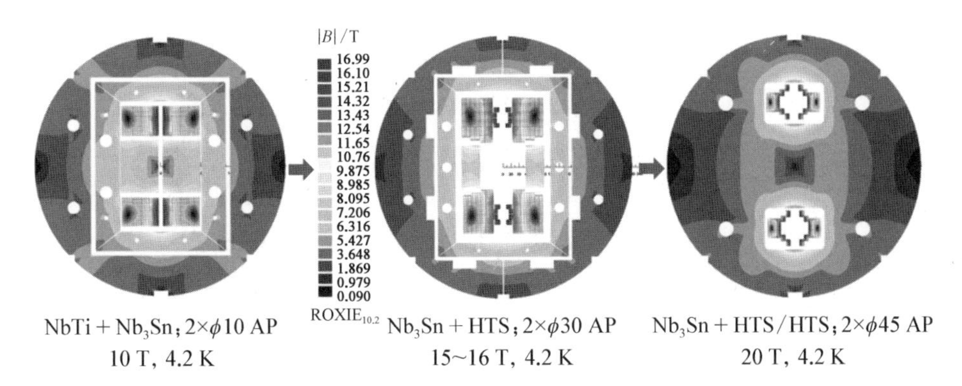

图 17－6　高能所高场强超导二极磁体 R&D“三步走”计划磁体截面及场强分布(彩图见附录)

1) 10 T 及以上双孔径高场强超导二极磁体 LPF1 的设计及研制

图 17－7(a)所示为该双孔径高场强混合磁体的截面图，其中内部为铌钛

及铌三锡线圈，每个线圈的最小弯曲半径为 60 mm。外部支撑结构为轭铁，其直径为 500 mm，线圈与轭铁之间采用金属板(pad，铁和不锈钢)作为支撑过渡部件，并通过水压传动及电子束焊接的专用金属膨胀器件(bladder)施加预紧力。磁体的上、下孔间距为 178 mm，孔径为 10 mm。磁体的整体结构如图 17 - 7(b)所示，LPF1 的更多参数汇总至表 17 - 2 中。

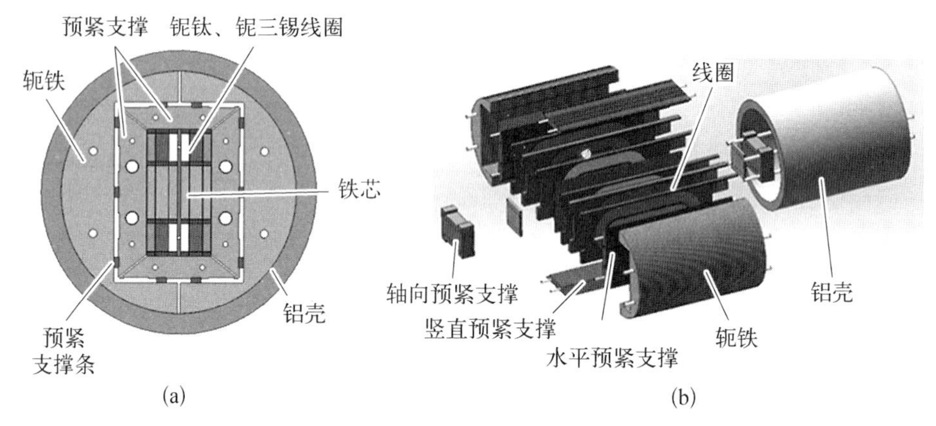

图 17 - 7　双孔径高场强超导二极磁体示意图

(a) LPF1 截面;(b) 磁体整体结构

表 17 - 2　LPF1 磁体详细参数

参　　数	数　　值
束流孔数量/个	2
孔径大小/mm	10
孔间距/mm	178
设计电流/A	5 910
运行温度/K	4.2
线圈上最高场/T	12.11
运行余量/%	20
磁体储能/(MJ/m)	0.48
电感/(mH/m)	33.8
铌三锡线圈数量/个	2
铌三锡线圈长度/mm	435.2
铌钛线圈数量/个	4

（续表）

参　　数	数　　值
中间铌钛线圈的长度/mm	435.2
最外侧铌钛线圈的长度/mm	535.2
轭铁外径/mm	500
洛伦兹力 F_x/F_y(每个象限)/(MN/m)	4.26/0.49
线圈内最大应力/MPa	79
线圈最小弯曲半径/mm	60

LPF1 磁体的设计场强为 12 T，运行温度为 4.2 K，二维计算对应的运行电流为 5 910 A。图 17－8(a)所示为该磁体截面上的场强分布，图 17－8(b)所示为场强在第一象限线圈上的详细分布。当孔径内的主场强为 12 T 时，对应的线圈上的最大场强为 12.11 T，位于铌三锡线圈上，铌钛线圈上的最高场强为 6.65 T。当磁体运行在设计电流，场强达到 12 T 时，线圈上会产生一个较大的洛伦兹力。经计算，线圈整体在水平方向受到向右的洛伦兹力 4.26 MN/m，在竖直方向受到向上的洛伦兹力 0.49 MN/m。铌三锡线圈上的最大应力为 49 MPa，铌钛线圈上的最大应力为 79 MPa。整个磁体所受的洛伦兹力表现为将线圈由中心向两侧推开。为了避免线圈在励磁后电磁力作用下发生移动引发失超，需要在进行磁体的常温组装时，给线圈施加一定的预紧力。本磁体采用的是 shell-based structure 的支撑结构，即在磁体线圈外侧采用 pad、轭铁及

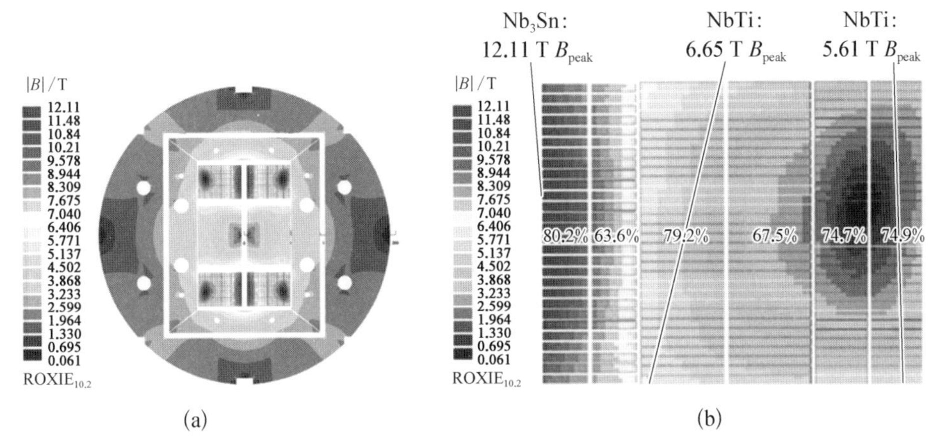

图 17－8　LPF1 磁体截面及第一象限线圈上的场强分布图(彩图见附录)

(a) 截面上的场强分布；(b) 第一象限线圈上的场强分布

铝筒的支撑结构，用 bladder 打水压进行预紧力的施加，利用铝筒在低温下冷收缩量更大的特点来提高预紧力，有效地抵消洛伦兹力。

图 17-9 所示为磁体的三维结构，图(a)所示红色部分为磁体的线圈部分，蓝色部分为轭铁、pad 及线圈中间的铁芯。从图中可以看出，所有的线圈采用 soft-way 的弯曲方式，且弯曲半径都大于 60 mm，能够有效降低因线圈弯曲导致的 J_c 衰减。为了减小端部磁场增强效应，轭铁只覆盖了线圈的直线段部分，其长度为 200 mm。场增强效应使得最外侧的铌钛线圈在端部上的场强较直线段部分有所增加，从而导致最外侧线圈的 load line 有明显的上升，增加了失超的可能性。在设计优化时，通过采用非等长线圈的结构，有效地解决了该问题。如图 17-9(b)所示，优化后的铌三锡线圈、中间宽铌钛线圈及最外侧铌钛线圈的直线段长度分别为 200 mm、200 mm 及 300 mm，保障铌三锡线圈有效支撑的同时，大大降低了外侧铌钛线圈端部的场强，解决了端部磁场增强效应。

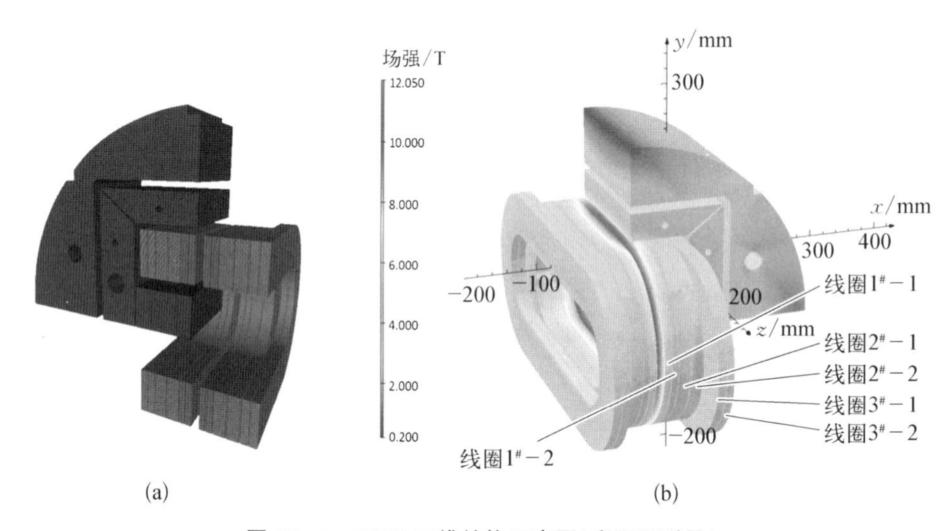

图 17-9 LPF1 三维结构示意图(彩图见附录)

(a) LPF1 线圈及轭铁布局图(ROXIE)；(b) 12 T 下线圈上的场强分布(OPERA)

设计完成后，高场磁体团队于 2017 年上半年开展了 LPF1 磁体的研制。在卢瑟福电缆制作方面，通过与无锡统力电工有限公司合作，共同完成了国内首根卢瑟福电缆长缆的成功绞制。LPF1 磁体的 Nb_3Sn 缆选用 85%的填充系数进行绞制，NbTi 缆采用 88%的填充系数进行绞制。共绞制完成 24 股 NbTi 缆 193 m、38 股 NbTi 缆 142 m、20 股 Nb_3Sn 缆 138 m，并采用与上海超导公司合作研制的绕线机完成了 LPF1 所需的 6 个跑道型双饼线圈的绕制，通过在端部开缓和过渡槽完成上、下层之间的平滑过渡。铌三锡线圈需要在高温下进行热处理才具有超导性，热处理后的铌三锡极易脆断，解决办法是通过采用柔韧性较好的铌钛与铌三锡在线圈内部进行连接引出，便于后续线圈间的串联连接。高场磁体团队通过自主设计工装并完成了铌三锡与铌钛接头焊接工艺的探索，并采用自主研发的真空压力浸胶系统完成了线圈的浸渍，提升其整体鲁棒性。磁体组装时通过 bladder 在常温下为线圈提供水平及竖直方向的预紧力(30 MPa)，并通过 4 根铝杆在轴向施加了 40 t 预紧力，降温后预紧力将进一步增大，以抵抗磁体在强磁场下的电磁力。LPF1 于 2018 年 1 月完成组装(磁体实物如图 17 - 10 所示)，并于 2 月份完成磁体的测试。

图 17 - 10　LPF1 磁体

图 17 - 11 所示为该高场双孔径二极磁体的失超特性图，磁体在经历 22 次锻炼后，场强稳定在 10.2 T(4.2 K)左右，达到的最高场强为 10.23 T，对应 load line 为 68%。磁体显示出了较好的 training memory，呈现较为经典的锻炼过程。大部分磁体失超发生在铌钛线圈上，只有一次发生在铌三锡上，铌三锡在整个励磁过程中显示出了很好的性能。磁体第一次失超对应的失超电流

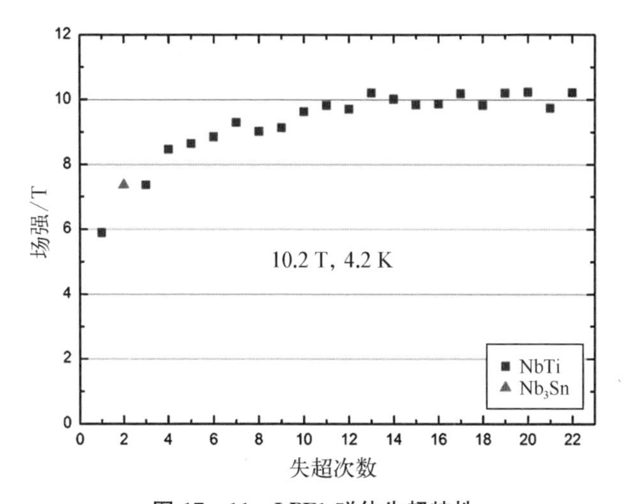

图 17 - 11　LPF1 磁体失超特性

为 2 650 A,场强为 5.89 T,经过锻炼后磁体失超电流提高了 2 472 A,场强提高了 4.34 T。铌三锡线圈上的失超发生在第二次锻炼中,失超电流为 3 455 A,场强为 7.37 T,之后没有再发生失超,表现出了较为优异的性能。LPF1 磁体性能达到初步预期目标,也为后面更高场强磁体的研制奠定了坚实的基础。

2) 双孔径高场强超导二极磁体 LPF1-S 的研制

LPF1 磁体最高场强达到 10.23 T,最外侧铌钛线圈的频繁失超限制了磁体性能的进一步提升,分析造成 LPF1 最外侧铌钛线圈频繁失超的最大原因是预紧力施加不足。高场磁体团队于 2019 年下半年对该磁体进行了重新组装,通过和航空材料研究院合作采用真空电子束焊接技术使 bladder 耐压有了进一步提升,改进后的 bladder 可以承受近百兆帕的水压,从而更好地服务于高场强超导二极磁体 LPF1-S 的研制。LPF1-S 组装时增大了施加的预紧力,其中在水平方向施加的预紧力大小为 80 MPa,竖直方向施加的预紧力大小为 40 MPa,在轴向同样采用 4 根直径为 26 mm 的铝合金拉杆施加 4×10 t/根的轴向预紧力,如图 17-12 所示。同时磁体在组装的过程中调整了其端部的垫块,并通过应力纸反馈优化了垫块的尺寸,在线圈的内部也铺垫了应力纸进行线圈间应力的监测。

(a)

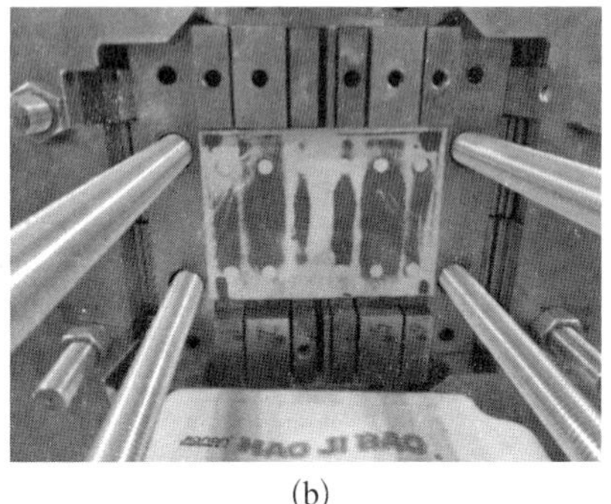

(b)

图 17-12　LPF1-S 磁体室温组装

(a) 水平及竖直方向预紧力施加;(b) 轴向预紧力施加

图 17-13 所示为 LPF1 与 LPF1-S 磁体组装、降温应变模拟曲线与实际测量值的对比,通过应变片监测反馈,LPF1-S 相对于 LPF1 在水平及竖直方向的预紧力有较大幅度的增加。经过应力分析,铌钛线圈上的最大应力为 130 MPa,铌三锡线圈上的最大应力为 100 MPa,线材在该应力水平下不会有明显的性能衰减。

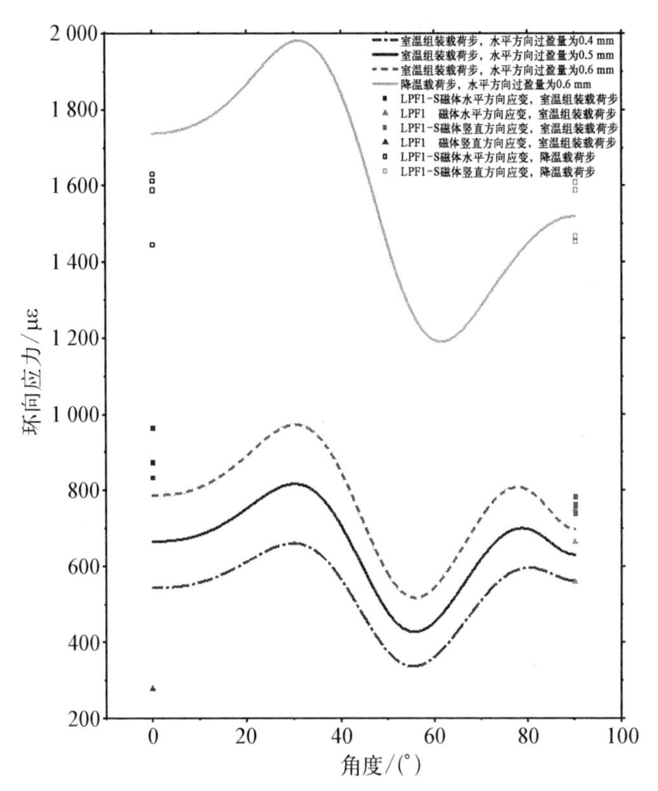

图 17 - 13　LPF1 与 LPF1 - S 磁体组装、降温应变模拟曲线与实际测量值对比

LPF1 - S 磁体共锻炼了 14 次，最终性能稳定在 10.7 T(4.2 K)左右，最高失超电流为 5 507 A，最高失超场强为 10.71 T。其中铌钛线圈失超 4 次，处于锻炼的早期，性能仍有提升空间。铌三锡线圈失超 10 次，全部都集中在 4 号线圈。经计算，线圈上的最大场强为 10.82 T，位于最内侧铌三锡线圈直线段的中间位置，对应铌三锡线圈的 load line 为 72%，磁体的最大 load line 为 76.5%，位于最外侧的铌钛线圈上。图 17 - 14 所示为 LPF1 及 LPF1 - S 的测试结果对比，LPF1 - S 的整体相应次数的失超电流均高于 LPF1。磁体最高失超电流比 LPF1 增加了 385 A，最高失超场强比 LPF1 增加了 0.48 T。同时通过增加预紧力，很好地控制了铌钛线圈的失超次数，限制磁体场强进一步提高的原因不再是铌钛线圈，而是位于最高场处的铌三锡线圈。

同时，LPF1 - S 在最内侧内插了基于百米铁基超导带绕制的单饼跑道型线圈，对其高场下的性能进行了测试，测试结果如图 17 - 15 所示。LPF1 - S 为铁基线圈测试提供了较高的背景磁场，基于百米铁基超导带研制的跑道型

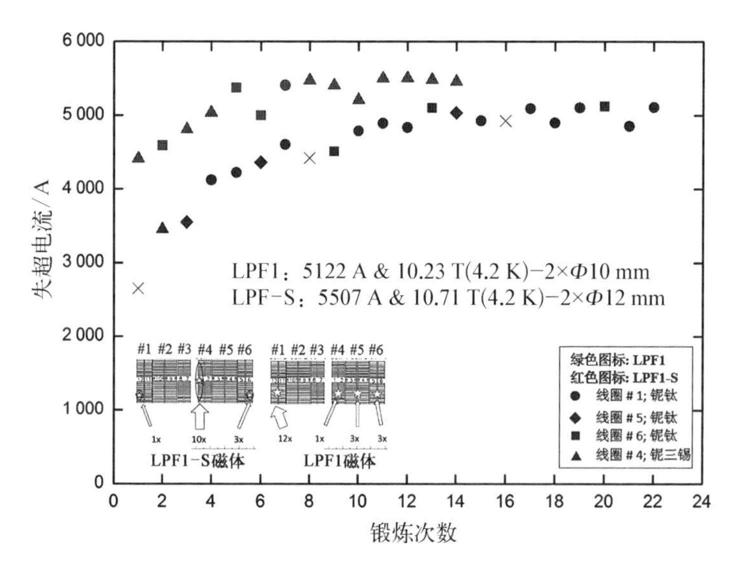

图 17 - 14　LPF1 与 LPF1 - S 测试结果对比

线圈在最高 10 T 的二极场下完成了测试，实现了超过零场环境 80%的高载流性能。该测试首次验证了大尺寸铁基超导线圈在高场领域应用的可行性，及其载流性能对背景场强相对不敏感的高场应用优越性。

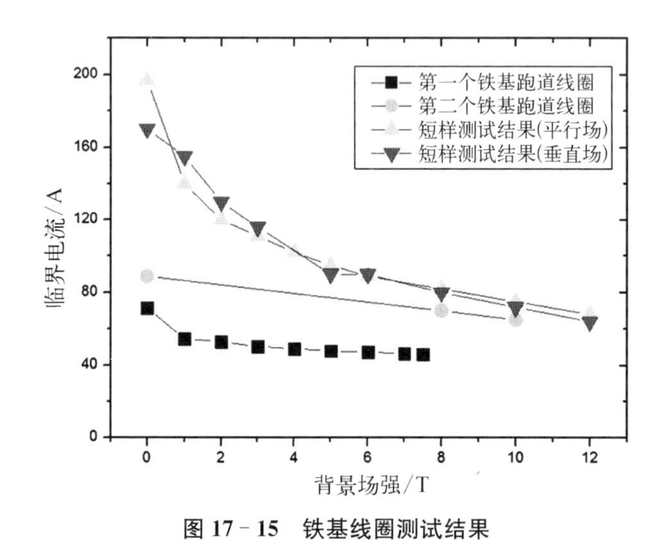

图 17 - 15　铁基线圈测试结果

3）双孔径高场强超导二极磁体 LPF1 - U 的设计及研制

总结前面几台磁体研制的经验，LPF1 - U 磁体从电磁设计出发，到电缆研制、线圈绕制、铌三锡与铌钛接头焊接、真空压力浸胶等关键工艺，都进行了相应的升级改造，最终实现了磁体在场强方面较大的突破。图 17－16(a)所示为该磁体的截面，磁体在电磁设计方面沿用了 LPF1 中“铌三锡＋铌钛”的混合结构设计，在低场区采用稳定性更好的铌钛，降低成本的同时也避免了铌三锡在低场区出现磁通跳跃的风险。

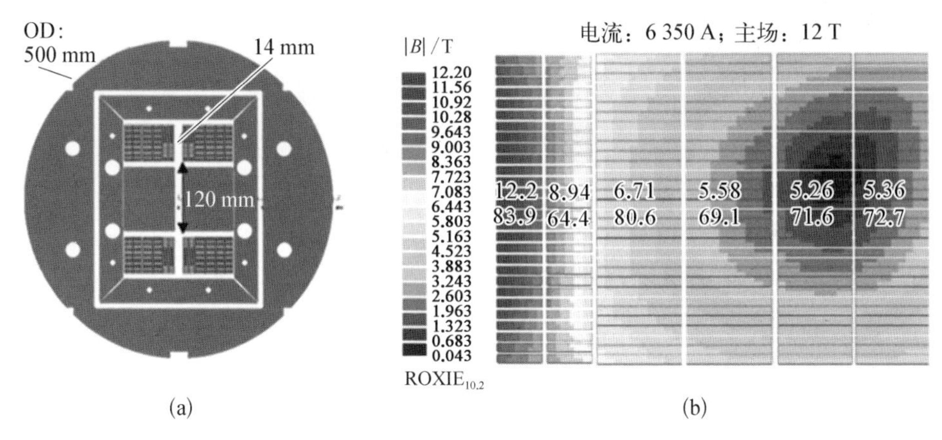

图 17－16　LPF1－U 磁体 2D 电磁设计(彩图见附录)

(a) LPF1－U 磁体截面；(b) 第一象限线圈上场强分布

同时，在设计时，增加了最外侧两个铌钛线圈电缆中超导线材根数，由原来的 24 根增加至 31 根，优化了铌钛线圈上的 load line (比最内侧高场区铌三锡线圈上的 load line 低 3%)，规避了磁体性能受限于低场区的铌钛线圈。同时重新设计及研制了最内侧两个铌三锡线圈(同样采用 20 芯的电缆)，替换 LPF1 中性能濒临极限的两个铌三锡线圈。磁体孔径增加至 14 mm，用于异型(balloon-end)线圈(ReBCO & IBS)的内插，同时对新型结构的内插线圈在更高场强下的性能进行了探究。

图 17－16(b)所示为 LPF1－U 第一象限线圈 12 T 下的二维场强分布。在二维分析中(对应线圈无线长的情况)，磁体在 6 350 A 电流下可以达到主场强 12 T 的目标。对应最内侧铌三锡线圈、中间铌钛线圈及最外侧铌钛线圈上的 load line 分别为 83.9%、80.6%及 72.7%。三维分析中通过进一步增加最外侧线圈的直线段长度，采用非等长线圈的结构将线圈载荷量进行了优化，降低了端部场增强效应的影响，优化后磁体线圈相应的 load line 分别为 84.56%、86.83%及 80.14%(见图 17－17)。同时采用 OPERA 完成了磁体场强的校核，结果较为一致。磁体在 6 575 A(12 T)下的能量为 257.7 kJ，电感为 11.94 mH。

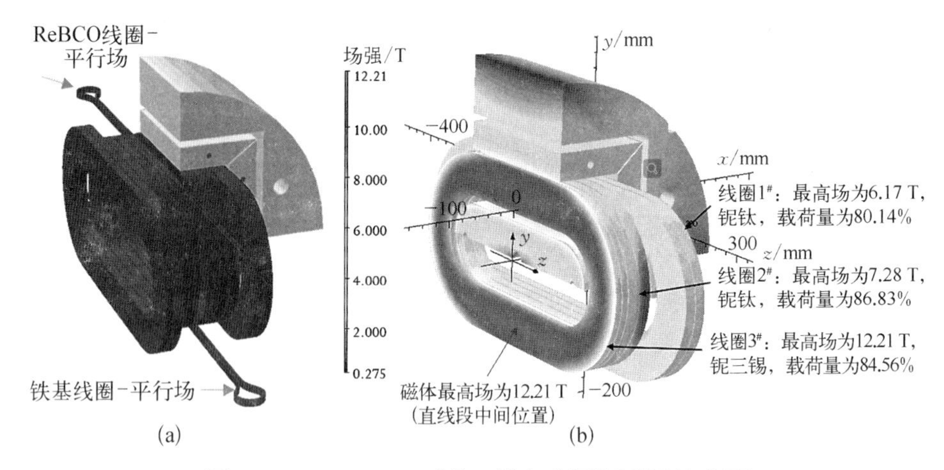

图 17 - 17　LPF1 - U 磁体三维电磁设计(彩图见附录)

(a) LPF1 - U 磁体三维线圈及轭铁布局；(b) 磁体 12 T 下场强分布

LPF1 - U 磁体研制时，对多个关键工艺进行了相应的改进。在绕制卢瑟福电缆时，通过在铌三锡电缆内部并绞不锈钢带的 core，增加电缆上、下层之间的电阻，降低电缆在励磁过程中的损耗，增强其低温下的热稳定性。共绞制 125 m 铌三锡电缆用于线圈制作，同时还完成了 205 m 的 31 芯的铌钛卢瑟福电缆的绞制，用于铌钛线圈的制作。在绕制线圈时 island 依然采用了过盈配合的方式进行组装，线圈与 island 之间的绝缘方式采用"最内侧一层玻璃布＋中间 kapton ＋外侧一层玻璃丝布"的绝缘方式，在增强线圈与骨架之间的绝缘的同时兼顾固化胶的浸润性。同时，在绕制时，铌钛线圈每隔 5 层并绕 1 层玻璃丝带，提升线圈整体与 CTD - 101K 胶的浸润性，从而提升线圈的浸胶效果，增强线圈鲁棒性。在焊接铌三锡与铌钛的接头时自主设计并完成了浸锡工装的搭建，使得焊锡在缆内填充得更加均匀、充分。另外，对焊接工装进行了重新设计改进，添加了限位装置，保证接头处压紧面积。同时，在焊接接头时，通过并焊高纯铜块，提升接头在低温下的热稳定性。此外，完成了真空压力浸胶系统的改进，升级后的真空压力浸胶系统可耐 5 个大气压的正压，从而使胶填充得更为致密，提升了线圈浸渍效果。

LPF1 - U 磁体于 2021 年 4 月完成组装，并于 5 月及 7 月完成两次 4.2 K 下的测试。得益于国内首台国产氦液化器的顺利投入使用，磁体测试所需液氦可以长时间循环供给，磁体测试锻炼了较多的次数。图 17 - 18 为高能所高场磁体研发团队、理化所氦液化器的研发团队及低温组同仁们的合影，大家共同的努力促使 LPF1 - U 场强创造新高。

图 17－18　LPF1－U 磁体研发团队、国产氦液化器研发团队及低温组合影

图 17－19 中黑色点线为 LPF1－U 磁体第一次测试的结果图，共锻炼了 118 次，磁体最高场强达到 12.15 T，对应励磁电流为 6 664 A。磁体场强突破 12 T 的目标，达到 SPPC 前期对二极磁体场强的要求。磁体每个线圈都有失超发生，铌钛线圈在锻炼过程中性能整体呈现上升趋势。经过热循环后对 LPF1－U 进行了第二次测试，验证磁体的稳定性的同时，对其在热循环后的性能变化进行探究。图 17－19 中灰色点线所示为该磁体的第二次测试结果，第二次测试磁体总共锻炼了 167 次，磁体最高失超电流达到 6 865 A，最高失超场强达到 12.47 T，较第一次测试有了进一步的提升。磁体出现一定程度的再锻炼效应，第一次失超场强为 11.13 T，随后所有的失超场强均在 11 T 以上。另外，对磁体在不同励磁速度下的失超特性进行了测试，分别测试了磁体在 4～50 A/s 的不同升流速度下直接励磁至磁体失超对应的失超电流，LPF1－U 磁体在较大的升流速度下仍然存在较高的失超电流，反映出磁体对励磁速度的非敏感性。磁体在 6 865 A 时，最内侧铌三锡线圈上最高场强为 12.68 T，对应 load line 为 87.99%；中间铌钛线圈上的最大场强为 7.5 T，对应 load line 为 89.71%；最外侧铌钛线圈上的最大场强为 6.41 T，对应 load line 为 85.14%。

值得一提的是，LPF1－U 磁体从结构设计、超导材料、电缆及磁体的制备，到相关的装备与测试平台，均基于国内自主技术路线，并实现了近 100%国

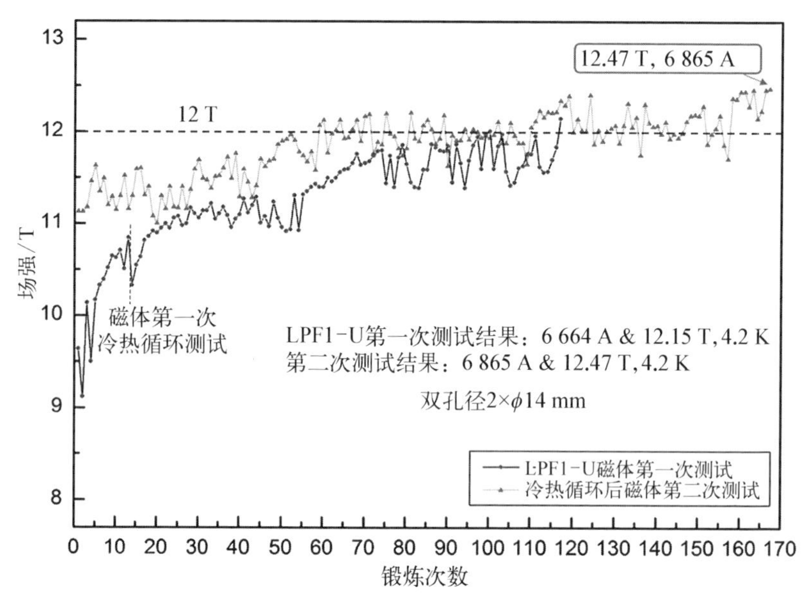

图 17-19　LPF1-U 磁体测试结果

产化，堪称加速器高场超导磁体自主核心技术发展的里程碑，其性能指标处于国际前列。经过多个磁体的研制，我国学者对加速器高场强超导二极磁体研制的关键工艺（卢瑟福电缆绞制、双饼线圈绕制、接头焊接、线圈热处理、真空压力浸胶 VPI、线圈 bladder 预紧力施加等）进行了摸索、改进及掌握。完成了多个实验平台的搭建，解决了多项问题，也积累了较多的磁体制作经验，为后面冲击更高场强磁体的研制奠定了良好的基础，同时也为其他类型的超导磁体的研制提供了经验，推动了我国高场强超导磁体研发水平的提高。

参考文献

[1] 王呈涛，徐庆金. 粒子对撞机上的超导磁体技术[J]. 科学 24 小时，2020，10(372)：14-17.

[2] 王呈涛. 高场强超导二极磁体的电磁优化设计及实验研究[D]. 北京：中国科学院大学，2018.

[3] 张恺. 面向 12 T 及以上的超导二极磁体的力学分析及实验研究[D]. 北京：中国科学院大学，2018.

[4] Zlobin A V, Novitski I, Barzi E, et al. Development and first test of the 15 T Nb_3Sn dipole demonstrator MDPCT1 [J]. IEEE Transactions on Applied Superconductivity, 2020, 30(4): 4000805.

[5] Perez J, Bajas H, Bajko M, et al. 16 T Nb_3Sn racetrack model coil test result [J]. IEEE Transactions on Applied Superconductivity, 2016, 26(4): 1-6.

[6] Gupta R, Anerella M, Cozzolino J, et al. React and wind Nb_3Sn common coil dipole [J]. IEEE Transactions on Applied Superconductivity, 2015, 17(2): 1130 - 1135.
[7] Wei S Q, Li M, Zhang Z, et al. Manufacturing error analysis of field quality for the HL - LHC CCT corrector [J]. IEEE Transactions on Applied Superconductivity, 2020, 30(4): 4003005.
[8] Wang C T, Zhang K, Xu Q J. R&D steps of a 12 T common coil dipole magnet for SPPC pre-study [J]. International Journal of Modern Physics A, 2016, 31(33): 1644018.
[9] Wang C T, Cheng D, Zhang K, et al. Electromagnetic design, fabrication, and test of LPF1: a 10.2 T common-coil dipole magnet with graded coil configuration [J]. IEEE Transactions on Applied Superconductivity, 2019, 29(7): 4003807.

第 18 章
通用设施

高能粒子加速器的主要设备如磁铁、电源、加速腔及功率源等，在运行时需要消耗大量的电能，需要有稳定的动力电源供应，而这些电能最终都将转化成热能，由循环冷却水和通风空调系统散发至大气，或经热回收作为热源。同时，部分对温度敏感的加速器部件有着严苛的环境温度、湿度要求，有的甚至需要靠水温进行调谐。因此，为了实现粒子加速器的连续、安全、稳定运行，就需要建设与之相适应的通用设施，主要包括工艺循环冷却水系统、供配电系统、工艺通风空调系统、压缩空气系统等，以期获得稳定的动力供应、充足的设备冷却能力、适宜的运行环境以及安全可靠的保障条件等。在这些通用设施中，部分与加速器紧密结合在一起，形成有机的整体，如工艺循环冷却水系统等；部分相对自成体系，如变配电站、冷冻站、纯水站等。无论与加速器直接结合还是自成体系，它都与主体工艺装置密切相关，其设计和建造必须适应于主体装置，共同构筑一个完整的大科学工程装置[1]。

18.1 供配电系统

电力供应和电能质量对高能粒子加速器装置的正常运行至关重要，对取得真实可靠的实验成果意义重大。供电电压的扰动或电力中断不仅影响科学实验的正常开展和实验结果的正确性，而且很大程度上可能造成实验设备的损坏。供配电系统作为高能粒子加速器装置的动力供应设施，其稳定、可靠运行对于粒子加速器装置的重要性不言而喻。

供配电系统的建设一般分为两部分内容。一是给粒子加速器工艺设备（如磁铁电源、功率源、控制系统等）、配套通用设施（如水冷、空调、压缩空气等)以及相应的辅助设施(如照明、消防、建筑智能化设备等)提供电能,满足其正常运行的电气条件,主要指标为电压、频率等。二是合理规范地布置工艺电缆。粒子加速器的工艺电缆种类繁多、数量巨大,敷设环境要求各异,除了满足国家标准规范外,要考虑彼此间的电磁兼容性和电磁干扰。

18.1.1 负荷分类和负荷计算

类似于散裂中子源、四代光源和 CEPC 等粒子加速器,用电设备装机容量较大,电压变化和电力中断除对实验产生巨大影响外,也会带来较大或重大的经济影响,因此工艺设备及其配套设施的负荷等级应视为二级或一级负荷,辅助设施的用电设备按功能需求,可视为二级或三级负荷。

在进行供配电系统的负荷计算、回路设计以及变压器选型时,应着重把握大功率用电工艺设备(如功率源、磁铁电源等)的平均功率、峰值功率和同时使用系数等运行工况参数,以及烤机、调试和正常运行等运行模式。

以 CEPC 为例,项目在 CDR 阶段总设计负荷约为 270 MW,其中加速器设备和对撞区实验设备作为一级负荷,通风、照明、电梯等为二级负荷或三级负荷,具体用电负荷估算如表 18-1 所示。

表 18-1 CEPC 用电负荷估算

编号	系统名称	用电负荷/MW						合计/MW
		环	增强器	直线加速器	输运线	实验区	地面建筑	
1	功率源	103.8	0.15	5.8	—	—	—	109.75
2	低温系统	15.67	0.89	—	—	1.8	—	18.36
3	真空系统	9.784	3.792	0.646	—	—	—	14.222
4	磁铁电源	47.21	11.62	1.75	1.06	0.26	—	61.9
5	仪表仪器	0.9	0.6	0.2	—	—	—	1.7
6	辐射防护	0.25	—	0.1	—	—	—	0.35
7	控制系统	1	0.6	0.2	0.005	0.005	—	1.81
8	实验设备	—	—	—	—	4	—	4
9	通用设施	31.79	3.53	1.38	0.63	1.2	—	38.53

（续表）

编号	系统名称	用电负荷/MW						合计/MW
		环	增强器	直线加速器	输运线	实验区	地面建筑	
10	服务设施	7.2	—	0.2	0.15	0.2	12	19.75
	合　计	217.604	21.182	10.276	1.845	7.465	12	270.372

18.1.2　变配电室布置和供电可靠性

粒子加速器装置对供电可靠性要求较高，因此要慎重选择电源引入点，建议优先采用专线从大电网中引入电源。电源引入点的其他回路不宜接入冲击性、波动性负载。如果负荷容量很大，在经济性允许的条件下，可设置区域专用变电站。

各级变配电室的规划和位置选择应以粒子加速器的整体布局为基础，结合装置的用电设备和负荷分布，变配电室的位置尽量靠近负荷中心。供配电系统的设计和建设应根据加速器装置各区域和功能的关联性、各单体建设交付时间以及设备和调试顺序等，进行配电回路和变压器的分组以及变配电室的布置。此外，供配电系统的规划应结合粒子加速器装置近期、长期及远景规划，在满足近期使用要求的同时，为未来发展做好预留。

高压及低压母线宜采用单母线分段接线方式，各高压供电回路分别带部分负荷，当一路供电回路有故障时，其他高压供电回路能带所有的一级和二级负荷。在有大量一级负荷或二级负荷时，应装设两台及以上变压器。当任意一台变压器断开时，其余变压器的容量能满足全部一级负荷及二级负荷的用电。对于高低压联络开关的投切，由于切换过程中的电压波动或停电后突然送电会对部分工艺设备有影响，宜采用手动投切方式；如采用自动投切方式，需做好充分的安全论证。为提高供电可靠性和检修用电的需要，邻近的变电站之间建议设置低压联络开关。工艺负荷可与其他负荷共用变压器。但对于不常使用的大设备和有较大容量的冲击性负荷、波动大的负荷、非线性负荷、单相负荷和频繁启动的设备，应采用专用变压器供电。对负荷级别较高的设备或对电压敏感的设备（如控制设备、低温制冷设备等），应设置额外的电源或装置进行保障，如采用 UPS、动态电压调节装置等。

以 CEPC 为例，其用电负荷约为 270 MW，根据负荷的分布情况，域内规划拟建 2 座 220 kV/110 kV 主变电站、4 座 110 kV/10 kV 区域变电站以及 136 座就近设置的 10 kV/0.4 kV 的变配电室，变配电室分布如图 18－1 所示，CEPC 变配电系统主结线如图 18－2 所示。

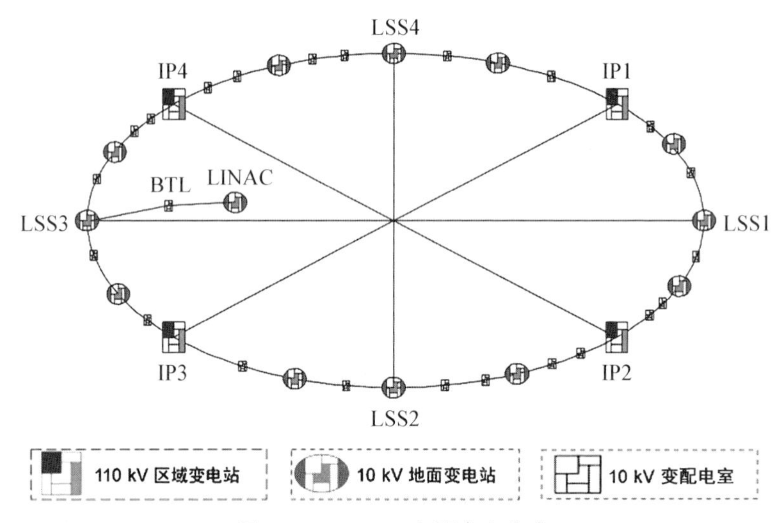

图 18－1　CEPC 变配电室分布

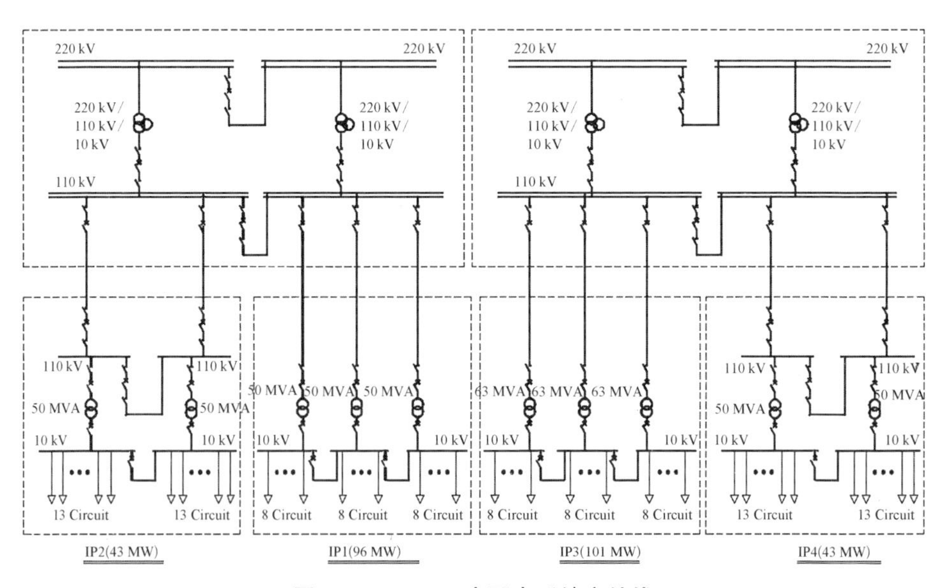

图 18－2　CEPC 变配电系统主结线

18.1.3　谐波治理及接地

谐波对于供配电系统的危害主要如下：使电能的生产、传输和利用的效率降低，可导致电气设备过热、产生振动和噪声，加速绝缘老化；引起电力系统局部并联或串联谐振，使谐波含量放大，造成电容器等设备烧毁；引起继电保护和自动装置误动作，使电能计量出现错乱。对于电力系统外部，谐波对通信设备和电子设备会产生干扰。粒子加速器装置的主要谐波源为换流装置(如磁铁电源、功率源、变频器等)。谐波治理主要是在谐波源本身或在其附近采取适当的技术措施，如增加换流装置的脉动数，或采取有源滤波器、无源滤波器等谐波抑制措施。

按照不同设备的接地需求，可设置工艺设备工作接地、供电电源工作接地、保护接地、静电接地、工艺设备特殊接地及防雷接地。工艺设备工作接地的接地电阻值应按实验仪器、设备的具体要求确定，当无特殊要求时，不宜大于 4 Ω。供电电源工作接地及保护接地的接地电阻值不应大于 4 Ω。工艺设备特殊防护接地电阻值按具体要求确定，各种接地宜共用一组接地装置，无特殊要求时，接地电阻值不宜大于 1 Ω。如有工艺设备特殊接地要求需单独设置，可由该工艺系统根据工艺设备提出具体的接地要求。

18.1.4　工艺电缆敷设

制订粒子加速器电缆敷设方案时，首先应根据电压等级、负荷特性、电缆类型等对电缆进行分类。进出涉放区域的电缆敷设方案应符合辐射防护要求，包括预留孔洞的方式和尺寸以及后期的防护封堵处理等。粒子加速器装置的建筑复杂，屏蔽墙体较厚，建成后再行开挖孔洞困难较大，甚至难以实现。为便于后期增加电缆，初始建设时应尽可能考虑备份敷设路径(包括预留孔洞和电缆桥架等)。

磁铁、加速腔等加速器设备的配电电缆运行时发热量较大，因而在设计该类电缆的敷设方案时，不仅要考虑填充率，而且要考虑电缆散热量，必要时需进行散热仿真分析。在管井等场合敷设电缆时，需根据电缆散热量核对通风散热措施；不便设置通风措施的区域，可考虑与水冷管道同路径敷设，利用水冷管道带走电缆发热量。电缆桥架应与同区域内的水管、风管等统一布置，尽量采用综合支吊架。末端用电设备的电气接口方式和电缆敷设方案应与工艺设备匹配。对特定的电缆应专项设计敷设方案，在实现功能的前提下，应兼顾整体性和美观性。对于辐射剂量水平高且需要维护的场所或设备，应考虑设置快捷的拆卸方式。

18.1.5 电力监控系统

随着粒子加速器建设规模的增大，其变配电设备、电气仪表数量及电气监测点位数量也随之大幅增加。在构建电力监控系统、选择监控设备时，采用串口通信方式的设备，每回路连接的设备不宜过多，应尽量缩短上传时间。对于较为重要的数据或状态（如进线电压监测、开关状态等），可采用专门的仪器仪表（如电能质量监测仪等）进行测量，并采用网络通信方式，减少延时。对关键的仪表，宜采用精度更高的对时方式，提高对时精度和事故分析能力。各分站与总站的通信可选择环网方式，提高通信的可靠性。

18.1.6 照明及其他

在加速器运行区域，照明设施一般会因辐照影响，使用寿命相对缩短，维护频次相比于一般工业环境有所增加。为减少照明设施的维护频次，提高维护的便利性，减少维护人员的作业时间，最小化受辐照剂量，高辐射区域的照明设计应考虑以下几个方面：① 选用耐辐照产品。优先选用光效高、寿命长的光源，采取屏蔽措施，尽可能降低照明灯具及电缆等辐照易损部件的接收剂量，延长照明系统的使用寿命。② 设计便于拆卸更换的灯具安装结构。例如，灯具与吊架的连接采用快拆结构，灯具与电缆连接采用插头连接等。③ 合理布置照明设施。在满足照度要求的情况下，照明设施的安装位置尽量远离辐射源，同时避免布置在工艺设备的正上方。

粒子加速器装置中的部分场合将会使用易燃易爆气体和特殊气体（如氢气），对于这些应用环境下的供配电系统设计，应严格按照相应的危险环境标准规范执行。

各专业系统对于流程控制和电气联锁要求不同，例如，水冷系统对水泵和电加热器的启、停顺序和联锁保护有着严格规定，通风空调系统与风机的启停、运行频率和阀门开关状态有着密切联系。在进行类似内容的电气设计时，应充分了解各系统工艺流程、运行需求，完善联锁保护逻辑，做好二次回路设计。

18.2 工艺循环冷却水系统

工艺循环冷却水系统（简称水冷系统）的主要功能是吸收和转移粒子加速

器中能耗设备所产生的热量，同时作为某些温度变化敏感部件的恒温调节手段（如加速管、加速腔、参考线、定时机柜等），以保证加速器装置的长期、可靠、稳定运行。在满足上述功能的同时，在工艺循环冷却水系统的设计和建设过程中，还需要考虑以下方面的问题：① 大量加速器工艺设备的电路与水路常为一体，为了降低这些用电设备的漏电流，对水质有一定的电气绝缘要求；② 提高用水设备的散热效率，防止腐蚀结垢及用水设备管路的堵塞，特别是减少承受高电压、高流速水路通道的铜腐蚀；③ 防止陶瓷接头等陶瓷部件内壁上氧化物的沉积，避免造成电气短路；④ 尽量减少水体的辐射活化，防止水中活化颗粒散发到大气中等。

工艺循环冷却水系统一般采用双回路循环冷却方式，即以低电导率循环水作为传热介质与冷却对象直接接触，组成封闭式内循环回路（简称一次水），带走冷却对象的热功耗，并通过板式换热器将热量传递给外循环冷却水（简称二次水），因二次水温度要求较低，外循环回路采用冷水机组提供的冷冻水。最终，各冷却对象散发的热量经由冷水机组的冷却水系统传递至冷却塔，散发于外界大气中。粒子加速器在测试和运行阶段，需要去离子水或纯水作为水冷系统的补水水源或者实验用水。要求建设配套的纯水制备系统，通过室外管网将去离子水接至各用户和用水点，管网可采取循环的方式维持系统和各用水点水质。工艺循环冷却水系统在实际运行中，将会因为事故、冷却水更换、设备拆卸维护等原因，排放一定量的循环冷却水，即工艺废水。按照运行场合和冷却对象不同，工艺废水分为普通工艺废水和低放废水（带有低放射性的废水）两部分，其中，普通工艺废水视水质情况直接排放或经处理后循环利用或排放，低放废水则需要集中收集储存进行自然衰减，经检测后按国家规范要求排放。

18.2.1　总体规划及系统设计

粒子加速器的工艺循环冷却水系统的规划及方案制订主要遵循的原则是安全性、稳定性、经济性。围绕这几条原则，以粒子加速器装置的整体布局为基础，结合装置的热负荷分布，考虑冷却对象的不同工艺要求、放射性污染程度及位置分布等，兼顾长期运行维护的便利性，开展整体布局和子系统设计。具体原则如下：① 一次水系统分散就近布置、区域集中；设置若干个独立运行的水冷子系统，就近集中布置在用水设备附近的水冷泵房内。② 二次水系统集中设置，尽量靠近热负荷中心。可考虑与空调系统共建冷冻站，集中提供冷源。③ 补充水系统(纯水制备)可集中设置专用纯水站。④ 低放废水收集及排放系统局部集中设置。⑤ 恒温监控系统可根据运行管理需求,设置若干水冷控制本地站,同时设置集中水冷监控总站,实时监控水冷系统整体运行状态。

以 CEPC 为例,该装置用水设备数量多、分布广、供水距离长、用水量和热负荷较大(参数估计见表 18-2),其水冷系统的规划具有代表性。在进行该装置的水冷系统规划时,除遵循上述规划原则外,另外还应考虑降低一次水系统运行压力、节能等因素,拟沿主环一周均布设置 16 个泵站,每个泵站中的一次水系统集中设置在隧道层,二次水系统集中设置在地面;直线和增强器各自单独设置 1 个泵站;上述各泵站都建有 1 套补充水系统和 1 套低放废水收集系统。CEPC 水冷系统泵站规划如图 18-3 所示。

表 18-2 CEPC 水冷参数估算

系统名称	位置	热负荷/MW	一次水流量/(m^3/h)	二次水流量/(m^3/h)
加速管/波导水冷子系统	直线加速器	2.519	419	476
功率源水冷子系统		3.692	314	698
磁铁电源水冷子系统		1.035	148	196
磁铁水冷子系统		1.483	244	280
磁铁电源水冷子系统	输运线	0.119	17	22
磁铁水冷子系统		1.931	151	176
磁铁水冷子系统	环	4.427×16	749×16	835×16
真空盒水冷子系统		4.029×16	677×16	766×16
功率源水冷子系统		23.289×2	1 984×2	4 405×2
磁铁电源水冷子系统		0.322×8	44×8	61×8
低温水冷子系统		0.633×2	555×2	1 254×2
实验设备水冷子系统	对撞点	1.380×2	226×2	261×2
低温水冷子系统		0.966×2	82×2	182×2
合计	—	201.187	30 155	40 156

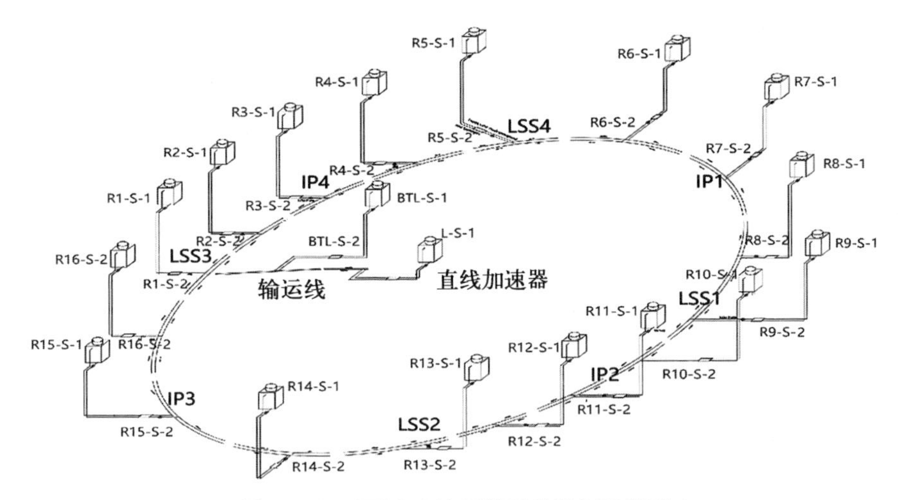

图 18-3　CEPC 水冷系统泵站规划示意图

1) 一次水系统(内循环回路)

一次水系统主要为加速器设备提供循环冷却水，其冷却介质直接接触冷却对象，部分子系统和冷却对象密切结合成一体。一次水一般采用去离子水。

一次水子系统的划分主要依据冷却对象的材质及其对温度、压力、水质等方面的要求，结合辐射污染程度及位置分布，设计若干独立的子系统分散就近布置，设于所需用水点附近的泵站内。在一次水子系统划分的过程中，需要注意区分冷却对象的材质，如冷却铝、铜材质的设备，需要分别单独设置一次水系统，不能合用。此外，对于局部辐射剂量较大或者温度要求极端的系统，可采用多级循环方式或独立制冷系统。

粒子加速器中大部分设备采用铜、铁或铝制造，在长期循环冷却的过程中，这些冷却对象的过水表面通常会有金属氧化物产生和凝聚，其中氧化物含量主要取决于冷却水中的溶解氧含量。冷却对象的表面经冷却水长期冲刷后，其表面氧化物会从冷却对象剥离进入水体，进而导致工艺设备的冷却流道堵塞。为了尽量降低冷却材质的氧化腐蚀速率，需要维持水质较为稳定的一次水的水体环境，同时尽量降低水体的溶解氧含量。在一次水系统中，可通过设置旁流水质处理设施获得稳定的水质指标。旁流流量为循环水量的 1%～5%。结合国内外各加速器装置的一次水系统典型工艺流程(见图 18-4)和运行情况，在一次水水质控制方面，可采取以下措施：① 旁流离子交换柱采用 H^+ 型和 Na^+ 型树脂，两种树脂配合运行；同时通过调节进入离子交换柱的旁流流量来调节一次水系统的电阻率和 pH 值。② 主回水管路设置排气式过滤器,保证循环回路排气顺畅。③ 旁流回路采用脱氧装置,去除系统水体中的溶解氧;高位水箱采取氮封措施,将系统与大气隔离。④ 在旁流交换柱后设置 1u 过滤器,防止树脂碎粒泄漏;旁流处理回水接口设置在主管路的机械过滤器之前,防止 1u 过滤器失效时树脂泄漏至主系统中,增加安全冗余。⑤ 严格控制水流通道的材质。

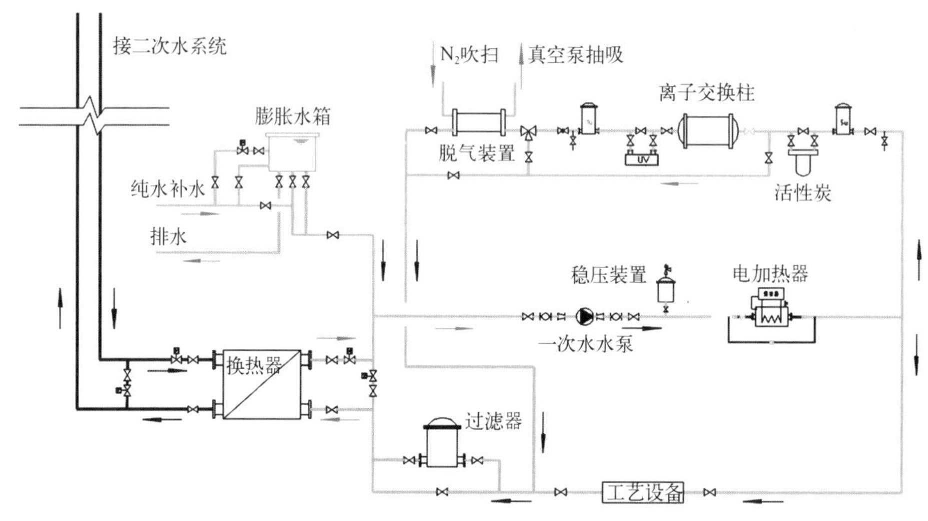

图 18 - 4　一次水系统典型工艺流程图

2) 二次水系统(内循环回路)

二次水系统的功能是为一次冷水系统、通风空调系统提供冷源。冷源可通过制冷站或自然冷却制备,其水质一般采用软化水。冷源通过室外冷冻站管网供至各用冷点。

从各一次水子系统换热器返回的二次水混合后,由冷冻水泵加压至冷水机组,在冷水机组蒸发器内与制冷剂进行热交换,降温后进入管网,通过室外管网供至各一次水系统的换热器或直接与冷却对象进行热交换,升温后再次返回至冷冻站完成制冷循环。冷水机组的冷却由冷却循环水系统完成,其工艺流程如下:经过冷却塔冷却降温后的冷却水经冷却水泵加压后,进入冷水机组冷凝器中,对冷凝器中的冷媒进行冷却,然后返回冷却塔散发热量,以此循环。二次水系统典型工艺流程如图 18 - 5 所示。二次水系统的主要设备有水冷冷水机组、水泵、过滤器、定压补水装置。水冷冷水机组采用循环水冷却方式,其主要设备有冷却塔(或空冷器)、循环水泵。二次水需定期补充因蒸发、溅射而造成的循环水损失以及排污所需的水量。运行时需投放阻垢缓蚀剂及杀菌剂进行水质稳定处理，防止管道结垢、腐蚀，并且起到杀菌、灭藻等作用。二次水系统可根据项目所在地一年四季不同的气象条件，利用高温型冷水机组、热泵与冷却塔（或空冷器）循环水的组合，在满足冷却功能的条件下实现冬季热回收供热以及自然冷却的最大化利用，以达到高效节能运行的目标。

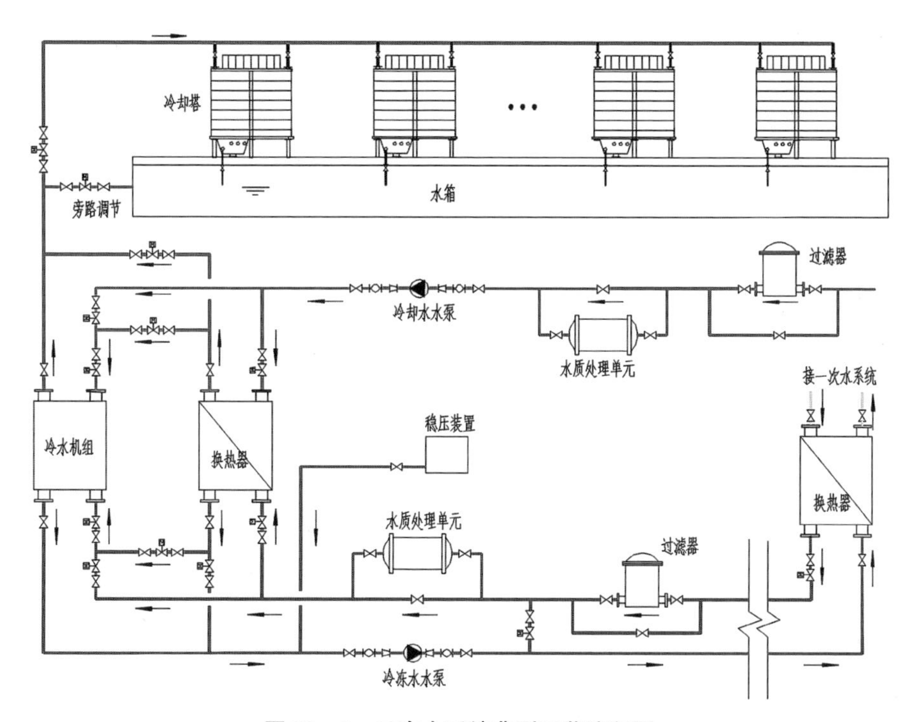

图 18-5　二次水系统典型工艺流程图

3）补充水系统

补充水系统（纯水制备）的主要目的是提供工艺系统循环补充水（一次水补水）和其他实验用水，主要组成部分为纯水制备系统、管网分配系统以及末端用水处理装置。纯水制备系统的制水能力根据加速器装置规模、一次水初次补水量大小、实验用水量等综合考虑。

纯水制备可采用两级反渗透、EDI、抛光混床和膜脱气技术，出水电阻率可达到 18 MΩ · cm。纯水通过分配管网供至各用水点，管网采取循环的方式维持各用水点水质。对于远离主干管的用水点，如果用户对水质的需求较高，可增加终端加压、过滤和离子交换柱，以提高水质、水压，满足不同实验用水要求。

4）低放废水、废气收集和排放系统

（1）低放废水来源。低放废水的来源有以下几个方面：一次水系统或工艺设备发生故障，其内部的循环水大量泄漏失水；一次水系统水质出现问题，不宜作为循环冷却水使用，需要排放更换；一次水系统清洗或更换水质处理单元，附带产生少量废水；各工艺设备正常拆卸、更换，人为控制少量排放循环水；各辐射防护控制区出入口手脚沾污仪洗涤排水；放射性区域的空调冷凝水。

（2）低放废水系统总体布置及容量设计。低放废水系统的布置应依据粒子加速器装置的布局以及低放废水排放点的分布，遵循局部收容，集中储存、排放的原则。具体可参照以下方式：在各用水点附近设置若干集水井，收集该片区的低放废水，各集水井内的废水通过潜水泵提升（或重力排水）至废水储存间内的水封井内，最终通过水封井内的潜水泵转运至废水储存间内的低放废水储存罐内，待自然衰减满足排放标准后，通过专设的排水管排放至市政废水管道中。低放废水储存罐的储存容积应参照可能的泄漏量和排放量，并结合低放废水的衰变周期、排放周期来考虑，一般不得低于最大的一次水子系统的水体容积。低放废水的主储存设备一般不低于两套，便于根据储存水体的放射性程度，灵活安排储存和排放。

（3）安全措施。粒子加速器对辐射防护控制区域有严格划分，且对不同划分区域之间有严格的空气负压要求。为了防止不同区域之间的空气通过低放废水管连通，杜绝涉放区域的空气流通至普通区域的可能，低放废水收集及排放系统在涉放区域和普通区域之间应设置管道水封和水封井，另外在各低放废水储存间分别集中设置水封井。以上各水封井同时加装监控和防止水封破坏的措施，增加安全冗余。为了防止低放废水储存罐因地震倾覆，导致低放废水溢出，在设计低放废水储存间时，可在低放废水储存间内设置挡水墙，将整个低放废水储存间形成一个自然的储存空间，其有效容积应不小于房间内储存罐总体积。

（4）工艺废气排放。为了达到系统低溶解氧指标，一次水系统需设置脱气单元。目前，脱气单元通常采用液体脱气膜氮气吹扫、真空抽吸组合模式。为防止吹扫气体和水体析出气体沉积在水冷泵房内，需采取一定措施保证此部分气体顺畅排出。具体措施如下：若水冷泵房内设置多个脱气单元，将各脱气单元的排气管与排气横干管连接起来，排气横干管取一定坡度与排气立管相连，坡度应保证各脱气单元都能排气通畅；若水冷泵房内设置单个脱气单元，脱气单元的排气管直接与排气立管相连。各部分排气管道应尽量避免大的转弯，以免形成气阻。最终按照水体活化程度的高低，将排气管道接入不同的排气系统，或过滤处理后直接排出室外。

18.2.2　水冷恒温监控系统

恒温监控系统的设计除了应满足水冷工艺要求外，还要求能够长期连续、稳定运行，有极高的可靠性和易维护性，具备在强电磁干扰和高辐照下的高精度测量控制，通体和分级监控管理的网络通信能力以及系统的先进性和可扩展性，并可与粒子加速器装置中央控制室联网。具体功能包括但不限于以下方面：

（1）采集、显示、保存各种工艺参数，包括显示实时趋势图、历史趋势图和表格化数据，动态显示工艺流程、设备运行状态；各类报表功能；故障及越限报警功能，提供报警随机信息发布、声光报警，并记录报警时间、恢复时间和累计次数；实现与粒子加速器中央控制室的数据通信功能；具备远程监视和数据管理功能。

（2）实现恒温控制。粒子加速器中的工艺设备对循环冷却水的温度精度要求较高，部分设备要求温度精度达到±0.1℃，且在一定范围内可调，以维持工艺设备的热稳定性，限制设备变形，维持稳定的射频场。另外，部分射频设备需要通过水温进行调谐。例如 CSNS 的 RFQ 前期调试时，由于粒子传输对于射频场的分布较为敏感，因此采用水温调谐的方式取代传统的调谐器调谐方式[2]。

实现上述精度的温度控制，需要根据冷却对象的工作性质及工艺要求，采用不同的调温控制方式。恒温控制通过控制换热器的冷媒流量作为主要调温手段，当负荷较低时，辅之以加热器升温。调节冷、热水混合比例，系统按低温升、大流量、恒定流的运行方式设计，同时对冷、热水预调控，以达到系统温度响应快、运行稳定的目标。换热器串接加热器的结构形式，通过调节换热器的冷媒流量作为一级调温手段，加热器功率调节作为二级调温手段，当设备分散且功耗变化不同时，于设备入口前再设置微调用加热器，用于补偿因管路输送引起的热损耗及设备负荷的变化。前一种流程可使水温控制在±1℃，后两种流程则可达到±0.1℃。在控制算法上，采用预估补偿加分段 PID 调节的综合算法，同时引入换热器入口水温前馈控制以及二次水温变化对被控对象的增益补偿，很好地解决了以往因环境、负荷变化以及不同季节气象条件所造成的温度振荡。

18.3 通风空调系统

适宜的空间环境是粒子加速器装置及配套设备稳定运行的基本条件之一，通风空调系统用于实现和维持粒子加速器各项空间环境指标，其主要设计指标包括温度、湿度、洁净度、负压、通风量等。粒子加速器运行时会产生一定的放射性气体，而可靠的负压和通风量控制可使隧道或房间内的有害气体得到控制，并使人员进入前能充分通风换气，保证运行人员和公众的健康。

18.3.1 粒子加速器通风空调系统特点

粒子加速器装置的工艺性通风空调系统一般具有以下特点：

(1) 温度控制精度高。高能粒子加速器的安装精度高，因而对周围环境的温度波动有一定要求，通常为±2℃、±1℃。目前而言，第四代光源的温控精度要求最高，要求同一测点温度波动在－0.1～0.1℃的范围内。在设计通风空调系统时，应着重考虑调节手段和系统配置对温度精度的影响，充分考虑送风量、加热和冷却等调节手段，并对关键调节设备进行充分调研、选型计算，确保系统具备高温度精度控制的能力。

(2) 温湿度耦合。粒子加速器装置中有许多电压等级较高的设备，其对相对湿度有一定需求，通常情况下不应超过60%。粒子加速器的工作环境通常为地下隧道，其湿负荷较大，一方面来自负压运行时室外无组织新风渗入，另一方面是地下隧道的渗水和水蒸气渗透。由于温度和相对湿度在控制过程中的相互耦合，以焓值为控制目标的常规控制策略在特殊工况下难以实现有效控制，容易进入控制死区。第一种情况是“低温高湿”，即环境温度低，含湿量高，相对湿度高，无工艺设备散热。第二种情况是大空间下的“高温低湿”，即工艺散热量急速增加，仅靠控制回风温度，控制效率过低。而在过渡季或南方湿冷季节，加速器在停开机或调试期间往往会在“高温低湿”与“低温高湿”之间切换，需要综合考虑气候条件、干扰因素、加速器运行模式即工艺条件等因素，有针对性地进行控制策略调整。

(3) 负压及通风量控制精度及可靠性要求高。由于粒子加速器的运行环境属于放射性区域，为防止气体未经处理无组织向外溢出，通常其运行环境需要进行负压控制。对于可能产生放射性粉尘或气溶胶的粒子加速器装置(如高能量的质子加速器、中子源等)，需要严格的负压梯度要求和可靠的通风量控制。辐射防护专业应对加速器运行环境及相关射线装置的相关房间进行计算评估，确定运行环境和工艺房间的通风模式，以及对应的负压参数和通风量。

(4) 射线装置排放气体的特殊处理。对于放射性气体的处理应谨慎严格，其排放过滤效率、排放高度、排放量等都应严格遵循辐射防护相关设计及环境评价报告的相关要求。对于放射性粉尘和气溶胶产生剂量较高的项目，应通过综合措施，使运行管理人员、维护检修人员与相关空调设施实现可靠的物理隔绝。

18.3.2　加速器通风空调系统的分区

大型射线装置通常以房间内的特性作为系统分区的依据，较为典型的系统分区为涉及放射性区域的通风空调系统、工艺专用通风空调系统和常规通风空调系统三类。

(1) 涉及放射性区域的通风空调系统。带有射线装置的区域因其具有感生放射性，系统的核心要求是可靠性和安全性。当系统的振动、噪声、节能等常规技术要求与系统安全相矛盾时，应在满足相关规范的前提下优先考虑满足安全需求。涉及放射性区域的空调机房应与其他空调机房分开，不宜与其他通风空调系统共用机房，其风管系统也不应经过其他房间。当处理的空气连续产生带有放射性的粉尘和气溶胶时，应严格与其他系统及运行人员形成物理隔断。应以工艺需求及辐射防护要求为基础，适当参考核空气处理和生物安全相关的标准规范进行系统设计、设备材料选型和安装调试等，保证系统安全可靠。

(2) 工艺专用通风空调系统。粒子加速器装置区内无感生放射性的工艺系统，如功率源、磁铁电源、束测、真空、控制等的工艺设备和控制机柜的通风空调系统称为工艺专用通风空调系统。应在工艺性通风空调系统的相关设计规范、标准的基础上，对工艺设备的布局、散热特性、空间特性等进行深入分析，为每个工艺房间制订相应的系统设计原则和要求。功率源、谱仪、光源线站等工艺房间，即使不属于放射性区域，但因与涉放区域有直接关联，也可能会造成放射性气体渗入甚至是倒流，必须对其通风措施、正负压梯度进行控制，并且对其与其他系统的联锁保护等进行专项设计。

(3) 常规通风空调系统。常规通风空调系统指各类通用设施机房及其他辅助用房、办公用房的空调设计，其通风空调设计应按房间功能区分机械通风空调、工艺性空调或舒适性空调。

18.3.3 通风空调系统的关键技术指标与实现方案

通风空调系统的关键点在于把握好温度、湿度、洁净度、负压、通风量及排放量等技术指标，这些指标的设定和实现如何贴合粒子加速器的实际运行需求，是通风空调设计、建设面临的重点和难点。

1）温度与湿度控制

有别于常规工艺空调所谓“夏季模式”“冬季模式”和“过渡季模式”等依据室外气候条件调整相应控制策略的做法，大型粒子加速器装置的温湿度控制具有高度的自适应性需求，即要求同一套控制策略需要适应多变的边界条件。较为典型的情况是在南方低温潮湿的季节，一台正在调试的加速器装置可能会在 1～2 h 内经历多个边界条件转换。

开机前为“低温高湿”状态：室温低、含湿量高、相对湿度高，且室内无工艺散热量提供再热状态，此时通风空调系统处于冷却盘管降低含湿量、再热及二次回风提高室温的模式，并降低含湿量和降低相对湿度。开机过程中为“低温低湿”状态：含湿量和相对湿度已经降低至可运行条件，但由于工艺设施散热量未达到额定条件，通风空调系统始终需要提高送风温度以满足温度的需求及避免因温度过低造成相对湿度偏高的耦合状态。满负荷运行时为“高温低湿”状态：室温高、含湿量低、相对湿度低。此时通风空调系统的再热工况和二次回风工况基本停止，空调机组以一次回风制冷为主。

为实现温湿度控制的高度自适应性，避免人员频繁切换控制策略，需要在常规工艺空调控制的基础上，将含湿量指标加入控制策略的自动判断中，即采用模糊控制原理，将回风参数条件及室外气候条件经逻辑判断后映射到对应的控制模式分区，实施有针对性的控制策略。典型的工艺空调系统自适应控制策略如图 18－6 所示。

对于空间较大的工艺大厅，仅靠监测环境回风温度将使控制反馈的速度难以满足工艺散热量的骤升，此时还需将工艺设备用电量作为参考实现预判，并在部分条件下直接干预送风温度，加快温度波动度的调节。

类似第四代光源的粒子加速器装置对温度精度有严格要求，通常为 ±0.5℃或±0.1℃。该种情况的控制方式与恒温间类似，即通过加大循环次数，配合送风末端的温度调节及现场传感器的反馈控制实现。与恒温间不同的情况在于此类加速器空间大，风管长度大，容易出现控制反馈速度较慢的情

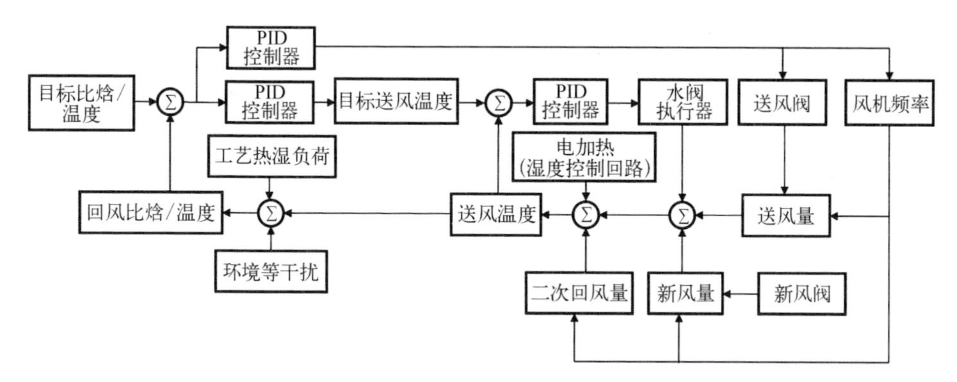

图 18－6　工艺空调系统自适应控制策略

况，需要将加速器现场发热装置的用电功率进行分析和计算处理后考虑到温度控制过程中。

2）负压与通风量控制

对于粒子加速器主装置区域，应依照装置的环评要求和辐射防护专业的需要，实行负压及通风量的控制。对于放射性较低的项目，按基本的“非正压通风”实现。对于放射性较高项目，应严格进行负压分区、负压梯度控制、通风量控制，依据排风量的条件分为两类控制方式：一种是恒定排风量控制，另一种是限制排风量控制。

对于运行期间允许进入的涉放区域，或是类似散裂中子源的靶体、热室等内部不允许循环风但需要通过通风带走内部散热的区域，采用恒定排风量控制。该条件下排风系统负责控制排风量，新风系统负责控制负压，保证当有人员进出，房间对外有敞开口造成干扰时，整个房间不会存在气体外泄风险。对于类似散裂中子源的靶体、热室等放射性较高区域，新风系统宜采用无动力系统，避免特殊情况下的气体外泄，并尽量利用附近低放射性房间或过渡间的排风，优化总体排风量。新风和排风系统应具有可靠的防止气体外泄措施，包括机械止逆措施、硬线联锁措施和软件联锁措施等。

对于粒子加速器主装置区，在运行期间人员无法进入且有循环风系统的情况下，采用限制排风量控制形式，以有效减少对大气排放气体的总量。在加速器运行期间，新风系统停止运行，排风系统控制负压，使排放到大气的排风量尽量低；在加速器停机且需要人员进入前，同时启动新风系统和排风系统，并通过合理的控制策略，使切换过程中始终保持无正压，此时新风系统负责控制负压，排风系统负责控制排风量。加速器隧道带有活化气体的通风空调系统的基本流程如图 18－7 所示。

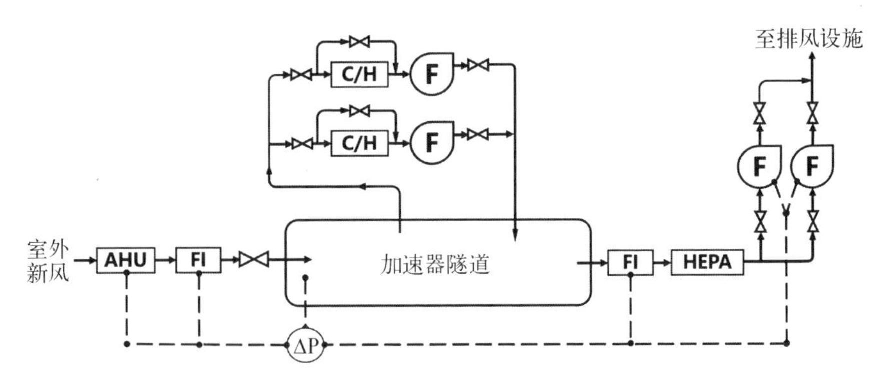

AHU—组合式空调机组；FI—流量控制装置；C/H—密闭式空调箱；HEPA—密闭高效空气粒子过滤器；ΔP—风压风量测量及控制装置；⋈—密闭风阀或控制阀组；Ⓕ—密闭式离心风机。

图 18－7 加速器隧道带有活化气体的通风空调系统的基本流程

3）洁净度与排放控制

射线装置通常需要维持一定的洁净水平，避免高压设备打火。对于可能使周围空气活化的射线装置，通风空调系统应尽量避免灰尘进入隧道或工艺房间内。应根据实际工艺设备的需求考虑循环系统和新风系统的过滤装置及过滤器的选型。在规划布局时，注意避免给有一定洁净需求的工艺房间设置外窗，并注意对外门、电缆和水管穿墙等可能造成室外渗入情况的处理。

对于会产生放射性粉尘和气溶胶的粒子加速器装置，需要严格依照辐射防护和环境评价报告的要求进行排风系统设计。处理可能对维护保养人员造成内照射的排放空气时，应使排风系统的关键耗材的更换实现“袋进袋出”，即在更换过滤器的全过程中，始终使操作人员和过滤箱体内部有更换袋作为防止气体泄漏的屏障。此外，应在排风系统设置适当的临时抽气口，使大型设备（如风机、空调箱等）实现负压更换。

18.3.4 通风空调系统组成

通风空调系统的主要组成部分为冷、热源及输配系统，空调末端设施，气流组织系统，空调控制系统。通过合理的规划布置，将这些组成部分集成为一个有机整体。

1）冷、热源及输配系统

大型粒子加速器装置的空调热负荷较大，通常需要配置制冷站为通风空调系统提供冷源。制冷站的运行应兼顾工艺需求及节能要求。对环境振动要求不高的加速器装置，冷源宜靠近负荷中心区域，依据制冷量的规模，合理选择冷水机组的形式及配置。可根据当地气候条件及粒子加速器设备对温湿度的需求，适当提高供水温度，有利于提高冷源制冷效率。但当需要空调冷水兼做冷却盘管除湿时，应谨慎选择供水温度，避免除湿量不足影响通风空调系统性能。冷源制备的关键设备如冷水机组、水泵、冷却塔等应当考虑设置备用机组，同时采用“多对多”的设备布置形式，提高制冷站的运行可靠性。

通风空调系统热源分为两类。第一类是供暖型热源，当工艺散热量在冬季长期低于围护结构冷负荷时，宜优先采用热网热源，避免使用电加热热源。第二类是空调再热热源，可依据项目总体冷热源配置综合考虑。当工艺散热量较为稳定时，其空调再热过程仅在设备调试阶段频繁使用，可采用电加热作为再热热源，使空调的热室处理过程准确可靠。使用电加热作为再热热源时，应当有多重安全保护措施，避免发生过热事故。

空调冷源和热源输配系统应进行技术经济分析，选择经济管径，使系统长期运行的投资最优。场地条件和初投资允许时，一般采用管廊敷设，避免采用埋管或不通行地沟形式，以便后期运行维护，可缩短停机检修的时间。

2）空调末端设施

通风空调系统的设计需要全面分析各类工艺设备的散热情况、使用频率及运行模式，对于工艺需求一致（或基本一致）、系统启停一致、位置相邻的若干工艺房间，宜适当合并空调系统，优化机房配置。各类工艺房间空调设备应考虑多机组运行，避免因单个设备的故障影响整个系统的运行。若因安装空间有限等原因，只能设置单个机组系统的，应当设置专用备品、备件，并建立各类部件更换的应急预案，缩短造成的停机时间。空调机房应当综合考虑设备、管线、机柜的布置，避免相互干涉，尽量共用支吊架系统，便于后期更换维护。涉放空调系统不宜与常规系统共用机房。对于处理带有放射性粉尘和气溶胶的通风空调系统，应采用密闭设备和风管系统。

3）空调形式和气流组织系统

设计空调形式和气流组织系统时，需要综合分析工艺设备的负荷特性和运行模式。通常全空气系统适用于工艺大厅、隧道等大型空间，空气-水系统适用于以各类机柜为主的工艺房间。全空气系统的气流组织形式应当与工艺布置和建筑形式相结合，尽量使工艺设备处于回流区域。空气-水系统的气流组织形式应当考虑各类机柜的通风特点，尽量将需求相近的机柜布置在同一房间。采用空气-水系统形式需要特别注意冷水管的布置应当远离工艺设备，避免因冷冻水的“跑、冒、滴、漏”造成工艺设备的损坏。

4）控制系统

通风空调系统的控制系统宜采用分散控制系统(DCS)。本地控制器与上位机采用标准的工业以太网实现通信,但应限制通信系统的规模,避免出现通信拥堵,导致报警信号无法及时传送到控制室。考虑到常规 DDC 控制器无法实现灵活的控制策略,可能导致过渡季及工艺散热量在迅速变化时难以满足快速调节的需求,加速器空调控制系统宜采用 PLC 作为现场控制器。涉及放射性区域的通风空调系统对控制系统和通信的可靠性要求高。因此,应特别注意同一负压分区的各类控制器的通信应当采用专网,避免因网络拥堵使对负压和通风量的控制不及时,造成气体外泄事故。

通风空调的控制系统在实现相关控制功能的基础上,必须设置可靠的硬线联锁。控制系统应当与空调设备、电气及控制系统设备制造商充分沟通,设置合理的二次回路和控制接线端子,实现可靠的多重安全保护。

18.4 压缩空气系统

压缩空气系统的主要功能是为粒子加速器的气动元件提供清洁干燥、稳定可靠的气源,同时可提供吹扫用气。系统通常分为气源制备系统(空压站)、输配管网及末端设施。

真空阀、低温阀箱等用气设备虽然对压缩空气的供气品质及用气压力要求不高,但这些用气设备直接影响粒子加速器的可靠运行,因此稳定可靠和安全性能是粒子加速器压缩空气系统设计的核心。制定压缩空气的供气品质标准(包括含油量、含尘量、露点温度等)时,应充分调研、了解粒子加速器各类用气设备的实际需求。设计系统排气压力时,宜尽量统一供气压力,不宜在同一压缩空气系统中设置过多的压力等级。设计时应采用可靠的调压措施,为提高供气压力稳定性,宜采用降压调压,尽量避免升压调压。在供气量的选定方面,应准确厘清连续用气设备和间断用气设备,依据实际用气频率和相关规范、标准计算出压缩空气制备系统的供气量。

空压站是粒子加速器装置中较为常用的气源制备系统,包含了压缩空气的制备、清洁过滤、除湿、调压稳压等功能。为提高系统运行可靠性,空压机、干燥机、过滤器等关键设备均应设置备用,关键仪器仪表(流量计、减压阀等)应设置旁路检修系统。为避免减压阀失效造成压力失控,应配置可靠的机械式泄压系统。空压站内的空压机、储气罐等为压力容器,空压站内的设计必须严格遵守压缩空气站设计规范及相关的标准规范。典型的压缩空气制备流程如图 18-8 所示。

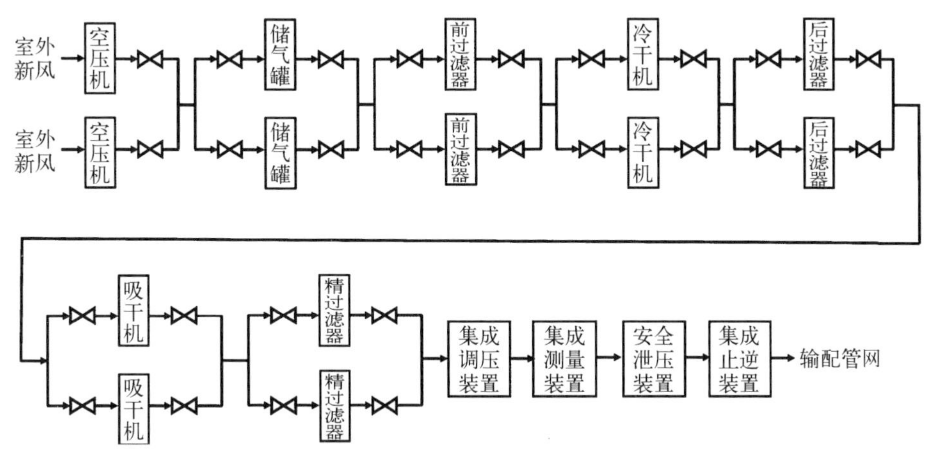

图 18-8　典型的压缩空气制备流程

输配管网的功能是将压缩空气合理分配输送至各工艺设备区域。通过对用气设备的布局和用气量的考虑，在适当区域设置稳压管，避免用气量较大设备造成的压力波动。为提高供气可靠性，对于环形粒子加速器，需要设置环形供气干管，同时宜设置两路供气管，并在适当区域设置常开的分区切断阀。对于可能存在背压的用气设备，应当设置止逆设备；若倒流时可能带有水或其他液体，还应设置可靠疏水设施。对于部分使用压力小于供气压力的设备，应采取减压措施，并设置泄压装置等安全保护措施。

末端设施通常包括末端管路系统及末端吹扫设施等。设计管路时应注意，不宜存在较多弯折，减少过渡接头的使用。末端压力仪表、末端用气设备等均应通过切断阀门与供气干管连接，避免个别用气设备和用气点的检修影响到整体供气管网的运行。

参考文献

[1] 张闯，马力. 北京正负电子对撞机重大改造工程加速器的设计与研制[M]. 上海：上海科学技术出版社，2015：734-740.

[2] Ouyang H F, Yao Y. Thermal analysis of CSNS RFQ [J]. High Energy Physics and Nuclear Physics, 2007, 31(12): 1116-1121.

第 19 章
等离子体加速器

传统加速器是通过金属高频腔来给束流提供能量的。受限于电击穿阈值限制，其加速电场一般小于 100 MV/m，这使得传统加速器的尺寸往往较大。欧洲核子研究中心（CERN）的大型强子对撞机（LHC）是目前正在运行的最大的环形加速器，其周长达到 27 km，质心系能量达到 7 TeV，建设成本超过 30 亿美元。如何提高加速梯度以减小加速器的尺寸，一直是新加速原理研究中的热点问题。在过去 40 余年的时间里，基于等离子体的尾场加速器取得了长足发展，逐渐成为公认的最具潜力的下一代加速器。

基于等离子体的尾场加速器按其驱动源可以分为激光尾场加速器（laser wakefield accelerator, LWFA）[1]和等离子体尾场加速器（plasma wakefield accelerator, PWFA）[2]两种，它们分别在 1979 年与 1985 年被相继提出。在 LWFA 方面，实验上真正利用激光尾场加速产生高品质电子束是在 2004 年[3-5]。截至目前，美国劳伦斯伯克利国家实验室（LBNL）已经可以在 20 cm 长的等离子体中将电子加速到接近 8 GeV[6]。而在 PWFA 方面，2007 年斯坦福直线加速器中心（Stanford Linear Accelerator Center, SLAC）的研究小组在 87 cm 的等离子体中，成功地实现了对能量为 42 GeV 的电子束的能量倍增[7]。虽然到目前为止，基于等离子体的加速器所产生的电子束流在稳定性、能散、电量等方面与传统加速器仍有一定距离，但随着越来越多的科学家投身此领域，等离子体加速器的实用化指日可待。

在本章中，我们分为 LWFA 和 PWFA 两部分来介绍等离子体加速器。前者主要包括 LWFA 基本理论、激光脉冲的传输、注入方案、相关的实验进展等内容；后者则主要包括 PWFA 基本理论、高变压比加速、束流负载效应、相关的实验进展等内容。

19.1 激光尾场加速器

激光尾场加速器的概念是由 Tajima 和 Dawson 在 1979 年提出的。当一束超短超强激光脉冲进入低密度等离子体($n_0 < n_c$，n_c 为临界等离子体密度)后，在有质动力的作用下，等离子体中的自由电子、离子将会被推动，离开平衡位置。由于电子的质量比离子小得多，所以在初始阶段我们可以假设离子不动。这样，处于平衡位置的离子将会给偏离了平衡位置的电子提供回复力，将其拉回，使之在平衡位置附近振荡，形成等离子体电子波。随着激光脉冲在等离子体中不断前进，激光脉冲前面轴线附近的电子被不断排开，远离脉冲的电子则逐渐回到轴线附近，这就造成了在激光脉冲传播方向上(我们将其定义为纵向)，等离子体电子密度在局部的不均匀性，它将导致纵向电场的产生，由于这个电场总是位于激光脉冲的尾部，所以称之为激光脉冲的尾场。在尾场中，位于加速相位的具有一定纵向动量的电子将会被尾场俘获，从而在尾场中持续获得能量，直到尾场结构被破坏，或者电子相对于驱动脉冲发生纵向位移，直到进入减速相位为止。激光尾场加速情况如图 19-1 所示。

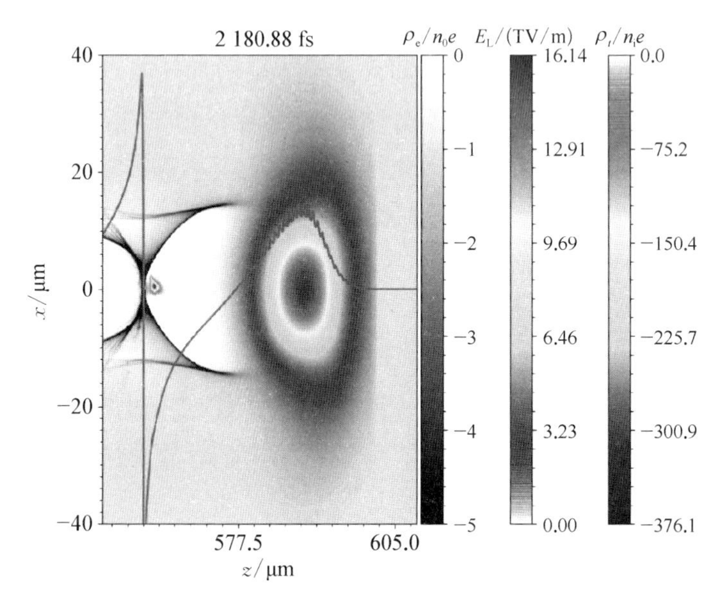

图 19-1 激光尾场加速示意图(彩图见附录)

下面我们将对激光尾场加速中的基本理论进行简单介绍。

19.1.1 基本理论

激光驱动的尾场加速的理论基础是经典电动力学和狭义相对论。如果将等离子体视为冷等离子体，即不考虑温度及等离子体电子流体的黏性，以及热流和碰撞等因素对尾场激发的影响，相应的麦克斯韦方程组为

$$\nabla \times \boldsymbol{E} + \partial_t \boldsymbol{B} = \boldsymbol{0} \tag{19-1}$$

$$\nabla \cdot \boldsymbol{E} = \boldsymbol{Z} n_i - n \tag{19-2}$$

$$\nabla \times \boldsymbol{B} - \partial_t \boldsymbol{E} = -n\boldsymbol{u} \tag{19-3}$$

$$\nabla \cdot \boldsymbol{B} = 0 \tag{19-4}$$

以上麦克斯韦方程组采用的是高斯单位制，且时间和空间坐标分别由 w_p^{-1} 和 c/w_p 归一化，其中 w_p 为等离子体电子振荡频率，c 为真空中的光速。电子密度 n 和离子密度 n_i 由 n_0(n_0 为背景电子密度)归一化，$\boldsymbol{u}$ 是由光速归一化的电子流体速度，电场和磁场强度由 mcw_p/e 归一化，且电场和磁场强度可由激光的矢势和标势给出：

$$\boldsymbol{E} = -\partial_t \boldsymbol{a} - \nabla \phi \tag{19-5}$$

$$\boldsymbol{B} = \nabla \times \boldsymbol{a} \tag{19-6}$$

式中，$\boldsymbol{a}$ 和 ϕ 是用 mc^2/e 归一化的激光矢势 $\mathbf{A}$ 和标势 Φ。

电子的相对论运动方程：

$$d_t \boldsymbol{p} = \partial_t \boldsymbol{p} + \boldsymbol{u} \cdot \nabla \boldsymbol{p} = -\boldsymbol{E} - \boldsymbol{u} \times \boldsymbol{B} \tag{19-7}$$

式中，$\boldsymbol{p} = \gamma \boldsymbol{u}$ 是用 mc 归一化的电子动量。由式(19-7)可以得到

$$d_t \boldsymbol{\gamma} = -\boldsymbol{u} \cdot \boldsymbol{E} \tag{19-8}$$

定义激光有质动力

$$\boldsymbol{f}_p \equiv -(\boldsymbol{u} \cdot \nabla)\boldsymbol{p} - \boldsymbol{u} \times (\nabla \times \boldsymbol{a}) = -\nabla \gamma \tag{19-9}$$

这样，电子的运动方程为

$$\partial_t \boldsymbol{p} = -\boldsymbol{E} - \nabla \gamma \tag{19-10}$$

$$d_t \gamma = \boldsymbol{u} \cdot \partial_t \boldsymbol{a} \tag{19-11}$$

由麦克斯韦方程组可以得到

$$\nabla \times (\nabla \times \boldsymbol{E}) + \partial_{tt}\boldsymbol{E} = \partial_t n\boldsymbol{u} \tag{19-12}$$

$$\partial_t n = -\nabla \cdot n\boldsymbol{u} \tag{19-13}$$

根据上面的理论总结出激光和等离子体相互作用的基本方程组为

$$\partial_t \boldsymbol{p} = -\boldsymbol{E} - \nabla \gamma \tag{19-14}$$

$$\nabla \times (\nabla \times \boldsymbol{E}) + \partial_{tt}\boldsymbol{E} = \partial_t n\boldsymbol{u} \tag{19-15}$$

$$\nabla \cdot \boldsymbol{E} = \boldsymbol{Z} n_{\mathrm{i}} - n \tag{19-16}$$

19.1.2 非线性等离子体波

下面给出非线性 LWFA 理论基本模型中电磁场矢势和标势(归一化后的)的耦合方程、动量方程和连续性方程[8]。

$$\nabla^2 \boldsymbol{a} - c^{-2}\partial_{tt}\boldsymbol{a} = k_{\mathrm{p}}^2 \frac{n}{n_0}\boldsymbol{u} + c^{-1}\partial_t \nabla \phi \tag{19-17}$$

$$\nabla^2 \phi = k_{\mathrm{p}}^2 \left(\frac{n}{n_0} - 1\right) \tag{19-18}$$

$$d_t \boldsymbol{p} = c \nabla \phi + \partial_t \boldsymbol{a} - c\boldsymbol{p} \times (\nabla \times \boldsymbol{a})/\gamma \tag{19-19}$$

$$\partial_t n = -c \nabla \cdot n\boldsymbol{u} \tag{19-20}$$

式中，$k_{\mathrm{p}}^2 = 4\pi e^2 n_0 / mc^2$；$\boldsymbol{a} = e\boldsymbol{A}/m_{\mathrm{e}}c^2$ 为归一化矢势，其中 $\boldsymbol{A}$ 为电磁场矢势。需要注意的是，这四个方程中，时间和空间以及电子密度没有归一化；仅对电磁场矢势和标势以及电子动量和速度进行了归一化。

在一维情况下(激光光斑远大于等离子体波长)，将实验室坐标系统 (z, t) 化为独立的坐标 (ξ, τ)，其中 $\xi = z - ct$，$\tau = t$，这样就有

$$\begin{cases} \partial_z = \partial_\xi \\ \partial_t = \partial_\tau - c\partial_\xi \end{cases} \tag{19-21}$$

在一维情况下，考虑到矢势的方向垂直于激光传播的方向，以及标势与横坐标无关，这样，在一维情况下，式(19-17)～式(19-20)就可以简化为

$$(2c^{-1}\partial_\xi - c^{-2}\partial_\tau)\partial_\tau \boldsymbol{a} = k_{\mathrm{p}}^2 \frac{n}{n_0} \cdot \frac{\boldsymbol{a}}{\gamma} \tag{19-22}$$

$$\partial_{\xi\xi}\phi = k_p^2\left(\frac{n}{n_0} - 1\right) \tag{19-23}$$

$$\partial_\xi[\gamma(1-\beta) - \phi] = -c^{-1}\partial_\tau(\gamma\beta) \tag{19-24}$$

$$\partial_\xi n(1-\beta) = c^{-1}\partial_\tau n \tag{19-25}$$

考虑准静态近似(QSA)：$\partial_\tau(n, \gamma, \beta) = 0$，$\partial_\tau \boldsymbol{a} \neq 0$，动量方程和连续性方程通过积分就可以得到

$$\gamma(1-\beta) - \phi = 1 \tag{19-26}$$

$$n(1-\beta) = n_0 \tag{19-27}$$

则一维非线性波动方程和泊松方程就可以表示为

$$(2c^{-1}\partial_\xi - c^{-2}\partial_\tau)\partial_\tau \boldsymbol{a} = k_p^2 \frac{\boldsymbol{a}}{1+\phi} \tag{19-28}$$

$$\partial_{\xi\xi}\phi = -\frac{k_p^2}{2}\left[1 - \frac{1+a^2}{(1+\phi)^2}\right] \tag{19-29}$$

在线性条件下，即激光强度 $a_0 \ll 1$ 的情况下，波动方程为

$$(\partial_{tt} + w_p^2)\delta n / n_0 = c^2 \nabla^2 a^2 / 2 \tag{19-30}$$

$$(\partial_{tt} + w_p^2)\phi = w_p^2 a^2 / 2 \tag{19-31}$$

电子密度以及电场为

$$\delta n / n_0 = (c^2 / w_p)\int_0^t \mathrm{d}t' \sin[w_p(t - t')]\,\nabla^2 a^2(\boldsymbol{r}, t')/2 \tag{19-32}$$

$$\boldsymbol{E}/E_0 = -c\int_0^t \mathrm{d}t' \sin[w_p(t - t')]\,\nabla a^2(\boldsymbol{r}, t')/2 \tag{19-33}$$

式中，$E_0 = mcw_p/e$，在激光强度 $a_0 \gg 1$，且脉宽足够短 ($\tau \approx 0.5\lambda_p$) 的情况下，激光脉冲的有质动力将电子完全排空后在激光后面形成离子空泡(bubble)。在激光脉冲足够强的情况下，离子空泡近似为球体[9]。下面给出极端相对论非线性情况下，空泡加速机制下的电磁场的解析表达式。注意，在下面模型中，所有物理量均被归一化处理，不采用库仑规范 $\nabla \cdot \boldsymbol{a} = 0$，采用规范 $a_z = -\phi$，并采用新坐标 $\xi = z - \beta_g t$，x、y、β_g 为归一化的激光群速度。令 $\Phi = a_z - \phi$，可以得到

$$E_z = \partial_\xi \Phi = \xi / 2 \tag{19-34}$$

$$E_x = -B_y = x/4 \tag{19-35}$$

$$B_z = 0 \tag{19-36}$$

$$E_y = B_x = y/4 \tag{19-37}$$

$$F_r = -(E_r - B_\theta) = -r/2 \tag{19-38}$$

从以上方程组中可以看到,加速场 E_z 仅是纵向坐标的函数,电子的横向聚焦力是线性函数,这可以保证电子束团的发射度不发生明显的变化。根据鲁巍等[9]的理论,在 $a_0 \geqslant 2$ 的情况下,合适的激光脉冲匹配条件为 $k_p w_0 = k_p R = 2\sqrt{a_0}$,其中,$w_0$ 为激光光斑半径。

19.1.3 电子失相长度

由于激光脉冲与等离子体相互作用,并且将其能量通过激发尾场的形式传递给背景电子以及俘获的电子束团,激光脉冲前沿通常会发生较为严重的耗散。一维非线性理论指出,高斯激光脉冲在等离子体中的耗散速度为

$$v_{et} = c w_p^2 / \omega_0^2 \tag{19-39}$$

式中,ω_0 为激光频率。则修正后的激光脉冲的群速度为

$$v_\phi = v_g - v_{et} = c(1 - 3w_p^2 / 2\omega_0^2) \tag{19-40}$$

在这样的条件下,可以给出激光的耗散长度以及电子失相长度(从电子开始被尾场俘获到开始失相所运动的距离)约为[8]

$$L_{dp} \approx c \cdot \frac{R}{c - v_\phi} = \frac{2}{3} \frac{\omega_0^2}{w_p^2} R \tag{19-41}$$

电子失相是制约能量提升的关键因素,在过去数十年中,等离子体尾波加速领域的科学家一直致力于如何增加失相长度。下面给出几个具体方法。

1) 准相位匹配

在线性条件下,激光脉冲在均匀等离子体中产生的尾场是正弦形的,电子在其中运动一个周期获得的净能量为零。准相位匹配是利用激光脉冲与纵向密度周期变化的等离子体相互作用,改变尾场形状,使调制后的尾场中加速场积分大于减速场积分,从而使电子在运动一个周期后可以获得净能量增益[10]。

从理论上讲，如果令等离子体纵向密度周期长度与失相长度相当，并将电子束团放在负一阶谐波的峰值处，则电子可以逐次跨越第 n 个空泡，第 $n-1$ 个空泡，第 $n-2$ 个空泡……并在此过程中保持能量的持续增加。在实际应用中，电子束团在跨越空泡时，横向很难一直保持聚焦，束团品质无法保证。

2）渐变等离子体通道

此方法也是对等离子体的密度进行调制，令等离子体的密度在纵向逐渐增加，从而增大尾场相速度，使其能够与电子束团相匹配[11]。

通过引入密度上升区域，尾场在空泡尾部的相速度可表示为

$$v_{\mathrm{b}} \approx \frac{1-(3n/2\gamma_{\mathrm{a}} n_{\mathrm{c}})}{1+\lambda_{\mathrm{L}} \dfrac{d\sqrt{\gamma_{\mathrm{a}} n_{\mathrm{c}}/n}}{dx}} c \tag{19-42}$$

式中，$\gamma_{\mathrm{a}}=\sqrt{1+a_0^2/2}$；$n_{\mathrm{c}}$ 为频率为 w_0 的激光脉冲对应的临界等离子体密度，$n_{\mathrm{c}}=\pi m_{\mathrm{e}}c^2/e^2\lambda_{\mathrm{L}}^2$，可以看出通过选择合适的等离子体密度分布就可以使得空泡尾部的尾场与电子束团速度一致，从而增加失相长度，提升束团能量。同步的条件可以表示为

$$\begin{cases} n=\dfrac{n_0}{(1-x/L)^{2/3}} \\ L=\dfrac{2}{9}\left(\lambda_{\mathrm{L}}-\dfrac{c\Phi_0}{\omega}\right)\left(\dfrac{\gamma_{\mathrm{a}} n_{\mathrm{c}}}{n_0}\right)^{3/2} \end{cases} \tag{19-43}$$

式中，$x=\int_0^t v_{\mathrm{b}} \mathrm{d}t$，$\Phi_0=2\pi\xi_0/\lambda_{\mathrm{bubble}}$，$\xi_0$ 为 $x=0$ 处的电子束团与空泡尾部之间的距离，$\lambda_{\mathrm{bubble}}=\sqrt{\gamma_{\mathrm{a}} n_{\mathrm{c}}/n}\lambda_{\mathrm{L}}$。除了纵向相位锁定外，还要考虑横向相位锁定，使得电子始终处于聚焦相位。不论是准相位匹配还是渐变等离子体通道方案，都对等离子体通道（密度调制）提出了较高的要求。在光斑半径远大于尾场波长的前提下，密度上升区域不仅可以实现失相长度的增加，还可以在密度变化的交界处触发电子注入，利用这种方法得到的电子束团的电荷量可以达到纳库量级，脉宽达到阿秒量级[12]。

3）TWEAC 方案

TWEAC（traveling-wave electron acceleration）方案是将两束脉冲前沿倾斜均为 α 的激光脉冲以 Φ 夹角对撞，在对撞点激发等离子体尾波[13]。这个尾

场的相速度与对撞点移动的速度相当。当满足 $\alpha=\phi/2$ 时，移动速度为光速，可以完全避免失相。如果要在相互作用长度 L_{int} 的范围内保持强度为 a_0 的交点强度，所要求的单激光脉冲的能量为

$$W_0=\frac{\pi c^3 m_e^2 \varepsilon_0 \omega_0^2}{2e^2\sqrt{2\log 2}}a_0^2 L_{\text{int}} w_x \sin(\phi)\tau_0(\text{FWHM}) \tag{19-44}$$

除了不会失相外，TWEAC 的优点是由于交点的移动速度为光速，这阻止了自注入电子束团的产生，可以自由选取有效的外部注入方案。但缺点是加速距离与光束聚焦尺寸成正比。如果要将电子加速到太电子伏特量级，需要将光斑聚焦到 10 m 量级。在目前的实验条件下，这几乎是不可能的。

4) DLWFA(Dephasingless LWFA)方案

Palastro 等[14]在 2020 年提出“永不失相”的激光尾场加速方案。该方案先利用一个梯形镜将入射激光脉冲反射并形成一系列在时间和空间上分离的光环，然后这些光环经过抛物面聚焦镜被聚焦到轴线上的不同位置，与传统 LWFA 相比，DLWFA 方案大大增加了聚焦长度。而且由于不需要考虑失相和耗散问题，此方案可以应用于较高密度的等离子体，这意味着更高的加速梯度。

DLWFA 在理论上是可行的，但实现起来有很大难度。首先，大口径、高反射率的梯形镜加工本身难度就很大。其次，为了保证被加速束团走过一个瑞利长度后下一级分立的光脉冲恰好到来，还需要光学器件的加工精度达到激光脉冲波长级别，这无疑又大大增加了实现难度。

19.1.4 激光脉冲在等离子体中的传输

会聚的激光在经过焦点后会发生自然散焦，光束功率密度大幅下降，从而破坏尾场结构，影响加速品质。因此，如何保持激光脉冲在等离子体中的聚焦尺寸，是激光等离子体加速领域的热点问题，目前主要有以下方法。

1) 有质动力自聚焦与相对论性自聚焦

激光强度或者等离子体密度的改变会引起等离子体折射率的变化，进而改变激光的相速度。激光光束的相速度从中心向外逐渐增大时，波阵面将会弯曲，对激光脉冲起到聚焦的效果。对于 LWFA 常用的短脉冲、高强度激光脉冲来说，主要存在有质动力自聚焦和相对论性自聚焦两种自聚焦模式。

有质动力自聚焦是指由于有质动力的存在，等离子体中的电子将会被排

开，从而在激光脉冲后面形成一个近轴密度低、远离轴密度高的等离子体密度分布。此时激光的相速度从里到外是逐渐增加的，可以对激光脉冲产生聚焦作用。

相对论性自聚焦是指一束达到相对论强度的激光脉冲进入等离子体时，电子在激光场中运动，其质量因相对论效应而增加，从而使得等离子体的振荡频率降低。因为激光中心区域强度高，旁边强度低，因此轴线上的电子能量最高，折射率也最大，两边远离轴线时逐渐减小。此时等离子体对于激光脉冲相当于一个正透镜，实现对光束的自聚焦。当激光光强达到一定阈值时，相对论性自聚焦效应强于衍射效应，就可以实现对激光光束的自引导。这个自聚焦临界功率可以表示为[8]

$$P_c = 17.4\left(\frac{n_c}{n_e}\right)(\mathrm{GW}) \tag{19-45}$$

当激光功率接近或达到临界功率时，相对论自聚焦效应是占主导地位的，有质动力自聚焦起到了辅助、增强的作用。如果同时考虑相对论性自聚焦和有质动力自聚焦，自聚焦发生的阈值功率可以修正为

$$P_c = 16.2\left(\frac{n_c}{n_e}\right)(\mathrm{GW}) \tag{19-46}$$

从前面的分析可以看出，自聚焦的本质是激光脉冲前沿与等离子体相互作用，改变了等离子体电子的能量和分布，从而形成有利于激光导引的折射率改变。所以从本质上讲，自聚焦对短脉冲是不适合的，而且在自聚焦形成的过程中，往往伴随着激光脉冲前沿的演化与耗散。

2）预等离子体通道

如果我们可以控制等离子体密度分布，使其预先形成一个在横向上中心密度低、四周密度高的等离子体通道，即预等离子体通道（preformed plasma channel），也可以对激光脉冲进行有效的引导。

在 $a^2 \ll 1$，$k_p^2 r_0^2 \gg 1$ 和径向等离子体密度分布 $n = n_0 + \Delta n r^2 / r_0^2$ 以及激光脉冲（圆偏振）径向为高斯分布的假设下，激光脉冲光斑半径的演化方程为[15]

$$\frac{\mathrm{d}^2 R}{\mathrm{d}t^2} \approx \frac{c^2}{Z_R^2 R^3}\left(1 - \frac{P}{P_c} - \frac{\Delta n}{\Delta n_c} R^4\right) \tag{19-47}$$

从式（19－47）可以得到激光光斑半径不发生变化的条件为

$$P = P_c\left(1 - \frac{\Delta n}{\Delta n_c}\right) \tag{19-48}$$

一般情况下的激光光斑半径的演化方程为

$$\frac{d^2R}{dz^2} = \frac{1}{Z_R^2 R^3}\left(1 - \frac{\Delta n}{\Delta n_c}R^4\right) \tag{19-49}$$

激光光斑半径不发生变化的条件为

$$\Delta n = \Delta n_c = (\pi r_e r_0^2)^{-1} \tag{19-50}$$

对于高强度（$a_0 \approx 1$）、高功率（$P \leqslant P_c$）的高斯脉冲［$\hat{a}(\xi, r) = a_0 e^{-r^2/w_0^2} e^{-\xi^2/L^2}$］，以及径向密度分布为 $\rho_0 = 1 + \alpha(r/R)^4$（归一化长度），其中 $R = (n_{0,0}/\Delta n)^{1/2} r_0$，激光脉冲有效传播的条件为

$$w_0 = r_0, \ \Delta n = \Delta n_c \equiv (\pi r_e r_0^2)^{-1} \tag{19-51}$$

$$\alpha = \frac{2}{R^2}\left[1 - F(\xi^*)\left(\frac{P}{P_c} + \frac{a_0^2}{4}\right)\right] \tag{19-52}$$

式中，$R = w_0$，$F(\xi^*) = \int_{\xi^*}^{\infty} d\xi' \sin(\xi' - \xi^*) f^2(\xi')$，$\xi^*$ 为激光脉冲的匹配部分。对于高斯脉冲来说，$f(\xi) = e^{-\xi^2/L^2}$，我们只需让等离子体密度沿横向呈抛物线形分布，就能实现完美匹配。此时，激光脉冲在等离子体通道中传播，横向尺寸可以保持不变。在实验中，我们通常采用放电毛细管产生预等离子体通道[16-17]。

19.1.5 被加速电子的注入

被加速电子的注入是指通过一定的方式让电子的纵向速度等于尾场相速度，从而能够跟着尾场一起运动，持续从尾场中获得能量。注入方案会直接影响电子束团的品质，通常可选择的注入方案有自注入、碰撞脉冲注入、密度梯度注入、离化注入等，下面逐一进行介绍。

1）自注入

自注入是最简单的一种注入方案。高强度的激光脉冲驱动产生大振幅的等离子体波，等离子体波电场强度高于一定阈值时，会发生所谓的波破（wave breaking)，此时一部分速度高于尾场相速度的电子可以被注入尾场中。研究自注入的阈值条件对设计激光尾场电子加速器来说非常重要，选取合适的激光、等离子体参数有助于优化产生的电子束品质。自聚焦引起的背景电子自注入的物理图像如图 19－2 所示。

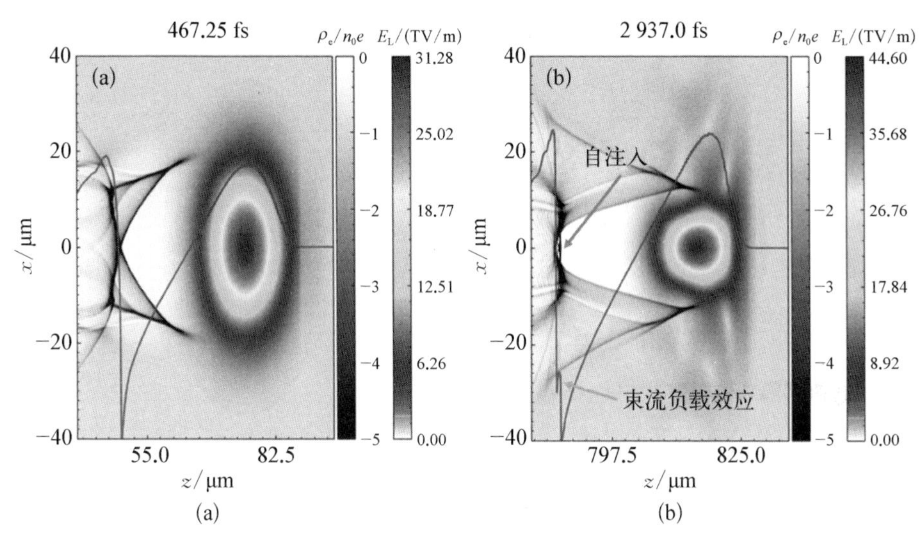

图 19－2　相对论自聚焦引起的背景电子自注入物理图像(彩图见附录)

(a) 自聚焦发生前；(b) 自聚焦发生时

考虑单粒子动力学，电子的哈密顿量为

$$\mathcal{H}(u,\xi)=(\gamma_{\perp}^{2}+u^{2})^{\frac{1}{2}}-\beta_{\varphi}u-\phi(\xi) \tag{19-53}$$

式中，$\xi=z-v_{\varphi}t$；u 为归一化的纵向电子动量；$\gamma_{\perp}^{2}=1+a^{2}/2$(线偏振)；$\phi(\xi)$ 满足方程

$$\partial_{\xi\xi}\phi=k_{\mathrm{p}}^{2}\gamma_{\varphi}^{2}\left\{\beta_{\varphi}\left[1-\frac{\gamma_{\perp}^{2}}{\gamma_{\varphi}^{2}(1+\phi)^{2}}\right]^{-1/2}-1\right\} \tag{19-54}$$

假定电子具有初始动量 u_{i}，则 $\mathcal{H}_{\mathrm{i}}=(1+u_{\mathrm{i}}^{2})^{1/2}-\beta_{\varphi}u_{\mathrm{i}}$，由于尾场 bucket 的哈密顿量为

$$\mathcal{H}_{\mathrm{b}}=\frac{\gamma_{\perp}(\xi_{\mathrm{m}})}{\gamma_{\varphi}}-\phi(\xi_{\mathrm{m}})$$

式中，ξ_{m} 是使得 $\mathcal{H}[\gamma_{\perp}(\xi)\gamma_{\varphi}\beta_{\varphi},\xi]$ 取最大值的相位。假定 $\gamma_{\perp}$ 为常数，$\phi(\xi_{\mathrm{m}})=\phi_{\min}$，这样得到电子被尾场俘获的最小的初始电子动量为

$$u_i = \gamma_\varphi \beta_\varphi (\gamma_\perp - \gamma_\varphi \phi_{min}) - \gamma_\varphi [(\gamma_\perp - \gamma_\varphi \phi_{min})^2 - 1]^{1/2} \tag{19-55}$$

$$\phi_{max/min} = \gamma_\perp - 1 + \frac{1}{2}E_m^2 \pm \beta_\varphi \left[\left(\gamma_\perp + \frac{1}{2}E_m^2\right)^2 - \gamma_\perp^2\right]^{1/2} \tag{19-56}$$

这样可以得到电子恰好被尾场俘获时的峰值电场阈值：

$$E_t^2 = 2\gamma_\perp (\gamma_\varphi - 1) + 2\gamma_\varphi^2 \{(1 - \mathcal{H}_i) - \beta_\varphi [(1 - \mathcal{H}_i)^2 + 2(1 - \mathcal{H}_i)\gamma_\perp / \gamma_\varphi]^{1/2}\} \tag{19-57}$$

对于典型的 LWFA，$\gamma_\varphi \approx 10$，$u_i \leqslant 0.01$，$u_i \leqslant \gamma_\perp / \gamma_\varphi \ll 1$，式(19－57)可简化为

$$E_t = [2\gamma_\perp (\gamma_\varphi - 1)]^{1/2} - \gamma_\varphi u_i^{1/2} + \gamma_\varphi^{3/2} u_i / \sqrt{8\gamma_\perp} \tag{19-58}$$

对于矩形激光脉冲，激光脉冲后面的电场振幅为

$$E_{max}^2 = 2\gamma_\varphi^2 x_{max} - 2 - 2\beta_\varphi \gamma_\varphi (\gamma_\varphi^2 x_{max}^2 - 1)^{1/2} \tag{19-59}$$

式中，$x_{max} = 2\gamma_\varphi^2 - 1 - 2\beta_\varphi \gamma_\varphi^2 \left(1 - \dfrac{1 + a_0^2/2}{\gamma_\varphi^2}\right)^{1/2}$。假定 $\gamma_\varphi^2 \gg \gamma_\perp^2$，则有

$$E_{max} \approx (1 + a_0^2/2)^{\frac{1}{2}} - (1 + a_0^2/2)^{-\frac{1}{2}} \tag{19-60}$$

令 $E_{max} = E_t$，根据式(19－60)可知：$a_0^2 = E_t^2 + (E_t^4 + 4E_t^2)^{1/2}$。将 $\gamma_\perp^2 = 1$ 代入式(19－58)，可以得到矩形线偏振激光脉冲的自注入激光强度阈值为

$$\frac{a_0^2}{2} = 2\gamma_\varphi - 2\sqrt{2}\gamma_\varphi^{3/2} u_i^{1/2} + 2\gamma_\varphi^2 u_i \tag{19-61}$$

由于 $\gamma_\varphi \approx w/w_p$，此阈值与等离子体密度相关，密度越低，需要的光强越强。考虑到 19.1.4 节提到的激光脉冲在等离子体中的自聚焦效应，即使一开始的激光强度不满足自注入要求，在传输一段距离后仍有可能发生自注入。

在空泡加速机制中，匹配条件下空泡区内最大的峰值电场为 $E_{max} = \sqrt{a_0}$。在一维冷等离子体波近似下，波破场 $E_m^2 = 2(\gamma_\varphi - 1)$，因此初始强度为 a_0 的激光脉冲所激发的等离子体波发生波破需要的最低离子体密度为

$$n_{0,\,wb} = \frac{\pi m_e c^2}{e^2 \lambda_0^2} \cdot \left(\frac{a_0}{2} + 1\right)^{-2} \tag{19-62}$$

一般来说，式(19－62)得出的结果比实验中得到的实际等离子体密度阈值

高得多,这是由于三维条件下激发尾场的振幅比一维模型大,更容易发生波破。

通过给定电子的初始动量分布可以估计被俘获的电子的数量。假定分布为 $f(u) \propto \exp(-u^2/2\beta_{th}^2)$,其中 $\beta_{th}^2 = k_B T_0 / m_e c^2$,这样通过自注入被俘获的电子的数量约为

$$N_{trap} = n_0 \cdot \pi r_0^2 \cdot L \cdot f_{trap} \tag{19-63}$$

式中,n_0 为等离子体密度;r_0 为激光光斑半径;L 为加速长度;f_{trap} 为

$$f_{trap} = \frac{1}{2}\left(1 - \frac{2}{\sqrt{\pi}}\int_0^{\frac{u_i}{\sqrt{2}\beta_{th}}} e^{-x^2}\,dx\right) \tag{19-64}$$

2005 年,Schroeder 等给出了温等离子体波下的波破场振幅:

$$E_m^2 = \gamma_{\perp}(\chi_0 + \chi_0^{-1} - 2) + [F(\chi_0) - 1]T/\gamma_{\perp} \tag{19-65}$$

式中,T 是由 $m_e c^2/k_B$ 归一化的等离子体温度;$F(\chi_0)$ 和 χ_0 详见参考文献[18]。当 $T \ll \gamma_{\perp}^2/\gamma_{\varphi}^2 \ll 1$ 时,温等离子体波破场为

$$E_m^2 = 2\gamma_{\perp}(\gamma_{\varphi} - 1) - 2\gamma_{\varphi}\left[\frac{4}{3}(3\gamma_{\perp}^2\gamma_{\varphi}^2 T)^{1/4} - (3\gamma_{\varphi}^2 T)^{1/2}\right] \tag{19-66}$$

从式(19-66)可以看出,对于高强度($a \geqslant 1$)的激光脉冲,激光脉冲内部的波破振幅大于激光脉冲尾部($a = 0$)的波破振幅。也就是说,当激光脉冲强度逐渐增加时,激光脉冲尾部首先发生波破。

通常情况下,只要等离子体密度足够高,激光足够强,自注入就可以发生。自注入方案的缺点在于,由于激光脉冲在等离子体中自聚焦的存在,注入的位置和持续时间难以保证,很难实现对电子束品质的控制。因此,科学家们提出了一系列控制注入的方案。

2) 碰撞脉冲注入

1996 年,Umstadter 等[19]提出利用一束额外的激光脉冲将背景等离子体电子注入尾场中进行加速的方案(LILAC)。此方案中,注入脉冲的传播方向与驱动脉冲传播的方向相互垂直,依靠注入脉冲的有质动力给背景电子提供动量增量,从而将其注入尾场中。Esarey 等[8]提出碰撞脉冲注入(CPI)的方案。此方案中,泵浦脉冲 a_0 产生等离子体尾场,前向注入脉冲 $a_1(k_1 \approx k_0)$ 跟在泵浦脉冲后,且相隔一定距离,它将决定注入电子的相位。后向注入脉冲

$a_2(k_2 \approx -k_0)$ 的偏振方向与 a_0 的偏振方向相互垂直，保证不会产生拍波。a_1 与 a_2 的偏振方向相同，相遇时可以产生慢变的有质动力拍波，帮助电子注入尾波中进行加速。

由于激光脉冲拍波产生的有质动力要远大于单个激光脉冲产生的有质动力，因此在同等注入脉冲条件下，CPI 方案比 LILAC 方案更有效。

3） 密度梯度注入

密度梯度注入的原理如下：当等离子体密度沿激光传播方向逐渐降低时，空泡会被拉长，尾场的相速度会降低，从而导致空泡尾部的部分背景电子被尾场俘获[20]。下面我们定性地分析一下其中原因：

Langmuir 波在等离子体中传播时，尾场波矢与频率的关系可以表示为

$$\frac{\partial}{\partial t}k = -\frac{\partial}{\partial x}\omega \tag{19-67}$$

冷等离子体波纵模的色散关系为 $\omega = \omega_p$。如果沿着激光传播的方向（x 方向）等离子体密度逐渐下降，ω 也随之降低，而 k 会随时间增加，因此尾场的相速度 $v_{ph} = \omega / k$ 会减小，从而造成背景电子更容易被俘获。

在密度梯度注入中，电子束团的品质与高、低密度比 $K = \dfrac{n_1}{n_2}$，密度下降沿长度，以及加速区的密度分布有着密切的关系。相关实验和模拟表明，注入电子的电荷量与空泡的膨胀速度有关[8]。空泡长度增加的速率可表示为

$$\frac{\dfrac{d\lambda_p}{dz}}{\lambda_{p0}} = \frac{K-1}{2L_{down}} \frac{1}{(n/n_0)^{3/2}} \tag{19-68}$$

可以看出，K 越大，下降沿长度越短，空泡膨胀的速率就越快。这会导致电子束团注入时刻的提前和延长，从而增加注入的电荷量和束团长度。在下降沿长度相同的情况下，K 越大，电子束团的绝对能散就越大。我们可以通过采用更陡峭的下降沿的方法来减小电子束团的相对能散[21]。

4） 离化注入

离化注入的概念最早是由 Umstadter 等[19]于 1996 年提出的。因为不同原子、不同壳层电子的电离能不同，所以部分内层电子仅在最接近激光焦斑中心的电场最强处电离。这些内层电子在激光脉冲中心附近产生，无须经过等离子体尾波前半周期的减速，因此更容易从尾场中获得足够能量，跟上尾场的

速度，获得持续的加速。例如以 He 和 N_2 混合气体作为工作气体，超短超强激光进入气体靶后，脉冲前沿可以完全离化 He 原子的所有电子和 N 原子的外层 5 个电子，其有质动力将排开这些被先离化的电子，形成尾波（空泡）；而 N 原子的内层的两个电子 N^{6+} 和 N^{7+} 由于电离势较大（分别是 552 eV 和 667 eV），只能在激光脉冲强度的峰值处才可以被离化；这部分电子产生在尾场内部，相对于激光脉冲向后运动并会迅速进入加速相位。

下面给出电子被尾场俘获的阈值条件。电子在尾场中运动的哈密顿量为

$$\mathcal{H}=\gamma-\beta_{\phi}(P_z-A_z)-\phi=\gamma-\beta_{\phi}P_z-(\phi-A_z) \qquad (19-69)$$

式中，ϕ 和 $\boldsymbol{A}$ 为尾场的标势和矢势，令赝势 $\Psi=\phi-A_z$，假定在激光中被电离出来的内层电子开始时是静止的，这样这个电子的哈密顿量：

$$\mathcal{H}_{\mathrm{i}}=1-\Psi_{\mathrm{i}} \qquad (19-70)$$

式中，下标表示刚被电离出来的电子开始所在位置的相应物理量，电子被俘获的阈值哈密顿量为尾场 separatrix 的哈密顿量：

$$\mathcal{H}_{\mathrm{s}}=\gamma_{\mathrm{f}}-\beta_{\phi}\gamma\beta_{\phi}-\Psi_{\mathrm{f}} \qquad (19-71)$$

式中，Ψ_{f} 表示尾场尾部的赝势，$\gamma_{\mathrm{f}}=\gamma_{\perp\mathrm{f}}\gamma_{\phi}=\sqrt{1+P_{\perp\mathrm{f}}^{2}}\gamma_{\phi}$ 表示尾场尾部被俘获的电子的洛伦兹因子，对应于相空间第一空泡区和第二空泡区 separatrix 的交点处的赝势（X 点），若电子在尾场中被俘获，必须要求 $\mathcal{H}_{\mathrm{i}}\leqslant\mathcal{H}_{\mathrm{s}}$，即电子被俘获的阈值为

$$\Delta\Phi+1\leqslant\frac{\gamma_{\mathrm{f}}}{\gamma_{\phi}^{2}}=\frac{\sqrt{1+P_{\perp\mathrm{f}}^{2}}}{\gamma_{\phi}} \qquad (19-72)$$

式中，$\Delta\Psi=\Psi_{\mathrm{f}}-\Psi_{\mathrm{i}}$，$\gamma_{\phi}$ 是对应于 β_{ϕ} 的洛伦兹因子，激光的有质动力和尾场横向分量均对 $P_{\perp\mathrm{f}}$ 产生贡献。在 $P_{\perp\mathrm{f}}\leqslant 1$ 和 γ_{ϕ} 较大的情况下，电子被俘获的条件为其感受到的尾场势函数与其产生时的尾场势函数之差小于 1，即 $\Delta\Psi<1$。

除了自场离化外，还可以用等离子体尾场离化内层电子[22]。尾场离化注入是利用空泡尾部的电场，而非激光自身电场将高原子态的电子电离后完成电子的俘获。无论是自场离化，还是尾场离化，都要满足注入的纵向阈值条件：$\psi_{\mathrm{i}}-\psi_{\mathrm{t}}\geqslant 0$。其中，$\psi_{\mathrm{i}}=\phi-\beta_{\mathrm{ph}}A_z$ 为电子被电离时的赝势，$\psi_{\mathrm{t}}=\psi_{\min}+1$。

离化注入具有结构简单，机制清晰，可有效控制注入距离从而控制能散和

电荷量的优点，因而在实验中得到了广泛应用[23]。值得注意的是，单脉冲离化注入对内层电子被离化处的电场强度有一定要求，而这个强度又与被俘获束团的发射度成正相关，所以单脉冲离化注入产生的电子束团的发射度一般比较大。为进一步提高束流品质，科学家们在最简单的离化注入机制的基础上，陆续提出了双束、双色光的碰撞离化注入[24]、自截断离化注入[25]等多种方法，均取得了不错的效果。

19.1.6 LWFA 主要实验进展

在激光尾场加速概念被提出后的最初 20 年里，受限于当时的激光技术，实验研究主要集中在自调制激光尾场加速领域[8]。2000 年以后，得益于啁啾脉冲放大技术的广泛应用，激光功率密度达到 LWFA 要求，一系列高品质电子加速实验结果涌现出来。2004 年，英、美、法的三个研究小组各自独立地在激光尾场加速实验中得到了准单能电子束，并被选为《自然》杂志封面文章，编辑将这些电子束命名为“梦想之束”[3-5]。2006 年，LBNL 实验室的 Leemans 等[26]利用 40 TW 激光器，成功地在 3.3cm 长的氢气放电毛细管中将电子束能量提升至 1 GeV，开启了激光尾场加速的 GeV 时代。2013 年，得克萨斯州立大学奥斯汀分校的 Wang 等[27]在没有使用等离子体通道的情况下获得了 2 GeV 量级的电子束团。在这个实验中，激光脉冲的功率达到了 1 PW (10^{15} W)。2014 年，LBNL 团队将电子束团的能量提高到了 4.2 GeV[28]。2019 年，他们再接再厉，利用 20 cm 的放电毛细管，将电子束团的能量提高到了 7.8 GeV，这也是目前激光尾场加速领域电子能量的世界纪录[6]。虽然在电子束的最高能量上取得比较大的突破，但这些实验中获得的电子束团的单能性都一般。这是由于激光强度和光谱在等离子体中的演化和束流负载效应，引起电子的多次自注入。通过选择其他可控注入方式（如离化注入、光碰撞注入、密度梯度注入等），可以优化束团品质，降低束团能散。

除了注入机制外，还可以通过分段级联加速的方式来提升束流品质。2011 年，上海光机所的刘建胜等将等离子体分为高、低两个密度区域，高密度区域用来产生高效注入，低密度区域则用于长距离加速。在实验中，他们通过此种方法得到了 0.8 GeV 的单能电子束团[29]。

目前，激光等离子体加速器产生的束流品质已经越来越接近传统加速器。2021 年，上海光机所的王文涛等在实验上首次实现了基于激光等离子体加速器的自由电子激光放大输出。实验中输出的典型激光波长为 27 nm，最短激光波长可达 10 nm,单脉冲能量达到 100 nJ 量级。相关研究成果作为封面文章发表于《自然》杂志[30]。

激光等离子体加速器想要实现实用化,其束流品质的稳定性十分重要。2020 年,德国 DESY 实验室的研究小组通过 24 h 不间断地运行激光尾场加速器,得到 100 000 组数据,对电子束流能量不稳定性来源进行大数据分析,并以此优化能量稳定性,取得了非常理想的效果[31]。研究人员假定了四个不稳定性来源:激光脉冲的能量 E、焦点的位置 Z、激光脉冲传播方向 θ_x 和 θ_y,并根据大量实验结果对下面公式中的系数进行了拟合:

$$\Delta\varepsilon(E,\ Z,\ \theta) \approx \frac{\partial\varepsilon}{\partial E}\Delta E + \frac{\partial\varepsilon}{\partial Z}\Delta Z + \frac{\partial\varepsilon}{\partial\theta_x}\Delta\theta_x + \frac{\partial\varepsilon}{\partial\theta_y}\Delta\theta_y \tag{19-73}$$

通过对束流品质参数化,利用大数据分析设计反馈系统对等离子体加速器的参数进行微调,从而得到稳定、重复性好的电子束,这或许是打通等离子体加速器实用化"最后一公里"的必经之路。

19.2　等离子体尾场加速器

束流驱动的等离子体尾场加速方案由 Chen 等[2]在 1985 年提出,其物理图像如图 19-3 所示,驱动带电粒子束流的空间电荷力将背景电子排开形成振荡等离子体波,在非线性($n_b/n_p \gg 1$ 或 $\Lambda = \int_0^\infty r n_b \mathrm{d}r \gg 1$)的条件下,电子基

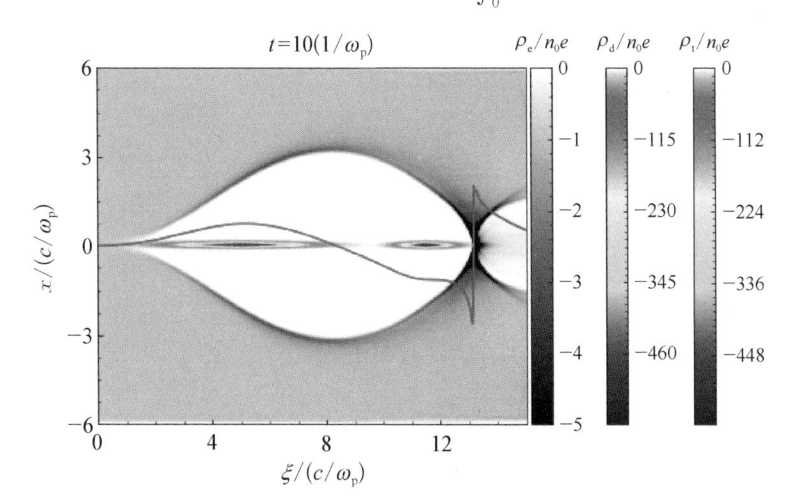

图 19-3　非线性等离子体尾场加速示意图(彩图见附录)

本被完全排空形成离子空泡，在空泡尾部形成极高的电子加速场，可以用来加速位于合适相位的具有一定初始能量的带电粒子束。下面简单介绍等离子尾场加速器的基础理论。

19.2.1 基础理论

1）线性理论

与 LWFA 相同，PWFA 的尾场激发方程利用流体力学的基本方程，在均匀等离子体中的三维线性等离子体波基本方程为[8]

$$(\partial_{tt} + w_p^2)\frac{\delta n}{n_0} = -w_p^2 \frac{n_b}{n_0} \tag{19-74}$$

式中，线性假设为 $n_b/n_0 \ll 1$，$\delta n/n_0 \ll 1$；n_b 为电子束团的数密度；δn 为扰动的等离子体密度。尾场泊松方程为

$$\nabla^2 \phi = k_p^2 \frac{(\delta n + n_b)}{n_0} \tag{19-75}$$

式中，尾场势已被 mc^2/e 归一化，在相对论电子束团以及轴对称的电子束团的假设条件下，相应的尾场电场为

$$E_z(r, \xi) = 4\pi e k_p^2 \int_{\infty}^{\xi} d\xi' \int_0^{\infty} dr' r' \cos k_p(\xi - \xi') \cdot I_0(k_p r_<) K_0(k_p r_>) n_b(\xi', r') \tag{19-76}$$

式中，$\xi = z - ct$；I_0 和 K_0 为零阶修正贝塞尔函数；$r_<$ 和 $r_>$ 分别代表 r 和 r' 的较小、较大值。横、纵向尾场的关系由 PW 方程 $\partial_r E_z = \partial_\xi (E_r - B_\theta)$ 定义。

定义变压比 $R_t = E^+/E^-$，它是被加速粒子感受到的加速场与驱动粒子感受到的减速场之比，也是被加速粒子获得的能量与驱动束丢失的能量之比。在固定驱动束流能量的前提下，变压比越高，被加速的电子束团获得的能量越大。如果驱动束流是高斯分布的，R_t 一般不超过 2。但如果驱动束具有一定纵向密度分布，变压比可能达到 2 以上[32]。考虑有限厚度电子束团，纵向电荷密度分布为

$$\rho(\xi) = \rho_0 k_p \xi \qquad 0 \leqslant k_p \xi \leqslant 2\pi N \tag{19-77}$$

式中，$\xi = v_b t - z$，v_b 为电子束团的速度，在这种情况下变压比为 $R_t = \pi N$。

考虑另一种电荷密度分布：

$$\rho(\xi) = \rho_0 \qquad 0 \leqslant k_p \xi \leqslant \pi/2 \tag{19-78}$$

$$\rho(\xi) = \frac{2}{\pi}\rho_0 k_p \xi \qquad \pi/2 \leqslant k_p \xi \leqslant k_p Z \tag{19-79}$$

式中，Z 为电子束团的长度，此时变压比为

$$R_t = \left[1 + \left(1 - \frac{\pi}{2} + k_p Z\right)^2\right]^{1/2} \tag{19-80}$$

如果 $k_p Z = 2\pi N$，则有 $R_t \approx 2\pi N$。

2）非线性理论

在一维非线性理论中，假设驱动束流是 $\xi = z - v_p t$ 的函数，$k_p r_\perp \gg 1$，$r_\perp$ 为驱动束流的特征径向尺寸，这样尾场泊松方程为[8]

$$\partial_{\xi\xi}\phi = k_p^2 \left\{ \frac{n_b}{n_0} + \gamma_p^2 \left[\beta_p \left(1 - \frac{1}{\gamma_p^2 (1+\phi)^2} \right)^{-\frac{1}{2}} - 1 \right] \right\} \tag{19-81}$$

在 $\gamma_p^2 \gg 1$ 的条件下，式(19-81)可以简化为

$$\partial_{\xi\xi}\phi = k_p^2 \left[\frac{n_b}{n_0} + \frac{1}{2(1+\phi)^2} - \frac{1}{2} \right] \tag{19-82}$$

根据鲁巍等的非线性 blowout 理论[9]，在超相对论极限时，$r_m \gg 1$，$\beta \ll 1$，$\beta r_m^4 \geqslant 1$，空泡半径的变化曲线方程和电场方程为

$$r_b \frac{d^2 r_b}{d\xi^2} + 2\left(\frac{dr_b}{d\xi}\right)^2 + 1 = \frac{4\lambda(\xi)}{r_b^2} \tag{19-83}$$

$$E_z(\xi) = \frac{1}{2} r_b \frac{dr_b}{d\xi} \tag{19-84}$$

在弱相对论情况下，$\Lambda < 1$，$k_p \sigma_r \ll 1$，$k_p \sigma_z \approx \sqrt{2}$，$n_b/n_p \leqslant 10$，尾场振幅为

$$\frac{eE_{z\max}}{mcw_p} \approx 1.3\Lambda \ln\left(\frac{1}{k_p \sigma_r}\right) \tag{19-85}$$

而在强相对论条件下，$n_b/n_p > 10$，尾场振幅为

$$\frac{eE_{z\max}}{mcw_p} \approx 1.3\Lambda \ln\left(\frac{1}{\sqrt{\Lambda/10}}\right) \tag{19-86}$$

其中

$$\Lambda = \int_0^\infty r n_b \mathrm{d}r = \frac{n_{b0}}{n_p}(k_p \sigma_r)^2 \tag{19-87}$$

在给定的电子束团参数（N，σ_r，σ_z）下，寻找到合适的等离子体密度非常重要，这有助于优化被加速电子束团的品质。

19.2.2 束流负载效应

考虑超相对论极限 $r_m \gg 1$，驱动束流横向、纵向均为高斯分布，这样在没有被加速束扰动尾场的情况下，加速场为

$$E_z(r_b) \approx -\frac{r_b}{2\sqrt{2}}\sqrt{\frac{r_m^2}{r_b^4}-1} \qquad r_m \geqslant r_b > 0 \tag{19-88}$$

我们希望被加速束可以感受到一个均匀的尾场，从而在加速过程中不引入额外的能散。定义空泡半径最大的位置处 $\xi=0$，加速场区域 $\xi>0$，被加速束头部坐标为 ξ_s，相应的空泡半径为 r_s，可以推算出加速场的大小为

$$E_s = \frac{r_s}{2\sqrt{2}}\sqrt{\frac{r_m^2}{r_s^4}-1} \tag{19-89}$$

使得加速场为常量的 trailing beam 电荷分布为

$$\lambda(\xi) = \sqrt{E_s^4 + \frac{r_m^4}{16}} - E_s \cdot (\xi - \xi_s) \qquad \xi_s \leqslant \xi \leqslant \xi_s + r_s^2/4E_s \tag{19-90}$$

因此

$$Q_s E_s = \frac{\pi r_m^4}{16} \tag{19-91}$$

此外，我们还希望在加速过程中保持被加速束团的发射度基本不变，这就要求等离子体密度与束流尺寸、发射度相匹配。束流横向尺寸演化的方程为

$$\frac{\mathrm{d}^2 \sigma_r(z)}{\mathrm{d}z^2} + \left[K^2 - \frac{\epsilon_N^2}{\gamma^2 \sigma_r^4(z)}\right]\sigma_r(z) = 0 \tag{19-92}$$

式中，$K = w_p/c(2\gamma)^{1/2}$；ϵ_N 为束团的归一化发射度。这样在加速过程中电子束团发射度不发生明显变化的条件为

$$\sigma_{r,\text{ matched}} = \left(\frac{2\epsilon_N^2}{\gamma k_p^2}\right)^{1/4} \tag{19-93}$$

19.2.3　基于 PWFA 加速的 CEPC 等离子体注入器

PWFA 中驱动束和被加速束的速度都近似为光速，且发散角都很小，所以无须考虑失相和散焦问题。因此，相比于 LWFA，PWFA 更有利于做长距离、高能量增益的加速。2007 年在 SLAC 进行的 PWFA 实验中，电子束团获得了约 42 GeV 的能量增益[7]。但由于这个实验中的电子束团比尾场的波长还长，所以实际上是电子束头部的粒子将能量传递到了尾部，束团品质比较差。

根据前面的理论可以知道，流强呈三角分布的驱动束不仅可以产生均匀的减速场，还可以获得较大的变压比，这在实验上已经得到了证实[32]。同时，通过被加速束团的束流负载效应，可以使被加速粒子处的尾场变均匀，避免在加速过程中带来额外的能散增加，这也已经在实验上得到了很好的验证。

2012 年，由中科院高能所牵头，国内高能物理学界开始进行环形正负电子对撞机(CEPC)项目的讨论。2015 年初，CEPC 工作组发布了 CEPC 的《预备概念设计报告》，这一报告明确了 CEPC 项目的可行性，认为 CEPC 项目不存在原理性的困难。2018 年 11 月，CEPC 研究工作组在北京正式发布 CEPC 的两卷《概念设计报告》(CDR)，这意味着 CEPC 项目的初步设计蓝图完成。在 CEPC 从预备概念设计向正式的概念设计推动的过程中，科学家们发现 CEPC 的增能环面临着比较严重的偏转磁铁低场问题。增能环是一个周长为 100 km 的环形加速器，它肩负着将束流能量从直线加速器出口的 10 GeV 提升到对撞环需要的 120 GeV 的任务。在初始阶段，由于束流能量较低而环的周长很大，所以偏转磁铁强度很低。其中最低一块偏转磁铁的磁场强度只有 29 Gs，稳定性要求好于 0.029 Gs，比地球磁场还小一个数量级。

为解决这个问题，2017 年初，高杰、鲁巍等提出在直线加速器和增能环之间增加一段 10 m 量级的等离子体加速，将束流能量从 10 GeV 提升至 30～40 GeV，这样可以大大缓解增能环的偏转磁铁低场问题。在 2018 年 11 月发布的 CEPC《概念设计报告》中，等离子体注入器概念设计 V1.0 版被作为备选

方案，列入报告的附录部分。2019年9月，在中国物理学会秋季会议上，李大章等给出了CEPC等离子体注入器概念设计V2.0版，如图19-4所示。

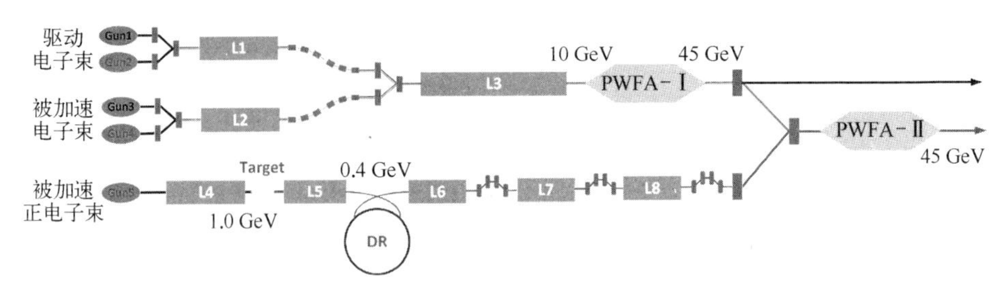

图19-4 CEPC等离子体注入器概念设计V2.0版

CEPC等离子体注入器首次将等离子体尾场加速器与正式的科学工程联系在一起，对推动等离子体加速器的实用化至关重要。与一般的验证实验不同，真实的加速器对效率、束流品质及其稳定性、可重复性都有极为苛刻的要求，需要解决一系列关键技术问题，如电子的高变压比加速，正电子的高效、低能散加速，传统加速器与等离子体加速器级联，大电量纵向密度调制的电子源，利用等离子体能量补偿器降低束流能散等。目前，高能所、清华大学、北京师范大学联合团队正在针对相关问题进行攻关，并已取得部分国际领先成果[33-35]。尽管如此，CEPC等离子体注入器仍有很多问题待解决，比如软管不稳定性(hosing instability)的存在，让长距离PWFA加速面临严重的误差容忍度问题。如何解决这些问题，是CEPC等离子体注入器研究必须给出的答案。

参考文献

[1] Tajima T, Dawson J M. Laser electron accelerator [J]. Physical Review Letters, 1979, 43(4): 267-270.

[2] Chen P S, Dawson J M, Huff R W, et al. Acceleration of electrons by the interaction of a bunched electron beam with a plasma [J]. Physical Review Letters, 1985, 54(7): 693-696.

[3] Mangles S P D, Murphy C D, Najmudin Z, et al. Monoenergetic beams of relativistic electrons from intense laser-plasma interactions [J]. Nature, 2004, 431: 535-538.

[4] Geddes C G R, Toth C, Tilborg J V, et al. High-quality electron beams from a laser wakefield accelerator using plasma-channel guiding [J]. Nature, 2004, 431: 538-541.

[5] Faure J, Glinec Y, Pukhov A, et al. A laser-plasma accelerator producing monoenergetic electron beams [J]. Nature, 2004, 431: 541-544.

[6] Gonsalves A J, Nakamura K, Daniels J, et al. Petawatt laser guiding and electron beam acceleration to 8 GeV in a laser-heated capillary discharge waveguide [J]. Physical Review Letters, 2019, 122(8): 084801.

[7] Blumenfeld I, Clayton C E, Decker F J, et al. Energy doubling of 42 GeV electrons in a meter-scale plasma wakefield accelerator [J]. Nature, 2007, 445: 741 - 744.

[8] Esarey E, Schroeder C B, Leemans W P. Physics of laser-driven plasma-based electron accelerators [J]. Review of Modern Physics, 2009, 81(3): 1229 - 1285.

[9] Lu W, Tzoufras M, Joshi C, et al. Generating multi-GeV electron bunches using single stage laser wakefield acceleration in a 3D nonlinear regime [J]. Physical Review Accelerators and Beams, 2007, 10(6): 061301.

[10] Yoon S J, Palastro J P, Milchberg H M. Quasi-phase-matched laser wakefield acceleration [J]. Physical Review Letters, 2014, 112: 134803.

[11] Rittershofer W, Schroeder C B, Esarey E, et al. Tapered plasma channels to phase-lock accelerating and focusing forces in laser-plasma accelerators [J]. Physics of Plasmas, 2010, 17(6): 063104.

[12] Li F Y, Sheng Z M, Liu Y, et al. Dense attosecond electron sheets from laser wakefields using an up-ramp density transition [J]. Physical Review Letters, 2013, 110(13): 135002.

[13] Debus A, Pausch R, Huebl A, et al. Circumventing the dephasing and depletion limits of laser-wakefield acceleration [J]. Physical Review X, 2019, 9(3): 031044.

[14] Palastra J P, Shaw J L, Franke P, et al. Dephasingless laser wakefield acceleration [J]. Physical Review Letters, 2020, 124(13): 134802.

[15] Esarey E, Krall J, Sprangle P. Envelope analysis of intense laser pulse self-modulation in plasmas [J]. Physical Review Letters, 1994, 72(18): 2887.

[16] Steinke S, Tiborg J V, Benedetti C, et al. Multistage coupling of independent laser-plasma accelerators [J]. Nature, 2016, 530: 190 - 193.

[17] Tsung F S, Narang R, Mori W B, et al. Near-GeV-energy laser-wakefield acceleration of self-injected electrons in a centimeter-scale plasma channel [J]. Physical Review Letters, 2004, 93(18): 185002.

[18] Schroeder C B, Esarey E, Shadwick B A. Warm wave breaking of nonlinear plasma waves with arbitrary phase velocities [J]. Physical Review E, 2005, 72(5): 055401.

[19] Umstadter D, Kim J K, Dodd E. Laser injection of ultrashort electron pulses into wakefield plasma waves [J]. Physical Review Letters, 1996, 76(12): 2073 - 2076.

[20] Geddes C G R, Nakamura K, Plateau G R, et al. Plasma-density-gradient injection of low absolute-momentum-spread electron bunches [J]. Physical Review Letters, 2008, 100(21): 215004.

[21] Fourmaux S, Phuoc K T, Lassonde P, et al. Quasi-monoenergetic electron beams production in a sharp density transition [J]. Applied Physics Letters, 2012, 101(11): 4752114.

[22] Pak A, Marsh K A, Martins S F, et al. Injection and trapping of tunnel-ionized

electrons into laser-produced wakes[J]. Physical Review Letters, 2010, 104(2): 025003.

[23] Clayton C E, Ralph J E, Albert F, et al. Self-guided laser wakefield acceleration beyond 1 GeV using ionization-induced injection[J]. Physical Review Letters, 2010, 105: 105003.

[24] Zeng M, Chen M, Yu L L, et al. Multichromatic narrow-energy-spread electron bunches from laser-wakefield acceleration with dual-color lasers[J]. Physical Review Letters, 2015, 114(8): 084801.

[25] Huang K, Li D Z, Yan W C, et al. Simultaneous generation of quasi-monoenergetic electron and betatron X-rays from nitrogen gas via ionization injection[J]. Applied Physics Letters, 2014, 105(20): 204101.

[26] Leemans W P, Nagler B, Gonsalves A J, et al. GeV electron beams from a centimeter-scale accelerator[J]. Nature Physics, 2006, 2(10): 696 - 699.

[27] Wang X M, Zgadzaj R, Fazel N, et al. Quasi-monoenergetic laser-plasma acceleration of electrons to 2 GeV[J]. Nature Communications, 2013, 4: 1988.

[28] Leemans W P, Gonsalves A J, Mao H S, et al. Multi-GeV electron beams from capillary-discharge guided subpetawatt laser pulses in the self-trapping regime[J]. Physical Review Letters, 2014, 113(24): 245002.

[29] Liu J S, Xia C Q, Wang W T, et al. All-optical cascaded laser wakefield accelerator using ionization-induced injection[J]. Physical Review Letters, 2011, 107(3): 035001.

[30] Wang W T, Feng K, Ke L T, et al. Free-electron lasing at 27 nanometers based on a laser wakefield accelerator[J]. Nature, 2021, 595: 516 - 520.

[31] Maier A R, Delbos N M, Eichner T, et al. Decoding sources of energy variability in a laser-plasma accelerator[J]. Physical Review X, 2020, 10(3): 031039.

[32] Loisch G, Asova G, Boonpornprasert P, et al. Observation of high transformer ratio plasma wakefield acceleration[J]. Physical Review Letters, 2018, 121(6): 064801.

[33] Wu Y P, Hua J F, Zhou Z, et al. Phase space dynamics of a plasma wakefield dechirper for energy spread reduction[J]. Physical Review Letters, 2019, 122(20): 204804.

[34] Wu Y P, Hua J F, Zhou Z, et al. High-throughput injection-acceleration of electron bunches from a LINAC to a LWFA[J]. Nature Physics, 2021, 17(7): 801 - 806.

[35] Zhou S Y, Hua J F, An W M, et al. High efficiency uniform acceleration of a positron beam using stable asymmetric mode in a hollow channel plasma[J]. Physical Review Letters, 2021, 127: 174801.

第 20 章
高能同步辐射应用技术

同步辐射光源是加速器技术造福人类生产生活的最为典型的一个产业化应用装置，能够推动生物、医药、材料、考古、核物理等多个基础及应用学科快速进步，具有极为重要的科学、经济、社会效益和价值。同步辐射光源发展到现在，成熟的技术包括一代、二代、三代、四代同步辐射光源。现在正在建设的北方高能同步辐射光源以及上海的全超导硬 X 射线自由电子激光装置则为新一代的高强度光源设施。这些光源的能量依然只能达到硬 X 射线波段，而未来的对撞机将提供绝无仅有的超高能同步辐射光源新技术，能量将覆盖几兆电子伏特到几百兆电子伏特的能量区间，将开拓出大型卡脖子关键结构材料的研究，以及光核物理、核天体物理、高能宇宙线探测等诸多学科领域的全新图景。

20.1 未来对撞机高能同步辐射技术

CEPC 的高能电子束在大环运动过程中可以获得非常高质量的伽马能同步辐射。如图 20－1 所示，CEPC 的束流由扭摆铁和弯铁同步辐射合并为一条束线，共用一条光束引出线。

扭摆器的特征伽马能为 19.2 MeV，高通量辐射能为 300 MeV。扭摆器产生的伽马光能在高通量下可以达到 20 MeV。而且，在大于 100 keV 的能量区域中，未来的高能粒子对撞机同步加速器源的亮度和通量远远高于第三代同步加速器辐射源的亮度和通量，达到国际最高水平。同步辐射光源比对如图 20－2 所示。

今天，应用最广及最先进的伽马射线源是基于激光电子汤姆孙散射的伽马射线设施，它被称为激光伽马射线源。表 12－1 列出了世界上主要的

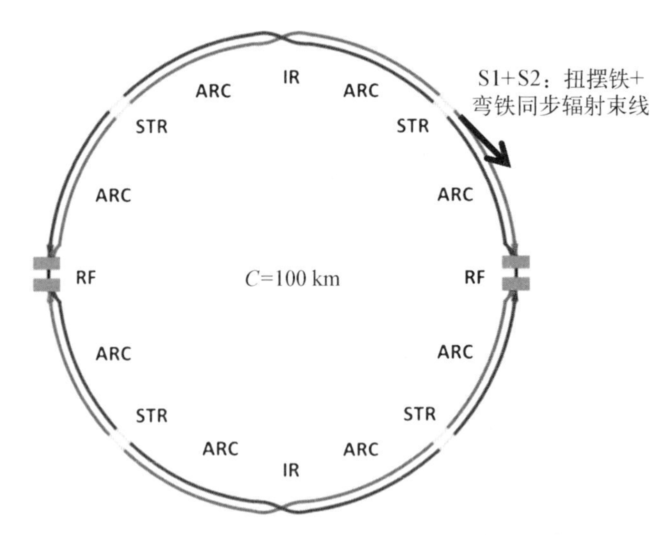

图 20－1　CEPC 同步辐射光源的光源束线示意图

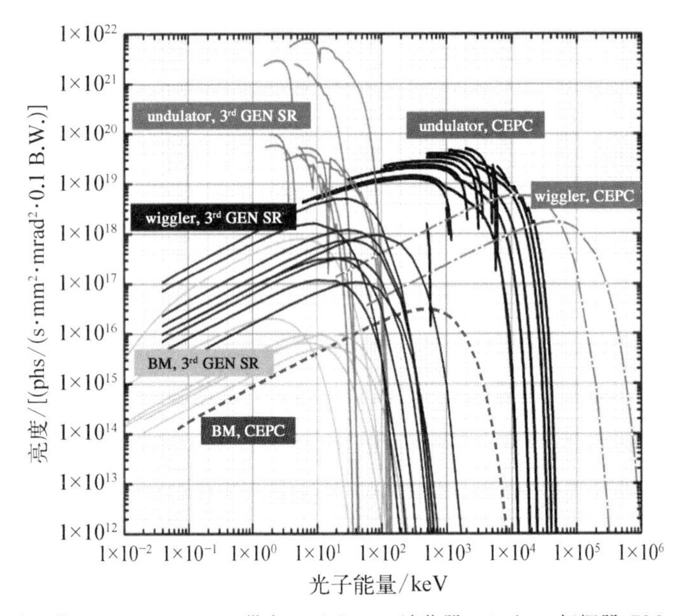

phs—光子数(photons)；B. W. —带宽；undulator—波荡器；wiggler—扭摆器；BM—弯铁。

图 20－2　同步辐射光源比对

伽马射线源的性能，并与 CEPC 的性能进行了比较。CEPC 伽马射线的通量远高于世界上所有其他激光伽马射线源的通量。根据结果，我们可以说，CEPC 伽马射线源将是世界上各种伽马射线源中亮度最高、通量最高的。

表 12－1　世界主要伽马光源与 CEPC 超高能同步辐射光源对比

光　源	CEPC BM	CEPC Undulator	CEPC 扭摆器	SSRF （中国）	TUNL－HIGS （美国）	TERAS （日本）	ALBL （西班牙）
伽马光能区/MeV	0.1～5	0.1～10	0.1～100	0.4～20 330～550	2～100	1～40	0.5～16 16～110 250～530
能量分辨率 $\Delta E/E$	continuous	约 1%	continuous	5%	0.8%～10%	—	—
通量/ (s^{-1})	$>1\times10^{12}$ (0.1%)	$>1\times10^{13}$ (0.1%)	$>1\times10^{16}$ (0.1%)	1×10^{6}	1×10^{8}	1×10^{4}～1×10^{5}	1×10^{5}～1×10^{7}

在获得 CEPC 高能同步辐射光源的过程中，需要发展以下三个极为重要的关键技术：① 扭摆磁铁，磁场强度为 2.0 T，既要提供高能伽马光束，又不能给主环运行带来太大的辐射功率，不能影响 CEPC 对撞模式的正常运行；② 超高能同步光束线设计；③ 兆电子伏特量级超硬 X 射线聚焦透镜等，以保障产生的兆电子伏特量级的伽马光束的品质以及应用束线的运行。

20.1.1　扭摆磁铁技术

扭摆磁铁设计的关键参数为周期长度 $L_p=0.32$ m，周期数 $N_p=4$，场强 $B=2.0$ T。考虑到对撞环单束流辐射功率 30 MW 的限制，只放置一个扭摆磁铁带来的辐射功率的相对增量为 1.4%，可以接受；如果用 100 个周期的扭摆磁铁，辐射功率将增加一倍，不可接受。增加扭摆磁铁后，束团自然能散从 0.099 1%增加到 0.128 9%，束团自然长度从 2.68 mm 增加到 3.54 mm。图 20－3 显示了扭摆磁铁区域的 lattice 函数，表明了扭摆磁铁的摆放位置以及经过扭摆磁铁时束流状态的改变。

20.1.2　超高能同步辐射束线设计

超高能同步辐射束线的设计关键难点在于以下两个方面：① CEPC 主环上的弯铁强度很低，这是为了满足尽可能降低同步辐射功率的要求；② 由于弯铁强度低，弯转半径就变得非常大，将达到 11 km，因此要将同步辐射光束与束流主束分流，超高能同步辐射束线的管道经过磁铁以及管道的束光分离都将与传统的同步辐射束线有极大的不同，需要全面充分考虑。

扭摆磁铁放在二极磁铁的最前面，二极磁铁总长度为 28 m，如图 20－4 所

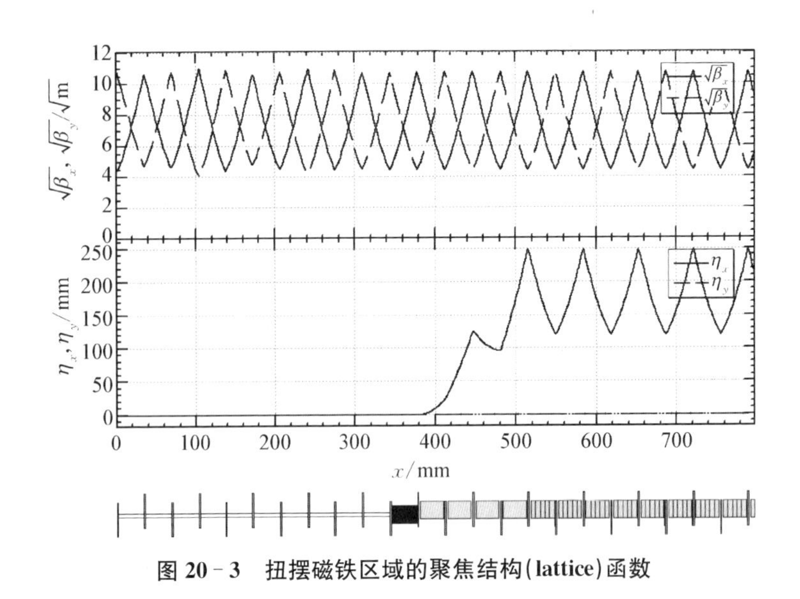

图 20-3　扭摆磁铁区域的聚焦结构(lattice)函数

示。准备引出的同步辐射光是从二极磁铁的第一块磁铁产生的同步辐射光，同步辐射光会在二极管的真空管中逐步与束流分离，在 28 m 的二极磁铁末端发生彻底分离，为了设计简单，整根二极磁铁的真空管道将统一考虑，设计在横向扩展到 150 cm，以保证 CEPC 同步辐射光能够无阻碍地引出，如图 20-5 所示。

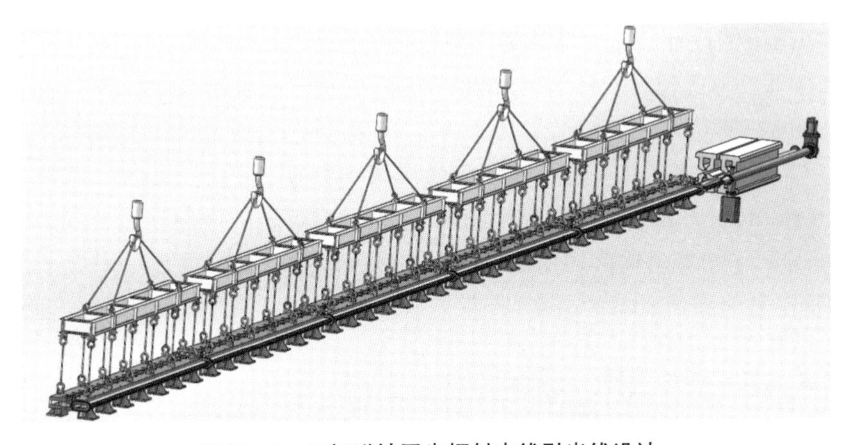

图 20-4　二极磁铁同步辐射束线引出线设计

磁铁中真空管道的特殊设计要求磁铁右侧的支撑结构向外延长 150 mm 甚至更多，相应的冷却水管也相应地向外延长。

图 20-6 展示了二极磁铁末端同步辐射光与电子束发生分离。CEPC 同步辐射光将从图中右侧的管道引出，有一个三角形的光子吸收装置在电子束

和同步辐射光中间，用于吸收多余的无法引出的同步辐射光，还有一个相应的冷却水通道。在扁盒的后面对接直径为 100 mm 的同步辐射光引出管道。

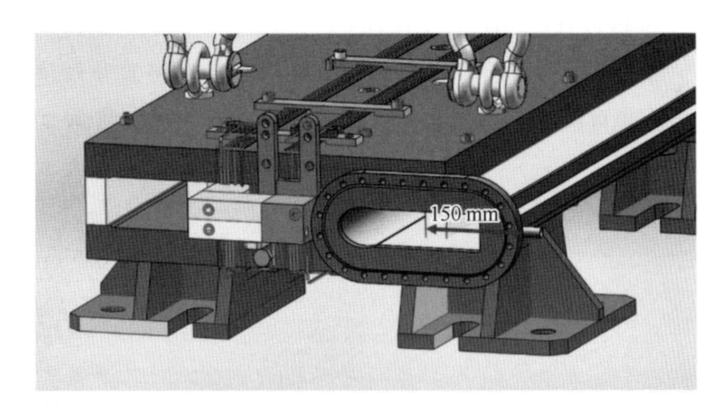

图 20－5　二极磁铁真空扁盒的设计

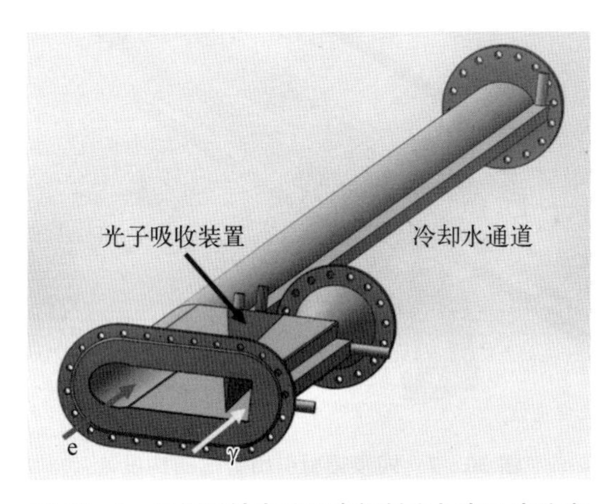

图 20－6　二极磁铁末端同步辐射光与电子束分离

图 20－7 展示了同步辐射引出管道的结构设计。由于二极磁铁末端紧挨着四极磁铁，无法直接转接较大的真空管道，需要先有一段较细的管道穿过四极磁铁缝隙。由于引出管道很长，需要在这附近增加一个溅射离子泵保证管道的真空度。

CEPC 高能同步辐射光束线真空技术需要认真考量以下几点：

(1) 光束线长度超过 700 m，其真空系统建议采用吸气剂膜(NEG films)＋离子泵。

(2) 全部束线可以分成 8 个区段，每个区段使用全金属超高真空阀门隔离开(9 台阀门)，每个区段留有单独的粗抽口和充气口，同时每个区段均布置

5～10 台离子泵(用于抽除 CH_4 等吸气剂薄膜不易抽除的气体),全部真空盒内壁镀吸气剂膜。

(3) 真空盒材料可以采用 304 不锈钢(其内尺寸为 ϕ100 mm,壁厚为 3 mm)。

(4) 真空测量,每个区段留有 2 个测量点,采用冷阴极真空规进行测量。

(5) 在光子准直区域,需要在真空盒附近布置测温点,监测真空盒外壁温度变化。

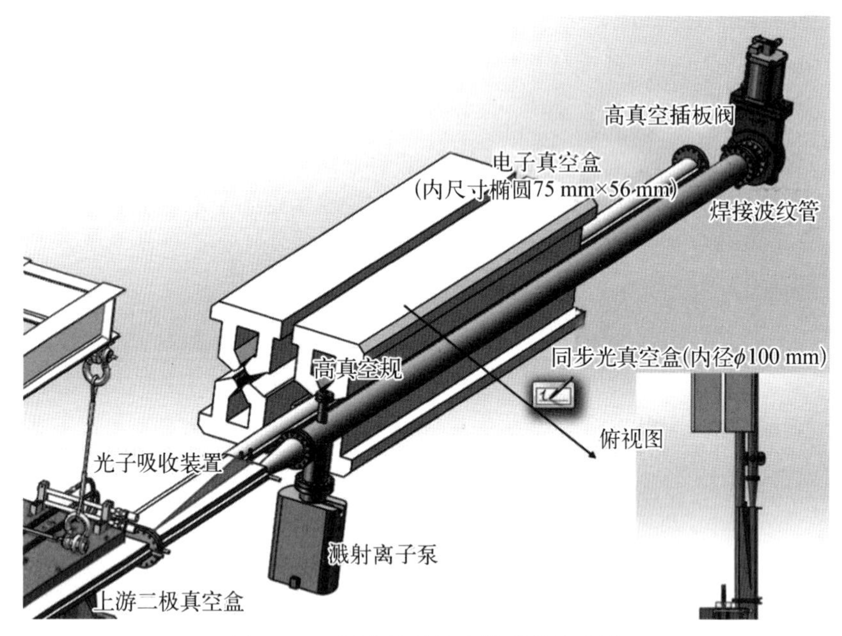

图 20-7　同步辐射引出管道结构设计

20.1.3　兆电子伏特量级超硬 X 射线聚焦透镜设计

超高能同步辐射光源技术应用端最为重要的是提供高品质的伽马光束满足应用的需求,那就要求我们对同步辐射光束进行良好的传输和聚焦。这其中就要求能够提供兆电子伏特量级超硬 X 射线的聚焦系统设计。劳厄透镜是一种利用晶体衍射来聚焦伽马射线的新兴技术[1-7],它可以使太空望远镜在 0.1～1.5 MeV 能量范围内的灵敏度提高到现有望远镜的 10～100 倍。晶体是劳厄透镜的核心,因为劳厄透镜是通过晶体的布拉格衍射来使入射的伽马射线聚焦的。本节分别介绍镶嵌晶体和具有弯曲衍射平面晶体中射线衍射的理论,以及晶体反射率的计算公式。为了建立满足实际需求的劳厄透镜,需要高反射率的晶体，所以必须对晶体的材料进行挑选。考虑了 18 个经过初步筛选的纯晶体，假设它们是镶嵌晶体，计算出它们的能量分别在 0.1 MeV、0.5 MeV、1 MeV 和 1.5 MeV 时的最大反射率。分析发现，通过对晶体材料的仔细选择，可以使反射率在 0.1～1.5 MeV 能量范围内超过 20%，在能量较低的范围内甚至可超过 35%。根据计算和分析的结果，提出一个可以聚焦 0.8～1.2 MeV 能量范围的伽马射线的劳厄透镜的初步方案。

劳厄透镜是利用晶体中的布拉格衍射来引起 γ 射线偏转的，如果将许多晶体适当地排列，就可以将偏转的 γ 射线聚集到一个点上。晶体是劳厄透镜的核心，选用合适的晶体材料是实现劳厄透镜的关键。最初，镶嵌晶体被提出作为劳厄透镜的光学元件；随后，又提出使用具有弯曲衍射平面的晶体来替代镶嵌晶体，作为劳厄透镜的光学元件，它可以提高劳厄透镜的性能；最近，在弯曲晶体的框架内，提出利用准镶嵌效应来制造劳厄透镜所需的衍射晶体，这种晶体可以使被衍射的射线聚焦到比衍射晶体更小的点上，从而提高劳厄透镜的灵敏度。

可以通过外部支架使晶体弯曲，但使用外部支架会增加额外的质量和空间，因此不适用于劳厄透镜晶体的弯曲。也可以通过浓度梯度技术来制造弯曲晶体，即沿生长轴生长具有渐变成分的双组分晶体，虽然利用这种技术已经生产出了性能良好的晶体，但制造工艺复杂，不适合大规模生产，而劳厄透镜所需的晶体的数量很大。此外，在晶体表面开槽也可制造出弯曲晶体，这种方法具有成本低、操作简单、重复性好等优点，可用于大规模生产，但此方法不可能将厚度大于 2 mm 的板弯曲到所需的曲率，并会对晶体产生不可逆的损害。最近提出一种新的技术，通过固化过程在晶体表面沉积碳纤维来使晶体弯曲，晶体曲率是由于晶体与碳纤维复合材料的热膨胀系数不同造成的，这种方法可使厚度达 5 mm 的晶体弯曲[8]。

劳厄透镜根据布拉格衍射原理，利用大量排列在同心圆环上的晶体将来自无穷远处的射线衍射到同一焦点上。根据布拉格条件，在给定方向上的晶体会使具有特定能量的光子发生偏转：

$$2d_{hkl}\sin\theta_{\mathrm{B}}=\lambda=\frac{h_{\mathrm{p}}c}{E} \tag{20-1}$$

式中，d_{hkl} 是衍射晶体的晶面间距；θ_{B} 是布拉格角；h_{p} 普朗克常数；c 是真空中的光速；E 是射线的能量。对于立方晶体，如 Si、Ge、Cu 等，晶面间距可表示为

$$d_{hkl}=\frac{a}{\sqrt{h^2+k^2+l^2}} \tag{20-2}$$

式中，a 为晶体的晶格常数；h、k、l 是平面的密勒指数。

劳厄透镜最简单的设计是将晶体放置在同心圆环上，且每个环都由完全相同的晶体组成。图 20-8 所示是劳厄透镜的原理，它由两个晶体环组成，半径分别为 r_1 和 r_2。这种劳厄透镜有两种不同的晶体使用情况。第一种，两个环使用不同的晶体或不同的衍射平面，又由于环半径的不同，可以使两个环衍射的能量相同，即图 20-8 中的 $E_1=E_2$。这种劳厄透镜只能衍射较窄能量通带。第二种，两个环使用完全相同的晶体，又由于环半径的不同，可以使两个环衍射的能量不同，即图 20-8 中的 $E_1>E_2$。在这种情况下，如果相邻环衍射的能量通带相互重叠，则劳厄透镜可以衍射较宽的能量通带。

劳厄透镜是由大量晶体组成的，可以近似认为这些晶体排列在一个球面上，且每个晶体的衍射平面垂直于球面(见图 20-9)。f 是劳厄透镜的焦距，则环的半径为

$$r=f\tan(2\theta_{\mathrm{B}})\approx f\,\frac{\lambda}{d_{hkl}} \tag{20-3}$$

则衍射的能量满足

$$E=\frac{h_{\mathrm{p}}c}{2d_{hkl}\sin\theta_{\mathrm{B}}}=\frac{h_{\mathrm{p}}c}{2d_{hkl}}\Big/\sin\left(\frac{1}{2}\arctan\frac{r}{f}\right)\approx\frac{h_{\mathrm{p}}cf}{d_{hkl}r} \tag{20-4}$$

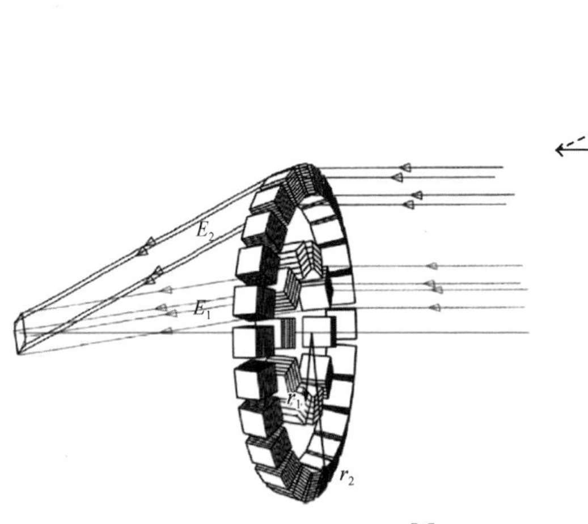

图 20-8 劳厄透镜的原理[9]

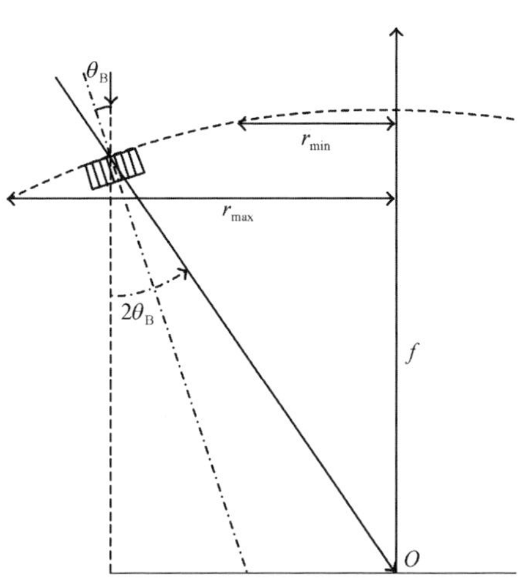

图 20-9 劳厄透镜的几何形状

任何劳厄透镜都可以在一个能量通带上衍射光子，由上式可知，此能量通带的范围为

$$E_{\min} \approx \frac{h_{p} c f}{d_{hkl} r_{\max}} \quad E_{\max} \approx \frac{h_{p} c f}{d_{hkl} r_{\min}} \tag{20-5}$$

在天体物理学的应用中，通常需要一个较宽的能量通带。对于完美晶体而言，它只能够衍射很窄的一条线，所以不适合作为劳厄透镜的衍射晶体。而镶嵌晶体和具有弯曲衍射平面的晶体，它们的衍射平面上有一个角度扩展，所以能衍射较宽的能量通带，符合实际需要。

与理想晶体不同，真实晶体由于生长条件而出现缺陷，可以用达尔文模型[10]来描述，这个模型也称为镶嵌模型。镶嵌模型认为，镶嵌晶体是由许多微小的完美晶体(微晶)组成的，每个微晶的晶格面在一个平均方向上有轻微的错位，与衍射选择的平均晶格面相对应。微晶偏离平均方向的分布函数可用高斯函数近似表示：

$$W(\Delta\theta) = \frac{1}{2\sqrt{\pi}\,\eta} \exp\left(-\frac{\Delta\theta^2}{2\eta^2}\right) \tag{20-6}$$

把此分布函数的半极大值处的全宽度 ($\Omega = 2\sqrt{\lg 2}\,\eta$) 定义为晶体的镶嵌度。则

$$W(\Delta\theta) = 2\sqrt{\frac{\ln 2}{\pi}}\,\frac{1}{\Omega} \exp\left[-\ln 2\left(\frac{2\Delta\theta}{\Omega}\right)^2\right] \tag{20-7}$$

衍射光强随入射角变化的方程为[11]

$$I = I_0 \frac{1}{2}[1 - \exp(-2\sigma T_0)] \exp\left(\frac{-\mu T_0}{\cos\theta_B}\right) \tag{20-8}$$

式中，I_0 是入射光强。反射率被定义为衍射光强与入射光强之比，则反射率随入射角变化的方程为

$$R = \frac{I}{I_0} = \frac{1}{2}[1 - \exp(-2\sigma T_0)] \exp\left(\frac{-\mu T_0}{\cos\theta_B}\right) \tag{20-9}$$

式中，T_0 是晶体厚度；μ 是晶体的线性吸收系数；σ 为相干扩散系数，即 $\sigma = W(\Delta\theta)Q$，$\Delta\theta$ 是光束在衍射平面上的实际入射角与布拉格角之间的差值，即 $\Delta\theta = \theta - \theta_B$。根据衍射动力学理论，$Q$ 可以表示为

$$Q = \frac{\pi^2 d_{hkl}}{\Lambda_0^2 \cos\theta_B} f(A) \tag{20-10}$$

在对称劳厄几何情况下：

$$f(A) = \frac{B_0(2A) + |\cos\theta_B| B_0(2A|\cos\theta_B|)}{2A(1+\cos\theta_B^2)} \tag{20-11}$$

当能量高于 100 keV 时，布拉格角很小，$f(A)$ 可近似表示为

$$f(A) \approx \frac{B_0(2A)}{2A} \tag{20-12}$$

式中，B_0 是零阶贝塞尔函数从 0 到 $2A$ 的积分，A 定义为

$$A = \frac{\pi t_0}{\Lambda_0 \theta_B} \tag{20-13}$$

式中，t_0 是微晶厚度；Λ_0 被称为消光长度，在劳厄对称几何下被定义为

$$\Lambda_0 = \pi \frac{V_c \cos\theta_B}{r_e \lambda |C| |F_{hkl}|} \tag{20-14}$$

式中，V_c 是晶胞体积；r_e 是经典电子半径；C 是极化因子；F_{hkl} 是结构因子。

当 $\Delta\theta = \theta - \theta_B = 0$ 时，可求得晶体反射率的最大值为

$$R_{peak} = \frac{1}{2}\{1 - \exp[-2W(0)QT_0]\}\exp\left(-\frac{\mu T_0}{\cos\theta_B}\right) \tag{20-15}$$

反射率达到最大值时，晶体的厚度可由下式算出：

$$\frac{\partial R_{peak}}{\partial T} = 0 \Leftrightarrow T_0 = \frac{\ln\left[\frac{2W(0)Q}{\mu} + 1\right]}{2W(0)Q} \tag{20-16}$$

但考虑到现实制作的因素，将晶体厚度限制在 1～25 mm 范围内。

QM 晶体属于弯曲晶体的一类，具有准镶嵌性，准镶嵌性是类金刚石晶体中各向异性驱动下的一种力学性质[12-14]，在各向同性材料中是不存在的。当

晶体被外力弯曲到一个主曲率 Ω_P 时，由于准镶嵌性的存在，会导致晶体内部产生一个二次曲率，该曲率称为 QM 曲率 Ω_{QM}，由 QM 效应弯曲的平面与晶体的主表面正交[6]。

QM 晶体的反射率与 CDP 晶体相同，表示为

$$R=\left[1-\exp\left(-\frac{\pi^2 d_{hkl}T_0}{\Lambda_0^2\Omega_{QM}}\right)\right]\exp\left(-\frac{\mu T_0}{\cosh\theta_B}\right) \tag{20-17}$$

在相同的条件下，与镶嵌晶体和弯曲晶体的劳厄透镜相比，QM 晶体的劳厄透镜可以将入射射线聚焦到比衍射晶体尺寸更小的点上，这使得 QM 晶体的劳厄透镜具有更高的分辨率和灵敏度。因此，可以通过 QM 晶体大大提高劳厄透镜的聚焦能力。

晶体是劳厄透镜的核心，所以需要选择符合要求的晶体材料。因为由两种以上元素组成的晶体的晶胞较大，会导致晶体的衍射强度降低，所以这里仅考虑了纯晶体。

首先，适用于劳厄透镜的材料在常温常压下必须以晶体的状态存在，且在空气中不发生强烈的反应，也不能有放射性或较强的毒性。其次，必须能高效地衍射射线，这与材料的高电子密度和晶格有关，其中最有效的晶格是金刚晶格石、面心立方晶格(f. c. c.)和体心立方晶格(b. c. c.)[9]。满足以上要求的材料有 18 种，分别是 Al、Si、V、Cr、Ni、Cu、Ge、Mo、Rh、Pd、Ag、Ba、Ta、W、Ir、Pt、Au 和 Pb。

晶体的反射率越大，其衍射能力越强。为了比较这些晶体的衍射能力，我们分别计算了它们的能量在 0.1 MeV、0.5 MeV、1 MeV 和 1.5 MeV 时的峰值反射率，结果如图 20－10 所示。假设它们都是镶嵌晶体，峰值反射率可由公式算出，设它们的镶嵌度 Ω 为 30 角秒，微晶厚度 t_0 为 5 μm，晶体厚度 T_0 可由公式算出，但考虑到实际制作的情况，将晶体厚度限制在 1～25 mm 范围内。

在能量较低时，原子序数较小的晶体反射率高；反之，在能量较高时，原子序数较大的晶体反射率高。这是因为在能量较低时，原子序数大的晶体具有很强的吸收性，所以其反射率很低。

通过详细计算发现，能量在 0.1 MeV 时，Al、Si、V、Cr 和 Ge 的反射率较高，在 36%以上，其中 Si 和 Ge 是很好的选择，因为它们在工业上能够大量生产，容易得到符合要求的晶体。能量在 0.5 MeV 时，Ni、Cu、Mo、Rh、Pd、Ag、

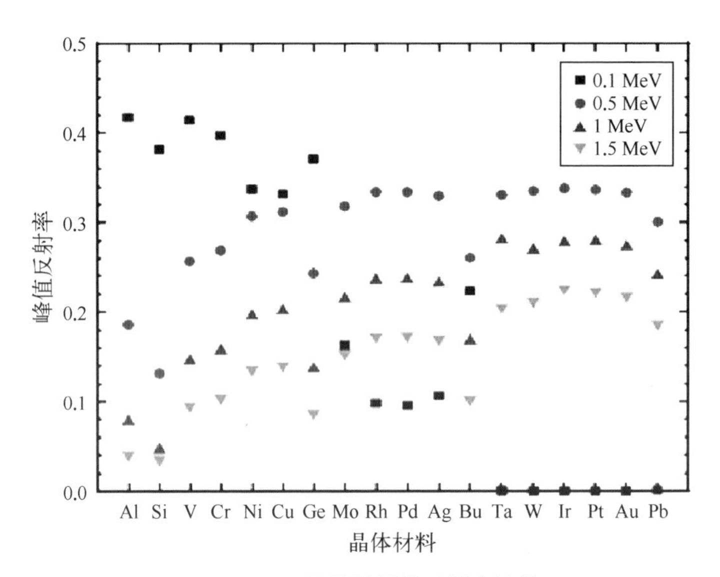

图 20-10　晶体材料的反射率计算

Ta、W、Ir、Pt、Au 和 Pb 的反射率较高，在 30%以上，其中 Cu、Ni、Ag、Rh 和 Pb 是较好的选择，因为它们相对便宜，且有镶嵌结构。能量在 1 MeV 和 1.5 MeV 时，Ta、W、Ir、Pt、Au 和 Pb 的反射率较高，1 MeV 时在 24%以上，1.5 MeV 时在 18%以上。但 Ta、W 和 Ir 的熔点非常高，分别为 2 996℃、3 410℃和 2 454℃，这使得它们的价格昂贵，且很难获得大量的纯晶体。Pt 价格非常昂贵，不能大量生产。相比之下，Au 和 Pb 是更合适的选择。

接着对 Si、Ge、Cu、Au 和 Pb 这几种在不同能量时较合适的晶体进行更进一步的计算。分别算出它们的能量在 0.1 MeV、0.2 MeV、0.3 MeV、0.4 MeV、0.5 MeV、0.6 MeV、0.8 MeV、1 MeV、1.25 MeV、1.5 MeV、2 MeV、3 MeV、4 MeV 和 5 MeV 时，反射率与 $\Delta\theta$ 的关系，当 $\Delta\theta=0$ 时，反射率最大（见图 20-11），从而得到峰值反射率随能量的变化关系。结果如图 20-12 所示，晶体的参数与前面的计算相同。可得出以下结论：Si 能量在 0.1～0.2 MeV 范围内有较高的反射率，Ge 能量在 0.1～0.6 MeV 范围内有较高的反射率，Cu 能量在 0.1～0.8 MeV 范围内有较高的反射率，Au 能量在 0.3～1.5 MeV 范围内有较高的反射率，Pb 能量在 0.3～1.25 MeV 范围内有较高的反射率。当能量为 2 MeV 时，Au 的反射率只有 17%；当能量为 5 MeV 时，Au 的反射率只有 4.5%。因此，当能量高于 2 MeV 时，用劳厄透镜的方法聚焦射线就不适合了。

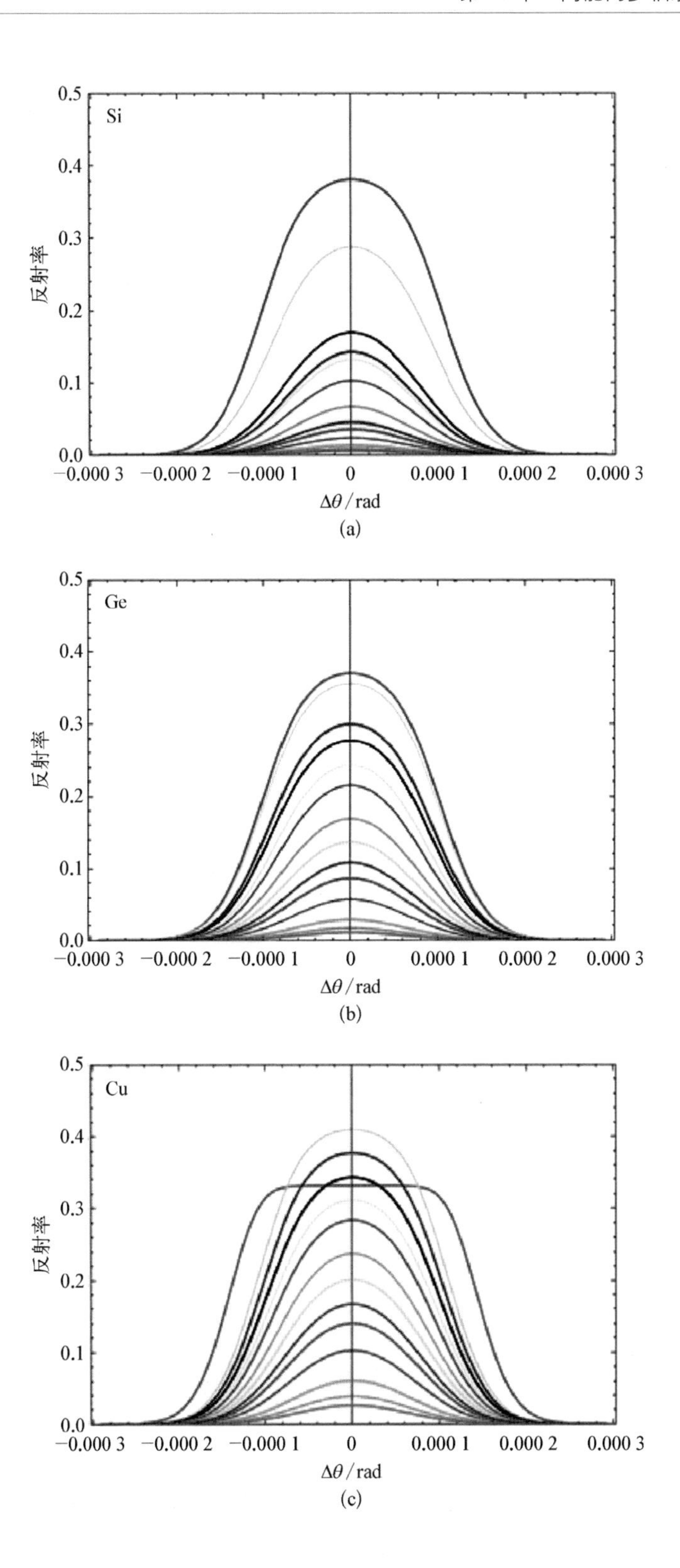

Si
反射率
0.5
0.4
0.3
0.2
0.1
0.0
−0.000 3
−0.000 2
−0.000 1
0
0.000 1
0.000 2
0.000 3
Δθ/rad
Ge
Cu

(a)

(b)

(c)

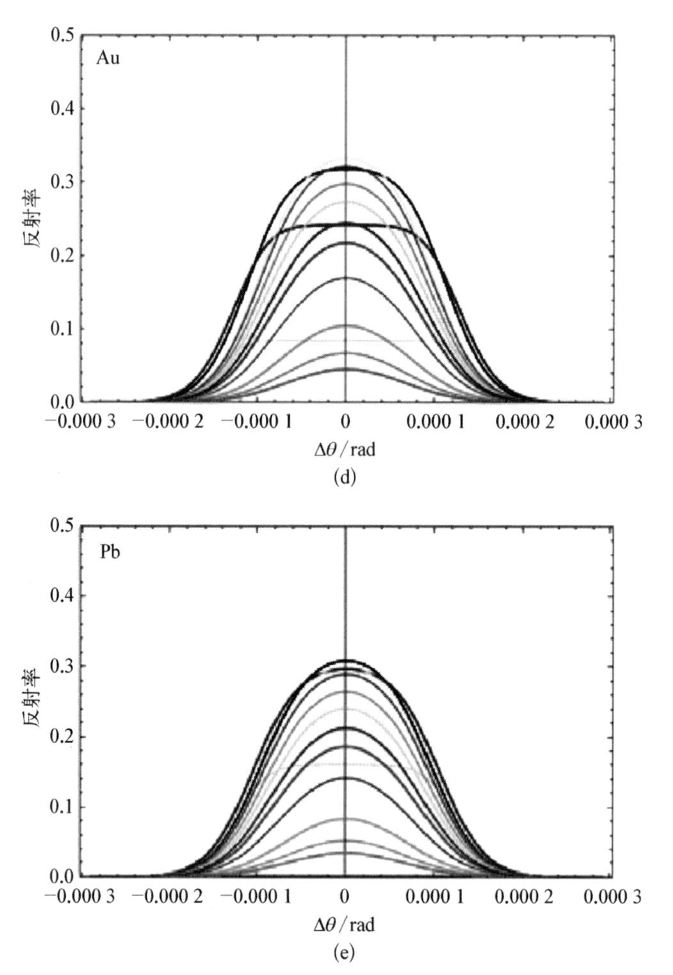

图 20-11　Si、Ge、Cu、Au 和 Pb 的反射率与 $\Delta\theta$ 的关系(彩图见附录)

(a) Si;(b) Ge;(c) Cu;(d) Au;(e) Pb

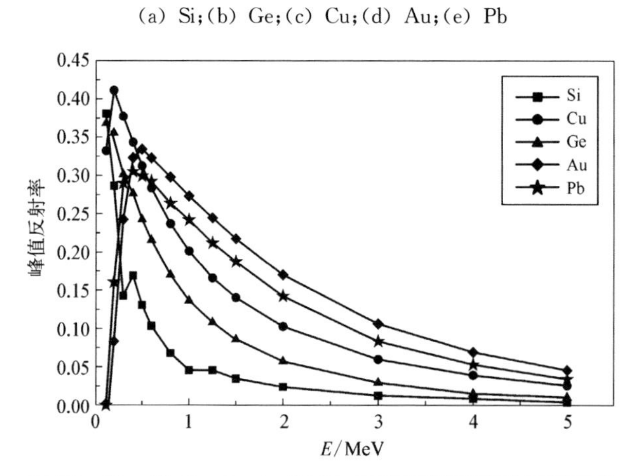

图 20-12　Si、Ge、Cu、Au 和 Pb 峰值反射率随能量的变化

20.2　超高能同步辐射光源的应用探索

科学界对于将同步辐射光源应用于生命科学和文化遗产领域感兴趣，例如医学、动物学、考古学、艺术保护和分析、古生物学和乐器等。如前所述，由于来自 CEPC 同步加速器超高能 X 射线的亮度在数百千电子伏特的能量下可以达到 1×10^{17}[光子/(s·mm^2·$mrad^2$·0.1%bw)]，因此它比现有技术高约几个数量级。高亮度兆电子伏特量级 X 射线或伽马射线源在特种材料部件的无损检测、X 射线/γ 射线校准、光子核物理、核天体物理学和量子电子动力学(QED)现象的实验研究、同位素药物制备、太空探测器、地质、考古、国防与航天等领域都具有特别重要的应用潜力和价值。

在核天体物理学的应用中，超高能同步辐射光源技术将为在 Gamow 峰[$E_0\approx(300\pm80)$ keV]处的圣杯反应截面的研究提供高亮度的伽马光束探针。核天体物理学是核物理学(微观)和天体物理学(宏观)的跨学科交叉。它回答了宇宙中一些最引人注目的问题：使地球上的生命形成成为可能的化学元素的起源是什么？太阳、恒星和星系是如何形成的，它们如何演化？解决这些关键问题的天体模型需要大量的核物理信息作为输入。其中，一些信息来自实验室测量，而大多数则基于没有坚实实验基础的外推法或理论模型。核数据也是解释地面观测站或太空观测站以及地下深层大型地下探测器得到的新观测结果的重要组成部分。因此，需要更完整、更精确的核物理测量来改善天体物理模型并解释观测结果。现在科学家对高能高亮度的伽马光源提出了前所未有的参数需求，但是目前已有的伽马光源都远远无法满足要求。CEPC 超高能同步辐射光源的出现将彻底改变这一局面，将能够提供比现有伽马光源高 5～6 个数量级的高能伽马光束，将极大地拓展光核物理研究的实验平台。

CEPC 同步辐射光源中 7～8 MeV 的高通量的伽马光源有望为突破核天体物理的圣杯反应的研究提供绝无仅有的探针。30 年前，氦气燃烧结束时碳与氧的比率已被确定为核天体物理学中的关键开放问题之一，即所谓的圣杯，直到今天仍然如此。要解决此问题，必须确定在 Gamow 峰(E0 处)的 $^{12}C(\alpha,\gamma)^{16}O$ 反应的 p 波和 d 波横截面或 S 因子。圣杯反应截面决定了氦燃烧的时间尺度，并与对流机制一起确定了氦燃烧结束时碳和氧的丰度。该阶段的碳丰度对随后各种天体物理学情景的演变具有重要影响，直接影响Ⅱ型超新星(SN)的核合成，Ⅰ型 SN 的最大光度和动能以及 CO 白矮星的冷却顺序。

高亮度的伽马射线束对于研究光核反应的巨共振无疑是最优的探针选择，将有助于获得原子核形变的重要信息。γ 射线的能量可变，使得实验研究光核反应的激发函数成为可能。有关（γ, n）、（γ, p）等反应的实验结果表明，激发函数呈现出宽度为几兆电子伏特的共振率，这现象称为光核反应的巨共振。根据理论预言，光核反应的激发函数的分布情况与原子核的形变参量有关，对于具有四极形变的原子核，应该出现两个共振峰，它具有如下特点：① 两个峰间的距离正比于形变参量 β；② 两个峰下面的面积总是 2∶1；③ 对于长椭球形核，高能峰大于低能峰；④ 对于扁椭球形核，低能峰大于高能峰。因此，通过测量光核反应巨共振的激发函数，可以获得原子核形变的信息。

另外，巨共振吸收不是光核反应的唯一机制。通过利用 CEPC 同步辐射的高能伽马光束，测量（γ, p）和（γ, n）反应产额之比 $Y(\gamma, p)/Y(\gamma, n)$ 表明比共振吸收机制所预言的大得多，由于库仑位势的阻挡，从共振吸收后所形成的激发核，蒸发质子的概率比较小，因为质子蒸发谱的平均能量比最大能量小许多，所以按照共振吸收理论计算出的 $Y(\gamma, p)/Y(\gamma, n)$ 值很小，但实验测得的 $Y(\gamma, p)/Y(\gamma, n)$ 值却大得多，这可能是由于光核反应中还存在直接相互作用过程，巨共振吸收并不是唯一的过程。这些都可以通过超高能同步辐射光源进行探索研究。

CEPC 同步辐射光源将为太空探测器提供精确的校准伽马探针，为系统地研究总剂量效应提供关键数据支撑。航空航天技术的辐射效应研究已列入国家科学和技术发展的长期规划中。当前，在空间科学和技术发展过程中，尚有许多基本问题和技术手段亟需解决和发展。其中包括无法全面、系统地研究总剂量效应，无法有效地启动对空间 γ 探针的精确校准。

除了基础物理研究以外，CEPC 同步辐射光源还可应用于无损检测，可检测发动机叶片，可穿透 6 cm 的金属，具有 1～5 μm 的空间分辨率。在高精尖技术领域，对特种材料部件的无损检测、X 射线/γ 射线校准等具有特别重要的经济和社会效益。当前，我国的制造产业仍存在着原始创新不足、重点产业核心关键技术受制于人、创新体系不完善等短板。对于大尺寸的材料结构（厚度在厘米级），高分辨率（微米级）的无损探测手段极其有限。在高精尖制造、极端制造和绿色制造等领域中，设计过程无异于盲人摸象。这种现状严重制约着我国工业制造、航空航天、海底勘探和国防装备等产业的核心创新力的发展。从航空发动机涡轮叶片的发展历程来看，材料设计-结构-性能一体化的趋势越加明显，其中相对缺失的一环就是对重金属元素材料内部结构的探测。而超高能同步辐射光束线站可以提供超高穿透性、高分辨率的高能射线，满足制造产业中大尺寸、厚样品材料的探伤需求，构建材料设计-结构-性能一体化的自反馈体系。

参考文献

[1] 谢亚宁，胡天斗，冼鼎昌. 一种同步辐射光谱的计算方法[C]//第三届计算物理学术会议，乌鲁木齐，中国，2001.

[2] 黄永盛. 基于 BEPCⅡ的激光逆康普顿源及其在核物理中的应用[C]//第二届高能量密度物理青年科学家论坛，北京，中国，2016.

[3] Huang Y S, Bi Y J, Duan X J, et al. Energetic ion acceleration with a non-Maxwellian hot-electron tail[J]. Applied Physics Letters, 2008, 92(14): 141504.

[4] Filippo F, Peter V B. Laue gamma-ray lenses for space astrophysics: status and prospects[J]. X Ray Optics & Instrumentation, 2010(1) : 1 - 18.

[5] Weidenspointner G , Wunderer C B , Barriere N , et al. Monte Carlo study of detector concepts for the MAX Laue lens gamma-ray telescope[J]. Experimental Astronomy, 2006, 20(1 - 3): 375 - 386.

[6] Savernò G, Bellucci V, Camattari R, et al. Design study of a Laue lens for nuclear medicine[J]. Journal of Applied Crystallography, 2015, 48(1): 125 - 137.

[7] Ballmoos P V, Halloin H, Evrard J, et al. CLAIRE: first light for a gamma-ray lens[J]. Experimental Astronomy, 2005, 20(1 - 3): 253 - 267.

[8] Camattari R. Laue lens for astrophysics: extensive comparison between mosaic, curved, and quasi-mosaic crystals[J]. Astronomy & Astrophysics, 2016,587: 10.

[9] Camattari R, Guidi V, Bellucci V, et al. The "quasi-mosaic" effect in crystals and its applications in modern physics[J]. Journal of Applied Crystallography, 2015, 48(4): 977 - 989.

[10] Keitel S, Malgrange C, Niemöller T, et al. Diffraction of 100 to 200 keV X-rays from an $Si_{1-x}Ge_x$ gradient crystal: comparison with results from dynamical theory[J]. Acta Crystallographica Section A: Foundations of Crystallography, 1999, 55(5): 855 - 863.

[11] Camattari R, Dolcini E, Bellucci V, et al. High diffraction efficiency with hard X-rays through a thick silicon crystal bent by carbon fiber deposition[J]. Journal of Applied Crystallography, 2014, 47(5): 1762 - 1764.

[12] Barrière N, Rousselle J, Ballmoos P V, et al. Experimental and theoretical study of the diffraction properties of various crystals for the realization of a soft gamma-ray Laue lens[J]. Journal of Applied Crystallography, 2009, 42(5): 834 - 845.

[13] Halloin H, Bastie P. Laue diffraction lenses for astrophysics: theoretical concepts[M]. Boston: Kluwer Academic Publishers, 2005.

[14] Zachariasen W H. Theory of X-ray diffraction in crystals[M]. Hoboken: John Wiley & Sons, 1994.

[15] Authier A. Dynamical theory of X-ray diffraction [M]. Revised paperback edition. Oxford: Oxford University Press, 2003.

[16] Malgrange C. X-ray propagation in distorted crystals: from dynamical to kinematical theory[J]. Crystal Research & Technology, 2002, 37(7): 654 - 662.

[17] Bellucci V, Camattari R, Guidi V. Quasi-mosaicity as a powerful tool to investigate coherent effects[J]. Proceedings of SPIE: The International Society for Optical Engineering, 2013, 8861(2) : 323 - 362.

[18] Camattari R, O'Dell S L , Pareschi G , et al. Quasi-mosaic crystals for high-resolution focusing of hard X-rays through a Laue lens[J]. International Society for Optics and Photonics, 2011, 8147: 81471G.

附录：彩图

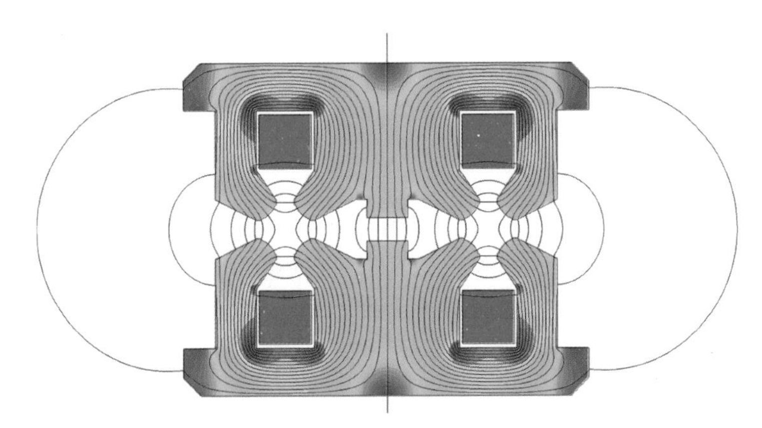

图 2－16　120 GeV 能量下四极磁铁截面和二维磁感应强度分布图

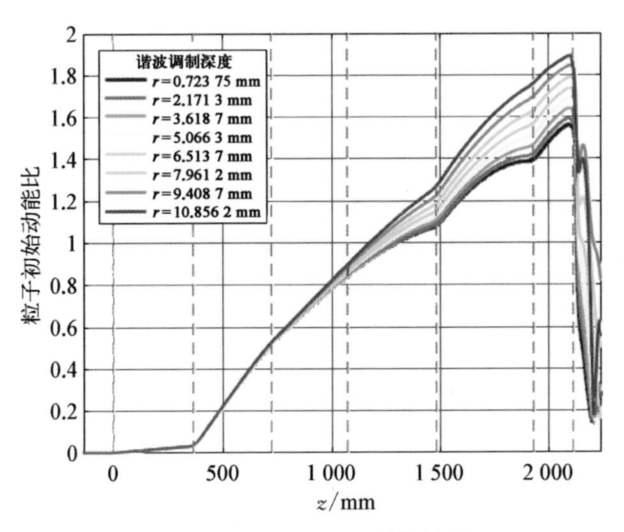

图 7－3　KLYC1.5D 计算结果

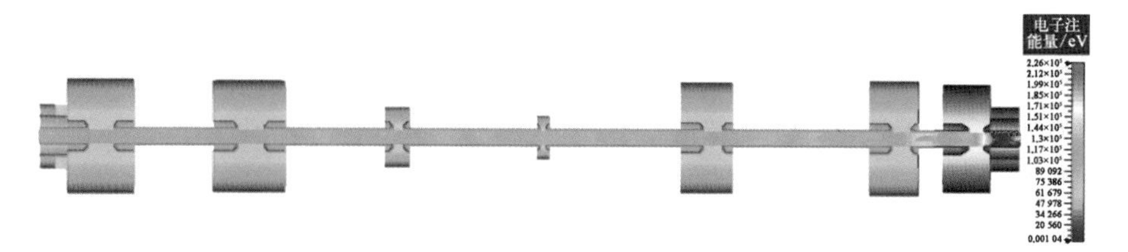

图 7-8　对称耦合器下计算得到的电子注运动轨迹

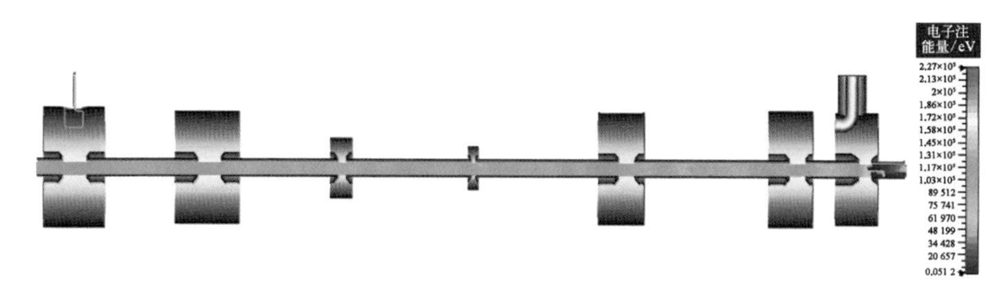

图 7-12　非对称耦合器下计算得到的电子注运动轨迹

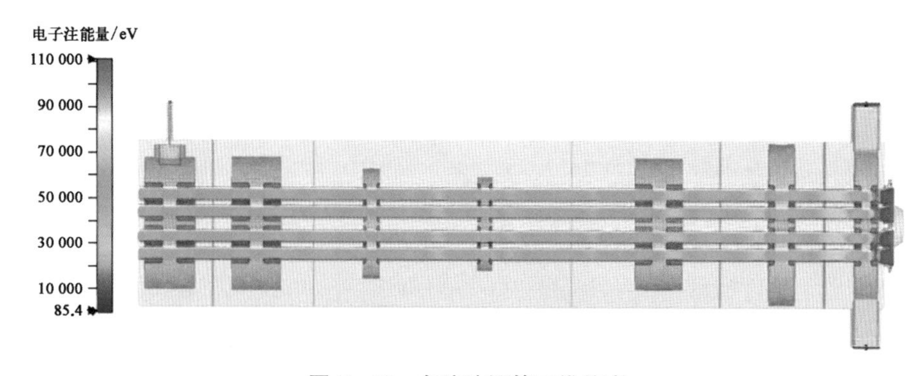

图 7-19　多注速调管三维仿真

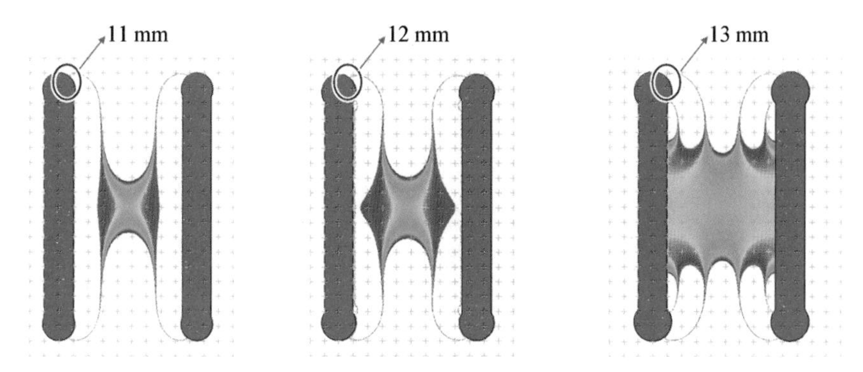

图 8－9　不同边缘半径的平板型电极板的 0.05%好场区范围

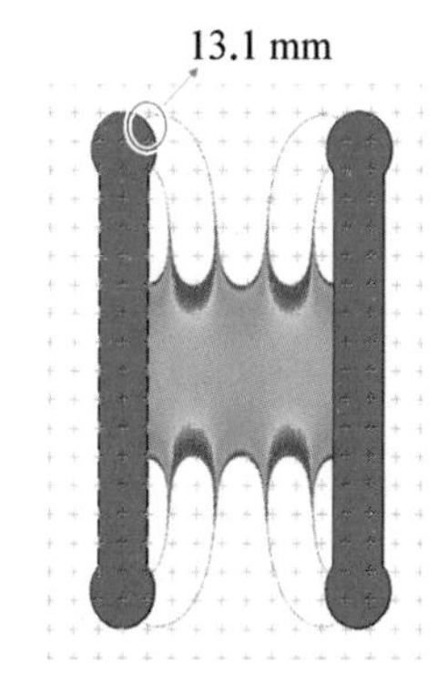

图 8－10　最佳半径时的好场区形状，均匀性为 0.05%

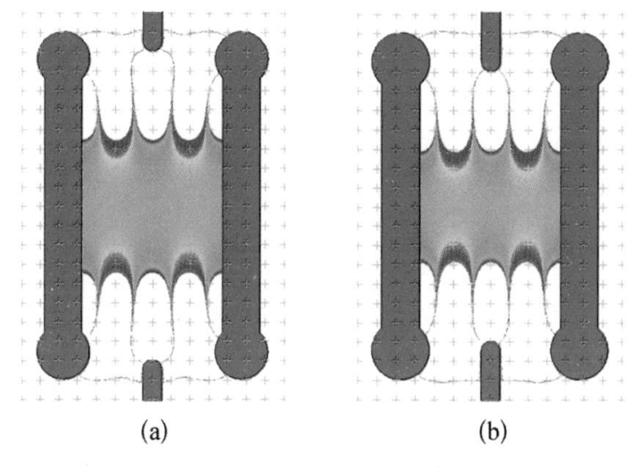

图 8－13　地电极宽度为 10 mm，长度为 110 mm、120 mm 时的好场区范围，均匀性为 0.05%

(a) 地电极长度为 110 mm；(b) 地电极长度为 120 mm

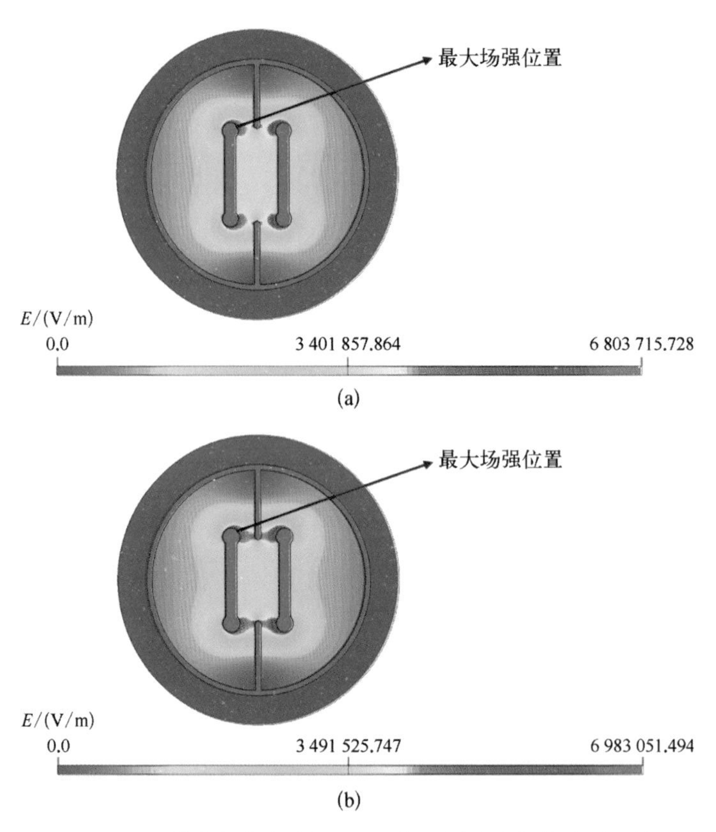

图 8－14　地电极宽度为 10 mm 时，不同地电极长度对应的电场分布及最大场强

(a) 地电极长度为 110 mm；(b) 地电极长度为 120 mm

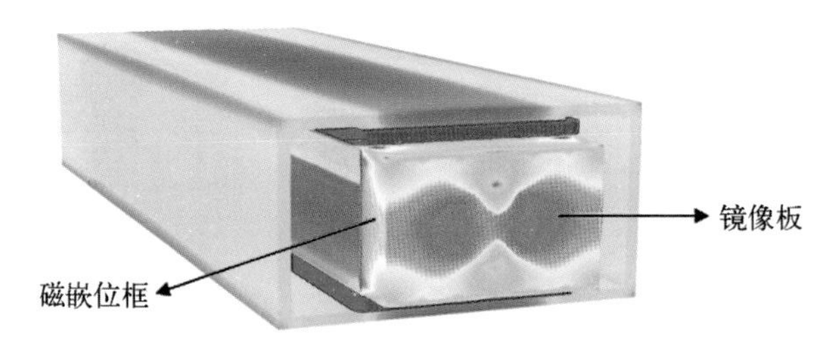

图 8－17　磁场优化后的磁感应强度分布

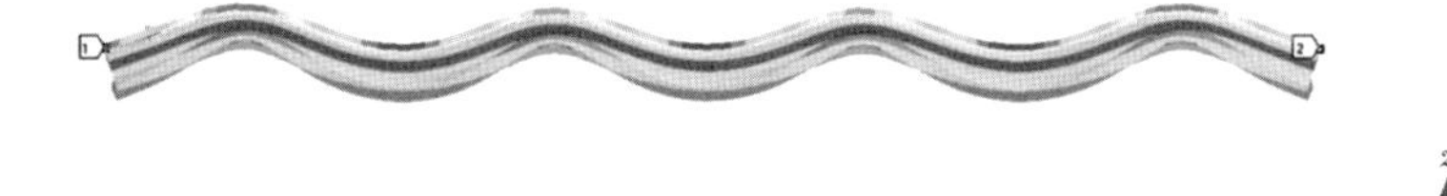

图 13－7　CEPC 对撞环二极磁铁变形云图

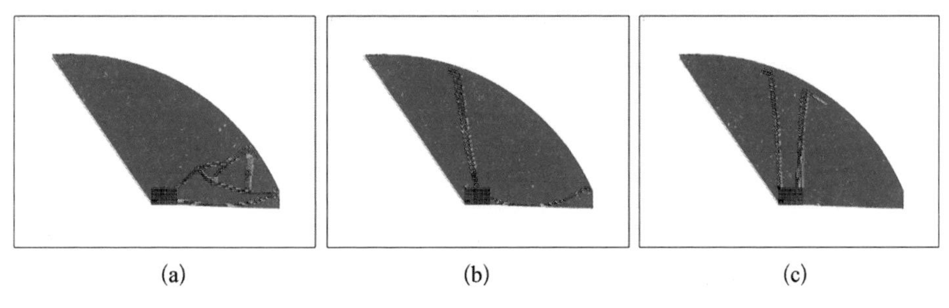

(a)　(b)　(c)

图 13-8　几种典型两支点角度位置组合下的单元密度分布

(a) (30°,40°);(b) (30°,70°);(c) (60°,70°)

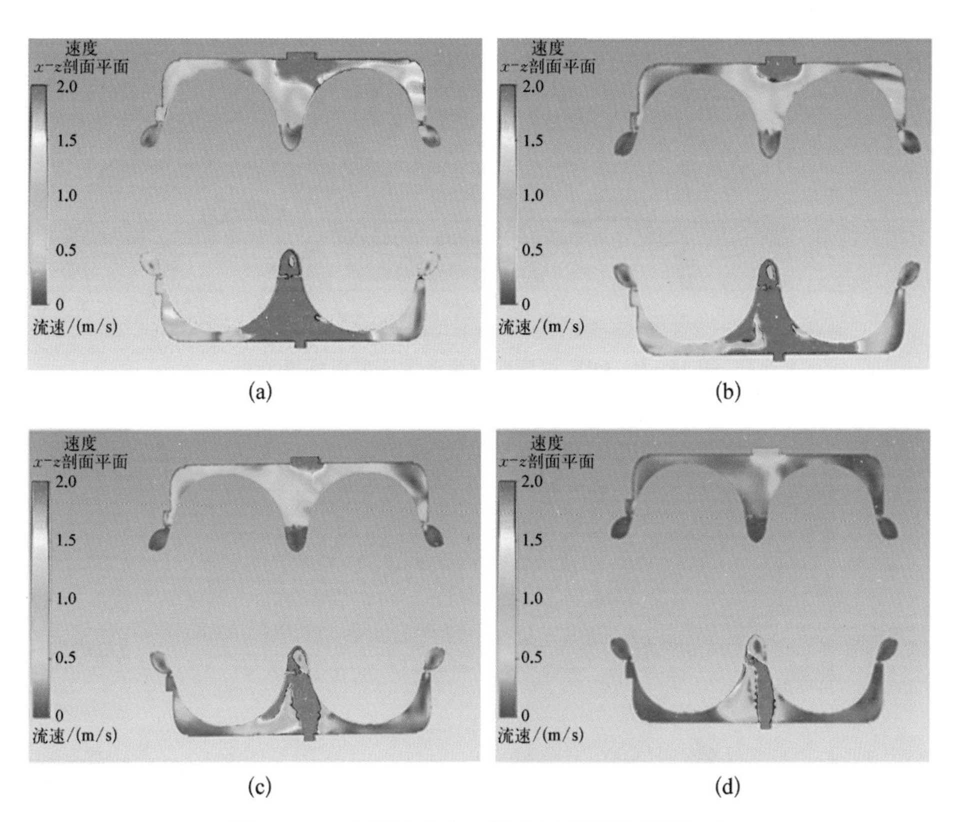

(a)　(b)

(c)　(d)

图 15-15　不同氦气入口温度下超导腔表面流速

(a) 氦气入口温度为 220 K;(b) 氦气入口温度为 140 K;(c) 氦气入口温度为 60 K;(d) 氦气入口温度为 20 K

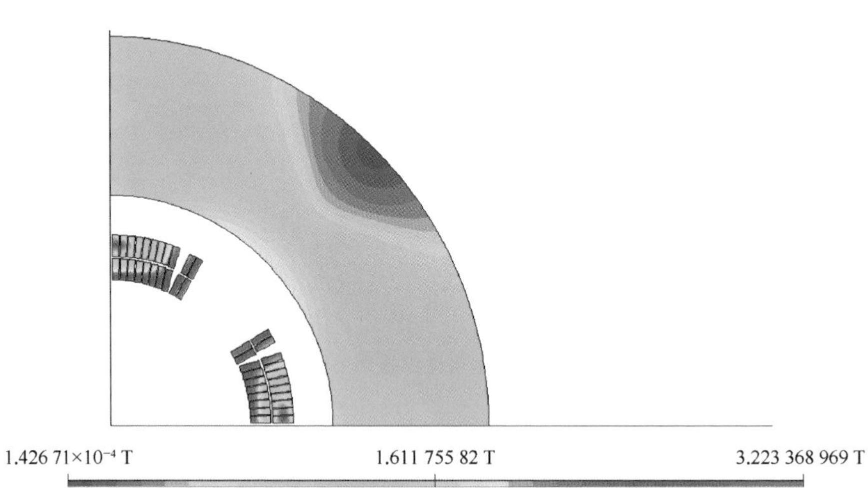

图 16－6　QD0 单孔径磁感应强度分布

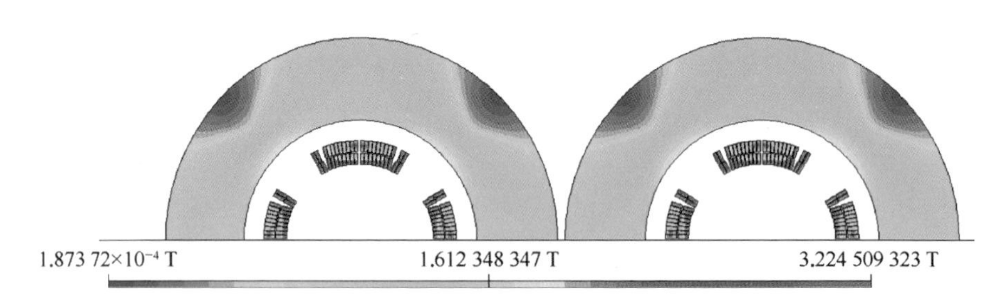

图 16－9　QD0 远离对撞点一侧磁感应强度分布

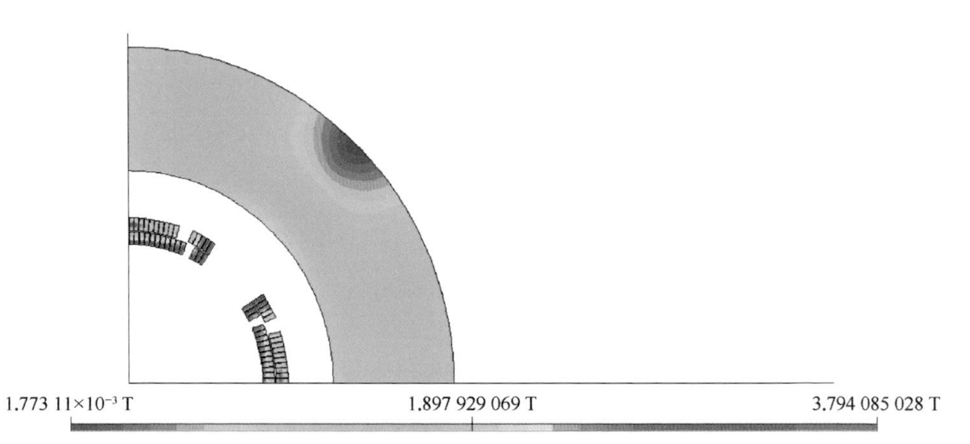

图 16－13　QF1 单孔径磁感应强度分布

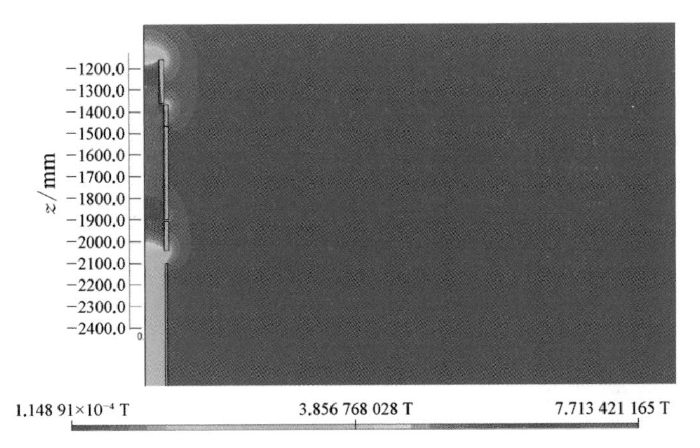

图 16－18　反抵螺线管磁感应强度分布

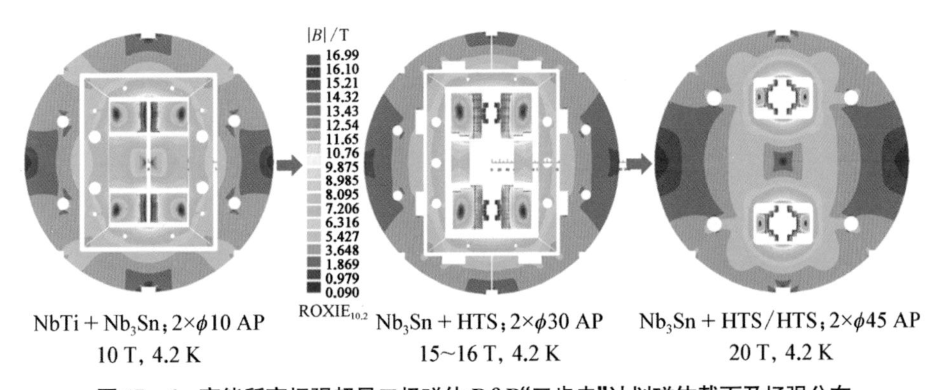

图 17－6　高能所高场强超导二极磁体 R&D"三步走"计划磁体截面及场强分布

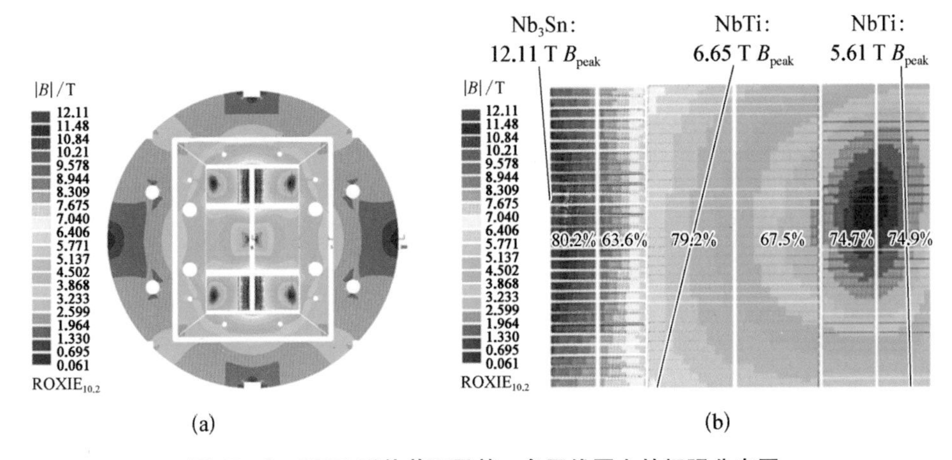

图 17－8　LPF1 磁体截面及第一象限线圈上的场强分布图

(a) 截面上的场强分布；(b) 第一象限线圈上的场强分布

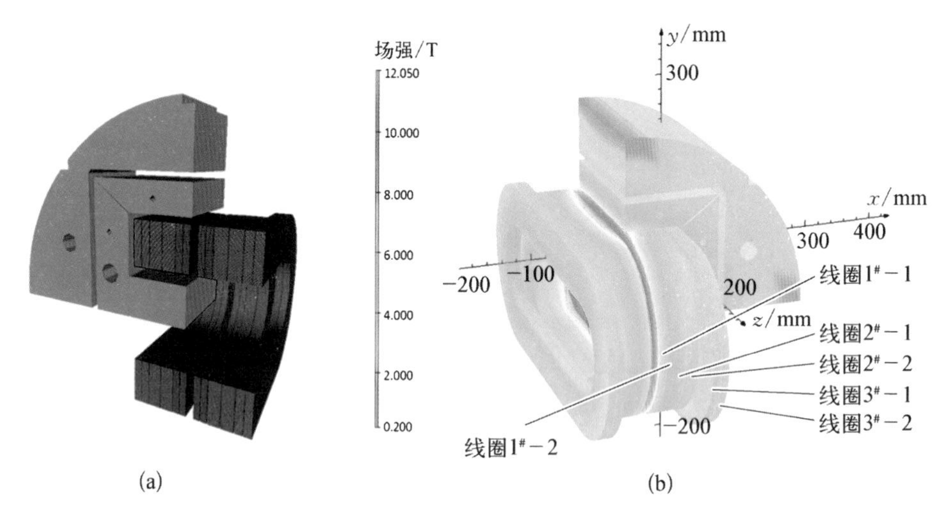

图 17-9　LPF1 三维结构示意图

(a) LPF1 线圈及轭铁布局图(ROXIE);(b) 12 T 下线圈上的场强分布(OPERA)

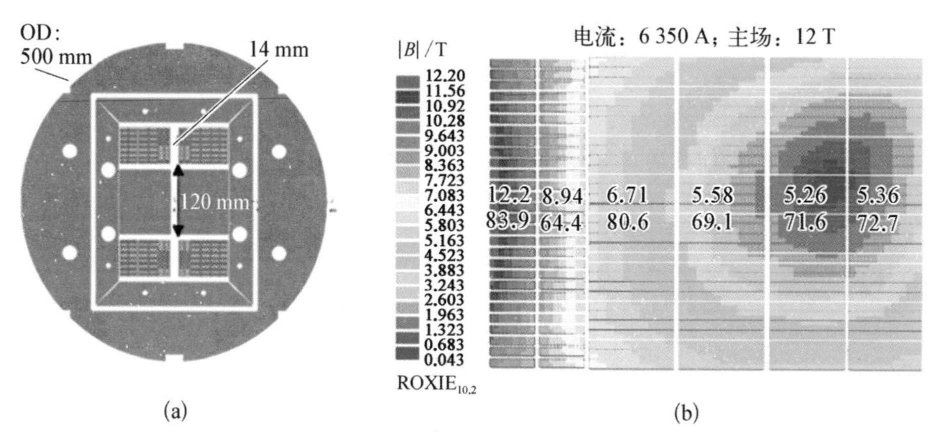

图 17-16　LPF1-U 磁体 2D 电磁设计

(a) LPF1-U 磁体截面;(b) 第一象限线圈上场强分布

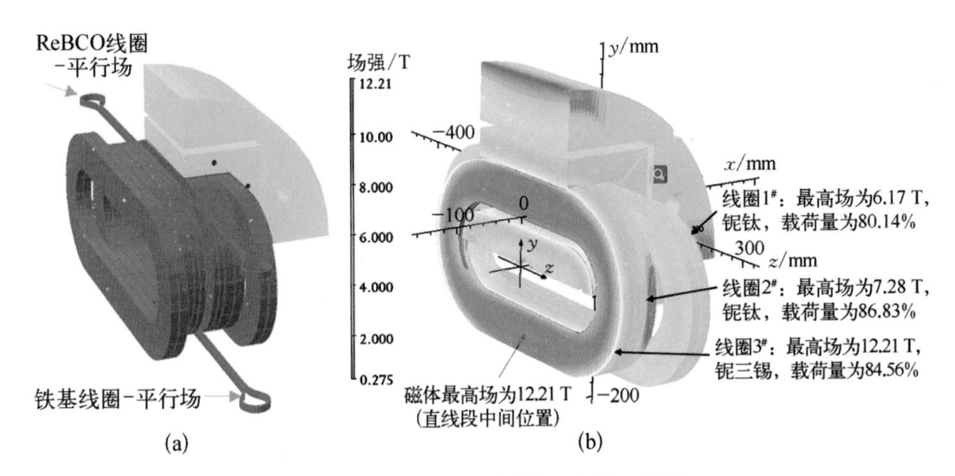

图 17－17　LPF1－U 磁体三维电磁设计

(a) LPF1－U 磁体三维线圈及轭铁布局；(b) 磁体 12 T 下场强分布

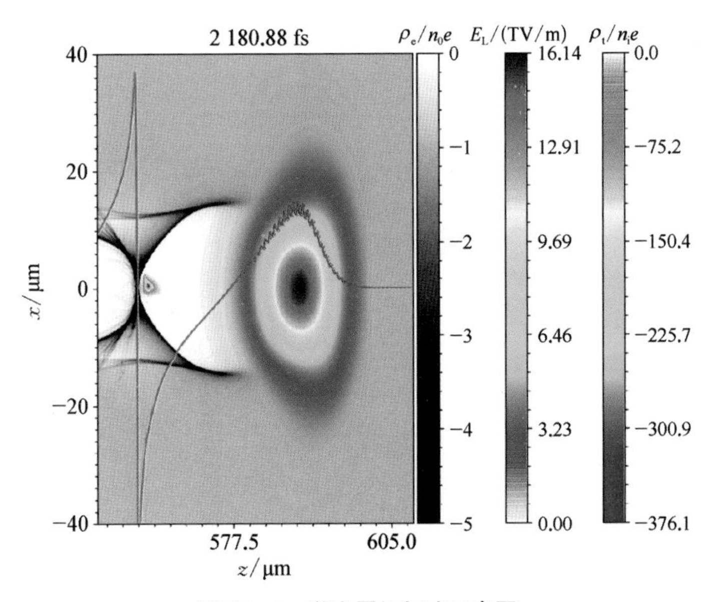

图 19－1　激光尾场加速示意图

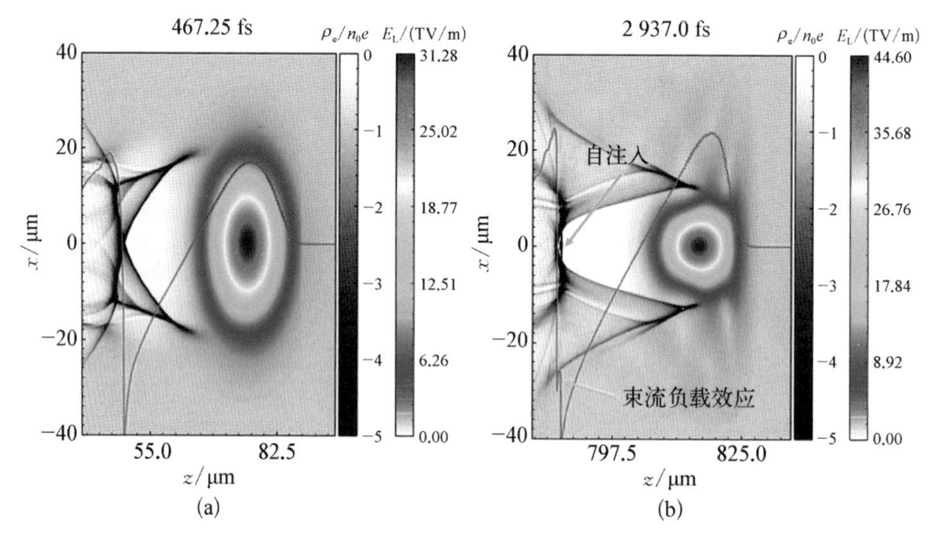

图 19-2　相对论自聚焦引起的背景电子自注入物理图像

(a) 自聚焦发生前;(b) 自聚焦发生时

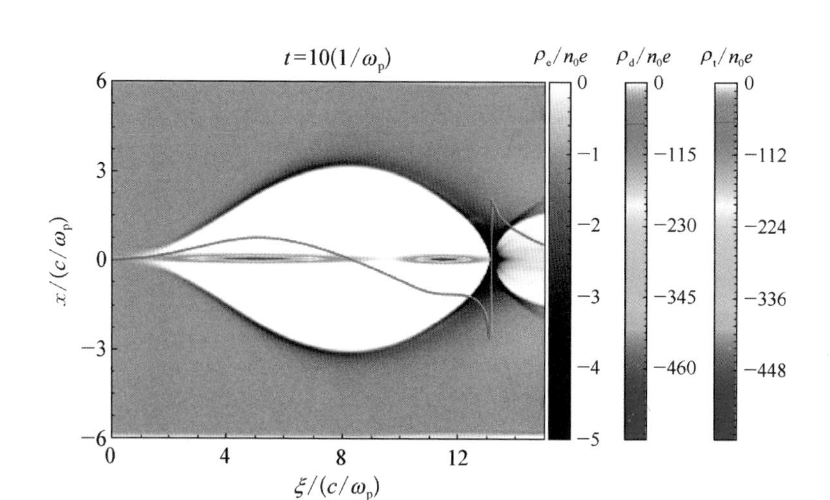

图 19-3　非线性等离子体尾场加速示意图

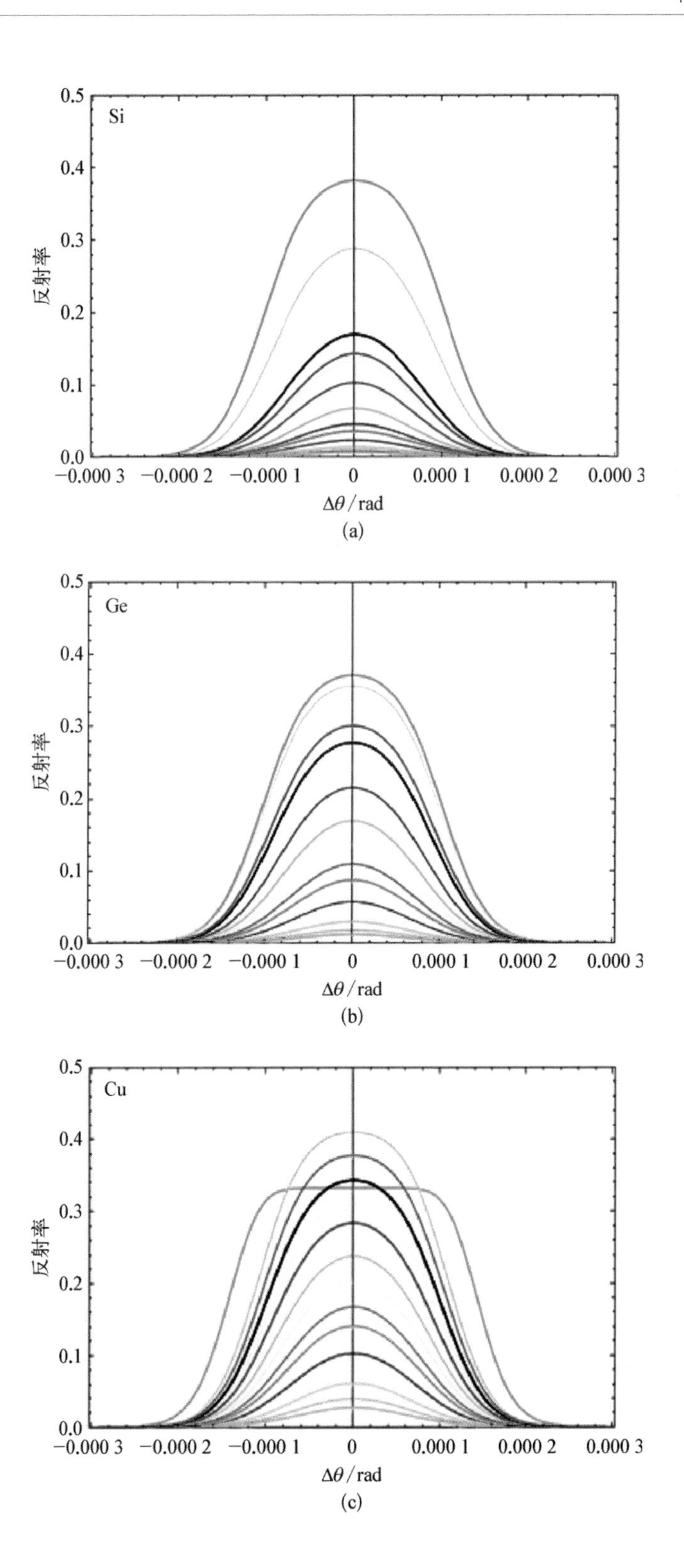
Si
反射率
0.5
0.4
0.3
0.2
0.1
0.0
−0.000 3
−0.000 2
−0.000 1
0
0.000 1
0.000 2
0.000 3
Δθ/rad
Ge
Cu
(a)

(b)

(c)

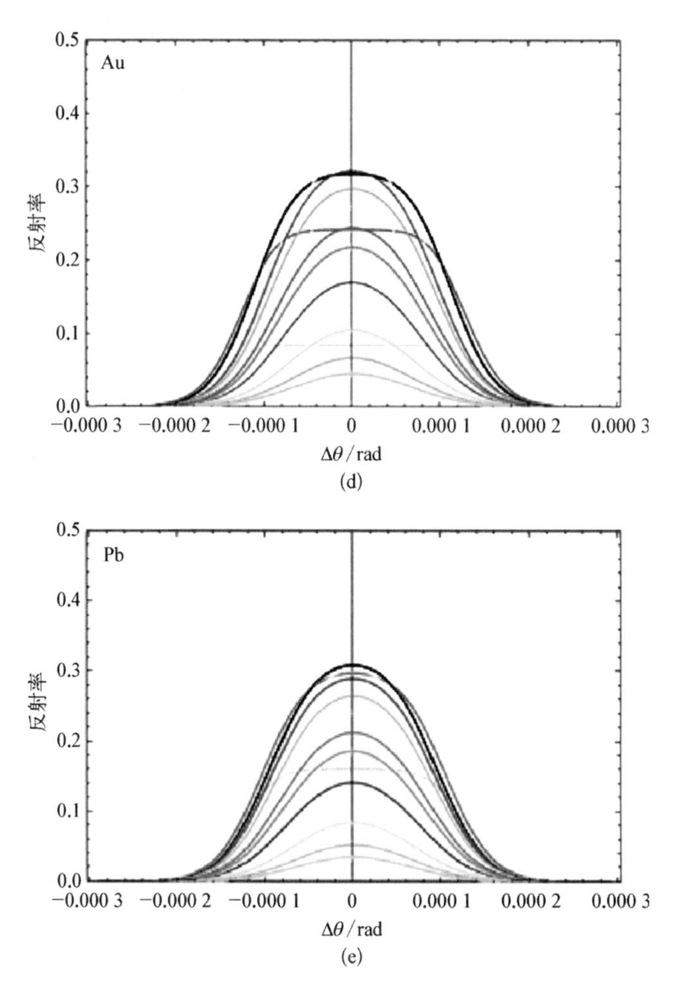

图 20 - 11　Si、Ge、Cu、Au 和 Pb 的反射率与 $\Delta\theta$ 的关系

(a) Si；(b) Ge；(c) Cu；(d) Au；(e) Pb

索　引

2 K 超流氦　127,136,316,317,320,321,333
ADC　56,58,64,66,67,70,71,123,203,204,215,216,229,238,240,249
CEPC 准直　272,273
C 波段　15,17—19
DSP　67,68,122—124
EPICS　222,228,229,232
FPGA　67,68,122,224,226,249,336
PID 控制　64,66
S 波段　4,15—17,20
X 波段　15,19

A

安全联锁　111,123,125,220—222,225,231,299,308,309
安装准直　253,257,259,266—269,273

B

变形监测　253,258,270,271,274

C

参考基准　254,259,270,272
残余气体分析仪　78,94
超导　1,5,47,53,85,97,98,106,107,109,114,126—130,136,137,161,172,219,220,280,285—287,311,313—318,320—323,329,330,332,333,339—346,348—350,352—355,357—360,362—368,370—375,377,378,427,451
超导高频系统　97,109
超导加速器　97,98,100,126,313,314,316,317,322,333—335,360
超导腔　5,97—112,114—121,125—139,187,311,313,314,316,323,326,328,329,333,449
超短超强激光脉冲　404
传热　129,137,287—290,296,297,387
磁场干涉　27,32,33,37,344—346,348,349,351,352
磁场计算　23,26,27,29,30,33—35,37,150,342,346,348—353

磁场均匀性　27,28,41,42,51,165
磁场梯度　24,25,31—35,343,344,346,349,352
磁控溅射　92—94
磁铁技术　23,41,184,344,429
磁铁振动　279
磁铁支架　275—280,282—286,296

D

氮化钛　91,92
等离子体加速　403,410,418,419,423,424
等梯度　14,15,17,19
等阻抗　14
低电平控制　97,121—123,125
低放废水　387,388,391,392
低温超导材料　330,341,358
低温恒温器　97,126—138,311,314,321,322,330,333,354
电力电子　53,54,56,59
电子枪　2,4,20,141,142,151—153,226,309
电子源　1—6,8,424
电子云　84,91
调节精度　66,120
调谐器　97,117,119—121,126,128,131,139,323,393
定时系统　68,220,221,225—227,231,232

F

分布式控制系统　206—208
辐射屏蔽　50,83,225,299,300,305
辐射源项　300,305,308,311
负荷计算　128—130,382
负压梯度　394,395,397

G

伽马光源　429,441
高功率耦合器　123,128,135,137,323
高能量加速器　359
高温超导材料　315,330,342,354,358,359
高效率　111,141—143,151,152,155,177,178,180
工作点　128,234,243—246,249,250
光核物理　427,441
光阴极　2—8
光子吸收器　73,81,84,85,89—91,231,292

H

核天体物理　427,441
恒温控制　69,70,393

J

极化　1,5—8,10—12,49,436
极限压强　75,76
集中式控制系统　206

剂量监测　225,299,309,310
加速器机械　275,296
加速器控制　56,203,213,214,216,217,219—221,227—229
加速器准直　126,129,253,262,270,273,274
检漏　74,77,79,107,116,334
静电场　161,162,165
静电分离器　53,157—165,167—172,174—176,181
聚焦透镜　429,432

K

开关电源　56—58,62—64
空芯二极磁铁　48—51
控制网　227,233,253,254,256—258,260,261,266,268,269,271—274

L

励磁重复性　41,42,46,47,50,51
连续波　97,98,104,110,130,137,142
流导　75,80,82,222
六极磁铁　23—25,34,35,37,39,40,179,183,184,253,254,322,323,329,330
螺线管　93,94,329,330,342—345,352—355,365,451

N

扭摆器　427,429

P

平差　256,258,259,261—265,267,271—274
平滑准直　253,267,269
屏蔽波纹管　73,86—88

Q

气体负载　73,75,76,81
全桥变换器　63,64,66,71

R

热冲击　9,295,296
热-固耦合分析　292
热阴极　2,3,20

S

设备标定　253,265,266,268
束流测量　220,226,231,233,234,238,240,250
束流窗口　292,294,295
束流反馈　125,216,234,246,248
束流流强　111,112
束流屏　85,86
束流位置　126,127,234,237,238,244,253
束流阻抗　98,158,167,174,175,179,197
束团长度　2,82,97,182,235,237,240,241,416
数据库　205,207,208,217,220—222,228,229,231,243
数字控制器　56,58,59,64,66,

67,71
双孔径二极磁铁　23,24,26—32
双孔径四极磁铁　23,31—34
水冷系统　98,386—389
四极磁体　127,130,341—346,348—352,354
速调管　15,16,18,74,141—155,226,446
损耗因子　174—176

T

铁芯二极磁铁　42,44—47,51,192
同步辐射　23,73,74,79—86,89,90,97,158,161,168,171,172,182—184,224,231,233,239—241,243,292,294,306,310,311,427,429—432,442,443
同步辐射光源　2,39,73,82,87,94,122,123,177,179,181,199,277—279,292,294,313,316,427,429,432,441,442
同步加速器　39,79,180—183,186,187,189,190,194,196,241,315,359,427,441

W

未来对撞机　179,427
位置监测　253,259,269,270,274
稳流电源　53—56,59,64,67,69,70,277
涡流效应　39,40,279

X

吸气剂　76,77,80,84,92,94,95,431,432
现场总线技术　206,213

Y

有效抽速　75,76
预准直　253,254,266,267

Z

增强器　16,39—44,47,48,50,51,97,177,178,180,185—187,224,233,282,309,322,323,326,382,388
闸流管　196,197
斩波器　55,56,61,62
真空泵　24,76,80,84,89,94,153,320,322
真空盒　25,29,43,73,74,76,79—87,89,91—95,192—194,196,197,241,288,289,294,345,346,388,432
真空计　74,77,78,94,230
正电子源　1,8—12,20
直流溅射　92,93
准直器　180,289,292—294
自动控制策略　334

核能与核技术出版工程

书　目

第一期　“十二五”国家重点图书出版规划项目

最新核燃料循环
电离辐射防护基础与应用
辐射技术与先进材料
电离辐射环境安全
核医学与分子影像
中国核农学通论
核反应堆严重事故机理研究
核电大型锻件 SA508Gr. 3 钢的金相图谱
船用核动力
空间核动力
核技术的军事应用——核武器
混合能谱超临界水堆的设计与关键技术(英文版)

第二期　“十三五”国家重点图书出版规划项目

中国能源研究概览
核反应堆材料(上中下册)
原子核物理新进展
大型先进非能动压水堆 CAP1400(上下册)
核工程中的流致振动理论与应用
X 射线诊断的医疗照射防护技术
核安全级控制机柜电子装联工艺技术
动力与过程装备部件的流致振动
核火箭发动机
船用核动力技术(英文版)
辐射技术与先进材料(英文版)
肿瘤核医学——分子影像与靶向治疗(英文版)